Springer-Lehrbuch

Hans Peter Latscha
Helmut Alfons Klein

Anorganische Chemie

Chemie - Basiswissen I

Sechste, korrigierte Auflage
mit 190 Abbildungen und 37 Tabellen

Springer-Verlag
Berlin Heidelberg NewYork
London Paris Tokyo
Hong Kong Barcelona
Budapest

Professor Dr. Hans Peter Latscha
Anorganisch-Chemisches Institut
der Universität Heidelberg
Im Neuenheimer Feld 270, D-69120 Heidelberg

Dr. Helmut Alfons Klein
Bundesministerium für Arbeit und Sozialforschung
U.-Abt. Arbeitsschutz/Arbeitsmedizin
Rochusstr. 1, D-53123 Bonn

ISBN 3-540-56390-3 Springer-Verlag Berlin Heidelberg New York

ISBN 3-540-55096-8 5. Auflage Springer-Verlag Berlin Heidelberg New York
ISBN 0-387-55096-8 5th edition Springer-Verlag New York Berlin Heidelberg

Die Deutsche Bibliothek – CIP-Einheitsaufnahme
Latscha, Hans P.: Chemie – Basiswissen / Hans Peter Latscha ; Helmut Alfons Klein. – Berlin; Heidelberg; New York; London; Paris; Tokyo; Hong Kong; Barcelona; Budapest: Springer.
NE: Klein, Helmut A.:
1. Anorganische Chemie: mit 37 Tabellen. – 6., korrigierte Aufl. – 1994
(Springer-Lehrbuch)
ISBN 3-540-56390-3

Einbandgestaltung: W. Eisenschink, Heddesheim
Gesamtherstellung: Druckhaus Beltz, Hemsbach/Bergstr.
52/3130 – 5 4 3 2 1 0 – Gedruckt auf säurefreiem Papier

Vorwort zur sechsten Auflage

Die gute Aufnahme, die unsere Lehrbücher beim Leser finden, ermutigt uns, auch für die sechste Auflage dieses Buches das gewählte Konzept grundsätzlich beizubehalten.
Das Lehrbuch „Chemie Basiswissen, Teil I" besteht aus zwei Abschnitten. Der erste Abschnitt enthält die Grundlagen der *Allgemeinen Chemie*, der zweite Abschnitt befaßt sich mit der *Anorganischen Chemie*, d.h. den Elementen und ihren Verbindungen. Beide Abschnitte sind so geschrieben, daß sie unabhängig voneinander benutzt werden können.

Das Buch soll vor allem für
Chemiestudenten,
Physiker,
Geowissenschaftler,
Studenten der Ingenieurwissenschaften und Lehramtskandidaten
eine Hilfe bei der Erarbeitung chemischer Grundkenntnisse sein.

In Aufbau, Stoffauswahl und Umfang haben wir versucht, den Wünschen dieser Gruppen weitgehend zu entsprechen. Mit einem Literaturverzeichnis geben wir den Lesern die Möglichkeit, sich über den Rahmen dieses Basistextes hinaus zu informieren.

Heidelberg, im Januar 1994

H. P. Latscha
H. A. Klein

Inhaltsverzeichnis

Allgemeine Chemie

1. **Chemische Elemente und chemische Grundgesetze** 2
Verbreitung der Elemente 3
Chemische Grundgesetze 4

2. **Aufbau der Atome** 6
2.1. **Atomkern** 6
Kernregeln 8
Atommasse 9
Massendefekt 9
Isotopieeffekte 10
Trennung von Isotopen 10
Radioaktive Strahlung 11
Beispiele für natürliche und künstliche Isotope 13
Radioaktive Aktivität 14
Radioaktive Zerfallsreihen 14
Radioaktives Gleichgewicht 15
Beispiele für Anwendungsmöglichkeiten von Isotopen 15
Aktivierungsanalyse 18
2.2. **Elektronenhülle** 19
Bohrsches Modell vom Wasserstoffatom 20
Atomspektren 22
Verbesserungen des Bohrschen Modells 23
Wellenmechanisches Atommodell des Wasserstoffatoms 24
Elektronenspin 26
Graphische Darstellung der Atomorbitale 27
Mehrelektronenatome 32

3. **Periodensystem der Elemente** 35
Einteilung der Elemente auf Grund ähnlicher Elektronenkonfiguration 42

Valenzelektronenzahl und Oxidationsstufen 44
Periodizität einiger Eigenschaften 45

4. Moleküle, chemische Verbindungen, Reaktionsgleichungen und Stöchiometrie 51

Reaktionsgleichungen 52
Konzentrationsmaße 54
Stöchiometrische Rechnungen 63

5. Chemische Bindung 66

5.1. Ionische (polare, heteropolare) Bindungen, Ionenbeziehung 66
Gitterenergie 68
Übergang von der ionischen zur kovalenten Bindung 72
Übergang von der ionischen zur metallischen Bindung 75
Eigenschaften ionisch gebauter Substanzen 75

5.2. Atombindung (kovalente oder homöopolare Bindung) 76

5. 2. 1. MO-Theorie der kovalenten Bindung 77
5. 2. 2. VB-Theorie der kovalenten Bindung 81
Mehrfachbindungen, ungesättigte Verbindungen 86
Energie von Hybridorbitalen 90
Bindigkeit 90
Oktettregel 91
Doppelbindungsregel 91
Radikale 92
Bindungsenergie und Bindungslänge 92
5. 2. 3. Elektronenpaar – Abstoßungsmodell 93

5.3. Metallische Bindung 98
Metallgitter 101
Mechanische Eigenschaften der Metalle 102
Legierungen 103
Mischkristalle 104
Unbegrenzte Mischbarkeit 104
Überstrukturphasen 105
Eutektische Legierungen 106
Mischungslücke 108
Intermetallische Verbindungen oder intermetallische Phasen 108

5.4. Zwischenmolekulare Bindungskräfte 114
Dipol-Dipol-Wechselwirkungen 114
Wasserstoffbrückenbindungen 114
Dipol-Induzierte Dipol-Wechselwirkungen 115
Ionen-Dipol-Wechselwirkungen 116
Van der Waalssche Bindung 116

6.	**Komplexverbindungen**	118
	Chelateffekt	120
	π-Komplexe	122
	Carbonyle	123
	Koordinationszahl und räumlicher Bau von Komplexen	127
	Isomerieerscheinungen bei Komplexverbindungen	129
	Stereoisomerie	129
	Koordinations-Isomerie	133
	Hydratisomerie	134
	Bindungsisomerie, Salzisomerie	134
	Ionisationsisomerie oder Dissoziationsisomerie	134
	Bindung in Komplexen	135
	VB-Theorie der Komplexbindung	135
	Kristallfeld-Ligandenfeld-Theorie	138
	Jahn-Teller-Effekt	143
	MO-Theorie der Bindung in Komplexen	144
	Komplexbildungsreaktionen	148
	Nomenklatur von Komplexen	150
7.	**Zustandsformen der Materie**	152
7.1.	**Fester Zustand**	152
	Kristalline Stoffe	152
	Kristallsysteme	153
	Raumgruppen; Bravais-Gitter	153
	Kristallklassen	154
	Eigenschaften von kristallinen Stoffen	155
	Gittertypen	156
7.2.	**Gasförmiger Zustand**	157
	Gasgesetze	158
	Das Verhalten realer Gase	162
	Zustandsgleichung realer Gase	163
	Kritische Daten eines Gases	164
	Diffussion von Gasen	165
7.3.	**Flüssiger Zustand**	166
	Dampfdruck einer Flüssigkeit	167
	Siedepunkt	168
	Gefrierpunkt	169
	Durchschnittsgeschwindigkeit von Atomen und Molekülen	169
8.	**Mehrstoffsysteme/Lösungen**	171
	Definition des Begriffs Phase	171
	Zustandsdiagramme	171
	Gibbssche Phasenregel	172

	Lösungen	174
	Eigenschaften von Lösungsmitteln	174
	Echte Lösungen	177
	Lösungsvorgänge	177
	Löslichkeit	179
	Chemische Reaktionen bei Lösungsvorgängen	180
	Verhalten und Eigenschaften von Lösungen	181
	I. Lösungen von *nichtflüchtigen* Substanzen	181
	Lösungsgleichgewichte	185
	Elektrolytlösungen	187
	II. Lösungen *flüchtiger* Substanzen	192
	Ideale Lösungen	192
	Nichtideale Lösungen	194
	Mischungslücke	195
	Kolloide Lösungen, kolloiddisperse Systeme	196
	Isoelektrischer Punkt	198
9.	**Redox-Systeme**	199
	Oxidationszahl	199
	Reduktion und Oxidation	201
	Normalpotentiale von Redoxpaaren	203
	Normalpotential und Reaktionsrichtung	208
	Nernstsche Gleichung	210
	Praktische Anwendung von galvanischen Elementen	214
	Elektrochemische Bestimmung von pH-Werten	216
	Spezielle Redoxreaktionen	218
10.	**Säure-Base-Systeme**	220
	Brönstedsäuren und -basen und der Begriff des pH-Wertes	220
	Säuren- und Basenstärke	224
	Mehrwertige Säuren	228
	Protolysereaktionen beim Lösen von Salzen in Wasser	231
	Neutralisationsreaktionen	232
	Titrationskurven	234
	pH-Abhängigkeit von Säuren- und Basen-Gleichgewichten	236
	Messung von pH-Werten	240
	Säure-Base-Reaktionen in nichtwäßrigen Systemen	241
	Elektronentheorie der Säuren und Basen nach Lewis	242
	Supersäuren	243
	Prinzip der „harten" und „weichen" Säuren und Basen	244
11.	**Energetik chemischer Reaktionen** (Grundlagen der Thermodynamik)	245
	I. Hauptsatz der Thermodynamik	245

Anwendung des I. Hauptsatzes auf chemische Reaktionen . . . 248
Hess'scher Satz der konstanten Wärmesummen 249
II. Hauptsatz der Thermodynamik 250
Statistische Deutung der Entropie 252
Gibbs-Helmholtzsche Gleichung 254
Zusammenhang zwischen Δ G und EMK 256

12. Kinetik chemischer Reaktionen 258

Reaktionsgeschwindigkeit 258
Reaktionsordnung 259
Halbwertszeit 261
Konzentration-Zeit-Diagramme 262
Molekularität einer Reaktion 263
Pseudo-Ordnung und Pseudo-Molekularität 264
Arrhenius-Gleichung 265
Katalysatoren 266
Darstellung von Reaktionsabläufen durch Energieprofile 267
Parallelreaktionen 269
Kettenreaktionen 270

13. Chemisches Gleichgewicht 272

Formulierung des MWG für einfache Reaktionen . 274
Gekoppelte Reaktionen 275
Aktivitäten 275
Beeinflussung von Gleichgewichtslagen 276
Das Löslichkeitsprodukt 278
Fließgleichgewicht 279

Spezielle Anorganische Chemie

A) Hauptgruppenelemente 282

Wasserstoff 282

Alkalimetalle (Li, Na, K, Rb, Cs, Fr) 285
Lithium 285
Natrium 288
Kalium 290
Rubidium, Cäsium 291
Francium 292

Erdalkalimetalle (Be, Mg, Ca, Sr, Ba, Ra) 293
Beryllium 293
Magnesium 295
Calcium 297
Strontium 300
Barium 300
Radium 301

Borgruppe (B, Al, Ga, In, Tl) 302
Bor 302
Aluminium 310
Gallium - Indium - Thallium 314

Kohlenstoffgruppe (C, Si, Ge, Sn, Pb) 315
Kohlenstoff 315
Silicium 323
Zinn 330
Blei 332

Stickstoffgruppe (N, P, As, Sb, Bi) 335
Stickstoff 335
Phosphor 347
Selen 369
Arsen 356
Antimon 358
Bismut (früher Wismut) 360

Chalkogene (O, S, Se, Te, Po) 363
Sauerstoff 363
Selen 369
Schwefel 369
Tellur 380

Halogene (F, Cl, Br, I, At) 381
Fluor 381
Chlor 384
Brom 388
Iod 390
Photographischer Prozeß 393
Interhalogenverbindungen 393
Pseudohalogene - Pseudohalogenide 395

Edelgase (He, Ne, Ar, Kr, Xe, Rn) 397

Allgemeine Verfahren zur Reindarstellung von Metallen 401

B) Nebengruppenelemente 403

I. Nebengruppe (Cu, Ag, Au) 412

II. Nebengruppe (Zn, Cd, Hg) 419

III. Nebengruppe (Sc, Y, La, Ac) 424

IV. Nebengruppe (Ti, Zr, Hf) 426

V. Nebengruppe (V, Nb, Ta) 430

VI. Nebengruppe (Cr, Mo, W) 436

VII. Nebengruppe (Mn, Tc, Re) 445

VIII. Nebengruppe 450
Eisenmetalle (Fe, Co, Ni) 450
Platinmetalle (Ru, Os, Rh, Ir, Pd, Pt) 459

Lanthanoide 462

Actinoide 465

Anhang 467
Edelsteine 467
Düngemittel 468

Literaturauswahl und Quellennachweis 473

Abbildungsnachweis 477

Sachverzeichnis 479

Formelregister 489

Maßeinheiten . . . . 2. und 3. Umschlagseite

Ausklapptafel: Periodensystem der Elemente

Allgemeine Chemie

1. Chemische Elemente und chemische Grundgesetze

Die Chemie ist eine naturwissenschaftliche Disziplin. Sie befaßt sich mit der Zusammensetzung, Charakterisierung und Umwandlung von Materie. Unter Materie wollen wir dabei alles verstehen, was Raum einnimmt und Masse besitzt.

Die übliche Einteilung der Materie zeigt Abb. 1.

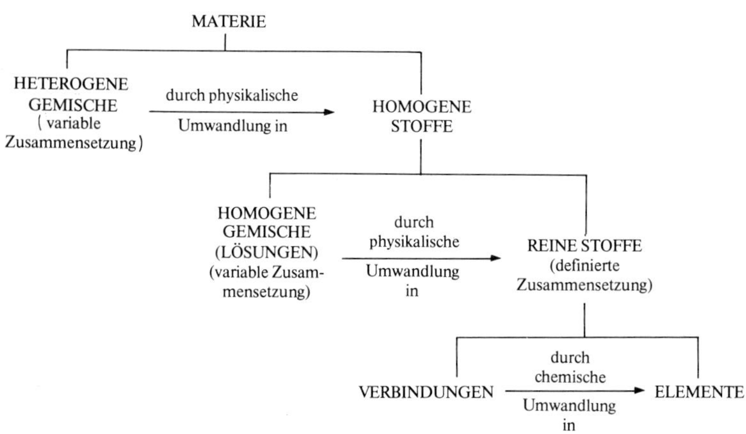

Abb. 1. Einteilung der Materie

Die chemischen Elemente (Abb. 1) sind Grundstoffe, die mit chemischen Methoden nicht weiter zerlegt werden können.

Die *Elemente* lassen sich unterteilen in *Metalle* (z.B. Eisen, Aluminium), *Nichtmetalle* (z.B. Kohlenstoff, Wasserstoff, Schwefel) und sog. *Halbmetalle* (z.B. Arsen, Antimon), die weder ausgeprägte Metalle noch Nichtmetalle sind.

Zur Zeit sind 109 chemische Elemente bekannt. Davon zählen 20 zu den Nichtmetallen und 7 zu den Halbmetallen, die restlichen sind Metalle. Bei 20°C sind von 92 natürlich vorkommenden Elementen 11 Elemente gasförmig (Wasserstoff, Stickstoff, Sauerstoff, Chlor, Fluor und die 6 Edelgase), 2 flüssig (Quecksilber und Brom) und 79 fest. Die Elemente werden durch die Anfangsbuchstaben ihrer latinisierten Namen gekennzeichnet. Beispiele: Wasserstoff H (Hydrogenium), Sauerstoff O (Oxygenium), Gold Au (Aurum).

Verbreitung der Elemente

Die Elemente sind auf der Erde sehr unterschiedlich verbreitet. Einige findet man häufig, oft jedoch nur in geringer Konzentration. Andere Elemente sind weniger häufig, treten aber in höherer Konzentration auf (Anreicherung in Lagerstätten).

Eine Übersicht über die Häufigkeit der Elemente auf der Erde und im menschlichen Körper zeigt Tabelle 1.

Tabelle 1

Elemente		in Luft, Meeren und zugänglichen Teilen der festen Erdrinde in Gewichts %	im menschlichen Körper in Gewichts %
Sauerstoff		49,4	65,0
Silicium		25,8	0,002
	Summe:	75,2	
Aluminium		7,5	0,001
Eisen		4,7	0,010
Calcium		3,4	2,01
Natrium		2,6	0,109
Kalium		2,4	0,265
Magnesium		1,9	0,036
	Summe:	97,7	
Wasserstoff		0,9	10,0
Titan		0,58	-
Chlor		0,19	0,16
Phosphor		0,12	1,16
Kohlenstoff		0,08	18,0
Stickstoff		0,03	3,0
	Summe:	99,6	99,753
alle übrigen Elemente		0,4	0,24
	Summe:	100	100

Chemische Grundgesetze

Schon recht früh versuchte man eine Antwort auf die Frage zu finden, in welchen Volumen- oder Gewichtsverhältnissen sich Elemente bei einer chemischen Umsetzung (Reaktion) vereinigen.

Die quantitative Auswertung von Gasreaktionen und Reaktionen von Metallen mit Sauerstoff ergab, daß bei chemischen Umsetzungen die Masse der Ausgangsstoffe (Edukte) gleich der Masse der Produkte ist, daß also die Gesamtmasse der Reaktionspartner im Rahmen der Meßgenauigkeit erhalten bleibt.

Bei einer chemischen Reaktion ist die Masse der Produkte gleich der Masse der Edukte.

Dieses Gesetz von der Erhaltung der Masse wurde 1785 von *Lavoisier* ausgesprochen. Die Einsteinsche Beziehung $E = m \cdot c^2$ zeigt, daß das Gesetz ein Grenzfall des Prinzips von der Erhaltung der Energie ist.

Weitere Versuchsergebnisse sind das Gesetz der multiplen Proportionen (*Dalton*, 1803) und das Gesetz der konstanten Proportionen (*Proust*, 1799).

Gesetz der konstanten Proportionen: *Chemische Elemente vereinigen sich in einem konstanten Massenverhältnis.*

Wasserstoffgas und Sauerstoffgas vereinigen sich bei Zündung stets in einem Massenverhältnis von 1 : 7,936, unabhängig von der Menge der beiden Gase.

Gesetz der multiplen Proportionen: *Die Massenverhältnisse von zwei Elementen, die sich zu verschiedenen chemischen Substanzen vereinigen, stehen zueinander im Verhältnis einfacher ganzer Zahlen.*

Beispiel: Die Elemente Stickstoff und Sauerstoff bilden miteinander verschiedene Produkte (NO, NO_2; N_2O, N_2O_3; N_2O_5). Die Massenverhältnisse von Stickstoff und Sauerstoff verhalten sich in diesen Substanzen wie 1 : 1,14; 1 : 2,28; 1 : 0,57; 1 : 1,71; 1 : 2,85; d.h. wie 1 : 1; 1 : 2; 2 : 1; 2 : 3; 2 : 5.

Auskunft über Volumenänderungen gasförmiger Reaktionspartner bei chemischen Reaktionen gibt das chemische Volumengesetz von *Gay-Lussac* (1808):

Das Volumenverhältnis gasförmiger, an einer chemischen Umsetzung beteiligter Stoffe läßt sich bei gegebener Temperatur und gegebenem Druck durch einfache ganze Zahlen wiedergeben.

Ein einfaches Beispiel liefert hierfür die Elektrolyse von Wasser (Wasserzersetzung). Es entstehen zwei Volumenteile Wasserstoff auf ein Volumenteil Sauerstoff. Entsprechend bildet sich aus zwei Volumenteilen Wasserstoff und einem Volumenteil Sauerstoff Wasser (Knallgasreaktion).

Ein weiteres aus Experimenten abgeleitetes Gesetz wurde von *Avogadro* (1811) aufgestellt:

Gleiche Volumina "idealer" Gase enthalten bei gleichem Druck und gleicher Temperatur gleich viele Teilchen.

(Zur Definition eines idealen Gases s. S. 158.)

Wenden wir dieses Gesetz auf die Umsetzung von Wasserstoff mit Chlor zu Chlorwasserstoff an, so folgt daraus, daß die Elemente Wasserstoff und Chlor aus zwei Teilchen bestehen müssen, denn aus je einem Volumenteil Wasserstoff und Chlor bilden sich zwei Volumenteile Chlorwasserstoff (Abb. 2).

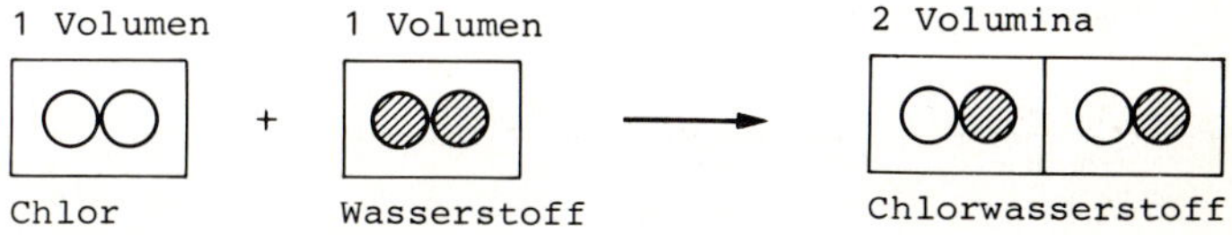

Abb. 2

Auch Elemente wie Fluor, Chlor, Brom, Iod, Wasserstoff, Sauerstoff, Stickstoff oder z.B. Schwefel bestehen aus mehr als einem Teilchen.

Eine einfache und plausible Erklärung dieser Gesetzmäßigkeiten war mit der 1808 von *J. Dalton* veröffentlichten Atomhypothese möglich. Danach sind die chemischen Elemente aus kleinsten, chemisch nicht weiter zerlegbaren Teilen, den sog. *Atomen*, aufgebaut.

2. Aufbau der Atome

Zu Beginn des 20. Jahrhunderts war aus Experimenten bekannt, daß *Atome* aus mindestens zwei Arten von Teilchen bestehen, aus negativ geladenen Elektronen und positiv geladenen Protonen. Über ihre Anordnung im Atom informierten Versuche von *Lenard* (1903), *Rutherford* (1911) u.a. Danach befindet sich im Zentrum eines Atoms der Atomkern. Er enthält den größten Teil der Masse (99,95 - 99,98 %) und die gesamte positive Ladung des Atoms. Den Kern umgibt die Atomhülle. Sie besteht aus Elektronen = Elektronenhülle und macht das Gesamtvolumen des Atoms aus.

Der Durchmesser des Wasserstoffatoms beträgt ungefähr 10^{-10} m (= 10^{-8} cm = 0,1 nm = 100 pm = 1 Å). Der Durchmesser eines Atomkerns liegt bei 10^{-12} cm, d.h. er ist um ein Zehntausendstel kleiner. Die Dichte des Atomkerns hat etwa den Wert 10^{14} g/cm^3.

2.1. Atomkern

Nach der Entdeckung der Radioaktivität (*Becquerel* 1896) fand man, daß aus den Atomen eines Elements (z.B. Radium) Atome anderer Elemente (z.B. Blei und Helium) entstehen können. Daraus schloß man, daß die Atomkerne aus gleichen Teilchen aufgebaut sind. Tatsächlich bestehen die Kerne aller Atome aus den gleichen Kernbausteinen = *Nucleonen*, den Protonen und den Neutronen (Tabelle 2). (Diese vereinfachte Darstellung genügt für unsere Zwecke.)

Tabelle 2. Wichtige Elementarteilchen (subatomare Teilchen)

	Ladung	Relative Masse	Ruhemasse
Elektron	-1 (-e)	10^{-4}	0,0005 u; $m_e = 9{,}110 \cdot 10^{-31}$ kg
Proton	+1 (+e)	1	1,0072 u; $m_p = 1{,}673 \cdot 10^{-27}$ kg
Neutron	0 (n) (elektrisch neutral)	1	1,0086 u; $m_n = 1{,}675 \cdot 10^{-27}$ kg

Aus den Massen von Elektron und Proton sieht man, daß das Elektron nur den 1/1837 Teil der Masse des Protons besitzt. (Über die Bedeutung von u s. S. 9 und S. 53.)

Die Ladung eines Elektrons wird auch "elektrische Elementarladung" (e_o) genannt. Sie beträgt: $e_o = 1{,}6022 \cdot 10^{-19}$ A · s (1 A · s = 1 C).

Jedes chemische Element ist durch die Anzahl der Protonen im Kern seiner Atome charakterisiert.

Die Protonenzahl heißt auch *Kernladungszahl*. Diese Zahl ist gleich der Ordnungszahl, nach der die Elemente im Periodensystem (s. S. 35) angeordnet sind. Die Anzahl der Protonen nimmt von Element zu Element jeweils um 1 zu. Ein chemisches Element besteht also aus Atomen gleicher Kernladung. Da ein Atom elektrisch neutral ist, ist die Zahl seiner Protonen gleich der Zahl seiner Elektronen.

Es wurde bereits erwähnt, daß der Atomkern praktisch die gesamte Atommasse in sich vereinigt und nur aus Protonen und Neutronen besteht. Die Summe aus der Zahl der Protonen und Neutronen wird Massenzahl genannt. Sie ist stets ganzzahlig.

Massenzahl = Protonenzahl + Neutronenzahl

Die Massenzahl entspricht in den meisten Fällen nur ungefähr der Atommasse. Chlor z.B. hat die Atommasse 35,45. Genauere Untersuchungen ergaben, daß Chlor in der Natur mit zwei Atomarten (*Nucliden*) vorkommt, die 18 bzw. 20 Neutronen neben jeweils 17 Protonen im Kern enthalten. Derartige Atome mit unterschiedlicher Massenzahl, aber gleicher Protonenzahl, heißen Isotope des betreffenden Elements. Nur 20 der natürlich vorkommenden Elemente sind sog. *Reinelemente*, z.B. F, Na, Al, P. Die übrigen Elemente sind Isotopengemische, sog. *Mischelemente*.

Die Isotope eines Elements haben chemisch die gleichen Eigenschaften. Wir ersehen daraus, daß ein Element nicht durch seine Massenzahl, sondern durch seine Kernladungszahl charakterisiert werden muß. Sie ist bei allen Atomen eines Elements gleich, während die Anzahl der Neutronen variieren kann. Es ist daher notwendig, zur Kennzeichnung der Nuclide und speziell der Isotope eine besondere Schreibweise zu verwenden. Die vollständige Kennzeichnung eines Nuclids und damit eines Elements ist auf folgende Weise möglich:

Massenzahl (Nucleonenzahl)		Ladungszahl
	Elementsymbol	
Ordnungszahl		

Beispiel:

$^{16}_{8}O^{2\ominus}$ besagt: doppelt negativ geladenes, aus Sauerstoff der Kernladungszahl 8 und der Masse 16 aufgebautes Ion.

Kernregeln

Die *Aston-Regel* lautet: Elemente mit ungerader Kernladungszahl haben höchstens zwei Isotope.

Die *Mattauch-Regel* sagt aus: Es gibt keine stabilen Isobare (vgl. unten) von Elementen mit unmittelbar benachbarter Kernladungszahl. Z.B. ist $^{87}_{38}Sr$ stabil, aber $^{87}_{37}Rb$ ein β-Strahler.

Einige Begriffe aus der Atomphysik

Nuclid: Atomart, definiert durch Kernladungszahl und Massenzahl. Beispiel: $^{1}_{1}H$

Isotope: Nuclide gleicher Kernladungszahl und verschiedener Massenzahl. Beispiel: $^{1}_{1}H$, $^{2}_{1}H$, $^{3}_{1}H$

Isobare: Nuclide gleicher Massenzahl und verschiedener Kernladungszahl. Beispiel: $^{97}_{40}Zr$, $^{97}_{42}Mo$

Reinelement besteht aus einer einzigen Nuclidgattung.

Mischelement besteht aus verschiedenen Nucliden gleicher Kernladungszahl.

Atommasse

Die Atommasse ist die Masse eines *Atoms* in der gesetzlichen atomphysikalischen Einheit: *atomare Masseneinheit*; Kurzzeichen: u.

Eine atomare Masseneinheit u ist 1/12 der Masse des Kohlenstoffisotops der Masse 12 ($^{12}_{6}C$, s. S. 53). In Gramm ausgedrückt ist $u = 1{,}66053 \cdot 10^{-24}$ g = $1{,}66053 \cdot 10^{-27}$ kg.

Die Atommasse eines Elements errechnet sich aus den Atommassen der Isotope unter Berücksichtigung der natürlichen Isotopenhäufigkeit.

Beispiele:

Die Atommasse von Wasserstoff ist:
$A_H = 1{,}0079$ u bzw. $1{,}0079 \cdot 1{,}6605 \cdot 10^{-24}$ g.

Die Atommasse von Chlor ist:
$A_{Cl} = 35{,}453$ u bzw. $35{,}453 \cdot 1{,}6605 \cdot 10^{-24}$ g.

In der Chemie rechnet man ausschließlich mit Atommassen, die in atomaren Einheiten u ausgedrückt sind und läßt die Einheit meist weg. Man rechnet also mit den Zahlenwerten 1,0079 für Wasserstoff (H), 15,999 für Sauerstoff (O), 12,011 für Kohlenstoff (C) usw.

Diese Zahlenwerte sind identisch mit den (dimensionslosen) relativen Atommassen. Die absoluten Atommassen sind identisch mit den in Gramm ausgedrückten Atommassen (z.B. ist $1{,}0079 \cdot 1{,}6605 \cdot 10^{-24}$ g die absolute Atommasse von Wasserstoff).

Massendefekt

In einem Atomkern werden die Nucleonen durch sog. Kernkräfte zusammengehalten. Starken Kernkräften entsprechen hohe nucleare Bindungsenergien zwischen Protonen und Neutronen. Ermitteln läßt sich die Bindungsenergie aus dem sog. Massendefekt.

Massendefekt heißt die Differenz zwischen der tatsächlichen Masse eines Atomkerns und der Summe der Massen seiner Bausteine.

Bei der Kombination von Nucleonen zu einem (stabilen) Kern wird Energie frei (exothermer Vorgang). Dieser nuclearen Bindungsenergie entspricht nach dem Äquivalenzprinzip von *Einstein* ($E = m \cdot c^2$) ein entsprechender Massenverlust, der Massendefekt.

Beispiel: Der Heliumkern besteht aus 2 Protonen und 2 Neutronen. Addiert man die Massen der Nucleonen, erhält man für die berechnete

Kernmasse 4,0338 u. Der Wert für die experimentell gefundene Kernmasse ist 4,0030 u. Die Differenz - der Massendefekt - ist 0,0308 u. Dies entspricht einer nuclearen Bindungsenergie von $E = m \cdot c^2 = 0{,}0308 \cdot 1{,}6 \cdot 10^{-27} \cdot 9 \cdot 10^{16}\ kg \cdot m^2 \cdot s^{-2} = 4{,}4 \cdot 10^{-12}\ J = 28{,}5\ MeV$.
($1\ MeV = 10^6\ eV$; $1\ u = 931\ MeV$, $c = 2{,}99793 \cdot 10^8\ m \cdot s^{-1}$)

Beachte: Im Vergleich hierzu beträgt der Energieumsatz bei chemischen Reaktionen nur einige eV.

Isotopieeffekte

Untersucht man das physikalische Verhalten isotoper Nuclide, findet man gewisse Unterschiede. Diese sind im allgemeinen recht klein, können jedoch zur Isotopentrennung genutzt werden.

Unterschiede zwischen isotopen Nucliden auf Grund verschiedener Masse nennt man Isotopieeffekte.

Die Isotopieeffekte sind bei den Wasserstoff-Isotopen H, D und T größer als bei den Isotopen anderer Elemente, weil das Verhältnis der Atommassen 1 : 2 : 3 ist.

Die Tabellen 3 und 4 zeigen einige Beispiele für Unterschiede in den physikalischen Eigenschaften von H_2, HD, D_2 und T_2 sowie von H_2O (Wasser) und D_2O (schweres Wasser).

Trennung von Isotopen

Die Trennung bzw. Anreicherung von Isotopen erfolgt um so leichter, je größer die relativen Unterschiede der Massenzahlen der Isotope sind, am leichtesten also beim Wasserstoff.

Eine exakte Trennung erfolgt im *Massenspektrometer*. In diesem Gerät wird ein ionisierter Gasstrom dem Einfluß eines elektrischen und eines magnetischen Feldes ausgesetzt (s. HT 230). Die Ionen mit verschiedener Masse werden unterschiedlich stark abgelenkt und treffen an verschiedenen Stellen eines Detektors (z.B. Photoplatte) auf.

Quantitative Methoden zur Trennung eines Isotopengemisches sind Anreicherungsverfahren wie z.B. die fraktionierte Diffusion, Destillation oder Fällung, die Thermodiffusion im Trennrohr oder die Zentrifugation.

Tabelle 3. Physikalische Eigenschaften von Wasserstoff

Eigenschaften	H_2	HD	D_2	T_2
Siedepunkt in K	20,39	22,13	23,67	25,04
Gefrierpunkt in K	13,95	16,60	18,65	-
Verdampfungswärme beim Siedepunkt in $J \cdot mol^{-1}$	904,39	-	1226,79	1394,27

Tabelle 4. Physikalische Eigenschaften von H_2O und D_2O

Eigenschaften	H_2O	D_2O
Siedepunkt in ^oC	100	101,42
Gefrierpunkt in ^oC	0	3,8
Temperatur des Dichtemaximums in ^oC	3,96	11,6
Verdampfungswärme bei 25^oC in $kJ \cdot mol^{-1}$	44,02	45,40
Schmelzwärme in $kJ \cdot mol^{-1}$	6,01	6,34
Dichte bei 20^oC in $g \cdot cm^{-3}$	0,99823	1,10530
Kryoskopische Konstante in $grad \cdot g \cdot mol^{-1}$	1,859	2,050
Ionenprodukt bei 25^oC in $mol^2 \cdot l^{-2}$	$1,01 \cdot 10^{-14}$	$0,195 \cdot 10^{-14}$

Radioaktive Strahlung

(Zerfall instabiler Isotope)

Isotope werden auf Grund ihrer Eigenschaften in stabile und instabile Isotope eingeteilt. Stabile Isotope zerfallen nicht. Der größte stabile Kern ist $^{209}_{83}Bi$.

Instabile Isotope (Radionuclide) sind radioaktiv, d.h. sie zerfallen in andere Nuclide und geben beim Zerfall Heliumkerne, Elektronen, Photonen usw. ab. Man nennt die Erscheinung *radioaktive Strahlung* oder *Radioaktivität*.

Für uns wichtig sind folgende Strahlungsarten:

α-Strahlung: Es handelt sich um Teilchen, die aus zwei Protonen und zwei Neutronen aufgebaut sind. Sie können als Helium-Atomkerne betrachtet werden: $^4_2He^{2\oplus}$ (Ladung +2, Masse 4u). Die kinetische Energie von α-Teilchen liegt, je nach Herkunft, zwischen 5 und 11 MeV. Unmittelbar nach seiner Emittierung nimmt der $^4_2He^{2\oplus}$-Kern Elektronen auf und kann als neutrales Heliumgas nachgewiesen werden.

Beispiel für eine Kernreaktion mit Emission von α-Teilchen:

$$^{210}_{84}Po \longrightarrow\ ^{206}_{82}Pb + ^{4}_{2}He$$

Mutterkern Tochterkern α-Teilchen

Für solche Reaktionen gilt der 1. radioaktive Verschiebungssatz: Werden bei einer Kernreaktion α-Teilchen emittiert, wird die Massenzahl um *vier* und die Kernladungszahl um *zwei* Einheiten verringert.

β-Strahlung: β-Strahlen bestehen aus Elektronen (Ladung -1, Masse 0,0005 u). Energie: 0,02 - 4 MeV. Reichweite ca. 1,5 - 8,5 m in Luft.

Beispiel für eine Kernreaktion mit β-Emission ($\bar{\nu}_e$ symbolisiert das beim β-Zerfall emittierte Antineutrino):

$$^{14}_{6}C \longrightarrow\ ^{14}_{7}N + ^{0}_{-1}e + \bar{\nu}_e$$

Für Reaktionen, bei denen β-Strahlen aus dem Kern emittiert werden, gilt der 2. Verschiebungssatz:

Durch Emission eines Elektrons aus dem Atomkern bleibt die Masse des Kerns *unverändert* und die Kernladungszahl wird um *eine* Einheit erhöht. (Zur Erklärung nimmt man die Umwandlung von einem Neutron in ein Proton an.)

Beachte: Bei Kernreaktionen bleibt gewöhnlich die Elektronenhülle unberücksichtigt. Die Reaktionsgleichungen können wie üblich überprüft werden, denn die Summe der Indexzahlen muß auf beiden Seiten gleich sein.

γ-Strahlung: Elektromagnetische Strahlung sehr kleiner Wellenlänge (ca. 10^{-10} cm, sehr harte Röntgenstrahlung). Sie ist nicht geladen und hat eine verschwindend kleine Masse (Photonenmasse). Kinetische Energie: 0,1 - 2 MeV.

γ-Strahlung begleitet häufig die anderen Arten radioaktiver Strahlung.

Neutronenstrahlen (n-Strahlen): Beschießt man Atomkerne mit α-Teilchen, können Neutronen aus dem Atomkern herausgeschossen werden. Eine einfache, vielbenutzte Neutronenquelle ist die Kernreaktion

$$^{9}_{4}Be + ^{4}_{2}He \longrightarrow\ ^{1}_{0}n + ^{12}_{6}C.$$

Diese führte zur Entdeckung des Neutrons durch *Chadwick* 1932. Die Heliumkerne stammen bei diesem Versuch aus α-strahlendem Radium $^{226}_{88}Ra$. Die gebildeten Neutronen haben eine maximale kinetische Energie von 7,8 eV.

Neutronen sind wichtige Reaktionspartner für viele Kernreaktionen, da sie als ungeladene Teilchen nicht von den Protonen der Kerne abgestoßen werden.

Die *Zerfallsgeschwindigkeiten* aller radioaktiven Substanzen folgen einem Gesetz erster Ordnung: Die Zerfallsgeschwindigkeit hängt von der Menge des radioaktiven Materials ab (vgl. S. 260). Sie ist für ein radioaktives Nuclid eine charakteristische Größe. Zum Begriff der Halbwertszeit s. S. 261.

Beispiele für natürliche und künstliche Isotope

Erläuterungen: Die Prozentzahlen geben die natürliche Häufigkeit an. In der Klammer hinter der Strahlenart ist die Energie der Strahlung angegeben. $t_{1/2}$ ist die Halbwertszeit. a = Jahre, d = Tage.

Wasserstoff-Isotope: ${}^{1}_{1}H$ oder H (leichter Wasserstoff), 99,9855 %. ${}^{2}_{1}H$ oder D (Deuterium, schwerer Wasserstoff), 0,0148 %. ${}^{3}_{1}H$ oder T (Tritium), β (0,0186 MeV), $t_{1/2}$ = 12,3 a.

Kohlenstoff-Isotope: ${}^{12}_{6}C$, 98,892 %; ${}^{13}_{6}C$, 1,108 %; ${}^{14}_{6}C$, β (0,156 MeV), $t_{1/2}$ = 5730 a.

Phosphor-Isotope: ${}^{31}_{15}P$, 100 %; ${}^{32}_{15}P$, β (1,71 MeV), $t_{1/2}$ = 14,3 d.

Cobalt-Isotope: ${}^{59}_{27}Co$, 100 %; ${}^{60}_{27}Co$, β (0,314 MeV), γ (1,173 MeV, 1,332 MeV), $t_{1/2}$ = 5,26 a.

Iod-Isotope: ${}^{125}_{53}I$, u.a. γ (0,035 MeV), $t_{1/2}$ = 60 d. ${}^{127}_{53}I$, 100 %. ${}^{129}_{53}I$, β (0,150), γ (0,040), $t_{1/2} = 1{,}7 \cdot 10^7$ a. ${}^{131}_{53}I$, β (0,606 MeV, 0,33 MeV, 0,25 MeV ...), γ (0,364 MeV, 0,637 MeV, 0,284 MeV ...), $t_{1/2}$ = 8,05 d.

Uran-Isotope: ${}^{238}_{92}U$, 99,276 %, α, β, γ, $t_{1/2} = 4{,}51 \cdot 10^9$ a. ${}^{235}_{92}U$, 0,7196 %, α, γ, $t_{1/2} = 7{,}1 \cdot 10^8$ a.

Messung radioaktiver Strahlung: Die meisten Meßverfahren nutzen die ionisierende Wirkung der radioaktiven Strahlung aus. *Photographische Techniken* (Schwärzung eines Films) sind nicht sehr genau, lassen sich aber gut zu Dokumentationszwecken verwenden. *Szintillationszähler* enthalten Stoffe (z.B. Zinksulfid, ZnS), welche die Energie der radioaktiven Strahlung absorbieren und in sichtbare Strahlung (Lichtblitze) umwandeln, die photoelektrisch registriert wird. Weitere Meßgeräte sind die *Wilsonsche Nebelkammer* und das *Geiger-Müller-Zählrohr*.

Radioaktive Aktivität

Der radioaktive Zerfall eines Nuclids bedingt seine radioaktive *Aktivität* A. Sie ist unabhängig von der Art des Zerfalls. A ist identisch mit der Zerfallsrate, d.i. die Häufigkeit dN/dt, mit der N Atome zerfallen: $A = -dN/dt = \lambda \cdot N$, mit λ = Zerfallskonstante.

Die Zerfallsrate wird als Zahl der Kernumwandlungen pro Sekunde angegeben. SI-Einheit: s^{-1} oder Becquerel (Bq). Veraltet: $1\ Ci = 3{,}7 \cdot 10^{10}\ s^{-1} = 3{,}7 \cdot 10^{10}\ Bq = 3{,}7\ G\ Bq$. Da die Aktivität nur die Zahl der Zerfallsprozesse pro Sekunde angibt, sagt sie nur wenig aus über die biologische Wirksamkeit einer radioaktiven Substanz. Letztere muß daher auf andere Weise gemessen werden. Biologisch wirksam ist ein Radionuclid durch sein Ionisierungsvermögen. Die sog. *Dosimetrie* basiert daher auf der Ionisation der Luft in sog. Ionisationskammern. Diese dienen auch zur Eichung anderer Dosisinstrumente wie z.B. Filmstreifen. Die *Ionendosis* I ist der Quotient aus Ionenladung Q und Masse m der Luft in einem Meßvolumen: $I = Q/m$; SI-Einheit: $C \cdot kg^{-1}$, früher 1 Röntgen (R) mit $1\ R = 258 \cdot 10^{-6}\ C \cdot kg^{-1}$. Die entsprechende Ionendosisrate (Ionendosisleistung) dI/dt hat die SI-Einheit $A \cdot kg^{-1}$. Die Energiedosis D ist der Quotient aus der Energie W und der Masse m: $D = W/m$; SI-Einheit: $J \cdot kg^{-1}$ oder Gray (Gy). Veraltet: Rad (rd) mit $1\ rd = 10^{-2}\ J \cdot kg^{-1} = 10^{-2}\ Gy$. Die entsprechende Energiedosisrate (Energiedosisleistung) dD/dt hat die SI-Einheit $Gy \cdot s^{-1}$ $(= W \cdot kg^{-1})$. Davon zu unterscheiden ist die im Strahlenschutz verwendete Äquivalentdosis Dq. Sie ist das Produkt aus der Energiedosis und einem dimensionslosen Bewertungsfaktor. SI-Einheit: $J \cdot kg^{-1}$ oder besser Sievert (Sv). Veraltet: $1\ rem = 10^{-2}\ J \cdot kg^{-1}$. Mit dem Bewertungsfaktor 1 ergibt sich: $1\ Sv = 1\ Gy \cdot 1$.

Radioaktive Zerfallsreihen

Bei Kernreaktionen können auch Nuclide entstehen, die selbst radioaktiv sind. Mit Hilfe der radioaktiven Verschiebungssätze läßt sich ermitteln, daß *vier* verschiedene *radioaktive Zerfallsreihen* möglich sind. Endprodukt der Zerfallsreihen ist entweder ein *Blei-* oder *Bismut-Isotop*. Drei Zerfallsreihen kommen in der Natur vor: *Thorium-Reihe* (4 n + 0), *Uran-Reihe* (4 n + 2), *Aktinium-Reihe* (4 n + 3). Die vierte Zerfallsreihe wurde künstlich hergestellt: *Neptunium-Reihe* (4 n + 1).

Beachte: In den Klammern sind die Reihen angegeben, mit denen sich die Massenzahlen der Glieder der Reihe errechnen lassen; n ist dabei eine ganze Zahl. S. hierzu Tabelle 5!

Radioaktives Gleichgewicht

Stehen mehrere Radionuclide in einer genetischen Beziehung: Nuclid 1 → Nuclid 2 → Nuclid 3 usw., so stellt sich nach einer bestimmten Zeit ein Gleichgewicht ein. Hierbei werden in der Zeiteinheit ebensoviele Atome gebildet, wie weiterzerfallen. Die im *radioaktiven Gleichgewicht* vorhandenen Mengen radioaktiver Elemente verhalten sich wie die Halbwertszeiten bzw. umgekehrt wie die Zerfallskonstanten.

Beachte: Das radioaktive Gleichgewicht ist - im Gegensatz zum chemischen Gleichgewicht - nicht reversibel, d.h. es kann nicht von beiden Seiten erreicht werden. Es handelt sich auch im allgemeinen nicht um einen stationären Zustand.

Beispiele für Anwendungsmöglichkeiten von Isotopen

Altersbestimmung von Uranmineralien: Uran geht durch radioaktiven Zerfall in Blei über. Ermittelt man in Uranmineralien den Gehalt an Uranblei $^{206}_{82}Pb$, so kann man mit Hilfe der Gleichung

$$\ln[A]_o/[A] = k \cdot t \quad \text{(s. S. 260)}$$

die Zeit t berechnen, die verging, bis die Menge Uran zerfallen war, welche der gefundenen Menge Blei entspricht. Das Alter bezieht sich dabei auf die Zeit nach der letzten Erstarrung des Gesteins, aus dem die Mineralien gewonnen wurden.

Altersbestimmungen von organischen Substanzen sind mit Hilfe des Kohlenstoffisotops $^{14}_{6}C$ möglich. Das Isotop entsteht in der Ionosphäre nach der Gleichung

$$^{14}_{7}N + ^{1}_{0}n \longrightarrow ^{14}_{6}C + ^{1}_{1}p, \quad \text{Kurzform: } ^{14}N(n,p)^{14}C.$$

Es ist eine (n,p)-Reaktion. Die Neutronen werden durch die kosmische Strahlung erzeugt. Wegen des Gleichgewichts zwischen gebildetem und zerfallendem ^{14}C ist das Mengenverhältnis zwischen ^{12}C und ^{14}C in

Tabelle 5. Radioaktive Zerfallsreihen. Zweige, die weniger als 1 % der Atome betreffen, wurden weggelassen. Bei der Mehrheit der Zerfallsprozesse wird Gammastrahlung emittiert

Thorium-Reihe $A = 4n$

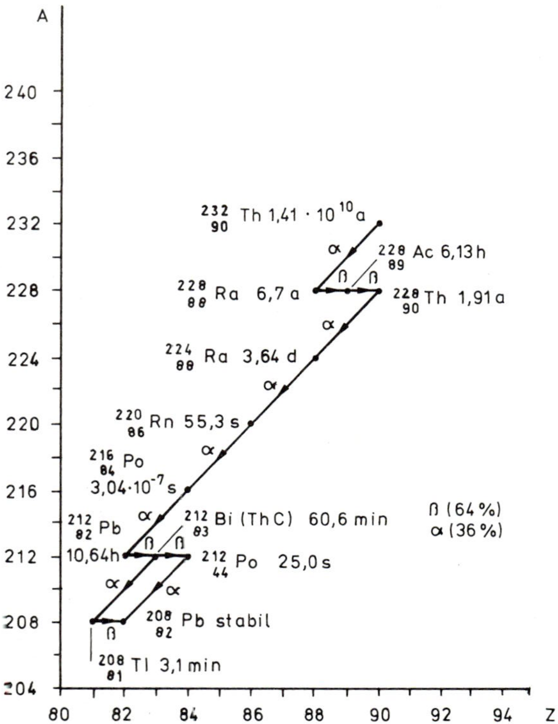

Neptunium-Reihe $A = 4n + 1$

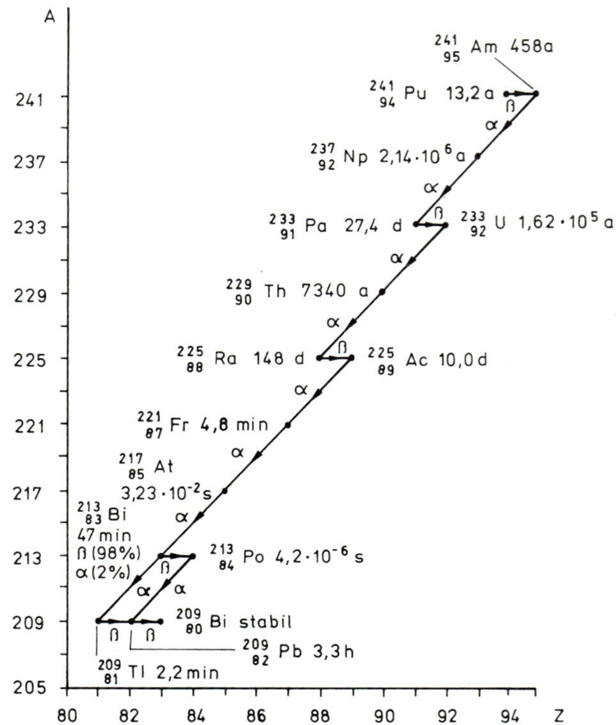

Tabelle 5 (Fortsetzung)

Uran-Reihe A = 4 n + 2

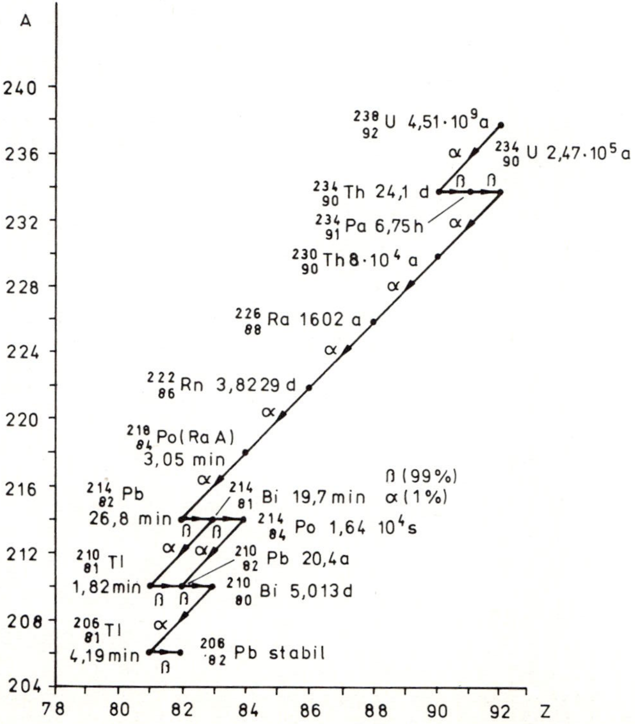

Aktinium-Reihe A = 4 n + 3

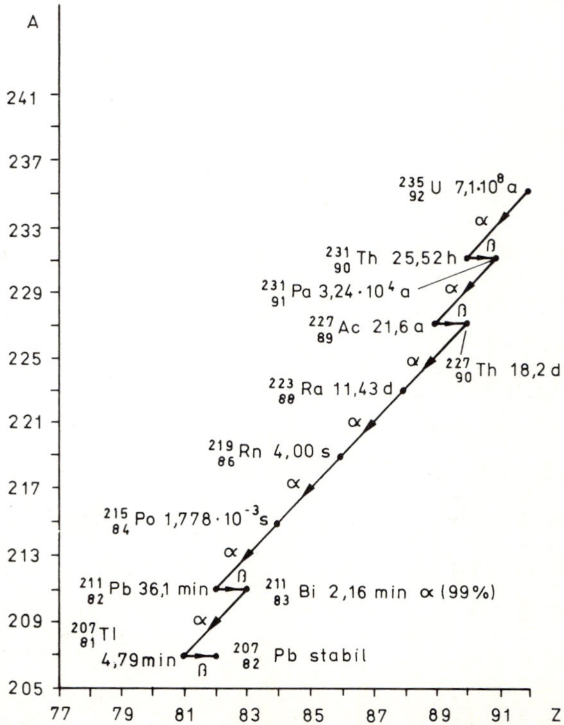

der Luft und folglich im lebenden Organismus konstant. Nach dem Tode des Organismus bleibt der ^{12}C-Gehalt konstant, der ^{14}C-Gehalt ändert sich mit der Zeit. Aus dem Verhältnis ^{12}C zu ^{14}C kann man das Alter der toten organischen Substanz ermitteln (*Libby*, 1947).

Mit Hilfe radioaktiver Isotope lassen sich chemische Verbindungen *radioaktiv markieren*, wenn man anstelle eines stabilen Isotops ein radioaktives Isotop des gleichen Elements einbaut. Auf Grund der Strahlung des Isotops läßt sich sein Weg bei Synthesen oder Analysen verfolgen. Sind markierte Substanzen in Nahrungsmitteln enthalten, läßt sich ihr Weg im Organismus auffinden. Ein *radioaktiver Indikator* ist z.B. das $^{131}_{53}I$-Isotop, das beim sog. Radioiodtest zur Lokalisierung von Geschwülsten in der Schilddrüse benutzt wird.

Radionuclide finden auch als *Strahlungsquellen* vielfache Anwendung. Mit $^{60}_{27}Co$ werden z.B. Tumore bestrahlt. Durch Bestrahlen werden Lebensmittel sterilisiert oder Gase ionisiert. So werden α- und β-Strahler in den Strahlungsionisationsdetektoren von Gaschromatographen benutzt. Durch radioaktive Strahlen wird aber auch die Erbmasse verändert. Auf diese Weise lassen sich z.B. neue Pflanzenarten züchten.

Breite Anwendung finden Radionuclide ferner bei der Werkstoffprüfung. Aus der Durchlässigkeit der Materialien lassen sich Rückschlüsse auf Wanddicke, Materialfehler usw. ziehen.

Aktivierungsanalyse

Die Aktivierungsanalyse dient der quantitativen Bestimmung eines Elements in einer Probe. Dabei wird die Probe mit geeigneten nuklearen Geschossen "bombardiert" und die Intensität der radioaktiven Strahlung gemessen, welche durch den Beschuß hervorgerufen wird (Bildung radioaktiver Isotope). Als Geschosse werden meist Neutronen benutzt. Für die Analyse genügen wenige mg Substanz. Von der aktivierten Probe wird meist ein Gammaspektrum aufgenommen (Messung der Energieverteilung und -intensität der ausgesandten Gammaquanten). Die Auswertung des Spcktrums zur Bestimmung von Art und Menge der in der Probe enthaltenen Elemente erfolgt mittels Computer.

Beispiel: Nachweis von Quecksilber in biologischen und organischen Materialien.

2.2. Elektronenhülle

Erhitzt man Gase oder Dämpfe chemischer Substanzen in der Flamme eines Bunsenbrenners oder im elektrischen Lichtbogen, so strahlen sie Licht aus. Wird dieses Licht durch ein Prisma oder Gitter zerlegt, erhält man ein diskontinuierliches Spektrum, d.h. ein Linienspektrum.

Trotz einiger Ähnlichkeiten hat jedes Element ein charakteristisches Linienspektrum (*Bunsen*, *Kirchhoff*, 1860).

Die Spektrallinien entstehen dadurch, daß die Atome Licht nur in diskreten Quanten (Photonen) ausstrahlen. Dies hat seinen Grund in der Struktur der Elektronenhülle.

Abb. 3 zeigt einen Ausschnitt aus dem Emissionsspektrum von atomarem Wasserstoff.

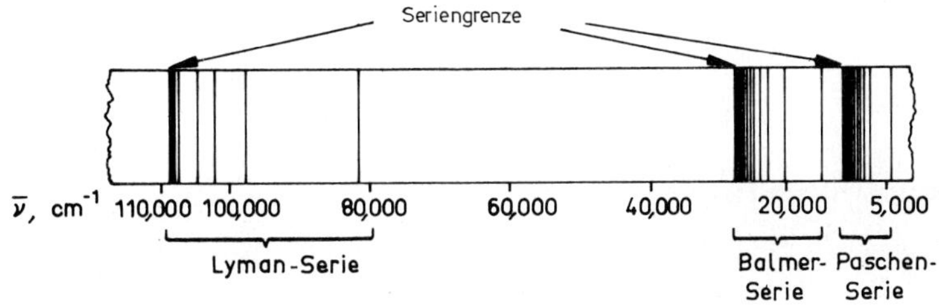

Abb. 3

Das Wasserstoffspektrum besteht aus fünf *Serienspektren*. Jede Serie schließt mit einer *Seriengrenze*. Die Wellenzahlen $\bar{\nu}$ der einzelnen Emissionslinien errechnen sich nach folgender allgemeinen Formel:

$$\bar{\nu} = R_H\left(\frac{1}{m^2} - \frac{1}{n^2}\right) \qquad \begin{aligned} m &= 1,2,3,4\ldots, \\ n &= (m+1),\ (m+2),\ (m+3)\ldots, \\ R_H &= 109{,}678\ \text{cm}^{-1}. \end{aligned}$$

R_H ist eine empirische Konstante (Rydberg-Konstante für Wasserstoff). Für die einzelnen Serien ergibt sich damit:

			Spektralgebiet
Lyman-Serie	$\frac{1}{\lambda} = \bar{\nu} = R_H\left(\frac{1}{1^2} - \frac{1}{n^2}\right)$	$n = 2,3,4,5,6...$	ultraviolett
Balmer-Serie	$\frac{1}{\lambda} = \bar{\nu} = R_H\left(\frac{1}{2^2} - \frac{1}{n^2}\right)$	$n = 3,4,5,6...$	sichtbar
Paschen-Serie	$\frac{1}{\lambda} = \bar{\nu} = R_H\left(\frac{1}{3^2} - \frac{1}{n^2}\right)$	$n = 4,5,6...$	ultrarot
Brackett-Serie	$\frac{1}{\lambda} = \bar{\nu} = R_H\left(\frac{1}{4^2} - \frac{1}{n^2}\right)$	$n = 5,6...$	ultrarot
Pfund-Serie	$\frac{1}{\lambda} = \bar{\nu} = R_H\left(\frac{1}{5^2} - \frac{1}{n^2}\right)$	$n = 6...$	ultrarot

(λ ist das Symbol für Wellenlänge)

Atommodell von N. Bohr (1913)

Von den klassischen Vorstellungen über den Bau der Atome wollen wir hier nur das Bohrsche Atommodell skizzieren.

Bohrsches Modell vom *Wasserstoffatom*

Das Wasserstoffatom besteht aus einem Proton und einem Elektron. Das Elektron (Masse m, Ladung -e) bewegt sich auf einer Kreisbahn vom Radius r ohne Energieverlust (strahlungsfrei) mit der Lineargeschwindigkeit v um den Kern (Masse m_p, Ladung +e).

Die Umlaufbahn ist stabil, weil die Zentrifugalkraft, die auf das Elektron wirkt (mv^2/r), gleich ist der Coulombschen Anziehungskraft zwischen Elektron und Kern ($e^2/4\pi\varepsilon_o r^2$), d.h. es gilt:

$$\frac{mv^2}{r} = \frac{e^2}{4\pi\varepsilon_o r^2} \text{ oder } mv^2 = \frac{e^2}{4\pi\varepsilon_o r}; \quad \varepsilon_o = 8{,}8 \cdot 10^{-12}\ A^2\ s^4\ kg^{-1}\ m^{-3}$$

Die Energie E des Elektrons auf seiner Umlaufbahn setzt sich zusammen aus der potentiellen Energie E_{pot} und der kinetischen Energie E_{kin}:

$$E = E_{pot} + E_{kin}$$

$$E_{kin} = \frac{mv^2}{2} = \frac{e^2}{8\pi\varepsilon_o r}; \quad E_{pot} = \int_{\infty}^{r} \frac{e^2}{4\pi\varepsilon_o r^2 dr} = \frac{-e^2}{4\pi\varepsilon_o r} = -2\,E_{kin};$$

$$E = -2\,E_{kin} + E_{kin} = -E_{kin} = -\frac{e^2}{8\pi\varepsilon_o r}$$

Nach der Energiegleichung sind für das Elektron (in Abhängigkeit vom Radius r) alle Werte erlaubt von 0 (für $r = \infty$) bis ∞ (für $r = 0$). Damit das Modell mit den Atomspektren vereinbar ist, ersann Bohr eine Quantisierungsbedingung. Er verknüpfte den Bahndrehimpuls (mvr) des Elektrons mit dem Planckschen Wirkungsquantum h (beide haben die Dimension einer Wirkung):

$$mvr = \underline{n} \cdot h/2\pi; \quad h = 6{,}626 \cdot 10^{-34}\ J \cdot s$$

Für *n (= Hauptquantenzahl)* dürfen nur ganze Zahlen (1,2,... bis ∞) eingesetzt werden. Zu jedem Wert von n gehört eine Umlaufbahn mit einer bestimmten Energie, welche einem *"stationären" Zustand* (diskretes Energieniveau) des Atoms entspricht. Kombiniert man die Gleichungen für v und E mit der Quantisierungsvorschrift, erhält man für den Bahnradius und die Energie des Elektrons auf einer Umlaufbahn:

$$v = \frac{e^2}{2h\varepsilon_o} \cdot \frac{1}{n}; \quad r = \frac{\varepsilon_o \cdot h^2}{\pi m e^2} \cdot n^2 \quad \text{und} \quad E = -\frac{m \cdot e^4}{8\varepsilon_o^2 \cdot h^2} \cdot \frac{1}{n^2}$$

Für

$n = 1$ ist $r_1 = 52{,}84$ pm und $E_1 = -1313\ kJ \cdot mol^{-1}$

$n = 2$ ist $r_2 = 212$ pm und $E_2 = -328\ kJ \cdot mol^{-1}$

Für n = 1,2,3,4 ... gilt für die Energiewerte: $E = E_1, \frac{1}{4}E_1, \frac{1}{9}E_1, \frac{1}{16}E_1 \ldots$

$r_1 = a_o$ heißt auch Bohrscher Atomradius.

$v = \frac{1}{n} \cdot 2{,}18 \cdot 10^6\ m \cdot s^{-1}$; für n = 1: $v = 2 \cdot 10^6\ m \cdot s^{-1}$

Durch das negative Vorzeichen wird deutlich gemacht, daß der Wert für E_2 weniger negativ ist als derjenige für E_1. Daraus folgt, daß der Zustand E_1 die niedrigere Energie besitzt.

Der stabilste Zustand eines Atoms (*Grundzustand*) ist der Zustand niedrigster Energie.

Höhere Zustände (Bahnen) heißen *angeregte Zustände*. Abb. 4 zeigt die Elektronenbahnen und die zugehörigen Energien für das Wasserstoffatom in Abhängigkeit von der Hauptquantenzahl n.

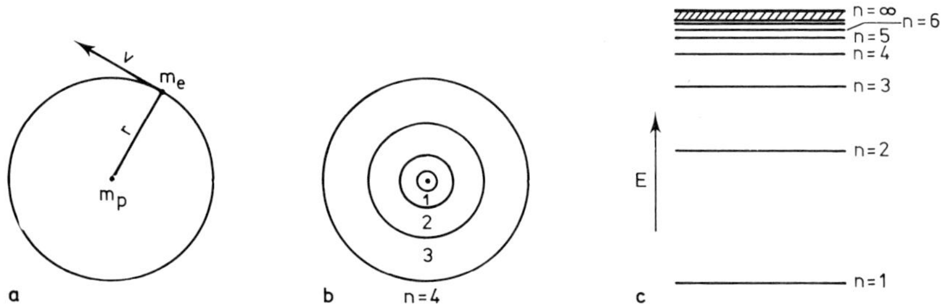

Abb. 4 a-c. Bohrsches Atommodell. (a) Bohrsche Kreisbahn. (b) Bohrsche Kreisbahnen für das Wasserstoffatom mit n = 1, 2, 3 und 4. (c) Energieniveaus für das Wasserstoffatom mit n = 1, 2, 3, 4 ... ∞

Atomspektren (Absorptions- und Emissionsspektroskopie)

Nach *Bohr* sind Übergänge zwischen verschiedenen Bahnen bzw. energetischen Zuständen (Energieniveaus) möglich, wenn die Energiemenge, die der Energiedifferenz zwischen den betreffenden Zuständen entspricht, entweder zugeführt (absorbiert) oder in Form von elektromagnetischer Strahlung (Photonen) ausgestrahlt (emittiert) wird. Erhöht sich die Energie eines Atoms, und entspricht die Energiezufuhr dem Energieunterschied zwischen zwei Zuständen E_m bzw. E_n, dann wird ein Elektron auf die höhere Bahn mit E_n angehoben. Kehrt es in den günstigeren Zustand E_m zurück, wird die Energiedifferenz $\Delta E = E_n - E_m$ als Licht (Photonen) ausgestrahlt, s. Abb. 4.

Für den Zusammenhang der Energie eines Photons mit seiner Frequenz ν gilt eine von *Einstein* (1905) angegebene Beziehung:

$$E = h\nu.$$

Die Frequenz einer Spektrallinie in einem Atomspektrum ist demnach gegeben durch $\nu = \frac{\Delta E}{h}$. Die Linien in einem Spektrum entsprechen allen möglichen Elektronenübergängen, vgl. Abb. 5.

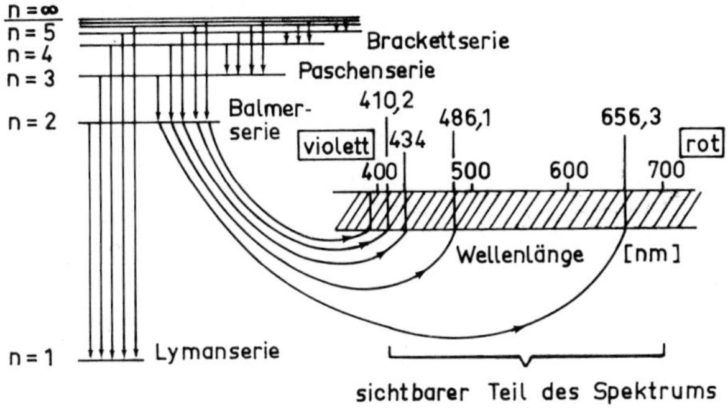

Abb. 5. Elektronenübergänge und Spektrallinien am Beispiel des Wasserstoffspektrums. (Nach E. Mortimer)

Verbesserungen des Bohrschen Modells

Sommerfeld und *Wilson* erweiterten das Bohrsche Atommodell, indem sie es auf Ellipsenbahnen ausdehnten. Ellipsenbahnen haben im Gegensatz zum Kreis zwei Freiheitsgrade, denn sie sind durch die beiden Halbachsen bestimmt. Will man daher die Atomspektren durch Übergänge zwischen Ellipsenbahnen beschreiben, braucht man demzufolge zwei Quantenbedingungen. Man erhält zu der Hauptquantenzahl n die sog. azimutale Quantenzahl k. Um Spektren von Atomen mit mehreren Elektronen erklären zu können, wurde k durch die *Nebenquantenzahl l* ersetzt (k = l - 1). Die Nebenquantenzahl l bestimmt den Bahndrehimpuls des Elektrons.

Als dritte Quantenzahl wurde die *magnetische Quantenzahl m* eingeführt. Sie bestimmt die Neigung der Ebene einer Ellipsenbahn gegen ein äußeres magnetisches Feld.

Trotz dieser und anderer Verbesserungen versagt das Bohrsche Modell in mehreren Fällen. Vor allem aber entbehren die stationären Zustände jeder theoretischen Grundlage.

Wellenmechanisches Atommodell des Wasserstoffatoms

Das wellenmechanische Modell berücksichtigt die Beobachtung, daß sich Elektronen je nach Versuchsanordnung wie Teilchen mit Masse, Energie und Impuls oder aber wie Wellen verhalten. Ferner beachtet es die Heisenbergsche Unschärfebeziehung, wonach es im atomaren Bereich unmöglich ist, von einem Teilchen gleichzeitig Ort und Impuls mit beliebiger Genauigkeit zu bestimmen.

Das Elektron des Wasserstoffatoms wird als eine kugelförmige, stehende (in sich selbst zurücklaufende) Welle im Raum um den Atomkern aufgefaßt. Die maximale Amplitude einer solchen Welle ist eine Funktion der Ortskoordinaten x, y und z: $\psi(x,y,z)$. Das Elektron kann durch eine solche Wellenfunktion beschrieben werden. ψ selbst hat keine anschauliche Bedeutung. Nach *M. Born* kann man jedoch das Produkt $\psi^2 dxdydz$ als die Wahrscheinlichkeit interpretieren, das Elektron in dem Volumenelement $dV = dxdydz$ anzutreffen (*Aufenthaltswahrscheinlichkeit*). Nach *E. Schrödinger* läßt sich das Elektron auch als Ladungswolke mit der Dichte ψ^2 auffassen (*Elektronendichteverteilung*).

1926 verknüpfte Schrödinger Energie und Welleneigenschaften eines Systems wie des Elektrons im Wasserstoffatom durch eine homogene Differentialgleichung zweiter Ordnung. Die zeitunabhängige Schrödinger-Gleichung ist:

$$\frac{\partial^2\psi}{\partial x^2} + \frac{\partial^2\psi}{\partial y^2} + \frac{\partial^2\psi}{\partial z^2} + \frac{8\pi^2 m}{h^2}\left(E + \frac{e^2}{r}\right)\psi = 0$$

oder in Polarkoordinaten (vgl. Abb. 6):

$$\frac{\partial}{\partial r}\left(r^2\frac{\partial\Psi}{\partial r}\right) + \frac{1}{\sin^2\vartheta}\frac{\partial^2\Psi}{\partial\varphi^2} + \frac{1}{\sin\vartheta}\frac{\partial}{\partial\vartheta}\left(\sin\vartheta\frac{\partial\Psi}{\partial\vartheta}\right)$$

$$+ \frac{8\pi^2 m r^2}{h^2}\left(E + \frac{e^2}{r}\right)\Psi = 0$$

oder in vereinfachter Form:

$$H\psi = E\psi.$$

H heißt Hamilton-Operator und bedeutet die Anwendung einer Rechenoperation auf ψ. H stellt die allgemeine Form der Gesamtenergie des

Systems dar. E ist der Zahlenwert der Energie für ein bestimmtes System. Wellenfunktionen ψ, die Lösungen der Schrödinger-Gleichung sind, heißen *Eigenfunktionen*. Die Energiewerte E, welche zu diesen Funktionen gehören, nennt man *Eigenwerte*. Die Eigenfunktionen entsprechen den stationären Zuständen des Atoms im Bohrschen Modell.

Ersetzt man die kartesischen Koordinaten durch Polarkoordinaten (Abb. 6), haben die Lösungen der Schrödinger-Gleichung die allgemeine Form:

$$\psi_{n,l,m} = R_{n,l}(r) \cdot Y_{l,m}(\vartheta,\varphi) \equiv \text{Atomorbitale}$$

Diese Eigenfunktionen (Einteilchen-Wellenfunktionen) nennt man *Atomorbitale (AO)* (*Mulliken*, 1931).

Das Wort Orbital ist ein Kunstwort und deutet die Beziehung zum Bohrschen Kreis an (englisch: orbit = Planetenbahn, Bereich).

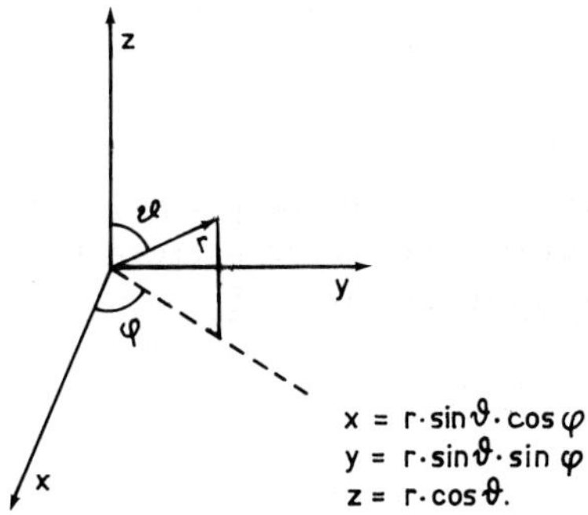

Abb. 6. Polarkoordinaten und ihre Beziehungen zu rechtwinkligen Koordinaten. $x = r \cdot \sin\vartheta \cdot \cos\varphi$; $y = r \cdot \sin\vartheta \cdot \sin\varphi$; $z = r \cdot \cos\vartheta$

Die Indizes n,l,m entsprechen der Hauptquantenzahl n, der Nebenquantenzahl l und der magnetischen Quantenzahl m. Die Quantenzahlen ergeben sich in diesem Modell gleichsam von selbst.

$\psi_{n,l,m}$ kann nur dann eine Lösung der Schrödinger-Gleichung sein, wenn die Quantenzahlen folgende Werte annehmen:

$n = 1,2,3,\ldots\infty$ (ganze Zahlen)

$l = 0,1,2,\ldots$ bis $n-1$

$m = +l,+(l-1),\ldots 0,\ldots -(l-1),-l$; m kann maximal $2\,l+1$ Werte annehmen.

Atomorbitale werden durch ihre Nebenquantenzahl l gekennzeichnet, wobei man den Zahlenwerten für l aus historischen Gründen Buchstaben in folgender Weise zuordnet:

```
l = 0, 1, 2, 3, ...
    |  |  |  |
    s, p, d, f, ...
```

Man sagt, ein Elektron besetzt ein Atomorbital, und meint damit, daß es durch eine Wellenfunktion beschrieben werden kann, die eine Lösung der Schrödinger-Gleichung ist. Speziell spricht man von einem s-Orbital bzw. p-Orbital und versteht darunter ein Atomorbital, für das die Nebenquantenzahl l den Wert 0 bzw. 1 hat.

Zustände gleicher Hauptquantenzahl bilden eine sog. *Schale*. Innerhalb einer Schale bilden die Zustände gleicher Nebenquantenzahl ein sog. *Niveau* (Unterschale): z.B. s-Niveau, p-Niveau, d-Niveau, f-Niveau.

Den Schalen mit den Hauptquantenzahlen $n = 1, 2, 3, \ldots$ werden die Buchstaben *K, L, M* usw. zugeordnet.

Elektronenzustände, welche die gleiche Energie haben, nennt man *entartet*. Im freien Atom besteht das p-Niveau aus drei, das d-Niveau aus fünf und das f-Niveau aus sieben entarteten AO.

Elektronenspin

Die Quantenzahlen n, l und m genügen nicht zur vollständigen Erklärung der Atomspektren, denn sie beschreiben gerade die Hälfte der erforderlichen Elektronenzustände. Dies veranlaßte 1925 *Uhlenbeck* und *Goudsmit* zu der Annahme, daß jedes Elektron neben seinem räumlich gequantelten Bahndrehimpuls einen Eigendrehimpuls hat. Dieser kommt durch eine Drehung des Elektrons um seine eigene Achse zustande und wird *Elektronenspin* genannt. Der Spin ist ebenfalls gequantelt. Je nachdem ob die Spinstellung parallel oder antiparallel zum Bahndrehimpuls ist, nimmt die *Spinquantenzahl s* die Werte +1/2 oder -1/2 an. Die Spinrichtung wird durch einen Pfeil angedeutet: ↑ bzw. ↓. (Die Werte der Spinquantenzahl wurden spektroskopisch bestätigt.)

Durch die vier Quantenzahlen n, l, m und s ist der Zustand eines Elektrons im Atom charakterisiert.

- n gibt die "Schale" an (K, L, M usw.).
- l gibt Auskunft über die Form eines Orbitals (s, p, d usw.).
- m gibt Auskunft über die Orientierung eines Orbitals im Raum.
- s gibt Auskunft über die Spinrichtung (Drehsinn) eines Elektrons.

Graphische Darstellung der Atomorbitale

Der Übersichtlichkeit wegen zerlegt man oft die Wellenfunktion $\psi_{n,l,m}$ in ihren sog. *Radialteil* $R_{n,l}(r)$, der nur eine Funktion vom Radius r ist, und in die sog. *Winkelfunktion* $Y_{l,m}(\varphi,\theta)$. Beide Komponenten von ψ werden meist getrennt betrachtet.

Winkelfunktionen $Y_{l,m}(\varphi,\vartheta)$

$$Y_{0,0} = 1/2\sqrt{\pi} \equiv s\text{-AO}$$

$$Y_{1,0} = (\sqrt{3}/2\sqrt{\pi})\cos\vartheta \equiv p_z\text{-AO}$$

$$\sqrt{\tfrac{1}{2}}(Y_{1,1}+Y_{1,-1}) = (\sqrt{3}/2\sqrt{\pi})\sin\vartheta\cos\varphi \equiv p_x\text{-AO}$$

$$-i/\sqrt{\tfrac{1}{2}}(Y_{1,1}-Y_{1,-1}) = (\sqrt{3}/2\sqrt{\pi})\sin\vartheta\sin\varphi \equiv p_y\text{-AO}$$

$$Y_{2,0} = (\sqrt{5}/4\sqrt{\pi})(3\cos^2\vartheta - 1) \equiv d_{z^2}\text{-AO}$$

$$\sqrt{\tfrac{1}{2}}(Y_{2,2}+Y_{2,-2}) = (\sqrt{15}/4\sqrt{\pi})\sin^2\vartheta\cos 2\varphi \equiv d_{x^2-y^2}\text{-AO}$$

$$-i/\sqrt{\tfrac{1}{2}}(Y_{2,1}-Y_{2,-1}) = (\sqrt{15}/4\sqrt{\pi})\sin 2\vartheta\sin\varphi \equiv d_{yz}\text{-AO}$$

$$\sqrt{\tfrac{1}{2}}(Y_{2,1}+Y_{2,-1}) = (\sqrt{15}/4\sqrt{\pi})\sin 2\vartheta\cos\varphi \equiv d_{xz}\text{-AO}$$

$$-i/\sqrt{\tfrac{1}{2}}(Y_{2,2}-Y_{2,-2}) = (\sqrt{15}/4\sqrt{\pi})\sin^2\vartheta\sin 2\varphi \equiv d_{xy}\text{-AO}$$

Beachte: Die Winkelfunktionen $Y_{l,m}$ sind von der Hauptquantenzahl n unabhängig. Sie sehen daher für alle Hauptquantenzahlen gleich aus.

Zur bildlichen Darstellung der Winkelfunktion benutzt man häufig sog. *Polardiagramme*. Die Diagramme entstehen, wenn man den Betrag von $Y_{l,m}$ für jede Richtung als Vektor vom Koordinatenursprung ausgehend aufträgt. Die Richtung des Vektors ist durch die Winkel φ und θ gegeben. Sein Endpunkt bildet einen Punkt auf der Oberfläche der räumlichen Gebilde in Abb. 7 - 9. Die Polardiagramme haben für unterschiedliche Kombinationen von l und m verschiedene Formen oder Orientierungen.

Für **s-Orbitale** ist l = 0. Daraus folgt: m kann 2 · 0 + 1 = 1 Wert annehmen, d.h. m kann nur Null sein. Das Polardiagramm für s-Orbitale ist daher *kugelsymmetrisch*.

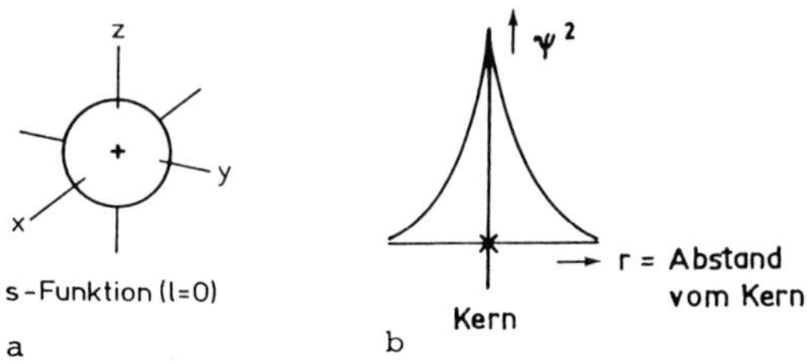

Abb. 7. (a) Graphische Darstellung der Winkelfunktion $Y_{0,0}$.
(b) Elektronendichteverteilung im 1s-AO

Für p-Orbitale ist $l = 1$. m kann demnach die Werte -1,0,+1 annehmen. Diesen Werten entsprechen drei verschiedene Orientierungen der p-Orbitale im Raum. Die Richtungen sind identisch mit den Achsen des kartesischen Koordinatenkreuzes. Deshalb unterscheidet man meist zwischen p_x-, p_y- und p_z-Orbitalen. Die Polardiagramme dieser Orbitale ergeben *hantelförmige* Gebilde. Beide Hälften einer solchen Hantel sind durch eine sog. *Knotenebene* getrennt. In dieser Ebene ist die Aufenthaltswahrscheinlichkeit eines Elektrons praktisch Null.

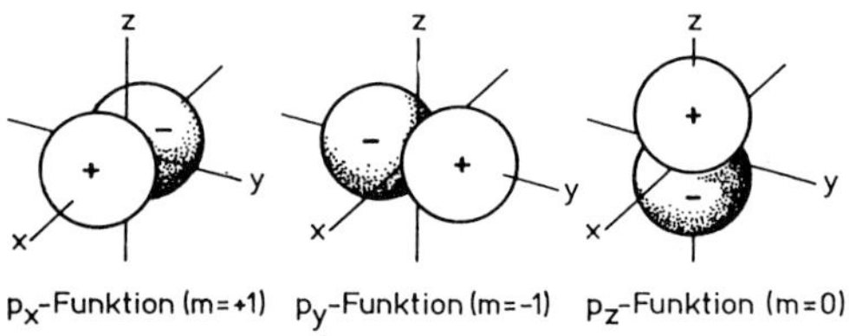

Abb. 8. Graphische Darstellung der Winkelfunktion $Y_{1,m}$

Für d-Orbitale ist $l = 2$. m kann somit die Werte annehmen: -2,-1, 0,+1,+2. Abb. 9 zeigt die graphische Darstellung der Winkelfunktion $Y_{2,m}$ dieser fünf d-Orbitale.

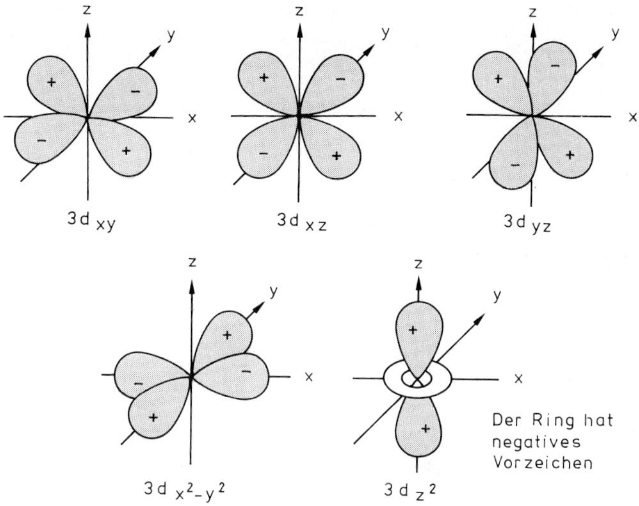

Abb. 9. Graphische Darstellung der Winkelfunktion $Y_{2,m}$

Anmerkung: Die Vorzeichen in den Abb. 7 - 9 ergeben sich aus der mathematischen Beschreibung der Elektronen durch Wellenfunktionen. Bei der Kombination von Orbitalen bei der Bindungsbildung und der Konstruktion von Hybrid-Orbitalen werden die Vorzeichen berücksichtigt (s. S. 82 und S. 88).

<u>Radialteil $R_{n,l}(r)$ für s-, p- und d-Orbitale</u>

$$R_{1,0} \equiv 1s : 2 \cdot \left(\frac{Z}{a_o}\right)^{3/2} \cdot e^{-\frac{Zr}{a_o}}$$

$$R_{2,0} \equiv 2s : 2 \cdot \left(\frac{Z}{2a_o}\right)^{3/2} \cdot e^{-\frac{Zr}{2a_o}} \cdot \left[1 - \frac{Zr}{2a_o}\right]$$

$$R_{3,0} \equiv 3s : 2 \cdot \left(\frac{Z}{3a_o}\right)^{3/2} \cdot e^{-\frac{Zr}{3a_o}} \cdot \left[1 - 2\,\frac{Zr}{3a_o} + \frac{2}{3}\left(\frac{Zr}{3a_o}\right)^2\right]$$

$$R_{2,1} \equiv 2p : \frac{2}{\sqrt{3}} \cdot \left(\frac{Z}{2a_o}\right)^{3/2} \cdot e^{-\frac{Zr}{2a_o}} \cdot \left[\frac{Zr}{2a_o}\right]$$

$$R_{3,1} \equiv 3p : \frac{2}{3}\sqrt{2} \cdot \left(\frac{Z}{3a_o}\right)^{3/2} \cdot e^{-\frac{Zr}{3a_o}} \cdot \left[\frac{Zr}{3a_o}\left(2 - \frac{Zr}{3a_o}\right)\right]$$

$$R_{3,2} \equiv 3d : \frac{4}{3\sqrt{10}} \cdot \left(\frac{Z}{3a_o}\right)^{3/2} \cdot e^{-\frac{Zr}{3a_o}} \cdot \left[\left(\frac{Zr}{3a_o}\right)^2\right]$$

Z ist die Kernladung. Für das Wasserstoffatom ist Z = 1.
r = Radius; a_o = 52,84 pm (Bohrscher Atomradius)

Der Radialteil $R_{n,l}(r)$ ist außer von der Nebenquantenzahl l auch von der Hauptquantenzahl n abhängig.

Abb. 10 zeigt die Radialfunktionen $R_{n,l}(r)$ und das Quadrat von $R_{n,l}(r)$ multipliziert mit der Oberfläche ($4\pi r^2$) einer Kugel vom Radius r um den Atomkern in Abhängigkeit von r (Entfernung vom Kern).

In Abb. 10 sieht man, daß die Radialfunktion für das 2s-Orbital einmal den Wert O annimmt. Das 2s-Orbital besitzt *eine* kugelförmige *Knotenfläche*. Das 3s-Elektron besitzt *zwei Knotenflächen*. Auch das 3p-AO besitzt eine Knotenfläche; s. hierzu Abb. 8.

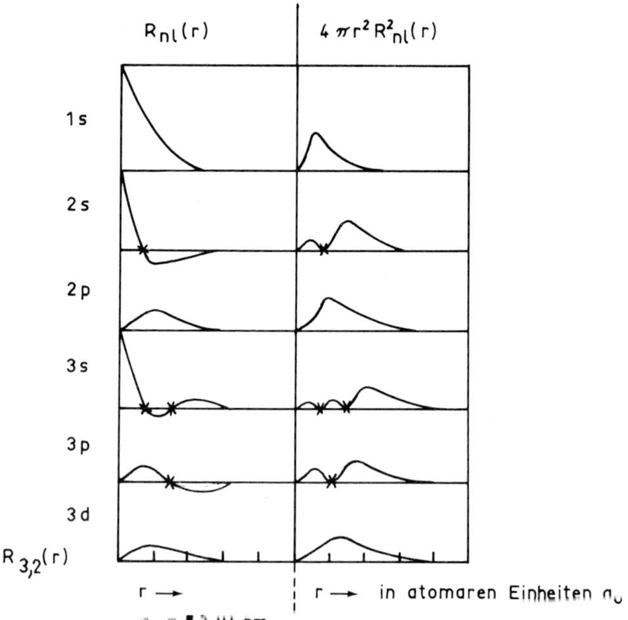

Abb. 10

Atomorbitale: $\psi_{n,l,m} = R_{n,l}(r) Y_{l,m}(\varphi,\vartheta)$

Atomorbitale sind das *Produkt* aus Radialfunktion und Winkelfunktion.

Für das 1s-AO ergibt sich:

$$\psi_{1,0,0} = 2 \cdot \left(\frac{Z}{a_o}\right)^{3/2} \cdot e^{-\frac{Zr}{a_o}} \cdot \frac{1}{2\sqrt{\pi}}$$

und entsprechend für das 2s-AO:

$$\psi_{2,0,0} = 2 \cdot \left(\frac{Z}{2a_o}\right)^{3/2} \cdot e^{-\frac{Zr}{2a_o}} \cdot \left[1 - \frac{Zr}{2a_o}\right] \cdot \frac{1}{2\sqrt{\pi}}.$$

Abb. 11 veranschaulicht ψ^2 für 2s-Elektronen.

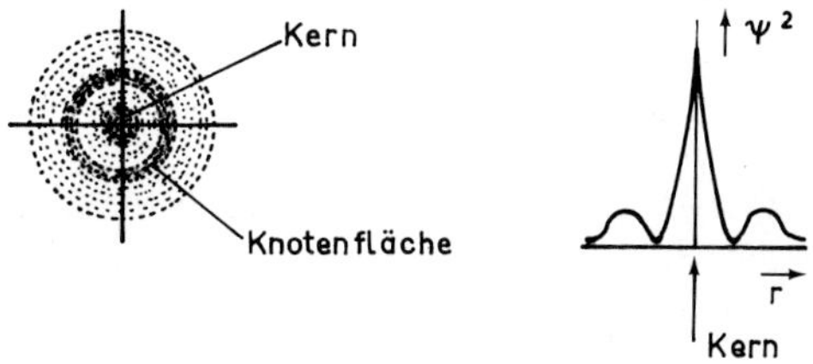

Abb. 11.
ψ^2 von 2s-Elektronen

Den Unterschied zwischen der Winkelfunktion und einem kompletten Orbital verdeutlicht Abb. 12 am Beispiel eines 2p-Orbitals.

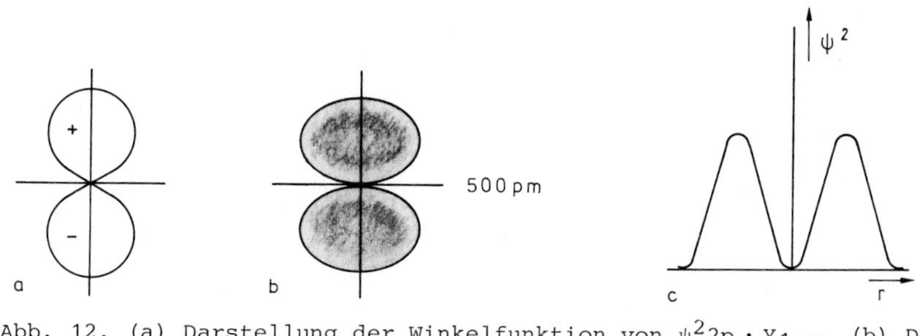

Abb. 12. (a) Darstellung der Winkelfunktion von $\psi^2 2p : Y_{1,m}$. (b) Darstellung eines 2p-Orbitals des H-Atoms durch Begrenzungslinien. Durch Rotation um die senkrechte Achse entsteht das dreidimensionale Orbital, wobei ein Elektron in diesem Orbital mit 99%iger Wahrscheinlichkeit innerhalb des Rotationskörpers anzutreffen ist. (c) Darstellung von ψ^2 von 2p-Elektronen

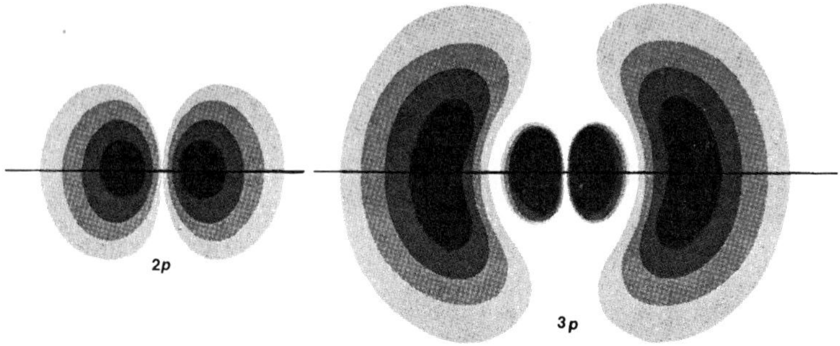

Abb. 13. Konturliniendiagramm für 2p- und 3p-Orbitale. Die verschieden schraffierten Zonen entsprechen von innen nach außen einer Aufenthaltswahrscheinlichkeit von 20 %, 40 %, 60 % und 80 %. (Nach Becker u. Wentworth, 1976)

Mehrelektronenatome

Die Schrödinger-Gleichung läßt sich für Atome mit mehr als einem Elektron nicht exakt lösen. Man kann aber die Elektronenzustände in einem Mehrelektronenatom durch Wasserstoff-Orbitale wiedergeben, wenn man die Abhängigkeit der Orbitale von der Hauptquantenzahl berücksichtigt. Die Anzahl der Orbitale und ihre Winkelfunktionen sind die gleichen wie im Wasserstoffatom.

Jedes Elektron eines Mehrelektronenatoms wird wie das Elektron des Wasserstoffatoms durch die vier Quantenzahlen n, l, m und s beschrieben.

Pauli-Prinzip, *Pauli-Verbot*

Nach einem von *Pauli* ausgesprochenen Prinzip stimmen keine zwei Elektronen in allen vier Quantenzahlen überein.

Haben zwei Elektronen z.B. gleiche Quantenzahlen n, l, m, müssen sie sich in der Spinquantenzahl s unterscheiden. Hieraus folgt:

Ein Atomorbital kann höchstens mit zwei Elektronen, und zwar mit antiparallelem Spin, besetzt werden.

Hundsche Regel

Besitzt ein Atom energetisch gleichwertige (entartete) Elektronenzustände, z.B. für l = 1 entartete p-Orbitale, *und werden mehrere Elektronen eingebaut, so erfolgt der Einbau derart, daß die Elektronen die Orbitale zuerst mit parallelem Spin besetzen. Anschließend erfolgt paarweise Besetzung mit antiparallelem Spin, falls genügend Elektronen vorhanden sind.*

Beispiel: Es sollen drei und vier Elektronen in ein p-Niveau eingebaut werden:

Beachte: *Niveaus unterschiedlicher Energie werden in der Reihenfolge zunehmender Energie mit Elektronen besetzt* (Abb. 14).

Die Elektronenzahl in einem Niveau wird als Index rechts oben an das Orbitalsymbol geschrieben. Die Kennzeichnung der Schale, zu welcher das Niveau gehört, erfolgt, indem man die zugehörige Hauptquantenzahl vor das Orbitalsymbol schreibt. Beispiel: 1 s^2 (sprich: eins s zwei) bedeutet: In der K-Schale ist das s-Niveau mit zwei Elektronen besetzt.

Die Elektronenanordnung in einem Atom nennt man auch seine *Elektronenkonfiguration*. Jedes Element hat seine charakteristische Elektronenkonfiguration, s. S. 38.

Abb. 14 gibt die Reihenfolge der Orbitalbesetzung in (neutralen) Mehrelektronenatomen an, wie sie experimentell gefunden wird.

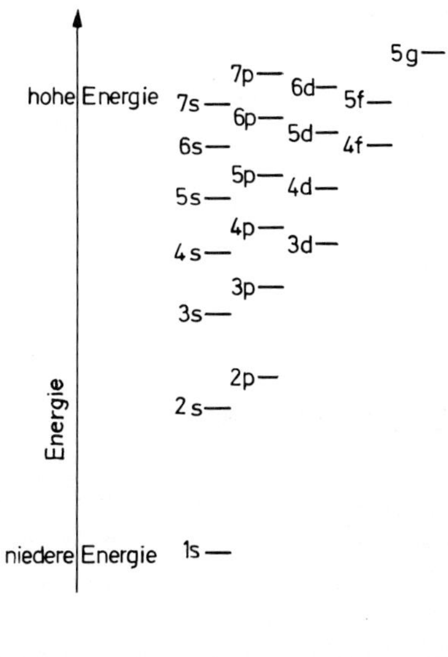

Abb. 14. Energieniveauschema für vielelektronige Atome

Ist die Hauptquantenzahl n = 1, so existiert nur das 1s-AO.

Besitzt ein Atom ein Elektron und befindet sich dieses im 1s-AO, besetzt das Elektron den stabilsten Zustand (Grundzustand).

Abb. 15 zeigt die Besetzung der Elektronenschalen. Die maximale Elektronenzahl einer Schale ist 2 n^2.

Für die Reihenfolge der Besetzung beachte Abb. 14!

Schale	Hauptquantenzahl n	Nebenquantenzahl l	Elektronentypus	Magnetische Quantenzahl m	Spinquantenzahl s = ±1/2	Elektronen je Teilschale maximal	Maximale Elektronenzahl für die ganze Schale
K	1	O	s	O	±1/2	2	2
L	2	O	s	O	±1/2	2	8
		1	p	-1,O,+1	±1/2	3x2 = 6	
M	3	O	s	O	±1/2	2	18
		1	p	-1,O,+1	±1/2	3x2 = 6	
		2	d	-2,-1,O,+1,+2	±1/2	5x2 =10	
N	4	O	s	O	±1/2	2	32
		1	p	-1,O,+1	±1/2	3x2 = 6	
		2	d	-2,-1,O,+1,+2	±1/2	5x2 =10	
		3	f	-3,-2,-1,O,+1,+2,+3	±1/2	7x2 =14	

Abb. 15

3. Periodensystem der Elemente

Das 1869 von *Mendelejew* und *L. Meyer* unabhängig voneinander aufgestellte Periodensystem der Elemente ist ein gelungener Versuch, die Elemente auf Grund ihrer chemischen und physikalischen Eigenschaften zu ordnen. Beide Forscher benutzten die Atommasse als ordnendes Prinzip. Da die Atommasse von der Häufigkeit der Isotope eines Elements abhängt, wurden einige Änderungen nötig, als man zur Ordnung der Elemente ihre Kernladungszahl heranzog. *Moseley* konnte 1913 experimentell ihre lückenlose Reihenfolge bestätigen. Er erkannte, daß zwischen der reziproken Wellenlänge ($\frac{1}{\lambda}$), der K_α-Röntgenlinie und der Kernladungszahl (Z) der Elemente die Beziehung besteht:

$$\frac{1}{\lambda} = \frac{3}{4} R (Z - 1)^2 \qquad (R = \text{Rydberg-Konstante}) .$$

Damit war es möglich, aus den Röntgenspektren der Elemente ihre Kernladungszahl zu bestimmen.

Anmerkung: K_α-Linie heißt diejenige Emissionslinie, die man erhält, wenn mit Kathodenstrahlen ein Elektron aus der K-Schale herausgeschossen wird und sein Platz von einem Elektron aus der L-Schale eingenommen wird. Einzelheiten s. Lehrbücher der Physik.

Ordnet man die Elemente mit zunehmender Kernladungszahl (Ordnungszahl) und faßt chemisch ähnliche ("verwandte") Elemente in Gruppen zusammen, erhält man das "Periodensystem der Elemente" (PSE), wie es Abb. 19 zeigt.

Eine logische Ableitung des Periodensystems aus den Elektronenzuständen der Elemente erlaubt das "Aufbauprinzip". Ausgehend vom Wasserstoffatom werden die Energieniveaus entsprechend ihrer energetischen Reihenfolge mit Elektronen besetzt. Abb. 16 zeigt die Reihenfolge der Besetzung. Tabelle 6 und Abb. 17 enthalten das Ergebnis in Auszügen.

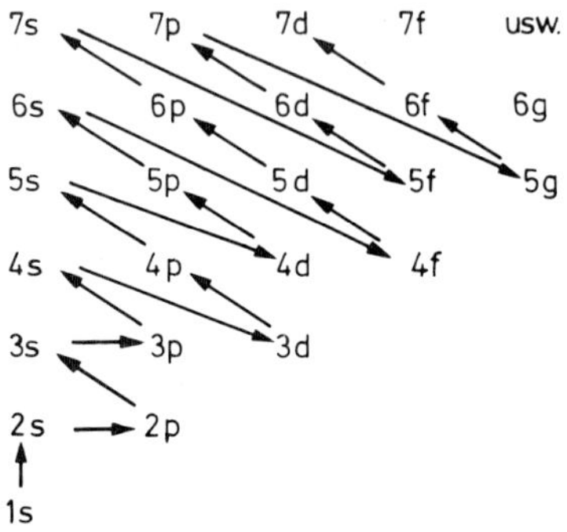

Abb. 16. Reihenfolge der Besetzung von Atomorbitalen

Erläuterungen zu Abb. 16 und Abb. 17:

Bei der Besetzung der Energieniveaus ist auf folgende Besonderheit zu achten:

Nach der Auffüllung der 3p-Orbitale mit sechs Elektronen bei den Elementen Al, Si, P, S, Cl, Ar wird das 4s-Orbital bei den Elementen K (s^1) und Ca (s^2) besetzt.

Jetzt wird bei Sc das erste Elektron in das 3d-Niveau eingebaut. Sc ist somit das erste Übergangselement (s. S. 43).

Es folgen: Ti, V, Cr, Mn, Fe, Co, Ni, Cu, Zn. Zn hat die Elektronenkonfiguration $4s^2 3d^{10}$.

Anschließend wird erst das 4p-Niveau besetzt bei den Elementen Ga, Ge, As, Se, Br, Kr usw.

Aus Tabelle 6 geht hervor, daß es Ausnahmen von der in Abb. 16 angegebenen Reihenfolge gibt. Halb- und vollbesetzte Niveaus sind nämlich besonders stabil; außerdem ändern sich die Energien der Niveaus mit der Kernladungszahl. Bei höheren Schalen werden zudem die Energieunterschiede zwischen einzelnen Niveaus immer geringer, vgl. Abb. 14, S. 33.

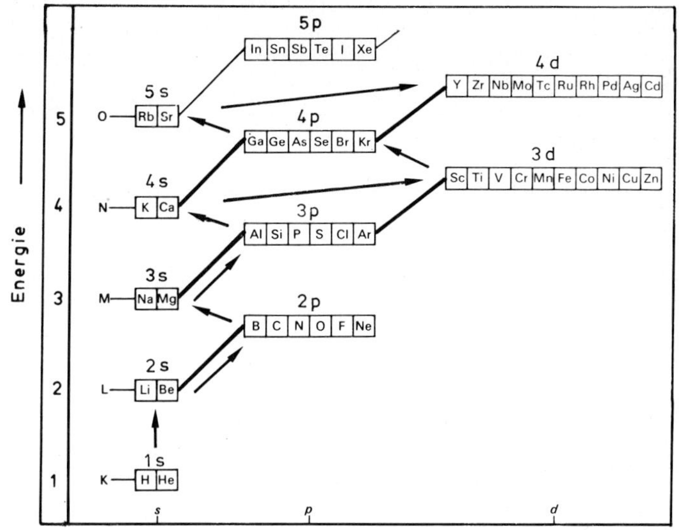

Abb. 17. Energieniveauschemata der wichtigsten Elemente. Die Niveaus einer Schale sind jeweils miteinander verbunden. Durch Pfeile wird die Reihenfolge der Besetzung angezeigt

Eine vereinfachte Darstellung des Atomaufbaus nach dem Bohrschen Atommodell für die Elemente Lithium bis Chlor zeigt Abb. 18.

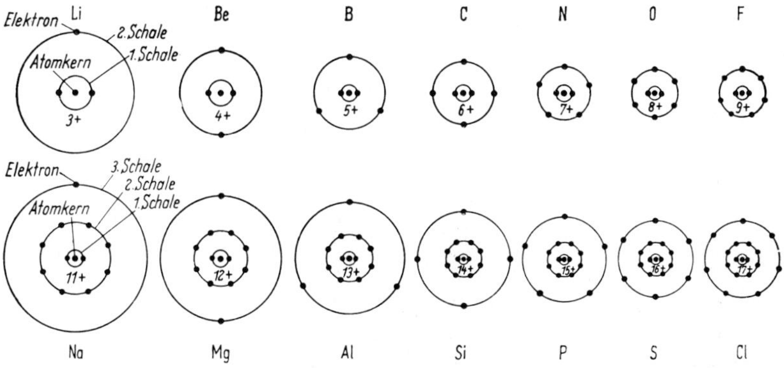

Abb. 18. Elektronenschalen und relative Atomradien der Elemente Lithium bis Chlor

Tabelle 6

Z		K	L		M			N				O				P			Q
		1s	2s	2p	3s	3p	3d	4s	4p	4d	4f	5s	5p	5d	5f	6s	6p	6d	7s
1	H	1																	
2	He	2																	
3	Li	2	1																
4	Be	2	2																
5	B	2	2	1															
6	C	2	2	2															
7	N	2	2	3															
8	O	2	2	4															
9	F	2	2	5															
10	Ne	2	2	6															
11	Na	2	2	6	1														
12	Mg	2	2	6	2														
13	Al	2	2	6	2	1													
14	Si	2	2	6	2	2													
15	P	2	2	6	2	3													
16	S	2	2	6	2	4													
17	Cl	2	2	6	2	5													
18	Ar	2	2	6	2	6													
19	K	2	2	6	2	6		1											
20	Ca	2	2	6	2	6		2											
21	Sc	2	2	6	2	6	1	2											
22	Ti	2	2	6	2	6	2	2											
23	V	2	2	6	2	6	3	2											
24	Cr	2	2	6	2	6	5	1											
25	Mn	2	2	6	2	6	5	2											
26	Fe	2	2	6	2	6	6	2											
27	Co	2	2	6	2	6	7	2											
28	Ni	2	2	6	2	6	8	2											
29	Cu	2	2	6	2	6	10	1											
30	Zn	2	2	6	2	6	10	2											
31	Ga	2	2	6	2	6	10	2	1										
32	Ge	2	2	6	2	6	10	2	2										
33	As	2	2	6	2	6	10	2	3										
34	Se	2	2	6	2	6	10	2	4										
35	Br	2	2	6	2	6	10	2	5										
36	Kr	2	2	6	2	6	10	2	6										

Tabelle 6 (Fortsetzung)

Z		K	L		M			N				O				P			Q
		1s	2s	2p	3s	3p	3d	4s	4p	4d	4f	5s	5p	5d	5f	6s	6p	6d	7s
37	Rb	2	2	6	2	6	10	2	6			1							
38	Sr	2	2	6	2	6	10	2	6			2							
39	Y	2	2	6	2	6	10	2	6	1		2							
40	Zr	2	2	6	2	6	10	2	6	2		2							
41	Nb	2	2	6	2	6	10	2	6	4		1							
42	Mo	2	2	6	2	6	10	2	6	5		1							
43	Tc	2	2	6	2	6	10	2	6	6		1							
44	Ru	2	2	6	2	6	10	2	6	7		1							
45	Rh	2	2	6	2	6	10	2	6	8		1							
46	Pd	2	2	6	2	6	10	2	6	10									
47	Ag	2	2	6	2	6	10	2	6	10		1							
48	Cd	2	2	6	2	6	10	2	6	10		2							
49	In	2	2	6	2	6	10	2	6	10		2	1						
50	Sn	2	2	6	2	6	10	2	6	10		2	2						
51	Sb	2	2	6	2	6	10	2	6	10		2	3						
52	Te	2	2	6	2	6	10	2	6	10		2	4						
53	I	2	2	6	2	6	10	2	6	10		2	5						
54	Xe	2	2	6	2	6	10	2	6	10		2	6						
55	Cs	2	2	6	2	6	10	2	6	10		2	6			1			
56	Ba	2	2	6	2	6	10	2	6	10		2	6			2			
57	La	2	2	6	2	6	10	2	6	10		2	6	1		2			
58	Ce	2	2	6	2	6	10	2	6	10	2	2	6			2			
59	Pr	2	2	6	2	6	10	2	6	10	3	2	6			2			
60	Nd	2	2	6	2	6	10	2	6	10	4	2	6			2			
61	Pm	2	2	6	2	6	10	2	6	10	5	2	6			2			
62	Sm	2	2	6	2	6	10	2	6	10	6	2	6			2			
63	Eu	2	2	6	2	6	10	2	6	10	7	2	6			2			
64	Gd	2	2	6	2	6	10	2	6	10	7	2	6	1		2			
65	Tb	2	2	6	2	6	10	2	6	10	9	2	6			2			
66	Dy	2	2	6	2	6	10	2	6	10	10	2	6			2			
67	Ho	2	2	6	2	6	10	2	6	10	11	2	6			2			
68	Er	2	2	6	2	6	10	2	6	10	12	2	6			2			
69	Tm	2	2	6	2	6	10	2	6	10	13	2	6			2			
70	Yb	2	2	6	2	6	10	2	6	10	14	2	6			2			
71	Lu	2	2	6	2	6	10	2	6	10	14	2	6	1		2			
72	Hf	2	2	6	2	6	10	2	6	10	14	2	6	2		2			
73	Ta	2	2	6	2	6	10	2	6	10	14	2	6	3		2			

Tabelle 6 (Fortsetzung)

Z		K 1s	L 2s	2p	M 3s	3p	3d	N 4s	4p	4d	4f	O 5s	5p	5d	5f	P 6s	6p	6d	Q 7s
74	W	2	2	6	2	6	10	2	6	10	14	2	6	4		2			
75	Re	2	2	6	2	6	10	2	6	10	14	2	6	5		2			
76	Os	2	2	6	2	6	10	2	6	10	14	2	6	6		2			
77	Ir	2	2	6	2	6	10	2	6	10	14	2	6	7		2			
78	Pt	2	2	6	2	6	10	2	6	10	14	2	6	9		1			
79	Au	2	2	6	2	6	10	2	6	10	14	2	6	10		1			
80	Hg	2	2	6	2	6	10	2	6	10	14	2	6	10		2			
81	Tl	2	2	6	2	6	10	2	6	10	14	2	6	10		2	1		
82	Pb	2	2	6	2	6	10	2	6	10	14	2	6	10		2	2		
83	Bi	2	2	6	2	6	10	2	6	10	14	2	6	10		2	3		
84	Po	2	2	6	2	6	10	2	6	10	14	2	6	10		2	4		
85	At	2	2	6	2	6	10	2	6	10	14	2	6	10		2	5		
86	Rn	2	2	6	2	6	10	2	6	10	14	2	6	10		2	6		
87	Fr	2	2	6	2	6	10	2	6	10	14	2	6	10		2	6		1
88	Ra	2	2	6	2	6	10	2	6	10	14	2	6	10		2	6		2
89	Ac	2	2	6	2	6	10	2	6	10	14	2	6	10		2	6	1	2
90	Th	2	2	6	2	6	10	2	6	10	14	2	6	10		2	6	2	2
91	Pa	2	2	6	2	6	10	2	6	10	14	2	6	10	2	2	6	1	2
92	U	2	2	6	2	6	10	2	6	10	14	2	6	10	3	2	6	1	2
93	Np	2	2	6	2	6	10	2	6	10	14	2	6	10	4	2	6	1	2
94	Pu	2	2	6	2	6	10	2	6	10	14	2	6	10	6	2	6		2
95	Am	2	2	6	2	6	10	2	6	10	14	2	6	10	7	2	6		2
96	Cm	2	2	6	2	6	10	2	6	10	14	2	6	10	7	2	6	1	2
97	Bk	2	2	6	2	6	10	2	6	10	14	2	6	10	8	2	6	1	2
98	Cf	2	2	6	2	6	10	2	6	10	14	2	6	10	10	2	6		2
99	Es	2	2	6	2	6	10	2	6	10	14	2	6	10	11	2	6		2
100	Fm	2	2	6	2	6	10	2	6	10	14	2	6	10	12	2	6		2
101	Md	2	2	6	2	6	10	2	6	10	14	2	6	10	13	2	6		2
102	No	2	2	6	2	6	10	2	6	10	14	2	6	10	14	2	6		2
103	Lr	2	2	6	2	6	10	2	6	10	14	2	6	10	14	2	6	1	2
104	Ku	2	2	6	2	6	10	2	6	10	14	2	6	10	14	2	6	2	2

Elemente mit anomaler Elektronenkonfiguration sind eingekreist.

Ordnungszahl 25 — Atommasse[1] 54,94 — Symbol Mn — Name Mangan

[1] Eingeklammerte Werte sind die Massenzahlen des stabilsten oder am besten untersuchten Isotops.

Gruppe Ia	IIa	III b	IV b	V b	VI b	VII b	VIII b	VIII b	VIII b	I b	II b	IIIa	IVa	Va	VIa	VIIa	VIIIa
1 1,008 H Wasserstoff																	2 4,003 He Helium
3 6,939 Li Lithium	4 9,012 Be Beryllium											5 10,811 B Bor	6 12,011 C Kohlenstoff	7 14,007 N Stickstoff	8 15,999 O Sauerstoff	9 18,998 F Fluor	10 20,183 Ne Neon
11 22,990 Na Natrium	12 24,312 Mg Magnesium											13 26,982 Al Aluminium	14 28,086 Si Silicium	15 30,974 P Phosphor	16 32,064 S Schwefel	17 35,453 Cl Chlor	18 39,948 Ar Argon
19 39,10 K Kalium	20 40,08 Ca Calcium	21 44,96 Sc Scandium	22 47,90 Ti Titan	23 50,94 V Vanadium	24 52,00 Cr Chrom	25 54,94 Mn Mangan	26 55,84 Fe Eisen	27 58,93 Co Kobalt	28 58,71 Ni Nickel	29 63,54 Cu Kupfer	30 65,38 Zn Zink	31 69,72 Ga Gallium	32 72,59 Ge Germanium	33 74,92 As Arsen	34 78,96 Se Selen	35 79,91 Br Brom	36 83,80 Kr Krypton
37 85,47 Rb Rubidium	38 87,62 Sr Strontium	39 88,91 Y Yttrium	40 91,22 Zr Zirkon	41 92,91 Nb Niob	42 95,94 Mo Molybdän	43 (98) Tc Technetium	44 101,07 Ru Ruthenium	45 102,91 Rh Rhodium	46 106,4 Pd Palladium	47 107,87 Ag Silber	48 112,40 Cd Cadmium	49 114,82 In Indium	50 118,69 Sn Zinn	51 121,75 Sb Antimon	52 127,60 Te Tellur	53 126,90 I Iod	54 131,30 Xe Xenon
55 132,91 Cs Cäsium	56 137,34 Ba Barium	57 138,91 La Lanthan	72 178,49 Hf Hafnium	73 180,95 Ta Tantal	74 183,85 W Wolfram	75 186,2 Re Rhenium	76 190,2 Os Osmium	77 192,2 Ir Iridium	78 195,1 Pt Platin	79 196,97 Au Gold	80 200,59 Hg Quecksilber	81 204,37 Tl Thallium	82 207,2 Pb Blei	83 208,98 Bi Bismut	84 (210) Po Polonium	85 (210) At Astat	86 (222) Rn Radon
87 (223) Fr Francium	88 (226) Ra Radium	89 (227) Ac Actinium	104 (261) Ku / Rf *	105 (262) Ha	106	107 Nb Nielsborium	108 Hs Hassium	109 Mt Meitnerium									

* Kurtschatovium oder Rutherfordium

58 140,12 Ce Cer	59 140,91 Pr Praseodym	60 144,24 Nd Neodym	61 (147) Pm Promethium	62 150,35 Sm Samarium	63 151,96 Eu Europium	64 157,25 Gd Gadolinium	65 158,93 Tb Terbium	66 162,50 Dy Dysprosium	67 164,93 Ho Holmium	68 167,26 Er Erbium	69 168,93 Tm Thulium	70 173,04 Yb Ytterbium	71 174,97 Lu Lutetium
90 232,04 Th Thorium	91 (231) Pa Protactinium	92 238,03 U Uran	93 (237) Np Neptunium	94 (239) Pu Plutonium	95 (243) Am Americium	96 (247) Cm Curium	97 (249) Bk Berkelium	98 (252) Cf Californium	99 (254) Es Einsteinium	100 (257) Fm Fermium	101 (258) Md Mendelevium	102 (255) No Nobelium	103 (257) Lr Lawrencium

Abb. 19. Periodensystem der Elemente. Für die Elemente mit den Ordnungszahlen 104–106 sind noch keine Namen und Symbole endgültig festgelegt. Dies gilt auch für Element 102. Die Namen und Symbole der Elemente 107–109 sind noch nicht international anerkannt. (Auskunft der GSI-Darmstadt, im Dez. 1992)

Anmerkung: Nach einer neuen IUPAC-Empfehlung sollen die Haupt- und Nebengruppen von 1 bis 18 durchnumeriert werden. Die dreispaltige Nebengruppe (Fe, Ru, Os), (Co, Rh, Ir), (Ni, Pd, Pt) hat danach die Zahlen 8, 9 und 10. Die Edelgase erhalten die Zahl 18.

Das Periodensystem läßt sich unterteilen in *Perioden* und *Gruppen*. Es gibt 7 Perioden und 16 Gruppen (8 Haupt- und 8 Nebengruppen, ohne Lanthaniden und Actiniden).

Die Perioden sind die (horizontalen) Zeilen. Innerhalb einer Periode sind die Elemente von links nach rechts nach steigender Ordnungszahl bzw. Elektronenzahl angeordnet. So hat Calcium (Ca) ein Elektron mehr als Kalium (K) oder Schwefel (S) ein Elektron mehr als Phosphor (P).

Elemente, die in einer (vertikalen) Spalte untereinander stehen, bilden eine Gruppe. Wegen *periodischer* Wiederholung analoger Elektronenkonfiguration besitzen sie die gleiche Anzahl *Valenzelektronen* (das sind die Elektronen in den äußeren Schalen) und sind deshalb einander chemisch ähnlich ("Elementfamilie").

Einteilung der Elemente auf Grund ähnlicher Elektronenkonfiguration

Edelgase

Bei den Edelgasen sind die Elektronenschalen voll besetzt. Die Elektronenkonfiguration s^2 (bei Helium) und s^2p^6 in der äußeren Schale bei den anderen Edelgasen ist energetisch besonders günstig (*"Edelgaskonfiguration"*). Edelgase sind demzufolge extrem reaktionsträge und haben hohe Ionisierungsenergien (s. S. 47). Lediglich mit Fluor und Sauerstoff ist bei den schweren Edelgasen Verbindungsbildung möglich; s. hierzu S. 397.

Hauptgruppenelemente ("repräsentative" Elemente)

Bei den Hauptgruppenelementen werden beim Durchlaufen einer Periode von links nach rechts die *äußersten* Schalen besetzt (s- und p-Niveaus). Die übrigen Schalen sind entweder vollständig besetzt oder leer.

Die Hauptgruppenelemente sind - nach Gruppen eingeteilt -:

1. Gruppe: Wasserstoff (H), Lithium (Li), Natrium (Na), Kalium (K), Rubidium (Rb), Cäsium (Cs), Francium (Fr).
2. Gruppe: Beryllium (Be), Magnesium (Mg), Calcium (Ca), Strontium (Sr), Barium (Ba), Radium (Ra).
3. Gruppe: Bor (B), Aluminium (Al), Gallium (Ga), Indium (In), Thallium (Tl).

4. Gruppe: Kohlenstoff (C), Silicium (Si), Germanium (Ge), Zinn (Sn), Blei (Pb).

5. Gruppe: Stickstoff (N), Phosphor (P), Arsen (As), Antimon (Sb), Bismut (Bi).

6. Gruppe: Sauerstoff (O), Schwefel (S), Selen (Se), Tellur (Te), Polonium (Po).

7. Gruppe: Fluor (F), Chlor (Cl), Brom (Br), Iod (I), Astat (At).

8. Gruppe: Helium (He), Neon (Ne), Argon (Ar), Krypton (Kr), Xenon (Xe), Radon (Rn).

Die Metalle der 1. Gruppe werden auch Alkalimetalle, die der 2. Gruppe Erdalkalimetalle und die Elemente der 3. Gruppe Erdmetalle genannt. Die Elemente der 6. Gruppe sind die sog. Chalkogene und die der 7. Gruppe die sog. Halogene. In der 8. Gruppe stehen die Edelgase.

Übergangselemente bzw. *Nebengruppenelemente*

Bei den sog. Übergangselementen werden beim Durchlaufen einer Periode von links nach rechts Elektronen in innere Schalen eingebaut. Es werden die 3d-, 4d-, 5d- und 6d-Zustände besetzt. Übergangselemente nennt man üblicherweise die Elemente mit den Ordnungszahlen 21 - 30, 39 - 48 und 72 - 80, ferner ^{57}La, ^{89}Ac, ^{104}Ku, ^{105}Ha. Sie haben mit Ausnahme der letzten und z.T. vorletzten Elemente jeder "Übergangselementreihe" unvollständig besetzte d-Orbitale in der *zweit*äußersten Schale. Anomalien bei der Besetzung treten auf, weil halb- und vollbesetzte Zustände besonders stabil (energiearm) sind. So hat Chrom (Cr) ein 4s-Elektron, aber fünf 3d-Elektronen, und Kupfer (Cu) hat ein 4s-Elektron und zehn 3d-Elektronen. In Tabelle 6 sind weitere Anomalien gekennzeichnet.

Die Einteilung der Übergangselemente in *Nebengruppen* erfolgt analog zu den Hauptgruppenelementen entsprechend der Anzahl der Valenzelektronen, zu denen s- und d-Elektronen gehören:

Die Elemente der I. Nebengruppe (Ib), Cu, Ag, Au, haben ein s-Elektron; die Elemente der VI. Nebengruppe (VIb), Cr, Mo, haben ein s- und fünf d-Elektronen, und W hat zwei s- und vier d-Elektronen.

Bei den sog. inneren Übergangselementen werden die 4f- und 5f-Zustände der *dritt*äußersten Schale besetzt. Es sind die *Lanthaniden* oder Seltenen Erden (Ce bis Lu, Ordnungszahl 58 - 71) und die *Actiniden* (Th bis Lr, Ordnungszahl 90 - 103). Vgl. hierzu auch S. 462.

Beachte: Lanthan (La) besitzt kein 4f-Elektron, sondern ein 5d-Elektron, obwohl das 4f-Niveau energetisch günstiger liegt als das 5d-Niveau. Das erste Element mit 4f-Elektronen ist Ce ($4f^2$).

Da das 5f-Niveau eine ähnliche Energie besitzt wie das 6d-Niveau, finden sich auch unregelmäßige Besetzungen bei den Actiniden, s. Tabelle 6.

Alle Übergangselemente sind Metalle. Die meisten von ihnen bilden Komplexverbindungen. Sie kommen in ihren Verbindungen meist in mehreren Oxidationsstufen vor.

Valenzelektronenzahl und Oxidationsstufen

Die Elektronen in den äußeren Schalen der Elemente sind für deren chemische und z.T. auch physikalische Eigenschaften verantwortlich. Weil die Elemente nur mit Hilfe dieser Elektronen miteinander verknüpft werden können, d.h. Bindungen (Valenzen) ausbilden können, nennt man diese Außenelektronen auch **Valenzelektronen**. Ihre Anordnung ist die **Valenzelektronenkonfiguration**.

Die Valenzelektronen bestimmen das chemische Verhalten der Elemente.

Wird einem neutralen chemischen Element durch irgendeinen Vorgang ein Valenzelektron entrissen, wird es einfach positiv geladen. Es entsteht ein einwertiges *Kation* (s. S. 187). Das Element wird oxidiert (s. S. 201), seine **Oxidationsstufe** (Oxidationszahl, s. S. 199) ist +1. Die Oxidationsstufe -1 erhält man, wenn einem neutralen Element ein Valenzelektron zusätzlich hinzugefügt wird. Es entsteht ein *Anion* (s. S. 187). Höhere bzw. tiefere Oxidationsstufen werden entsprechend durch Subtraktion bzw. Addition mehrerer Valenzelektronen erhalten.

Beachte: Als *Ionen* bezeichnet man geladene Atome und Moleküle. Positiv geladene heißen *Kationen*, negativ geladene *Anionen*. Die jeweilige Ladung wird mit dem entsprechenden Vorzeichen oben rechts an dem Element, Molekül etc. angegeben, z.B. $Cl^{\ominus}$, $SO_4^{2\ominus}$, $Cr^{3\oplus}$.

Periodizität einiger Eigenschaften

Es gibt Eigenschaften der Elemente, die sich periodisch mit zunehmender Ordnungszahl ändern.

1) *Atom- und Ionenradien*. Abb. 20 zeigt die Atom- und Ionenradien wichtiger Elemente.

Aus Abb. 20 kann man entnehmen, daß die Atomradien innerhalb einer Gruppe von oben nach unten zunehmen (Vermehrung der Elektronenschalen). Innerhalb einer Periode nehmen die Atomradien von links nach rechts ab, wegen stärkerer Kontraktion infolge zunehmender Kernladung bei konstanter Schalenzahl.

Diese Aussagen gelten analog für die Radien der Kationen bzw. Anionen.

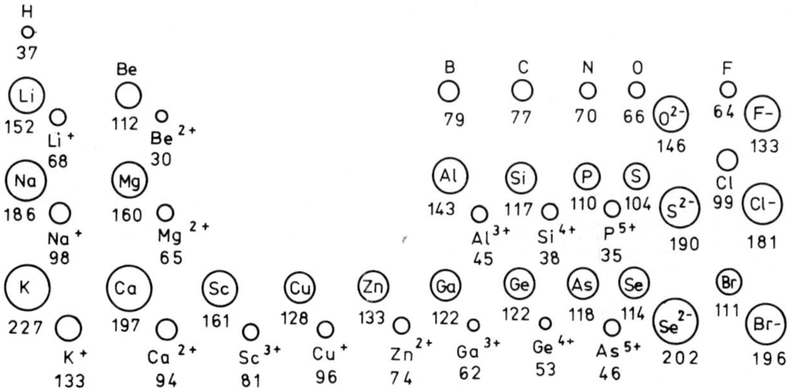

Abb. 20. Atom- und Ionenradien (in pm)

2) *Elektronenaffinität*. Die Elektronenaffinität (EA) ist definiert als diejenige Energie, die mit der Elektronenaufnahme durch ein gasförmiges Atom oder Ion verbunden ist:

$$X + e^{\ominus} \longrightarrow X^{\ominus}; \quad Cl + e^{\ominus} \longrightarrow Cl^{\ominus}; \quad EA = -364\ kJ \cdot mol^{-1}$$

Beispiel: Das Chlor-Atom nimmt ein Elektron auf und geht in das $Cl^{\ominus}$-Ion über. Hierbei wird eine Energie von 364 $kJ \cdot mol^{-1}$ frei (negatives Vorzeichen). Nimmt ein Atom mehrere Elektronen auf, so muß Arbeit gegen die abstoßende Wirkung des ersten "überschüssigen" Elektrons geleistet werden. Die Elektronenaffinität hat dann einen positiven Wert.

Innerhalb einer Periode nimmt der Absolutwert der Elektronenaffinität im allgemeinen von links nach rechts zu und innerhalb einer Gruppe von oben nach unten ab. Tabelle 7 enthält einige Elektronenaffinitäten.

Tabelle 7. Elektronenaffinitäten von Nichtmetallatomen ($kJ \cdot mol^{-1}$)

H	-72
F	-333
Cl	-364
Br	-342
I	-295

$$O^{\ominus} + e^{\ominus} \longrightarrow O^{2\ominus} \quad +791\ kJ$$

$$S^{\ominus} + e^{\ominus} \longrightarrow S^{2\ominus} \quad +648\ kJ$$

Auch Edelgase haben positive Elektronenaffinitäten.

3) *Ionisierungspotential.* Unter dem Ionisierungspotential IP (Ionisierungsenergie) versteht man die Energie, die aufgebracht werden muß, um von einem gasförmigen Atom oder Ion ein Elektron vollständig abzutrennen:

$$\overset{0}{Na} \longrightarrow \overset{+1}{Na}{}^{\oplus} + e^{\ominus}; \quad IP = 500\ kJ \cdot mol^{-1}$$

$$\text{bzw. } 5{,}1\ eV = 8{,}1 \cdot 10^{-19}\ J \text{ pro Atom}$$

Wird das erste Elektron abgetrennt, spricht man vom 1. Ionisierungspotential usw. Das Ionisierungspotential ist direkt meßbar und ein Maß für den Energiezustand des betreffenden Elektrons (Abb. 21). Im allgemeinen nimmt die Ionisierungsenergie innerhalb einer Periode von links nach rechts zu (wachsende Kernladung) und innerhalb einer Gruppe von oben nach unten ab (wachsender Atomradius). *Halbbesetzte* und *volle* Energieniveaus sind besonders stabil. Dementsprechend haben Elemente mit diesen Elektronenkonfigurationen vergleichsweise hohe Ionisierungspotentiale.

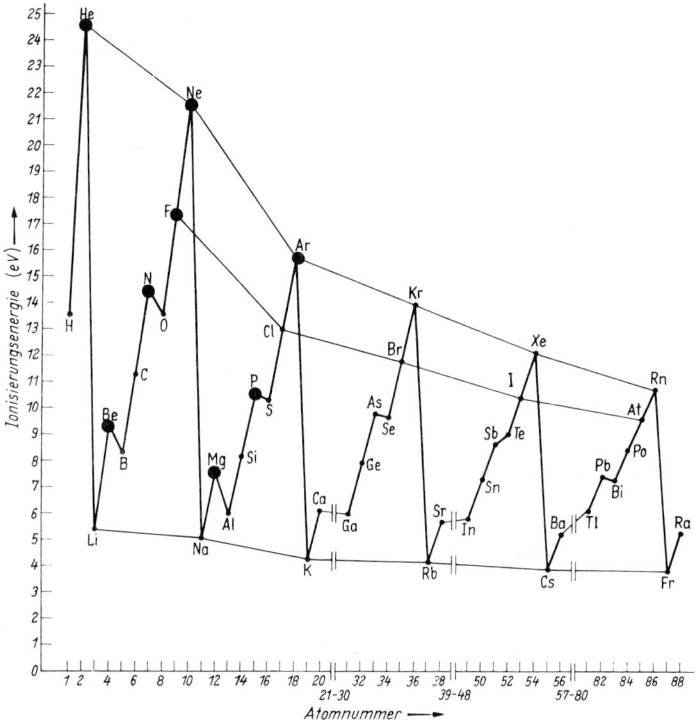

Abb. 21. "Erste" Ionisierungspotentiale (in eV) der Hauptgruppenelemente. Elemente mit halb- und vollbesetzten Energieniveaus in der K-, L- und M-Schale sind durch einen ausgefüllten Kreis gekennzeichnet

4) *Elektronegativität*

Die Elektronegativität EN (oder χ) ist nach *L. Pauling* ein Maß für das Bestreben eines Atoms, in einer kovalenten Einfachbindung Elektronen an sich zu ziehen.

Abb. 22 zeigt die von *Pauling* angegebenen Werte für eine Reihe wichtiger Elemente. Wie man deutlich sehen kann, nimmt die Elektronegativität innerhalb einer Periode von links nach rechts zu und innerhalb einer Gruppe von oben nach unten meist ab. Fluor wird als negativstem Element willkürlich die Zahl 4 zugeordnet. Demgemäß handelt es sich bei den Zahlenwerten in Abb. 22 um relative Zahlenwerte.

H						H
2,1						2,1
Li	Be	B	C	N	O	F
1,0	1,5	2,0	2,5	3,0	3,5	4,0
Na	Mg	Al	Si	P	S	Cl
0,9	1,2	1,5	1,8	2,1	2,5	3,0
K	Ca				Se	Br
0,8	1,0				2,4	2,8
Rb	Sr				Te	I
0,8	1,0				2,1	2,4
Cs	Ba					
0,7	0,9					

Abb. 22. Elektronegativitäten nach *Pauling*

L. Pauling hat seine Werte über die Bindungsenergien in Molekülen ermittelt.

Eine einfache Beziehung für die experimentelle Bestimmung der Elektronegativitätswerte wurde auch von *R. Mulliken* angegeben:

$$\text{Elektronegativität } (\chi) = \frac{\text{Ionisierungspotential (IP)} + \text{Elektronenaffinität (EA)}}{2}$$

$$\chi = \frac{IP + EA}{2}$$

Die Werte für die Ionisierungspotentiale sind für fast alle Elemente experimentell bestimmt. Für die Elektronenaffinitäten ist dies allerdings nicht in gleichem Maße der Fall.

Die Differenz $\Delta\chi$ der Elektronegativitäten zweier Bindungspartner ist ein Maß für die Polarität (= Ionencharakter) der Bindung.

Je größer $\Delta\chi$, um so ionischer (polarer) ist die Bindung.

Beispiele: H-Cl ($\Delta\chi$ = 0,9; ca. 20 % Ionencharakter), NaCl ($\Delta\chi$ = 2,1; Ionenbeziehung).

5) *Metallischer und nichtmetallischer Charakter der Elemente* (Abb. 23).

Innerhalb einer Periode nimmt der metallische Charakter von links nach rechts ab und innerhalb einer Gruppe von oben nach unten zu. Für den nichtmetallischen Charakter gelten die entgegengesetzten Richtungen. Im Periodensystem stehen demzufolge die typischen *Metalle* links und unten und die typischen *Nichtmetalle* rechts und oben. Eine "Trennungslinie" bilden die sogenannten *Halbmetalle* B, Si, Ge, As, Te, die auch in ihrem Verhalten zwischen beiden Gruppen stehen. Die Trennung ist nicht scharf; es gibt eine breite Übergangszone.

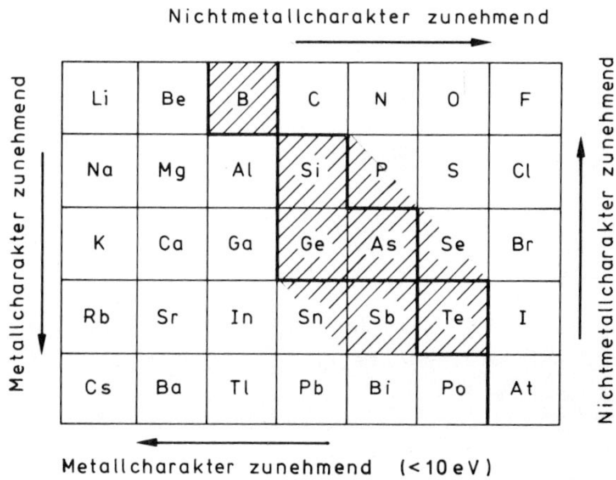

Abb. 23

Charakterisierung der Metalle. 3/4 aller Elemente sind Metalle und 9/16 aller binären Systeme sind Metallsysteme. Metalle haben hohe elektrische und thermische Leitfähigkeit, metallischen Glanz, kleine Elektronegativitäten, Ionisierungspotentiale (< 10 eV) und Elektronenaffinitäten. Sie können Oxide bilden und sind in Verbindungen (besonders in Salzen) fast immer der positiv geladene Partner. Metalle sind dehnbar, formbar usw. Sie kristallisieren in sog. Metallgittern, s. S. 101 (über die Bindung in Metallen s. S. 98).

Charakterisierung der Nichtmetalle. Die Nichtmetalle stehen mit Ausnahme des Wasserstoffs im Periodensystem eine bis vier Positionen vor einem Edelgas. Ihre Eigenschaften ergeben sich aus den allgemeinen Gesetzmäßigkeiten im Periodensystem. Nichtmetalle haben relativ hohe Ionisierungspotentiale, große Elektronenaffinitäten (für die einwertigen Anionen) und größere Elektronegativitätswerte als Metalle (außer den Edelgasen). Hervorzuheben ist, daß sie meist

Isolatoren sind und untereinander *typisch kovalente* Verbindungen bilden, wie H_2, N_2, S_8, Cl_2, Kohlendioxid (CO_2), Schwefeldioxid (SO_2) und Stickstoffdioxid (NO_2). Nichtmetalloxide sind sogenannte Säureanhydride und reagieren im allgemeinen mit Wasser zu Säuren. Beispiele: $CO_2 + H_2O \rightleftharpoons H_2CO_3$; $SO_2 + H_2O \rightleftharpoons H_2SO_3$; $SO_3 + H_2O \rightleftharpoons H_2SO_4$.
Ausnahme: Sauerstofffluoride, z.B. F_2O.

4. Moleküle, chemische Verbindungen, Reaktionsgleichungen und Stöchiometrie

Die kleinste Kombination von Atomen eines Elements oder verschiedener Elemente, die unabhängig existenzfähig ist, heißt *Molekül*. Ein Molekül ist das kleinste für sich genommen existenzfähige Teilchen einer chemischen *Verbindung*. Alle Verbindungen (Moleküle) lassen sich in die Elemente zerlegen. Die Zerlegung einer Verbindung in die Elemente zur Bestimmung von Zusammensetzung und Aufbau nennt man *Analyse*, den Aufbau einer Verbindung aus den Elementen bzw. Elementkombinationen *Synthese*.

Ein Molekül wird dadurch hinsichtlich seiner Zusammensetzung charakterisiert, daß man die Elementsymbole seiner elementaren Komponenten nebeneinander stellt. Kommt ein Element in einem Molekül mehrfach vor, wird die Anzahl durch eine tiefgestellte Zahl rechts unten am Elementsymbol angegeben. Beispiele: Das Wasserstoffmolekül H_2 enthält zweimal das Element Wasserstoff H. Das Wassermolekül enthält zweimal das Element Wasserstoff H und einmal das Element Sauerstoff O. Sein Symbol ist H_2O.

Weitere Beispiele: N_2, O_2, F_2, I_2.
$2\,H \longrightarrow H_2$; $2\,Br \longrightarrow Br_2$; ein Schwefelmolekül S_8 ist aus 8 S-Atomen aufgebaut.

Beispiele für einfache Verbindungen sind auch die Alkali- und Erdalkalihalogenide. Es handelt sich um Kombinationen aus einem Alkalimetall wie Natrium (Na), Kalium (K) oder einem Erdalkalimetall wie Calcium (Ca), Strontium (Sr) oder Barium (Ba) mit den Halogenen Fluor (F), Chlor (Cl), Brom (Br) oder Iod (I).

Die Formeln sind den Namen in Klammern zugeordnet: Natriumfluorid (NaF), Natriumchlorid (NaCl), Natriumbromid (NaBr), Calciumchlorid ($CaCl_2$), Strontiumchlorid ($SrCl_2$), Bariumchlorid ($BaCl_2$). Solche Formeln sind *Summenformeln* (Bruttoformeln, empirische Formeln), die nur die Elementzusammensetzung der betreffenden Substanzen angeben. Sie sagen nichts aus über die räumliche Anordnung der Bestandteile.

Auskunft über die räumliche Anordnung der einzelnen Elemente in einem Molekül und die Molekülgröße gibt die *Strukturformel* (Konstitutionsformel) bzw. das *Raumgitter* bei Salzen und anderen festen Stoffen (vgl. S. 152).

Einige Beispiele sollen die Unterschiede erläutern:

Methan	Summenformel:	CH_4	Strukturformel:	Abb. 48, S. 83
Ammoniak		NH_3	Strukturformel:	Abb. 52, S. 85
Phosphor(III)-oxid		P_4O_6	Strukturformel:	Abb. 26, S. 52
Natriumchlorid		$(NaCl)_n$	Raumgitter:	Abb. 29, S. 68
Siliciumdioxid (Cristobalit)		$(SiO_2)_n$	Raumgitter:	Abb. 24, S. 52
Pyrophosphorsäure		$H_4P_2O_7$	Strukturformel:	Abb. 25, S. 52
Arsenoxid (kubisch)		As_4O_6	Strukturformel:	Abb. 26, S. 52

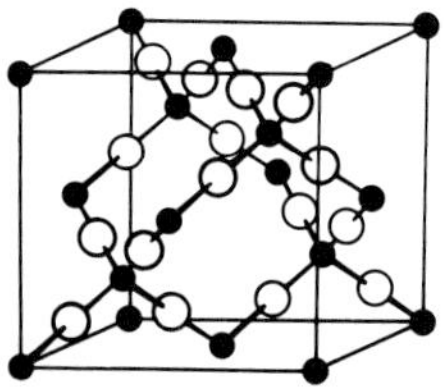

● = Si ○ = O

Abb. 24. Cristobalit $(SiO_2)_n$

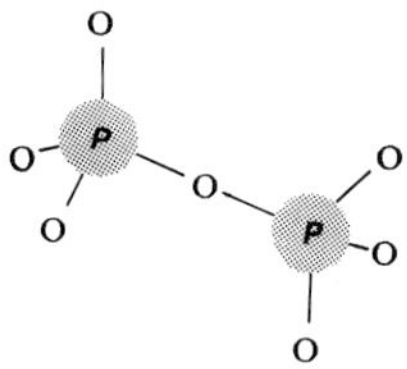

Abb. 25. $P_2O_7^{4\ominus}$

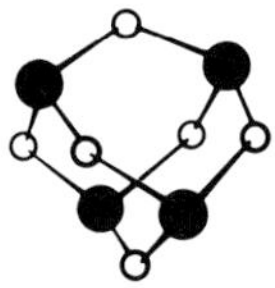

○ = O ● = P oder As

Abb. 26. P_4O_6 oder As_4O_6

Reaktionsgleichungen

Die auf S. 4 angegebenen Grundgesetze der Chemie bilden die Grundlage für die quantitative Beschreibung chemischer Reaktionen in Form chemischer *Reaktionsgleichungen*. Hierbei schreibt man die Ausgangsstoffe auf die linke Seite und die Produkte auf die rechte Seite des Gleichheitszeichens. Das Wort Gleichung besagt: Die Anzahl der Atome eines Elements muß auf beiden Seiten der Gleichung insgesamt gleich sein. Die Reaktion von Chlor, Cl_2, mit Wasserstoff, H_2, zu Chlorwasserstoff, HCl, kann folgendermaßen wiedergegeben werden:

$$H_2 + Cl_2 \quad = \quad 2\ HCl + \text{Energie}$$

Verläuft eine Reaktion weitgehend vollständig von links nach rechts, ersetzt man das Gleichheitszeichen durch einen nach rechts gerichteten Pfeil:

$$H_2 + Cl_2 \longrightarrow 2\ HCl$$

Existiert bei einer bestimmten Reaktion auch eine merkliche Zersetzung der Produkte in die Ausgangsstoffe (= Rückreaktion), verwendet man Doppelpfeile:

$$A + B \rightleftharpoons C$$

Um chemische Gleichungen quantitativ auswerten zu können, benötigt man außer der Atommasse auch die *Molekülmasse* (früher Molekulargewicht genannt).

Die Molekülmasse ist die Summe der Atommassen aller Atome eines Moleküls. Sie wird in der Einheit atomare Masseneinheit u angegeben.

Beispiele: Die Molekülmasse von HCl ist 1 + 35,5 = 36,5; die Molekülmasse von Methan (CH_4) ist 12 + 4 · 1 = 16.

(Auch hier läßt man, weil Verwechslung ausgeschlossen, die Einheit u weg.)

Einheit der Stoffmenge ist das *Mol* (Kurzzeichen: mol).

1 Mol ist die Stoffmenge eines Systems bestimmter Zusammensetzung, das aus ebensovielen Teilchen besteht, wie Atome in 12/1000 Kilogramm des Nuclids $^{12}_{6}C$ enthalten sind.

Ein Mol ist also eine bestimmte Anzahl Teilchen (Atome, Moleküle, Ionen usw.). Diese Anzahl ist die Avogadrosche Konstante N_A; oft heißt sie auch *Avogadrosche Zahl* N_A.

Der exakteste heute bekannte Wert von N_A ist:

$$N_A = 6{,}022\ 0943 \cdot 10^{23}\ mol^{-1} \quad (\pm\ 1{,}05\ ppm)$$

(ppm = parts per million, = 1 Teil auf 10^6 Teile).

Die Größe dieser Zahl wird klar, wenn man bedenkt, daß

602 209 430 000 000 000 000 000

Wasserstoffatome zusammengenommen 1,0079 g wiegen.

Die Stoffmengeneinheit Mol verknüpft die beiden gesetzlichen Einheiten für Massen, das Kilogramm und die atomare Masseneinheit u:

$$1\ u = 1\ \frac{g}{mol} = 1{,}6605 \cdot 10^{-24}\ g.$$

Mit dem Mol als Stoffmengeneinheit werden die früher üblichen Stoffmengenangaben Gramm-Atom (= Substanzmenge in so viel Gramm, wie die Atommasse angibt) und Gramm-Molekül (= Substanzmenge in so viel Gramm einer Verbindung, wie ihre Molekülmasse angibt) überflüssig.

Beispiele:

Unter 1 mol Eisen (Fe) versteht man N_A Atome Eisen mit der in Gramm ausgedrückten Substanzmenge der Atommasse: 1 mol Fe = 55,84 · 1,6 · 10^{-24} g · 6 · 10^{23} = 55,84 g.

Unter 1 mol Methan (CH_4) versteht man N_A Moleküle Methan mit der in Gramm ausgedrückten Substanzmenge 1 mol:

$$1 \text{ mol} = (1 \cdot 12{,}01 + 4 \cdot 1{,}00)\text{ g} = 16 \text{ g}.$$

Unter 1 mol Natriumchlorid ($Na^{\oplus}Cl^{\ominus}$) versteht man N_A · $Na^{\oplus}$-Ionen + Na · $Cl^{\ominus}$-Ionen mit der zahlenmäßig in Gramm ausgedrückten Substanzmenge 1 mol = 58,5 g.

Für Umsetzungen, an denen gasförmige Stoffe beteiligt sind, braucht man das ***Molvolumen*** V_m**:** Dies ist das Volumen, das N_A Teilchen einnehmen. Man erhält es durch einen Rückschluß aus dem Volumengesetz von *Avogadro*, s. S. 5.

Das Molvolumen V_m bei 0°C (= 273,15 K) und 1,013 bar (genau: 1013,25 mbar) ist das molare ***Normvolumen*** V_{mn} eines *idealen* Gases.

$$V_{mn} = 22{,}41383 \text{ l} \cdot \text{mol}^{-1}$$
$$\approx 22{,}414 \text{ l} \cdot \text{mol}^{-1}$$

Mit Hilfe des Molvolumens von Gasen sind Umrechnungen zwischen Masse und Volumen möglich.

Konzentrationsmaße

Die Konzentration eines Stoffes wurde früher meist durch eckige Klammern symbolisiert: [X]. Heute verwendet man statt dessen c(X).

Für die Konzentrationen von Lösungen sind verschiedene Angaben gebräuchlich:

(1.) Die Stoffmenge n(X) des Stoffes X ist der Quotient aus der Masse m einer Stoffportion und der molaren Masse von X:

$$n(X) = \frac{m}{M(X)}$$ SI-Einheit: mol

(2.) a) Die Stoffmengenkonzentration (Konzentration) eines Stoffes X c(X) in einer Lösung ist der Quotient aus einer Stoffmenge n(X) und dem Volumen V der Lösung:

$$c(X) = \frac{n(X)}{V}$$ SI-Einheit: mol/m^3

c(X) wird in der Regel in mol/l^{-1} angegeben.

Beachte: Die Stoffmengenkonzentration bezogen auf 1 Liter Lösung wurde früher Molarität genannt und mit M abgekürzt.

Beispiele: Eine KCl-Lösung mit der Stoffmengenkonzentration $c(KCl) = 0{,}5\ mol \cdot l^{-1}$ enthält 0,5 Mol KCl in 1 Liter Lösung.

$c(NaOH) = 0{,}1\ mol \cdot l^{-1}$: 1 Liter NaOH-Lösung enthält 0,1 Mol NaOH = 4 g NaOH. (Die molare Masse $M(NaOH) = 40\ g \cdot mol^{-1}$).

b) Die Molalität b eines gelösten Stoffes X ist der Quotient aus seiner Stoffmenge n(X) und der Masse m(Lm) des Lösungsmittels:

$$b(X) = \frac{n(X)}{m(Lm)}$$ SI-Einheit: $mol \cdot kg^{-1}$ (Lösungsmittel)

(3.) Die Äquivalentstoffmenge (früher = Molzahl) n(eq) eines Stoffes X ist der Quotient aus der Masse einer Stoffportion und der molaren Masse des Äquivalents:

$$n(eq) = \frac{m}{M[(1/z^*)X]}$$ SI-Einheit: mol

(4.) Die Äquivalentkonzentration c(eq) eines Stoffes X ist der Quotient aus der Äquivalentstoffmenge n(eq) und dem Volumen V der Lösung:

$$c(eq) = \frac{n(eq)}{V}$$ SI-Einheit: mol/m^3

c_{eq} wird in der Regel in mol/l^{-1} angegeben.

Beachte: Die Äquivalentkonzentration c(eq) eines Stoffes X bezogen auf 1 Liter Lösung wurde früher Normalität genannt und mit N abgekürzt.

Zusammenhang zwischen der Stoffmengenkonzentration c(X) und der Äquivalentkonzentration c(eq):

$$c(eq) = c(X) \cdot z^*$$

Zusammenhang zwischen Stoffmenge n(X) und der Äquivalentstoffmenge n(eq):

$$n(eq) = n(X) \cdot z^*$$

Mit dem Mol als Stoffmengeneinheit ergibt sich:

Die Äquivalentkonzentration

$$c(eq) = 1\ mol \cdot l^{-1}$$

- einer Säure (nach Brönsted) ist diejenige Säuremenge, die 1 mol Protonen abgeben kann,
- einer Base (nach Brönsted) ist diejenige Basenmenge, die 1 mol Protonen aufnehmen kann,
- eines Oxidationsmittels ist diejenige Substanzmenge, die 1 mol Elektronen aufnehmen kann,
- eines Reduktionsmittels ist diejenige Substanzmenge, die 1 mol Elektronen abgeben kann.

Beispiele:

Wieviel Gramm HCl enthält ein Liter einer HCl-Lösung mit c(eq) = 1 mol • l^{-1} ?

Gesucht: m in Gramm

Formel:

$$c(eq) = \frac{m}{M[(1/z)\ HCl] \cdot V} \quad \text{bzw.}$$

$$m = c(eq) \cdot M[(1/z)\ HCl] \cdot V$$

---

* z bedeutet die Äquivalentzahl. Sie ergibt sich aus einer Äquivalenzbeziehung (z.B. einer definierten chem. Reaktion). Bei Ionen entspricht sie der Ionenladung.

Gegeben: $c(eq) = 1\ mol \cdot l^{-1}$; $V = 1$; $z = 1$; $M(HCl) = 36{,}5\ g$

Ergebnis: $m = 1 \cdot 36{,}5 \cdot 1 = 36{,}5\ g$

Ein Liter einer HCl-Lösung mit der Äquivalentkonzentration $1\ mol \cdot l^{-1}$ enthält 36,5 g HCl.

- Wieviel Gramm H_2SO_4 enthält ein Liter einer H_2SO_4-Lösung mit $c(eq) = 1\ mol \cdot l^{-1}$?

Gesucht: m in Gramm

Formel:

$$c(eq) = \frac{m}{M[(1/z)H_2SO_4] \cdot V} \quad \text{bzw.}$$

$$m = c(eq) \cdot M[(1/z)H_2SO_4] \cdot V$$

Gegeben: $c(eq) = 1\ mol \cdot l^{-1}$; $V = 1$; $z = 2$; $M(H_2SO_4) = 98\ g$

Ergebnis: $m = 1 \cdot 49 \cdot 1g = 49\ g$

Ein Liter einer H_2SO_4-Lösung mit der Äquivalentkonzentration $1\ mol \cdot l^{-1}$ enthält 49 g H_2SO_4.

- Wie groß ist die Äquivalentkonzentration einer 0,5 molaren Schwefelsäure in bezug auf eine Neutralisation?

Gleichungen:

$$c_{eq} = z \cdot c_i, \quad c_i = 0{,}5\ mol \cdot l^{-1}, \quad z = 2$$

$$c_{eq} = 2 \cdot 0{,}5 = 1\ mol \cdot l^{-1}$$

Die Lösung ist ein-normal.

- Eine NaOH-Lösung enthält 80 g NaOH pro Liter. Wie groß ist die Äquivalentmenge n_{eq}? Wie groß ist die Äquivalentkonzentration c_{eq}? (= wieviel normal ist die Lösung?)

Gleichungen:

$$n_{eq} = z \cdot \frac{m}{M}, \quad m = 80\ g, \quad M = 40\ g \cdot mol^{-1}, \quad z = 1$$

$$n_{eq} = 1 \cdot \frac{80\ g}{40\ g \cdot mol} = 2\ mol,$$

$$c_{eq} = \frac{2\ mol}{1\ l} = 2\ mol \cdot l^{-1}$$

Es liegt eine 2 N NaOH-Lösung vor.

— Wie groß ist die Äquivalentmenge von 63,2 g $KMnO_4$ bei Redoxreaktionen im alkalischen bzw. sauren Medium (es werden jeweils 3 bzw. 5 Elektronen aufgenommen)?

$$n_{eq} = z \cdot n = z \cdot \frac{m}{M}; \quad M = 158\ g \cdot mol^{-1}.$$

Im *sauren* Medium gilt:

$$n_{eq} = 5 \cdot \frac{63,2}{158} = 2\ mol.$$

Löst man 63,2 g $KMnO_4$ in Wasser zu 1 Liter Lösung, so erhält man eine Lösung mit der Äquivalentkonzentration $c_{eq} = 2\ mol \cdot l^{-1} = 2\ N$ für Reaktionen in saurem Medium.

Im *alkalischen* Medium gilt:

$$n_{eq} = 3 \cdot \frac{63,2}{158} = 1,2\ mol.$$

Die gleiche Lösung hat bei Reaktionen im alkalischen Bereich nur noch die Äquivalentkonzentration $c_{eq} = 1,2\ mol \cdot l^{-1} = 1,2\ N$.

— Ein Hersteller verkauft 0,02 molare $KMnO_4$-Lösungen. Welches ist der chemische Wirkungswert bei Titrationen?

Gleichungen:

$$c_{eq} = z \cdot c_i, \quad c_i = 0,02\ mol \cdot l^{-1}.$$

Im sauren Medium mit $z = 5$ gilt:

$$c_{eq} = 5 \cdot 0,02 = 0,1\ mol \cdot l^{-1}.$$

Im alkalischen Medium mit $z = 3$ gilt:

$$c_{eq} = 3 \cdot 0,02 = 0,06\ mol \cdot l^{-1}.$$

In saurer Lösung entspricht eine 0,02 M $KMnO_4$-Lösung also einer 0,1 N $KMnO_4$-Lösung, in alkalischer Lösung einer 0,06 N $KMnO_4$-Lösung.

— Wie groß ist die Äquivalentmenge von 63,2 g $KMnO_4$ in bezug auf Kalium ($K^{\oplus}$)?

$$n_{eq} = 1 \cdot \frac{63,2}{158} = 0,4\ mol.$$

Beim Auflösen zu 1 Liter Lösung ist diese Lösung 0,4 N ($c_{eq} = 0,4\ mol \cdot l^{-1}$) in bezug auf Kalium.

— Wieviel Gramm $KMnO_4$ werden für 1 Liter einer Lösung mit $c_{eq} = 2\ mol \cdot l^{-1}$ (2 normal) benötigt? (Oxidationswirkung im sauren Medium)

(1) $c_{eq} = \frac{n_{eq}}{V}$, $c_{eq} = 2\ mol \cdot l^{-1}$, $V = 1\ l$.

(2) $n_{eq} = z \cdot \frac{m}{M}$, $z = 5$, $m = ?$, $M = 158\ g \cdot mol^{-1}$.

Einsetzen von (2) in (1) gibt:

$$m = \frac{c_{eq} \cdot V \cdot M}{z} = \frac{2 \cdot 1 \cdot 158}{5} = 63{,}2\ g.$$

Man braucht $m = 63{,}2$ g $KMnO_4$.

— a) Für die Redoxtitration von $Fe^{2\oplus}$-Ionen mit $KMnO_4$-Lösung in saurer Lösung ($Fe^{2\oplus} \longrightarrow Fe^{3\oplus} + e^{\ominus}$) gilt:

n_{eq} (Oxidationsmittel) = n_{eq} (Reduktionsmittel)

hier: n_{eq} $(MnO_4^{\ominus})$ = n_{eq} $(Fe^{2\oplus})$ (1).

Es sollen 303,8 g $FeSO_4$ oxidiert werden. Wieviel g $KMnO_4$ werden hierzu benötigt?

<u>Für $FeSO_4$ gilt:</u>

n_{eq} $(FeSO_4) = z \cdot \frac{m}{M}$, $z = 1$, $M = 151{,}9\ g \cdot mol^{-1}$, $m = 303{,}8$ g.

n_{eq} $(FeSO_4) = 1 \cdot \frac{303{,}8}{151{,}9} = 2$ mol.

<u>Für $KMnO_4$ gilt:</u>

n_{eq} $(KMnO_4) = z \cdot \frac{m}{M}$, $z = 5$, $M = 158\ g \cdot mol^{-1}$, $m = ?$

n_{eq} $(KMnO_4) = 5 \cdot \frac{m}{158}$.

Eingesetzt in (1) ergibt sich:

$$2 = 5 \cdot \frac{m}{158} \quad \text{oder} \quad m = \frac{316}{5} = 63{,}2\ g\ KMnO_4.$$

— b) Wieviel Liter einer 1 N $KMnO_4$-Lösung werden für die Titration in Aufgabe a) benötigt?

63,2 g $KMnO_4$ entsprechen bei dieser Titration einer Äqivalentmenge $n_{eq} = 5 \cdot \frac{63{,}2}{158} = 2$ mol. Die Äquivalentkonzentration der verwendeten 1 N $KMnO_4$-Lösung beträgt $c_{eq} = 1\ mol \cdot l^{-1}$.

Gleichungen:

$$c_{eq} = \frac{n_{eq}}{V}, \quad c_{eq} = 1 \text{ mol} \cdot l^{-1}, \quad n_{eq} = 2 \text{ mol},$$

$$V = \frac{2 \text{ mol}}{1 \text{ mol} \cdot l^{-1}} = 2 \text{ l}.$$

Ergebnis: Es werden 2 Liter Titratorlösung gebraucht.

Zusammenfassende Gleichung für die Aufgabe b):

$$c_{eq} = \frac{z \cdot m}{V \cdot M},$$

$$V = \frac{z \cdot m}{c_{eq} \cdot M} = \frac{5 \cdot 63{,}2}{1 \cdot 158} = 2 \text{ l}.$$

— Für eine Neutralisationsreaktion gilt die Beziehung:

n_{eq} (Säure) = n_{eq} (Base).

Für die Neutralisation von H_2SO_4 mit NaOH gilt demnach:

n_{eq} (Schwefelsäure) = n_{eq} (Natronlauge).

Aufgabe a): Es sollen 49 g H_2SO_4 titriert werden. Wieviel Gramm NaOH werden hierzu benötigt?

Für H_2SO_4 gilt:

$$n_{eq}(H_2SO_4) = z \cdot \frac{m}{M}, \quad z = 2, \quad m = 49 \text{ g}, \quad M = 98 \text{ g} \cdot \text{mol}^{-1}.$$

$$n_{eq}(H_2SO_4) = 2 \cdot \frac{49}{98} = 1 \text{ mol}.$$

Für NaOH gilt:

$$n_{eq}(\text{NaOH}) = z \cdot \frac{m}{M}, \quad z = 1, \quad m = ?, \quad M = 40 \text{ g} \cdot \text{mol}^{-1}.$$

$$n_{eq}(\text{NaOH}) = 1 \cdot \frac{m}{40}.$$

Eingesetzt in die Gleichung (2) ergibt sich:

$$1 = 1 \cdot \frac{m}{40}, \quad m = 40 \text{ g}.$$

Ergebnis: Es werden 40 g NaOH benötigt.

Aufgabe b): Wieviel Liter einer 2 N NaOH-Lösung werden für die Titration von 49 g H_2SO_4 benötigt?

Gleichung:

$$c_{eq} = \frac{n_{eq}}{V} = \frac{z \cdot m}{V \cdot M}, \quad z = 2, \quad m = 49 \text{ g}, \quad V = ?$$

$$M = 98 \text{ g} \cdot \text{mol}^{-1}, \quad c_{eq} = 2 \text{ mol} \cdot \text{l}^{-1}.$$

$$2 \text{ mol} \cdot \text{l}^{-1} = \frac{2 \cdot 49 \text{ g}}{V \cdot 98 \text{ l} \cdot \text{g} \cdot \text{mol}^{-1}}.$$

$$V = \frac{2 \cdot 49}{2 \cdot 98} \cdot 1 = 0{,}5 \text{ l} = 500 \text{ ml}.$$

Ergebnis: Es werden 500 ml einer 2 N NaOH-Lösung benötigt.

(5) Der Massenanteil w eines Stoffes X in einer Mischung ist der Quotient aus seiner Masse m(X) und der Masse der Mischung:

$$w(X) = \frac{m(X)}{m}$$

Die Angabe des Massenanteils erfolgt durch die Größengleichung; z.B. w(NaOH) = 0,32 oder in Worten: Der Massenanteil an NaOH beträgt 0,32 oder 32 %.

Beispiele:

- 4,0 g NaCl werden in 40 g Wasser gelöst. Wie groß ist der Massenanteil?

  Antwort: Das Gewicht der Lösung ist 40 + 4 = 44 g.

  Der Massenanteil an NaCl beträgt 4 : 44 = 0,09 oder 9 %.

- Wieviel g Substanz sind in 15 g einer Lösung mit dem Massenanteil 0,08 enthalten?

  Antwort: 8/100 = x/15; x = 1,2 g

  15 g einer Lösung mit dem Massenanteil 0,08 enthalten 1,2 g gelöste Substanz.

Beachte: Der Massenanteil wurde früher auch Massenbruch genannt. Man sprach aber meist von Massen-Prozent oder Gewichtsprozent (Gew.-%).

(6.) Der Volumenanteil x eines Stoffes X in einer Mischung aus den Stoffen X und Y ist der Quotient aus dem Volumen V(X) und der Summe der Volumina V(X) und V(Y) vor dem Mischvorgang.

$$x(X) = \frac{V(X)}{V(X) + V(Y)}$$

Bei mehr Komponenten gelten entsprechende Gleichungen.

Die Angabe des Volumenanteils erfolgt meist durch die Größengleichung, z.B. $(H_2) = 0{,}25$ oder in Worten: Der Volumenanteil an H_2 beträgt 0,25 bzw. 25 %.

Beachte: Der Volumenanteil wurde früher auch Volumenbruch genannt. Man sprach aber meist von einem Gehalt in Volumen-Prozent (Vol.-%).

(7.) Der Stoffmengen-Anteil x eines Stoffes X in einer Mischung aus den Stoffen X und Y ist der Quotient aus seiner Stoffmenge n(X) und der Summe der Stoffmengen n(X) und n(Y).

$$x(X) = \frac{n(X)}{n(X) + n(Y)}$$

Bei mehr Komponenten gelten entsprechende Gleichungen. Die Summe aller Stoffmengenanteile einer Mischung ist 1.

Die Angabe des Stoffmengen-Anteils x erfolgt meist durch die Größengleichung, z.B. $x(X) = 0{,}5$ oder in Worten: Der Stoffmengenanteil an X beträgt 0,5.

Beachte: Der Stoffmengenanteil wurde früher Molenbruch genannt. Man sprach aber meist von Atom-% bzw. Mol-%.

Beispiele:

- Wieviel g NaCl und Wasser werden zur Herstellung von 5 Liter einer 10%igen NaCl-Lösung benötigt?

  Antwort: Zur Umrechnung des Volumens in das Gewicht muß das spez. Gewicht der NaCl-Lösung bekannt sein. Es beträgt 1,071 g/cm^3. Demnach wiegen 5 Liter $5 \cdot 1071 = 5355$ g. 100 g Lösung enthalten 10 g, d.h. 5355 g enthalten 535,5 g NaCl. Man benötigt also 535,5 g Kochsalz und 4819,5 g Wasser.

- Wieviel Milliliter einer unverdünnten Flüssigkeit sind zur Herstellung von 3 l einer 5%igen Lösung notwendig? (Volumenanteil)

Antwort: Für 100 ml einer 5%igen Lösung werden 5 ml benötigt, d.h. für 3000 ml insgesamt 5 • 30 = 150 ml.

- Wieviel ml Wasser muß man zu 100 ml 90%igem Alkohol geben, um 70%igen Alkohol zu erhalten? (Volumenanteil)

Antwort: 100 ml 90%iger Alkohol enthalten 90 ml Alkohol. Daraus können 100 • 90/70 = 128,6 ml 70%iger Alkohol hergestellt werden, d.h. es müssen 28,6 ml Wasser hinzugegeben werden. (Die Alkoholmenge ist in beiden Lösungen gleich, die Konzentrationsverhältnisse sind verschieden.)

- Wieviel ml 70%igen Alkohol und wieviel ml Wasser muß man mischen, um 1 Liter 45%igen Alkohol zu bekommen? (Volumenanteil)

Antwort: Wir erhalten aus 100 ml 70%igem insgesamt 155,55 ml 45%igen Alkohol. Da wir 1000 ml herstellen wollen, benötigen wir 1000 • 100/155,55 = 643 ml 70%igen Alkohol und 1000 - 643 = 357 ml Wasser (ohne Berücksichtigung der Volumenkontraktion).

Stöchiometrische Rechnungen

Betrachten wir nun wieder die Umsetzung von Wasserstoff und Chlor zu Chlorwasserstoff nach der Gleichung:

$$H_2 + Cl_2 \longrightarrow 2\ HCl + \text{Energie},$$

so beschreibt die Gleichung die Reaktion nicht nur qualitativ, daß nämlich aus einem Molekül Wasserstoff und einem Molekül Chlor zwei Moleküle Chlorwasserstoff entstehen, sondern sie sagt auch quantitativ:

1 mol = 2,016 g Wasserstoff ≈ 22,414 l Wasserstoff ($0^{o}C$, 1 bar) und
1 mol = 70,906 g ≈ 22,414 l Chlor geben unter Wärmeentwicklung von 185 kJ bei $0^{o}C$
2 mol = 72,922 g ≈ 44,828 l Chlorwasserstoff.

Dies ist ein Beispiel einer stöchiometrischen Rechnung.

Stöchiometrie heißt das Teilgebiet der Chemie, das sich mit den Gewichtsverhältnissen zwischen den Elementen und Verbindungen beschäftigt, wie es die Formeln und Gleichungen wiedergeben.

Bei Kenntnis der Atommassen der Reaktionspartner und der Reaktionsgleichung kann man z.B. den theoretisch möglichen Stoffumsatz (theoretische Ausbeute) berechnen.

Beispiel einer Ausbeuteberechnung

Wasserstoff (H_2) und Sauerstoff (O_2) setzen sich zu Wasser (H_2O) um nach der Gleichung:

$$2\ H_2 + O_2 \longrightarrow 2\ H_2O + \text{Energie.}$$

Frage: Wie groß ist die theoretische Ausbeute an Wasser, wenn man 3 g Wasserstoff bei einem beliebig großen Sauerstoffangebot zu Wasser umsetzt?

Lösung: Wir setzen anstelle der Elementsymbole die Atom- bzw. Molekülmassen in die Gleichung ein:

$$2 \cdot 2 + 2 \cdot 16 = 2 \cdot 18$$

oder

$$4\ g + 32\ g = 36\ g,$$

d.h. 4 g Wasserstoff setzen sich mit 32 g Sauerstoff zu 36 g Wasser um.

Die Wassermenge x, die sich bei der Reaktion von 3 g Wasserstoff bildet, ergibt sich zu $x = \frac{36 \cdot 3}{4} = 27$ g Wasser.

Die Ausbeute an Wasser beträgt also 27 g.

Stöchiometrische Rechnungen versucht man so einfach wie möglich zu machen. 1. Beispiel: Zersetzung von Quecksilberoxid. Das Experiment zeigt:

$$2\ HgO \longrightarrow 2\ Hg + O_2.$$

Man kann diese Gleichung auch schreiben: $HgO \longrightarrow Hg + 1/2\ O_2$. Setzen wir die Atommassen ein, so folgt: Aus 200,59 + 16 = 216,59 g HgO entstehen beim Erhitzen 200,59 g Hg und 16 g Sauerstoff.

2. Beispiel: Obwohl man weiß, daß elementarer Schwefel als S_8-Molekül vorliegt, schreibt man für die Verbrennung von Schwefel mit Sauerstoff zu Schwefeldioxid anstelle von $S_8 + 8\ O_2 \longrightarrow 8\ SO_2$ vereinfacht: $S + O_2 \longrightarrow SO_2$.

Bei der Analyse einer Substanz ist es üblich, die Zusammensetzung nicht in g, sondern den Massenanteil der Elemente in Prozent anzugeben.

Beispiel: Wasser H_2O (Molekülmasse = 18) besteht zu 2 • 100/18 = 11,1 % aus Wasserstoff und zu 16 • 100/18 = 88,9 % aus Sauerstoff.

Berechnung von empirischen Formeln

Etwas schwieriger ist die Berechnung der Summenformel aus den Prozentwerten.

Beispiel: Gesucht ist die einfachste Formel einer Verbindung, die aus 50,05 % Schwefel und 49,95 % Sauerstoff besteht. Dividiert man die Massenanteile (in %) durch die Atommassen der betreffenden Elemente, erhält man das Atomzahlenverhältnis der unbekannten Verbindung. Dieses wird nach dem Gesetz der multiplen Proportionen in ganze Zahlen umgewandelt:

$$\frac{50{,}05}{32{,}06} : \frac{49{,}95}{15{,}99} = 1{,}56 : 3{,}12 = 1 : 2.$$

Die einfachste Formel ist SO_2.

Ausführlichere Rechnungen gehen über den Rahmen dieses Buches hinaus. Siehe hierzu Literaturverweise unter *Stöchiometrie*.

5. Chemische Bindung
Bindungsarten

Untersucht man Substanzen auf die Kräfte, die ihre Bestandteile zusammenhalten (chemische Bindung), so findet man verschiedene Typen der chemischen Bindung. Sie werden in reiner Form nur in wenigen Grenzfällen beobachtet. In der Regel überwiegen die Übergänge zwischen den Bindungsarten.

Wichtig für uns sind die ionische, die kovalente, die metallische und die koordinative Bindung (Bindung in Komplexen). Ferner interessieren die Wasserstoffbrückenbindung, die van der Waals-Bindung sowie die hydrophobe Wechselwirkung.

5.1. Ionische (polare, heteropolare) Bindungen, Ionenbeziehung

Voraussetzung für die Bildung einer ionisch gebauten Substanz ist, daß ein Bestandteil ein relativ niedriges Ionisierungspotential hat und der andere eine hohe Elektronegativität besitzt. Die Mehrzahl der ionisch gebauten Stoffe bildet sich demnach durch Kombination von Elementen mit stark unterschiedlicher Elektronegativität. Sie stehen am linken und rechten Rand des Periodensystems (Metalle und Nichtmetalle).

Ionische Verbindungen sind u.a. Halogenide ($NaCl$, $CaCl_2$, CaF_2, $BaCl_2$), Oxide (CaO), Sulfide (Na_2S), Hydroxide ($NaOH$, KOH, $Ca(OH)_2$), Carbonate (K_2CO_3, Na_2CO_3, $CaCO_3$, $NaHCO_3$), Sulfate ($MgSO_4$, $CaSO_4$, $FeSO_4$, $CuSO_4$, $ZnSO_4$).

Bei der Bildung ionisch gebauter Substanzen geht mindestens ein Elektron von einem Bestandteil mehr oder weniger vollständig auf einen anderen Bestandteil über. In der Regel besitzen die entstehenden Ionen "Edelgaskonfiguration". Die Elektronendichte zwischen den Ionen ist im Idealfall praktisch Null. Vgl. Abb. 27.

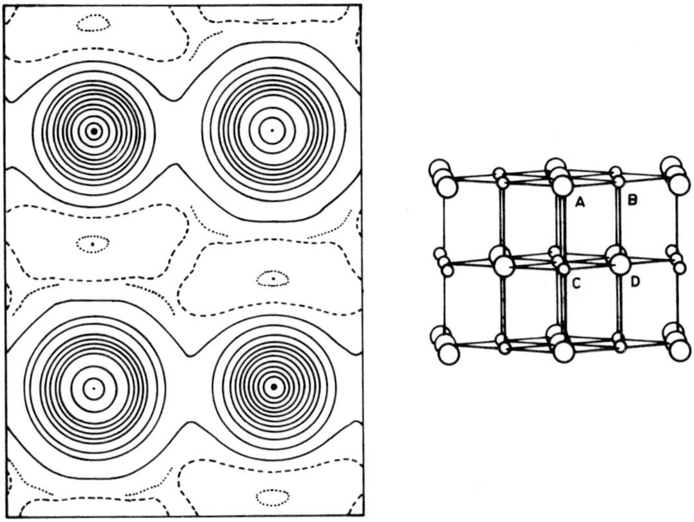

Abb. 27. Elektronendichte im NaCl-Kristall bei 100°C. Konturen links oben und rechts unten: Elektronendichte der Na-Ionen (entsprechend *A* und *D*); die anderen beziehen sich auf die Cl-Ionen (entsprechend *B* und *C* in der rechten Abbildung). Man beachte nur das Minimum zwischen jeweils vertikal benachbarten Ionen. (Horizontal nebeneinanderliegende Ionen zeigen infolge der gewählten Projektionsebene nur scheinbar höhere Elektronendichten zwischen $Na^{\oplus}$ und $Cl^{\ominus}$.) (Nach Brill, Grimm, Herrmann u. Peters)

Die Theorie der ionischen (polaren) Bindung ist sehr einfach, da es sich hauptsächlich um elektrostatische Anziehungskräfte handelt.

Stellt man sich die Ionen in erster Näherung als positiv und negativ geladene, nichtkompressible Kugeln vor, dann gilt für die Kraft, mit der sie sich anziehen, das *Coulombsche Gesetz*:

$$K = \frac{e_1 \cdot e_2}{4\pi\varepsilon_o \cdot \varepsilon \cdot r^2}$$

(ε_o = Dielektrizitätskonstante des Vakuums)

mit den Ladungen e_1 bzw. e_2 und r als Abstand zwischen den als Punktladungen gedachten Ionenkugeln. ε ist die Dielektrizitätskonstante des Mediums. Über die Bedeutung von ε s. S. 176.

Die Ionenkugeln können sich nun einander nicht beliebig nähern, da sich die gleichsinnig geladenen Kerne der Ionen abstoßen. Zwischen Anziehung und Abstoßung stellt sich ein Gleichgewichtszustand ein, der dem Gleichgewichtsabstand r_o der Ionen im Gitter entspricht. Im Natriumchlorid ist er 280 pm (Abb. 28, 30).

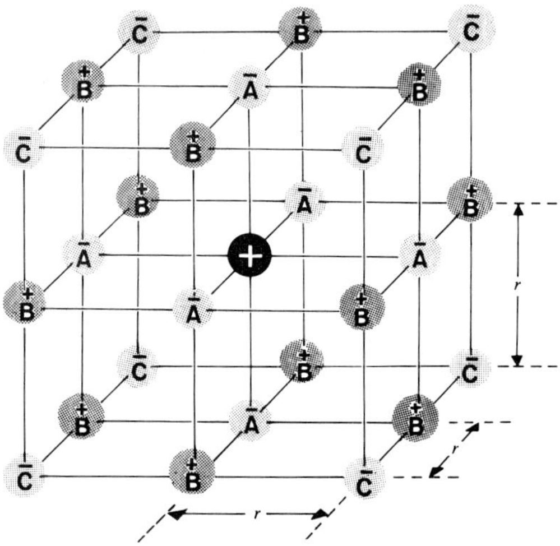

Abb. 28. Ausschnitt aus dem Natriumchlorid(NaCl)-Gitter. A, B, C sind verschieden weit entfernte $Na^{\oplus}$- und $Cl^{\ominus}$-Ionen

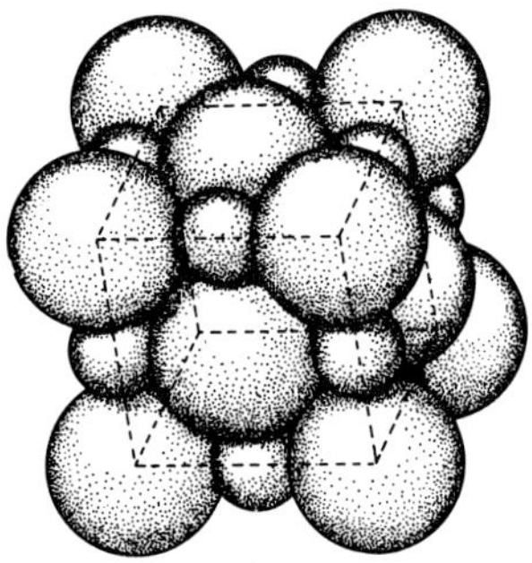

Abb. 29. Natriumchloridgitter (NaCl)

Die Coulombsche Anziehungskraft bevorzugt keine Raumrichtung, d.h. sie ist *ungerichtet* (elektrostatisches Feld). Dies führt dazu, daß sich eine möglichst große Zahl von entgegengesetzt geladenen Ionen um ein als Zentralion herausgegriffenes Ion gruppieren (große Koordinationszahl). Abb. 28 zeigt dies deutlich. Das Raumgitter, das sich mit ionischen Bausteinen aufbaut, heißt *Ionengitter*.

Gitterenergie

Die Energie, die bei der Vereinigung äquivalenter Mengen gasförmiger (g) Kationen und Anionen zu einem Einkristall (fest, (f)) von 1 mol frei wird, heißt die *Gitterenergie* U_G der betreffenden Substanz:

$$X^{\oplus}(g) + Y^{\ominus}(g) \longrightarrow XY(f) + U_G.$$

(U_G gilt für den Kristall am absoluten Nullpunkt)

Für NaCl ist die Gitterenergie -770 kJ · mol^{-1}. Um diesen Energiebetrag ist das Ionengitter stabiler als die isolierten Ionen.

Die Gitterenergie ist den Ionenladungen direkt und dem Kernabstand (Summe der Ionenradien) umgekehrt proportional.

In einem Ionengitter sind Ionen entgegengesetzter Ladung und meist unterschiedlicher Größe in einem stöchiometrischen Verhältnis so untergebracht, daß das *Prinzip der elektrischen Neutralität* gewahrt ist, und daß die elektrostatischen Anziehungskräfte die Abstoßungskräfte überwiegen. Da in den meisten Ionengittern die Anionen größer sind als die Kationen, stellt sich dem Betrachter das Gitter als ein Anionengitter dar (dichteste Packung aus Anionen), bei dem die Kationen in den Gitterzwischenräumen (Lücken) sitzen und für den Ladungsausgleich sowie den Gitterzusammenhalt sorgen. Es leuchtet unmittelbar ein, daß somit für den Bau eines Ionengitters das *Verhältnis der Radien* der Bausteine eine entscheidende Rolle spielt (Abb. 29). Abb. 37 gibt die Abhängigkeit der Koordinationszahl und des Gittertyps vom Radienverhältnis wieder. Den Zusammenhang zwischen Radienverhältnis und Gitterenergie zeigt Abb. 31. Der Gittertyp, der eine größere Gitterenergie (= kleinere potentielle Energie) besitzt, ist im allgemeinen thermodynamisch stabiler.

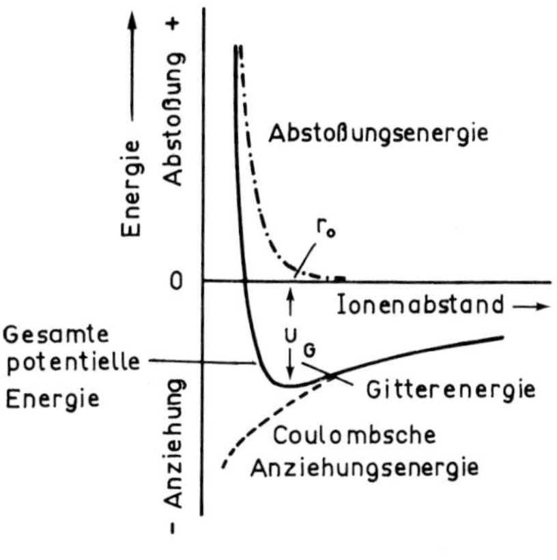

Abb. 30. Energiekurven in Abhängigkeit vom Ionenabstand für ein Ionenpaar im Gitterverband des NaCl. Strich-punktiert: Abstoßungsenergie; gestrichelt: Anziehungsenergie; ausgezogen: resultierende potentielle Energie

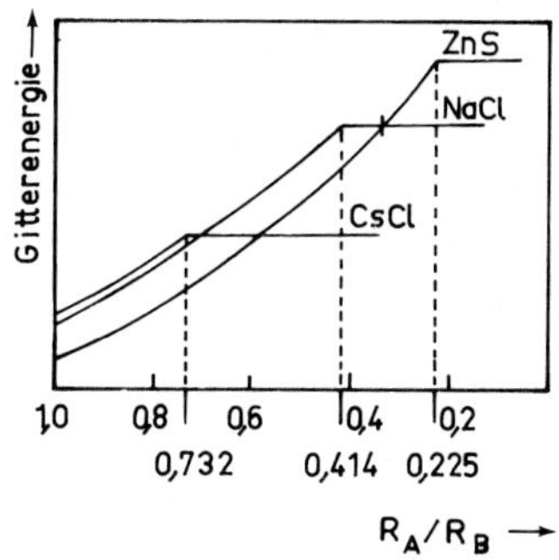

Abb. 31. Zusammenhang zwischen Radienverhältnis und Gitterenergie. (Nach Born und Mayer) R_A/R_B > 0,73: Fluoritstruktur, R_A/R_B = 0,22 - 0,414: Cristobalitstruktur

Beachte: Die Größe der Ionenradien ist abhängig von der Koordinationszahl. Für die KoZ. 4, 6 und 8 verhält sich der Radius eines Ions annähernd wie 0,8 : 1,0 : 1,1.

Die Abb. 32 - 36 zeigen typische Ionengitter. Die schwarzen Kugeln stellen die Kationen dar. Tabelle 8 enthält Beispiele für ionisch gebaute Verbindungen.

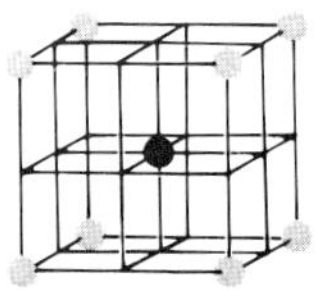

Abb.32. Cäsiumchlorid (CsCl). Die $Cs^{\oplus}$- und $Cl^{\ominus}$-Ionen sitzen jeweils im Zentrum eines Würfels

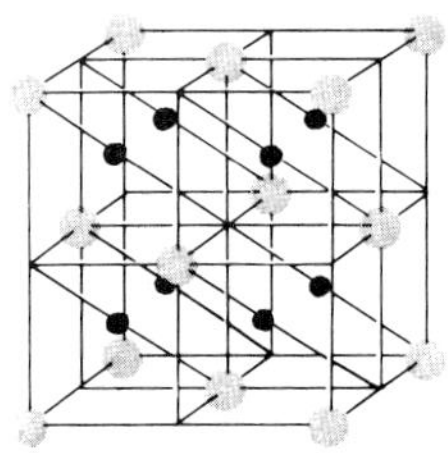

Abb.33. Antifluorit-Gitter (z.B. Li_2O, Na_2O, K_2O, Li_2S, Na_2S, K_2S, Mg_2Si)

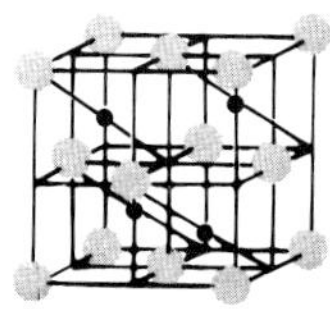

Abb.34. Zinkblende (ZnS). Die Zn- und S-Atome sitzen jeweils in der Mitte eines Tetraeders

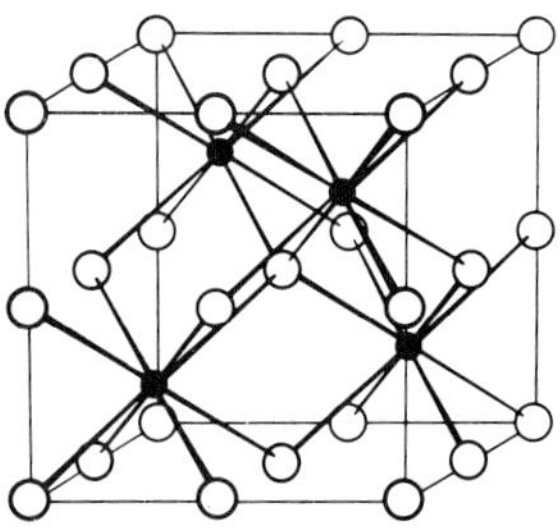

Abb.35. Calciumfluorid (CaF_2). Die $Ca^{2\oplus}$-Ionen sind würfelförmig von $F^{\ominus}$-Ionen umgeben. Jedes $F^{\ominus}$-Ion sitzt in der Mitte eines Tetraeders aus $Ca^{2\ominus}$-Ionen

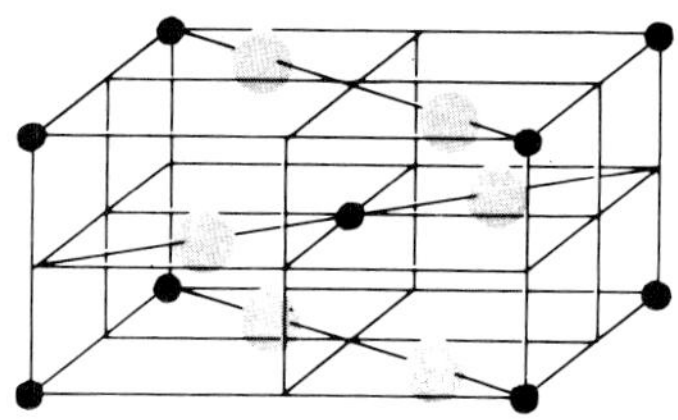

Abb.36. Rutil (TiO_2). Jedes $Ti^{4\oplus}$-Ion sitzt in einem verzerrten Oktaeder von $O^{2\ominus}$-Ionen. Jedes $O^{2\ominus}$-Ion sitzt in der Mitte eines gleichseitigen Dreiecks von $Ti^{4\oplus}$-Ionen

Tabelle 8. Kristallstrukturen einiger ionischer Verbindungen

Struktur		Beispiele
AB	Cäsiumchlorid KoZ. 8	CsCl, CsBr, CsI, TlCl, TlBr, TlI, NH_4Cl, NH_4Br
	Natriumchlorid KoZ. 6	Halogenide des $Li^{\oplus}$, $Na^{\oplus}$, $K^{\oplus}$, $Rb^{\oplus}$ Oxide und Sulfide des $Mg^{2\oplus}$, $Ca^{2\oplus}$, $Sr^{2\oplus}$, $Ba^{2\oplus}$, $Mn^{2\oplus}$, $Ni^{2\oplus}$ AgF, AgCl, AgBr, NH_4I
	Zinkblende KoZ. 4	Sulfide des $Be^{2\oplus}$, $Zn^{2\oplus}$, $Cd^{2\oplus}$, $Hg^{2\oplus}$ CuCl, CuBr, CuI, AgI, ZnO
AB_2	Fluorit KoZ. 8 : 4	Fluoride des $Ca^{2\oplus}$, $Sr^{2\oplus}$, $Ba^{2\oplus}$, $Cd^{2\oplus}$, $Pb^{2\oplus}$ $BaCl_2$, $SrCl_2$, ZrO_2, ThO_2, UO_2
	Antifluorit	Oxide und Sulfide des $Li^{\oplus}$, $Na^{\oplus}$, $K^{\oplus}$, $Rb^{\oplus}$
	Rutil KoZ. 6 : 3	Fluoride des $Mg^{2\oplus}$, $Ni^{2\oplus}$, $Mn^{2\oplus}$, $Zn^{2\oplus}$, $Fe^{2\oplus}$ Oxide des $Ti^{4\oplus}$, $Mn^{4\oplus}$, $Sn^{4\oplus}$, $Te^{4\oplus}$
	Cristobalit KoZ. 4 : 2	SiO_2, BeF_2 Abb. S. 52

Spinell-Struktur

Spinelle haben die Zusammensetzung $\underline{AB}_2\underline{O}_4$. Es gibt eine dichteste Kugelpackung von $O^{2\ominus}$-Ionen mit tetraedrischen und oktaedrischen Lücken. Man unterscheidet zwei Arten:

Normale Spinelle: $\underline{A(BB)O}_4$. Die Ionen in den Oktaederlücken sind in Klammern gesetzt. Beispiele: $Zn(Al_2)O_4$, $Zn(Fe_2)O_4$, $W^{6\oplus}(Na_2)O_4$.

Inverse Spinelle: $\underline{B(AB)O}_4$. Beispiele: $Mg(Mg\overset{+4}{Ti})O_4$, $\overset{+3}{Fe}(\overset{+2}{Fe}\overset{+3}{Fe})O_4$.

Über die Ausbildung der jeweiligen Strukturen entscheiden die relative Größe der A- und B-Ionen, kovalente Bindungsanteile usw. Beachte: $Cr^{3\oplus}$, $Ni^{2\oplus}$ bevorzugen meist die oktaedrischen Lücken.

Perowskit-Struktur

Substanzen mit dieser Struktur haben die Zusammensetzung $\underline{AB}X_3$.

Das kleinere Kation hat die KoZ. 6 (Oktaeder); das größere Kation hat die KoZ. 12 ("Kubooktaeder": auf den 12 Kanten eines Würfels sind jeweils die Mitten durch X besetzt, das größere Kation sitzt im Zentrum des Würfels, dessen Gitterpunkte von dem kleineren Kation besetzt sind). Die Summe der Ladungen der Kationen muß gleich der Summe der Ladungen der Anionen sein. Beispiele: $CaTiO_3$ (Perowskit); $KMgF_3$.

Calcit-Struktur

In Richtung einer dreizähligen Achse "gestauchtes" NaCl-Gitter, in dem $Na^{\oplus}$ durch $Ca^{2\oplus}$ und $Cl^{\ominus}$ durch planare $CO_3^{2\ominus}$-Gruppen ersetzt sind. Die $CO_3^{2\ominus}$-Gruppen liegen parallel zueinander. Beispiele: $CaCO_3$, $MnCO_3$, $FeCO_3$, $LiNO_3$, $NaNO_3$.

Beachte: KNO_3 kristallisiert in der Aragonitstruktur, einer weiteren Modifikation von $CaCO_3$.

Übergang von der ionischen zur kovalenten Bindung

Bei der Beschreibung der ionischen Bindung durch das Coulombsche Gesetz gingen wir davon aus, daß Ionen in erster Näherung als nicht kompressible Kugeln angesehen werden können. Dies gilt aber nur für isolierte Ionen. Nähern sich nämlich zwei entgegengesetzt geladene Ionen einander, werden ihre Elektronenhüllen deformiert, d.h. die Ionen werden *polarisiert* (= Trennung der Ladungsschwerpunkte).

Die *Polarisierbarkeit* wächst mit der Elektronenzahl und bei gleicher Ladung mit der Ionengröße.

Die *polarisierende Wirkung* eines Ions wächst dagegen mit abnehmendem Radius und zunehmender Ladung (vgl. Tabelle 9).

Die Polarisationseigenschaften der Gitterbausteine sind nun neben dem Radienverhältnis ein entscheidender Faktor für die Ausbildung eines bestimmten Gittertyps. Je stärker die Polarisation ist, um so deutlicher ist der Übergang von der typisch ionischen zur kovalenten Bindungsart, weil sich die Elektronenwolken gegenseitig stärker durchdringen.

Tabelle 9. Polarisierbarkeit von Ionen in 10^{-24} cm^3. Die Werte ohne Klammer wurden von K. Fajans berechnet. Die Werte in Klammern stammen von M. Born und W. Heisenberg

Abnehmende Polarisierbarkeit; abnehmender Radius ↑

$OH^{\ominus}$ 1,89		He 0,20	$Li^{\oplus}$ 0,029 (0,075)	$Be^{2\oplus}$ 0,008 (0,028)	$B^{3\oplus}$ (0,014)	$C^{4\oplus}$
$O^{2\ominus}$ 2,74 (3,1)	$F^{\ominus}$ 0,96 (0,99)	Ne 0,394	$Na^{\oplus}$ 0,187 (0,21)	$Mg^{2\oplus}$ 0,103 (0,12)	$Al^{3\oplus}$ (0,065)	$Si^{4\oplus}$ (0,043)
$S^{2\ominus}$ 8,94 (7,25)	$Cl^{\ominus}$ 3,57 (3,05)	Ar 1,65	$K^{\oplus}$ 0,888 (0,85)	$Ca^{2\oplus}$ 0,552 (0,57)	$Sc^{3\oplus}$ (0,38)	$Ti^{4\oplus}$ (0,27)
$Se^{2\ominus}$ 11,4 (8,4)	$Br^{\ominus}$ 4,99 (4,17)	Kr 2,54	$Rb^{\oplus}$ 1,49 (1,81)	$Sr^{2\oplus}$ 1,02 (1,42)	$Y^{3\oplus}$ (1,04)	$Zr^{4\oplus}$
$Te^{2\ominus}$ 16,1 (9,6)	$I^{\ominus}$ 7,57 (6,28)	Xe 4,11	$Cs^{\oplus}$ 2,57 (2,79)	$Ba^{2\oplus}$ 1,86 (2,08)	$La^{3\oplus}$ (1,56)	$Ce^{4\oplus}$ (1,20)

↑ Zunehmende polarisierende Wirkung; abnehmender Radius

→ Abnehmende Polarisierbarkeit; zunehmende polarisierende Wirkung
Abnehmender Ionenradius; zunehmende positive Ladung

Eine Zwischenstufe stellen die *Schichtengitter* dar, bei denen große Anionen von relativ kleinen Kationen so stark polarisiert werden, daß die Kationen zwar symmetrisch von Anionen umgeben sind, die Anionen aber unsymmetrisch teils Kationen, teils Anionen als Nachbarn besitzen. Beispiele für Substanzen mit Schichtengittern sind: $CdCl_2$, $MgCl_2$, CdI_2, MoS_2.

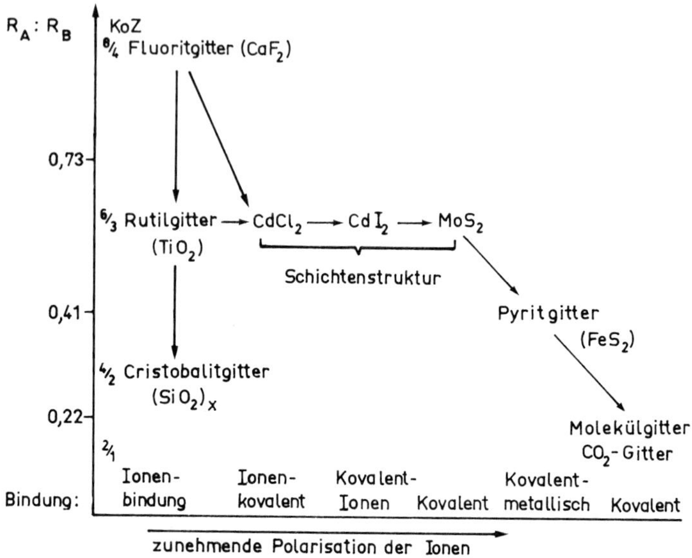

Abb. 37. Abhängigkeit des Gittertyps und der Bindungsart für Verbindungen der Zusammensetzung AB_2 vom Radienverhältnis und der Polarisation der Ionen. KoZ = Koordinationszahl

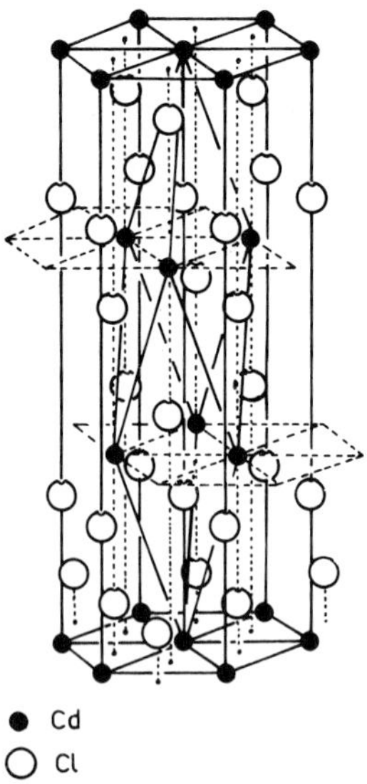

Abb. 38. Das $CdCl_2$-Gitter als Beispiel für ein Schichtengitter. (Nach Hiller)

Übergang von der ionischen zur metallischen Bindung

Einen Übergang von der ionischen zur metallischen Bindungsart kann man beobachten in Verbindungen von Übergangselementen mit Schwefel, Arsen und ihren höheren Homologen. Diese Substanzen kristallisieren im *Rotnickelkies-Gitter* (*NiAs-Typ*). Substanzen mit NiAs-Gitter können halbleitend oder metallischleitend sein.

Das hexagonale NiAs-Gitter besitzt wie das NaCl-Gitter die Koordinationszahl 6. Die Kationen bilden jedoch Ketten in Richtung der hexagonalen c-Achse. Der Ni-Ni-Abstand in Richtung der c-Achse ist 252 pm, in Richtung der a-Achse 361 pm. Die Kationen liegen im Mittelpunkt leicht verzerrter Anionenoktaeder. Die Anionen sind in Form eines trigonalen Prismas von Kationen umgeben.

Beispiele für Verbindungen mit NiAs-Gitter: NiAs, NiSb, NiBi, NiS, NiSe, FeS, FeSe, MnAs.

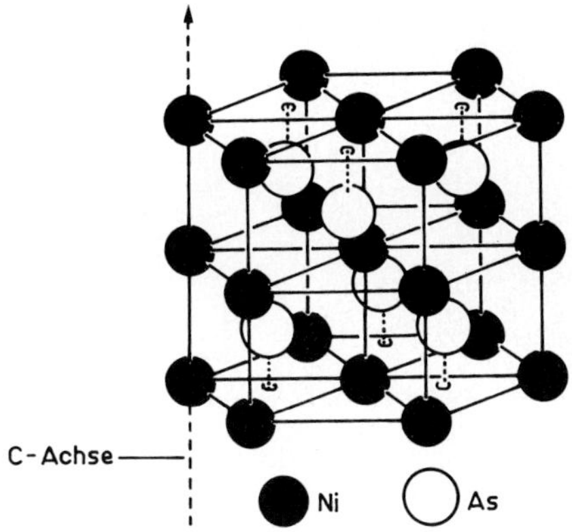

Abb. 39. Rotnickelkies-Gitter (NiAs)

Eigenschaften ionisch gebauter Substanzen: Sie besitzen einen relativ hohen Schmelz- und Siedepunkt und sind hart und spröde. Ihre Lösungen und die Schmelzen leiten den elektrischen Strom infolge Ionenwanderung.

Ein Beispiel für die technische Anwendung der Leitfähigkeit von Schmelzen ist die elektrolytische Gewinnung (Elektrolyse) unedler Metalle wie Aluminium, Magnesium, der Alkalimetalle usw.

5.2. Atombindung (kovalente oder homöopolare Bindung)

Die kovalente Bindung (Atom-, Elektronenpaarbindung) bildet sich zwischen Elementen ähnlicher Elektronegativität aus: "Ideale" kovalente Bindungen findet man nur zwischen Elementen gleicher Elektronegativität und bei Kombination der Elemente selbst (z.B. H_2, Cl_2, N_2). Im Gegensatz zur elektrostatischen Bindung ist sie *gerichtet*, d.h. sie verbindet ganz bestimmte Atome miteinander. Zwischen den Bindungspartnern existiert eine erhöhte Elektronendichte. Besonders deutlich wird der Unterschied zwischen ionischer und kovalenter Bindung beim Vergleich der Abb. 27, S. 67, und Abb. 40.

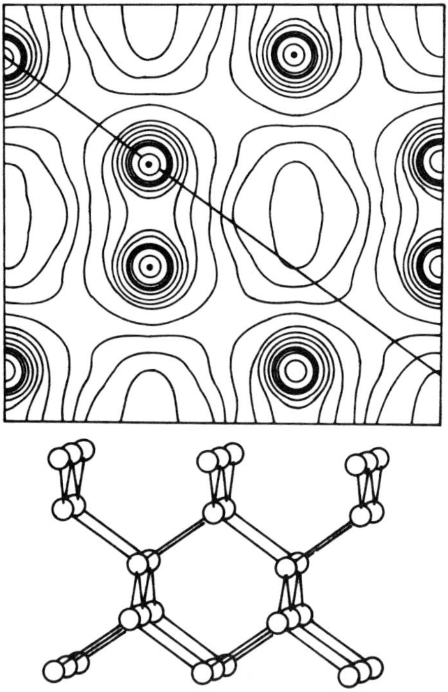

Abb. 40. Elektronendichte im Diamantkristall, darunter Diamantgitter in Parallelprojektion. (Nach Brill, Grimm, Hermann u. Peters)

Zur Beschreibung dieser Bindungsart benutzt der Chemiker im wesentlichen zwei Theorien. Diese sind als Molekülorbitaltheorie (MO-Theorie) und Valenzbindungstheorie (VB-Theorie) bekannt. Beide Theorien sind Näherungsverfahren zur Lösung der Schrödinger-Gleichung für Moleküle.

5.2.1 MO-Theorie der kovalenten Bindung

In der MO-Theorie beschreibt man die Zustände von Elektronen in einem Molekül ähnlich wie die Elektronenzustände in einem Atom durch Wellenfunktionen ψ_{MO}. Die Wellenfunktion, welche eine Lösung der Schrödinger-Gleichung ist, heißt *Molekülorbital* (MO). Jedes ψ_{MO} ist durch Quantenzahlen charakterisiert, die seine Form und Energie bestimmen. Zu jedem ψ_{MO} gehört ein bestimmter Energiewert. ψ^2dxdydz kann wieder als die Wahrscheinlichkeit interpretiert werden, mit der das Elektron in dem Volumenelement dxdydz angetroffen wird. Im Gegensatz zu den Atomorbitalen sind die MO mehrzentrig, z.B. zweizentrig für ein Molekül A-A (z.B. H_2). Eine exakte Formulierung der Wellenfunktion ist in fast allen Fällen unmöglich. Man kann sie aber näherungsweise formulieren, wenn man die Gesamtwellenfunktion z.B. durch Addition oder Subtraktion (Linearkombination) einzelner isolierter Atomorbitale zusammensetzt (LCAO-Methode = linear combination of atomic orbitals):

$$\psi_{MO} = c_1\psi_{AO} \pm c_2\psi_{AO} \quad \text{(für ein zweizentriges MO)}$$

Die Koeffizienten c_1 und c_2 werden so gewählt, daß die Energie, die man erhält, wenn man ψ_{MO} in die Schrödinger-Gleichung einsetzt, einen minimalen Wert annimmt. Minimale potentielle Energie entspricht einem stabilen Zustand.

Durch die Linearkombination zweier Atomorbitale (AO) erhält man zwei Molekülorbitale, nämlich MO(I) durch Addition der AO und MO(II) durch Subtraktion der AO. MO(I) hat eine kleinere potentielle Energie als die isolierten AO. Die Energie von MO(II) ist um den gleichen Betrag höher als die der isolierten AO. MO(I) nennt man ein *bindendes* Molekülorbital und MO(II) ein *antibindendes* oder lockerndes. (Das antibindende MO wird oft mit * markiert.) Abb. 41 zeigt das Energieniveauschema des H_2-Moleküls.

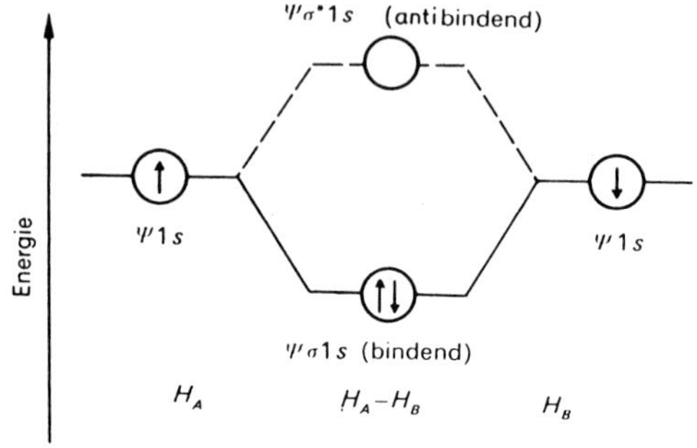

Abb. 41. Bildung der MO beim H_2-Molekül

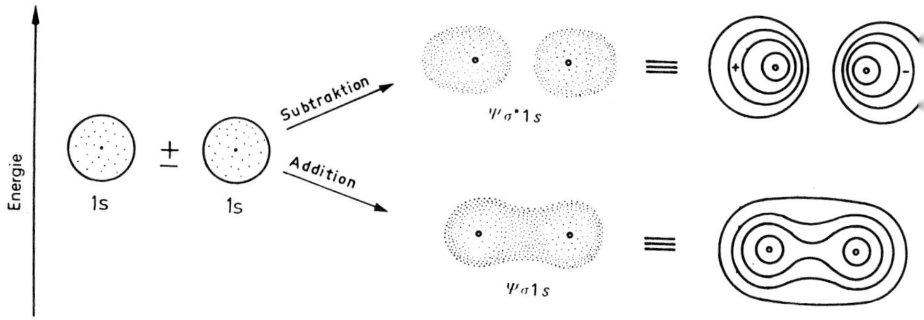

Abb. 42. Graphische Darstellung der Bildung von ψ1s-MO

Abb. 43 zeigt die Energieänderung bei der Annäherung zweier H-Atome.

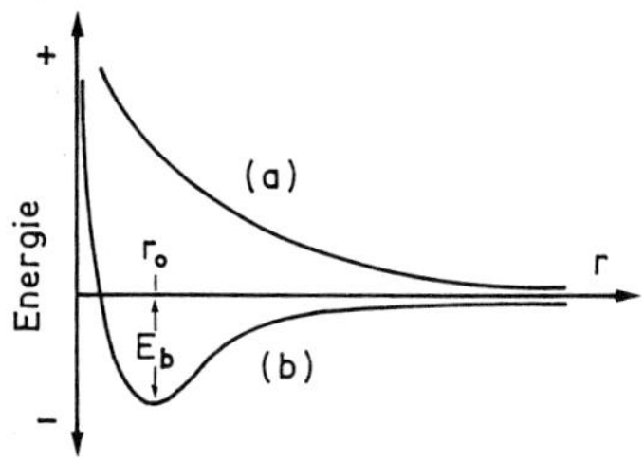

Abb. 43. (a) entspricht der Energie des antibindenden MO. (b) entspricht der Energie des bindenden MO. E_b = Bindungsenergie im H_2-Molekül. r_o = Kernabstand der H-Atome (Gleichgewichtsabstand)

Der Einbau der Elektronen in die MO erfolgt unter Beachtung von Hundscher Regel und Pauli-Prinzip in der Reihenfolge zunehmender potentieller Energie. Ein MO kann von maximal zwei Elektronen mit antiparallelem Spin besetzt werden.

In Molekülen mit ungleichen Atomen wie CO können auch sog. *nichtbindende* MO auftreten, s. S. 145.

Abb. 44 zeigt die Verhältnisse für $H_2^{\oplus}$, H_2, $He_2^{\oplus}$ und "He_2". Die Bindungseigenschaften der betreffenden Moleküle sind in Tabelle 10 angegeben.

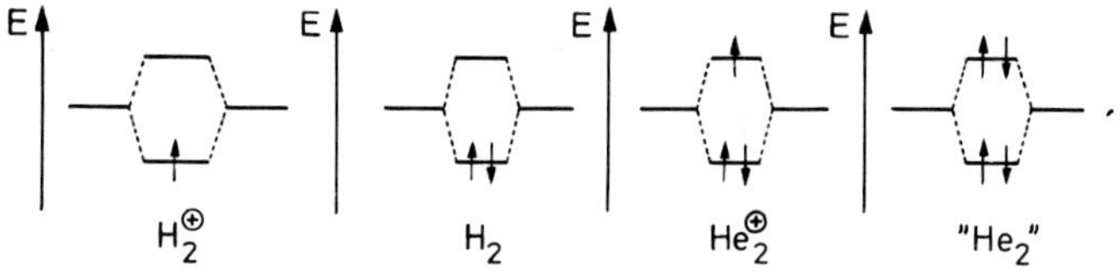

Abb. 44

Tabelle 10. Bindungseigenschaften einiger zweiatomiger Moleküle

Molekül	Valenzelektronen	Bindungsenergie kJ/mol	Kernabstand pm
$H_2^{\oplus}$	1	269	106
H_2	2	436	74
$He_2^{\oplus}$	3	~ 300	108
"He_2"	4	0	-

Aus Tabelle 10 kann man entnehmen, daß H_2 die stärkste Bindung hat. In diesem Molekül sind beide Elektronen in dem bindenden MO. Ein "He_2" existiert nicht, weil seine vier Elektronen sowohl das bindende als auch das antibindende MO besetzen würden.

Beachte: In der MO-Theorie befinden sich die Valenzelektronen der Atome nicht in Atomorbitalen, d.h. bevorzugt in der Nähe bestimmter Kerne, sondern in Molekülorbitalen, die sich über das Molekül erstrecken.

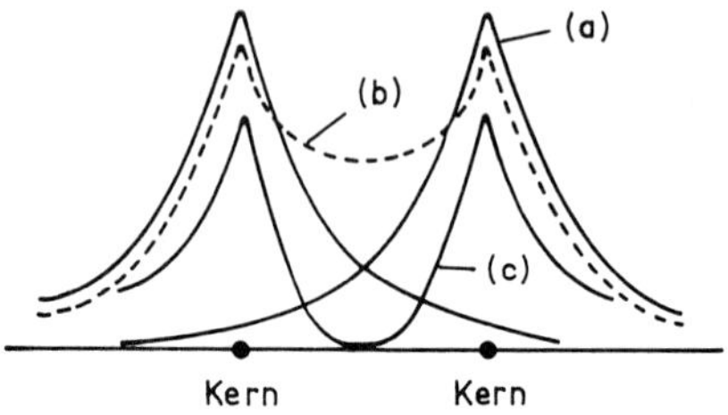

Abb. 45. zeigt die Elektronendichteverteilung für das $H_2^{\oplus}$-Ion. Kurve (a) entspricht getrennten Atomen. Kurve (b) entspricht dem bindenden MO. Kurve (c) entspricht dem antibindenden MO

Die Konstruktion der MO von *mehratomigen* Molekülen erfolgt prinzipiell auf dem gleichen Weg. Jedoch werden die Verhältnisse mit zunehmender Zahl der Bindungspartner immer komplizierter. Abb. 46 zeigt das MO-Diagramm von CH_4. Weitere Beispiele finden sich auf den S. 144, 337, 365.

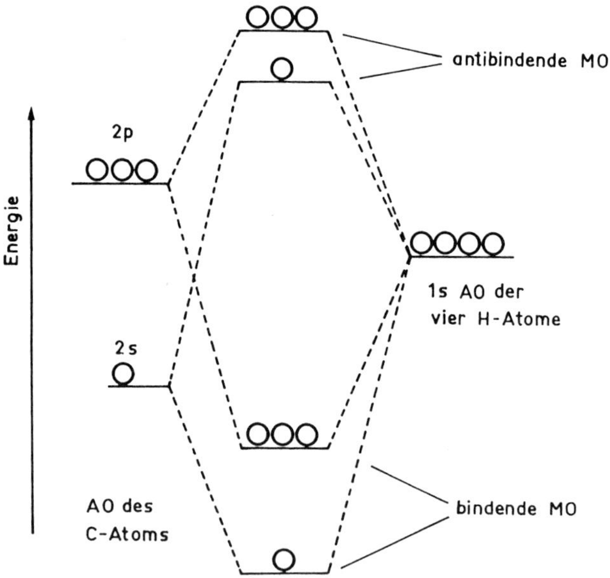

Abb. 46. MO-Diagramm von CH_4

5.2.2 *VB-Theorie der kovalenten Bindung*

Erläuterung der Theorie an Hand von Beispielen

1. Beispiel: Das Wasserstoff-Molekül H_2. Es besteht aus zwei Protonen und zwei Elektronen. Isolierte H-Atome besitzen je ein Elektron in einem 1s-Orbital. Eine Bindung zwischen den H-Atomen kommt nun dadurch zustande, daß sich ihre Ladungswolken durchdringen, d.h. daß sich ihre 1s-Orbitale *überlappen* (s. Abb. 47). Der Grad der Überlappung ist ein Maß für die Stärke der Bindung. In der Überlappungszone ist eine endliche Aufenthaltswahrscheinlichkeit für beide Elektronen vorhanden.

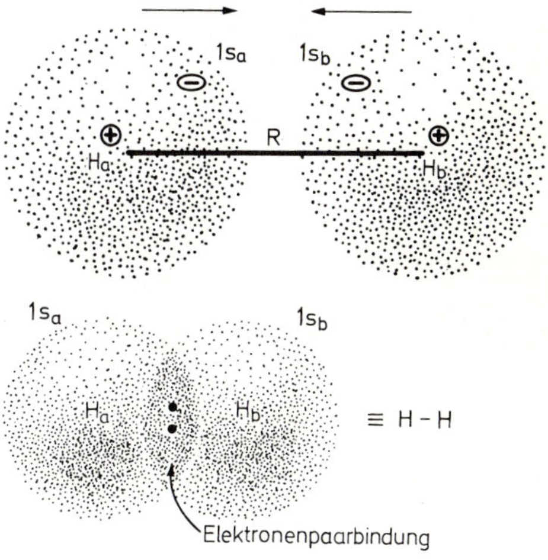

Abb. 47

Die reine kovalente Bindung ist meist eine *Elektronenpaarbindung*. Beide Elektronen der Bindung stammen von beiden Bindungspartnern. Es ist üblich, ein Elektronenpaar, das die Bindung zwischen zwei Atomen herstellt, durch einen Strich (*Valenzstrich*) darzustellen. Eine mit Valenzstrichen aufgebaute Molekülstruktur nennt man *Valenzstruktur* (Lewis-Formel).

Elektronenpaare eines Atoms, die sich nicht an einer Bindung beteiligen, heißen *einsame* oder *freie* Elektronenpaare. Sie werden am Atom durch einen Strich symbolisiert.

Beispiele: $H_2\overline{\underline{O}}$, $|NH_3$, $H_2\overline{\underline{S}}$, R-$\overline{\underline{O}}$H, R-$\overline{\underline{O}}$-R, H-$\overline{\underline{F}}|$, R-$\overline{N}H_2$.

2. Beispiel: das Methan-Molekül CH_4. Strukturbestimmungen am CH_4-Molekül haben gezeigt, daß das Kohlenstoffatom von vier Wasserstoffatomen in Form eines Tetraeders umgeben ist. Die Bindungswinkel H-C-H sind 109°28' (Tetraederwinkel). Die Abstände vom C-Atom zu den H-Atomen sind gleich lang (gleiche Bindungslänge) (vgl. Abb. 48). Eine mögliche Beschreibung der Bindung im CH_4 ist folgende:

Im Grundzustand hat das Kohlenstoffatom die Elektronenkonfiguration $(1\,s^2)\ 2\,s^2\ 2\,p^2$. Es könnte demnach nur zwei Bindungen ausbilden mit einem Bindungswinkel von 90° (denn zwei p-Orbitale stehen senkrecht aufeinander). Damit das Kohlenstoffatom vier Bindungen eingehen kann, muß ein Elektron aus dem 2s-Orbital in das leere 2p-Orbital *"angehoben"* werden (Abb. 49). Die hierzu nötige Energie (Promotions- oder Promovierungsenergie) wird durch den Energiegewinn, der bei der Molekülbildung realisiert wird, aufgebracht. Das Kohlenstoffatom befindet sich nun in einem *"angeregten"* Zustand. Gleichwertige Bindungen aus s- und p-Orbitalen mit Bindungswinkeln von 109°28' erhält man nach *Pauling* durch *mathematisches Mischen (= Hybridisieren)* der Atomorbitale. Aus einem s- und drei p-Orbitalen entstehen *vier* gleichwertige *sp^3-Hybrid-Orbitale*, die vom C-Atom ausgehend in die Ecken eines Tetraeders gerichtet sind (Abb. 50 und 51). Ein sp^3-Hybrid-Orbital besitzt, entsprechend seiner Konstruktion, 1/4 s- und 3/4 p-Charakter.

Beachte: Die Anzahl der Hybrid-Orbitale ist gleich der Zahl der benutzten AO.

Aus Abb. 50 und 58 geht deutlich hervor: Die Hybrid-Orbitale haben nicht nur eine günstigere Orientierung auf die Bindungspartner, sie besitzen auch eine größere räumliche Ausdehnung als die nicht hybridisierten AO. Dies ergibt eine bessere Überlappung und somit eine stärkere Bindung. Die Bindung zwischen dem C-Atom und den vier Wasserstoffatomen im CH_4 kommt nämlich dadurch zustande, daß jedes der vier Hybrid-Orbitale des C-Atoms mit je einem 1s-Orbital eines Wasserstoffatoms überlappt (Abb. 51).

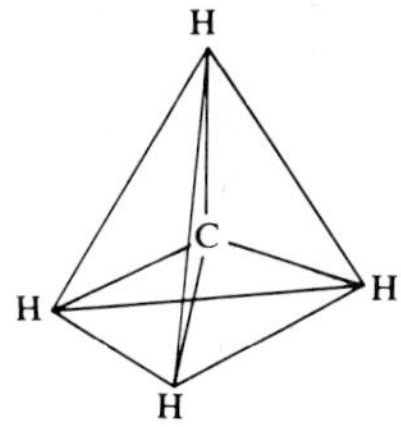

Abb. 48. CH_4-Tetraeder

C (Grundzustand)	C* (angeregter Zustand)	C (hybridisierter Zustand = "Valenzzustand")
2p ↑ ↑ _	2p ↑ ↑ ↑	sp^3 I I I I
2s ⇅	2s ↑	
1s ⇅	1s ⇅	1s ⇅

Abb. 49. Bildung von sp^3-Hybrid-Orbitalen am C-Atom. Im "Valenzzustand" sind die Spins der Elektronen statistisch verteilt. Die Bezeichnung "Zustand" ist insofern irreführend, als es sich beim "angeregten" und "hybridisierten Zustand" nicht um reale Zustände eines isolierten Atoms handelt, sondern um theoretische Erklärungsversuche

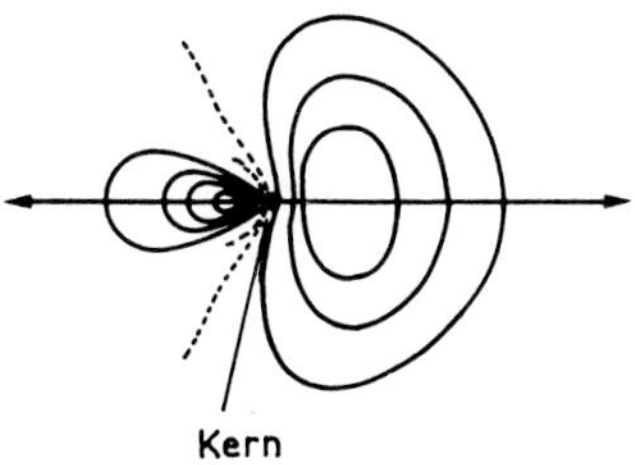

Abb. 50. sp^3-Hybrid-Orbital eines C-Atoms

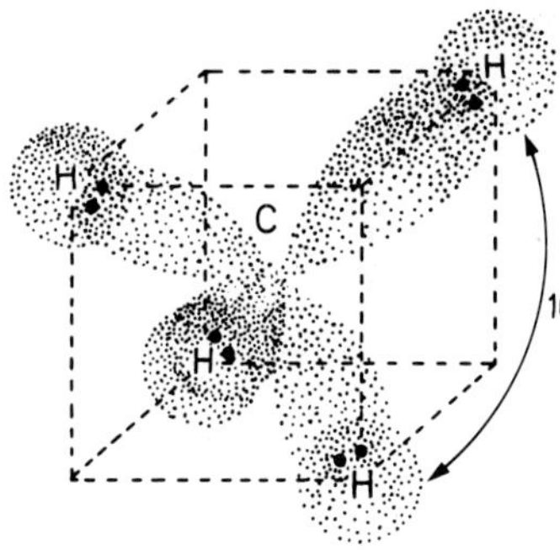

Abb. 51. VB-Struktur von CH_4. In dieser und allen weiteren Darstellungen sind die Orbitale vereinfacht gezeichnet

Bindungen, wie sie im Methan ausgebildet werden, sind *rotationssymmetrisch* um die Verbindungslinie der Atome, die durch eine Bindung verknüpft sind. Sie heißen *σ-Bindungen*.

σ-Bindungen können beim Überlappen folgender AO entstehen: s + s, s + p, p + p, s + sp-Hybrid-AO, s + sp^2-Hybrid-AO, s + sp^3-Hybrid-AO, sp + sp, $sp^2 + sp^2$, $sp^3 + sp^3$ usw. Beachte: Die Orbitale müssen in Symmetrie, Energie und Größe zueinander passen.

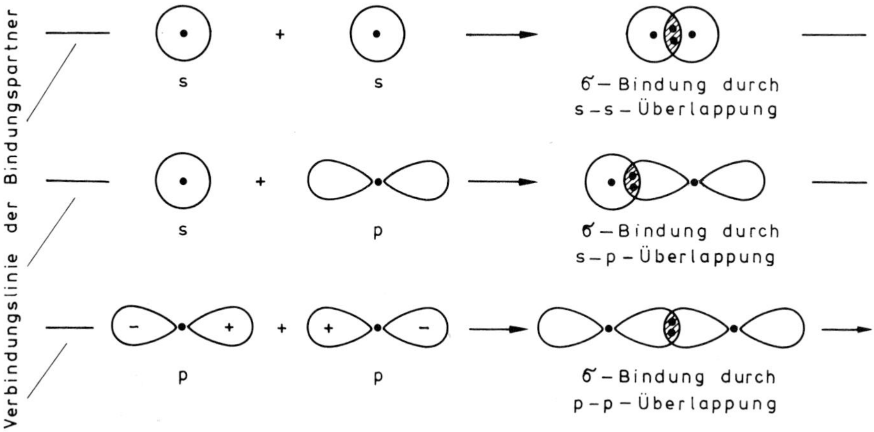

Substanzen, die wie Methan die größtmögliche Anzahl von σ-Bindungen ausbilden, nennt man *gesättigte* Verbindungen. CH_4 ist also ein gesättigter Kohlenwasserstoff (s. HT 211).

Auch Moleküle wie *H_2O* und *NH_3*, die nicht wie CH_4 von vier H-Atomen umgeben sind, zeigen eine Tendenz zur Ausbildung eines Tetraederwinkels. Der Grund liegt darin, daß bei ihnen das Zentralatom (O bzw. N) auch sp^3-hybridisiert ist.

Die Valenzelektronenkonfiguration des Stickstoffatoms ist $2\,s^2\ 2\,p^3$. Das Sauerstoffatom hat die Konfiguration $2\,s^2\ 2\,p^4$. Durch Mischen des einen s-AO mit den drei p-AO entstehen vier gleichwertige sp^3-Hybrid-Orbitale.

Im *NH_3-Molekül* können drei Hybrid-Orbitale mit je einem 1s-AO eines H-Atoms überlappen. Das vierte Hybrid-Orbital wird durch das freie Elektronenpaar am N-Atom besetzt.

Im *H_2O-Molekül* überlappen zwei Hybrid-Orbitale mit je einem 1s-AO eines H-Atoms und zwei Hybrid-Orbitale werden von jeweils einem freien Elektronenpaar des O-Atoms besetzt. Da letztere einen größeren Raum einnehmen als bindende Paare, führt dies zu einer Verringerung des H-Y-H-Bindungswinkels auf 107° (NH_3) bzw. 105° (H_2O), vgl. S. 176.

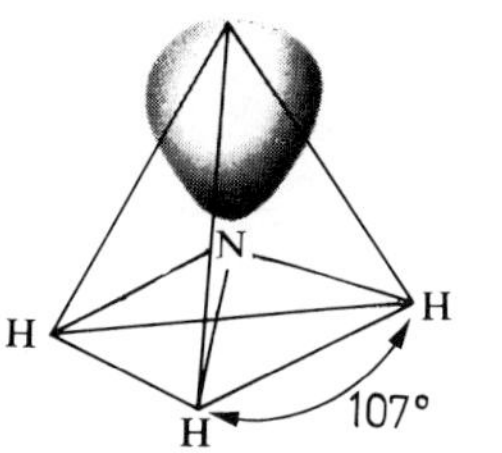

Abb.52. Ammoniak (NH_3)

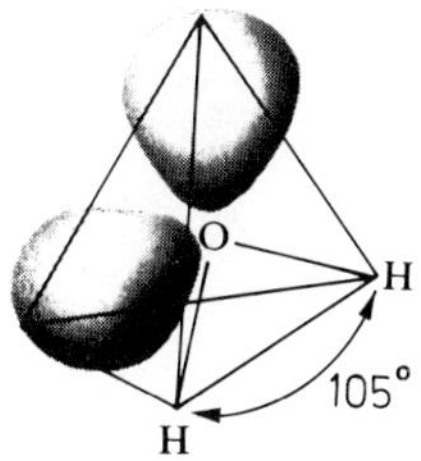

Abb.53. Wasser (H_2O)

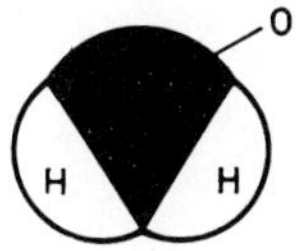

Abb.54. "Kalottenmodell" von H_2O. Es gibt die maßstabgerechten Kernabstände, Wirkungsradien der Atome sowie die Bindungswinkel (Valenzwinkel) wieder. (Kalotte = Kugelkappe)

3. Beispiel: Ethan C_2H_6. Aus Abb. 55 geht hervor, daß beide C-Atome in diesem gesättigten Kohlenwasserstoff mit jeweils vier sp^3-hybridisierten Orbitalen je vier σ-Bindungen ausbilden. Drei Bindungen entstehen durch Überlappung eines sp^3-Hybrid-Orbitals mit je einem 1s-Orbital eines Wasserstoffatoms, während die vierte Bindung durch Überlappung von zwei sp^3-Hybrid-Orbitalen beider C-Atome zustande kommt. Bei dem Ethanmolekül sind somit zwei Tetraeder über eine Ecke miteinander verknüpft. Am Beispiel der C-C-Bindung ist angedeutet, daß um jede σ-Bindung prinzipiell *freie Drehbarkeit* (Rotation) möglich ist (sterische Hinderungen können sie einschränken oder aufheben).

C_2H_6 ≡ 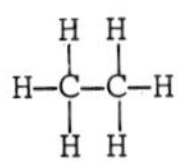

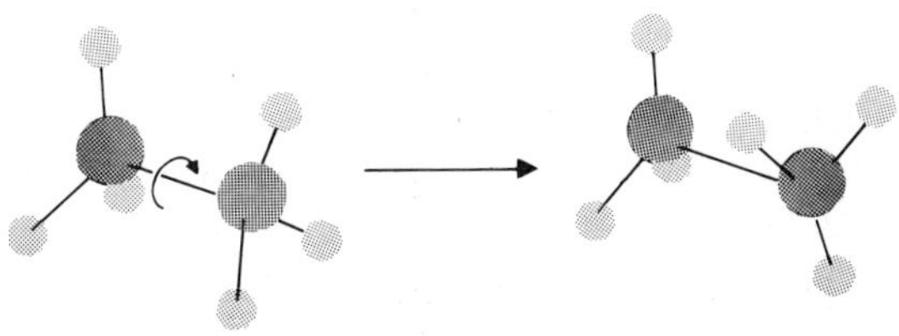

Abb. 55. Rotation um die C-C-Bindung im Ethan

In Abb. 56 ist als weiteres Beispiel für ein Molekül mit sp^3-hybridisierten Bindungen das Propanmolekül angegeben.

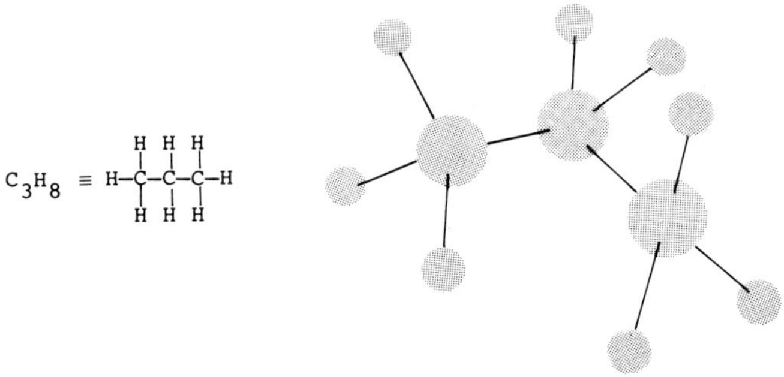

Abb. 56

Mehrfachbindungen, ungesättigte Verbindungen

Als Beispiel für eine *ungesättigte* Verbindung betrachten wir das Ethen (Ethylen) C_2H_4 (Abb. 57).

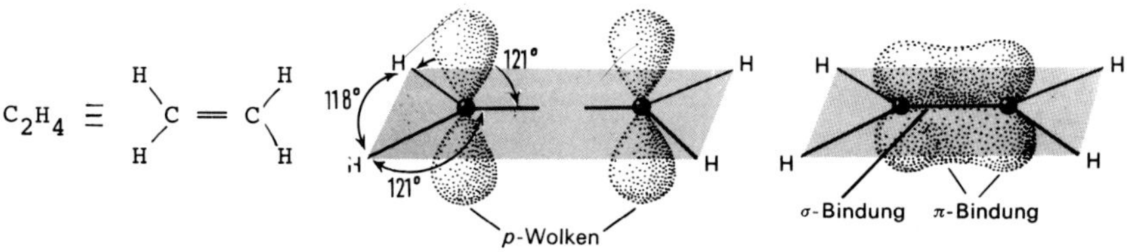

Abb. 57. Bildung einer π-Bindung durch Überlagerung zweier p-AO im Ethen

Ungesättigte Verbindungen sind dadurch von den gesättigten unterschieden, daß ihre Atome weniger als die maximale Anzahl von σ-Bindungen ausbilden.

Im Ethen betätigt jedes C-Atom drei σ-Bindungen mit seinen drei Nachbarn (zwei H-Atome, ein C-Atom). Der Winkel zwischen den Bindungen ist etwa 120°. Jedes C-Atom liegt in der Mitte eines Dreiecks. Dadurch kommen alle Atome in einer Ebene zu liegen (Molekülebene).

Das σ-Bindungsgerüst läßt sich mit *sp^2-Hybrid-Orbitalen* an den C-Atomen aufbauen. Hierbei wird ein Bindungswinkel von 120° erreicht. Wählt man als Verbindungslinie zwischen den C-Atomen die x-Achse des Koordinatenkreuzes und liegen die Atome in der xy-Ebene (= Molekülebene), dann besetzt das übriggebliebene p-Elektron das p_z-Orbital.

Im Ethen können sich die p_z-Orbitale beider C-Atome wirksam überlappen. Dadurch bilden sich Bereiche hoher Ladungsdichte oberhalb und unterhalb der Molekülebene. In der Molekülebene selbst ist die Ladungsdichte (Aufenthaltswahrscheinlichkeit der Elektronen) praktisch Null. Eine solche Ebene nennt man *Knotenebene*. Die Bindung heißt *π-Bindung*.

Bindungen aus einer σ- und einer oder zwei π-Bindungen nennt man *Mehrfachbindungen*.

Im Ethen haben wir eine sog. *Doppelbindung* >C=C< vorliegen. σ- und π-Bindungen beeinflussen sich in einer Mehrfachbindung gegenseitig.

Man kann experimentell zwar zwischen einer Einfachbindung (σ-Bindung) und einer Mehrfachbindung (σ+π-Bindungen) unterscheiden, aber nicht zwischen einzelnen σ- und π-Bindungen einer Mehrfachbindung.

Durch Ausbildung von Mehrfachbindungen wird die Rotation um die Bindungsachsen aufgehoben. Sie ist nur dann wieder möglich, wenn die Mehrfachbindungen gelöst werden (indem man z.B. das ungesättigte Molekül durch eine Additionsreaktion in ein gesättigtes überführt, s. HT 211).

Übungsbeispiel:

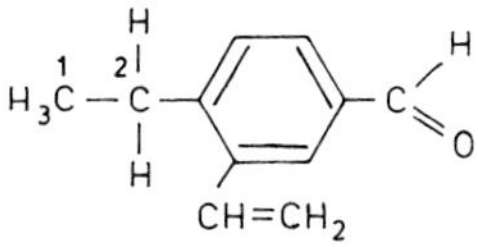

Die C-Atome 1 und 2 sind sp^3-hybridisiert, alle anderen 9 C-Atome besitzen sp^2-hybridisierte Orbitale.

Eine Substanz mit einer σ-Bindung und zwei π-Bindungen ist das *Ethin* (Acetylen) C_2H_2 (Abb. 59). Im Ethin ist das Bindungsgerüst linear. Die C-Atome sind *sp-hybridisiert* (∡ 180°). Die übriggebliebenen zwei p-Orbitale an jedem C-Atom ergeben durch Überlappung zwei π-Bindungen.

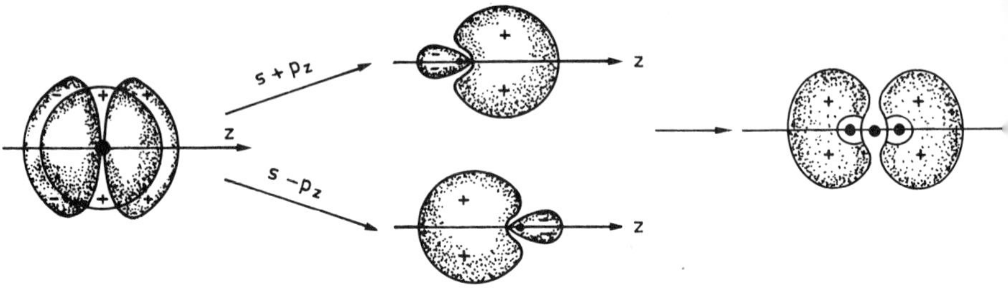

Abb. 58. Schematische Darstellung der Konstruktion zweier sp-Hybrid-Orbitale

C_2H_2 ≡ H-C≡C-H

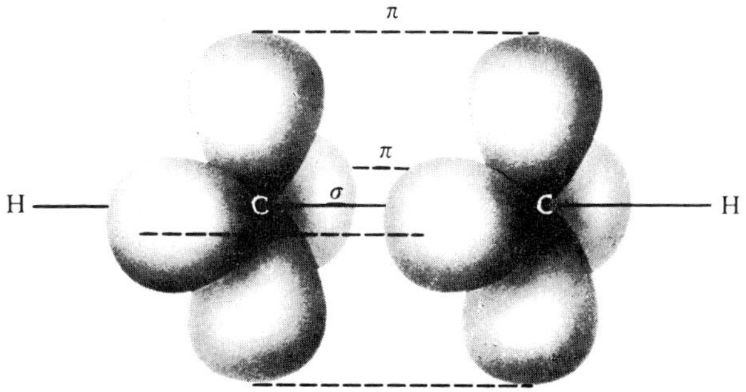

Abb. 59. Bildung der π-Bindungen beim Ethin

Anorganische Substanzen mit Mehrfachbindungen sind z.B. $BeCl_2$, CO_2, CO, N_2, HN_3, N_2O, NO_2, H_3PO_4, Phosphazene.

In der Anorganischen Chemie spielen außer sp-, sp^2- und sp^3-Hybrid-Orbitalen vor allem noch dsp^2- (bzw. sp^2d-), dsp^3- (bzw. sp^3d-) und d^2sp^3- (bzw. sp^3d^2-)-Hybrid-Orbitale eine Rolle. Tabelle 11 enthält alle in diesem Buch vorkommenden Hybrid-Orbitale.

Tabelle 11

Hybrid-orbital	Aufbau	Zahl der Hybrid-AO	∡ zwischen Hybrid-AO	geometrische Form	Beispiele
sp	1s,1p	2	180°	linear 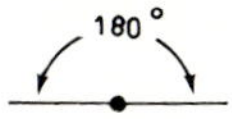	σ-Gerüst von Ethin (Abb.59), σ-Gerüst von CO_2, $HgCl_2$
sp^2	1s,2p	3	120°	Dreieck 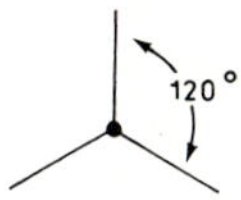	σ-Gerüst von Ethen, σ-Gerüst von Benzol (s. HT 211), BCl_3, PCl_3
sp^3	1s,3p	4	109°28'	Tetraeder 	CH_4, Ethan, $NH_4^{\oplus}$, $Ni(CO_4)$
dsp^2	1s,2p, 1d	4	90°	Quadrat 	Komplexe von Pd(II), Pt(II), Ni(II)
dsp^3	1s,3p, 1d	5	90° 120°	trigonale Bipyramide 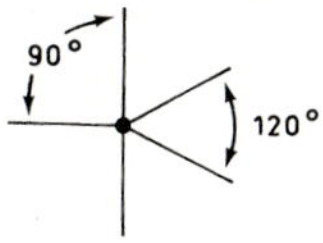	PCl_5, $SbCl_5$, $Fe(CO)_5$
d^2sp^3 * sp^3d^2	1s,3p, 2d	6	90°	Oktaeder 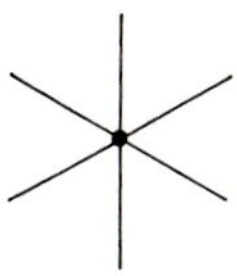	$PCl_6^{\ominus}$, SF_6 $[Fe(CN)_6]^{3\ominus}$ $[Co(NH_3)_6]^{2\oplus}$ $[Fe(H_2O)_6]^{3\oplus}$ $[CoF_6]^{3\ominus}$

*Die Reihenfolge der Buchstaben hängt von der Herkunft der Orbitale ab: zwei 3d-AO + ein 4s-AO + drei 4p-AO ergeben: d^2sp^3

Energie von Hybridorbitalen

Wie auf S. 82 erwähnt, ist die Ursache für die Hybridisierung ein Gewinn an Bindungsenergie. Verschiedene Hybridorbitale unterscheiden sich daher im allgemeinen nicht nur in der Geometrie, sondern auch in der Energie voneinander. Bei *vollständiger* Hybridisierung ist die Orbitalenergie der Hybridorbitale der arithmetische Mittelwert aus den Energien der Ausgangsorbitale. Abb. 60 verdeutlicht dies in einem Energieniveauschema (E = Orbitalenergie).

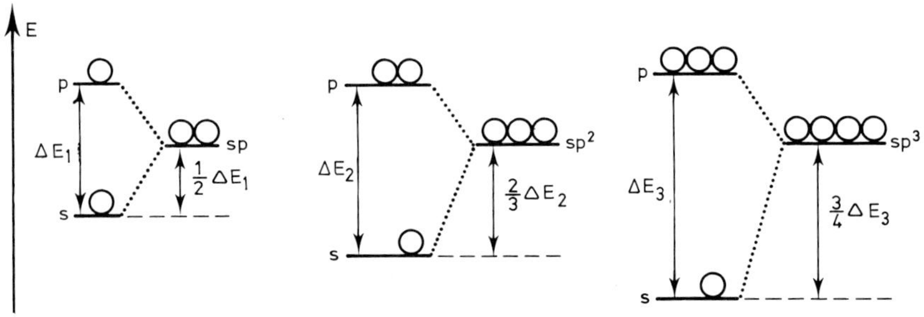

Abb. 60. Energieniveaudiagramme für die Hybridisierungen von s- und p-Orbitalen

Bindigkeit

Als *Bindigkeit* oder Bindungszahl bezeichnet man allgemein die Anzahl der Atombindungen, die von einem Atom betätigt werden. Im CH_4 ist das Kohlenstoffatom vierbindig. Im Ammoniak-Molekül NH_3 ist die Bindigkeit des Stickstoffatoms 3 und diejenige des Wasserstoffatoms 1. Im Ammonium-Ion $NH_4^{\oplus}$ ist das N-Atom vierbindig. Das Sauerstoffatom ist im H_2O-Molekül zwei- und im $H_3O^{\oplus}$-Molekül dreibindig. Das Schwefelatom bildet im Schwefelwasserstoff H_2S zwei Atombindungen aus. Schwefel ist daher in diesem Molekül zweibindig. Im Chlorwasserstoff HCl ist das Chloratom einbindig. Bei Elementen ab der 3. Periode können auch d-Orbitale bei der Bindungsbildung benutzt werden. Entsprechend werden höhere Bindungszahlen erreicht: Im PF_5 ist das P-Atom fünfbindig; im SF_6 ist das S-Atom sechsbindig.

Oktettregel

Die Ausbildung einer Bindung hat zum Ziel, einen energetisch günstigeren Zustand (geringere potentielle Energie) zu erreichen, als ihn das ungebundene Element besitzt.

Ein besonders günstiger Elektronenzustand ist die Elektronenkonfiguration der Edelgase. Mit Ausnahme von Helium ($1\,s^2$) haben alle Edelgase in ihrer äußersten Schale (Valenzschale) die Konfiguration $n\,s^2\;n\,p^6$ (n = Hauptquantenzahl). Diese 8 Elektronenzustände sind die mit den Quantenzahlen l, m und s maximal erreichbare Zahl (= Oktett), s. S. 34 und S. 42.

Die Elemente der 2. Periode haben nur s- und p-Valenzorbitale. Bei der Bindungsbildung streben sie die Edelgaskonfiguration an. Sie können das Oktett nicht überschreiten. Dieses Verhalten ist auch als Oktettregel bekannt.

Beispiele:

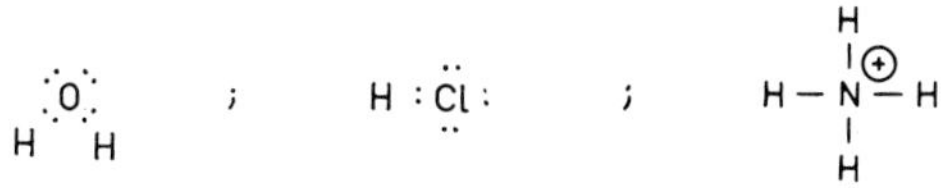

Bei Elementen höherer Perioden können u.U. auch d-Valenzorbitale mit Elektronen besetzt werden, weshalb hier vielfach eine *Oktettaufweitung* beobachtet wird. Beispiele sind die Moleküle PCl_5 (10 Elektronen um das Phosphoratom) und SF_6 (12 Elektronen um das Schwefelatom).

Doppelbindungsregel

Die "klassische Doppelbindungsregel" besagt:

Elemente der höheren Perioden (Hauptquantenzahl $n > 2$) können keine p_π-p_π-Bindungen ausbilden.

Die Gültigkeit der Doppelregel wurde seit 1964 durch zahlreiche "Ausnahmen" eingeschränkt. Es gibt Beispiele mit Si, P, As, Sb, Bi, S, Te, Sb. Als Erklärung für die Stabilität der "Ausnahmen" wird angeführt, daß Elemente der höheren Perioden offenbar auch pd-Hybridorbitale zur Bildung von π-Bindungen benutzen können. Hierdurch ergibt sich trotz großer Bindungsabstände eine ausreichende Überlappung der Orbitale.

Sind größere Unterschiede in der Elektronegativität vorhanden, sind polarisierte Grenzstrukturen an der Mesomerie beteiligt:

$$\mathrm{El = C} \longleftrightarrow \overset{\oplus}{\mathrm{El}} - \overset{\ominus}{\dot{\mathrm{C}}}.$$

Beispiele s. Si-, P-Verbindungen.

Radikale

Es gibt auch Substanzen mit *ungepaarten* Elektronen, sog. Radikale. Beispiele sind das Diradikal O_2, NO, NO_2 oder organischen Radikale wie das Triphenylmethylradikal. Auch bei chemischen Umsetzungen treten Radikale auf. So bilden sich durch Protolyse von Chlormolekülen Chloratome mit je einem ungepaarten Elektron, die mit H_2-Molekülen zu Chlorwasserstoff reagieren können (Chlorknallgasreaktion), s. S. 270. Andere Beispiele s. Kap. 6.

Substanzen mit ungepaarten Elektronen verhalten sich *paramagnetisch*. Sie werden von einem magnetischen Feld angezogen.

Bindungsenergie und Bindungslänge

In Abb. 45 wurde gezeigt, daß bei der Kombination von H-Atomen von einer gewissen Entfernung an Energie freigesetzt wird. Beim Gleichgewichtsabstand r_o hat die potentielle Energie E_{pot} des Systems ein Minimum. Die bei der Bindungsbildung freigesetzte Energie heißt Bindungsenergie, der Gleichgewichtsabstand zwischen den Atomkernen der Bindungspartner Bindungslänge.

Beachte: Je größer die Bindungsenergie, um so fester die Bindung.

Tabelle 12 zeigt eine Zusammenstellung der Bindungslängen und Bindungsenergien von Kovalenzbindungen.

Tabelle 12

Bindung	Bindungslänge (pm)	Bindungsenergie ($kJ\cdot mol^{-1}$)
Cl-Cl	199	242
F-H	92	567
Cl-H	127	431
O-H	96	464
N-H	101	389
C=O	122	736
H-H	74	436
N≡N	110	945
C-C	154	346
C=C	135	611
C≡C	121	835
C⩦C (Benzol)	139	-

1 nm = 1000 pm
= 10^{-9} m

Mesomerie oder Resonanz

Betrachtet man die Struktur des $SO_4^{2\ominus}$-Ions, stellt man fest: Das S-Atom sitzt in der Mitte eines regulären Tetraeders; die S-O-Abstände sind gleich und kleiner, als es einem S-O-Einfachbindungsabstand entspricht.

Will man nun den kurzen Bindungsabstand erklären, muß man für die S-O-Bindung teilweisen (partiellen) *Doppelbindungscharakter* annehmen:

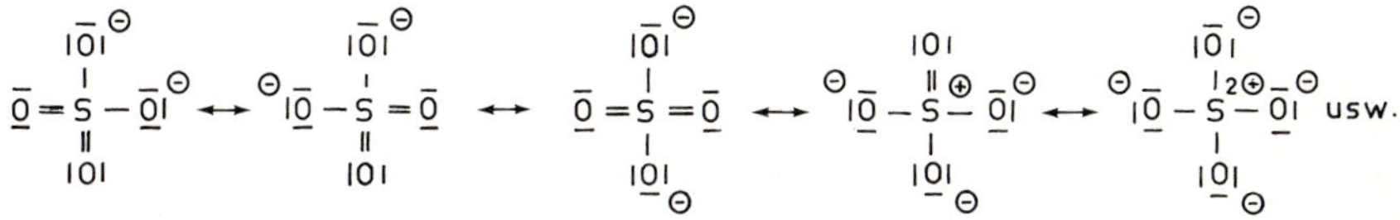

Die tatsächliche Elektronenverteilung (= realer Zustand) kann also durch keine Valenzstruktur allein wiedergegeben werden.

Jede einzelne Valenzstruktur ist nur eine *Grenzstruktur* (mesomere Grenzstruktur, Resonanzstruktur). Die tatsächliche Elektronenverteilung ist eine Überlagerung (Resonanzhybrid) *aller* denkbaren Grenzstrukturen. Diese Erscheinung heißt **Mesomerie** oder **Resonanz**.

Beachte: Das Mesomeriezeichen ⟷ darf nicht mit einem Gleichgewichtszeichen verwechselt werden!

Der Energieinhalt des Moleküls oder Ions ist kleiner als von jeder Grenzstruktur.

Je mehr Grenzstrukturen konstruiert werden können, um so besser ist die Elektronenverteilung (Delokalisation der Elektronen) im Molekül, um so stabiler ist auch das Molekül.

Die Stabilisierungsenergie bezogen auf die energieärmste Grenzstruktur heißt *Resonanzenergie*.

Beispiele für Mesomerie sind u.a. folgende Moleküle und Ionen: CO, CO_2, $CO_3^{2\ominus}$, $NO_3^{\ominus}$, HNO_3, HN_3, $N_3^{\ominus}$. Ein bekanntes Beispiel aus der organischen Chemie ist Benzol, C_6H_6, (s. HT 211).

5.2.3 *Elektronenpaar-Abstoßungsmodell*

Eine sehr einfache Vorstellung zur Deutung von Bindungswinkeln in Molekülen mit kovalenten oder vorwiegend kovalenten Bindungen ist das Elektronenpaar-Abstoßungsmodell (VSEPR-Modell (= Valence Shell Electron Pair Repulsion)). Es betrachtet die sog. *Valenzschale* eines Zentralatoms A. Diese besteht aus den bindenden Elektronenpaaren der Bindungen zwischen A und seinen Nachbaratomen L (Liganden) und eventuell vorhandenen nichtbindenden (einsamen) Elektronenpaaren E am Zentralatom.

Das Modell geht davon aus, daß sich die Elektronenpaare den kugelförmig gedachten Aufenthaltsraum um den Atomkern (und die Rumpfelektronen) so aufteilen, daß sie sich so weit wie möglich ausweichen (minimale Abstoßung).

Für die Stärke der Abstoßung gilt folgende Reihenfolge:

einsames Paar - einsames Paar > einsames Paar - bindendes Paar > bindendes Paar - bindendes Paar.

Wir wollen das VSEPR-Modell an einigen Beispielen demonstrieren:

(a) Besonders einfach sind die Verhältnisse bei gleichen Liganden und bei Abwesenheit von einsamen Elektronenpaaren. Die wahrscheinlichste Lage der Elektronenpaare in der Valenzschale wird dann durch einfache geometrische Regeln bestimmt:

zwei Paare → lineare Anordnung (180°),
drei Paare → gleichseitiges Dreieck (120°),
vier Paare → Tetraeder ($109^{o}28'$),
sechs Paare → Oktaeder (90°).

Bei fünf Paaren gibt es die quadratische Pyramide und die trigonale Bipyramide. Letztere ist im allgemeinen günstiger.

(b) Besitzt das Zentralatom bei gleichen Liganden einsame Paare, werden die in a) angegebenen idealen geometrischen Anordnungen infolge unterschiedlicher Raumbeanspruchung (Abstoßung) verzerrt. Nichtbindende (einsame) Paare sind diffuser und somit größer als bindende Paare.

Bei den Molekültypen AL_4E, AL_3E_2 und AL_2E_3 liegen die E-Paare deshalb in der äquatorialen Ebene.

(c) Ist das Zentralatom mit Liganden unterschiedlicher Elektronegativität verknüpft, kommen Winkeldeformationen dadurch zustande, daß die Raumbeanspruchung der bindenden Elektronenpaare mit zunehmender Elektronegativität der Liganden sinkt.

(d) Bildet das Zentralatom Mehrfachbindungen (Doppel- und Dreifachbindungen) zu Liganden aus, werden die Aufenthaltsräume der Elektronen statt mit einem mit zwei oder drei bindenden Elektronenpaaren besetzt. Mit experimentellen Befunden gut übereinstimmende Winkel erhält man bei Berücksichtigung der größeren Ausdehnung und geänderten Form mehrfach besetzter Aufenthaltsräume.

(e) Ist A ein Übergangselement, müssen vor allem bei den Elektronenkonfigurationen d^7, d^8 und d^9 im allgemeinen starke Wechselwirkungen der d-Elektronen mit den bindenden Elektronenpaaren berücksichtigt werden.

Tabelle 13 zeigt Beispiele für die geometrische Anordnung von Liganden und einsamen Elektronenpaaren um ein Zentralatom.

Tabelle 13

Aufenthaltsräume	Einsame Elektronenpaare	Molekültyp	Geometrische Anordnung der Liganden		Beispiele
2	0	AL_2	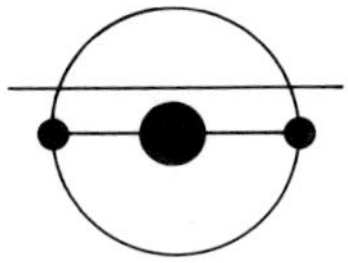	linear 180°	BeH_2 CO_2 $HgCl_2$ H-C≡N
3	0	AL_3	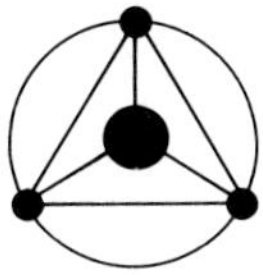	trigonal eben 120°	BF_3 $NO_3^{\ominus}$ SO_3 Cl_2CO
	1	AL_2E	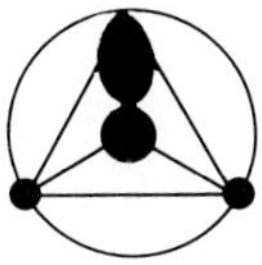	V-förmig	NO_2 SO_2 $SnCl_2$ O_3
4	0	AL_4	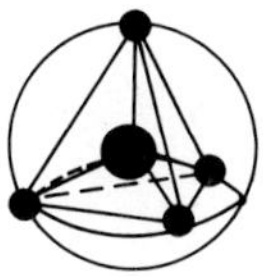	tetraedrisch	CH_4, $SO_4^{2\ominus}$ $NH_4^{\oplus}$ $OPCl_3$ SO_2Cl_2
	1	AL_3E	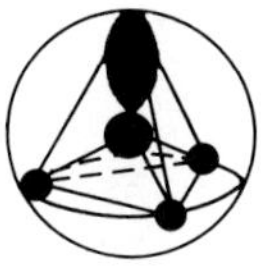	trigonal pyramidal	NH_3 $SO_3^{2\ominus}$ $H_3O^{\oplus}$ $SbCl_3$
	2	AL_2E_2	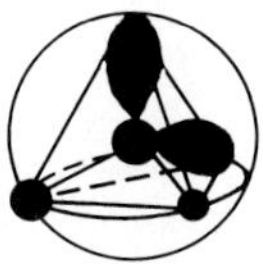	V-förmig	H_2O H_2S SCl_2
5	0	AL_5	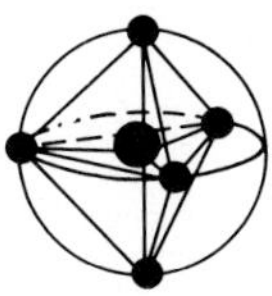	trigonal bipyramidal	PF_5 PCl_5 SF_4O

Tabelle 13 (Fortsetzung)

Aufent- halts- räume	Einsame Elektro- nenpaare	Molekül- typ	Geometrische Anordnung der Liganden		Beispiele
	1	AL_4E	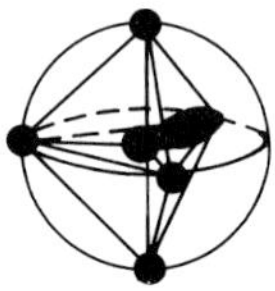	tetraedrisch verzerrt	SF_4 SeF_4 XeO_2F_2
	2	AL_3E_2	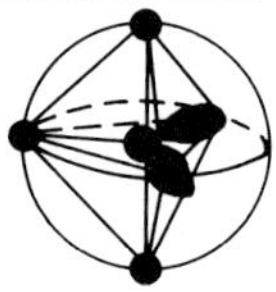	T-förmig	ClF_3 BrF_3
	3	AL_2E_3		linear	$ICl_2^{\ominus}$ $I_3^{\ominus}$ XeF_2
6	0	AL_6	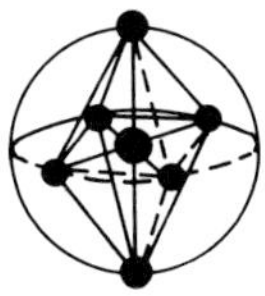	oktaedrisch	SF_6 $PCl_6^{\ominus}$
	1	AL_5E		quadratisch pyramidal	BrF_5 IF_5
	2	AL_4E_2		quadratisch eben	XeF_4 $ICl_4^{\ominus}$

Geometrie von Polyedern mit sieben bis zwölf Elektronenpaaren:

sieben: Oktaeder mit einem zusätzlichen Punkt über der Mitte einer Dreiecksfläche (einhütiges Oktaeder); trigonales Prisma mit einem zusätzlichen Punkt über der Mitte einer Rechteckfläche ($NbF_7^{2\ominus}$); pentagonale Bipyramide (IF_7);

acht: quadratisches Antiprisma ($[TaF_8]^{3\ominus}$, $[ReF_8]^{3\ominus}$, $[Sr(H_2O)_8]^{2\oplus}$, $[Ba(H_2O)_8]^{2\oplus}$); Dodekaeder ($[Mo(CN)_8]^{4\ominus}$, $[W(CN)_8]^{4\ominus}$, $[Zr(Oxalat)_4]^{4\ominus}$); Würfel bei Actiniden ($Na_3[PaF_8]$, $Na_3[UF_8]$, $Na_3[NbF_8]$;

neun: trigonales Prisma mit drei zusätzlichen Punkten über den Rechteckflächen ($[ReH_9]^{2\ominus}$, $[Sc(H_2O)_9]^{3\oplus}$);

zehn: quadratisches Antiprisma mit zwei zusätzlichen Punkten über den quadratischen Flächen;

elf: pentagonales Antiprisma mit einem zusätzlichen Punkt über der Mitte einer Fünfeckfläche;

zwölf: Ikosaeder (Zwanzigflächner).

5.3. Metallische Bindung

Von den theoretischen Betrachtungsweisen der metallischen Bindung ist folgende besonders anschaulich:

Im Metallgitter stellt jedes Metallatom je nach seiner Wertigkeit* ein oder mehrere Valenzelektronen dem Gesamtgitter zur Verfügung und wird ein Kation (Metallatomrumpf = Atomkern + "innere" Elektronen). Die Elektronen gehören allen Metallkationen gemeinsam; sie sind praktisch über das ganze Gitter verteilt (delokalisiert) und bewirken seinen Zusammenhalt. Diese quasi frei beweglichen Elektronen, das sog. *"Elektronengas"*, sind der Grund für das besondere Leitvermögen der Metalle. Es nimmt mit zunehmender Temperatur ab, weil die Wechselwirkung der Elektronen mit den Metallkationen zunimmt. Für einwertige Metalle ist die Elektronenkonzentration etwa 10^{23} cm^{-3}!

Es gibt auch eine Modellvorstellung der metallischen Bindung auf der Grundlage der *MO-Theorie* (s. S. 77). Hierbei betrachtet man das Metallgitter als ein Riesenmolekül und baut es schrittweise aus einzelnen Atomen auf. Besitzt z.B. ein Metallatom in der äußersten Schale (Valenzschale) ein s-Atomorbital und nähert sich ihm ein zweites Atom, werden aus den beiden Atomorbitalen zwei Molekülorbitale gebildet. Kommt ein drittes Atom hinzu, werden drei Molekülorbitale erhalten. Im letzten Falle sind die MO dreizentrig, denn sie erstrecken sich über drei Kerne bzw. Atomrümpfe. Baut man das Metallgitter in der angegebenen Weise weiter auf, kommt mit jedem neuen Atom ein neues MO hinzu. Jedes MO besitzt eine bestimmte potentielle Energie (Energieniveau). Betrachtet man eine relativ große Zahl von Atomen, so wird die Aufspaltung der Orbitale, d.h. der Abstand zwischen den einzelnen Energieniveaus, durch neu hinzukommende Atome kaum weiter vergrößert, sondern die Energieniveaus rücken näher zusammen. Sie unterscheiden sich nurmehr wenig voneinander, und man spricht von einem *Energieband* (Abb. 61a).

Der Einbau der Elektronen in ein solches Energieband erfolgt unter Beachtung der Hundschen Regel und des Pauli-Prinzips in der Reihen-

---

*Die Wertigkeit entspricht hier der Zahl der abgegebenen Elektronen, s. auch Oxidationszahl, S. 199

folge zunehmender Energie. Jedes Energieniveau (MO) kann maximal mit zwei Elektronen mit antiparallelem Spin besetzt werden.

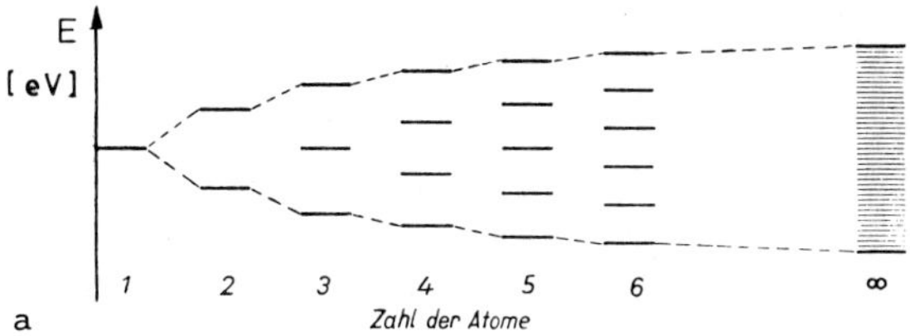

Abb. 61a. Aufbau von einem Energieband durch wiederholte Anlagerung von Atomen mit einem s-AO

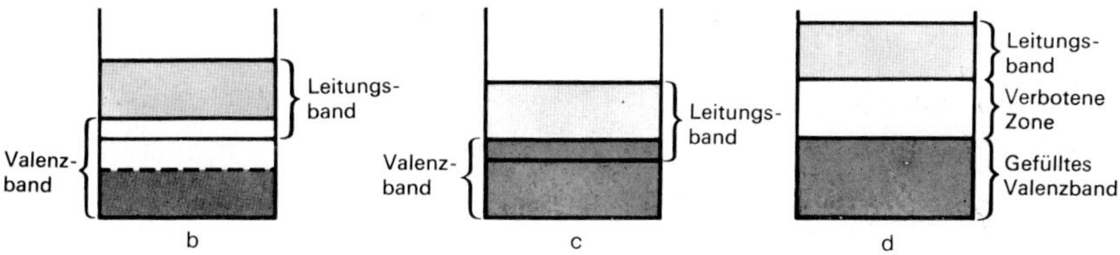

Abb. 61b-d. Schematische Energiebänderdiagramme. (b) Überlappung eines teilweise besetzten Valenzbandes mit einem Leitungsband. (c) Überlappung eines gefüllten Valenzbandes mit einem Leitungsband. (d) Valenz- und Leitungsband sind durch eine "verbotene Zone" getrennt: Isolator

In einem Metallgitter wird jedes Valenzorbital eines isolierten Atoms (z.B. 2s-, 2p-Atomorbital) zu einem Energieband auseinandergezogen. (Die inneren Orbitale werden kaum beeinflußt, weil sie zu stark abgeschirmt sind.) Die Bandbreite (Größenordnung eV) ist eine Funktion des Atomabstandes im Gitter und der Energie der Ausgangsorbitale. Die Bänder sind um so breiter, je größer ihre Energie ist. Die höheren Bänder erstrecken sich ohne Unterbrechung über den ganzen Kristall. Die Elektronen können daher in diesen Bändern nicht bestimmten Atomen zugeordnet werden. In ihrer Gesamtheit gehören sie dem ganzen Kristall, d.h. die Atome tauschen ihre Elektronen im raschen Wechsel aus.

Das oberste elektronenführende Band heißt *Valenzband*. Es kann teilweise oder voll besetzt sein. Ein vollbesetztes Band leistet keinen Beitrag zur elektrischen Leitfähigkeit.

Ein leeres oder unvollständig besetztes Band heißt Leitfähigkeitsband oder *Leitungsband* (Abb. 61b-d).

In einem *Metall* grenzen Valenzband und Leitungsband unmittelbar aneinander oder überlappen sich. Das Valenz- bzw. Leitungsband ist nicht vollständig besetzt und kann Elektronen für den Stromtransport zur Verfügung stellen. Legt man an einen Metallkristall ein elektrisches Feld an, bewegen sich die Elektronen im Leitungsband bevorzugt in eine Richtung. Verläßt ein Elektron seinen Platz, wird es durch ein benachbartes Elektron ersetzt usw.

Die elektrische Leitfähigkeit der Metalle (> $10^6\ \Omega \cdot m^{-1}$) hängt von der Zahl derjenigen Elektronen ab, für die unbesetzte Elektronenzustände zur Verfügung stehen (effektive Elektronenzahl).

Mit dem Elektronenwechsel direkt verbunden ist auch die Wärmeleitfähigkeit. Der metallische Glanz kommt dadurch zustande, daß die Elektronen in einem Energieband praktisch jede Wellenlänge des sichtbaren Lichts absorbieren und wieder abgeben können (hoher Extinktionskoeffizient).

Bei einem *Nichtleiter* (Isolator) ist das Valenzband voll besetzt und von dem leeren Leitungsband durch eine hohe Energieschwelle = *verbotene Zone* getrennt. Beispiel: Diamant ist ein Isolator. Die verbotene Zone hat eine Breite von 5,3 eV.

Halbleiter haben eine verbotene Zone bis zu $\Delta E \approx 3$ eV. Beispiele: Ge 0,72 eV, Si 1,12 eV, Se 2,2 eV, InSb 0,26 eV, GaSb 0,80 eV, AlSb 1,6 eV, CdS 2,5 eV. Bei Halbleitern ist das Leitungsband schwach besetzt, weil nur wenige Elektronen die verbotene Zone überspringen können. Diese Elektronen bedingen die *Eigenleitung*. Daneben kennt man die sog. *Störstellenleitung*, die durch den Einbau von Fremdatomen in das Gitter eines Halbleiters verursacht wird (dotierter Halbleiter). Man unterscheidet zwei Fälle: 1. Elektronenleitung oder n-Leitung. Sie entsteht beim Einbau von Fremdatomen, die mehr Valenzelektronen besitzen als die Atome des Wirtsgitters. Für Germanium als Wirtsgitter sind P, As, Sb geeignete Fremdstoffe. Sie können relativ leicht ihr "überschüssiges" Elektron abgeben und zur Elektrizitätsleitung zur Verfügung stellen. 2. Defektelektronenleitung oder p-Leitung beobachtet man beim Einbau von Elektronenacceptoren. Für Germanium als Wirtsgitter eignen sich z.B. B, Al, Ga und In. Sie haben ein Valenzelektron weniger als die Atome des Wirtsgitters. Bei der Bindungsbildung entsteht daher ein Elektronendefizit oder "positives Loch" (= ionisiertes Gitteratom). Das positive Loch wird von einem Elektron eines Nachbaratoms aufgefüllt. Dadurch entsteht ein neues positives Loch an anderer Stelle usw. Auf diese Weise kommt ein elektrischer Strom zustande.

Beachte: Im Gegensatz zu den Metallen nimmt bei den Halbleitern die Leitfähigkeit mit steigender Temperatur zu, weil mehr Elektronen den Übergang vom Valenzband ins Leitungsband schaffen.

Metallgitter

Die metallische Bindung ist wie die ionische Bindung *ungerichtet*. Dies führt in festen Metallen zu einem gittermäßigen Aufbau mit hoher Koordinationszahl. 3/5 aller Metalle kristallisieren in der *kubisch-dichtesten* bzw. *hexagonal-dichtesten Kugelpackung* (Abb. 62 und 63). Ein großer Teil der restlichen 2/5 bevorzugt das *kubisch-innenzentrierte* = *kubisch-raumzentrierte* Gitter (Abb. 64). Abb. 65 gibt einen Überblick über die Gitter ausgewählter Metalle.

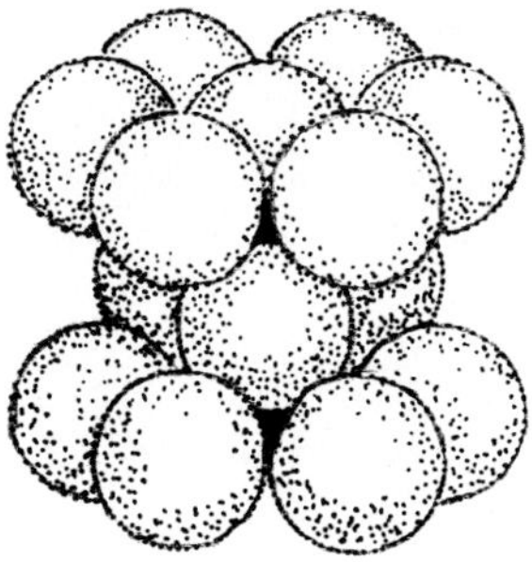

Abb. 62. Hexagonal-dichteste Kugelpackung, aufgebaut aus dichtesten Kugellagen-Ebenen der Lagenfolge A B A. (Aus Winkler)

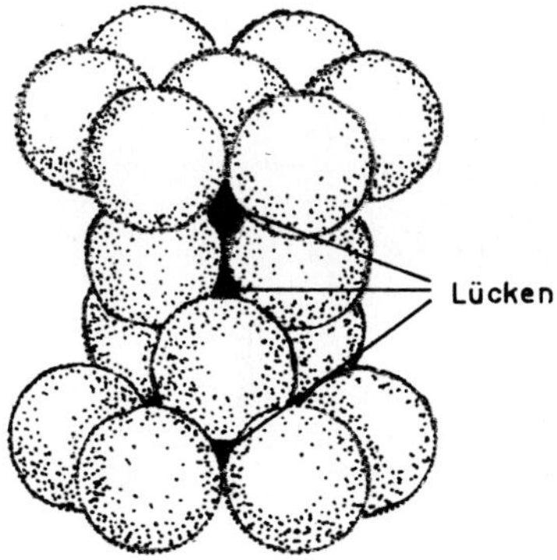

Abb. 63. Kubisch-dichteste Kugelpackung, aufgebaut aus dichtesten Kugellagen-Ebenen der Lagenfolge A B C A. (Aus Winkler)

Anordnung	Koordinationszahl	Raumerfüllung (%)
Kubisch und hexagonal dichteste Kugelpackung	12	74,1
Kubisch raumzentriert	8	68,1

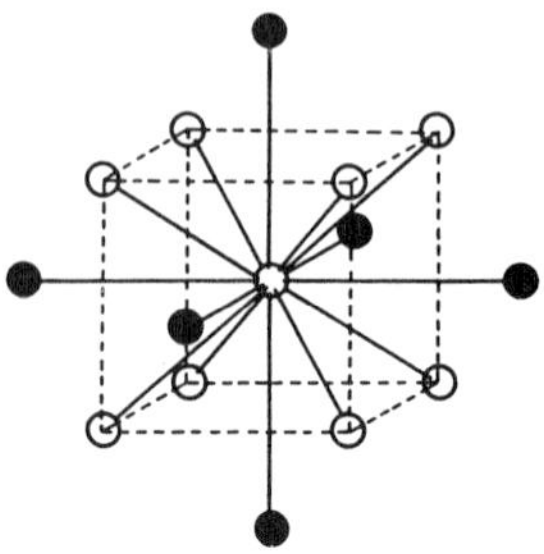

Abb. 64. Kubisch-raumzentriertes Gitter. Es sind auch die 6 übernächsten Gitterpunkte gezeigt

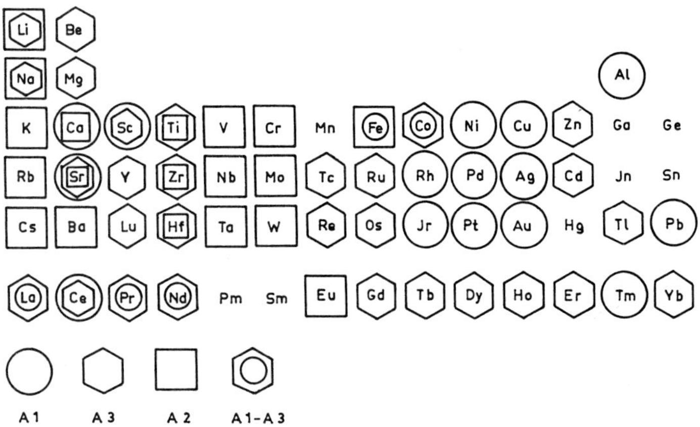

Abb. 65. Vorkommen der kubisch (A1) und hexagonal (A3) dichtesten Kugelpackung und des kubisch-innenzentrierten Gitters (A2). Das Symbol für die jeweils stabilste Modifikation ist am größten gezeichnet. (Nach Krebs)

Mechanische Eigenschaften der Metalle/*Einlagerungsstrukturen*

Die besonderen mechanischen Eigenschaften der Metalle ergeben sich aus dem Aufbau des Metallgitters. Es können nämlich ganze Netzebenen und Schichtpakete verschoben werden, ohne daß Änderungen im Bauprinzip oder Deformationen auftreten. In den dichtesten Kugelpackungen existieren *Tetraeder-* und *Oktaederlücken*. Die Zahl der Oktaederlücken ist gleich der Zahl der Bausteine. Die Zahl der Tetraederlücken ist doppelt so groß. Werden nun in diese Lücken (Zwischengitterplätze) größere Atome anderer Metalle oder Nichtmetalle wie

Kohlenstoff, Wasserstoff, Bor oder Stickstoff eingelagert, wird die Gleitfähigkeit der Schichten gehemmt bzw. verhindert.

Die kleinen H-Atome sitzen in den Tetraederlücken. B-, N- und C-Atome sitzen in den größeren Oktaederlücken.

Voraussetzung für die Bildung solcher *Einlagerungsmischkristalle* (Einlagerungsstrukturen) ist ein Radienverhältnis:

$$r_{Nichtmetall} : r_{Metall} \leq 0{,}59.$$

Da nicht alle Lücken besetzt sein müssen, ist die Phasenbreite groß (s. unten).

Die Substanzen heißen auch legierungsartige Hydride, Boride, Carbide, Nitride. Gebildet werden sie von Metallen der 4. bis 8. Nebengruppe, Lanthaniden und Actiniden.

Ihre Darstellung gelingt durch direkte Synthese aus den Elementen bei hohen Temperaturen unter Schutzgasatmosphäre.

Beispiele: TiC, TiN, VC, TaC, CrC, WC (Widia, zusammengesintert mit Cobalt), das Fe-C-System.

Eigenschaften: Verglichen mit den Metallen haben die Einlagerungsmischkristalle ähnlichen Glanz und elektrische Leitfähigkeit; sie sind jedoch härter und spröder und haben extrem hohe Schmelzpunkte: TaC, Fp. 3780°C.

Legierungen

Der Name *Legierung* ist eine Sammelbezeichnung für metallische Gemische aus mindestens zwei Komponenten, von denen wenigstens eine ein Metall ist.

Entsprechend der Anzahl der Komponenten unterscheidet man *binäre*, *ternäre*, *quaternäre*, ... Legierungen.

Der Hauptbestandteil heißt *Grundmetall*, die übrigen Komponenten *Zusätze*.

Homogene Legierungen haben an allen Stellen die gleiche Zusammensetzung, ihre Bestandteile sind ineinander löslich, s. Mischkristalle (= Feste Lösungen).

Heterogene Legierungen zeigen mindestens zwei verschiedene Phasen, die z.B. durch Schleifen sichtbar gemacht werden können. Sie können dabei ein Gemenge aus den entmischten Komponenten sein, auch Mischkristalle und/oder intermetallische Verbindungen enthalten.

Mischkristalle sind homogene Kristalle (feste Lösungen) aus verschiedenen Komponenten.

Einlagerungsmischkristalle: s. Einlagerungsstrukturen, s. S. 103.

Substitutionsmischkristalle bilden sich mit chemisch verwandten Metallen von gleicher Kristallstruktur und ähnlichem Radius (Abweichungen bis 15 %). Mischt man der Schmelze eines Metalls ein anderes Metall zu (zulegieren), werden Atome in dem Gitter der Ausgangssubstanz durch Atome des zulegierten Metalls ersetzt (substituiert). Die Verteilung der Komponenten auf die Gitterplätze erfolgt *statistisch*.

Unbegrenzte Mischbarkeit

Bilden zwei Substanzen bei jedem Mengenverhältnis Mischkristalle, spricht man von *unbegrenzter Mischbarkeit*. Das Schmelzdiagramm (Zustandsdiagramm) für einen solchen Fall ist in Abb. 66 angegeben. Ein Beispiel ist das System *Ag-Au*.

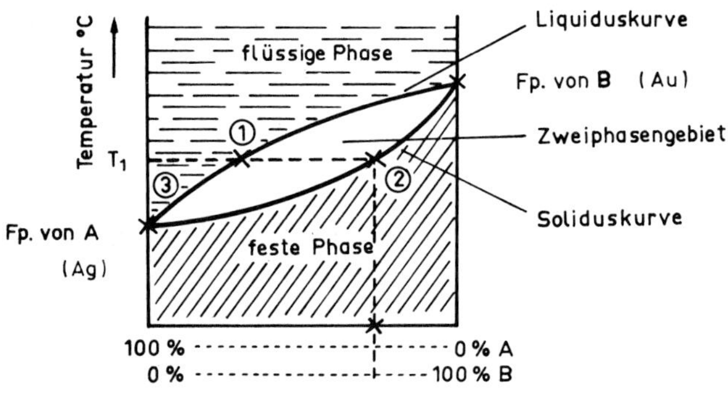

Abb. 66. Schmelzdiagramm eines binären Systems mit Mischkristallbildung

Erläuterung des Schmelzdiagramms

Das Diagramm zeigt zwei Kurven. Die *Liquiduskurve* (Beginn der Erstarrung) trennt die flüssige, die *Soliduskurve* (Ende der Erstarrung) die feste Phase von dem Zweiphasengebiet ab. Kühlt man die

Schmelze ab, wird bei einer bestimmten Temperatur, z.B. T_1, die Liquiduskurve in Punkt 1 erreicht (Erstarrungspunkt). Hier scheiden sich die ersten Mischkristalle ab. Sie sind angereichert an dem Metall mit dem höheren Schmelzpunkt, hier Au. Ihre Zusammensetzung wird durch Punkt 2 auf der Soliduskurve angegeben.

Beachte: Die Punkte 1 und 2 gehören zu der gleichen Erstarrungstemperatur T_1, d.h. flüssige und feste Phase haben bei der Erstarrungstemperatur eine unterschiedliche Zusammensetzung.

Durch das Ausscheiden von Gold wird die Schmelze reicher an Silber. Da der Schmelzpunkt eines Zweikomponentensystems von der Konzentration der Schmelze abhängt, sinkt die Erstarrungstemperatur der Schmelze entlang der Liquiduskurve so weit ab, bis Punkt 3 erreicht ist. Bei genügend *langsamer Abkühlung* sind die bereits ausgeschiedenen Kristalle im Gleichgewicht mit der Schmelze. Sie können aus der Schmelze so lange Ag aufnehmen, bis sie die bei der jeweiligen Temperatur stabile Zusammensetzung annehmen. Sie haben dann schließlich die gleiche Zusammensetzung wie diejenigen Kristalle, die sich bei dieser Temperatur abscheiden.

Bei *rascher Abkühlung* liegen die einzelnen Erstarrungsprodukte mehr oder weniger getrennt nebeneinander vor. Zuletzt scheidet sich reines Silber ab. Man erhält eine inhomogen erstarrte Lösung. Technisch ausgenützt wird dies bei der Gewinnung bestimmter seltener Metalle, z.B. Silber. Dieser Prozeß ist als *Seigern* bekannt.

Das inhomogene Erstarrungsprodukt läßt sich dadurch homogenisieren, daß man es bis kurz unter den Schmelzpunkt erwärmt (= *Tempern*).

Die Röntgendiagramme von Mischkristallen zeigen die gleiche Struktur wie die der einzelnen Komponenten. Ihre Gitterkonstanten liegen zwischen den Werten der Komponenten.

Überstrukturphasen

In Mischkristallen, deren Zusammensetzung (angenähert) einem einfachen stöchiometrischen Verhältnis entspricht, bildet sich bisweilen eine geordnete Verteilung der einzelnen Komponenten auf die verschiedenen Gitterplätze aus. In solchen Fällen spricht man von einer *Überstrukturphase*. Ihre Existenz zeigt sich in einem sprunghaften Ansteigen der elektrischen Leitfähigkeit und Duktilität und im Röntgendiagramm durch das Auftreten zusätzlicher Interferenzlinien. Beispiele: CuAu, Cu_3Au, Al_3Ti, Al_3Zr, FeAl, Fe_3Al.

Eutektische Legierungen

Eutektische Legierungen sind Beispiele für Zweikomponentensysteme ohne Mischkristall- und Verbindungsbildung.

Sind die beiden Komponenten im geschmolzenen Zustand unbegrenzt mischbar, und erfolgt beim Erstarren eine vollständige Entmischung, so erhält man ein Schmelzdiagramm, welches dem in Abb. 67 ähnlich ist. Beispiele: System Antimon-Blei, Silber-Blei, Bismut-Cadmium, Zink-Cadmium oder NH_4Cl-Wasser.

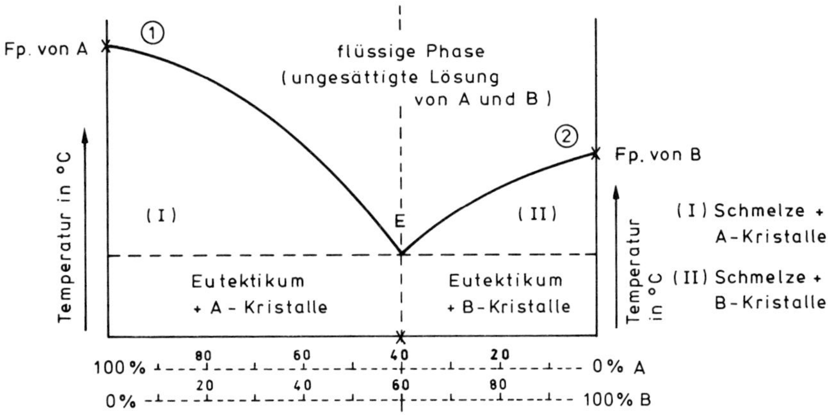

Abb. 67. Schmelzdiagramm einer Legierung A/B ohne Mischkristall- und Verbindungsbildung

Erläuterung des Schmelzdiagramms von Abb. 67

Kurve ①-E zeigt die Abhängigkeit des Schmelzpunktes des Systems vom Konzentrationsverhältnis A/B, ausgehend von 100 % A. Kurve ②-E zeigt die Abhängigkeit, ausgehend von 100 % B. Das Diagramm ist somit aus *zwei* Teildiagrammen zusammengesetzt.

In jedem Kurvenpunkt herrscht Gleichgewicht zwischen flüssiger und fester Phase. Jeder Kurvenpunkt gibt die Temperatur an, bei der für das zugehörige Konzentrationsverhältnis A/B bzw. B/A die erste Kristallausscheidung aus der Schmelze erfolgt.

Aus Schmelzen der Zusammensetzung 60 - 100 % A scheidet sich beim Abkühlen die reine Komponente A ab, da sonst die Schmelze für die jeweilige Temperatur übersättigt wäre. Dadurch wird die Schmelze mit der Komponente B angereichert.

Aus Schmelzen der Zusammensetzung 40 - 100 % B scheidet sich beim Abkühlen die reine Komponente B ab. Dadurch reichert sich die Schmelze mit der Komponente A an.

Weil der Schmelzpunkt eine Funktion der Konzentration der Schmelze ist (s. Gefrierpunktserniedrigung, S. 182), sinkt die Erstarrungstemperatur auf der Kurve (1)-E bzw. auf der Kurve (2)-E bis zum Punkt E hin ab. Da es sich hier nicht um ein ideales System handelt, gilt das Raoultsche Gesetz (S. 181) nur angenähert und die Kurvenzüge sind nicht gerade.

Punkt E heißt *eutektischer Punkt*. Hier ist die Schmelze an A und B gesättigt. Bei dieser Temperatur scheiden sich gleichzeitig Kristalle von A und B in einem dichten mikrokristallinen *Gemenge* so lange aus, bis alles erstarrt ist. Das vorliegende Kristallgemisch heißt *Eutektikum* (= gut bearbeitbar), weil viele technisch brauchbare Legierungen eine Zusammensetzung in der Nähe des eutektischen Punktes besitzen. So hat das eutektische Gemisch des Systems Sb-Pb die Zusammensetzung: 13 % Sb, 87 % Pb. Das technische Hartblei besteht aus 15 % Sb und 85 % Pb.

Im besonderen Fall einer wäßrigen Salzlösung (NH_4Cl/H_2O) nennt man den eutektischen Punkt *kryohydratischen Punkt* und das Eutektikum *Kryohydrat*.

Die Kenntnis des eutektischen Punktes ist besonders dann von Bedeutung, wenn man den Schmelzpunkt einer Substanz herabsetzen will. Ein Beispiel hierfür ist das System Al_2O_3/Na_3AlF_6, das für die elektrolytische Darstellung von Aluminium benutzt wird. Der Schmelzpunkt von Al_2O_3 ist 2046°C. Das eutektische Gemisch mit 18,5 % Al_2O_3 und 81,5 % Na_3AlF_6 schmilzt bei 935°C!

Im Labor und in der Technik benutzt man Eutektika auch bei Kältemischungen, Auftausalzen, bei Salzschmelzen als Heizbäder, bei "Schmelzlegierungen" als Lote und Schmelzsicherungen.

Mischungslücke

Viel häufiger als eine unbegrenzte Mischbarkeit in geschmolzenem und festem Zustand ist der Fall, daß zwei Metalle im festen Zustand nur in einem begrenzten Bereich Mischkristalle bilden. Das Konzentrationsgebiet, in dem eine begrenzte Mischbarkeit auftritt, heißt *Mischungslücke*. Ihre Größe ist stark temperaturabhängig. Beispiele mit Mischungslücken sind die Systeme Ag-Sn, Pb-Sn oder Au-Ni.

Intermetallische Verbindungen oder intermetallische Phasen

Kristallarten in Legierungen, die von den Kristallen der Legierungsbestandteile und ihren Mischkristallen durch Phasengrenzen abgegrenzt sind, nennt man *intermetallische Verbindungen*. Da diese Substanzen vielfach keine eindeutige oder konstante stöchiometrische Zusammensetzung besitzen, bezeichnet man sie häufig auch als *intermetallische Phasen*. Zum Begriff der Phase s. S. 173.

Beachte: Intermetallische Verbindungen bilden sich nicht zwischen Metallen derselben Gruppe im PSE (*Tammann-Regel*).

Intermetallische Phasen unterscheiden sich in ihren Eigenschaften meist von ihren Bestandteilen. Sie haben einen geringeren metallischen Charakter. Daher sind sie meist spröde und besitzen ein schlechteres elektrisches Leitvermögen als die reinen Metalle.

Abb. 68 zeigt das Schmelzdiagramm des Systems Magnesium-Blei. Bei 67 Gew.-% Magnesium und 33 Gew.-% Blei zeigt die Schmelzkurve ein Maximum. Der Punkt heißt *dystektischer Punkt*. Das Maximum der Schmelzkurve gehört zu der intermetallischen Verbindung Mg_2Pb mit

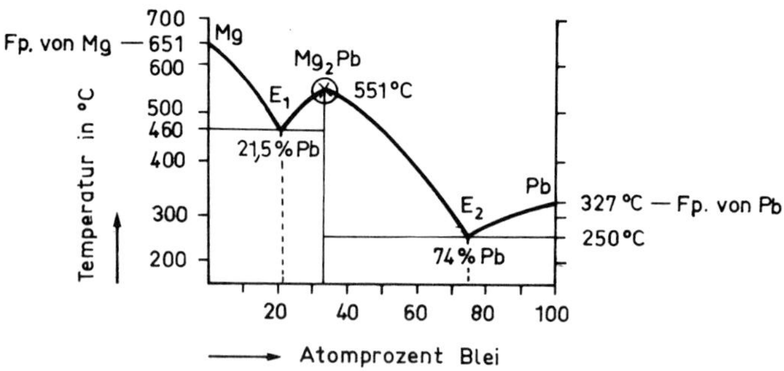

Abb. 68. Schmelzdiagramm Magnesium-Blei. (Nach Hofmann-Rüdorff)

einem Fp. von 551°C. Der dystektische Punkt liegt zwischen zwei eutektischen Punkten.

Im Röntgendiagramm der erkalteten Legierung erkennt man das Vorliegen einer intermetallischen Phase am Auftreten neuer Interferenzen.

Beispiele für intermetallische Phasen

a) Metallische Phasen

Hume-Rothery-Phasen sind intermetallische Phasen, die in Legierungen der Elemente Cu, Ag, Au; Mn; Fe, Co, Ni, Rh, Pd, Pt mit den Elementen Be, Mg, Zn, Hg; Al, Ga, In, Tl; Si, Ge, Sn, Pb; La, Ce, Pr, Nd vorkommen. Ein schönes Beispiel für das Auftreten dieser Phasen bietet das System Cu-Zn (Messing). Abb. 69 zeigt die Stabilitätsbereiche der einzelnen - mit griechischen Buchstaben gekennzeichneten - Phasen bei Zimmertemperatur.

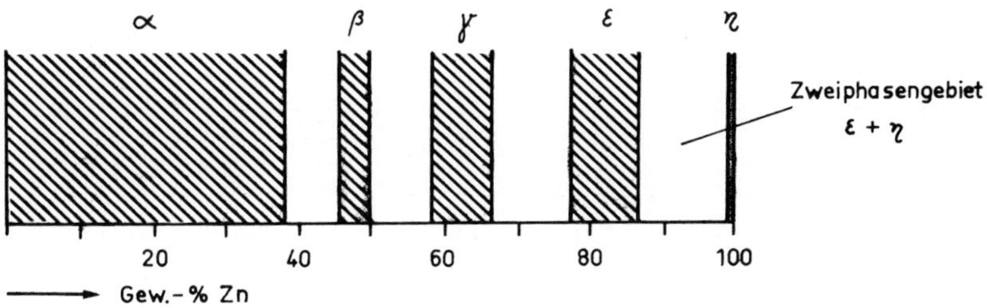

Abb. 69. Phasen und ihre Homogenitätsbereiche im System Cu-Zn bei Zimmertemperatur. Die vier hellen Zwischenräume sind Zweiphasengebiete

Beschreibung der einzelnen Phasen

α-Phase: In dem kubisch-dichtesten Cu-Gitter werden Cu-Atome statistisch durch Zn-Atome ersetzt. *Struktur:* kubisch-dichteste Packung. Anmerkung: kalt verformbares Messing ist die α-Phase mit weniger als 37 Gew.-% Zn.

β-Phase: Zusammensetzung: etwa CuZn. *Struktur:* kubisch-raumzentriertes Gitter, in dem alle Punktlagen statistisch von Cu- und Zn-Atomen besetzt sind (CsCl-Struktur).

γ-Phase: Zusammensetzung: etwa Cu_5Zn_8. *Struktur:* kompliziertes kubisches Gitter mit 52 Atomen in der Elementarzelle. Im Gegensatz zur β- und ε-Phase ist die γ-Phase hart und brüchig und besitzt einen höheren elektrischen Widerstand.

ε-Phase: Zusammensetzung: etwa $CuZn_3$. *Struktur:* hexagonal-dichteste Kugelpackung.

η-Phase: In dem hexagonal-dichtesten Zn-Gitter kann etwas Kupfer (bis 2 %) unter Mischkristallbildung gelöst sein.

Beachte: Die Phasenbreite der Hume-Rothery-Phasen ist relativ groß.

Die gleiche Reihenfolge der Phasen wird - bei anderen Zusammensetzungen - auch bei anderen Systemen beobachtet. Der Grund hierfür ist eine als *Hume-Rothery*-Regel bekannt gewordene Beobachtung, wonach das Auftreten der einzelnen Phasen mit einem ganz bestimmten Verhältnis zwischen der Zahl der Valenzelektronen und der Zahl der Atome verknüpft ist. Diese Regel ist allerdings nicht streng gültig.

Günstige Voraussetzungen für das Auftreten von Hume-Rothery-Phasen liegen vor, wenn sich beide Metalle bei verschiedener Kristallstruktur in den Atomabständen um nicht mehr als 15 % unterscheiden und das niedrigerwertige Metall in einer kubisch-dichtesten Packung kristallisieren kann.

Tabelle 14. Beispiele zur Hume-Rothery-Regel

	Phase	Valenzelektronen	Atome	Verhältnis
β-Phase	CuZn, AgCd	1 + 2	2	3 : 2 (= 21 : 14)
kubisch raumzentriert	$CoZn_3$	0 + 2 · 3	4	3 : 2
	Cu_3Al	3 + 3	4	3 : 2
	FeAl	0 + 3	2	3 : 2
	Cu_5Sn	5 + 4	6	3 : 2
γ-Phase	Cu_5Zn_8, Ag_5Cd_8	5 + 2 · 8	13	21 : 13
52 Atome in der Zelle	Fe_5Zn_{21}	0 + 2 · 21	26	21 : 13
	Cu_9Al_4	9 + 3 · 4	13	21 : 13
	$Cu_{31}Sn_8$	31 + 4 · 8	39	21 : 13
ε-Phase	$CuZn_3$, $AgCd_3$	1 + 2 · 3	4	7 : 4 (= 21 : 12)
hexagonal dichteste Kugelpackung	Ag_5Al_3	5 + 3 · 3	8	7 : 4
	Cu_3Sn	3 + 4	4	7 : 4

Die Elemente der VIIIb-Gruppe des PSE (und La, Ce, Pr, Nd) bekommen formal die Elektronenzahl Null.

Laves-Phasen haben die Zusammensetzung AB_2. Ausschlaggebend für ihre Existenz ist das Radienverhältnis mit einem Idealwert - bei kugeligen Bausteinen - von 1,225. Die Zahl der Valenzelektronen beeinflußt die Struktur. Möglich sind drei verwandte Kristallstrukturen:

$MgCu_2$ (kubisch) Beispiele: $CaAl_2$, ZrV_2, $AgBe_2$, KBi_2
$MgZn_2$ (hexagonal) Beispiele: KNa_2, $BaMg_2$, $CdCu_2$, $MgZn_2$, $TiFe_2$
$MgNi_2$ (hexagonal) Beispiele: $MgNi_2$, $TiCo_2$, $ZrFe_2$

Die Struktur dieser Phasen gleicht zwei ineinandergestellten Metallgittern. Die A-A-Abstände und die B-B-Abstände sind jeweils für sich kleiner als die A-B-Abstände. Die KoZ der A-Atome im A-Gitter ist 4 und die KoZ der B-Atome im B-Gitter ist 6. Jedes A-Atom hat zusätzlich 12 B-Atome und jedes B-Atom zusätzlich 6 A-Atome als Nachbarn. Die Raumerfüllung der dichten Kugelpackung, die sich hierbei ergibt, liegt zwischen der hexagonal-dichtesten Packung und der des kubisch-raumzentrierten Gitters.

b) Halbmetallische Phasen

Zintl-Phasen besitzen einen beträchtlichen ionischen Bindungsanteil (z.B. die Phasen NaTl, NaIn, LiAl, LiGa; Mg_2Si, Mg_2Sn; LiAg, LiTl, MgTl, MgAg. Bei normaler Temperatur sind sie elektrische Isolatoren. Sie lösen sich bis zu einem gewissen Grad in wasserfreiem flüssigen Ammoniak, und die Lösungen zeigen Ionenleitfähigkeit.

Struktur: NaTl-Gitter. Die Tl- und Na-Atome bilden für sich jeweils ein Diamantgitter. Das edlere Metall bestimmt den Gitteraufbau. Das unedlere ist kleiner und sitzt in den Lücken. Man nimmt einen Übergang zur ionischen Bindung an: $Na^{\oplus}Tl^{\ominus}$ (Natriumthallid-Struktur).

Beachte: Wird einer gegebenen Struktur eine gleiche Struktur mit anderen Atomen überlagert, spricht man von einer Überstruktur.

CaF_2-Gitter: In diesem Gitter kristallisieren Mg_2Si, Mg_2Sn. Die Mg-Atome besetzen hierbei die Positionen der $F^{\ominus}$-Ionen und die Si- bzw. Sn-Atome die Positionen der Ca-Ionen (= Antifluorit-Gitter, s. Abb. 33).

CsCl-Gitter: Bei diesen Phasen ist das Verhältnis zwischen der Zahl der Valenzelektronen und der Zahl der Atome 3 : 2. Beispiel: LiAg.

Zintl-Phasen haben eine stöchiometrische Zusammensetzung bzw. eine geringe Phasenbreite.

Nickelarsenid-Phasen sind ebenfalls Phasen mit einem ionischen Bindungsanteil. Sie bilden sich bei der Kombination von Übergangselementen mit den Elementen Sn, As, Sb, Bi, Te, Se oder S. Beispiele: CuSn, FeSn, FeSb, FeSe, Co_3Sn_2, NiAs, NiBi, CrSb, AuSn. Die NiAs-Struktur wurde auf S. 75 besprochen.

Fe-C-System

Zu den wichtigsten Legierungen gehören die Eisen-Kohlenstoff-Legierungen wegen ihrer Bedeutung für die Eigenschaften des *technischen Eisens*.

In den erstarrten Legierungen lassen sich eine ganze Reihe von Bestandteilen unterscheiden. Die wichtigsten sind:

- *Ferrit* = reines α-Fe (kubisch raumzentriert, ferromagnetisch).
- *Graphit*
- *Zementit, Fe_3C.* Graue orthorhombische Kristalle, etwa 270mal härter als reines Eisen, spröde, schwer schmelzbar. Die Fe-Atome bilden Prismen, in deren Mittelpunkten die C-Atome sitzen.
- *Austenit* ist eine feste Lösung von Kohlenstoff in γ-Fe, die nur bei hoher Temperatur beständig ist. In den Zentren und Kantenmitten der Elementarwürfel des γ-Fe (kubisch flächenzentriert) werden statistisch C-Atome eingebaut. Stabil ist das Gitter nur, wenn lediglich ein Bruchteil der Gitterplätze durch C-Atome besetzt sind (0 - 8 % C).
- *Martensit* entsteht als (metastabiles) Umwandlungsprodukt von Austenit beim schnellen Abkühlen (Abschrecken, Härten). Es ist eine übersättigte feste Lösung von Kohlenstoff in α-Fe. Das Gitter enthält Spannungen. Durch langsames Erwärmen ("Anlassen" des Stahls) werden die Spannungen beseitigt; es entstehen teilweise Zementit und Ferrit. Die Härte und Sprödigkeit nimmt ab.
- *Ledeburit* ist ein eutektisches Gemenge von Zementit und Austenit.
- *Perlit* ist ein eutektisches Gemenge von Zementit und Ferrit.

Beachte: *Roheisen* ist wegen seines C-Gehalts (bis 4 %) spröde und erweicht beim Erhitzen plötzlich. Es ist weder schmiedbar noch schweißbar.

Stahl (schmiedbares Eisen) hat einen C-Gehalt von 0,5 - 1,7 %. Der Kohlenstoff-Gehalt ist erforderlich, um Stahl härten zu können. Bei einem C-Gehalt < 0,5 % erhält man nichthärtbaren Stahl = *Schmiedeeisen*.

Beim "Härten" erhitzt man Eisen mit einem C-Gehalt von 0,5 - 1,7 % (= Perlit) auf ca. 800°C. Durch das Erhitzen entsteht Austenit. Beim "Abschrecken" erfolgt teilweise Umwandlung von γ-Fe in α-Fe und Bildung einer metastabilen Phase = Martensit.

Erhitzen ("Anlassen") von gehärtetem Stahl auf verschiedene Temperaturen ergibt Zwischenzustände mit bestimmter Härte und Zähigkeit ("Vergüten").

Wichtige Stahllegierungen enthalten noch Zusätze (zulegiert):
V2A-Stahl (Nirosta): 71 % Fe, 20 % Cr, 8 % Ni, 0,2 % Si, C, Mn.
Schnelldrehstahl: 15 - 18 % W, 2 - 5 % Cr, 1 - 3 % V.

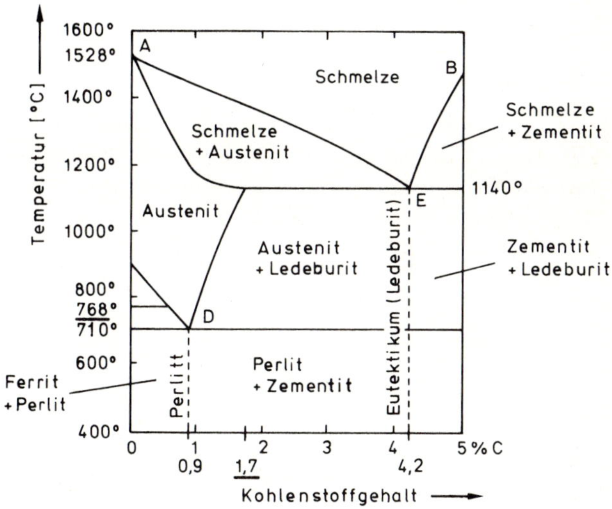

Abb. 70. Zustandsdiagramm von Eisen-Kohlenstoff-Legierungen (vereinfacht). E und D sind eutektische Punkte. Bei 768°C (Curie-Temperatur) wird α-Fe paramagnetisch

5.4. Zwischenmolekulare Bindungskräfte

Voraussetzung für das Zustandekommen zwischenmolekularer Bindungskräfte ist eine *Ladungsasymmetrie* (elektrischer Dipol).

Dipol-Dipol-Wechselwirkungen treten zwischen kovalenten Molekülen mit einem Dipolmoment auf. Die resultierenden Bindungsenergien betragen 4 bis 25 $kJ \cdot mol^{-1}$. Sie sind stark temperaturabhängig: Steigende Temperatur verursacht eine größere Molekülbewegung und somit größere Abweichungen von der optimalen Orientierung.

Dipol-Dipol-Anziehungskräfte wirken in Flüssigkeiten und Feststoffen. Ihre Auswirkungen zeigen sich in der Erhöhung von Siedepunkten und/oder Schmelzpunkten. Von Bedeutung sind diese Kräfte auch beim Lösen polarer Flüssigkeiten ineinander. Ein Beispiel ist die unbegrenzte Löslichkeit von Ethanol in Wasser und umgekehrt.

Wasserstoffbrückenbindungen

Dipolmoleküle können sich zusammenlagern (assoziieren) und dadurch größere Molekülverbände bilden. Kommen hierbei positiv polarisierte Wasserstoffatome zwischen zwei negativ polarisierte F-, O- oder N-Atome zu liegen, bilden sich sog. *Wasserstoffbrückenbindungen* aus.

Beispiel: Fluorwasserstoff, HF.

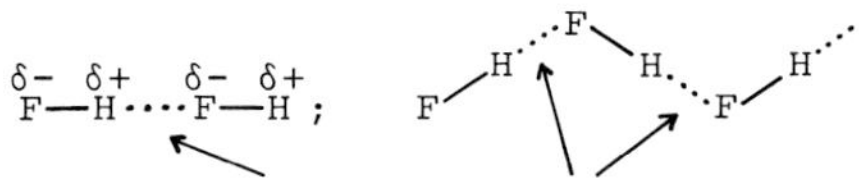

Wasserstoffbrückenbindung

Bei Zimmertemperatur liegt $(HF)_3$ vor. Ab 90°C existieren einzelne HF-Moleküle:

$$(HF)_n \underset{\text{Assoziation}}{\overset{\text{Dissoziation}}{\rightleftharpoons}} n \cdot HF \quad (n = 2 \text{ bis } 8 \text{ und höher}).$$

Wasser und *Ammoniak* sind weitere Beispiele für Moleküle mit starken Wasserstoffbrückenbindungen zwischen den Molekülen (*inter*molekulare Wasserstoffbrückenbindungen).

Ein Wassermolekül kann an bis zu vier Wasserstoffbrückenbindungen beteiligt sein: im flüssigen Wasser sind eine bis drei, im Eis drei bis vier. Auch das viel größere CH_3COOH-Molekül (Essigsäure) liegt z.B. noch im Dampfzustand dimer vor. Wasserstoffbrückenbindungen sind im wesentlichen elektrostatischer Natur. Sie besitzen ungefähr 5 bis 10 % der Stärke ionischer Bindungen, d.h. die Bindungsenergie liegt zwischen 8 und 42 $kJ \cdot mol^{-1}$.

Wasserstoffbrückenbindungen bedingen in Flüssigkeiten (z.B. Wasser) und Festkörpern (z.B. Eis) eine gewisse Fernordnung (Struktur). Sie beeinflussen die Eigenschaften vieler biochemisch wichtiger Moleküle, s. hierzu HT 211.

Verbindungen mit Wasserstoffbrückenbindungen haben einige ungewöhnliche Eigenschaften: sie besitzen hohe Siedepunkte (Kp. von Wasser = 100 °C, im Gegensatz dazu ist der Kp. von CH_4 = −161,4 °C), hohe Schmelzpunkte, Verdampfungswärmen, Schmelzwärmen, Viscositäten, und sie zeigen eine besonders ausgeprägte gegenseitige Löslichkeit; s. auch HT 211.

Wasserstoffbrückenbindungen können sich, falls die Voraussetzungen gegeben sind, auch innerhalb eines Moleküls ausbilden (*intra*molekulare Wasserstoffbindungen).

Beispiel:

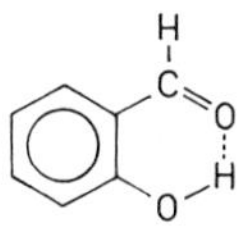

Dipol-Induzierte Dipol-Wechselwirkungen entstehen, wenn Molekülen ohne Dipolmoment wie H_2, Cl_2, O_2, CH_4 durch Annäherung eines Dipols (z.B. H_2O) eine Ladungsasymmetrie aufgezwungen wird (induziertes Dipolmoment). Zwischen Dipol und induziertem Dipol wirken Anziehungskräfte, deren Energie zwischen 0,8 und 8,5 $kJ \cdot mol^{-1}$ liegt. Die Größe des induzierten Dipols und als Folge davon die Stärke der Anziehung ist abhängig von der Polarisierbarkeit des unpolaren Teilchens. Die *Polarisierbarkeit* α ist ein Maß für die Verschiebbarkeit der Elektronenwolke eines Teilchens (geladen oder ungeladen) in einem elektrischen Feld der Stärke F. Durch das Feld wird ein Dipolmoment μ induziert, für das gilt: $\mu = \alpha \cdot F$. Die Polarisierbarkeit ist eine stoffspezifische Konstante.

Moleküle mit großen, ausgedehnten Ladungswolken sind leichter und stärker polarisierbar als solche mit kleinen kompakten.

Als Beispiel für das Wirken Dipol-Induzierter Dipol-Kräfte kann die Löslichkeit von unpolaren Gasen wie H_2, O_2 usw. in Wasser dienen.

Ionen-Dipol-Wechselwirkungen sind sehr starke Anziehungskräfte. Die freiwerdende Energie liegt in der Größenordnung von 40 bis 680 $kJ \cdot mol^{-1}$. Ionen-Dipol-Kräfte wirken vor allem beim Lösen von Salzen in polaren Lösungsmitteln. Die Auflösung von Salzen in Wasser und die damit zusammenhängenden Erscheinungen werden auf S. 173 ausführlich behandelt.

Van der Waalssche Bindung (van der Waals-Kräfte, Dispersionskräfte)

Van der Waals-Kräfte nennt man zwischenmolekulare "Nahbereichskräfte". Sie beruhen ebenfalls auf dem Coulombschen Gesetz. Da die Ladungsunterschiede relativ klein sind, ergeben sich verhältnismäßig schwache Bindungen mit einer Bindungsenergie zwischen 0,08 - 42 $kJ \cdot mol^{-1}$. Die Stärke der Bindung ist stark abhängig von der Polarisierbarkeit der Atome und Moleküle.

Für die potentielle Energie (U) gilt in Abhängigkeit vom Abstand (r) zwischen den Teilchen:

$$U \sim 1/r^6; \quad (F(=\text{Kraft}) = -\partial U/\partial r$$

Demzufolge ist die Reichweite der Van der Waals-Kräfte sehr klein.

Van der Waals-Kräfte wirken grundsätzlich zwischen allen Atomen, Ionen und Molekülen, auch wenn sie ungeladen und unpolar sind. In den Kohlenwasserstoffen zum Beispiel ist die Ladungsverteilung im zeitlichen Mittel symmetrisch. Die Elektronen bewegen sich jedoch ständig. Hierdurch kommt es zu Abweichungen von der Durchschnittsverteilung und zur Ausbildung eines kurzlebigen Dipols. Dieser induziert im Nachbarmolekül einen weiteren Dipol, so daß sich schließlich die Moleküle gegenseitig anziehen, obwohl die induzierten Dipole ständig wechseln.

Van der Waals-Kräfte sind auch dafür verantwortlich, daß inerte Gase wie z.B. Edelgase (He: Kp. -269°C, oder CH_4: Kp. -161,4°C) verflüssigt werden können.

Folgen der van der Waals-Bindung sind z.B. die Zunahme der Schmelz- und Siedepunkte der Alkane mit zunehmender Molekülgröße (s. HT 211) die Bindung von Phospholipiden (s. HT 211) an Proteine (Lipoproteine in Membranen) und die hydrophoben Wechselwirkungen im Innern von Proteinmolekülen (s. HT 211). Die Kohlenwasserstoffketten kommen dabei einander so nahe, daß Wassermoleküle aus dem Zwischenbereich herausgedrängt werden. Dabei spielen Entropieeffekte (s. S. 252) eine wichtige Rolle: Hydrophobe Gruppen stören infolge ihrer "Unverträglichkeit" mit hydrophilen Gruppen die durch Wasserstoffbrückenbindungen festgelegte Struktur des Wassers. Die Entropie S des Systems nimmt zu und damit die Freie Enthalpie G ab, d.h. die Assoziation der Molekülketten wird stabilisiert. Zu S und G s. S. 254.

6. Komplexverbindungen
Bindungen in Komplexen

Komplexverbindungen, *Koordinationsverbindungen* oder kurz *Komplexe* heißen Verbindungen, die ein Zentralteilchen (Atom, Ion) enthalten, das von sog. Liganden (Ionen, neutrale Moleküle) umgeben ist. Die Zahl der Liganden ist dabei größer als die Zahl der Bindungspartner, die man für das Zentralteilchen entsprechend seiner Ladung und Stellung im PSE erwartet. Durch die Komplexbildung verlieren die Komplexbausteine ihre spezifischen Eigenschaften. So kann man z.B. in der Komplexverbindung $K_3[Fe(CN)_6]$ weder die $Fe^{3\oplus}$-Ionen noch die $CN^{\ominus}$-Ionen qualitativ nachweisen. Erst nach der Zerstörung des Komplexes, z.B. durch Kochen mit Schwefelsäure, ist es möglich. Diese Eigenschaft unterscheidet sie von den Doppelsalzen (Beispiel: Alaune, $M(I)M(III)(SO_4)_2 \cdot 12\ H_2O$, s. S. 313). Bisweilen besitzen Komplexe charakteristische Farben.

Die Zahl der Liganden, die das Zentralteilchen umgeben, ist die *Koordinationszahl* (KoZ oder KZ). Die Position, die ein Ligand in einem Komplex einnehmen kann, heißt *Koordinationsstelle*. *Konfiguration* nennt man die räumliche Anordnung der Atome in einer Verbindung.

Zentralteilchen sind meist Metalle und Metallionen. Liganden können eine Vielzahl von Ionen und Molekülen sein, die einsame Elektronenpaare zur Verfügung stellen können.

Besetzt ein Ligand eine Koordinationsstelle, so heißt er *einzähnig*, besetzt er mehrere Koordinationsstellen am gleichen Zentralteilchen, so spricht man von einem *mehrzähnigen* Liganden oder *Chelat-Liganden*. Die zugehörigen Komplexe nennt man *Chelatkomplexe*. Wenn zwei Zentralteilchen über Liganden verbrückt sind, spricht man von mehrkernigen Komplexen. Abb. 71 zeigt einen zweikernigen Komplex. Brückenliganden sind meistens einzähnige Liganden, die geeignete einsame Elektronenpaare besitzen. Tabelle 15 enthält eine Auswahl ein- und mehrzähniger Liganden.

Tabelle 15

Einzähnige Liganden

$|\overset{\ominus}{C}\equiv\overset{\oplus}{O}|$, $^{\ominus}|C\equiv N|$, $NO_2^{\ominus}$, $|\dot{N}=\overline{O}\rangle$, $|NH_3$, $|NR_3$, $|\overset{\ominus}{\underline{\overline{S}}}-C\equiv N$, $\overline{S}R_2$, $OH^{\ominus}$, $H_2\overline{O}\rangle$, $R\overline{O}H$

$RCO_2^{\ominus}$, $F^{\ominus}$, $Cl^{\ominus}$, $Br^{\ominus}$, $I^{\ominus}$

Mehrzähnige Liganden (Chelat-Liganden)

Zweizähnige Liganden

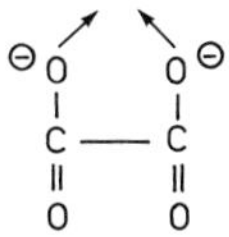

Oxalat-Ion

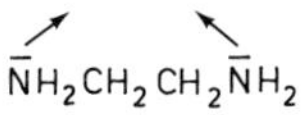

Ethylendiamin (en)

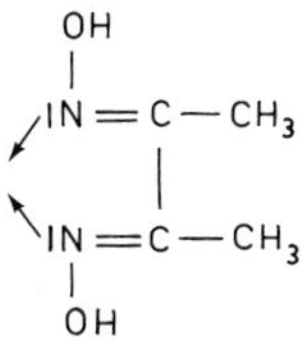

Diacetyldioxim

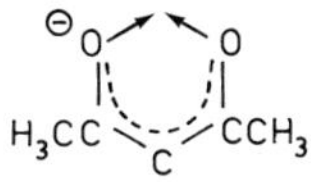

Acetylacetonat-Ion (acac$^{\ominus}$)

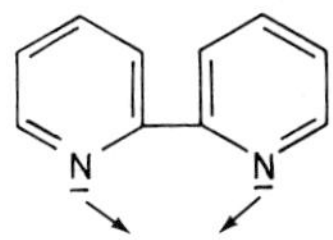

2,2'-Dipyridyl (dipy)

Dreizähniger Ligand

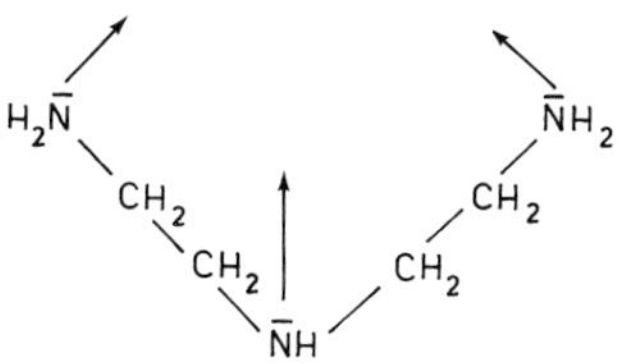

Diethylentriamin (dien)

Vierzähniger Ligand

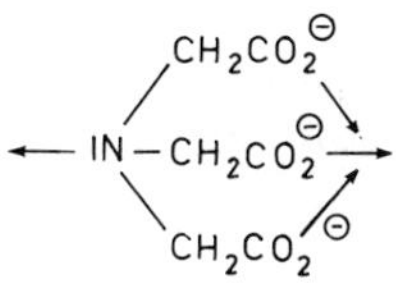

Anion der Nitrilotriessigsäure

Fünfzähniger Ligand

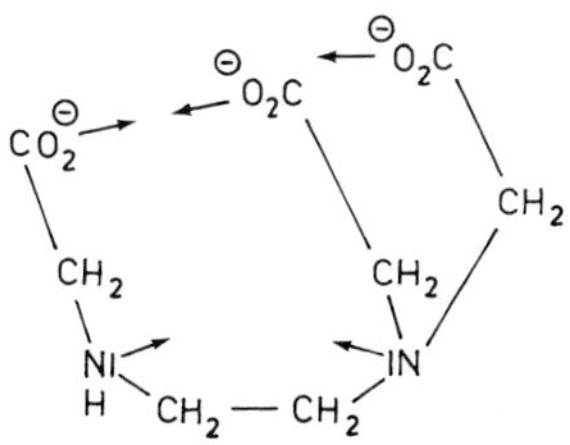

Anion der Ethylendiamintriessigsäure

Sechszähniger Ligand

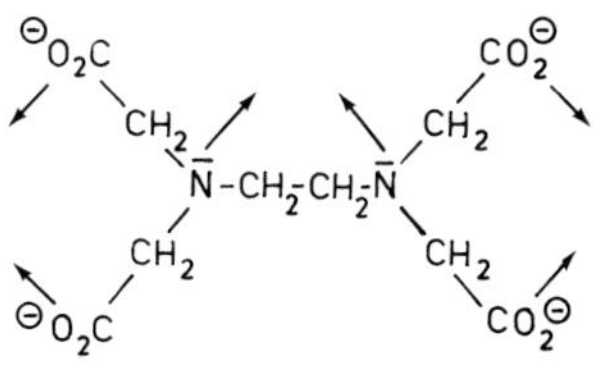

Anion der Ethylendiamintetraessigsäure (EDTA)

Die Pfeile deuten die freien Elektronenpaare an, die die Koordinationsstellen besetzen.

Als größere selektive Chelatliganden finden neuerdings Kronenether (macrocyclische Ether) und davon abgeleitete Substanzen Verwendung. Mit ihnen lassen sich auch Alkali- und Erdalkali-Ionen komplexieren. Ein Beispiel zeigt Abb. 73.

Chelateffekt

Komplexe mit Chelatliganden sind im allgemeinen stabiler als solche mit einzähnigen Liganden. Besonders stabil sind Komplexe, in denen fünfgliedrige Ringsysteme mit Chelatliganden gebildet werden. Diese Erscheinung ist als *Chelateffekt* bekannt. Erklärt wird der Effekt mit einer Entropiezunahme des Systems (Komplex und Umgebung) bei der Substitution von einzähnigen Liganden durch Chelatliganden. Es ist nämlich wahrscheinlicher, daß z.B. ein Chelatligand, der bereits eine Koordinationsstelle besetzt, auch eine weitere besetzt, als daß ein einzähniger Ligand (z.B. H_2O) von einem anderen einzähnigen Liganden (z.B. NH_3) aus der Lösung ersetzt wird. Über Entropie s. S. 252.

Beispiele für Komplexe

Beachte: Je nach der Summe der Ladungen von Zentralteilchen und Liganden sind die Komplexe entweder neutral oder geladen (Komplex-Kation bzw. Komplex-Anion). Komplex-Ionen werden in eckige Klammern gesetzt. Die Ladung wird rechts oben an der Klammer angegeben. Man kennt auch hydrophile Komplexe (Beispiele: Aquo-Komplexe, Ammin-Komplexe) und lipophile Komplexe (Beispiel: einkernige Carbonyle, Sandwich-Verbindungen).

Benutzt man zur Beschreibung der räumlichen Verhältnisse in Komplexen das von *Pauling* auf der Grundlage der VB-Theorie entwickelte Konzept der Hybridisierung, s. S. 82, kann man für jede räumliche Konfiguration die zugehörigen Hybrid-Orbitale am Zentralteilchen konstruieren, s. S. 89. In Abb. 71 und 72 sind die Hybrid-Orbital-Typen jeweils in Klammern gesetzt.

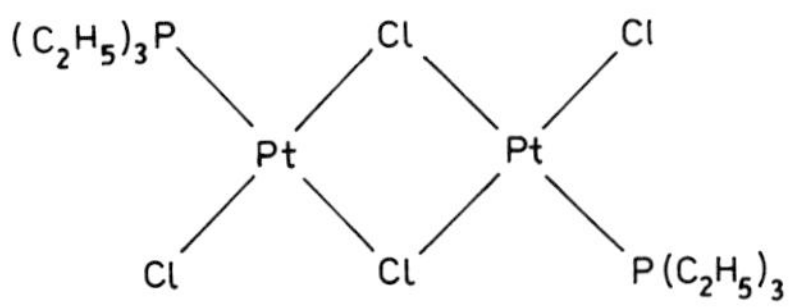

(vier dsp^2-Hybrid-Orbitale, Quadrat)

Abb. 71. Beispiel für einen quadratischen Komplex

$[Ag(NH_3)_2]^{\oplus}$

(zwei sp-Hybrid-orbitale, lineare Anordnung)

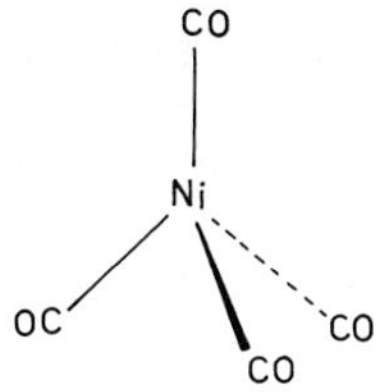

$Ni(CO)_4$

(vier sp^3-Hybrid-orbitale, Tetraeder)

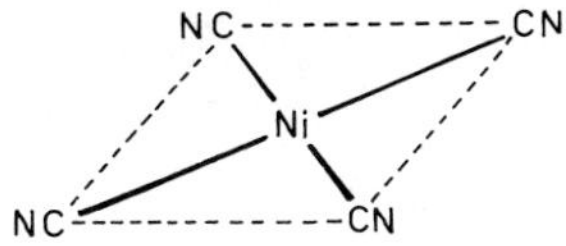

$[Ni(CN)_4]^{2\ominus}$

(vier dsp^2-Hybrid-orbitale, Quadrat)

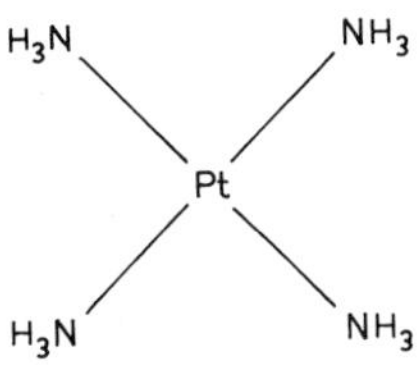

$[Pt(NH_3)_4]^{2\oplus}$

(vier dsp^2-Hybrid-orbitale, Quadrat)

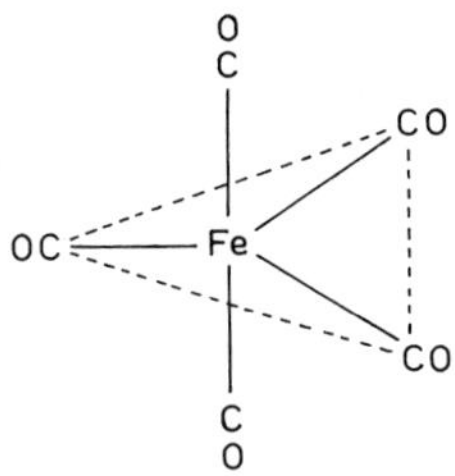

$Fe(CO)_5$

(fünf dsp^3-Hybrid-orbitale, trigonale Bipyramide)

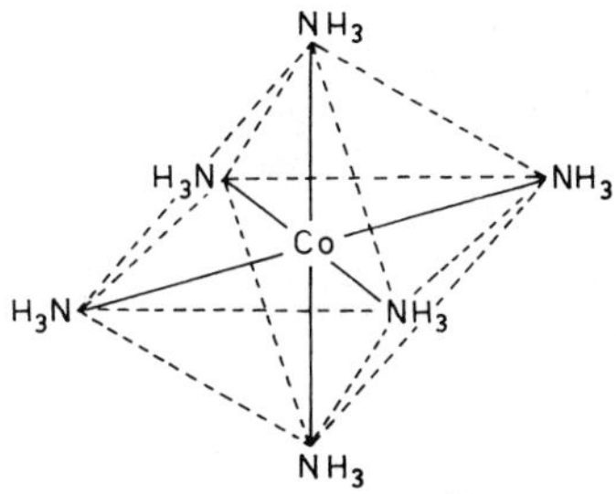

$[Co(NH_3)_6]^{3\oplus}$

(sechs d^2sp^3-Hybrid-orbitale, Oktaeder)

Abb. 72. Beispiele für Komplexe mit einzähnigen Liganden und verschiedener Koordinationszahl

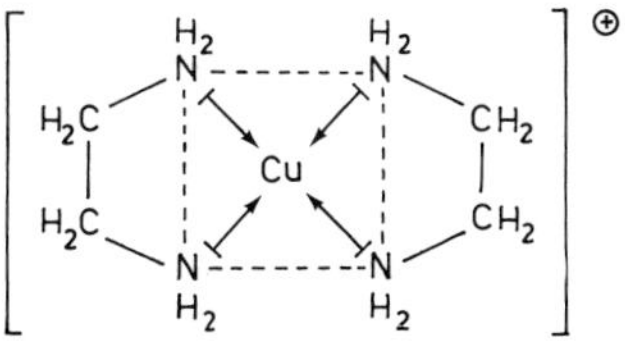

$[Cu(en)_2]^{\oplus}$

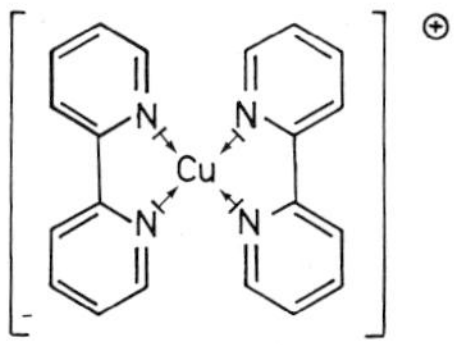

$[Cu(dipy)_2]^{\oplus}$ =
Cu(I)-Bis(2,2'Dipyridyl)-Komplexion

Abb. 73 (a). Beispiele für Chelatkomplexe

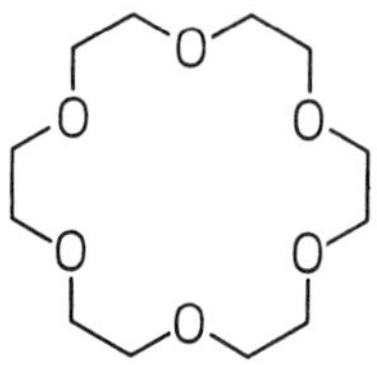

[18]Krone-6
(1,4,7,10,13,16-
Hexaoxacyclooctadecan)
Schmp. 39 - 40° C

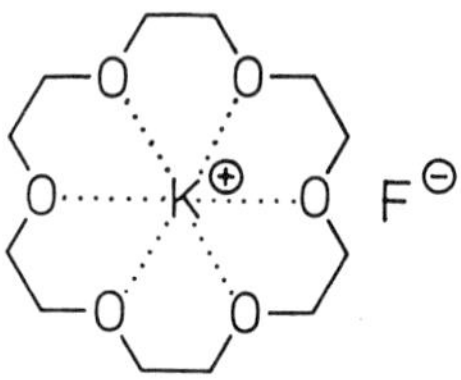

$[\text{Kronenether-K}]^{\oplus} + F^{\ominus}$
(Dieses Salz ist in
$CHCl_3$ löslich)

Abb. 73 (b). Beispiele für Chelatkomplexe

π-Komplexe

Es gibt auch eine Vielzahl von Komplexverbindungen mit organischen Liganden wie Olefinen, Acetylenen und aromatischen Molekülen, die über ihr π-Elektronensystem an das Zentralteilchen gebunden sind. Beispiel: *Ferrocen*, $Fe(C_5H_5)_2$, wurde 1951 als erster Vertreter einer großen Substanzklasse entdeckt. Es entsteht z.B. aus Cyclopentadien mit $Fe(CO)_5$ oder nach folgender Gleichung: $FeCl_2 + 2\ C_5H_5MgBr \longrightarrow Fe(C_5H_5)_2$. Wegen ihrer Struktur nennt man solche Verbindungen auch "Sandwich-Verbindungen".

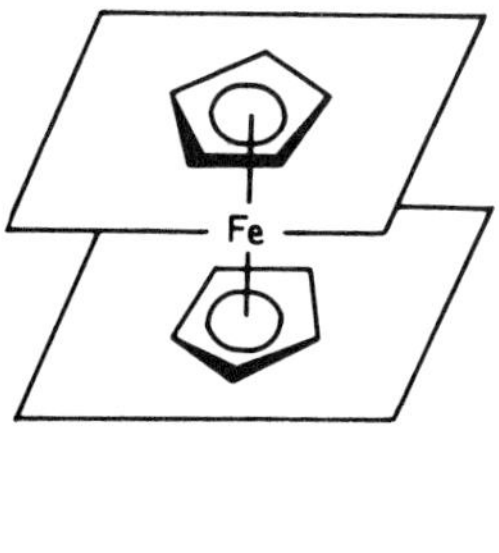

Abb. 74. Bis(π-cyclopentadienyl)-eisen(II) $Fe(C_5H_5)_2$

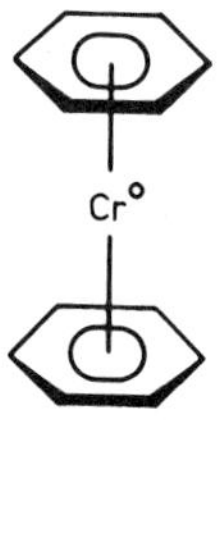

Abb. 75. Dibenzolchrom $Cr(C_6H_6)_2$

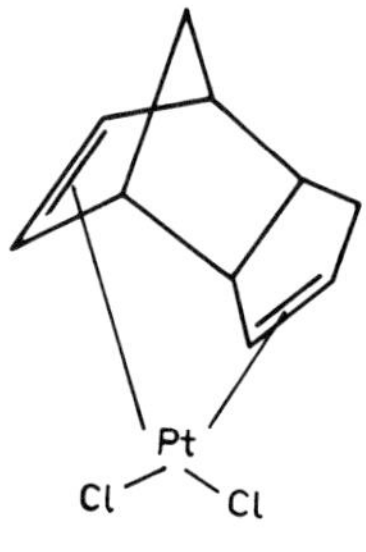

Abb. 76. Dichlorodicyclopentadien-platin-Komplex

Dibenzolchrom entsteht durch eine Friedel-Crafts-Reaktion mit nachfolgender Reduktion (s. auch HT 211):

$$CrCl_3 + \text{Benzol} + \text{Al-Pulver} + AlCl_3 \longrightarrow [Cr(C_6H_6)_2]^{\oplus} \xrightarrow{S_2O_4^{2\ominus}} Cr(C_6H_6)_2.$$

Es bildet dunkelbraune, diamagnetische Kristalle. Bei ca. 300 °C erfolgt Zersetzung in Chrom und Benzol.

Großtechnische Anwendung finden π-Komplexe als Ziegler-Natta-Katalysatoren für Polymerisationen (s. HT 211).

Charge-transfer-Komplexe

Charge-transfer-Komplexe (CT-Komplexe) sind Elektronen-Donor-Acceptor-Komplexe, bei denen negative Ladungen reversibel von einem Donor-Molekül zu einem Acceptormolekül übergehen.

Beispiele sind Molekülverbindungen aus polycyclischen Aromaten und Iod, aus Halogenen oder Halogenverbindungen mit Pyridin, Dioxan u.a. Bei Energiezufuhr gehen die Addukte in einen elektronisch angeregten Zustand über, der ionische Anteile enthält (= Charge-transfer-Übergang). Da die Übergänge häufig im sichtbaren Wellenbereich des Lichtspektrums liegen, erscheinen die Substanzen häufig farbig.

Carbonyle

Komplexe von Metallen mit Kohlenmonoxid, CO, als Ligand nennt man *Carbonyle*. Sie haben in der reinen und angewandten Chemie in den letzten Jahren großes Interesse gefunden. Man benutzt sie z.B. zur Darstellung reiner Metalle.

Darstellung

In der Technik: Durch Reaktion der feinverteilten Metalle mit CO in einer Hochdrucksynthese. Im Labor erhält man sie oft durch Reduktion von Metallsalzen in Anwesenheit von CO.

Beispiele: $Ni + 4\ CO \xrightarrow{80\,^{\circ}C} Ni(CO)_4$

$$Fe + 5\ CO \xrightarrow[100\ bar]{200\,^{\circ}C} Fe(CO)_5$$

$$MoCl_5 \xrightarrow{Na + CO} Mo(CO)_6$$

$$OsO_4 + 9\ CO \xrightarrow[50\ bar]{100\,^{\circ}C} Os(CO)_5 + 4\ CO_2$$

$$2\ Fe(CO)_5 \xrightarrow{h\nu} Fe_2(CO)_9 + CO$$

Eigenschaften

Die einkernigen Carbonyle wie $Ni(CO)_4$ sind flüchtige Substanzen, leichtentzündlich und giftig. Mehrkernige Carbonyle, welche mehrere Metallatome besitzen, sind leicht zersetzlich und schwerlöslich in organischen Lösungsmitteln. Weitere Eigenschaften kann man der nachfolgenden Tabelle entnehmen.

Tabelle 16. Beispiele für Carbonyle

Einkernige Carbonyle	
$Ni(CO)_4$:	Farblose Flüssigkeit, Fp. -25°C, Kp. 43°C; Bau: tetraedrisch. Eigenschaften: sehr giftig, entzündlich, zersetzt sich leicht zu Metall und CO
$Ru(CO)_5$:	Farblose Flüssigkeit, Fp. -22°C; Bau: trigonale Bipyramide; sehr flüchtig
$Fe(CO)_5$:	Gelbe Flüssigkeit, Fp. -20°C, Kp. 103°C; Bau: trigonale Bipyramide. Bestrahlung mit UV-Licht gibt $Fe_2(CO)_9$
$Cr(CO)_6$: $Mo(CO)_6$: $W(CO)_6$:	Farblose Kristalle, sublimieren im Vakuum; oktaedrischer Bau; luftbeständig; Zersetzung: 180 - 200°C
$V(CO)_6$:	Dunkelgrüne Kristalle; Zersetzungspunkt: 70°C; sublimiert im Vakuum; oktaedrisch gebaut; paramagnetisch; 35 Elektronen!
Mehrkernige Carbonyle	
$Mn_2(CO)_{10}$:	Gelbe Kristalle, Fp. 151°C; an der Luft langsame Oxidation
$Fe_2(CO)_9$:	Bronzefarbige Blättchen; Zersetzungspunkt 100°C; nichtflüchtig; fast unlöslich in organischen Lösungsmitteln
$Fe_3(CO)_{12}$:	Dunkelgrüne Kristalle; Zersetzung oberhalb 140°C; mäßig löslich
$Co_2(CO)_8$:	Orangefarbige Kristalle, Fp. 51°C; luftempfindlich
$Co_4(CO)_{12}$:	Schwarze Kristalle; Zersetzung ab 60°C
$Os_3(CO)_{12}$:	hellgelbe Kristalle, Fp. 224°C

Reaktionen von Carbonylen

Substitutionsreaktionen ermöglichen die Darstellung anderer Metallkomplexe. Geeignete Liganden sind z.B. RNC, PX_3, PR_3, NR_3, NO, N_2, SR_2, OR_2.

Beispiele:

$$Ni(CO)_4 + |C{\equiv}N\text{-}CH_3 \longrightarrow Ni(CO)(CNCH_3)_3$$

(Ni-monocarbonyltris(methylisonitril))

$Ni(CO)_4 \quad + \quad PX_3 \quad \longrightarrow \quad Ni(PX_3)_4$

(Beispiel für einen Phosphantrihalogenid-Komplex)

$Fe_2(CO)_9 \quad + \quad 4\ NO \quad \longrightarrow \quad 2\ Fe(NO)_2(CO)_2$

(Beispiel für Metallnitrosylcarbonyle)

(Das NO gibt das $1\pi^*$-Elektron (s. S. 337) an das Metall ab: $Z + NO \longrightarrow Z^{\ominus} + NO^{\oplus}$. Das $NO^{\oplus}$ geht dann mit dem Metallion $Z^{\ominus}$ eine σ-Donor-π-Acceptor-Bindung ein, vgl. Bindung in Carbonylen. Das NO gibt also drei Elektronen an das Metall ab (= Dreielektronenligand).)

Oxidationsreaktionen mit Halogenen führen zu Metallcarbonylhalogeniden. Aus diesen lassen sich Metallcarbonyl-*Kationen* darstellen:

$$Fe(CO)_5 + X_2 \longrightarrow Fe(CO)_4X_2 \qquad (X = Cl, Br, I)$$

$$Mn(CO)_5Cl + AlCl_3 + CO \longrightarrow [Mn(CO)_6]^{\oplus}[AlCl_4]^{\ominus}$$

Reduktionsreaktionen sind ein Syntheseweg für Carbonylmetallate mit Metallcarbonyl-*Anionen*, welche mit Säuren zu *Carbonylwasserstoffen* weiterreagieren:

$$(OC)_nM\text{-}M(CO)_n + 2\ Na \longrightarrow 2\ Na[M(CO)_n] \quad \text{mit } M = Mn, Re, Fe, Ru, Os, Co, Rh, Ir$$

oder

$$Fe(CO)_5 + 4\ OH^{\ominus} \longrightarrow [Fe(CO)_4]^{2\ominus} + CO_3^{\ 2\ominus} + 2\ H_2O$$

$[Fe(CO)_4]^{2\ominus} \xrightarrow{H_3PO_4} H_2Fe(CO)_4$. $H_2Fe(CO)_4$ ist eine gelbe Flüssigkeit bzw. ein farbloses Gas. Fp. -70°C; Zersetzung ab -10°C; schwache Säure.

Metall-Wasserstoff-Bindungen enthalten auch die *Hydrido*-carbonylmetallate, z.B. $[HFe(CO)_4]^{\ominus}$.

Additionsreaktionen mit Nucleophilen (s. HT 211) sind ebenfalls mit Carbonylen möglich.

Beispiel:

$$(CO)_5Cr(CO) + |CH_3^{\ominus} \longrightarrow \left[(CO)_5Cr\text{-}C\begin{matrix} {=}O \\ \diagdown CH_3 \end{matrix} \right]^{\ominus} \xrightarrow[-\ N_2]{+\ H^{\oplus},\ +\ CH_2N_2} (CO)_5Cr\ C\begin{matrix} \cdots O\text{-}CH_3 \\ \cdots CH_3 \end{matrix}$$

In nachfolgendem Reaktionsschema sind einige Reaktionen von $Fe(CO)_5$ zusammengefaßt.

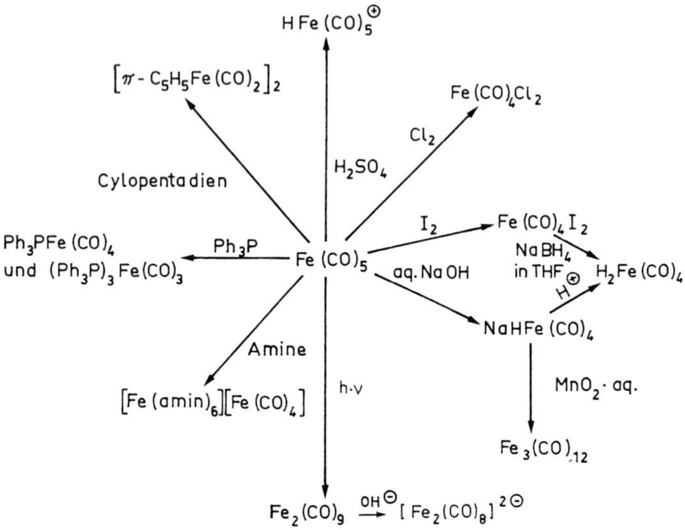

Abb. 77. Reaktionsschema für $Fe(CO)_5$

Molekülstruktur mehrkerniger Carbonyle

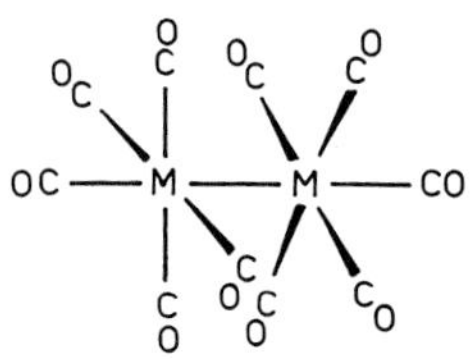

$M_2(CO)_{10}$, M=Mn, Tc, Re

Mn ⟷ Mn = 297,7 pm

Abb. 78

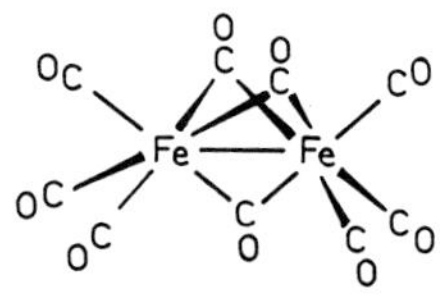

$Fe_2(CO)_9$

Fe ⟷ Fe = 246 pm

Abb. 79

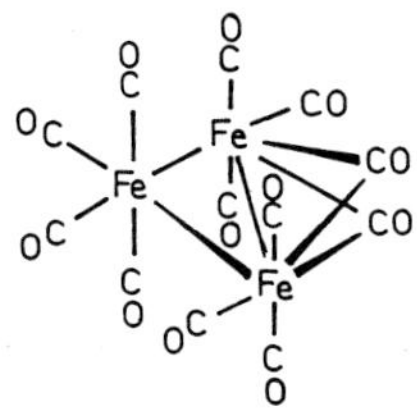

$Fe_3(CO)_{12}$

Abb. 80

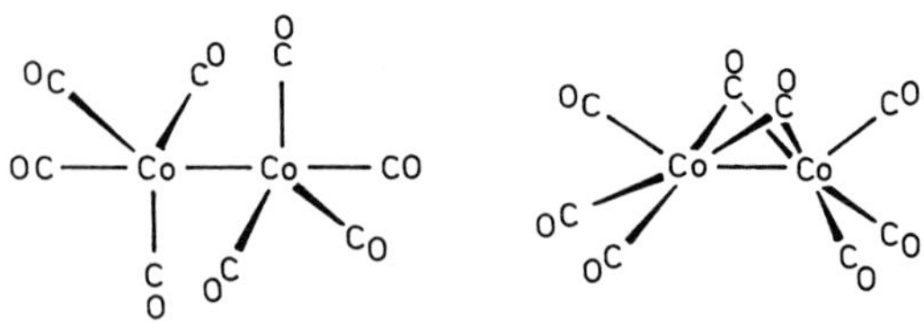

Abb. 81. Isomere von $Co_2(CO)_8$. Co ⟷ Co = 252 pm

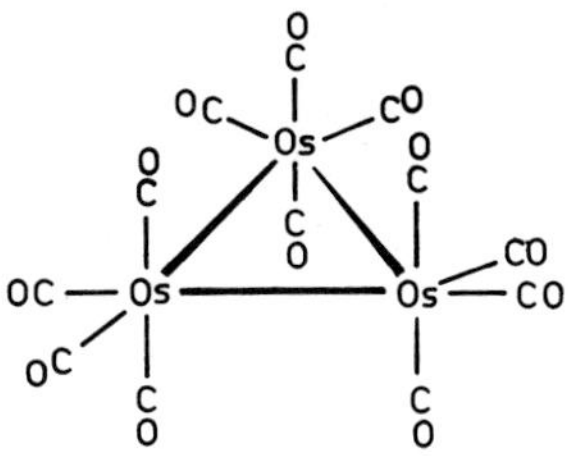

Abb.82. $Os_3(CO)_{12}$

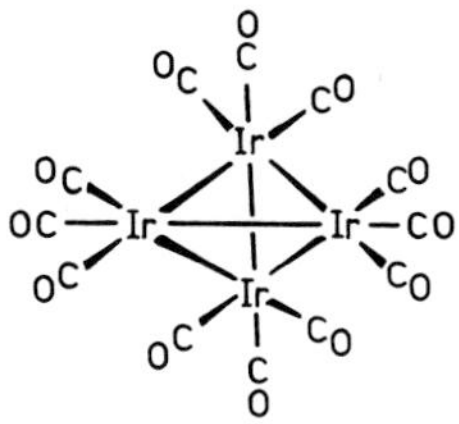

Abb.83. $Ir_4(CO)_{12}$

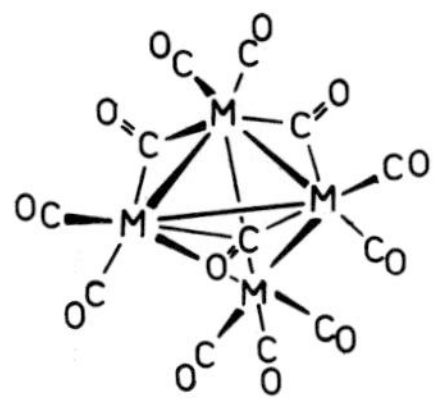

Abb.84. $M_4(CO)_{12}$, M = Co,Rh

Diese mehrkernigen Carbonyle sind Beispiele für Metall-Cluster (= Metallatom-Inselstruktur).

Cluster (engl.: cluster = Haufen) nennt man allgemein kompakte Anordnungen von Atomen, Ionen oder auch Molekülen.

Von Metall-Clustern spricht man, wenn zwischen mehreren Metallatomen (M) *direkte M-M-Bindungen* existieren.

$[Re_3Cl_{12}]^{3\ominus}$ hat als erste Substanz das Metall-Cluster-Phänomen aufgezeigt (1963).

Die Atome eines Clusters müssen nicht alle vom gleichen Element sein.

Die Bindungsordnung der M-M-Bindungen reicht von schwachen Wechselwirkungen bis zur Vierfachbindung.

In den Clustern ist jedes Metall-Atom Teil eines Polyeders.

Beispiele: Das Dreieck ($[Re_3Cl_{12}]^{3\ominus}$, das Tetraeder ($Co_4(CO)_{12}$), die trigonale Bipyramide ($Os_5(CO)_{16}$), die quadratische Pyramide ($Fe_3(CO)_9E_2$ mit E = S, Se), das Oktaeder ($Rh_6(CO)_{16}$).

Über die Bindungsverhältnisse in Carbonylen s. S. 147.

Koordinationszahl und räumlicher Bau von Komplexen

Nachfolgend sind die wichtigsten Koordinationszahlen und die räumliche Anordnung der Liganden (Koordinationspolyeder) zusammengestellt:

Koordinationszahl 2: Bau linear

Zentralteilchen: $Cu^{\oplus}$, $Ag^{\oplus}$, $Au^{\oplus}$, $Hg^{2\oplus}$

Beispiele: $[CuCl_2]^{\ominus}$, $[Ag(NH_3)_2]^{\oplus}$, $[Ag(CN)_2]^{\ominus}$

Koordinationszahl 3: sehr selten

Beispiele: $[HgI_3]^{\ominus}$, Bau: fast gleichseitiges Dreieck um das Hg-Ion; $[SnCl_3]^{\ominus}$, Bau: pyramidal mit Sn an der Spitze; $Pt(P(C_6H_5)_3)_3$ $(ZO_3^{\ominus}$, Z = Cl, Br, I)

Koordinationszahl 4:

Es gibt zwei Möglichkeiten, vier Liganden um ein Zentralteilchen zu gruppieren:

a) *tetraedrische Konfiguration*, häufigste Konfiguration

Beispiele: $Ni(CO)_4$, $[NiCl_4]^{2\ominus}$, $[FeCl_4]^{\ominus}$, $[Co(SCN)_4]^{2\ominus}$, $[Cd(CN)_4]^{2\ominus}$, $[BF_4]^{\ominus}$, $[Zn(OH)_4]^{2\ominus}$, $[Al(OH)_4]^{\ominus}$, $[MnO_4]^{\ominus}$, $[CrO_4]^{2\ominus}$

b) *planar-quadratische Konfiguration*

Zentralteilchen: $Pt^{2\oplus}$, $Pd^{2\oplus}$, $Au^{3\oplus}$, $Ni^{2\oplus}$, $Cu^{2\oplus}$, $Rh^{\oplus}$, $Ir^{\oplus}$; besonders bei Kationen mit d^8-Konfiguration

Beispiele: $[Pd(NH_3)_4]^{2\oplus}$, $[PtCl_4]^{2\ominus}$, $[Ni(CN)_4]^{2\ominus}$, $[Cu(NH_3)_4]^{2\oplus}$, $[Ni(diacetyldioxim)_2]$

Koordinationszahl 5: relativ selten

Es gibt *zwei* unterschiedliche räumliche Anordnungen:

a) *trigonal-bipyramidal*, Beispiele: $Fe(CO)_5$, $[Mn(CO)_5]^{\ominus}$, $[SnCl_5]^{\ominus}$

b) *quadratisch-pyramidal*, Beispiele: $NiBr_3(P(C_2H_5)_3)_2$, $[Cu_2Cl_6]^{2\ominus}$

Koordinationszahl 6: sehr häufig

Bau: *oktaedrische Konfiguration* (sehr selten wird ein trigonales Prisma beobachtet)

Beispiele: $[Fe(CN)_6]^{3\ominus}$, $[Fe(CN)_6]^{4\ominus}$, $[Fe(H_2O)_6]^{2\oplus}$, $[FeF_6]^{3\ominus}$, $[Co(NH_3)_6]^{2\oplus}$, $[Ni(NH_3)_6]^{2\oplus}$, $[Al(H_2O)_6]^{3\oplus}$, $[AlF_6]^{3\ominus}$, $[TiF_6]^{3\ominus}$ usw.

Höhere Koordinationszahlen werden bei Elementen der zweiten und dritten Reihe der Übergangselemente sowie bei Lanthaniden und Actiniden gefunden, s. S. 97.

Beachte: Es gibt Zentralionen, die mit unterschiedlichen Liganden unterschiedliche Koordinationszahlen und/oder Konfigurationen haben: Komplexe mit $Ni^{2\oplus}$ können oktaedrisch, tetraedrisch und planar-quadratisch sein.

Isomerieerscheinungen bei Komplexverbindungen

Isomere nennt man Verbindungen mit gleicher Bruttozusammensetzung und Molekülmasse, die sich z.B. in der Anordnung der Atome unterscheiden können. Sie besitzen unterschiedliche chemische und/oder physikalische Eigenschaften. Die Unterschiede bleiben normalerweise auch in Lösung erhalten.

Stereoisomerie

Stereoisomere unterscheiden sich durch die räumliche Anordnung der Liganden. Bezugspunkt ist das Zentralteilchen.

a) *cis-trans-Isomerie*

Komplexe mit KoZ 4

Bei KoZ 4 ist cis-trans-Isomerie mit einfachen Liganden nur bei quadratisch-ebener Konfiguration möglich. Im Tetraeder sind nämlich alle Koordinationsstellen einander benachbart.

Beispiel: $[M\ A_2B_2]$ wie z.B. $Pt(NH_3)_2Cl_2$

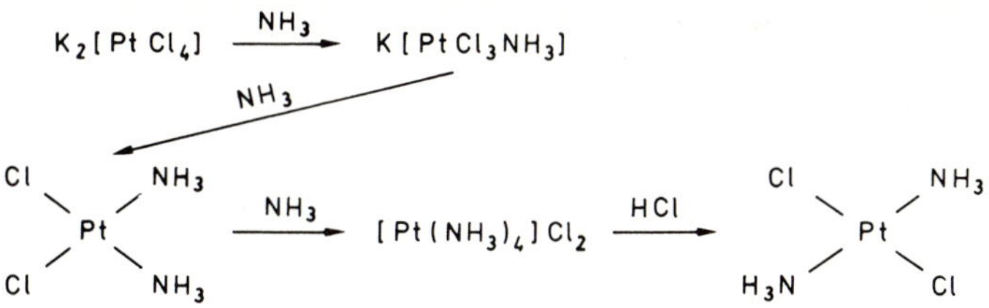

(1) *cis*-Konfiguration (2) *trans*-Konfiguration

In der Anordnung (1) sind gleiche Liganden einander *benachbart*. Sie sind cis-ständig. Die Konfiguration ist die <u>*cis*</u>*-Konfiguration*. In Anordnung (2) liegen gleiche Liganden einander *gegenüber*. Sie sind trans-ständig. Die Konfiguration ist die <u>*trans*</u>*-Konfiguration*.

Komplexe mit KoZ 6

Beispiele:

$[M(A)_4B_2]$, z.B. $[Co(NH_3)_4Cl_2]^{\oplus}$

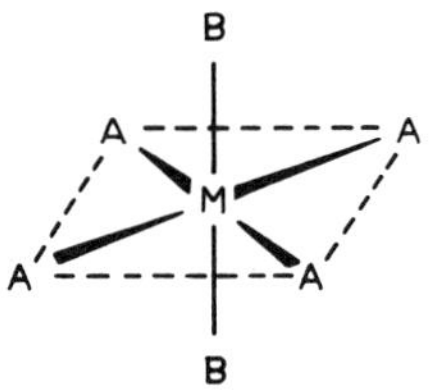

;

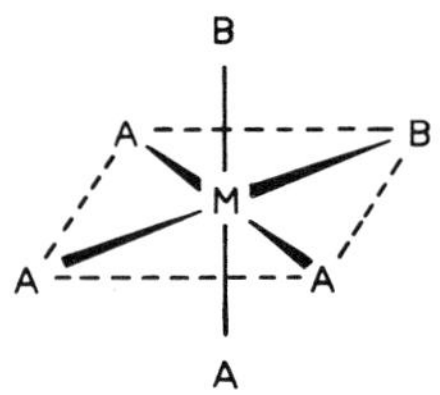

<u>*trans*</u>-Konfiguration

<u>*cis*</u>-Konfiguration

$[M(en)_2A_2]$, z.B. $[Co(en)_2Cl_2]^{\oplus}$

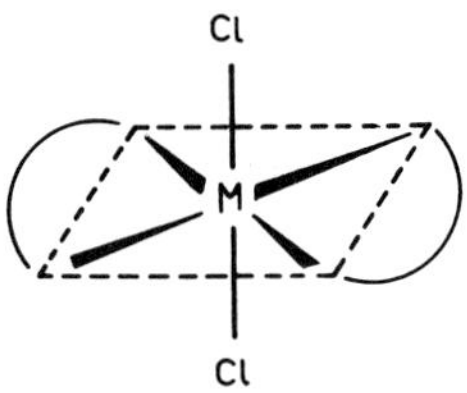

;

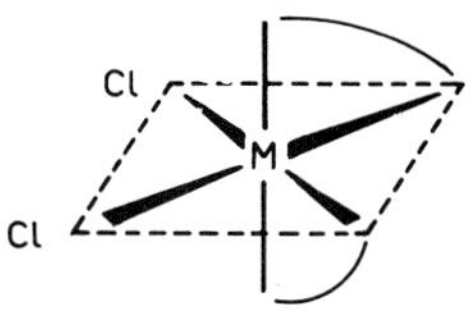

<u>*trans*</u>-Konfiguration

<u>*cis*</u>-Konfiguration

<u>Beachte:</u> Durch stereospezifische Synthesen läßt sich gezielt *ein* Isomer darstellen.

trans-Effekt

trans-Effekt heißt ein kinetischer Effekt, der bei planar-quadratischen und weniger ausgeprägt auch bei oktaedrischen Komplexen beobachtet wird. Dabei dirigieren bereits im Komplex vorhandene Liganden neue Substituenten in die trans-Stellung.

Die Stärke der trans-Effekte nimmt in folgender Reihenfolge ab:

$$CN^{\ominus} > CO > C_2H_4 \approx NO > PR_3 > SR_2 > NO_2^{\ominus} > SCN^{\ominus} > I^{\ominus}$$
$$> Cl^{\ominus} > NH_3 > \text{Pyridin} > RNH_2 > OH^{\ominus} > H_2O.$$

Beispiel: Substitution eines NH_3-Liganden in $[PtCl(NH_3)_3]^{\oplus}$ durch $Cl^{\ominus}$ zu $PtCl_2(NH_3)_2$; es entsteht die trans-Verbindung.

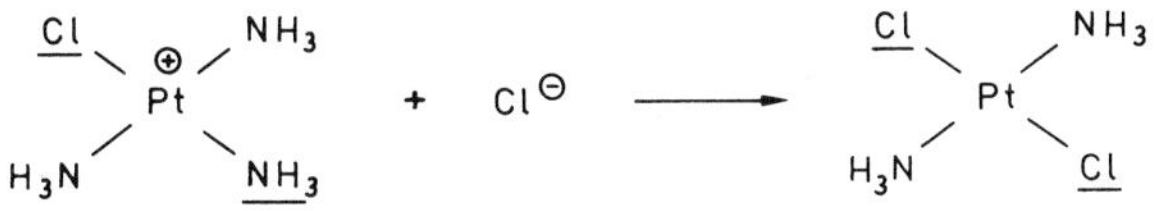

Der trans-Effekt läßt sich zur gezielten Synthese von cis- oder trans-Isomeren ausnützen, vgl. Beispiel S. 129.

b) *Optische Isomerie* (Spiegelbildisomerie)

Verhalten sich zwei Stereoisomere wie ein Gegenstand und sein Spiegelbild, heißen sie *Enantiomere* oder *optische Antipoden*. Substanzen mit diesen Eigenschaften heißen enantiomorph oder *chiral* (händig) und die Erscheinung demnach auch *Chiralität*; s. hierzu HT 211. Stereoisomere, die keine Enantiomere sind, heißen Diastereomere.

Bei der Synthese entstehen normalerweise beide Enantiomere in gleicher Menge (= racemisches Gemisch). Racemat heißt das äquimolare kristallisierte racemische Gemisch.

Eine Trennung von Enantiomeren gelingt manchmal, z.B. durch fraktionierte Kristallisation mit optisch aktiven organischen Anionen bzw. Kationen. Setzt man z.B. das Komplex-Ion $[A]^{\oplus}$, das in den Enantiomeren $[A_1]^{\oplus}$ und $[A_2]^{\oplus}$ vorkommt, mit einem Anion $B^{\ominus}$ um, das in den Enantiomeren $B_1^{\ominus}$, $B_2^{\ominus}$ vorliegt, erhält man die Salze = *Diastereomere* $[A_1]^{\oplus}B_1^{\ominus}$, $[A_1]^{\oplus}B_2^{\ominus}$; $[A_2]^{\oplus}B_1^{\ominus}$, $[A_2]^{\oplus}B_2^{\ominus}$. Diese Diastereomere unterscheiden sich nun physikalisch-chemisch und ermöglichen so eine Trennung.

Enantiomere sind nur spiegelbildlich verschieden. Sie verhalten sich chemisch und physikalisch genau gleich mit einer Ausnahme: Gegenüber optisch aktiven Reagentien und in ihrer Wechselwirkung mit polarisiertem Licht zeigen sie Unterschiede.

Enantiomere lassen sich dadurch unterscheiden, daß das eine die Polarisationsebene von linear polarisiertem Licht - unter sonst gleichen Bedingungen - nach links und das andere diese um den *gleichen* Betrag nach rechts dreht. Daher ist ein racemisches Gemisch optisch inaktiv.

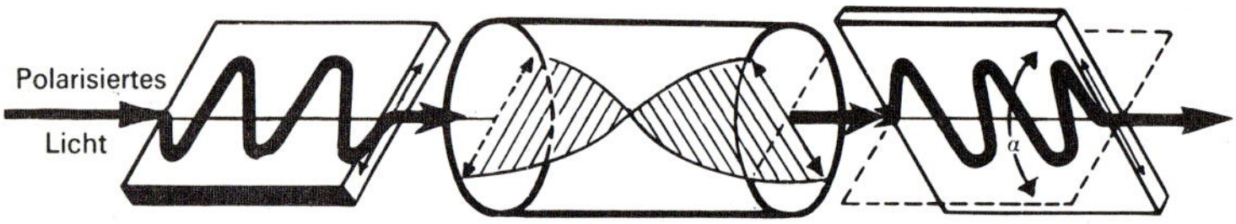

Polarisationsebene des eingestrahlten Lichts — gelöste Substanzprobe (chirales Medium) — Polarisationsebene nach dem Durchgang

Abb. 85

Die Polarisationsebene wird im chiralen Medium zum verdrehten Band (Abb. 85). Das Ausmaß der Drehung ist proportional der Konzentration c der Lösung und der Schichtdicke l. Ausmaß und Vorzeichen hängen ferner ab von der Art des Lösungsmittels, der Temperatur T und der Wellenlänge λ des verwendeten Lichts. Eine Substanz wird durch einen spezifischen Drehwert α charakterisiert:

$$[\alpha]_\lambda^T = \frac{\alpha_\lambda^T \text{ gemessen}}{l[\text{dm}] \cdot c\ [\text{g/ml}]}$$

Komplexe mit KoZ 4

In *quadratisch-ebenen* Komplexen wird optische Isomerie nur mit bestimmten mehrzähnigen asymmetrischen Liganden beobachtet.

Bei *tetraedrischer* Konfiguration erhält man Enantiomere, wenn vier verschiedene Liganden das Zentralteilchen umgeben. Dies ist das einfachste Beispiel für einen optisch aktiven Komplex. Optische Isomerie ist auch mit zwei zweizähnigen Liganden möglich.

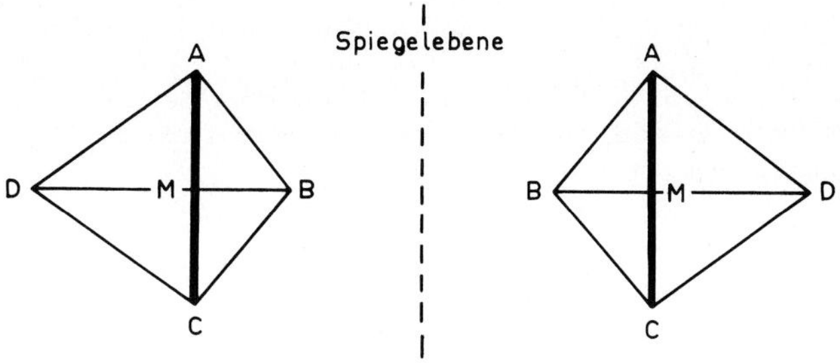

Komplexe mit KoZ 6

Mit *ein*zähnigen Liganden ist optische Isomerie möglich bei den Zusammensetzungen: $[M\ A_2B_2C_2]$, $[M\ A_2BCDE]$ und [M ABCDEF].

Optische Isomerie beobachtet man auch z.B. bei zwei oder drei *zwei*-zähnigen Liganden. Beispiele: $[M(en)_2A_2]$, z.B. $Co(en)_2Cl_2$, und $[M(en)_3]$.

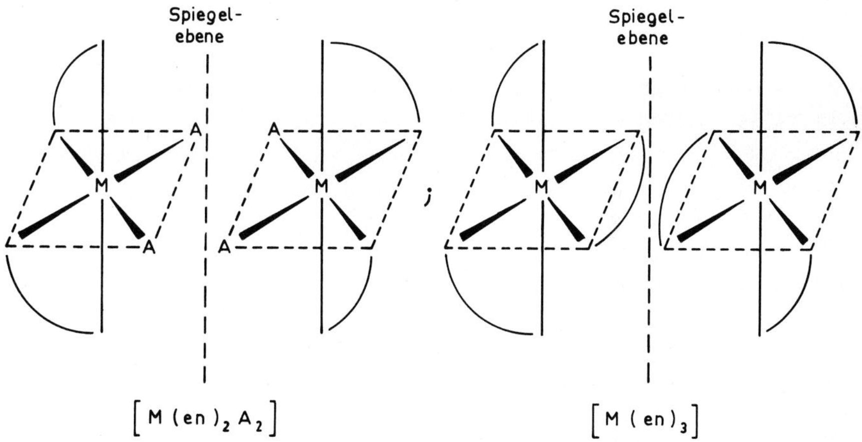

Koordinations-Isomerie beobachtet man, wenn eine Substanz sowohl ein komplexes Kation als auch ein komplexes Anion besitzt. In einem solchen Fall kann die Verteilung der Liganden in beiden Komplex-Ionen verschieden sein, z.B.

$$[Co(NH_3)_6]^{3\oplus}[Cr(CN)_6]^{3\ominus} \quad \text{oder} \quad [Cr(NH_3)_6]^{3\oplus}[Co(CN)_6]^{3\ominus}.$$

Hydratisomerie

Die Hydratisomerie ist ein spezielles Beispiel der Ionisationsisomerie. Man kennt z.B. von der Substanz der Zusammensetzung $CrCl_3 \cdot 6\ H_2O$ im festen Zustand drei Isomere:

$[Cr(H_2O)_6]Cl_3$	violett
$[Cr(H_2O)_5Cl]Cl_2 \cdot H_2O$	hellgrün
$[Cr(H_2O)_4Cl_2]Cl \cdot 2\ H_2O$	dunkelgrün

Bindungsisomerie, Salzisomerie

Bei dieser Isomerie unterscheiden sich die Isomere in der Art der Bindung von Liganden an das Zentralteilchen.

Beispiele:

$[Co(NH_3)_5NO_2]^{2\oplus}$ = Nitropentamminkobalt(III)-Kation
Die Bindung der NO_2-Gruppe erfolgt über das N-Atom.

$[Co(NH_3)_5ONO]^{2\oplus}$ = Nitritopentammincobalt(III)-Kation
Die Bindung des Liganden erfolgt über Sauerstoff.

Auch die Liganden $CN^{\ominus}$ und $SCN^{\ominus}$ können auf zweierlei Weise an das Zentral-Ion gebunden werden:

$\leftarrow \overset{\ominus}{|C}{\equiv}N|$	Cyano-Komplex
$\overset{\ominus}{|C}{\equiv}N| \rightarrow$	Isocyano-Komplex
$\leftarrow |\overset{\ominus}{\underline{\overline{S}}}-C{\equiv}N|$	Thiocyanato-S-Komplex
$|\overset{\ominus}{\underline{\overline{S}}}-C{\equiv}N| \rightarrow$	Thiocyanato-N-Komplex

Ionisationsisomerie oder **Dissoziationsisomerie** tritt auf, wenn komplex gebundene Anionen oder Moleküle mit Anionen oder Molekülen außerhalb des Komplexes ausgetauscht werden.

Beispiele:

$$[Pt(NH_3)_4Cl_2]Br_2 \xrightleftharpoons{(H_2O)} [Pt(NH_3)_4Cl_2]^{2\oplus} + 2\ Br^{\ominus}$$

$$[Pt(NH_3)_4Br_2]Cl_2 \xrightleftharpoons{(H_2O)} [Pt(NH_3)_4Br_2]^{2\oplus} + 2\ Cl^{\ominus}$$

Die Lösungen beider Komplexe enthalten verschiedene Ionen.

Bindung in Komplexen

Wie aus Tabelle 15 hervorgeht, besitzen Liganden mindestens ein freies Elektronenpaar. Über dieses Elektronenpaar werden sie an das Zentralteilchen gebunden (= σ-Donor-Bindung, koordinative Bindung). Die Komplexbildung ist somit eine Reaktion zwischen einem Elektronenpaar-Donator (D) (= Lewis-Base) und einem Elektronenpaar-Acceptor (A) (= Lewis-Säure):

$$A + D \rightleftharpoons A - D.$$

Edelgas-Regel

Durch den Elektronenübergang bei der Komplexbildung erreichen die Metalle die Elektronenzahl des nächsthöheren Edelgases (Edelgasregel von *Sidgwick*). Diese einfache Regel ermöglicht das Verständnis und die Vorhersage der Zusammensetzung von Komplexen. Sie erklärt nicht ihre Struktur und Farbe.

Beispiele:

$Ni(CO)_4$: Elektronenzahl = 28 + 4 • 2 = 36 (Kr)

$Fe(CO)_5$: Elektronenzahl = 26 + 5 • 2 = 36 (Kr)

Eine Erweiterung dieser einfachen Vorstellung lieferte *Pauling* (1931) mit der Anwendung der VB-Theorie auf die Bindung in Komplexen.

VB-Theorie der Komplexbindung

Um Bindungen in Komplexen zu konstruieren, braucht man am Zentralteilchen leere Atomorbitale. Diese werden durch Promovieren und anschließendes Hybridisieren der Geometrie der Komplexe angepaßt. Bei der KoZ 6 sind demzufolge sechs Hybrid-Orbitale auf die sechs Ecken eines Oktaeders gerichtet. Andere Beispiele s. Abb. 72, S. 121.

Die freien Elektronenpaare der Liganden werden nun in diese Hybrid-Orbitale eingebaut, d.h. die gefüllten Ligandenorbitale überlappen mit den leeren Hybrid-Orbitalen des Zentralteilchens. Auf diese Weise entstehen *kovalente* Bindungen.

1. Beispiel: Bildung von Nickeltetracarbonyl $Ni(CO)_4$ aus feinverteiltem metallischem Nickel und Kohlenmonoxid CO

a) Grundzustand des Ni-Atoms: $\overset{o}{Ni}$

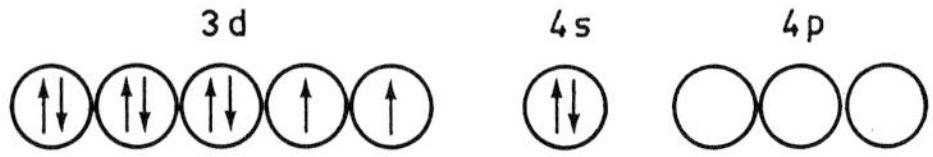

b) Bei der Komplexbildung kann man einen angeregten Zustand dadurch konstruieren, daß die beiden Elektronen des 4s-AO mit jeweils antiparallelem Spin in die beiden einfach besetzten d-AO eingebaut werden.

Angeregter Zustand $\overset{o}{Ni}^*$

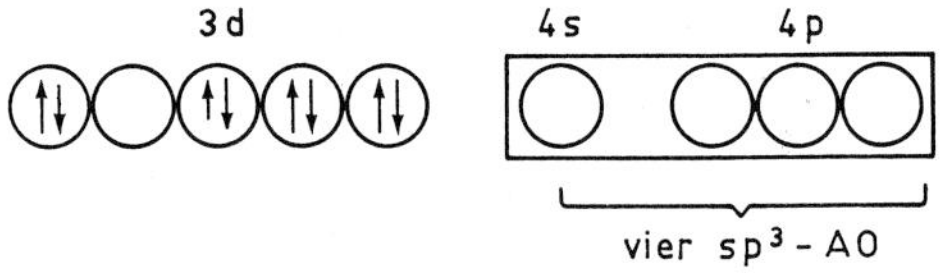

c) Es können nun das 4s-AO und die drei 4p-AO zu vier gleichwertigen sp^3-Hybridorbitalen miteinander gemischt werden, um den Tetraederwinkel von $109^o28'$ zu erreichen.

d) In die leeren vier sp^3-Hybridorbitale können die vier Elektronenpaare der vier CO-Ligandenmoleküle eingebaut werden:

$Ni(CO)_4$

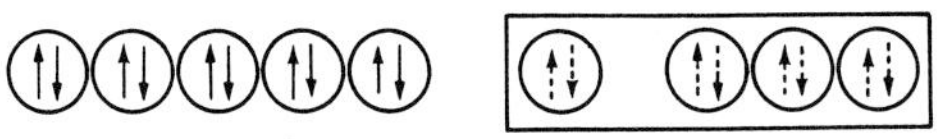

Als Ergebnis erhält man ein diamagnetisches Komplexmolekül, dessen Zentralteilchen tetraederförmig von vier CO-Liganden umgeben ist.

$[NiCl_4]^{2\ominus}$ ist ebenfalls tetraedrisch gebaut (sp^3-Hybridisierung). Es enthält jedoch zwei ungepaarte d-Elektronen und ist daher paramagnetisch.

2. Beispiel: $[Ni(CN)_4]^{2\ominus}$

a) Grundzustand des $Ni^{2\oplus}$-Ions:

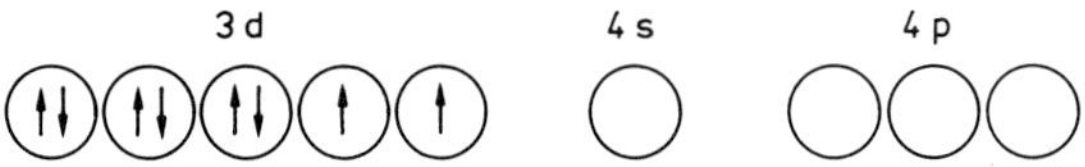

b) Angeregter Zustand:

c) Bildung von vier dsp^2-Hybrid-Orbitalen:

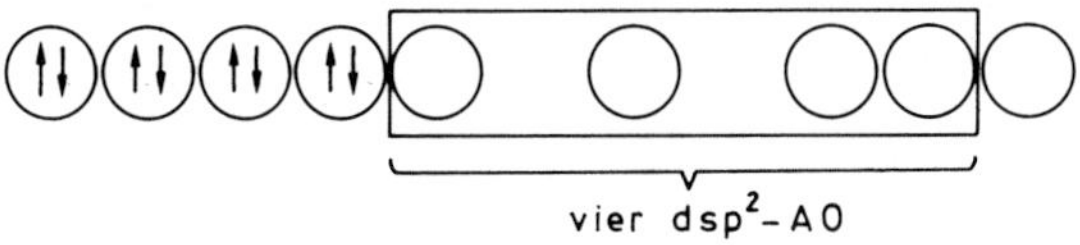

d) In die leeren vier dsp^2-Hybrid-Orbitale können die vier Elektronenpaare der vier $CN^{\ominus}$-Liganden eingebaut werden:

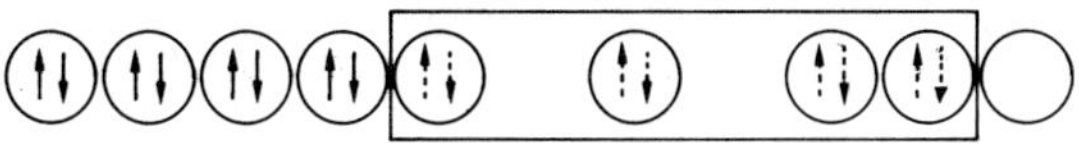

$[Ni(CN)_4]^{2\ominus}$

Als Ergebnis erhält man ein diamagnetisches Komplex-Anion, in dem das $Ni^{2\oplus}$-Zentral-Ion planar-quadratisch von vier $CN^{\ominus}$-Liganden umgeben ist.

3. Beispiel: Um die oktaedrische Konfiguration des diamagnetischen Komplex-Kations $[Co(NH_3)_6]^{3\oplus}$ mit der VB-Theorie zu erklären, kann man sechs d^2sp^3-Hybrid-Orbitale aus einem 4s-, drei 4p- und zwei 3d-Atomorbitalen konstruieren. Die Elektronenpaare der sechs NH_3-Moleküle werden in diese AO eingebaut.

Grundzustand des $Co^{3\oplus}$-Ions:

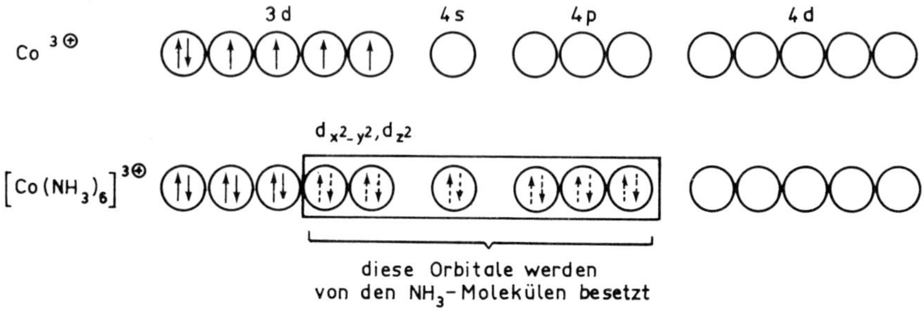

Vorzüge und Nachteile der VB-Theorie

Die VB-Theorie ermöglicht in einigen Fällen qualitative Erklärungen der stereochemischen Verhältnisse. In einigen Fällen bedarf sie dabei jedoch der Ergänzung durch z.T. experimentell ungestützte Postulate wie der Beteiligung von 4d-Orbitalen bei Hybrid-Orbitalen in Komplexen wie $[CoF_6]^{3\ominus}$ mit vier ungepaarten Elektronen (Hybridisierung: $sp^3\underline{d}^2$).

Die VB-Theorie gibt u.a. keine Auskunft über die Energie der Orbitale. Sie kennt keine angeregten Zustände und gibt somit auch keine Erklärung der Spektren der Komplexe. Das magnetische Verhalten der Komplexe bleibt weitgehend ungeklärt. Verzerrungen der regulären Polyeder durch "Jahn-Teller-Effekte" werden nicht berücksichtigt (vgl. S. 143).

Eine brauchbare Erklärung z.B. der Spektren und des magnetischen Verhaltens von Komplexverbindungen mit Übergangselementen als Zentralteilchen liefert die sog. Kristallfeld- oder Ligandenfeld-Theorie.

Kristallfeld-Ligandenfeld-Theorie

Aus der Beobachtung, daß die Absorptionsbanden von Komplexen mit Übergangselementen im sichtbaren Bereich vorwiegend dem Zentralteilchen und die Banden im UV-Bereich den Liganden zugeordnet werden können, kann man schließen, daß die Elektronen in einem derartigen Komplex weitgehend an den einzelnen Komplexbausteinen lokalisiert sind. Die Kristallfeld-Theorie ersetzt nun die Liganden durch *negative* Punktladungen (evtl. auch Dipole) und betrachtet den Einfluß dieser Punktladungen auf die Energie und die Besetzung der d-Orbitale am Zentralteilchen.

In einem isolierten Atom oder Ion sind die fünf d-Orbitale energetisch gleichwertig (= entartet). Bringt man ein solches Teilchen in ein inhomogenes elektrisches Feld, indem man es mit Liganden (Punktladungen) umgibt, wird die Entartung der fünf d-Orbitale aufgehoben, d.h. es treten Energieunterschiede zwischen ihnen auf. Diejenigen Orbitale, welche den Liganden direkt gegenüber liegen, werden als Aufenthaltsort für Elektronen ungünstiger und erfahren eine Erhöhung ihrer potentiellen Energie. Für günstiger orientierte Orbitale ergibt sich dagegen eine Verminderung der Energie. Betrachten wir die unterschiedliche räumliche Ausdehnung der d-Orbitale auf S. 29, Abb. 9, dann wird klar, daß die energetische Aufspaltung von der jeweiligen Anordnung der Liganden um das Zentralteilchen abhängt. Nimmt man die Energie der fünf entarteten Orbitale (fiktiver Zustand) als Bezugspunkt, resultiert für eine *oktaedrische* und *tetraedrische* Umgebung des Zentralteilchens die in Abb. 86a skizzierte Energieaufspaltung. Abb. 86b zeigt die Änderungen beim Übergang von der oktaedrischen zur *planar-quadratischen* Konfiguration.

Die Bezeichnungen e_g und t_{2g} für die beiden Orbitalsätze in Abb. 86 entstammen der Gruppentheorie. Sie werden dort für bestimmte Symmetriemerkmale benutzt. Δ ist die Energiedifferenz zwischen den e_g- und t_{2g}-Orbitalen und heißt *Feldstärkeparameter*. Die Indizes o (oktaedrisch) und t (tetraedrisch) kennzeichnen die Geometrie des Ligandenfeldes: $\Delta_t = 4/9\ \Delta_o$. Δ wird willkürlich gleich 10 Dq gesetzt. Es ist eine Funktion der Abstände zwischen Zentralteilchen und Liganden sowie der Ladungen bzw. Dipolmomente der Liganden. Aus Absorptionsspektren wurde folgende Reihenfolge für die aufspaltende Wirkung ausgewählter Liganden ermittelt = ***spektrochemische Reihe***:

$$CO, CN^{\ominus} > NO_2 > en > NH_3 > SCN^{\ominus} > H_2O \approx C_2O_4^{2\ominus} > F^{\ominus}$$
$$> OH^{\ominus} > Cl^{\ominus} > Br^{\ominus} > I^{\ominus}.$$

Die Verhältnisse 3/5 : 2/5 bzw. 6 Dq : 4 Dq in Abb. 86 ergeben sich aus einer Forderung der Quantenmechanik, wonach z.B. in einem oktaedrischen Feld die 4 e_g-Elektronen die gleiche Energie besitzen müssen wie die 6 t_{2g}-Elektronen. Sind die e_g- und t_{2g}-Zustände vollbesetzt, ist die Energiedifferenz zwischen diesem System und dem System der vollbesetzten fünf entarteten Zustände im isolierten Teilchen gleich Null. Denn es gilt: $+ 4 \cdot 6\ Dq - 6 \cdot 4\ Dq = 0$. Für andere Polyeder sind die Verhältnisse analog.

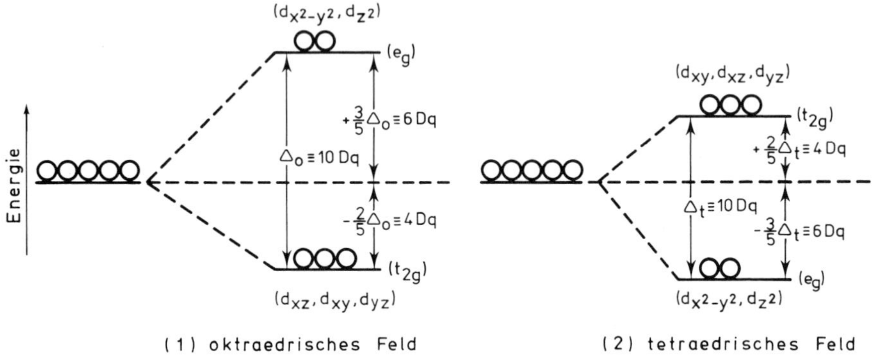

Abb. 86a. Aufspaltung der fünf entarteten d-Orbitale in einem (1) oktaedrischen und (2) tetraedrischen Feld

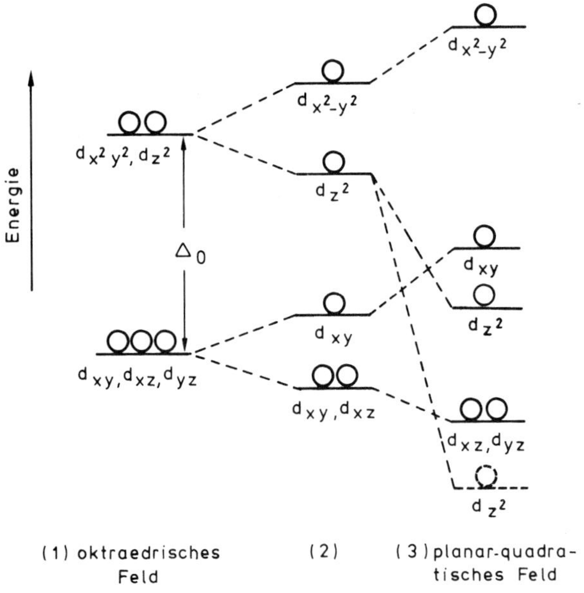

Abb. 86b. Aufspaltung in einem oktaedrischen (1), tetragonalen (= quadratische Bipyramide) (2) und planar-quadratischen Feld (3). <u>Beachte:</u> Das d_{z^2} kann in (3) zwischen d_{xy} und den Orbitalen d_{xz} und d_{yz} liegen; es kann aber auch so weit abgesenkt werden, daß es unter diesen entarteten Orbitalen liegt

Bei nicht voller Besetzung der Orbitale ergeben sich jedoch zwischen beiden Systemen Energieunterschiede. Diese heißen *Kristallfeld-Stabilisierungsenergie* (CFSE) oder *Ligandenfeld-Stabilisierungsenergie* (LFSE). Da diese Energie beim Aufbau eines Komplexes zusätzlich zur Coulomb-Energie frei wird, sind Komplexe mit Zentralteilchen mit 1 bis 9 d-Elektronen um den Betrag dieser Energie stabiler.

Bei dem Komplexkation $[Ti(H_2O)_6]^{3\oplus}$ mit d^1 besetzt das Elektron einen t_{2g}-Zustand. Die CFSE beträgt $2/5\ \Delta_o = 4$ Dq, wofür experimentell etwa 96 kJ · mol^{-1} gefunden wurden. Um diesen Energiebetrag ist das $[Ti(H_2O)_6]^{3\oplus}$-Kation stabiler als z.B. das Kation $[Sc(H_2O)_6]^{3\oplus}$, welches kein d-Elektron besitzt.

Besetzung der e_g- und t_{2g}-Orbitale

Für die Besetzung der e_g- und t_{2g}-Orbitale mit Elektronen gelten im oktaedrischen Feld folgende Regeln:

(1) Bei den Elektronenzahlen 1, 2, 3, 8, 9 und 10 werden die Orbitale wie üblich in der Reihenfolge zunehmender Energie unter Beachtung der Hundschen Regel besetzt. Es gibt jeweils nur einen energieärmsten Zustand.

(2) Bei der Besetzung der Orbitale mit 4, 5, 6 und 7 Elektronen werden die Fälle a und b unterschieden.

Fall a: Die Aufspaltungsenergie Δ ist größer als die Spinpaarungsenergie E_{Spin}: $\Delta > E_{Spin}$.

Besetzungsregel: Die Orbitale werden - wie üblich - in der Reihenfolge zunehmender Energie unter Beachtung der Hundschen Regel besetzt. Es resultiert eine Orbitalbesetzung mit einer *minimalen Zahl ungepaarter Elektronen* = "low spin configuration". Beispiele für low-spin-Komplexe sind: $[Fe(CN)_6]^{3\oplus}$, $[Co(NH_3)_6]^{2\oplus}$.

Fall b: Die Aufspaltungsenergie Δ ist kleiner als die Spinpaarungsenergie: $\Delta < E_{Spin}$.

Besetzungsregel: Die Orbitale werden in der Reihenfolge zunehmender Energie so besetzt, daß eine *maximale Zahl ungepaarter Elektronen* resultiert = "high spin configuration". Beispiele für high-spin-Komplexe sind: $[Fe(H_2O)_6]^{3\oplus}$, $[Cr(H_2O)_6]^{2\oplus}$, $[CoF_6]^{3\ominus}$.

Die magnetischen Eigenschaften der Übergangselementkomplexe werden auf diese Weise plausibel gemacht.

Die Größe des Feldstärkeparameters Δ entscheidet darüber, ob ein low-spin- oder high-spin-Komplex energetisch günstiger ist.

Die e_g-Orbitale werden manchmal auch als d_γ-Orbitale und die t_{2g}-Orbitale als d_ε-Orbitale bezeichnet.

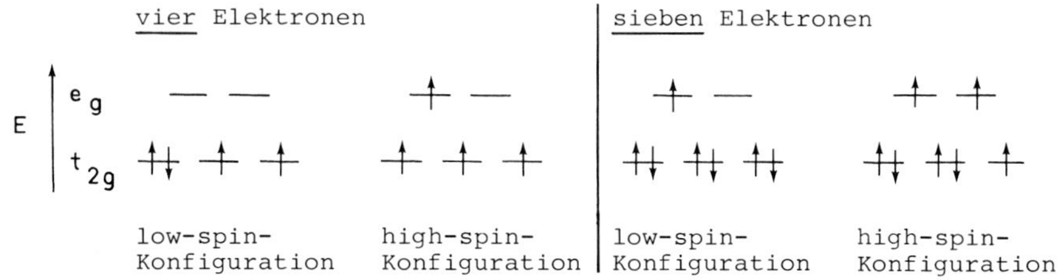

Abb. 87. Besetzung der e_g- und t_{2g}-Orbitale in einem oktaedrischen Feld mit 4 und 7 Elektronen

Anmerkung: Spinpaarungsenergie heißt diejenige Energie, die notwendig ist, um *zwei* Elektronen mit antiparallelem Spin in *einem* Orbital unterzubringen.

Absorptionsspektren

Die Absorptionsspektren von Übergangselementkomplexen im sichtbaren Bereich können durch Elektronenübergänge zwischen den e_g- und t_{2g}-Orbitalen erklärt werden.

Beispiel: Die violette Farbe des $[Ti(H_2O)_6]^{3\oplus}$-Kations wird durch den Übergang $t_{2g}^1 \xrightarrow{h\nu} e_g^1$ verursacht. Δ_o hat für diesen Übergang einen Wert von 238 $kJ \cdot mol^{-1}$. Das Maximum der Absorptionsbande liegt bei 500 nm. Lösungen von $[Ti(H_2O)_6]^{3\oplus}$ absorbieren vorwiegend grünes und gelbes Licht und lassen blaues und rotes Licht durch, weshalb die Lösung violett ist.

Beachte: Man erhält ein Bandenspektrum, weil durch die Lichtabsorption auch viele Atombewegungen in dem Komplexmolekül angeregt werden.

Jahn-Teller-Effekt

Nach einem Theorem (Lehrsatz) von *Jahn* und *Teller* (1937) ist ein nichtlineares Molekül mit einem entarteten Elektronenzustand instabil. Als Folge davon ändert sich die Molekülgeometrie so, daß die Entartung aufgehoben wird.

Auswirkungen dieses Theorems werden als *Jahn-Teller-Effekt* bezeichnet.

Schöne Beispiele für die Gültigkeit dieses Theorems finden sich bei Komplexverbindungen der Übergangsmetalle. Hier werden die symmetrischen Strukturen bei Komplexen mit *teilweise* besetzten entarteten Niveaus der Zentralteilchen verzerrt.

Beispiele:

Bei sechsfach koordinierten Komplexen des $Cu^{2\oplus}$-Ions wird die oktaedrische Anordnung der Liganden um das Zentralion durch Verlängern der beiden Bindungen in Richtung der z-Achse zu einer quadratischen (tetragonalen) Bipyramide verzerrt, vgl. Abb. 86b. Das $Cu^{2\oplus}$-Ion hat dann vier nächste Nachbarn, die es planar-quadratisch umgeben. In wäßriger Lösung besetzen zwei H_2O-Moleküle die beiden axialen Positionen in der quadratischen Bipyramide in einem relativ weiten Abstand. $[Cu(H_2O)_6]^{2\oplus}$ ist analog gebaut.

Erklärung:

Die $Cu^{2\oplus}$-Ionen haben die Elektronenkonfiguration $3\,d^9$. Unter dem Einfluß eines symmetrischen oktaedrischen Ligandenfeldes sind die beiden e_g-Orbitale d_{z^2} und $d_{x^2-y^2}$ entartet. Beide Orbitale sind mit insgesamt *drei* Elektronen zu besetzen.

Wird nun z.B. das d_{z^2}-Orbital doppelt besetzt, so resultiert eine größere Elektronendichte in Richtung der z-Achse, was eine Abstoßung der Liganden in Richtung der z-Achse bewirkt. Hieraus resultiert eine Streckung des Oktaeders in Richtung der z-Achse. Auch bei doppelter Besetzung des $d_{x^2-y^2}$-Orbitals wird eine Verzerrung des regulären Oktaeders erfolgen. Ganz ähnlich liegen die Verhältnisse im MnF_3-Molekül, das $MnF_6^{3\ominus}$-Struktureinheiten enthält. Das $Mn^{3\oplus}$-Ion hat die Elektronenkonfiguration $3\,d^4$. Ein anderes Beispiel mit $3\,d^4$-Konfiguration ist $[Cr(H_2O)_6]^{2\oplus}$.

Der Energiegewinn, der bei Besetzung energetisch abgesenkter Orbitale entsteht, heißt *Jahn-Teller-Stabilisierung*.

Vorzüge und Nachteile der Kristallfeld-Theorie

Die Verwendung von Punktladungen oder auch Dipolen als Ersatz für die realen Liganden ermöglicht die Erklärung der Absorptionsspektren, des magnetischen Verhaltens oder des Jahn-Teller-Effekts der Komplexe.

Für die Beschreibung der Bindung in Komplexen wie Carbonylen ist das elektrostatische Modell zu einfach.

MO-Theorie der Bindung in Komplexen

Die MO-Theorie liefert die beste Beschreibung der Bindungsverhältnisse in Komplexen. Sie ist insofern eine Weiterentwicklung der Kristallfeld-Theorie, als sie eine Überlappung der Atomorbitale der Liganden mit den Orbitalen des Zentralteilchens ähnlich der VB-Theorie mitberücksichtigt.

Man kann auch sagen: VB- und Kristallfeld-Theorie liefern Teilaspekte der allgemeineren MO-Theorie der Komplexe. Abb. 88 gibt ein Beispiel dafür.

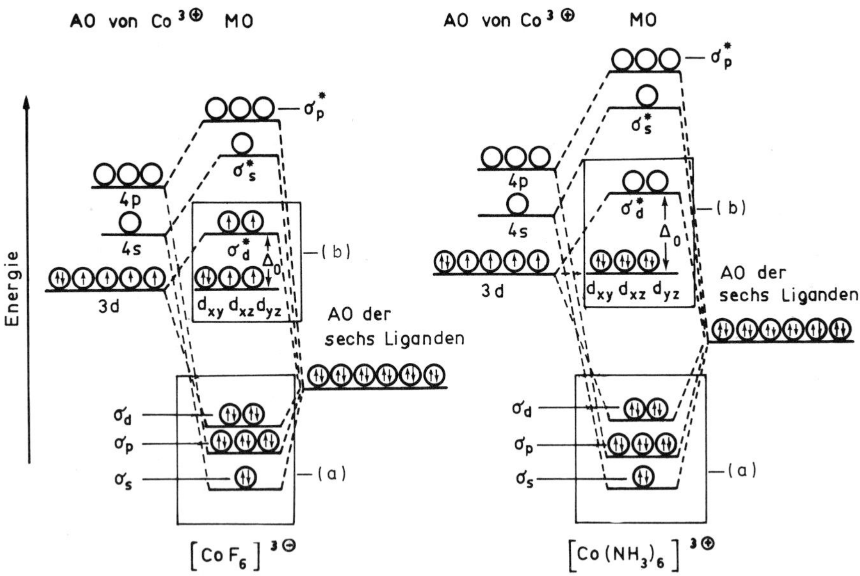

Abb. 88. MO-Diagramm von $[CoF_6]^{3\ominus}$ und $[Co(NH_3)_6]^{3\oplus}$

Erläuterung der Abb. 88:

Die MO-Diagramme sind analog zu den Beispielen auf S. 78 konstruiert. Von jedem Liganden wird jeweils nur ein AO berücksichtigt. Dieses enthält das Elektronenpaar des Liganden, das zur Bindung (σ-Bindung) benutzt wird.

Die AO der Liganden haben (meist) eine niedrigere Energie als die AO des Zentralteilchens. Demzufolge haben die bindenden MO (meist) mehr den Charakter der AO der Liganden und die Bindungen haben einen gewissen ionischen Anteil.

Bildung der Molekülorbitale

Um die sechs Bindungen in den oktaedrischen Komplexen zu bilden, werden aus den geometrisch günstigen AO des Zentralteilchens (s, p_x, p_y, p_z, $d_{x^2-y^2}$, d_{z^2}) und den AO der Liganden sechs *bindende* MO (σ) und sechs *antibindende* MO (σ*) gebildet.

Die bindenden MO werden von den Elektronen der Liganden besetzt. Dies stimmt mit der Beschreibung der VB-Theorie überein (Teilbild (a) in Abb. 88). Von den sechs antibindenden MO liegen die beiden σ_d^*-MO energetisch tiefer als σ_s^* und σ_p^*, weil sie durch Kombination des $d_{x^2-y^2}$- und d_{z^2}-AO mit Liganden-AO entstanden. Ihre Energiewerte liegen daher mehr im Bereich der Energiewerte dieser AO.

Die MO-Diagramme enthalten auch die entarteten MO d_{xz}, d_{yz} und d_{xy}. Diese MO bestehen im wesentlichen aus den AO des Zentralteilchens, da die entsprechenden AO nicht in Richtung der Liganden ausgerichtet sind. In ihrer Energie bleiben sie praktisch unbeeinflußt. Es sind sog. *nichtbindende* MO.

Verteilung der Elektronen des Zentralteilchens

Die Elektronen des Zentralteilchens befinden sich in den nichtbindenden MO (d_{xz}, d_{yz}, d_{xy}) und wie im Falle des $[CoF_6]^{3\ominus}$ in den beiden antibindenden MO σ_d^*.

Teilbild (b) in Abb. 88 entspricht der Kristallfeld-Theorie der Übergangskomplexe.

HSAB-Konzept bei Komplexen

Die Bildung von Komplexen kann man auch mit dem HSAB-Konzept erklären. Dieses Prinzip der "harten" und "weichen" Säuren und Basen von Pearson ist auf S. 244 behandelt.

σ- und π-Bindung in Komplexen

Ob nur σ- oder ob σ- und π-Bindungen ausgebildet werden, hängt von der Elektronenkonfiguration der Liganden und des Zentralteilchens ab.

Fall a

Der Ligand L ist ein reiner σ-Donor. Ein besetztes σ- oder s-Orbital des Liganden wird mit einem unbesetzten s-AO bzw. Hybrid-AO mit s-Anteil des Zentralteilchens Z kombiniert. Das gebildete MO wird von den Elektronen des Liganden besetzt. Der Ligand wirkt als *harte Base*, das Zentralteilchen als *harte Säure*, s. hierzu S. 244. Stabile Komplexe bilden sich mit Liganden wie $|NH_3$, $|NR_3$ und Zentralteilchen mit mittleren bis hohen Oxidationsstufen.

Abb. 89a

Fall b

Liganden wie $NR_2^{\ominus}$, $F^{\ominus}$, H_2O, $OH^{\ominus}$, $OR^{\ominus}$ können als σ- und π-Donoren wirken, falls das Zentralteilchen eine hohe Oxidationsstufe und geeignete AO besitzt.

Beispiel: ein Metall mit einem leeren d-AO.

Der Ligand wirkt als harte (σ + π)-Base, das Zentralteilchen als harte (σ + π)-Säure.

(1) Bildung der σ-Bindung: s. Fall a.

(2) Bildung der π-Bindung:

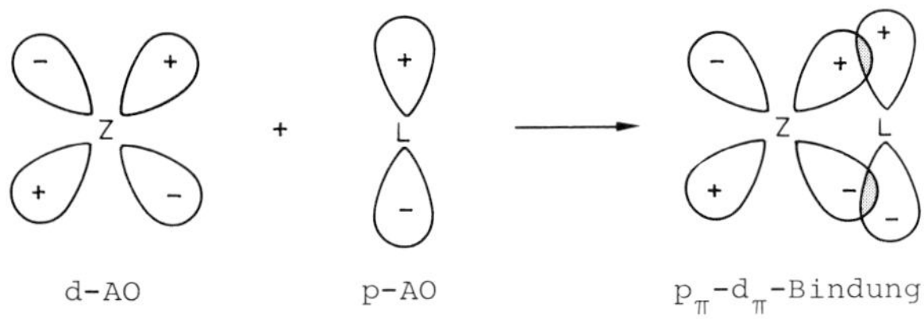

Abb. 89b

Fall c: *Bindung in Carbonylen*

Liganden können auch gleichzeitig als σ-Donor und π-Acceptor wirken, falls geeignete Orbitale vorhanden sind. Beispiele sind: CO, $CN^{\ominus}$, N_2, NO.

Betrachten wollen wir das Zustandekommen der Bindung in *Carbonylen*.

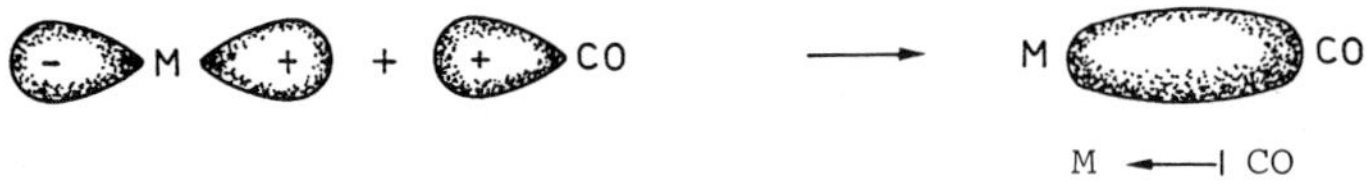

Bildung der σ-Bindung (vereinfacht)

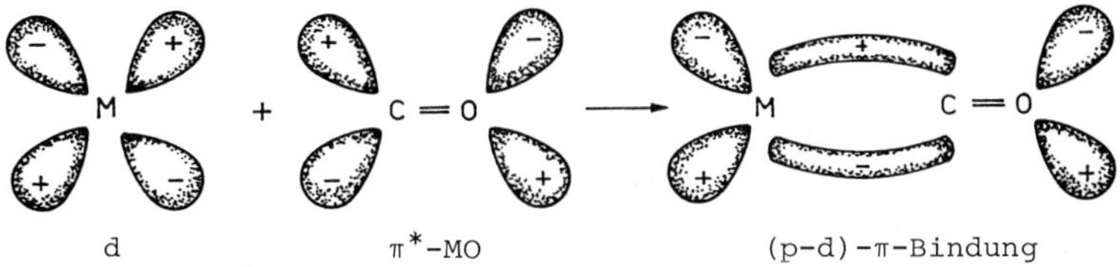

Bildung der π-Bindung

Abb. 89c. Schema zur Bildung von σ- und π-Bindung in Carbonylen

In den Carbonylen bildet das CO-Molekül ($|\overset{\ominus}{C}\equiv\overset{\oplus}{O}|$) zunächst mit dem freien Elektronenpaar am C-Atom eine schwache *σ-Donor-Bindung* zu dem Metallatom aus; dieses besitzt ein unbesetztes s-AO oder Hybrid-AO mit s-Anteil. Es entsteht ein Ligand-Metall-σ-MO, in das das Elektronenpaar des Liganden eingebaut wird. Dadurch gehen Elektronen vom Liganden zum Metall über: L → M.

Die Stabilität der Bindung und die Bindungsabstände (Auswertung der Schwingungsspektren (= IR-Spektren)) zeigen, daß sich die Bindungsverhältnisse durch mesomere Grenzstrukturen beschreiben lassen:

$$\overset{\ominus}{M}-C\equiv\overset{\oplus}{O}| \longleftrightarrow M=C=O\rangle$$

Verstärkt wird also die Bindung zwischen Metall und Ligand durch eine zusätzliche *π-Acceptor-Bindung*. Es kommt zur Überlappung eines d-AO des Metalls mit dem unbesetzten π*-MO des CO-Moleküls.

Das Zustandekommen dieser Bindung kann man so erklären:

Die Elektronendichte, die durch die σ-Donor-Bindung auf das Metall übertragen wurde, wird an den Liganden zurückgegeben (= Rückbindung; "back-bonding", "back-donation"). Hierdurch verstärkt sich die Fähigkeit des Liganden, eine σ-Donor-Bindung auszubilden; dies erhöht wiederum die Elektronendichte am Metall.

Ergebnis: Die Bindungsanteile verstärken sich gegenseitig; daher heißt der Bindungsmechanismus *synergetisch*.

Allgemein wird ein solcher Mechanismus bei Liganden beobachtet, die ein besetztes Orbital mit σ-Symmetrie und unbesetzte Orbitale von p-, d- oder π*-Symmetrie haben, und wenn Symmetrie und Energie dieser Orbitale mit der Symmetrie und Energie der Orbitale des Zentralteilchens übereinstimmen.

Die Liganden CO, $CN^{\ominus}$, N_2, NO bilden die σ-Donor-Bindung mit dem höchsten besetzten σ-MO und die π-Bindung mit dem tiefsten unbesetzten π*-MO mit dem Metall aus.

Die Liganden wirken hier als weiche Säuren und weiche Basen. Metalle in niederen Oxidationsstufen sind hierfür geeignete Bindungspartner (= Metalle als weiche Säuren und weiche Basen).

Anmerkung: σ-Donor- und π-Acceptor-Bindung haben auch *Metall-Olefin-Komplexe*.

Komplexbildungsreaktionen

Komplexbildungsreaktionen sind Gleichgewichtsreaktionen. Fügt man z.B. zu festem AgCl wäßrige Ammoniaklösung (NH_3-Lösung), so geht das AgCl in Lösung, weil ein wasserlöslicher Diammin-Komplex entsteht:

$$AgCl + 2\,NH_3 \rightleftharpoons [Ag(NH_3)_2]^{\oplus} + Cl^{\ominus} \quad \text{bzw.}$$

$$Ag^{\oplus} + 2\,NH_3 \rightleftharpoons [Ag(NH_3)_2]^{\oplus}$$

Die Massenwirkungsgleichung für diese Reaktion ist:

$$\frac{c([Ag(NH_3)_2]^{\oplus})}{c(Ag^{\oplus}) \cdot c^2(NH_3)} = K = 10^8; \quad (\lg K = 8;\ pK = -\lg K = -8)$$

K heißt hier *Komplexbildungskonstante* oder *Stabilitätskonstante*. Ihr reziproker Wert ist die Dissoziationskonstante oder *Komplexzerfallskonstante*.

Ein großer Wert für K bedeutet, daß das Gleichgewicht auf der rechten Seite der Reaktionsgleichung liegt und daß der Komplex stabil ist.

Die Geschwindigkeit der Gleichgewichtseinstellung ist bei den einzelnen Ligandenaustauschreaktionen sehr verschieden. Kinetisch instabile Komplexe (z.B. $[Cu(H_2O)_4]^{2\oplus}$) tauschen ihre Liganden schnell aus, kinetisch stabile Komplexe (z.B. $[Ag(CN)_2]^{\ominus}$) langsam oder überhaupt nicht.

Gibt man zu einem Komplex ein Molekül oder Ion hinzu, das imstande ist, mit dem Zentralteilchen einen stärkeren Komplex zu bilden, so werden die ursprünglichen Liganden aus dem Komplex herausgedrängt:

$$\underset{\text{hellblau}}{[Cu(OH_2)_4]^{2\oplus}} + 4\ NH_3 \rightleftharpoons \underset{\text{tiefblau}}{[Cu(NH_3)_4]^{2\oplus}} + 4\ H_2O.$$

Das Gleichgewicht liegt bei dieser Reaktion auf der rechten Seite.

$$\lg K_{[Cu(NH_3)_4]^{2\oplus}} \approx 13. \qquad (pK = -13!)$$

Beachte:

Komplexe sind dann thermodynamisch stabil, wenn für ihre Bildung die Änderung der Freien Enthalpie den Ausschlag gibt. (ΔG besitzt einen negativen Wert). Da ΔG^o von der Gleichgewichtskonstanten K_c abhängt ($\Delta G^o = -RT \cdot \ln K_c$), ist somit der Wert der Stabilitätskonstanten ein Maß für die Stabilität.

Komplexe sind kinetisch stabil, wenn die Abspaltung oder der Austausch der Liganden nicht oder nur sehr langsam erfolgen. (Gegensatz = labil).

Stabilitätskonstanten einiger Komplexe in Wasser

Komplex	lg K	Komplex	lg K
$[Ag(NH_3)_2]^{\oplus}$	8	$[Cu(NH_3)_4]^{2\oplus}$	13
$[Ag(CN)_2]^{\ominus}$	21	$[CuCl_4]^{2\ominus}$	6
$[Ag(S_2O_3)_2]^{3\ominus}$	13	$[HgI_4]^{2\ominus}$	30
$[Al(OH)_4]^{\ominus}$	30	$[Co(CN)_6]^{4\ominus}$	19
$[AlF_6]^{3\ominus}$	20	$[Co(NH_3)_6]^{3\oplus}$	35
$[Ni(CN)_4]^{2\ominus}$	22	$[Fe(CN)_6]^{3\ominus}$	31
$[Ni(NH_3)_6]^{2\oplus}$	9	$[Fe(CN)_6]^{4\ominus}$	24
$[Ni(EDTA)]^{2\ominus}$	18,6		

Formelschreibweise von Komplexen

In den Formeln für neutrale Komplexe wird das Symbol für das Zentralatom an den Anfang gesetzt. Anschließend folgen die anionischen, neutralen und kationischen Liganden. Die Reihenfolge der Liganden soll in der alphabetischen Reihenfolge der Symbole für die Liganden erfolgen. Bei den geladenen Komplexen gilt folgende Reihenfolge:

Kationischer Komplex: [ ] Anion; anionischer Komplex: Kation [ ]

Nomenklatur von Komplexen

Für die Benennung von einfachen Komplexen gelten folgende Regeln:

a) Ist der Komplex ionisch gebaut, wird das Kation zuerst genannt.

b) Die Zahl der Liganden wird durch griechische Zahlwörter gekennzeichnet: di-(2), tri-(3), tetra-(4), penta-(5), hexa-(6) usw. Die Zahl der Liganden steht vor ihrem Namen.

c) Die Namen neutraler Liganden bleiben meist unverändert; einige haben spezielle Namen. Beispiele: H_2O: aquo; NH_3: ammin; CO: carbonyl; NO: nitrosyl usw.

d) Die Namen anionischer Liganden leiten sich vom Namen des betreffenden Atoms oder der Gruppe ab. Sie enden alle auf -o. Beispiele: $F^{\ominus}$: fluoro; $Cl^{\ominus}$: chloro; $Br^{\ominus}$: bromo; $O^{2\ominus}$: oxo; $S^{2\ominus}$: thio; $OH^{\ominus}$: hydroxo; $CN^{\ominus}$: cyano; $SCN^{\ominus}$: thiocyanato (rhodano); $SO_4{}^{2\ominus}$: sulfato; $NO_2{}^{\ominus}$: nitro bzw. nitrito (s. Bindungsisomerie); $S_2O_3{}^{2\ominus}$: thiosulfato; $I^{\ominus}$: iodo.
Kohlenwasserstoffreste werden als Radikale, ohne besondere Endung bezeichnet. Liganden, die sich von org. Verbindungen durch Abspaltung eines Protons ableiten, erhalten die Endung -ato (phenolato-).

e) Abkürzungen für längere Ligandennamen, insbesondere bei organischen Liganden sind erlaubt.

Beispiele:

Anionische Gruppen (es sind die Säuren angegeben)

Hacac	: Acetylaceton, 2,4-pentandion
Hbg	: Biguanid $H_2NC(NH)NHC(NH)NH_2$
H_2dmg	: Dimethylglyoxim, Diacetyldioxim, 2,3-Butandion-dioxim
H_4edta	: Ethylendiamintetraessigsäure
H_2ox	: Oxalsäure

Neutrale Gruppen:

dien	Diethylentriamin, $H_2NCH_2CH_2NHCH_2CH_2NH_2$
en	Ethylendiamin, $H_2NCH_2CH_2NH_2$
py	Pyridin
ur	Harnstoff

f) In der Benennung des Komplexes folgt der Name des Zentralteilchens den Namen der Liganden. Ausnahmen bilden die Carbonyle: *Beispiel:* $Ni(CO)_4$ = Nickeltetracarbonyl. Enthält ein Komplex gleichzeitig anionische, neutrale und kationische Liganden, werden die anionischen Liganden zuerst genannt, dann die neutralen und anschließend die kationischen.

g) Komplexanionen erhalten die Endung -at an den Namen bzw. den Wortstamm des lateinischen Namens des Zentralteilchens angehängt.

h) Die Oxidationszahl des Zentralteilchens folgt häufig als römische Zahl in Klammern seinem Namen.

i) Bei Liganden komplizierter Struktur wird ihre Anzahl anstatt durch di-, tri-, tetra- usw. durch bis-(2), tris-(3), tetrakis-(4) gekennzeichnet.

j) Ein Brückenligand wird durch das Präfix μ gekennzeichnet.

k) Sind Liganden über π-Systeme an das Zentralteilchen gebunden, kann zur Kennzeichnung dieser Bindung vor den Liganden der Buchstabe η gestellt werden.

l) Geladene Komplexe werden in eckige Klammern geschrieben. Die Angabe der Ladung erfolgt rechts oben an der Schluß-Klammer.

m) In manchen Komplex-Anionen wird der Name des Zentralatoms von seinem latinisierten Namen abgeleitet.
Beispiele: Au-Komplex: aurat; Ag-Komplex: argentat; Fe-Komplex: ferrat

Beispiele zur Nomenklatur

$K_4[Fe(CN)_6]$: Kaliumhexacyanoferrat(II)

$[Cr(H_2O)_6]Cl_3$: Hexaquochrom(III)-chlorid; (Hexaaquo...)

$[Co(H_2O)_4Cl_2]Cl$: Dichlorotetraquocobalt(III)-chlorid

$[Ag(NH_3)_2]^{\oplus}$: Diamminsilber(I)-Kation

$[Ag(S_2O_3)_2]^{3\ominus}$: Bis(thiosulfato)argentat(I)

$[Cr(NH_3)_6]Cl_3$: Hexamminchrom(III)-chlorid; (Hexaammin...)

$[Cr(NH_2-(CH_2)_2-NH_2)_3]Br_3$ = $[Cr(en)_3]Br_3$: Tris(ethylendiammin)-chrom(III)-bromid

$[HgI_3]^{\ominus}$: Triiodomercurat(II)-Anion

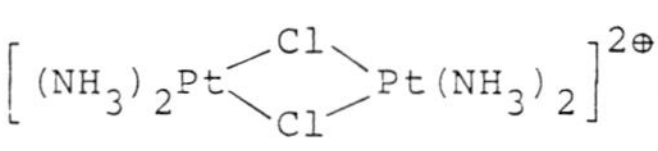

: Di-μ-chlorobis(diammin)platin(II)-Kation

$Cr(C_6H_6)_2$: Bis(η-benzol)chrom

7. Zustandsformen der Materie
(Aggregatzustände)

Die Materie kommt in drei Zustandsformen (Aggregatzuständen) vor: gasförmig, flüssig und fest. Die strukturelle Ordnung nimmt in dieser Reihenfolge zu. Gasteilchen bewegen sich frei im Raum, Gitteratome schwingen nur noch um ihre Ruhelage.

7.1. Fester Zustand

Feste Stoffe sind entweder *amorph* oder *kristallin*. Bisweilen befinden sie sich auch in einem Übergangszustand.

Der amorphe Zustand ist energiereicher als der kristalline. Amorphe Stoffe sind *isotrop*, d.h. ihre physikalischen Eigenschaften sind unabhängig von der Raumrichtung. Beispiel: Glas.

Kristalline Stoffe

In kristallinen Stoffen sind die Bestandteile (Atome, Ionen oder Moleküle) in Form eines regelmäßigen räumlichen Gitters (Raumgitter) so angeordnet, daß sie in drei - nicht in einer Ebene gelegenen - Richtungen mit einem für jede Richtung charakteristischen, sich immer wiederholenden Abstand aufeinanderfolgen.

Ein Kristall ist also *eine periodische Anordnung von Gitterbausteinen.*

Zerlegt man ein Raumgitter, erhält man als kleinste sinnvolle Einheit die sog. *Elementarzelle* (Elementarkörper). Abb. 90 zeigt eine kubische Elementarzelle. Durch Aneinanderfügen von Elementarzellen in allen drei Raumrichtungen (≡ Parallelverschiebung = Translation) kann man das Raumgitter aufbauen.

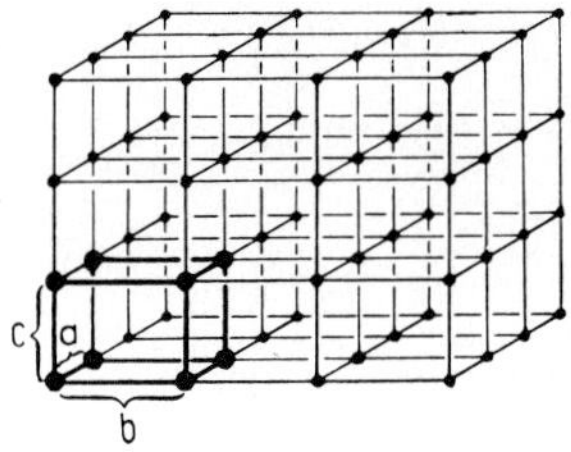

Abb. 90. Ausschnitt aus einem Raumgitter, das aus Elementarzellen aufgebaut ist

Kristallsysteme

Um die gegenseitige Lage der Gitterpunkte in der Elementarzelle beschreiben zu können, paßt man der Elementarzelle ein Koordinatensystem an, dessen drei Achsen (a, b, c) durch einen Gitterpunkt gehen und in den Richtungen der Kanten der Elementarzelle verlaufen. Als Kanten wählt man zweckmäßigerweise solche Gittergeraden, auf denen die Abstände identischer Punkte möglichst klein sind, die gegebenenfalls senkrecht aufeinander stehen und/oder in denen die Translationsbeträge aus Symmetriegründen einander gleich sind.

Zur Beschreibung der verschiedenen Elementarzellen benötigt man insgesamt sieben Achsenkreuze mit verschiedenen Achsenlängen und verschiedenen Winkeln zwischen je zwei Achsen. Kristallgitter, die sich auf ein solches Achsenkreuz beziehen lassen, faßt man zu einem *Kristallsystem* zusammen. Demzufolge kennt man *sieben* Kristallsysteme. Als Maßstab auf einer Achse wählt man eine Identitätsperiode, d.i. der Abstand zwischen zwei identischen Punkten. Die Richtungen des Achsenkreuzes werden als *kristallographische* Achsen bezeichnet.

Raumgruppen; Bravais-Gitter

Das Raumgitter von Abb. 90 erhielten wir durch Translation der Elementarzelle in allen drei Raumrichtungen; es entstand also durch symmetrische Wiederholung. Prüft man allgemein kristallisierte Stoffe auf Symmetrieelemente, findet man Drehachsen, Symmetriezentrum und Spiegelebene als einfache Symmetrieelemente sowie die Drehspiegelachse als zusammengesetztes Symmetrieelement. Zusammen mit Gleitspiegelebenen und Schraubenachsen lassen sich insgesamt *230* symmetrisch unterschiedliche Anordnungen von Gitterpunkten konstruieren. Eine solche Anordnungsmöglichkeit heißt *Raumgruppe*. Alle Raumgruppen lassen sich aus jeweils einem von *14* Gittertypen (Bravais-Gitter) aufbauen.

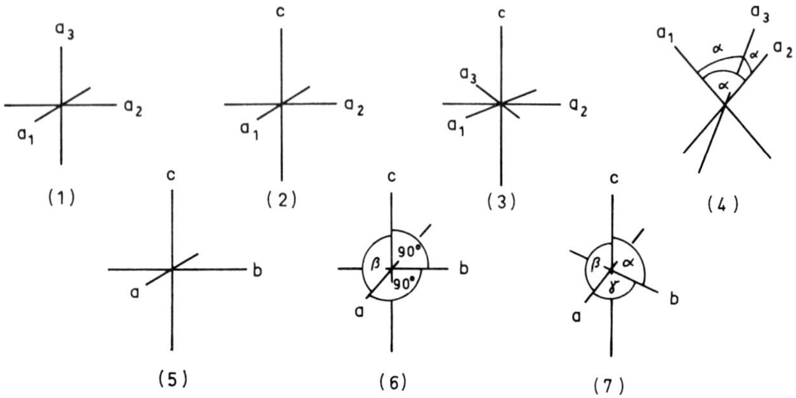

System	Achsenlänge	Achsenwinkel
(1) kubisch	$a_1 = a_2 = a_3$	$\alpha = \beta = \gamma = 90^\circ$
(2) tetragonal	$a = b \neq c$	$\alpha = \beta = \gamma = 90^\circ$
(3) hexagonal	$a_1 = a_2 = a_3 \neq c$	$\measuredangle\, a_1/a_2 = a_2/a_3 = a_3/a_1 = 120^\circ$ $\measuredangle\, a_n/c = 90^\circ$
(4) rhomboedrisch	$a = b = c$	$\alpha = \beta = \gamma \neq 90^\circ$
(5) ortho(rhombisch)	$a \neq b \neq c$	$\alpha = \beta = \gamma = 90^\circ$
(6) monoklin	$a \neq b \neq c$	$\alpha = \gamma = 90^\circ \quad \beta \neq 90^\circ$
(7) triklin	$a \neq b \neq c$	$\alpha \neq \beta \neq \gamma \neq 90^\circ$
	$\alpha = \measuredangle\, b/c \qquad \beta = \measuredangle\, a/c$	$\gamma = \measuredangle\, a/b$

Abb. 91. Achsenkreuze und Kristallsysteme

Kristallklassen

Da an einem Großkristall nicht alle möglichen Symmetrieelemente in Erscheinung treten, gibt es nur *32* Kristalltypen mit verschiedener Symmetrie. Diese nennt man *Kristallklassen*. Von den meisten von ihnen sind natürliche oder synthetische Belegbeispiele bekannt.

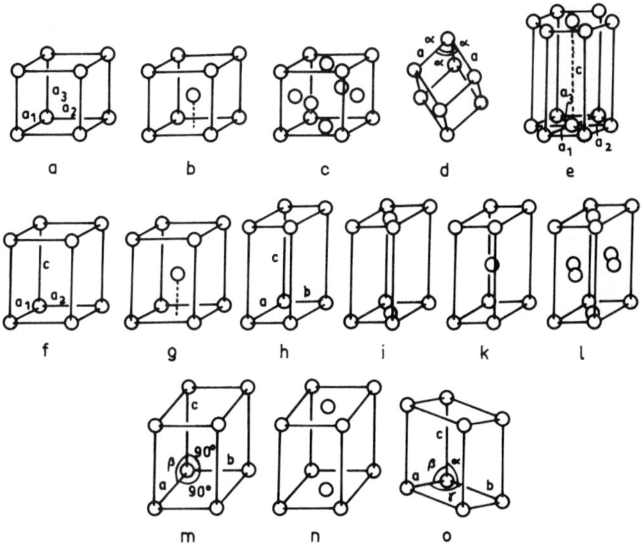

Abb. 92. Die 14 Bravais-Gitter. (Nach Hiller)

a = kubisch, einfach
b = kubisch, innenzentriert
c = kubisch, flächenzentriert
d = rhomboedrisch
e = hexagonal
f = tetragonal, einfach
g = tetragonal, innenzentriert
h = rhombisch, einfach
i = rhombisch, basisflächenzentriert
k = rhombisch, innenzentriert
l = rhombisch, allseitig flächenzentriert
m = monoklin, einfach
n = monoklin, flächenzentriert
o = triklin

Eigenschaften von kristallinen Stoffen

Das Gitter bestimmt die äußere Gestalt und die physikalischen Eigenschaften des kristallinen Stoffes. Durch den Gitteraufbau sind einige physikalische Eigenschaften wie Lichtbrechung richtungsabhängig, d.h. kristalline Stoffe sind anisotrop. Sie sind im allgemeinen auch schwer deformierbar und spröde. Lassen sich Kristalle ohne Zersetzung genügend hoch erhitzen, bricht das Kristallgitter zusammen, d.h. die Substanz schmilzt (z.B. Schmelzen von Eis). Das gleiche geschieht beim Lösen eines Kristalls in einem Lösungsmittel. Beim Eindampfen, Eindunsten oder Abkühlen von Lösungen bzw. Schmelzen kristallisierbarer Substanzen kristallisieren diese meist wieder aus. Hierbei wird das Kristallgitter wieder aufgebaut. Über die Löslichkeit eines Stoffes s. S. 174.

Schmelz- und Erstarrungspunkt; Schmelzenthalpie

Geht ein fester Stoff beim Erhitzen ohne Zersetzung in den flüssigen Zustand über, schmilzt er. Erhitzt man z.B. einen kristallinen Stoff, bewegen sich mit zunehmender Energie die Gitterbausteine mit wachsendem Abstand um ihre Gleichgewichtslage, bis schließlich das Gitter zusammenbricht.

Die Temperatur, bei der die Phasenumwandlung fest → flüssig erfolgt und bei der sich flüssige und feste Phasen im Gleichgewicht befinden, heißt Schmelzpunkt (Schmp.) oder Festpunkt (Fp.). Der Schmelzpunkt ist eine spezifische Stoffkonstante und kann deshalb als Reinheitskriterium benutzt werden. Er ist druckabhängig und steigt normalerweise mit zunehmendem Druck an (wichtige Ausnahme: Wasser).

Die Energie, die man zum Schmelzen eines Feststoffes braucht, heißt Schmelzwärme bzw. Schmelzenthalpie (für p = konst.). Auch sie ist eine spezifische Stoffkonstante und beträgt z.B. beim Eis 332,44 $kJ \cdot g^{-1}$.

Kühlt man eine Flüssigkeit ab, so verlieren ihre Teilchen kinetische Energie. Wird ihre Geschwindigkeit so klein, daß sie durch Anziehungskräfte in einem Kristallgitter fixiert werden können, beginnt die Flüssigkeit zu erstarren. Der normale Erstarrungspunkt (auch Gefrierpunkt) einer Flüssigkeit entspricht der Temperatur, bei der sich flüssige und feste Phase bei einem Gesamtdruck von 1 bar im Gleichgewicht befinden.

Die Temperatur eines Zweiphasensystems (flüssig/fest) bleibt so lange konstant, bis die gesamte Menge fest oder flüssig geworden ist.

Die Energie, die während des Erstarrungsvorganges frei wird, ist die Erstarrungswärme bzw. Erstarrungsenthalpie. Ihr Absolutbetrag entspricht der Schmelzenthalpie.

Die Höhe von Schmelz- und Erstarrungspunkt hängt von den Bindungskräften zwischen den einzelnen Gitterbausteinen ab.

Weitere Beispiele für Eigenschaften kristalliner Stoffe werden bei den einzelnen Gittertypen besprochen.

Gittertypen

Unterteilt man die Raumgitter nach der Art ihrer Bausteine, erhält man folgende Gittertypen:

a) *Atomgitter:* 1) Bausteine: Atome; Bindungsart: kovalent, s. S. 76 und 318. Eigenschaften: hart, hoher Schmelzpunkt; Beispiel: Diamant.

2) Bausteine: Edelgasatome; Bindungsart: van der Waalssche Bindung, s. S. 116; Eigenschaften: tiefer Schmelz- und Siedepunkt.

b) Molekülgitter: 1) Bausteine: Moleküle; Bindungsart: van der Waalssche Bindung, s. S. 116; Eigenschaften: tiefer Schmelz- und Siedepunkt; Beispiele: Benzol, Kohlendioxid.

2) Bausteine: Moleküle; Bindungsart: Dipol-Dipol-Wechselwirkungen, s. S. 114; Wasserstoffbrückenbindung, s. S. 114; Beispiele: H_2O, HF.

c) *Metallgitter:* Bausteine: Metallionen und Elektronen; Bindungsart: metallische Bindung, s. S. 98; Eigenschaften: thermische und elektrische Leitfähigkeit, metallischer Glanz, duktil usw. Beispiel: Natrium, Calcium, Kupfer, Silber, Gold.

d) Ionengitter: Bausteine: Ionen; Bindungsart: elektrostatisch, s. S. 66; Eigenschaften: elektrische Leitfähigkeit (Ionenleitfähigkeit) in Lösung und Schmelze; hart, hoher Schmelzpunkt. Beispiel: Natriumchlorid (Kochsalz).

7.2. Gasförmiger Zustand

Von den 109 chemischen Elementen sind unter Normalbedingungen nur die Nichtmetalle H_2, O_2, N_2, Cl_2, F_2 und die Edelgase gasförmig. Gewisse kovalent gebaute Moleküle (meist mit kleiner Molekülmasse) sind ebenfalls gasförmig, wie NH_3, CO und HCl. Manche Stoffe können durch Temperaturerhöhung und/oder Druckverminderung in den gasförmigen Zustand überführt werden.

Gase bestehen aus einzelnen Teilchen (Atomen, Ionen, Molekülen), die sich in relativ großem Abstand voneinander in schneller Bewegung (thermische Bewegung, Brownsche Molekularbewegung) befinden.

Die einzelnen Gasteilchen bewegen sich gleichmäßig verteilt in alle Raumrichtungen. Einzelne herausgegriffene Teilchen bewegen sich unter unregelmäßigen Zusammenstößen in verschiedene Richtungen mit unterschiedlichen Weglängen. Sie diffundieren in jeden Teil des ihnen zur Verfügung stehenden Raumes und verteilen sich darin statistisch. Gase sind in jedem beliebigen Verhältnis miteinander mischbar, wobei homogene Gemische entstehen. Sie haben ein geringes spezifisches Gewicht und sind kompressibel, d.h. durch Druckerhöhung verringert sich der Abstand zwischen den einzelnen Gasteilchen. Gase lassen sich durch Druckerhöhung und/oder Abkühlen verflüssigen oder kristallisieren.

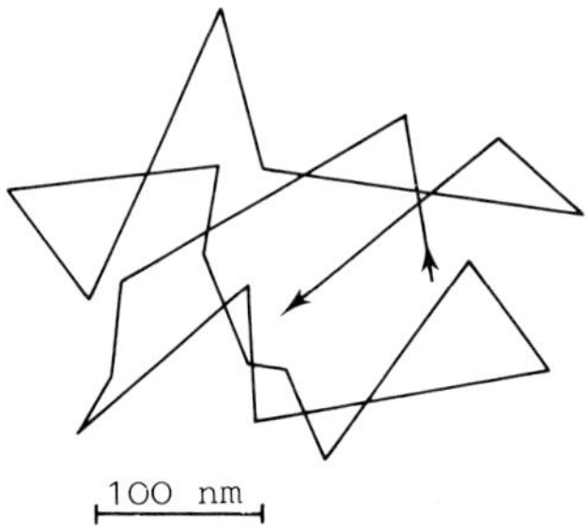

Abb. 93. Bahn eines Gasteilchens (schematisch). Bei Zimmertemperatur wäre das Molekül die gezeichnete Strecke in ungefähr $5 \cdot 10^{-8}$ sec abgelaufen

Stoßen Gasteilchen bei ihrer statistischen Bewegung auf die Wand des sie umschließenden Gefäßes, üben sie auf diese Gefäßwand Druck aus: Druck = Kraft/Fläche (N/m^2).

Der gasförmige Zustand läßt sich durch allgemeine Gesetze beschreiben. Besonders einfache Gesetzmäßigkeiten ergeben sich, wenn man "ideale Gase" betrachtet.

Ideales Gas: Die Teilchen eines idealen Gases bestehen aus Massenpunkten und besitzen somit keine räumliche Ausdehnung (kein Volumen). Ein solches Gas ist praktisch unendlich verdünnt, und es gibt keine Wechselwirkung zwischen den einzelnen Teilchen.

Reales Gas: Die Teilchen eines realen Gases besitzen ein Eigenvolumen. Es existieren Wechselwirkungskräfte zwischen ihnen, und der Zustand eines idealen Gases wird nur bei großer Verdünnung näherungsweise erreicht.

Gasgesetze - für "ideale Gase"

Die folgenden Gasgesetze gelten streng nur für ideale Gase:

1) Gesetz von Boyle und Mariotte

$$p \cdot V = \text{konstant} \quad (\text{für } T = \text{konstant})$$

Bei konstanter Temperatur T ist für eine gleichbleibende Gasmenge das Produkt aus Druck p und Volumen V konstant. Das bedeutet: Steigender Druck führt zu kleinerem Volumen und umgekehrt.

Die Druck-Volumen-Kurve ist der positive Ast einer Hyperbel (Abb. 94). Trägt man V gegen 1/p auf, resultiert eine Gerade durch den Koordinatenursprung. Die Steigung der Geraden entspricht der Konstanten.

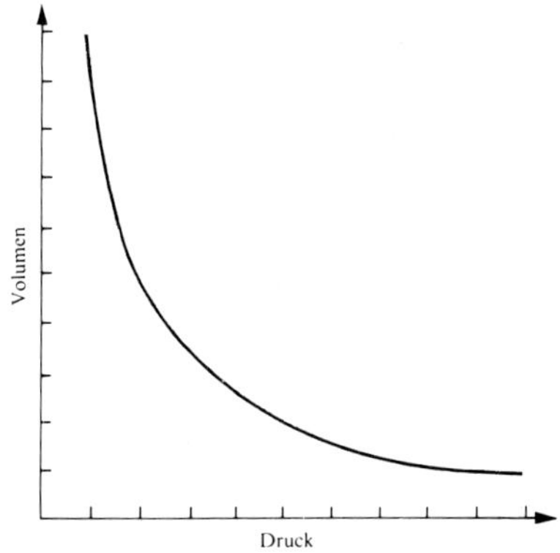

Abb. 94. Druck-Volumen-Kurve eines idealen Gases (Gesetz von Boyle-Mariotte)

2) Gesetz von Gay-Lussac

Dieses Gesetz beschreibt: a) bei konstantem Druck die Volumenänderung einer bestimmten Gasmenge in Abhängigkeit von der Temperatur oder b) bei konstantem Volumen die Druckänderung des Gases in Abhängigkeit von der Temperatur:

a) $V_t = V_o(1 + \frac{1}{273,15} \cdot t)$ (für p = konstant)

b) $p_t = p_o(1 + \frac{1}{273,15} \cdot t)$ (für V = konstant)

(V_o bzw. p_o ist der Druck bzw. das Volumen bei $0\,^oC$, t = Temperatur in ^oC.)

Daraus folgt:

a) Bei einer Temperaturerhöhung um $1\,^oC$ dehnt sich das Gas bei konstantem Druck um 1/273,15 seines Volumens bei $0\,^oC$ aus.

b) Bei einer Temperaturerhöhung um $1\,^oC$ steigt der Druck bei konstantem Volumen um 1/273,15 seines Druckes bei $0\,^oC$.

Die graphische Darstellung von a) ergibt eine Gerade. Diese schneidet die Abscisse bei $-273,15\,^oC$. D.h.: Alle idealen Gase haben bei $-273,15\,^oC$ das Volumen Null. Diese Temperatur bezeichnet man als den *absoluten Nullpunkt*.

Hierauf baut sich die Temperaturskala von *Kelvin* (1848) auf. Die *absolute Temperatur T* (K) = 273,15°C + t (°C).

Setzt man T (K) anstelle von t (°C) in die Formeln a) und b) ein, erhält man:

$$V_T = V_o \frac{T}{T_o} \quad \text{bzw.:} \quad p_T = p_o \frac{T}{T_o}.$$

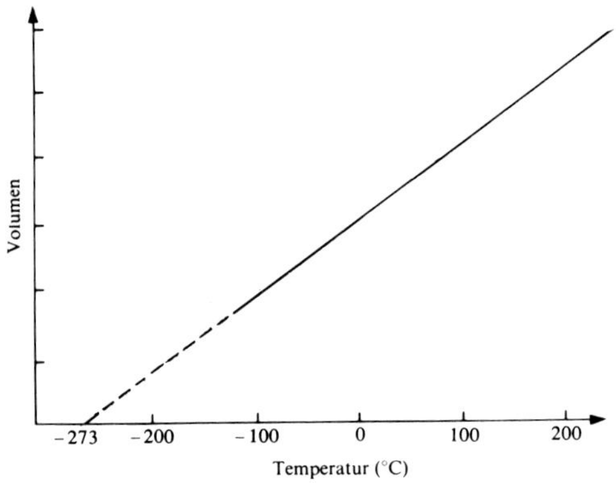

Abb. 95. Temperatur-Volumen-Kurve eines idealen Gases

3) Allgemeine Gasgleichung

Durch Kombination der Gesetze 1) und 2) erhält man:

$$p \cdot V = p_o \frac{T}{T_o} V_o \quad \text{oder} \quad p \cdot V = \frac{p_o V_o}{T_o} \cdot T$$

Bezieht man die vorstehende Gleichung auf ein Mol Gas und setzt demnach für V_o = 22,414 l (s. hierzu S. 54), p_o = 1,013 bar und T_o = 273,15 K, ergibt sich

$$p \cdot V = \frac{22{,}414 \cdot 1{,}013}{273{,}15} \cdot T; \qquad R = \frac{22{,}414 \cdot 1{,}013}{273{,}15}$$

$$= 0{,}083143 \ \text{l} \cdot \text{bar} \cdot \text{K}^{-1} \cdot \text{mol}^{-1}$$

$$= 8{,}31 \ \text{J} \cdot \text{K}^{-1} \cdot \text{mol}^{-1}$$

oder

$p \cdot V = R \cdot T$; R = *allgemeine Gaskonstante*.

Betrachtet man n Mole eines Gases, wobei n der Quotient aus der Masse des Gases und seiner Atom- bzw. Molekülmasse ist, erhält man (mit $V = \frac{v}{n}$) die allgemeine Beziehung:

$$p \cdot v = n \cdot R \cdot T \text{ (\textit{allgemeine Gasgleichung})}.$$

Beispiele:

1) Welches Volumen nehmen 10 g Kohlenmonoxid (CO) unter Normalbedingungen ein, wenn man CO als ideales Gas betrachtet?

   $p = 1$ bar, $T = 0^{\circ}C = 273$ K, Molekülmasse von CO = 28,0.

   Lösung: 10 g CO entsprechen 10,0/28 = 0,357 mol.

   Einsetzen in $p \cdot v = n \cdot R \cdot T$ ergibt:

   $(1 \text{ bar}) \cdot v = (0{,}357 \text{ mol}) \cdot (0{,}0821 \text{ l} \cdot \text{bar} \cdot K^{-1} \cdot \text{mol}^{-1}) \cdot (273 \text{ K})$
   oder $v = 8{,}00$ Liter.

2) Wieviel g H_2SO_4 können höchstens aus 60 l SO_2 und 30 l O_2 erhalten werden, wenn die beiden Gase bei $45^{\circ}C$ und 1,5 bar vorliegen?

   Reaktionsgleichungen: $2\ SO_2 + O_2 \longrightarrow 2\ SO_3$

   $2\ SO_3 + 2\ H_2O \longrightarrow 2\ H_2SO_4$

   2 mol SO_2 reagieren mit 1 mol O_2 und ergeben 2 mol H_2SO_4, d.h. aus 1 mol SO_2 erhält man 1 mol H_2SO_4. Die angegebenen Werte müssen mittels der Gasgesetze auf Normalbedingungen umgerechnet werden:

$$\frac{p_1 \cdot v_1}{T_1} = \frac{p_2 \cdot v_2}{T_2},$$

   eingesetzt: $\frac{1 \cdot x}{273} = \frac{1{,}5 \cdot 60}{318}$; $x = 76{,}2$ l SO_2.

   Da sich in 22,41 l 1 mol SO_2 befinden, enthalten 76,2 l SO_2 insgesamt 76,2/22,4 = 3,4 mol SO_2. Dies entspricht 3,4 mol H_2SO_4 oder $3{,}4 \cdot 98 = 333{,}7$ g H_2SO_4, wobei 98 die Molmasse von H_2SO_4 ist.

Gasmischungen:

a) Gesamtvolumen v: Werden verschiedene Gase mit den Volumina $v_1, v_2, v_3 \ldots$ von gleichem Druck p und gleicher Temperatur T vermischt, ist das Gesamtvolumen v (bei gleichbleibendem p und T) gleich der Summe der Einzelvolumina:

$$v = v_1 + v_2 + v_3 + \ldots = \sum v_i \quad (v_i = \text{Partialvolumina}).$$

b) Gesamtdruck p: Dieser ergibt sich aus der Addition der Partialdrucke (Einzeldrucke) der Gase im Gasgemisch:

$$p = p_1 + p_2 + p_3 + \ldots = \sum p_i .$$

Setzen wir das in die allgemeine Gasgleichung ein, erhalten wir das Daltonsche Gesetz:

$$p = \sum p_i = \sum n_i \cdot \frac{R \cdot T}{v} .$$

Das Verhalten realer Gase

Infolge der Anziehungskräfte zwischen den einzelnen Teilchen zeigen reale Gase Abweichungen vom Gesetz von Boyle und Mariotte. Bei hohen Drucken beobachtet man unterschiedliche Abhängigkeit des Produktes $p \cdot V$ vom Druck p.

Als klassisches Beispiel betrachten wir die Druck-Volumen-Kurven von Kohlendioxid CO_2 bei verschiedener, aber jeweils konstanter Temperatur (= Isotherme) (s. Abb. 96).

Das Produkt $p \cdot V$ nimmt zunächst mit steigendem Druck ab, weil sich die Gasteilchen einander so weit nähern, bis Abstoßungskräfte zwischen ihnen wirksam werden. Reale Gase haben nämlich ein Eigenvolumen und sind nicht unbegrenzt komprimierbar. Bei weiterer Druckerhöhung bleibt das Volumen daher angenähert konstant. Die Minima der Isothermen werden mit steigender Temperatur immer flacher. Diejenige Temperatur, bei der das Minimum erstmals verschwindet, heißt *Boyle-Temperatur* des Gases. Bei ihr folgt die Isotherme in einem relativ großen Bereich dem Gesetz von Boyle und Mariotte. Die Boyle-Temperatur von CO_2 ist $500^{\circ}C$.

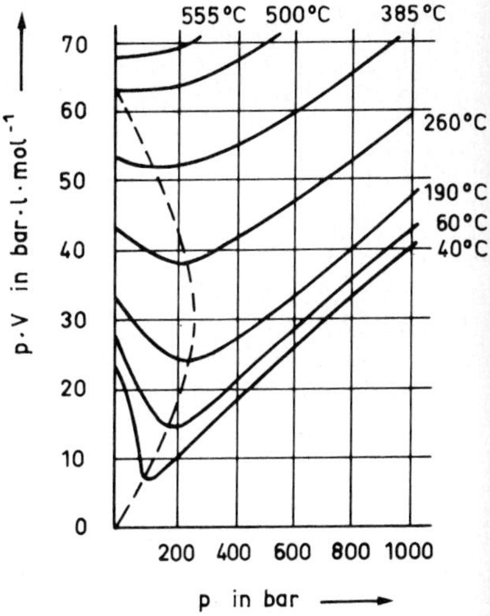

Abb. 96. p·V-p-Diagramm von CO_2

Das Verhalten vieler realer Gase und - qualitativ - vieler Flüssigkeiten bei nicht zu hohen Drucken läßt sich z.B. durch eine von *J.D. van der Waals* (1873) angegebene Näherungsgleichung beschreiben:

Zustandsgleichung realer Gase

$$(p + a/V^2) \cdot (V - b) = R \cdot T$$

oder

$$(p + n^2 \cdot a/v^2) \cdot (v - n \cdot b) = n \cdot R \cdot T$$

a und b sind für jedes Gas spezifische Konstanten, die experimentell ermittelt werden müssen.

Dimension von a: $p \cdot v^2 \cdot mol^{-2}$

Dimension von b: $v \cdot mol^{-1}$

a/v^2 = Binnendruck (Kohäsionsdruck); er berücksichtigt die Wechselwirkungen zwischen den Teilchen.

b = Covolumen; diese Volumenkorrektur berücksichtigt das Eigenvolumen der Teilchen. Bei kugelförmigen Teilchen ist b das vierfache Eigenvolumen.

(Die Zustandsgleichung gilt nur für homogene Systeme.)

Kritische Daten eines Gases

Abb. 97 zeigt das Druck-Volumen-Diagramm von Kohlendioxid.

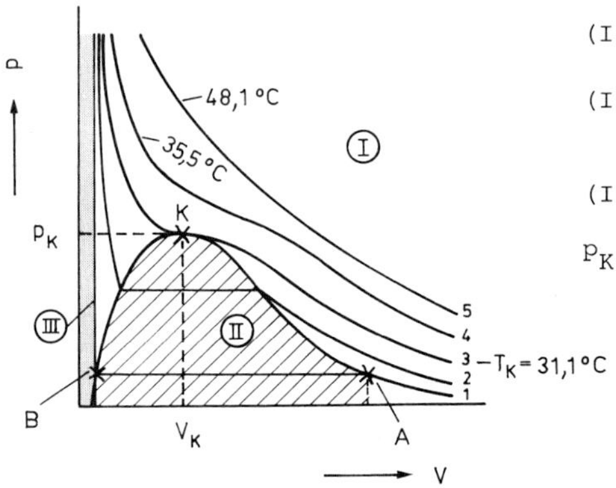

(I) = Existenzbereich der Gasphase

(II) = inhomogenes Zweiphasengebiet (Gas neben Flüssigkeit)

(III) = flüssige Phase

$p_{K(CO_2)}$ = 73 bar

Abb. 97. p,V-Isothermen des Kohlendioxids

Auswertung des Diagramms:

Die Isothermen zeigen einen recht unterschiedlichen Verlauf. *Isotherme (5)* zeigt einen Verlauf wie bei einem idealen Gas. *Isotherme (3)* besitzt in Punkt K einen *Wendepunkt*.

Punkt K heißt kritischer Punkt. Bestimmt wird dieser Punkt durch den kritischen Druck p_K, das kritische Volumen V_K und die kritische Temperatur T_K. Im kritischen Punkt verschwindet die Phasengrenze zwischen Gas und Flüssigkeit. Gas und Flüssigkeit lassen sich nicht mehr unterscheiden.

Beachte: Oberhalb des kritischen Punktes K kann keine Flüssigkeit existieren. Daraus folgt: Oberhalb des kritischen Punktes lassen sich keine Gase mehr verflüssigen.

Kritische Daten von Gasen

Substanz	p_K [bar]	T_K [°C]
H_2	13,0	-240
O_2	50,3	-119
N_2	33,9	-147

Anmerkung: Aus der experimentellen Bestimmung der kritischen Daten eines Gases durch Isothermenmessungen lassen sich die Konstanten a und b der van der Waalsschen Zustandsgleichung ermitteln.

$$V_K = 3\,b; \quad T_K = 8\,a / 27\,b \cdot R; \quad p_K = a / 27\,b^2$$

oder

$$a = 27\,R^2T_K^2 / 64\,p_K \quad \text{und} \quad b = R \cdot T_K / 8\,p_K\,.$$

Isotherme (1) zeigt, daß bei Punkt A der Druck konstant bleibt und das Volumen abnimmt, bis Punkt B erreicht ist. D.h. bei Punkt A beginnt die Verflüssigung des Gases; bei Punkt B ist alles Gas verflüssigt. Zwischen den Punkten A und B liegen Gas und Flüssigkeit nebeneinander vor.

Diffusion von Gasen

Diffusion eines Gases nennt man seine Bewegung infolge Wärmebewegung (Brownsche Molekularbewegung) aus einem Bereich höherer Konzentration in einen Bereich niedrigerer Konzentration. *Effusion* heißt die Diffusion in den leeren Raum.

Wir bringen in den Behälter A der Versuchsanordnung (Abb. 98) Stickstoff und in den Behälter B Sauerstoff und öffnen den Hahn zwischen A und B. Nach einer bestimmten Zeit befindet sich in den Behältern A und B gleichviel Sauerstoffgas und Stickstoffgas. Das bedeutet: Beide Gase haben sich durchmischt, d.h. sie sind in das jeweils andere Gefäß diffundiert.

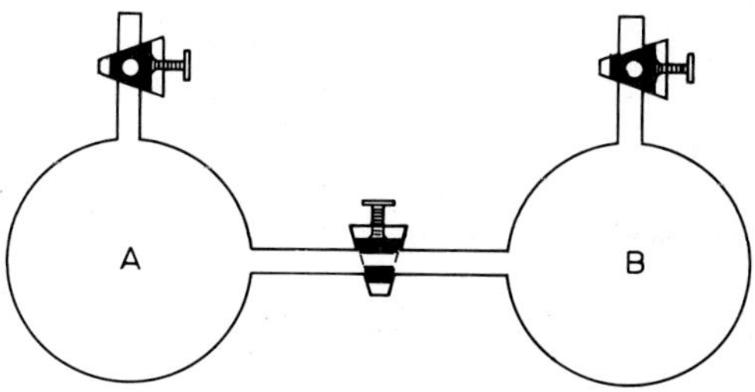

Abb. 98. Versuchsanordnung zur Demonstration der Diffusion

Die Diffusionsgeschwindigkeit ($v_{Diff.}$) ist abhängig von der Atom- bzw. Molekülmasse des Gases und der Temperatur:

$$v_{Diff.} \sim \left(\frac{T}{M}\right)^{1/2}$$

T = absolute Temperatur
M = Atom- bzw. Molekülmasse

Die Diffusionsgeschwindigkeiten zweier Gase verhalten sich demnach umgekehrt wie die Quadratwurzeln aus ihren Massen (Gesetz von *Graham*):

$$v_1 : v_2 = \sqrt{M_2} : \sqrt{M_1}.$$

Anwendung findet diese Gesetzmäßigkeit bei der Substanztrennung durch Gasdiffusion. Beispiel: Trennung von ${}^{235}_{92}U/{}^{238}_{92}U$ über die Fluoride ${}^{235}_{92}UF_6$ und ${}^{238}_{92}UF_6$.

7.3. Flüssiger Zustand

Der flüssige Zustand bildet den Übergang zwischen dem gasförmigen und dem festen Zustand. Eine Flüssigkeit besteht aus Teilchen (Atome, Ionen, Moleküle), die noch relativ frei beweglich sind. Anziehungskräfte, welche stärker sind als in Gasen, führen bereits zu einem gewissen Ordnungszustand. Die Teilchen rücken so dicht zusammen, wie es ihr Eigenvolumen gestattet. Die Anziehungskräfte in Flüssigkeiten nennt man Kohäsionskräfte. Ihre Wirkung heißt Kohäsion.

Eine Auswirkung der Kohäsion ist z.B. die Zerreißfestigkeit eines Flüssigkeitsfilms. Flüssigkeiten sind viscos, d.h. sie setzen dem Fließen Widerstand entgegen. Im Gegensatz zu Gasen sind sie volumenstabil, kaum kompressibel und besitzen meist eine Phasengrenzfläche (Oberfläche). Da Teilchen, die sich in der Oberflächenschicht befinden, einseitig nach innen gezogen werden, wird eine möglichst kleine Oberfläche angestrebt. Ein Maß für die Kräfte, die eine Oberflächenverkleinerung bewirken, ist die Oberflächenspannung σ. Sie ist definiert als Quotient aus Zuwachs an Energie und Zuwachs an Oberfläche:

$$\sigma = \frac{\text{Zuwachs an Energie}}{\text{Zuwachs an Oberfläche}} \quad (J \cdot m^{-2}).$$

Zur Messung der Oberflächenspannung s. Lehrbücher der Physik.

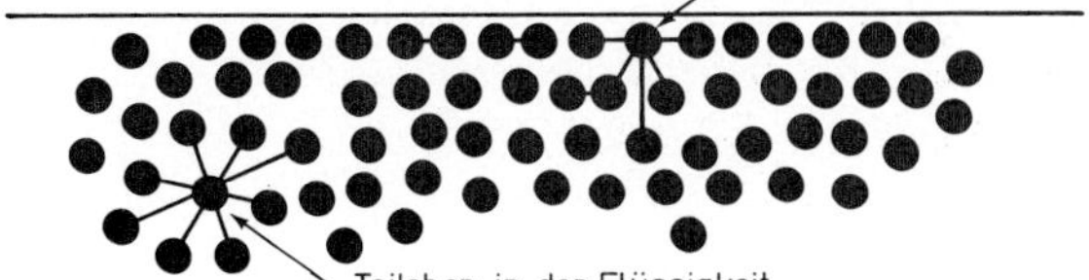

Abb. 99. Unterschiedliche Kräfte, die auf ein Teilchen an der Oberfläche und innerhalb einer flüssigen Phase wirken

Dampfdruck einer Flüssigkeit

Die Teilchen einer Flüssigkeit besitzen bei einer gegebenen Temperatur unterschiedliche Geschwindigkeiten, d.h. verschiedene kinetische Energie. Durch Zusammenstöße mit anderen Teilchen ändert sich ihre kinetische Energie ständig. Die meisten besitzen jedoch eine mittlere kinetische Energie. Die Energieverteilung ist temperaturabhängig. S. hierzu S. 169.

Teilchen in der Nähe der Oberfläche können die Flüssigkeit verlassen, wenn ihre kinetische Energie ausreicht, die Anziehungskräfte zu überwinden. Sie wechseln in den Gasraum (Gasphase) über der Flüssigkeit über. Bei diesem Prozeß wird der Flüssigkeit Energie in Form von Wärme entzogen (Verdunstungskälte). Den Vorgang nennt man Verdampfen. Den Druck, den die verdampften Teilchen z.B. gegen eine Gefäßwand, den Atmosphärendruck usw. ausüben, nennt man Dampfdruck. Diejenige Energie, die nötig ist, um ein Mol einer Flüssigkeit bei einer bestimmten Temperatur zu verdampfen, heißt molare Verdampfungswärme bzw. Verdampfungsenthalpie (für p = konst.). Kondensiert (verdichtet) sich umgekehrt Dampf zur flüssigen Phase, wird eine zahlenmäßig gleiche Wärmemenge wieder frei. Sie heißt dann Kondensationsenthalpie (für p = konst.).

Je höher die Konzentration der Teilchen in der Gasphase wird, um so häufiger stoßen sie miteinander zusammen, kommen mit der Oberfläche der flüssigen Phase in Berührung und werden von ihr eingefangen.

Im Gleichgewichtszustand verlassen pro Zeiteinheit so viele Teilchen die Flüssigkeit, wie wieder kondensieren. Die Konzentration der Teilchen in der Gasphase (Dampfraum) ist konstant. Der Gasdruck, den die verdampfende Flüssigkeit dann besitzt, heißt Sättigungsdampfdruck.

Jede Flüssigkeit hat bei einer bestimmten Temperatur einen ganz bestimmten Dampfdruck. Er nimmt mit steigender Temperatur zu. Die Änderung des Druckes in Abhängigkeit von der Temperatur zeigen die Dampfdruckkurven (Abb. 100).

Siedepunkt

Ist der Dampfdruck einer Flüssigkeit gleich dem Außendruck, so siedet die Flüssigkeit. Die zugehörige Temperatur heißt Siedepunkt (Sdp.) oder Kochpunkt (Kp.) der Flüssigkeit. Der normale Siedepunkt einer Flüssigkeit entspricht der Temperatur, bei der der Dampfdruck gleich 1,013 bar ist (Atmosphärendruck, Abb. 100). Die Temperatur einer siedenden Flüssigkeit bleibt - die nötige Energiezufuhr vorausgesetzt - konstant, bis die gesamte Flüssigkeit verdampft ist.

Definitionsgemäß ist der normale Siedepunkt von Wasser 100°C. Der Siedepunkt ist eine spezifische Stoffkonstante und kann als Reinheitskriterium benutzt werden.

Wird der Außendruck z.B. durch Evakuieren eines Gefäßes geringer, sinkt auch der Siedepunkt. Der Druck wird dann in mbar angegeben.

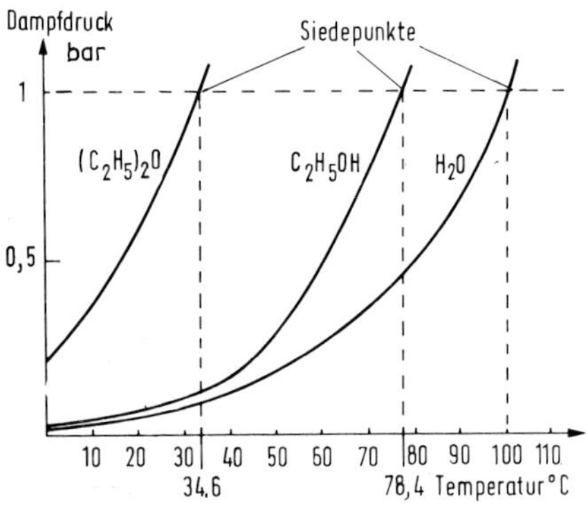

Abb. 100. Dampfdrücke von Wasser, Ethanol und Ether als Funktion der Temperatur

Gefrierpunkt

Kühlt man eine Flüssigkeit ab, so verlieren die Teilchen kinetische Energie. Wird ihre Geschwindigkeit so klein, daß sie durch Anziehungskräfte in einem Kristallgitter fixiert werden können, beginnt die Flüssigkeit zu gefrieren. Der normale Gefrierpunkt (auch Schmelzpunkt Schmp. oder Festpunkt Fp. genannt) einer Flüssigkeit entspricht der Temperatur, bei der sich flüssige und feste Phase bei einem Gesamtdruck von 1,013 bar im Gleichgewicht befinden.

Die Temperatur eines Zweiphasensystems (flüssig/fest) bleibt so lange konstant, bis die gesamte Menge fest oder flüssig ist.

Durchschnittsgeschwindigkeit von Atomen und Molekülen

Atome und Moleküle von Gasen und Flüssigkeiten bewegen sich trotz gleicher Temperatur und gleicher Masse unterschiedlich schnell (Wärmebewegung, Brownsche Molekularbewegung). Die Teilchen (Atome, Moleküle) sind auf alle Raumrichtungen statistisch gleichmäßig verteilt. Die Geschwindigkeitsverteilung vieler Teilchen zeigt Geschwindigkeiten zwischen Null und Unendlich (Abb. 101). Die mathematische Formulierung dieses Sachverhalts wurde 1860 von *Maxwell* angegeben.

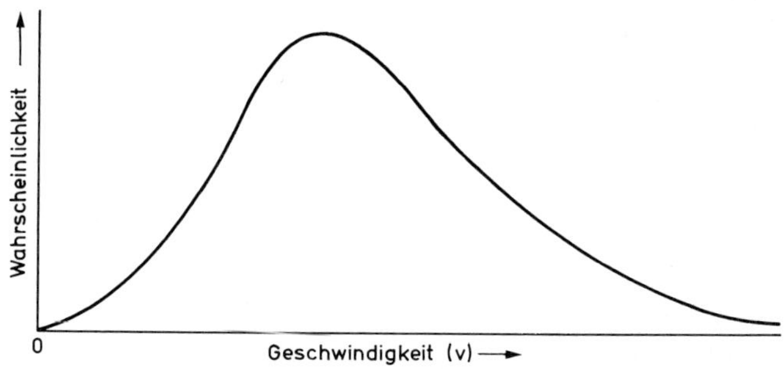

Abb. 101. Geschwindigkeitsverteilung von Teilchen bei der Temperatur T

Die Fläche unterhalb der Verteilungskurve gibt die Wahrscheinlichkeit an, Teilchen mit einer Geschwindigkeit zwischen $v = 0$ und $v = \infty$ zu finden.

Betrachtet man sehr viele Teilchen, so haben die meisten von ihnen eine mittlere Geschwindigkeit = Durchschnittsgeschwindigkeit.

Die Geschwindigkeit der Teilchen hängt von der Temperatur ab (nicht vom Druck!). Erhöht man die Temperatur, erhalten mehr Teilchen eine höhere Geschwindigkeit. Die gesamte Geschwindigkeitsverteilungskurve verschiebt sich nach höheren Geschwindigkeiten, Abb. 102.

Beachte: Leichte Teilchen haben eine höhere Durchschnittsgeschwindigkeit als schwere Teilchen. Beispiel: Die Durchschnittsgeschwindigkeit für Wasserstoffgas (H_2-Teilchen) ist mit 1760 $m \cdot s^{-1}$ bei 20 °C viermal so groß wie diejenige von Sauerstoffgas (O_2-Teilchen).

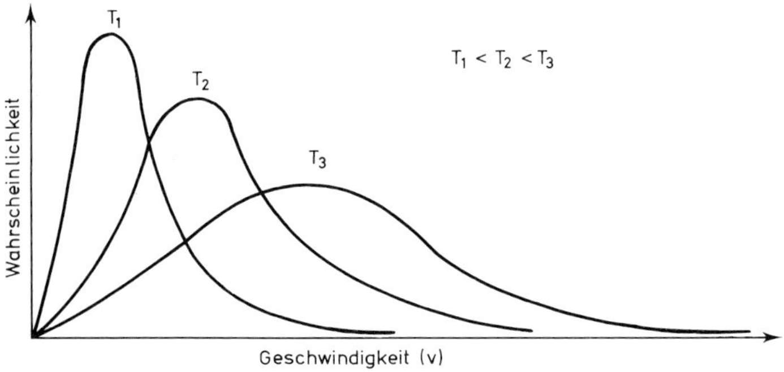

Abb. 102. Geschwindigkeitsverteilung von Atomen oder Molekülen bei verschiedenen Temperaturen

8. Mehrstoffsysteme Lösungen

Definition des Begriffs "Phase"

Unter einer Phase versteht man einen Substanzbereich, in dem die physikalischen und chemischen Eigenschaften homogen sind. Der Substanzbereich wird durch Grenzflächen, die Phasengrenzen, von anderen Bereichen abgetrennt. Zwischen zwei Phasen ändern sich verschiedene Eigenschaften sprunghaft.

Beispiele für Phasen: Wasser, Wasserdampf, Eis; Flüssigkeiten, die nicht miteinander mischbar sind, bilden ebenfalls Phasen, z.B. Wasser/Ether.

Beachte: Gase und Gasmischungen bilden nur eine Phase.

Zwei- und Mehrphasensysteme werden nach dem Aggregatzustand der homogenen Bestandteile unterschieden. Beispiele: Suspensionen, Emulsionen, Aerosole, fest-feste Gemische wie Granit etc.

Zustandsdiagramme

Eine graphische Darstellung, die alle Phasen und ihre Übergänge gleichzeitig wiedergibt, heißt Phasendiagramm oder Zustandsdiagramm.

Als Beispiel betrachten wir das Phasendiagramm des Wassers, Abb. 103.

Auswertung des Diagramms: Die drei Kurven A, B, C teilen den Druck- und Temperaturbereich in drei Gebiete. Innerhalb dieser Gebiete ist jeweils nur eine Phase beständig. Die Kurven sind eine Folge von Meßpunkten, in denen jeweils zwei Phasen nebeneinander existieren. Die Koordinaten der Punkte sind der Druck und die Temperatur. In Punkt T existieren alle drei Phasen nebeneinander, sind also miteinander im Gleichgewicht. Dieser Punkt heißt daher *Tripelpunkt*.

Für Wasser liegt der Tripelpunkt bei einem Druck von 6,1 mbar und einer Temperatur von 0,0099 °C.

Weitere Zustandsdiagramme finden sich auf den S. 104, 106, 108 und 193 ff.

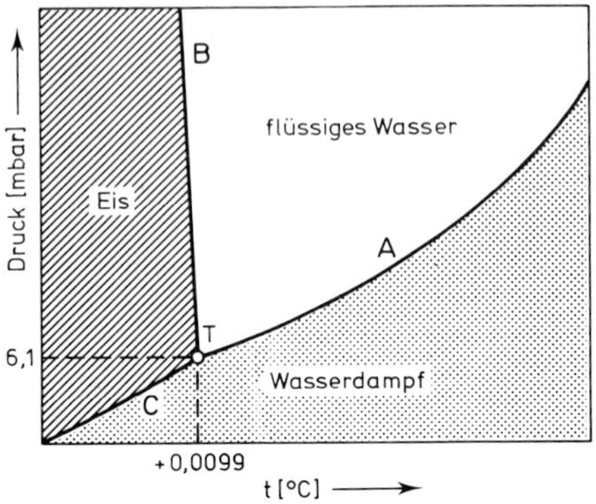

Abb. 103. Zustandsdiagramm des Wassers (schematisch). A = Dampfdruckkurve (von Wasser); B = Schmelzkurve (von Eis); C = Sublimationskurve (Dampfdruckkurve von Eis); T = Tripelpunkt

Gibbssche Phasenregel (1878)

Die Gibbssche Phasenregel (Phasengesetz) macht Aussagen allgemeiner Natur über solche heterogene Systeme, die sich im Gleichgewichtszustand (= energieärmster Zustand) befinden:

Addiert man zu der Zahl der Komponenten (Ko) die Zahl 2, erhält man die Summe aus der Zahl der Phasen (Ph) und der Freiheitsgrade (F):

$$Ko + 2 = Ph + F \quad \text{oder} \quad F = Ko - Ph + 2.$$

Erläuterung: Die Zahl der Komponenten (Ko) ist die Zahl der unabhängigen Bestandteile (Stoffe), die zum Aufbau des Systems bzw. seiner Gleichgewichtszustände erforderlich sind und im Gleichgewichtszustand die Zusammensetzung jeder einzelnen Phase festlegen.

Die Zahl der Phasen (Ph) ist die Zahl der physikalisch trennbaren Bestandteile des Systems.

Die Zahl der Freiheitsgrade (Freiheiten, F) ist die Zahl der beliebig variierbaren Zustandsvariablen (Temperatur, Druck, Konzentration), über die man verfügen kann, um den Gleichgewichtszustand herzustellen.

Beispiele für das Gibbssche Phasengesetz:

1. Heterogenes System Wasser/Wasserdampf: Zahl der Phasen (Ph) = 2; Zahl der Komponenten (Ko) = 1 (nämlich Wasser).

Phasenregel: 1 + 2 = 2 + F oder F = 1.

Da 2 Phasen vorliegen, existiert nur ein Freiheitsgrad (F). Das System heißt univariant.

Ein Freiheitsgrad bedeutet, daß man nur eine Zustandsgröße, z.B. die Temperatur, unabhängig von anderen Zustandsvariablen verändern kann, ohne die Zahl der Phasen zu verändern. Der Druck ist jetzt durch den Sättigungsdampfdruck eindeutig festgelegt.

2. System: Eis/Wasser/Dampf; Ph = 3; Ko = 1.

Phasenregel: 1 + 2 = 3 + F.

Daraus folgt F = O. Es existiert kein Freiheitsgrad. Das System heißt nonvariant. Die 3 Phasen können nur in einem Punkt im Gleichgewicht sein, den man *Tripelpunkt* nennt.

Variiert man z.B. am Tripelpunkt die Temperatur, so ist dies gleichbedeutend mit der Einführung eines Freiheitsgrades. Als Folge davon verschwindet bei Temperaturerhöhung die feste Phase (Eis) und bei Temperaturerniedrigung die flüssige Phase (Wasser).

3. System: Wasserdampf; Ph = 1; Ko = 1.

Phasenregel: 1 + 2 = 1 + F; F = 2.

Das System heißt divariant, denn Druck und Temperatur können unabhängig voneinander variiert werden. (Beachte: Die Konzentration ist durch den Druck bestimmt: $p = c \cdot R \cdot T$.)

Mehrstoffsysteme

Mehrstoffsysteme können homogen oder heterogen sein.

Heterogene (uneinheitliche) Gemische besitzen eine variable Zusammensetzung aus homogenen (einheitlichen) Stoffen. Sie können durch physikalische Methoden in die homogenen Bestandteile zerlegt werden.

Homogene Stoffe liegen dann vor, wenn man keine Uneinheitlichkeit erkennen kann. Homogene Stoffe werden auch als Phasen bezeichnet; heterogene Stoffe sind demnach mehrphasige Systeme (zu dem Begriff System s. S. 245).

Homogene Stoffe können Lösungen (homogene Gemische) aus Reinsubstanzen oder bereits Reinsubstanzen selbst sein (z.B. Wasser, Kohlenstoff). Der Begriff Lösung ist hier sehr weit gefaßt. Es gibt flüssige Lösungen (z.B. Natriumchlorid in Wasser gelöst), feste Lösungen (z.B. Metallegierungen), gasförmige Lösungen (z.B. Luft). Der in einer Lösung überwiegend vorhandene Bestandteil heißt Lösungsmittel.

Homogene Gemische lassen sich durch physikalische Methoden in die reinen Stoffe zerlegen. Beispiel: Eine klare Lösung von Natriumchlorid in Wasser kann man in die Komponenten Wasser und festes Natriumchlorid trennen, wenn man das Wasser verdampft und den Wasserdampf wieder verdichtet (kondensiert).

Ein reiner Stoff (Reinsubstanz) ist dadurch charakterisiert, daß jeder Teil der Substanz die gleichen unveränderlichen Eigenschaften und die gleiche Zusammensetzung hat. Beispiel: Wasser.

Die Entscheidung darüber, ob Reinsubstanzen, reine Verbindungen oder reine Elemente vorliegen, kann man aufgrund von Reinheitskriterien treffen.

Reine Substanzen, Verbindungen und Elemente haben ganz bestimmte, nur für sie charakteristische Eigenschaften, z.B. Emissions- und Absorptionsspektren, Siedepunkt, Schmelzpunkt, chromatographische Daten und Brechungsindex.

Lösungen

Sehr viele Stoffe lösen sich in Flüssigkeiten ohne chemische Reaktion: Es entstehen Lösungen. Ist in einer Lösung der aufgelöste Stoff so weitgehend verteilt, daß von ihm nur noch Einzelteilchen (Atome, Ionen, Moleküle) in der als Lösungsmittel dienenden Flüssigkeit vorliegen, handelt es sich um "echte" Lösungen. Die Größenordnung der Teilchen liegt zwischen 0,1 und 3 nm. Sie sind daher unsichtbar und befinden sich in lebhafter Brownscher Bewegung (s. S. 169). Die Teilchen des gelösten Stoffes erteilen der Lösung einen osmotischen Druck, verursachen eine Dampfdruckerniedrigung und als Folge davon eine Schmelzpunktserniedrigung und Siedepunktserhöhung gegenüber dem reinen Lösungsmittel. Daneben gibt es die kolloiden Lösungen. Dort ist die Größenordnung der Teilchen 10 - 100 nm, s. hierzu S. 197.

Eigenschaften von Lösungsmitteln

Lösungsmittel heißt die in einer Lösung überwiegend vorhandene Komponente. Man unterscheidet polare und unpolare Lösungsmittel.

Das wichtigste *polare* Lösungsmittel ist das Wasser. Es ist ein bekanntes Beispiel für ein mehratomiges Molekül mit einem Dipolmoment. Ein Molekül ist dann ein Dipol und besitzt ein Dipolmoment, wenn es aus Atomen verschieden großer Elektronegativität aufgebaut ist, und wenn die Ladungsschwerpunkte der positiven und der negativen Ladungen nicht zusammenfallen (Ladungsasymmetrie). Der Grad der Unsymmetrie der Ladungsverteilung äußert sich im (elektrischen) *Dipolmoment* μ. μ ist das Produkt aus Ladung e und Abstand r der Ladungsschwerpunkte: $\mu = e \cdot r$. Einheit: Debye D; $1\ D = 0{,}33 \cdot 10^{-27}\ A \cdot s \cdot cm$.

Je polarer eine Bindung ist, um so größer ist ihr Dipolmoment. Unpolare Moleküle wie H_2, Cl_2, N_2 besitzen kein Dipolmoment.

Beispiele für Moleküle mit einem Dipolmoment:

Ein *zwei*atomiges Dipolmolekül ist z.B. das Fluorwasserstoff-Molekül HF:

$$\overset{(+\ \ -)}{H - F} \quad \text{oder} \quad \overset{\delta+}{H} - \overset{\delta-}{F}$$

Die Pfeilspitze ist auf den negativen Pol gerichtet. Andere Beispiele sind:

$$\overset{\delta+}{H} - \overset{\delta-}{Cl} \qquad \overset{\delta+}{H} - \overset{\delta-}{Br} \qquad \overset{\delta+}{H} - \overset{\delta-}{I}$$

Enthält ein Molekül Mehrfachbindungen, ist die Abschätzung des Dipolmoments nicht mehr einfach. Stellvertretend steht das Kohlenmonoxid. Es besitzt ein sehr kleines Dipolmoment. Der positive Pol liegt beim O-Atom: $|\overset{\ominus}{C}{\equiv}\overset{\oplus}{O}|$.

Besitzt ein Molekül *mehrere* polare Atombindungen, setzt sich das Gesamtdipolmoment des Moleküls - in erster Näherung - als Vektorsumme aus den Einzeldipolmomenten jeder Bindung zusammen. Beispiel:

Im *Wassermolekül* sind beide O-H-Bindungen polarisiert. Das Sauerstoffatom besitzt eine negative und die Wasserstoffatome eine positive Teilladung (Partialladung). Das Wassermolekül hat beim Sauerstoff einen negativen Pol und auf der Seite der Wasserstoffatome einen positiven Pol.

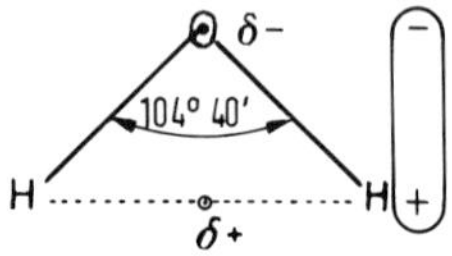

δ+ und δ- geben die Ladungsschwerpunkte an

Abb. 104. Wasser als Beispiel eines elektrischen Dipols

Am Beispiel des H_2O-Moleküls wird auch deutlich, welche Bedeutung die räumliche Anordnung der Bindungen für die Größe des Dipolmoments besitzt. Ein linear gebautes H_2O-Molekül hätte kein Dipolmoment.

Flüssigkeiten aus Dipolmolekülen besitzen eine große *Dielektrizitätskonstante* ε. ε ist ein Maß dafür, wie sehr die Stärke eines elektrischen Feldes zwischen zwei entgegengesetzt geladenen Teilchen durch die betreffende Substanz verringert wird; d.h. die Coulombsche Anziehungskraft K ist für zwei entgegengesetzt geladene Ionen um den ε-ten Teil vermindert:

$$K = \frac{e_1 \cdot e_2}{4\pi\varepsilon_o \cdot \varepsilon \cdot r^2}$$

(ε_o = Dielektrizitätskonstante des Vakuums)

(s. hierzu S. 67)

Beachte: ε ist temperaturabhängig.

Weitere Beispiele für polare Lösungsmittel sind: NH_3, CH_3OH Methanol, H_2S, CH_3COOH Essigsäure, C_5H_5N Pyridin.

Die polaren Lösungsmittel lösen hauptsächlich Stoffe mit hydrophilen (wasserfreundlichen) Gruppen wie -OH, -COOH und -OR. Unpolare Moleküle, z.B. Kohlenwasserstoff-Moleküle wie CH_3-$(CH_2)_{10}$-CH_3, sind in polaren Lösungsmitteln unlöslich und werden hydrophob (wasserabweisend) genannt. Diese Substanzen lösen sich jedoch in *unpolaren* Lösungsmitteln. Dazu gehören u.a. Benzol (C_6H_6), Kohlenwasserstoffe wie Pentan, Hexan, Petrolether, und Tetrachlorkohlenstoff (CCl_4).

Bisweilen nennt man Kohlenwasserstoffe auch lipophil (fettliebend), weil sie sich in Fetten lösen und umgekehrt.

Die Erscheinung, daß sich Verbindungen in Substanzen von ähnlicher Struktur lösen, war bereits den Alchimisten bekannt: similia similibus solvuntur (Ähnliches löst sich in Ähnlichem).

Echte Lösungen

Lösungsvorgänge

Die Löslichkeit eines Stoffes in einer Flüssigkeit hängt von der Änderung der Freien Enthalpie des betrachteten Systems ab, die mit dem Lösungsvorgang verbunden ist (s. S. 254):

$$\Delta G = \Delta H - T\Delta S.$$

Polare Substanzen. Polare Substanzen sind entweder aus Ionen aufgebaut oder besitzen eine polarisierte Elektronenpaarbindung.

Betrachten wir als Beispiel die Lösung von einem Natriumchloridkristall in Wasser: Die Wasserdipole lagern sich mit ihren Ladungsschwerpunkten an der Kristalloberfläche an entgegengesetzt geladene Ionen an (Abb. 105). Hierbei werden die Ionen aus dem Gitterverband herausgelöst. Die Dielektrizitätskonstante ε des Wassers ist ca. 80, d.h. die Coulombsche Anziehungskraft ist in Wasser nur noch 1/80 der Coulomb-Kraft im Ionenkristall. Die Wassermoleküle umhüllen die herausgelösten Ionen (Hydrathülle, allgemein Solvathülle). Man sagt, das Ion ist hydratisiert (allgemein: solvatisiert). Der Vorgang ist mit einer Energieänderung verbunden. Sie heißt im Falle des Wassers Hydrationsenergie bzw. -enthalpie und allgemein Solvationsenergie bzw. - enthalpie (manchmal auch Hydratations- und Solvatationsenthalpie). Sie entspricht dem ΔH in der Gibbs-Helmholtzschen Gleichung. Über Enthalpie, Gibbs-Helmholtzsche Gleichung s. S. 254.

Die Solvationsenthalpie hängt von der Ladungskonzentration der Ionen ab, d.h. sie ist der Ionenladung direkt und dem Ionenradius umgekehrt proportional. Für gleich hoch geladene Ionen nimmt sie mit wachsendem Radius ab. Kleine hochgeladene Kationen und Anionen sind demnach stark solvatisiert:

z.B. $Na^{\oplus} \longrightarrow [Na(H_2O)_6]^{\oplus}$; $\Delta H = -418{,}6\ kJ\cdot mol^{-1}$; Radius: 97 pm;

$Al^{3\oplus} \longrightarrow [Al(H_2O)_6]^{3\oplus}$; $\Delta H = -4605{,}4\ kJ\cdot mol^{-1}$; Radius: 51 pm.

Ionen sind in Wasser stets mit einer Hydrathülle umgeben (Aquokomplexe). Die Solvationsenthalpie ist weiter abhängig von der Polarität des Lösungsmittels und sie ist der Temperatur umgekehrt proportional.

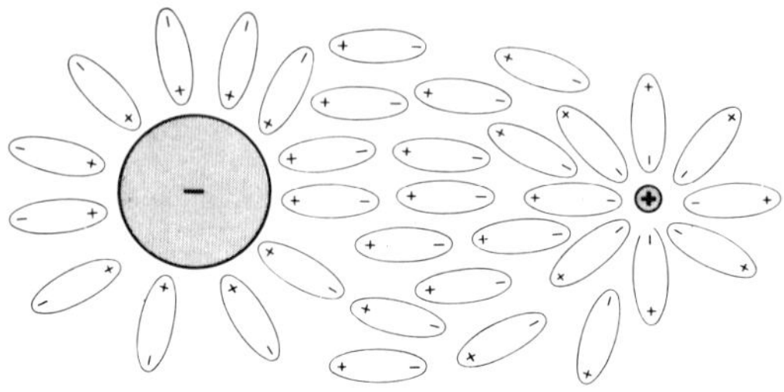

Abb. 105. Schematische Darstellung solvatisierter Ionen

Ist die Solvationsenthalpie ΔH größer als die Gitterenergie U_G (s. S. 68), so ist der Lösungsvorgang exotherm, d.h. es wird Wärme frei (Lösungswärme, Lösungsenthalpie) und ΔH ist negativ. Beispiel: $MgCl_2$, AgF. Ist die Solvationsenthalpie kleiner als die Gitterenergie, wird Energie verbraucht. Da sie der Umgebung entzogen wird, kühlt sich die Lösung ab. Der Lösungsprozeß ist endotherm (Beispiel: NH_4Cl in Wasser).

Aus der Definitionsgleichung der Änderung der Freien Enthalpie geht hervor, daß die Freiwilligkeit des Lösungsvorganges auch von der Entropie bestimmt wird.

Tabelle 17. Zusammenhang zwischen ΔG, ΔH und $T\cdot\Delta S$ beim Lösen einiger Ionenverbindungen (T = 25 °C). Lösungsvorgang:

$$AB + (x + y)\ H_2O \longrightarrow A^{\oplus}\cdot x\ H_2O + B^{\ominus}\cdot y\ H_2O$$

Verbindungen	ΔH [$kJ\cdot mol^{-1}$]	$T\cdot\Delta S$ [$kJ\cdot mol^{-1}$]	ΔG [$kJ\cdot mol^{-1}$]
$BaSO_4$	+ 19,4	- 30,6	+ 50
NaCl	+ 3,6	+ 12,8	- 9,2
AgF	- 20,3	- 5,8	- 14,5
AgCl	+ 65,3	+ 9,6	+ 55,7
AgBr	+ 84,5	+ 14,1	+ 70,4
AgI	+ 112,4	+ 20,7	+ 91,7
AlF_3	- 210,8	- 129,3	- 81,5
$MgCl_2$	- 155,1	- 29,0	- 129,8
NH_4Cl	+ 15,1	+ 21,8	- 6,7

Im allgemeinen nimmt bei einem Lösungsvorgang die Entropie zu, denn aus dem hochgeordneten Zustand im Kristall wird der weniger geordnete Zustand der Lösung. Die Entropie ist daher meist positiv. Eine große Entropiezunahme kann dazu führen, daß ein endothermer Vorgang, wie z.B. das Auflösen von NH_4Cl in Wasser, freiwillig abläuft.

In einigen Fällen kommt es auch zu einer Entropieabnahme beim Lösungsprozeß, und zwar dann, wenn die Hydrathülle einen höheren Ordnungszustand darstellt als der Kristall (Beispiel: $MgCl_2$ in Wasser).

Löslichkeit

In allen Fällen stellt sich bei einem Lösungsvorgang in einer gegebenen Lösungsmittelmenge ein Gleichgewicht ein, d.h. jeder Stoff hat eine spezifische *maximale Löslichkeit*. Die Löslichkeit ist in Tabellenwerken meist in mol/kg Lösung und g/100 g Lösungsmittel (H_2O) für eine bestimmte Temperatur angegeben. Beispiel: $AgNO_3$: 4,02 mol/kg Lösung oder 215,3 g/100 g H_2O bei 20 °C.

Bei Elektrolyten ist die Löslichkeit c durch die Größe des Löslichkeitsproduktes Lp. gegeben (vgl. S. 277). Beispiel: $BaSO_4$.

$$c(Ba^{2\oplus}) \cdot c(SO_4{}^{2\ominus}) = 10^{-10}\ mol^2 \cdot l^{-2} = Lp_{BaSO_4}$$

Da aus $BaSO_4$ beim Lösen gleichviel $Ba^{2\oplus}$-Ionen und $SO_4{}^{2\ominus}$-Ionen entstehen, ist $c(Ba^{2\oplus}) = c(SO_4{}^{2\ominus})$ oder $c(Ba^{2\oplus})^2 = 10^{-10}\ mol^2 \cdot l^{-2}$. $c(Ba^{2\oplus}) = 10^{-5}\ mol \cdot l^{-1}$.

Daraus ergibt sich eine Löslichkeit von $10^{-5}\ mol \cdot l^{-1} = 2{,}33\ mg \cdot l^{-1}$ $BaSO_4$.

Für größenordnungsmäßige Berechnungen der molaren Löslichkeit c eines Elektrolyten A_mB_n eignet sich folgende allgemeine Beziehung:

$$c_{A_mB_n} = \sqrt[m+n]{\frac{Lp_{A_mB_n}}{m^m \cdot n^n}}.$$

$c_{A_mB_n}$ = molare Löslichkeit der Substanz A_mB_n in $mol \cdot l^{-1}$.

Beispiele:

1:1-Elektrolyt:

AgCl: $Lp_{AgCl} = 10^{-10}\ mol^2 \cdot l^{-2}$;

$c_{AgCl} = 10^{-5}\ mol \cdot l^{-1}$;

2:1-Elektrolyt:

$Mg(OH)_2$: $Lp_{Mg(OH)_2} = 10^{-12}\ mol^3 \cdot l^{-3}$;

$c_{Mg(OH)_2} = 10^{-4,2}\ mol \cdot l^{-1} = 6,3 \cdot 10^{-5}\ mol \cdot l^{-1}$.

Den Einfluß der Temperatur auf die Löslichkeit beschreibt die Gibbs-Helmholtzsche Gleichung. Dort sind Temperatur und Entropieänderung direkt miteinander verknüpft, d.h. mit der Temperatur ändert sich der Einfluß des Entropiegliedes $T \cdot \Delta S$.

Lösen unpolarer Substanzen. Wird ein unpolarer Stoff in einem unpolaren Lösungsmittel gelöst, so wird der Lösungsvorgang neben zwischenmolekularen Wechselwirkungen hauptsächlich von dem Entropieglied bestimmt: $\Delta G = -\ T \cdot \Delta S$.

Chemische Reaktionen bei Lösungsvorgängen

Häufig werden beim Lösen von Substanzen in Lösungsmitteln chemische Reaktionen beobachtet. Die Substanzen sind dann in diesen Lösungsmitteln nicht unzersetzt löslich. Zum Beispiel löst sich Phosphorpentachlorid (PCl_5) in Wasser unter Bildung von Orthophosphorsäure (H_3PO_4) und Chlorwasserstoff (HCl):

$$PCl_5 + 4\ H_2O \longrightarrow H_3PO_4 + 5\ HCl.$$

Diese Reaktion, die zur Zerstörung des PCl_5-Moleküls führt, wobei kovalente P-Cl-Bindungen gelöst werden, nennt man Hydrolyse.

Allgemein: Als *Hydrolyse* bezeichnet man die Umsetzung von Verbindungen mit Wasser als Reaktionspartner.

Verhalten und Eigenschaften von Lösungen

I. Lösungen von *nichtflüchtigen* Substanzen

1) Dampfdruckerniedrigung über einer Lösung

Der Dampfdruck über einer Lösung ist bei gegebener Temperatur kleiner als der Dampfdruck über dem reinen Lösungsmittel. Je konzentrierter die Lösung, desto größer ist die Dampfdruckerniedrigung (-depression) Δp. (Abb. 106)

Es gilt das *Raoultsche Gesetz*:

$$\boxed{\Delta p = E \cdot n}$$ (für sehr verdünnte Lösungen).

n ist die Anzahl der in einer gegebenen Menge Flüssigkeit gelösten Mole des Stoffes (Konzentration). $n \cdot N_A$ ist die Zahl der gelösten Teilchen. (Beachte: Elektrolyte ergeben mehr als N_A-Teilchen pro Mol; so gibt 1 Mol NaCl insgesamt $N_A \cdot Na^{\oplus}$-Ionen + $N_A \cdot Cl^{\ominus}$-Ionen.) n wird immer auf 1000 g Lösungsmittel bezogen. E ist ein Proportionalitätsfaktor und heißt *molale Dampfdruckerniedrigung*. Diese ist gleich Δp, wenn in 1000 g Lösungsmittel 1 Mol Stoff gelöst wird.

Bei Verwendung des Molenbruchs (s. S. 63) gilt: Die Dampfdruckerniedrigung Δp ist gleich dem Produkt aus dem Dampfdruck p_o des reinen Lösungsmittels und dem Molenbruch x_2 des gelösten Stoffes:

$$\Delta p = x_2 \cdot p_o$$ (für verdünnte Lösungen).

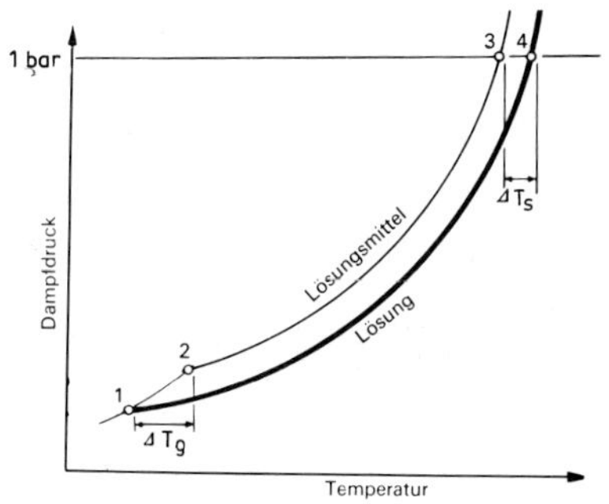

Abb. 106. Dampfdruckkurve einer Lösung und des reinen Lösungsmittels (H_2O). 1 = Schmelzpunkt der Lösung; 2 = Schmelzpunkt des reinen Lösungsmittels; 3 = Siedepunkt des reinen Lösungsmittels; 4 = Siedepunkt der Lösung

Der Dampfdruckerniedrigung entspricht eine Siedepunktserhöhung und eine Gefrierpunktserniedrigung.

2) Siedepunktserhöhung

Lösungen haben einen höheren Siedepunkt als das reine Lösungsmittel. Für die Siedepunktserhöhung ΔT_s gilt:

$$\boxed{\Delta T_s = E_s \cdot n}$$ (E_s = *molale Siedepunktserhöhung*).

3) Gefrierpunktserniedrigung

Lösungen haben einen tieferen Gefrierpunkt als das reine Lösungsmittel. Für die Gefrierpunktserniedrigung ΔT_g gilt:

$$\boxed{\Delta T_g = E_g \cdot n}$$ (E_g = *molale Gefrierpunktserniedrigung*).

Beispiele für E_s und E_g [in Kelvin]

Substanz	E_s	E_g
Wasser	0,515	1,853
Methanol	0,84	
Ethanol	1,20	
Benzol	2,57	5,10
Eisessig	3,07	3,9

Beachte: Auf der Gefrierpunktserniedrigung beruht die Anwendung der Auftausalze für vereiste Straßen und die Verwendung einer Eis/Kochsalz-Mischung als Kältemischung (-21°C).

Diffusion in Lösung

Bestehen in einer Lösung Konzentrationsunterschiede, so führt die Wärmebewegung der gelösten Teilchen dazu, daß sich etwaige Konzentrationsunterschiede allmählich ausgleichen. Dieser Konzentrationsausgleich heißt Diffusion. Die einzelnen Komponenten einer Lösung verteilen sich in dem gesamten zur Verfügung stehenden Lösungsvolumen völlig gleichmäßig. Der Vorgang ist mit einer Entropiezunahme verbunden. Infolge stärkerer Wechselwirkungskräfte zwischen den Komponenten einer Lösung ist die Diffusionsgeschwindigkeit in Lösungen geringer als in Gasen.

Osmose

Trennt man z.B. in einer Versuchsanordnung, wie in Abb. 107 angegeben (Pfeffersche Zelle), eine Lösung und reines Lösungsmittel durch eine Membran, die nur für die Lösungsmittelteilchen durchlässig ist (halbdurchlässige = semipermeable Wand), so diffundieren Lösungsmittelteilchen in die Lösung und verdünnen diese. Diesen Vorgang nennt man Osmose.

Durch Osmose vergrößert sich die Lösungsmenge und die Lösung steigt so lange in dem Steigrohr hoch, bis der hydrostatische Druck der Flüssigkeitssäule dem "Überdruck" in der Lösung gleich ist. Der durch Osmose in einer Lösung entstehende Druck heißt *osmotischer Druck* (π). Er ist ein Maß für das Bestreben einer Lösung, sich in möglichst viel Lösungsmittel zu verteilen. Formelmäßige Wiedergabe (van't Hoff, 1886):

$$\boxed{\pi \cdot V = n \cdot R \cdot T}, \text{ oder mit } c = n/V\text{: } \boxed{\pi = c \cdot R \cdot T}.$$

(V = Volumen)

Der osmotische Druck ist direkt proportional der Teilchenzahl, d.h. der molaren Konzentration c des gelösten Stoffes (c = n/V) und der Temperatur T.

Der osmotische Druck ist unabhängig von der Natur des gelösten Stoffes: 1 mol irgendeines Nichtelektrolyten hat bei 0 °C in 22,414 Liter Wasser einen osmotischen Druck von 1,013 bar. Elektrolyte, die in zwei Teilchen zerfallen wie NaCl, haben den zweifachen osmotischen Druck einer gleichkonzentrierten undissoziierten Substanz.

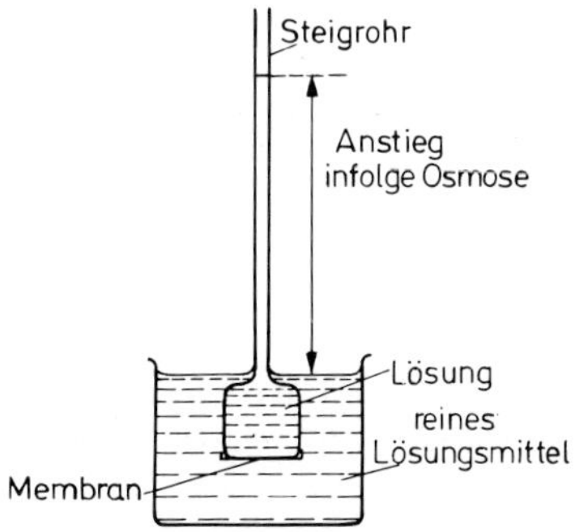

Abb. 107. Anordnung zum Nachweis des osmotischen Drucks

Das van't Hoffsche Gesetz der Osmose gilt streng nur im Konzentrationsbereich bis 0,1 mol $\cdot$ l^{-1}. Bei größeren Konzentrationen verringern Wechselwirkungen zwischen den gelösten Teilchen den berechneten osmotischen Druck.

Lösungen verschiedener Zusammensetzung, die den gleichen osmotischen Druck verursachen, heißten isotonische Lösungen. Die physiologische Kochsalzlösung (0,9 % NaCl) hat den gleichen osmotischen Druck wie Blut. Sie ist blutisotonisch. (Hypertonische Lösungen haben einen höheren osmotischen Druck und hypotonische Lösungen einen tieferen osmotischen Druck als eine Bezugslösung.)

Äquimolare Lösungen verschiedener Nichtelektrolyte zeigen unabhängig von der Natur des gelösten Stoffes den gleichen osmotischen Druck, die gleiche Dampfdruckerniedrigung und somit die gleiche Gefrierpunktserniedrigung und Siedepunktserhöhung.

Beispiel: 1 Liter Wasser enthält ein Mol irgendeines Nichtelektrolyten gelöst. Diese Lösung hat bei $0^{\circ}C$ den osmotischen Druck 22,69 bar. Sie gefriert um $1{,}86^{\circ}C$ tiefer und siedet um $0{,}52^{\circ}C$ höher als reines Wasser.

Das Raoultsche Gesetz ist auch die Grundlage für mehrere Methoden zur Bestimmung der Molmasse, z.B. Kryoskopie, Ebullioskopie, osmometrische Bestimmungsverfahren.

Dialyse

Die Dialyse ist ein physikalisches Verfahren zur Trennung gelöster niedermolekularer von makromolekularen oder kolloiden Stoffen. Sie beruht darauf, daß makromolekulare oder kolloiddisperse (10 - 100 nm) Substanzen nicht oder nur schwer durch halbdurchlässige Membranen ("Ultrafilter", tierische, pflanzliche oder künstliche Membranen) diffundieren.

Die Dialysegeschwindigkeit v, d.h. die Abnahme der Konzentration des durch die Membran diffundierenden molekulardispers (0,1 - 3 nm) gelösten Stoffes pro Zeiteinheit ($v = -dc/dt$), ist in jedem Augenblick der Dialyse der gerade vorhandenen Konzentration c proportional:

$$v = \lambda \cdot c.$$

λ heißt *Dialysekoeffizient*. Er hat bei gegebenen Bedingungen (Temperatur, Flächengröße der Membran, Schichthöhe der Lösung, Konzentrationsunterschied auf beiden Seiten der Membran) für jeden gelösten Stoff einen charakteristischen Wert.

Für zwei Stoffe A und B mit der Molekülmasse M_A bzw. M_B gilt die Beziehung:

$$\frac{\lambda_A}{\lambda_B} = \sqrt{\frac{M_B}{M_A}}$$

Abb. 108 zeigt einen einfachen Dialyseapparat (Dialysator).

Abb. 108

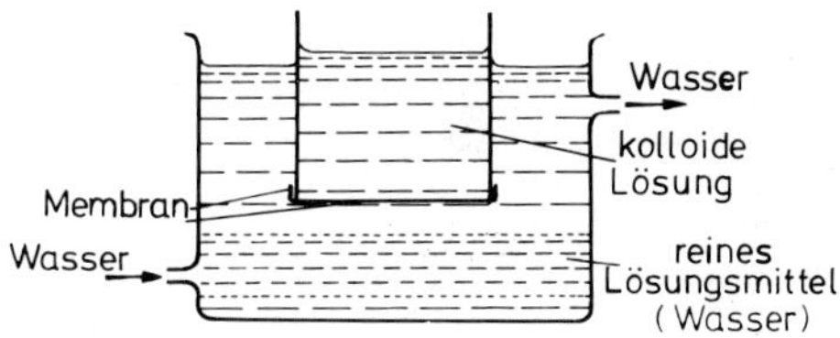

Die echt gelösten (molekulardispersen) Teilchen diffundieren unter dem Einfluß der Brownschen Molekularbewegung durch die Membran und werden von dem strömenden Außenwasser abgeführt.

Die Dialyse hat u.a. in der Chemie, Pharmazie und Medizin eine große Bedeutung als Reinigungsverfahren hochmolekularer Stoffe. So werden beispielsweise hochmolekulare Eiweißlösungen durch Dialyse gereinigt und in Einzelfraktionen aufgetrennt (Enzymchemie).

Auch im menschlichen Organismus spielen Dialysevorgänge eine wichtige Rolle. Ionen und kleinere Moleküle gelangen aus dem Blut in die Gewebsflüssigkeiten, während die kolloidalen Bestandteile des Blutes innerhalb des Kapillarsystems verbleiben. Ein weiteres Anwendungsbeispiel ist die künstliche Niere. Mit ihr werden unerwünschte niedermolekulare Stoffe mittels einer Membran aus dem Blut entfernt.

Lösungsgleichgewichte

Man spricht von einem Lösungsgleichgewicht, wenn sich bei der Verteilung eines Stoffes zwischen zwei Phasen ein Gleichgewicht einstellt. Man unterscheidet drei Fälle:

1. Verteilung zwischen zwei nichtmischbaren flüssigen Phasen

Nach dem Nernstschen Verteilungssatz ist das Verhältnis der Konzentrationen eines Stoffes, der sich zwischen zwei Phasen verteilt, im Gleichgewichtszustand konstant. Bedingung ist: konstante Temperatur und gleicher Molekularzustand in beiden Phasen. Beispiel: Verteilt sich ein Stoff physikalisch zwischen den Phasen a und b, so gilt im Gleichgewicht:

$$\frac{c_{\text{Phase a}}}{c_{\text{Phase b}}} = k.$$

Die Konstante k heißt *Verteilungskoeffizient*. Der Verteilungssatz spielt bei der Trennung von Substanzgemischen eine große Rolle. Weiß man z.B., daß eine Verbindung X den Wert k = 1 für ein Wasser-Ether-Gemisch hat, so ergibt sich daraus, daß bei einmaligem Ausschütteln von 50 ml Lösung mit 50 ml Ether nur noch 50 % der ursprünglichen Menge von X in der wäßrigen Lösung vorhanden sind.

2. Verteilung zwischen einer Gasphase und der Lösung

Für die Konzentration eines gelösten Gases in einer Flüssigkeit gilt das sog. Henry-Daltonsche Gesetz. Es geht aus dem Nernstschen Verteilungssatz hervor. Ersetzt man darin die Konzentration eines Stoffes in der Gasphase durch den Druck ($c = p/RT$), dann ergibt sich:

$$\frac{c_{\text{Gas}}}{c_{\text{Lösung}}} = k_1 \quad \text{oder} \quad \frac{p_{\text{Gas}}}{c_{\text{Lösung}}} = k_2.$$

Die Löslichkeit eines Gases in einer Flüssigkeit hängt also bei gegebener Temperatur vom Partialdruck des Gases in dem über der Lösung befindlichen Gasraum ab. Der Proportionalitätsfaktor k heißt *Löslichkeitskoeffizient* (Absorptionskoeffizient).

Für die Abhängigkeit der Löslichkeit von der Temperatur gilt: Die Konzentration eines Gases in einer Flüssigkeit ist der Temperatur umgekehrt proportional. Beispiel: Seltersflasche.

3. Verteilung zwischen einer festen Phase und der Lösung

S. hierzu S. 106.

Elektrolytlösungen

Elektrolytische Dissoziation

Zerfällt ein Stoff in wäßriger Lösung oder in der Schmelze mehr oder weniger vollständig in Ionen, sagt man, er dissoziiert. Der Vorgang heißt elektrolytische Dissoziation und der Stoff Elektrolyt. Lösungen und Schmelzen von Elektrolyten leiten den elektrischen Strom durch Ionenwanderung. Dabei wandern die positiv geladenen Ionen zur Kathode (Kationen) und die negativ geladenen Ionen zur Anode (Anionen). Lösungen bzw. Schmelzen von Elektrolyten heißen zum Unterschied zu den Metallen (Leiter erster Art) Leiter "zweiter Art" (= Ionenleiter).

Für Elektrolyte gilt das Gesetz der Elektroneutralität:

In allen Systemen (Ionenverbindungen, Lösungen) ist die Summe der positiven Ladungen gleich der Summe der negativen Ladungen.

Als Beispiel betrachten wir die Dissoziation von Essigsäure, CH_3COOH:

$$CH_3COOH \rightleftharpoons CH_3COO^{\ominus} + H^{\oplus}.$$

Wenden wir das Massenwirkungsgesetz (s. S. 273) an, ergibt sich:

$$\frac{c(CH_3COO^{\ominus}) \cdot c(H^{\oplus})}{c(CH_3COOH)} = K.$$

K heißt ***Dissoziationskonstante***. Ihre Größe ist ein Maß für die Stärke des Elektrolyten.

Häufig benutzt wird auch der ***Dissoziationsgrad*** α:

$$\alpha = \frac{\text{Konzentration dissoziierter Substanz}}{\text{Konzentration gelöster Substanz \underline{vor} der Dissoziation}}$$

Man gibt α entweder in Bruchteilen von 1 (z.B. 0,5) oder in Prozenten (z.B. 50 %) an. α multipliziert mit 100 ergibt in Prozent den Bruchteil der dissoziierten Substanz. Beispiel: α = 0,5 oder 1/2 bedeutet, 50 % ist dissoziiert.

Je nach der Größe von K bzw. α unterscheidet man starke und schwache Elektrolyte.

Starke Elektrolyte sind zu fast 100 % dissoziiert, d.h. α ist etwa gleich 1 ($\alpha \leq 1$). Beispiele: starke Säuren wie die Mineralsäuren HCl, HNO_3, H_2SO_4 usw.; starke Basen wie Natriumhydroxid (NaOH), Kaliumhydroxid (KOH); typische Salze wie die Alkali- und Erdalkalihalogenide.

Schwache Elektrolyte sind nur wenig dissoziiert (< 10 %). Für sie ist α sehr viel kleiner als 1 ($\alpha \ll 1$). Beispiele: die meisten organischen Säuren.

Echte Elektrolyte sind bereits in festem Zustand aus Ionen aufgebaut. Beispiel: NaCl.

Potentielle Elektrolyte dissoziieren bei der Reaktion mit dem Lösungsmittel. Beispiel: HCl.

Mehrstufig dissoziierende Elektrolyte können in mehreren Stufen dissoziieren. Beispiele hierfür sind Orthophosphorsäure (H_3PO_4), Kohlensäure (H_2CO_3), Schwefelsäure (H_2SO_4), s. S. 229.

Ostwaldsches Verdünnungsgesetz

Betrachten wir wieder die Dissoziation von CH_3COOH und bezeichnen die CH_3-COOH-Konzentration vor der Dissoziation mit c, dann ist $\alpha \cdot c$ die Menge der dissoziierten Substanz und $(1-\alpha)\cdot c$ die Menge an undissoziierter CH_3COOH im Gleichgewicht. Wir schreiben nun für die Dissoziation das MWG und ersetzen die Ionenkonzentrationen durch die neuen Konzentrationsangaben:

$$CH_3COOH \rightleftharpoons CH_3CO_2^{\ominus} + H^{\oplus};\quad c(CH_3CO_2^{\ominus}) = c(H^{\oplus});\quad \frac{c(CH_3CO_2^{\ominus})\cdot c(H^{\oplus})}{c(CH_3COOH)} = K_c$$

Mit $(1-\alpha)\cdot c$ für $c(CH_3COOH)$ und $\alpha \cdot c$ für $c(CH_3CO_2^{\ominus})$ und $c(H^{\oplus})$ ergibt sich

$$\frac{\alpha\cdot c\cdot\alpha\cdot c}{(1-\alpha)\cdot c} = \frac{\alpha^2\cdot c^2}{(1-\alpha)\ c} = \boxed{\frac{\alpha^2\cdot c}{1-\alpha} = K_c}\,.$$

Die eingerahmte Gleichung ist bekannt als das Ostwaldsche Verdünnungsgesetz (gilt streng nur für schwache Elektrolyte).

Aus dem Ostwaldschen Verdünnungsgesetz geht hervor: Bei abnehmender Konzentration c, d.h. zunehmender Verdünnung, nimmt der Dissoziationsgrad α zu.

Der Wert für α nähert sich bei unendlicher Verdünnung dem Wert 1. Daraus folgt: Selbst schwache Elektrolyte, wie z.B. Essigsäure (CH_3COOH), dissoziieren bei hinreichender Verdünnung praktisch vollständig.

Beachte: α ist temperaturabhängig und nimmt mit steigender Temperatur zu.

Elektrodenprozesse (s. auch Kap. 9)

Taucht man in eine Elektrolytlösung oder Elektrolytschmelze zwei Elektroden (z.B. Platinbleche) und verbindet diese mit einer Stromquelle geeigneter Stärke, so wandern die positiven Ionen (Kationen) an die Kathode (negativ polarisierte Elektrode) und die negativen Ionen (Anionen) an die Anode (positiv polarisierte Elektrode). Der Vorgang heißt Elektrophorese.

Bei genügend starker Polarisierung der Elektroden können Kationen Elektronen von der Kathode abziehen und sich entladen. Sie werden reduziert. An der Anode können Anionen ihre Überschußladung (Elektronen) abgeben und sich ebenfalls entladen. Sie werden oxidiert. Einen solchen Vorgang nennt man Elektrolyse.

Elektrolyse heißt demnach die chemische Veränderung (Oxidation, Reduktion, Zersetzung) einer Substanz durch den elektrischen Strom.

Beachte: An der Kathode erfolgen Reduktionen, an der Anode Oxidationen.

Für die Elektrolyse einer Substanz ist eine bestimmte Mindestspannung zwischen den Elektroden erforderlich. Sie heißt *Zersetzungsspannung*. Für einfache, bekannte Beispiele kann man den theoretischen Wert der Zersetzungsspannung aus der Spannungsreihe entnehmen (s. S. 207). Bisweilen sorgen besondere Widerstände für eine anomale Erhöhung der theoretischen Zersetzungsspannung. Man spricht dann von einer sog. *Überspannung*. Besonders häufig werden Überspannungen beobachtet, wenn bei der Elektrolyse Gase entstehen, die dann die Elektrodenoberfläche bedecken.

Beispiele für Elektrolysen

1) Elektrolyse einer *wäßrigen* Natriumchlorid-Lösung (Abb. 109) *(Chloralkalielektrolyse)*

In einer wäßrigen Lösung von NaCl liegen hydratisierte $Na^{\oplus}$-Kationen und $Cl^{\ominus}$-Anionen vor.

a) *"Diaphragma-Verfahren"*

Anodenvorgang: $2\ Cl^{\ominus} \longrightarrow Cl_2 + 2\ e^{\ominus}$. An der Anode geben die $Cl^{\ominus}$-Ionen je ein Elektron ab. Zwei entladene (neutrale) Chloratome vereinigen sich zu einem Chlormolekül.
Anode: Retortenkohle; Achesongraphit; Titan/Rutheniumdioxid.

Kathodenvorgang: $2\ Na^{\oplus} + 2\ H_2O + 2\ e^{\ominus} \longrightarrow H_2 + 2\ Na^{\oplus} + 2\ OH^{\ominus}$. An der Kathode werden Elektronen auf Wasserstoffatome der Wassermoleküle übertragen. Es bilden sich elektrisch neutrale H-Atome, die zu H_2-Molekülen kombinieren. Aus den Wassermolekülen entstehen ferner $OH^{\ominus}$-Ionen. Man erhält kein metallisches Natrium! Weil Wasserstoff ein positiveres Normalpotential als Na hat, wird Wasser zersetzt.
Kathode: Eisen.

Gesamtvorgang: $2\ NaCl + 2\ H_2O \longrightarrow 2\ NaOH + H_2 + Cl_2$. Bei der Elektrolyse einer wäßrigen NaCl-Lösung entstehen Natronlauge (NaOH), Chlorgas (Cl_2) und Wasserstoffgas (H_2).

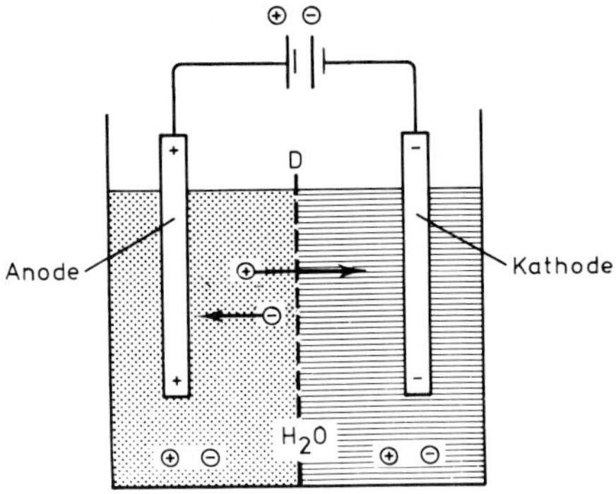

Abb. 109. ⊕ = $Na^{\oplus}$; ⊖ = $Cl^{\ominus}$; D = Diaphragma

Anmerkung: Bei dieser Versuchsanordnung müssen Kathodenraum und Anodenraum durch ein Diaphragma voneinander getrennt werden, damit die Reaktionsprodukte nicht sofort miteinander reagieren. Über mögliche Reaktionen s. S. 386

b) Beim *"Amalgam-Verfahren"* werden Anoden- und Kathodenvorgang in getrennten Zellen durchgeführt.

An der Hg-Kathode in der einen Zelle besitzt Wasserstoff eine hohe Überspannung und wird dadurch unedler; er bekommt ein negativeres Redoxpotential als Natrium. Damit wird die Reduktion von $Na^{\oplus}$ zu $\overset{0}{Na}$ möglich. Das metallische Natrium bildet mit Quecksilber ein Amalgam (0,4%ig).

In der zweiten Zelle ist Quecksilber als Anode geschaltet. Hier wird das Amalgam zu 20 - 50 % NaOH-Lösung und Wasserstoff zersetzt ($2\ Na + 2\ H_2O \longrightarrow 2\ NaOH + H_2$). Man erhält reine (chlorid-freie) NaOH.

2) Elektrolyse einer Natriumchlorid-*Schmelze* (Abb. 110) *(Schmelzelektrolyse)*

Anodenvorgang: $2\ Cl^{\ominus} \longrightarrow Cl_2 + 2\ e^{\ominus}$. Es besteht kein Unterschied zur Chloralkalielektrolyse.

Kathodenvorgang: $Na^{\oplus} + e^{\ominus} \longrightarrow \overset{0}{Na}$. An der Kathode nimmt ein $Na^{\oplus}$-Kation ein Elektron auf und wird zum neutralen Na-Atom reduziert. An der Kathode entsteht metallisches Natrium.

Gesamtvorgang: $2\ Na^{\oplus} + 2\ Cl^{\ominus} \xrightarrow{\text{Elektrolyse}} 2\ Na + Cl_2$. Es entstehen metallisches Natrium und Chlorgas.

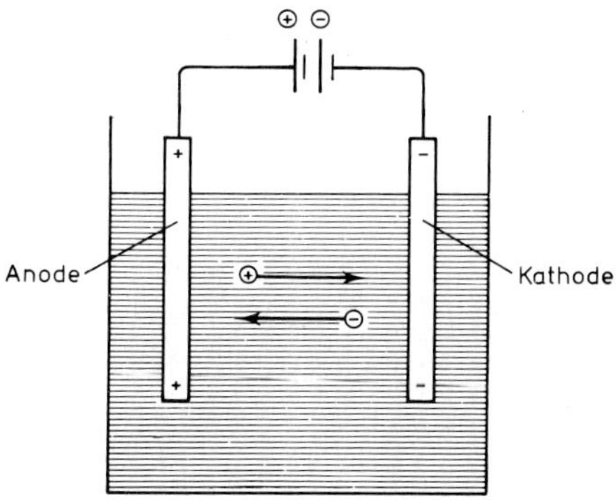

Abb. 110. Schmelzelektrolyse von NaCl. ⊕ = $Na^{\oplus}$; ⊖ = $Cl^{\ominus}$

Weitere Beispiele für Elektrolysen sind die Schmelzelektrolyse einer Mischung aus Al_2O_3 und Na_3AlF_6 (Kryolith) zur Darstellung von Aluminium; die Wasserelektrolyse (Bildung von Wasserstoff und Sauerstoff); die elektrolytische Raffination (Reinigung) von Kupfer (Abb. 111).

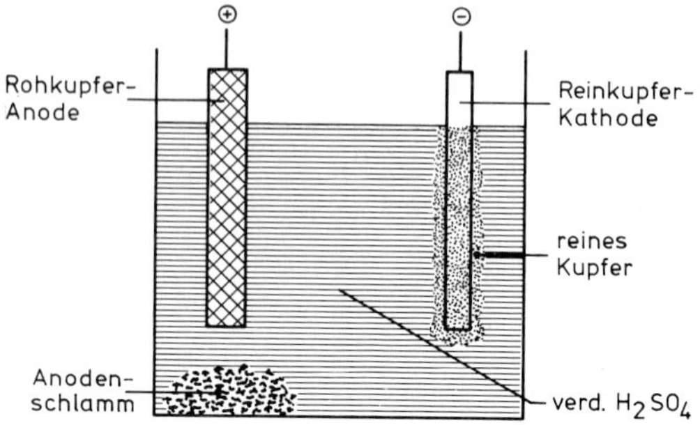

Abb. 111. Kupfer-Raffination

Hierbei verwendet man eine Rohkupfer-Anode und eine Reinkupfer-Kathode in verd. H_2SO_4 als Lösungsmittel. Bei der Elektrolyse gehen aus der Anode außer Kupfer nur die unedlen Verunreinigungen wie Zn und Fe als Ionen in Lösung. Die edlen Verunreinigungen Ag, Au setzen sich als "Anodenschlamm" ab. An der Kathode scheidet sich reines Kupfer ab.

Andere Beispiele für Elektrodenprozesse finden sich auf S. 204.

II. Lösungen *flüchtiger* Substanzen

1. Dampfdruck über der Lösung: Der Dampfdruck ist die Summe der Partialdrucke der Komponenten.

2. Siedediagramme binärer Lösungen bei konstantem Druck:

Ideale Lösungen

Bei idealen Lösungen gilt für jede Komponente das Raoultsche Gesetz. Das Mischen der Komponenten ist ein rein physikalischer Vorgang. Die Dampfdruckkurve ist eine Gerade.

Beispiele sind Mischungen weitgehend inerter und verwandter Substanzen wie die Gemische Benzol-Toluol, Methanol-Ethanol, flüssiger Stickstoff - flüssiger Sauerstoff.

Erhitzt man eine Lösung zum Sieden, beobachtet man keinen Siedepunkt, sondern ein *Siedeintervall*. Untersucht man die Zusammensetzung der Lösung und ihres Dampfes bei der jeweiligen Siedetemperatur, erhält man ein *Siedediagramm*, das dem in Abb. 112 ähnlich ist.

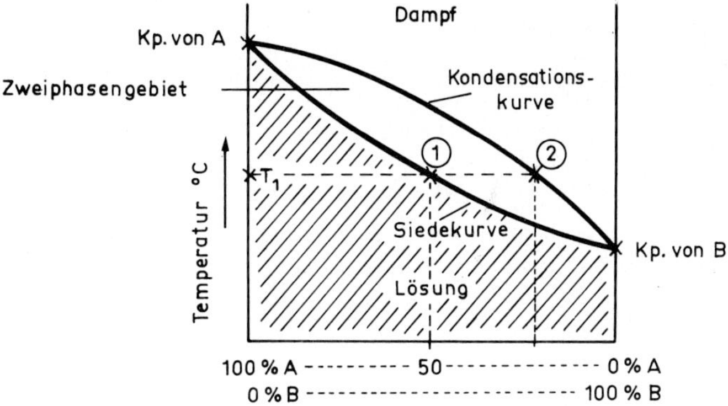

Abb. 112. Siedediagramm einer idealen Lösung bei p = konst

Erläuterung des Siedediagramms

Die *Siedekurve* (Siedelinie) trennt die flüssige Phase, die *Kondensationskurve* (Taulinie) die gasförmige Phase von einem Zweiphasengebiet, in dem beide Phasen im Gleichgewicht nebeneinander existieren. Beachte: Für die reinen Komponenten fallen die Kurven zusammen. Erhitzt man z.B. eine Lösung der Zusammensetzung A : B = 1 bei konstantem äußeren Druck, beginnt sie zu sieden, wenn ihr Dampfdruck dem äußeren Druck gleich ist. Die zugehörige Temperatur ist die Siedetemperatur T_1. Trägt man T_1 als Ordinate und das Konzentrationsverhältnis A/B als Abszisse auf, ergibt sich als Schnittpunkt Punkt ①. Die Punkte auf der Kondensationskurve geben die Zusammensetzung des Dampfes an, der bei der betreffenden Temperatur mit der flüssigen Phase im Gleichgewicht steht. Die Zusammensetzung des Dampfes bei der Temperatur T_1 entspricht derjenigen von Punkt ② auf der Kondensationskurve. Im Dampf ist also die Komponente mit dem tieferen Siedepunkt angereichert. Beim Erhitzen einer Lösung reichert sich demzufolge die Lösung mit dem höhersiedenden Bestandteil an. Erhitzt man eine Lösung längere Zeit zum Sieden, erhält man daher immer höhere Siedetemperaturen. Wird der Dampf über der Lösung nicht entfernt, ist der Siedevorgang beendet, wenn der Dampf die gleiche Zusammensetzung besitzt wie die zu Anfang vorhandene Lösung. Dies ist der Fall, wenn die gesamte Lösung verdampft ist.

Beachte: Das Mengenverhältnis der Komponenten in der Lösung und der Dampfphase ist verschieden.

Praktisch ausgenutzt wird dies bei der *fraktionierten Destillation*.

Nichtideale Lösungen

Man unterscheidet zwei Fälle von nichtidealen Lösungen.

Fall a: Die Wechselwirkungen zwischen den Teilchen der verschiedenen Komponenten sind größer als zwischen den Teilchen der reinen Komponenten. Dies führt zu einer negativen Lösungsenthalpie und einer Volumenkontraktion. Die Dampfdruckkurve besitzt bei einer bestimmten Temperatur ein *Minimum*. Diesem entspricht im Siedediagramm Abb. 113 ein *Maximum*. Beispiel: System Aceton - Chloroform.

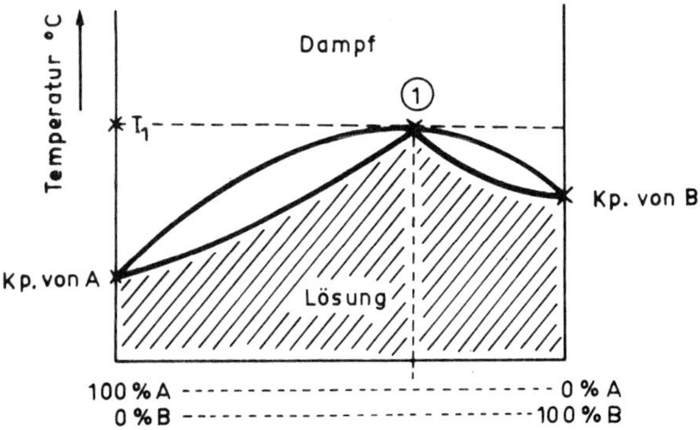

Abb. 113. Siedediagramm einer nichtidealen Lösung mit einem *Maximum* für p = konst

Fall b: Es existieren stärkere Wechselwirkungen zwischen den Teilchen der einzelnen Komponenten als zwischen den Teilchen der verschiedenen Komponenten. Gegenüber einer fiktiven idealen Lösung dieser Komponenten beobachtet man eine positive Lösungsenthalpie und eine Volumenexpansion. Die Dampfdruckkurve ist nicht linear, sie zeigt bei einer bestimmten Temperatur ein *Maximum*. Diesem Maximum entspricht im Siedediagramm Abb. 114 ein *Minimum*. Beispiel: System Aceton - Schwefelkohlenstoff.

In *beiden extremen Punkten* fallen Siedekurve und Kondensationskurve zusammen. Die zugehörige Lösung verhält sich wie ein reiner Stoff. Sie hat einen Siede*punkt*. Dampf und Lösung besitzen die gleiche Zusammensetzung. Eine Lösung mit diesen Eigenschaften heißt konstant siedendes oder *azeotropes Gemisch*.

Beispiele für azeotrope Gemische bei 1 bar:

Wasser (4 %) - Ethanol (96 %); Kp. 78,2°C

Wasser (8,83 %) - Benzol (91,17 %); Kp. 69,3°C

Wasser (79,8 %) - HCl-Gas (20,2 %); Kp. 108,6°C

Chloroform (78,5 %) - Aceton (21,8 %); Kp. 64,4°C

Beachte: Ein azeotropes Gemisch läßt sich nicht durch Destillation bei konstantem Druck trennen.

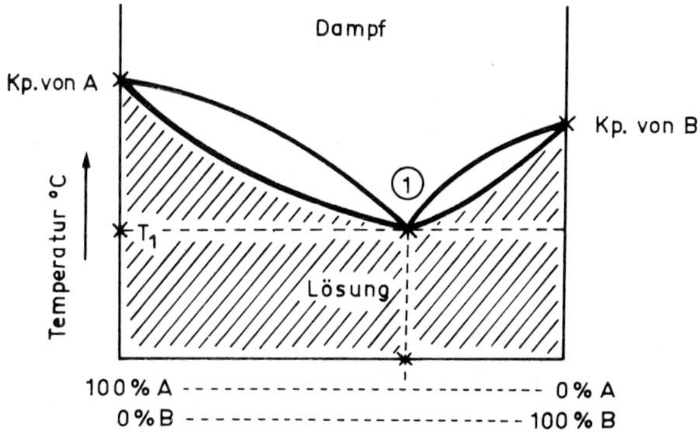

Abb. 114. Siedediagramm einer nichtidealen Lösung mit einem *Minimum* für p = konst

Anmerkung: Der ausgezeichnete Punkt (1) in Abb. 113 und 114 gibt den Siedepunkt und die Zusammensetzung des azeotropen Gemisches an.

Mischungslücke

Werden die Wechselwirkungen zwischen den Teilchen der einzelnen Komponenten sehr viel stärker als zwischen den Teilchen der verschiedenen Komponenten, ist entweder überhaupt keine Mischung möglich oder die Lösung (Mischung) zerfällt manchmal in einem bestimmten Konzentrationsbereich in ein *heterogenes System*. Der betreffende Konzentrationsbereich heißt *Mischungslücke*.

In der Mischungslücke liegen zwei flüssige Phasen nebeneinander vor, die jeweils eine der beiden Komponenten im gesättigten Zustand gelöst enthalten. Da im Bereich der Mischungslücke eine Konzentrationsänderung zu einer Veränderung des Mengenverhältnisses der beiden gesättigten Phasen führt, ist der Dampfdruck über beiden Phasen konstant. Auch im Siedediagramm ergibt sich für die Mischungslücke eine konstante Siedetemperatur. Beispiel: System Phenol - Wasser (Abb. 115).

Beachte: Oberhalb der kritischen Lösungstemperatur (Punkt K) liegt eine homogene Lösung mit völliger Mischbarkeit vor.

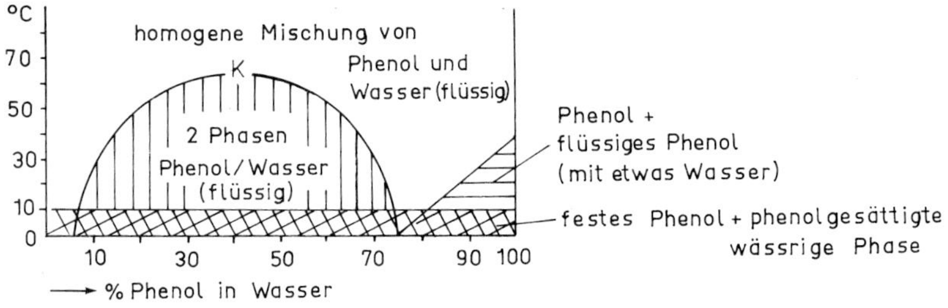

Abb. 115. Phasendiagramm des Systems Wasser - Phenol. Oberhalb von 66°C sind Phenol und Wasser in jedem Verhältnis mischbar

Kolloide Lösungen, kolloiddisperse Systeme

In einem kolloiddispersen System (Kolloid) sind Materieteilchen der Größenordnung 10 - 100 nm in einem Medium, dem Dispersionsmittel, verteilt (dispergiert). Dispersionsmittel und dispergierter Stoff können in beliebigem Aggregatzustand vorliegen. Echte Lösungen (molekulardisperse Lösungen) und kolloiddisperse Systeme zeigen daher trotz gelegentlich ähnlichen Verhaltens deutliche Unterschiede.

Dies wird besonders augenfällig beim Faraday-Tyndall-Effekt. Während eine echte Lösung "optisch leer" ist, streuen kolloide Lösungen eingestrahltes Licht nach allen Richtungen, und man kann seitlich zum eingestrahlten Licht eine leuchtende Trübung erkennen.

Der Tyndall-Effekt wird auch im Alltag häufig beobachtet. Ein Beispiel liefern Sonnenstrahlen, die durch Staubwolken oder Nebel fallen. Ihren Weg kann man infolge der seitlichen Lichtstreuung beobachten.

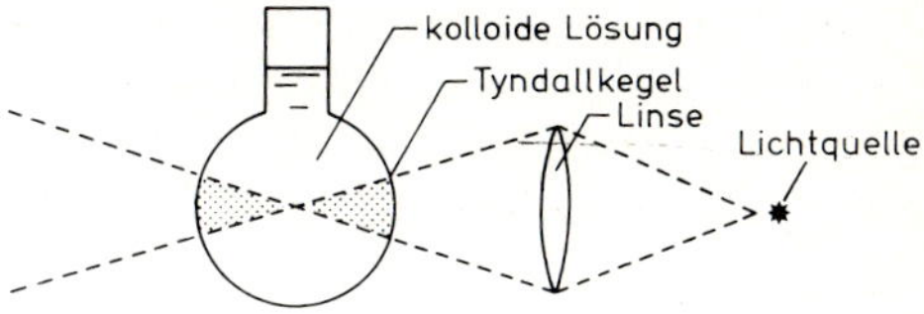

Abb. 116. Experiment zum Nachweis des Tyndall-Effektes

Einteilung der Kolloide

Kolloide Systeme können Dispersionsmittel und dispergierten Stoff in verschiedenem Aggregatzustand enthalten. Entsprechend unterscheidet man:

Aerosol: Dispersionsmittel: Gas; dispergierter Stoff: fest; Beispiel: Rauch

Dispersionsmittel: Gas; dispergierter Stoff: flüssig; Beispiel: Nebel

Sol, Suspension: Dispersionsmittel: flüssig; dispergierter Stoff: fest; Beispiel: Dispersionsanstrichfarben

Emulsion: Dispersionsmittel: flüssig; dispergierter Stoff: flüssig; Beispiel: Milch (Fetttröpfchen in Wasser), Hautcreme (Öl in Wasser oder Wasser in Öl)

Schaum: Dispersionsmittel: fest; dispergierter Stoff: Gas; Beispiel: Seifenschaum, Schlagsahne, verschäumte Polyurethane (s. Teil II)

Bisweilen unterteilt man Kolloide nach ihrer Gestalt in isotrope Kolloide oder Sphärokolloide und anisotrope (nicht kugelförmige) Kolloide oder Linearkolloide.

Besitzen die Kolloidteilchen etwa die gleiche Größe, spricht man von einem monodispersen System. Polydispers heißt ein System, wenn die Teilchen verschieden groß sind.

Weitverbreitet ist die Einteilung von Kolloiden aufgrund ihrer Wechselwirkungen mit dem Dispersionsmittel. Kolloide mit starken Wechselwirkungen mit dem Lösungsmittel heißen lyophil (Lösungsmittel liebend). Auf Wasser bezogen nennt man sie hydrophil. Lyophile Kolloide enthalten entweder große Moleküle oder Aggregate (Micellen) kleinerer Moleküle, die eine Affinität zum Lösungsmittel haben. Sie sind oft sehr stabil. Beispiele: natürlich vorkommende Polymere oder polymerähnliche Substanzen wie Proteine, Nucleinsäuren, Seifen, Detergentien oder Emulgatoren (s. Teil II).

Lyophob oder speziell hydrophob heißen Kolloide, die mit dem Lösungsmittel keine oder nur geringe Wechselwirkungen zeigen. Sie sind im neutralen Zustand im allgemeinen instabil. Durch Wechselwirkung mit dem Lösungsmittel können sie bisweilen positiv oder negativ aufgeladen werden, z.B. durch Anlagerung von Ionen wie $H^{\oplus}$, $OH^{\ominus}$ usw. Dies führt zu einer Stabilisierung des kolloiden Zustandes, weil sich gleichsinnig geladene Teilchen abstoßen und ein Zusammenballen verhindert wird.

Ballen sich die einzelnen Teilchen eines Kolloidsystems zusammen, flocken sie aus. Der Vorgang heißt Koagulieren bzw. Koagulation. Da hierbei die Oberfläche verkleinert wird, ist die Koagulation ein exergonischer Vorgang ($\Delta G < 0$). Der zur Koagulation entgegengesetzte Vorgang heißt Peptisation.

Isoelektrischer Punkt

Isoelektrischer Punkt (I.P.) heißt der pH-Wert, bei dem die Anzahl der positiven und negativen Ladungen gerade gleich groß ist. Erreicht ein kolloiddisperses System diesen Zustand, wird das System instabil und die Kolloidteilchen flocken aus.

Durch das Ausflocken von Kolloidteilchen entsteht aus einem Sol ein Gel, ein oft puddingartiger Zwischenzustand:

$$\text{Sol} \underset{\text{Peptisation}}{\overset{\text{Koagulation}}{\rightleftharpoons}} \text{Gel.}$$

Durch Zugabe sog. *Schutzkolloide* wie z.B. Gelatine, Eiweißstoffe, lösliche Harze kann das Ausflocken manchmal verhindert werden. Die Kolloidteilchen sind dann nämlich von einer Schutzhülle umgeben, welche die Wechselwirkungen zwischen den Teilchen vermindert oder unterdrückt.

9. Redox-Systeme

Oxidationszahl

Die Oxidationszahl ist ein wichtiger Hilfsbegriff besonders bei der Beschreibung von Redoxvorgängen.

Die Oxidationszahl eines Elements ist die Zahl der formalen Ladungen eines Atoms in einem Molekül, die man erhält, wenn man sich das Molekül aus Ionen aufgebaut denkt. Sie darf nicht mit der Partialladung verwechselt werden, die bei der Polarisierung einer Bindung oder eines Moleküls entsteht, s. S. 175.

Die Oxidationszahl ist eine ganze Zahl. Ihre Angabe geschieht in der Weise, daß sie

a) mit vorangestelltem Vorzeichen als arabische oder römische Zahl über das entsprechende Elementsymbol geschrieben wird: $\overset{0}{Na}$, $\overset{+1\oplus}{Na}$, oder $\overset{II}{Fe}$, $\overset{III}{Fe}$,

b) oft auch als römische Zahl in Klammern hinter das Elementsymbol oder den Elementnamen geschrieben wird: Eisen-(III)-chlorid, Fe(III)-chlorid, $FeCl_3$.

Regeln zur Ermittlung der Oxidationszahl

1. Die Oxidationszahl eines Atoms im elementaren Zustand ist Null.
2. Die Oxidationszahl eines einatomigen Ions entspricht seiner Ladung.
3. In Molekülen ist die Oxidationszahl des Elements mit der kleineren Elektronegativität (s. S. 48) positiv, diejenige des Elements mit der größeren Elektronegativität negativ.
4. Die algebraische Summe der Oxidationszahlen der Atome eines neutralen Moleküls ist Null.

5. Die Summe der Oxidationszahlen der Atome eines Ions entspricht seiner Ladung.

6. Die Oxidationszahl des Wasserstoffs in Verbindungen ist +1 (nur in Hydriden ist sie -1).

7. Die Oxidationszahl des Sauerstoffs in Verbindungen ist -2 (Ausnahmen sind: Peroxide, Sauerstoff-fluoride und das $O_2^{\oplus}$-Kation).

Beispiele:

Die Oxidationszahlen des Stickstoffs in verschiedenen Stickstoffverbindungen sind z.B.

$\overset{-3}{N}H_4Cl$, $\overset{-3}{N}H_4^{\oplus}$, $\overset{-3}{N}H_3$, $\overset{-3}{N}H_2^{\ominus}$, $\overset{-2}{N}_2H_4$, $H_2\overset{-1}{N}OH$, $\overset{+1}{N}_2O$ (Distickstoffmonoxid), $H\overset{+1}{N}O$, $\overset{+2}{N}O$, $\overset{+4}{N}O_2$, $\overset{+5}{N}O_3^{\ominus}$.

In vielen Fällen lassen sich die Oxidationszahlen der Elemente aus dem Periodensystem ablesen. Die Gruppennummer gibt meist die höchstmögliche Oxidationszahl eines Elements an (s. Tabelle 18).

Tabelle 18. Die häufigsten Oxidationszahlen wichtiger Elemente

+ 1	H	Li	Na	K	Rb	Cs	Cu	Ag	Au	Tl	Cl	Br	I
+ 2	Mg	Ca	Sr	Ba	Mn	Fe	Co	Ni	Cu	Zn	Cd	Hg	Sn	Pb
+ 3	B	Al	Cr	Mn	Fe	Co	N	P	As	Sb	Bi	Cl		
+ 4	C	Si	Sn	Pb	S	Se	Te	Xe						
+ 5	N	P	As	Sb	Cl	Br	I							
+ 6	Cr	S	Se	Te	Xe									
+ 7	Mn	Cl	I											
+ 8	Os	Xe												
- 1	F	Cl	Br	I	H	O								
- 2	O	S	Se	Te										
- 3	N	P	As											
- 4	C													

Anmerkung: Häufig benutzt man auch gleichbedeutend mit dem Begriff Oxidationszahl die Begriffe *Oxidationsstufe* und (elektrochemische) *Wertigkeit*, s. S. 11 und S. 97.

Reduktion und Oxidation

Reduktion heißt jeder Vorgang, bei dem ein Teilchen (Atom, Ion, Molekül) Elektronen aufnimmt. Hierbei wird die Oxidationszahl des reduzierten Teilchens kleiner.

Reduktion bedeutet also *Elektronenaufnahme*.

Beispiel: $\overset{0}{Cl}_2 + 2\,e^{\ominus} \rightleftharpoons 2\,\overset{-1}{Cl}{}^{\ominus}$,

allgemein: $Ox_1 + n\,e^{\ominus} \rightleftharpoons Red_1$.

Oxidation heißt jeder Vorgang, bei dem einem Teilchen (Atom, Ion, Molekül) Elektronen entzogen werden. Hierbei wird die Oxidationszahl des oxidierten Teilchens größer.

Beispiel: $\overset{0}{Na} \rightleftharpoons \overset{+1}{Na}{}^{\oplus} + e^{\ominus}$,

allgemein: $Red_2 \rightleftharpoons Ox_2 + n\,e^{\ominus}$.

Oxidation bedeutet *Elektronenabgabe*.

Ein Teilchen kann nur dann Elektronen aufnehmen (abgeben), wenn diese von anderen Teilchen abgegeben (aufgenommen) werden. Reduktion und Oxidation sind also stets miteinander gekoppelt:

$Ox_1 + n\,e^{\ominus} \rightleftharpoons Red_1$ *konjugiertes **Redoxpaar**: Ox_1/Red_1*

$Red_2 \rightleftharpoons Ox_2 + n\,e^{\ominus}$ *konjugiertes **Redoxpaar**: Red_2/Ox_2*

$Ox_1 + Red_2 \rightleftharpoons Ox_2 + Red_1$ Redoxsystem

$\overset{0}{Cl} + \overset{0}{Na} \rightleftharpoons Na^{\oplus} + Cl^{\ominus}$

Zwei miteinander kombinierte Redoxpaare nennt man ein ***Redoxsystem***.

Reaktionen, die unter Reduktion und Oxidation irgendwelcher Teilchen verlaufen, nennt man ***Redoxreaktionen*** (Redoxvorgänge). Ihre Reaktionsgleichungen heißen Redoxgleichungen.

Allgemein kann man formulieren: ***Redoxvorgang = Elektronenverschiebung***.

Die formelmäßige Wiedergabe von Redoxvorgängen wird erleichtert, wenn man - wie oben - zuerst formale Teilgleichungen für die Teilreaktionen (Halbreaktionen, Redoxpaare) schreibt. Die Gleichung für den gesamten Redoxvorgang erhält man durch Addition der Teilgleichungen. Da Reduktion und Oxidation stets gekoppelt sind, gilt:

Die Summe der Ladungen (auch der Oxidationszahlen) und die Summe der Elemente muß auf beiden Seiten einer Redoxgleichung gleich sein!

Ist dies nicht unmittelbar der Fall, muß durch Wahl geeigneter Koeffizienten (Faktoren) der Ausgleich hergestellt werden.

Vielfach werden Redoxgleichungen ohne die Begleit-Ionen vereinfacht angegeben = Ionengleichungen.

Beispiele für Redoxpaare: $\overset{0}{Na}/Na^{\oplus}$; $2\,Cl^{\ominus}/Cl_2$; $Mn^{2\oplus}/Mn^{7\oplus}$; $Fe^{2\oplus}/Fe^{3\oplus}$.

Beispiele für Redoxgleichungen:

Verbrennen von Natrium in Chlor

$$1)\quad \overset{0}{Na} - e \longrightarrow \overset{+1}{Na}{}^{\oplus} \quad \bullet\ 2$$

$$2)\quad \overset{0}{Cl_2} + 2e \longrightarrow 2\,\overset{-1}{Cl}{}^{\ominus}$$

$$1) + 2)\quad 2\,\overset{0}{Na} + \overset{0}{Cl_2} \longrightarrow 2\,\overset{+1}{Na}\,\overset{-1}{Cl}$$

Verbrennen von Wasserstoff in Sauerstoff

$$1)\quad \overset{0}{H_2} - 2e \longrightarrow 2\,\overset{+1}{H}{}^{\oplus} \quad \bullet\ 2$$

$$2)\quad \overset{0}{O_2} + 4e \longrightarrow 2\,\overset{-2}{O}{}^{2\ominus}$$

$$1) + 2)\quad 2\,\overset{0}{H_2} + \overset{0}{O_2} \longrightarrow 2\,\overset{+1}{H_2}\overset{-2}{O}$$

Reaktion von konzentrierter Salpetersäure mit Kupfer

$$4\ \overset{+1}{H}\overset{+5}{N}\overset{-2}{O_3} + \overset{0}{Cu} \longrightarrow \overset{+2}{Cu}(\overset{+5}{N}\overset{-2}{O_3})_2 + 2\,\overset{+4}{N}\overset{-2}{O_2} + 2\,H_2O$$

Meist gibt man nur die Oxidationszahlen der Elemente an, die oxidiert und reduziert werden:

$$4\ H\overset{+5}{N}O_3 + \overset{0}{Cu} \longrightarrow \overset{+2}{Cu}(NO_3)_2 + 2\,\overset{+4}{N}O_2 + 2\,H_2O$$

Reaktion von Permanganat - $MnO_4^{\ominus}$ - und $Fe^{2\oplus}$ - Ionen in saurer Lösung

$$1)\quad \overset{+7}{Mn}O_4^{\ominus} + 8\ H_3O^{\oplus} + 5\ e^{\ominus} \longrightarrow Mn^{2\oplus} + 12\ H_2O$$

$$2)\quad Fe^{2\oplus} - 1\ e^{\ominus} \longrightarrow Fe^{3\oplus} \qquad \cdot 5$$

1) + 2)

$$\overset{+7}{Mn}O_4^{\ominus} + (8\ H_3O^{\oplus}) + 5\ Fe^{2\oplus} \longrightarrow 5\ Fe^{3\oplus} + Mn^{2\oplus} + (12\ H_2O)$$

Bei der Reduktion von $\overset{+7}{Mn}O_4^{\ominus}$ zu $Mn^{2\oplus}$ werden 4 Sauerstoffatome in Form von Wasser frei, wozu man 8 $H_3O^{\oplus}$-Ionen braucht. Deshalb stehen auf der rechten Seite der Gleichung 12 H_2O-Moleküle.

Solche Gleichungen geben nur die Edukte und Produkte der Reaktionen sowie die Massenverhältnisse an. Sie sagen nichts über den Reaktionsverlauf (Reaktionsmechanismus) aus.

Reduktionsmittel sind Substanzen (Elemente, Verbindungen), die Elektronen abgeben oder denen Elektronen entzogen werden können. Sie werden hierbei oxidiert. Beispiele: Natrium, Kalium, Kohlenstoff, Wasserstoff.

Oxidationsmittel sind Substanzen (Elemente, Verbindungen), die Elektronen aufnehmen und dabei andere Substanzen oxidieren. Sie selbst werden dabei reduziert. Beispiele: Sauerstoff, Ozon (O_3, besondere Form (Modifikation) des Sauerstoffs), Chlor, Salpetersäure, Kaliumpermanganat ($KMnO_4$).

Ein *Redoxvorgang* läßt sich allgemein formulieren:

$$\underset{\text{(Oxidationsmittel)}}{\text{oxidierte Form + Elektronen}} \underset{\text{Oxidation}}{\overset{\text{Reduktion}}{\rightleftharpoons}} \underset{\text{(Reduktionsmittel)}}{\text{reduzierte Form}}$$

Normalpotentiale von Redoxpaaren

Läßt man den Elektronenaustausch einer Redoxreaktion so ablaufen, daß man die Redoxpaare (Teil- oder Halbreaktionen) räumlich voneinander trennt, sie jedoch elektrisch und elektrolytisch leitend miteinander verbindet, ändert sich am eigentlichen Reaktionsvorgang nichts.

Ein Redoxpaar bildet zusammen mit einer "Elektrode" (= Elektronenleiter), z.B. einem Platinblech zur Leitung der Elektronen, eine sog. ***Halbzelle*** (Halbkette).

Die Kombination zweier Halbzellen nennt man eine *Zelle*, Kette, Galvanische Zelle, Galvanisches Element oder Volta-Element. (Galvanische Zellen finden als ortsunabhängige Stromquellen mannigfache Verwendung, z.B. in Batterien oder Akkumulatoren.)

Bei Redoxpaaren Metall/Metall-Ion kann das betreffende Metall als Elektrode dienen.

Ein Beispiel für eine aus Halbzellen aufgebaute Zelle ist das Daniell-Element (Abb. 117).

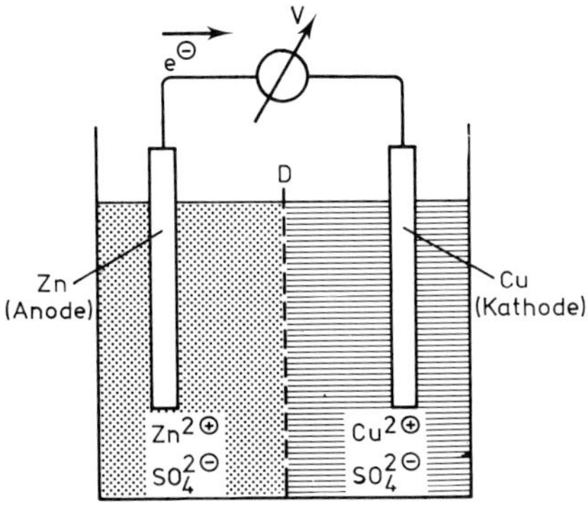

Abb. 117. Daniell-Element

D = Diaphragma; $CuSO_4$ = Kupfersulfat; $ZnSO_4$ = Zinksulfat

V = Voltmeter

$\overrightarrow{e^{\ominus}}$ = Richtung der Elektronenwanderung

Als Kathode wird diejenige Elektrode bezeichnet, an der Elektronen in die Elektrolytlösung eintreten. An der Kathode erfolgt die Reduktion.

An der Anode verlassen die Elektronen die Elektrolytlösung. An der Anode erfolgt die Oxidation.

Die Reaktionsgleichungen für den Redoxvorgang im Daniell-Element sind:

Anodenvorgang: $Zn \rightleftharpoons Zn^{2\oplus} + 2\,e^{\ominus}$

Kathodenvorgang: $Cu^{2\oplus} + 2\,e^{\ominus} \rightleftharpoons Cu$

Redoxvorgang: $Cu^{2\oplus} + Zn \rightleftharpoons Zn^{2\oplus} + Cu$

oder in Kurzschreibweise:

$Zn\,(f)/Zn^{2\oplus}$

$Cu^{2\oplus}/Cu\,(f)$

$Zn\,(f)/Zn^{2\oplus}//Cu^{2\oplus}/Cu\,(f)$ ((f) = fest)

Die Schrägstriche symbolisieren die Phasengrenzen; doppelte Schrägstriche trennen die Halbzellen.

In der Versuchsanordnung erfolgt der Austausch der Elektronen über die Metallelektroden Zn bzw. Cu, die leitend miteinander verbunden sind. Die elektrolytische Leitung wird durch das Diaphragma D hergestellt. D ist eine semipermeable Wand und verhindert eine Durchmischung der Lösungen von Anoden- und Kathodenraum. Anstelle eines Diaphragmas wird oft eine Salzbrücke ("Stromschlüssel") benutzt. Ein Durchmischen von Anolyt und Katholyt muß verhindert werden, damit der Elektronenübergang zwischen der Zn- und Cu-Elektrode über die leitende Verbindung erfolgt.

Bei einem "Eintopfverfahren" scheidet sich Kupfer direkt an der Zinkelektrode ab.

Schaltet man zwischen die Elektroden in Abb. 117 ein Voltmeter, so registriert es eine Spannung (Potentialdifferenz) zwischen den beiden Halbzellen. Die stromlos gemessene Potentialdifferenz einer galvanischen Zelle wird elektromotorische Kraft (EMK, Symbol E) genannt. Sie ist die *maximale* Spannung der Zelle. Die Existenz einer Potentialdifferenz in Abb. 117 zeigt: Ein Redoxpaar hat unter genau fixierten Bedingungen ein ganz bestimmtes elektrisches Potential, das *Redoxpotential*.

Die Redoxpotentiale von Halbzellen sind die Potentiale, die sich zwischen den Komponenten eines Redoxpaares ausbilden, z.B. zwischen einem Metall und der Lösung seiner Ionen. Sie sind einzeln nicht meßbar, d.h. es können nur Potential*differenzen* bestimmt werden.

Kombiniert man aber eine Halbzelle mit immer der gleichen standardisierten Halbzelle, so kann man die Einzelspannung der Halbzelle in bezug auf das Einzelpotential (Redoxpotential) der Bezugs-Halbzelle, d.h. in einem *relativen* Zahlenmaß, bestimmen.

Als standardisierte Bezugselektrode hat man die Normalwasserstoffelektrode gewählt und ihr willkürlich das Potential *Null* zugeordnet.

Die Normalwasserstoffelektrode ist eine Halbzelle. Sie besteht aus einer Elektrode aus Platin (mit elektrolytisch abgeschiedenem, fein verteiltem Platin überzogen), die bei $25^{\circ}C$ von Wasserstoffgas unter einem konstanten Druck von 1 bar umspült wird. Diese Elektrode taucht in die wäßrige Lösung einer Säure vom pH = 0, d.h. $c(H_3O^{\oplus})=1\ mol \cdot l^{-1}$ ein (Abb. 118). Korrekter ist die Angabe $a_{H_3O^{\oplus}} = 1$ (über die Aktivität a s. S. 275). $a_{H_3O^{\oplus}} = 1$ gilt z.B. für eine 2 M HCl-Lösung.

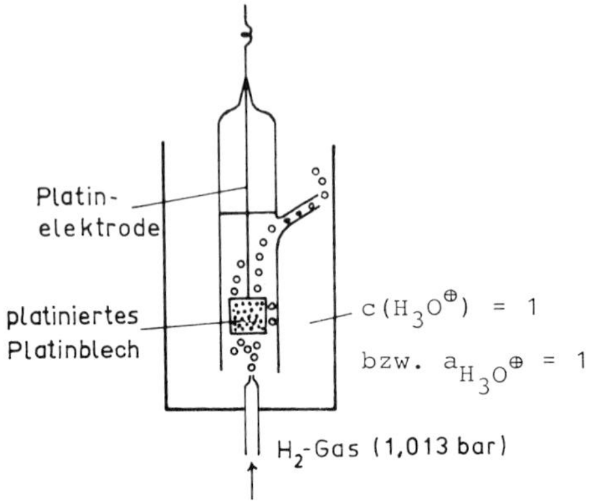

Elektrodenvorgang:

$$H_2 \rightleftharpoons 2\ H^{\oplus} + 2\ e^{\ominus}$$

$$2\ H^{\oplus} + 2\ H_2O \rightleftharpoons 2\ H_3O^{\oplus}$$

Abb. 118. Normalwasserstoffelektrode

Werden die Potentialdifferenz-Messungen mit der Normalwasserstoffelektrode unter Normalbedingungen durchgeführt, so erhält man die Normalpotentiale E^o der betreffenden Redoxpaare. Diese E^o-Werte sind die EMK-Werte einer Zelle, bestehend aus den in Tabelle 19 angegebenen Halbzellen und der Normalwasserstoffelektrode. *Normalbedingungen* sind dann gegeben, wenn bei 25°C alle Reaktionspartner die Konzentration 1 mol · l^{-1} haben (genau genommen müssen die Aktivitäten 1 sein). Gase haben dann die Konzentration 1, wenn sie unter einem Druck von 1,013 bar stehen. Für reine Feststoffe und reine Flüssigkeiten ist die Konzentration gleich 1. Das Normalpotential eines Metalls ist also das Potential dieses Metalls in einer 1 M Lösung seines Salzes bei 25°C.

Vorzeichengebung:

Redoxpaare, die Elektronen abgeben, wenn sie mit der Normalwasserstoffelektrode als Nullelektrode kombiniert werden, erhalten ein negatives Normalpotential zugeordnet. Sie wirken gegenüber dem Redoxpaar $H_2/H_3O^{\oplus}$ reduzierend.

Redoxpaare, deren oxidierte Form (Oxidationsmittel) stärker oxidierend wirkt als das $H_3O^{\oplus}$-Ion, bekommen ein positives Normalpotential.

Ordnet man die Redoxpaare nach steigendem Normalpotential, erhält man die elektrochemische Spannungsreihe (Redoxreihe) (Tabelle 19):

Tabelle 19. Redoxreihe ("Spannungsreihe") (Ausschnitt)

reduzierende Wirkung nimmt ab ↓ | oxidierende Wirkung nimmt zu ↓

Ox			Red	E^o
$Li^{\oplus}$	$+ e^{\ominus}$	$\rightleftharpoons$	Li	-3,03
$K^{\oplus}$	$+ e^{\ominus}$	$\rightleftharpoons$	K	-2,92
$Ca^{2\oplus}$	$+ 2 e^{\ominus}$	$\rightleftharpoons$	Ca	-2,76
$Na^{\oplus}$	$+ e^{\ominus}$	$\rightleftharpoons$	Na	-2,71
$Mg^{2\oplus}$	$+ 2 e^{\ominus}$	$\rightleftharpoons$	Mg	-2,40
$Zn^{2\oplus}$	$+ 2 e^{\ominus}$	$\rightleftharpoons$	Zn	-0,76
S	$+ 2 e^{\ominus}$	$\rightleftharpoons$	$S^{2\ominus}$	-0,51
$Fe^{2\oplus}$	$+ 2 e^{\ominus}$	$\rightleftharpoons$	Fe	-0,44
● $2 H_3O^{\oplus}$	$+ 2 e^{\ominus}$	$\rightleftharpoons$	$2 H_2O + H_2$	0,00 ●
$Cu^{2\oplus}$	$+ e^{\ominus}$	$\rightleftharpoons$	$Cu^{\oplus}$	+0,17
$Cu^{2\oplus}$	$+ 2 e^{\ominus}$	$\rightleftharpoons$	Cu	+0,35
O_2	$+ 2 H_2O + 4 e^{\ominus}$	$\rightleftharpoons$	$4 OH^{\ominus}$	+0,40*
I_2	$+ 2 e^{\ominus}$	$\rightleftharpoons$	$2 I^{\ominus}$	+0,58
$Fe^{3\oplus}$	$+ e^{\ominus}$	$\rightleftharpoons$	$Fe^{2\oplus}$	+0,75
$CrO_4^{2\ominus}$	$+ 8 H_3O^{\oplus} + 3 e^{\ominus}$	$\rightleftharpoons$	$12 H_2O + Cr^{3\oplus}$	+1,30
Cl_2	$+ 2 e^{\ominus}$	$\rightleftharpoons$	$2 Cl^{\ominus}$	+1,36
$MnO_4^{\ominus}$	$+ 8 H_3O^{\oplus} + 5 e^{\ominus}$	$\rightleftharpoons$	$12 H_2O + Mn^{2\oplus}$	+1,50
O_3	$+ 2 H_3O^{\oplus} + 2 e^{\ominus}$	$\rightleftharpoons$	$3 H_2O + O_2$	+2,07
F_2	$+ 2 e^{\ominus}$	$\rightleftharpoons$	$2 F^{\ominus}$	+3,06+
Ox (oxidierte Form)			Red (reduzierte Form)	Normalpotential

*Das Normalpotential bezieht sich auf Lösungen vom pH 14 ($c(OH^{\ominus}) = 1$). Bei pH 7 beträgt das Potential +0,82 V.

+) in saurer Lösung, +2,87 V im basischer Lösung.

K Ca Na Mg Al — Mn Zn Cr Fe Cd Co Ni Sn Pb — (H_2)

Leichtmetalle (unedel) — Schwermetalle (unedel)

Cu Ag Hg — Au Pt →

Halbedelmetalle — Edelmetalle

Die EMK einer beliebigen Zelle (unter Normalbedingungen) setzt sich aus den Einzelpotentialen der Halbzellen zusammen und wird als Differenz $E_2^o - E_1^o$ gefunden (Abb. 119). Dabei wird das Normalpotential des schwächeren Oxidationsmittels vom Normalpotential des stärkeren Oxidationsmittels abgezogen. Dies kann man aus der Angabe $Zn/Zn^{2\oplus}//Cu^{2\oplus}/Cu$ eindeutig entnehmen. Das Verfahren ist zweckmäßig, weil die Reaktion nur in eine Richtung spontan abläuft (Elektronenübergang vom Zn zum Cu).

Beispiel:

Für das Daniell-Element ergibt sich die EMK zu +1,1 Volt:

$$E^o_{Zn/Zn^{2\oplus}} = -0{,}76 \text{ Volt}; \quad E^o_{Cu/Cu^{2\oplus}} = +0{,}35 \text{ Volt};$$

$$E^o_{Cu/Zn} = E^o_{Cu} - E^o_{Zn} = 0{,}35 - (-0{,}76) = +1{,}1 \text{ Volt.}$$

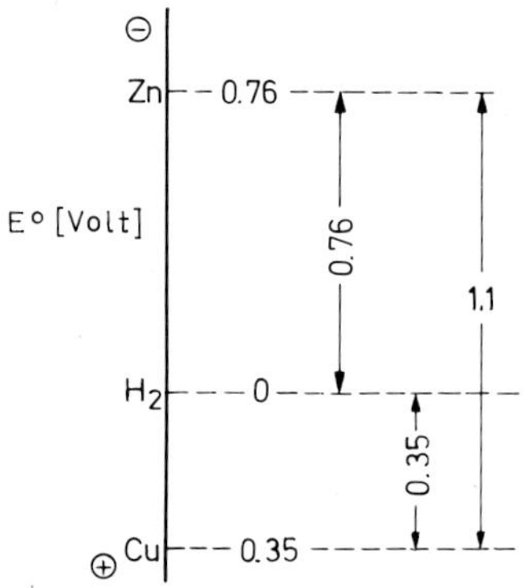

Abb. 119

Normalpotential und Reaktionsrichtung

Das Normalpotential eines Redoxpaares charakterisiert sein Reduktions- bzw. Oxidationsvermögen in wäßriger Lösung.

Je negativer das Potential ist, um so stärker wirkt die reduzierte Form des Redoxpaares reduzierend (Reduktionsmittel), und je positiver das Potential ist, um so stärker wirkt die oxidierte Form des Redoxpaares oxidierend (Oxidationsmittel).

In einem Redoxsystem wie

$$Ox_2 + Red_1 \rightleftharpoons Ox_1 + Red_2$$

kann das oxidierbare Teilchen Red_1 von dem Oxidationsmittel Ox_2 nur oxidiert werden, wenn das Potential des Redoxpaares Ox_2/Red_2 positiver ist als dasjenige des Redoxpaares Ox_1/Red_1. Analoges gilt für eine Reduktion.

Aus der Kenntnis der Redoxpotentiale kann man somit voraussagen, ob ein bestimmter Redoxvorgang möglich ist.

Ein Blick auf die Tabelle 19 zeigt: Die reduzierende Wirkung der Redoxpaare nimmt von oben nach unten bzw. von links nach rechts ab. Die oxidierende Wirkung nimmt in der gleichen Richtung zu.

Redoxpaare mit negativem Redoxpotential stehen oberhalb bzw. links vom Wasserstoff und Redoxpaare mit positivem Redoxpotential stehen unterhalb bzw. rechts vom Wasserstoff.

Besonderes Interesse beanspruchen die Normalpotentiale von Redoxpaaren, die aus Metallen und den Lösungen ihrer Ionen bestehen ($Me/Me^{n\oplus}$).

a) Metalle mit negativem Potential können die Ionen der Metalle mit positivem Potential reduzieren, d.h. die entsprechenden Metalle aus ihren Lösungen abscheiden. Beispiel:

$$\overset{\circ}{Fe} + Cu^{2\oplus} \longrightarrow Fe^{2\oplus} + \overset{\circ}{Cu}.$$

b) Lösen von Metallen in Säuren. Alle Metalle, die in der elektrochemischen Spannungsreihe oberhalb bzw. links vom Wasserstoff stehen, lösen sich als "unedle" Metalle in Säuren und setzen hierbei Wasserstoff frei, z.B.

$$\overset{\circ}{Zn} + 2\,H^{\oplus} \longrightarrow Zn^{2\oplus} + \overset{\circ}{H}_2.$$

Hemmungserscheinungen wie Überspannung, Passivierung verzögern bzw. verhindern bei manchen Metallen eine Reaktion mit Säuren. Beispiele hierfür sind Aluminium (Al), Chrom (Cr), Nickel (Ni), Zink (Zn).

Die "edlen" Metalle stehen unterhalb bzw. rechts vom Wasserstoff. Sie lösen sich nicht in Säuren wie HCl, jedoch teilweise in oxidierenden Säuren wie konz. HNO_3 und konz. H_2SO_4.

Nernstsche Gleichung

Liegen die Reaktionspartner einer Zelle nicht unter Normalbedingungen vor, kann man mit einer von *W. Nernst* 1889 entwickelten Gleichung sowohl die EMK eines Redoxpaares (Halbzelle) als auch einer Zelle (Redoxsystem) berechnen.

1. Redoxpaar: Für die Berechnung des Potentials E eines Redoxpaares lautet die Nernstsche Gleichung:

$$Ox + n \cdot e^{\ominus} \rightleftharpoons Red;$$

$$E = E^{O} + \frac{R \cdot T \cdot 2{,}303}{n \cdot F} \lg \frac{c(Ox)}{c(Red)};$$

$$\frac{R \cdot T \cdot 2{,}303}{F} = 0{,}059$$

mit $T = 298{,}15\ K = 25\,^{O}C$,

$\ln x = 2{,}303 \cdot \lg x$,

$F = 96487\ A \cdot s \cdot mol^{-1}$

Für $c(Ox) = 1$ und $c(Red) = 1$ folgt $E = E^{O}$.

E^{O} = Normalpotential des Redoxpaares aus Tabelle 19; R = Gaskonstante, $R = 8{,}316\ J \cdot K^{-1} \cdot mol^{-1}$; T = Temperatur; F = Faraday-Konstante; n = Anzahl der bei dem Redoxvorgang verschobenen Elektronen.

c(Ox) symbolisiert das Produkt der Konzentration *aller* Reaktionsteilnehmer auf der Seite der oxidierten Form (Oxidationsmittel) des Redoxpaares. c(Red) symbolisiert das Produkt der Konzentrationen *aller* Reaktionsteilnehmer auf der Seite der reduzierten Form (Reduktionsmittel) des Redoxpaares. Die stöchiometrischen Koeffizienten treten als Exponenten der Konzentrationen auf.

Beachte: Bei korrekten Rechnungen müssen statt der Konzentrationen die Aktivitäten eingesetzt werden!

Beispiele:

1) Gesucht wird das Potential E des Redoxpaares $Mn^{2\oplus}/MnO_4^{\ominus}$. Aus Tabelle 19 entnimmt man $E^{O} = +1{,}5$ V. Die vollständige Teilreaktion für den Redoxvorgang in der Halbzelle ist:

$$MnO_4^{\ominus} + 8\ H_3O^{\oplus} + 5\ e^{\ominus} \longrightarrow Mn^{2\oplus} + 12\ H_2O.$$

Die Nernstsche Gleichung lautet:

$$E = 1{,}5 + \frac{0{,}059}{5} \lg \frac{c(MnO_4^{\ominus}) \cdot c^{8}(H_3O^{\oplus})}{c(Mn^{2\oplus}) \cdot c^{12}(H_2O)}$$

$c^{12}(H_2O)$ ist in E^{O} enthalten, da $c(H_2O)$ in verdünnter wäßriger Lösung konstant ist und E^{O} für wäßrige Lösungen gilt.

Von einem anderen Standpunkt aus kann man auch sagen: Die Aktivität des Lösungsmittels in einer verdünnten Lösung ist annähernd gleich 1. Mit $c^{12}(H_2O) = 1$ erhält man:

$$E = 1{,}5 + \frac{0{,}059}{5} \lg \frac{c(MnO_4^{\ominus}) \cdot c^8(H_3O^{\oplus})}{c(Mn^{2\oplus})}$$

Man sieht, daß das Redoxpotential in diesem Beispiel stark pH-abhängig ist.

2) pH-abhängig ist auch das Potential des Redoxpaares $H_2/H_3O^{\oplus}$. Das Potential ist definitionsgemäß Null für $a_{H_3O^{\oplus}} = 1$, $p_{H_2} = 1{,}013$ bar (Normalwasserstoffelektrode). Über die Änderung des Potentials einer Wasserstoffelektrode mit dem pH-Wert gibt die Nernstsche Gleichung Auskunft:

$$E = E^{\circ} + \frac{0{,}059}{2} \cdot \lg c^2(H_3O^{\oplus}),$$

$$E = 0 + 0{,}059 \cdot \lg c(H_3O^{\oplus}) = -0{,}059 \cdot pH.$$

Für pH = 7, d.h. neutrales Wasser, ist das Potential: -0,41 V!

2. Redoxsystem: $Ox_2 + Red_1 \longrightarrow Ox_1 + Red_2$

Für die EMK E dieses Redoxsystems ergibt sich aus der Nernstschen Gleichung

$$E = E_2^{\circ} + \frac{R \cdot T \cdot 2{,}303}{n \cdot F} \lg \frac{c(Ox_2)}{c(Red_2)} - E_1^{\circ} - \frac{R \cdot T \cdot 2{,}303}{n \cdot F} \lg \frac{c(Ox_1)}{c(Red_1)}$$

oder

$$E = E_2^{\circ} - E_1^{\circ} + \frac{R \cdot T \cdot 2{,}303}{n \cdot F} \lg \frac{c(Ox_2) \cdot c(Red_1)}{c(Red_2) \cdot c(Ox_1)}$$

E_2° bzw. E_1° sind die Normalpotentiale der Redoxpaare Ox_2/Red_2 bzw. Ox_1/Red_1. E_2° soll positiver sein als E_1°, d.h. Ox_2/Red_2 ist das stärkere Oxidationsmittel.

Eine Reaktion läuft nur dann spontan von links nach rechts, wenn die Änderung der Freien Enthalpie $\Delta G < 0$ ist. Da die EMK E der Zelle über die Gleichung $\Delta G = \pm n \cdot F \cdot E$ mit der Freien Enthalpie (Triebkraft) einer chemischen Reaktion zusammenhängt, folgt, daß E größer als Null sein muß. (Zu dem Begriff Freie Enthalpie s. S. 253).

Beispiele:

1) a) Wie groß ist das Potential der Zelle

$Ni/Ni^{2\oplus}(0,01\ M)//Cl^{\ominus}(0,2\ M)/Cl_2(1\ bar)/Pt$?

b) Wie groß ist ΔG der Redoxreaktion?

Lösung:

a) In die Redoxreaktion geht die Elektrizitätsmenge 2 · F ein:

$$Ni + Cl_2 \longrightarrow Ni^{2\oplus} + 2\ Cl^{\ominus}.$$

n hat deshalb den Wert 2. Die EMK der Zelle unter Normalbedingungen beträgt:

$$E^{o} = E^{o}(Cl^{\ominus}/Cl_2) - E^{o}(Ni/Ni^{2\oplus}) = +1,36 - (-0,25) = +1,61\ V.$$

Daraus folgt:

$$E = E^{o} + \frac{0,059}{2} \lg \frac{c(Cl_2) \cdot c(Ni)}{c(Ni^{2\oplus}) \cdot c^2(Cl^{\ominus})} = +1,61 + \frac{0,059}{2} \lg \frac{1 \cdot 1}{0,01 \cdot 0,2^2}$$

$$E = 1,61 + 0,10 = +1,71\ V.$$

Für $c(Cl_2)$ und $c(Ni)$ beachte die Normierungsbedingung, S. 206.

b) $\Delta G = -\ n \cdot F \cdot E$; $\Delta G = -\ 2 \cdot 96522\ As \cdot mol^{-1} \cdot 1,71\ V$

$= -\ 330,1 \cdot 10^3\ J \cdot mol^{-1}$ (da 1 J = 1 Nm = 1 VAs = 1 Ws).

2) Welchen Wert hat E für die Zelle

$Sn/Sn^{2\oplus}(1,0\ M)//Pb^{2\oplus}(0,001\ M)/Pb$?

Lösung:

$$Sn \longrightarrow Sn^{2\oplus} + 2\ e^{\ominus},\ E_1^{o} = -0,136\ V;$$

$$Pb \longrightarrow Pb^{2\oplus} + 2\ e^{\ominus},\ E_2^{o} = -0,126\ V.$$

Die Reaktion der Zelle unter Normalbedingungen lautet:

$$Sn + Pb^{2\oplus} \longrightarrow Sn^{2\oplus} + Pb;$$

E berechnet sich zu

$$E = E^{o} + \frac{0{,}059}{2} \lg \frac{c(Pb^{2\oplus})}{c(Sn^{2\oplus})} = 0{,}01 + \frac{0{,}059}{2} \lg \frac{0{,}001}{1{,}0}$$

$$= 0{,}01 - 0{,}089 = -0{,}079 \text{ V.}$$

Aus dem Ergebnis geht hervor, daß die Zelle nicht in der angegebenen Weise arbeiten kann (ΔG wäre positiv!). Sie funktioniert aber in der umgekehrten Richtung, so daß wir schreiben können:

$Pb/Pb^{2\oplus}(0{,}001\ M)/\!/Sn^{2\oplus}(1{,}0\ M)/Sn.$

Damit ergibt sich die Redoxreaktion zu

$Pb + Sn^{2\oplus} \longrightarrow Pb^{2\oplus} + Sn; \quad E = +0{,}079\ V.$

Man sieht daraus, daß die Konzentrationen der Reaktionspartner die Richtung einer Redoxreaktion beeinflussen können.

Beachte: Mit Konzentrationsänderungen durch Komplexbildung läßt sich ein Stoff "edler" oder "unedler" machen. Man kann damit den Ablauf von Redoxreaktionen in gewissem Umfang steuern.

3) Welchen Wert hat die Gleichgewichtskonstante K_c für die Reaktion $Sn + Cl_2 \longrightarrow SnCl_2$?
Bei 25° C (T = 298 K) gilt:

$$\lg K_c = \Delta E \cdot \frac{n}{0{,}059}$$

Lösung:

$Sn \longrightarrow Sn^{2\oplus} + 2\ e^{\ominus}, \quad E_1^o = -0{,}136\ V$

$Cl_2 + 2e^{\ominus} \longrightarrow 2\ Cl^{\ominus}, \quad E_2^o = +1{,}36\ V$

$\lg K_{(25^oC)} = [1{,}36 - (-0{,}136)] \cdot \frac{2}{0{,}059} = 50{,}5$

$K_{(25^oC)} = 10^{50{,}5}.$

Konzentrationskette

Die Abhängigkeit der EMK eines Redoxpaares bzw. eines Redoxsystems von der Konzentration (Aktivität) der Komponenten läßt sich zum Aufbau einer Zelle (Kette, galvanisches Element) ausnützen. Eine solche Konzentrationskette (Konzentrationszelle) besteht also aus den gleichen Stoffen in unterschiedlicher Konzentration.

Praktische Anwendung von galvanischen Elementen

Galvanische Elemente finden in *Batterien* und *Akkumulatoren* als Stromquellen vielfache Verwendung.

Beispiele:

Trockenbatterie (Leclanché-Element, Taschenlampenbatterie)

Anode: Zinkblechzylinder; Kathode: Braunstein (MnO_2), der einen inerten Graphitstab umgibt; Elektrolyt: konz. NH_4Cl-Lösung, oft mit Sägemehl angedickt ($NH_4^{\oplus} \rightleftharpoons NH_3 + H^{\oplus}$).

Anodenvorgang: $Zn \longrightarrow Zn^{2\oplus} + 2\ e^{\ominus}$ (negativer Pol).

Kathodenvorgang: $2\ MnO_2 + 2\ e^{\ominus} + 2\ NH_4^{\oplus} \longrightarrow Mn_2O_3 + H_2O + 2\ NH_3$ (positiver Pol).

Das Potential einer Zelle beträgt ca. 1,5 V.

Anmerkung: Die erwartete H_2-Entwicklung wird durch die Anwesenheit von MnO_2 und mit Sauerstoff gesättigter Aktivkohle verhindert. H_2 wird zu H_2O oxidiert. Ist diese Oxidation nicht mehr möglich, bläht sich u.U. die Batterie auf und "läuft aus".

Alkali-Mangan-Zelle

Die alkaline-manganese-Zelle ist eine Weiterentwicklung des Leclanché-Systems.
Als Elektrolyt wird KOH-Lösung verwendet. MnO_2 wird in zwei Stufen bis zu $Mn(OH)_2$ umgesetzt. Man erreicht dadurch bessere Batterieleistungen.

Nickel-Cadmium-Batterie

Anodenvorgang: $Cd + 2\ OH^{\ominus} \longrightarrow Cd(OH)_2 + 2\ e^{\ominus}$.

Kathodenvorgang: $NiO_2 + 2\ e^{\ominus} + 2\ H_2O \longrightarrow Ni(OH)_2 + 2\ OH^{\ominus}$.

Das Potential einer Zelle beträgt etwa 1,4 V.

Quecksilber-Batterie

Anode: Zn; Kathode: HgO/Graphitstab; Elektrolyt: feuchtes $HgCl_2$/KOH.

Anodenvorgang: $Zn + 2\,OH^{\ominus} \longrightarrow Zn(OH)_2 + 2\,e^{\ominus}$.

Kathodenvorgang: $HgO + 2\,e^{\ominus} + H_2O \longrightarrow Hg + 2\,OH^{\ominus}$.

Potential einer Zelle: ca. 1,35 V.

Brennstoffzellen

nennt man Versuchsanordnungen, in denen durch Verbrennen von H_2, Kohlenwasserstoffen usw. direkt elektrische Energie erzeugt wird.

Beispiel: Redoxreaktion: $H_2 + 1/2\,O_2 \longrightarrow H_2O$.

Beide Reaktionsgase werden z.B. durch poröse "Kohleelektroden" in konz. wäßrige NaOH- oder KOH-Lösung eingegast. Die Elektroden enthalten als Katalysatoren z.B. Metalle der VIIIb-Gruppe des Periodensystems.

Anodenvorgang: $H_2 + 2\,OH^{\ominus} \longrightarrow 2\,H_2O + 2\,e^{\ominus}$.

Kathodenvorgang: $2\,e^{\ominus} + 1/2\,O_2 + H_2O \longrightarrow 2\,OH^{\ominus}$.

Akkumulatoren

sind regenerierbare galvanische Elemente, bei denen der Redoxvorgang, der bei der Stromentnahme abläuft, durch Anlegen einer äußeren Spannung umgekehrt werden kann.

Beispiel: *Bleiakku*

Anode: Bleigitter, gefüllt mit Bleischwamm; Kathode: Bleigitter, gefüllt mit PbO_2; Elektrolyt: 20 - 30%ige H_2SO_4.

Anodenvorgang: $Pb \longrightarrow Pb^{2\oplus} + 2\,e^{\ominus}$ ($Pb^{2\oplus} + SO_4^{2\ominus} \longrightarrow PbSO_4$) (negativer Pol).

Kathodenvorgang: $PbO_2 + SO_4^{2\ominus} + 4\,H_3O^{\oplus} + 2\,e^{\ominus} \longrightarrow PbSO_4 + 6\,H_2O$ (positiver Pol).

Das Potential einer Zelle beträgt ca. 2 V.

Beim Aufladen des Akkus wird aus $PbSO_4$ elementares Blei und PbO_2 zurückgebildet: $2\,PbSO_4 + 2\,H_2O \longrightarrow Pb + PbO_2 + 2H_2SO_4$.

Beachte: Beim Entladen (Stromentnahme) wird H_2SO_4 verbraucht und H_2O gebildet. Durch Dichtemessungen der Schwefelsäure läßt sich daher der Ladungszustand des Akkus überprüfen.

Elektrochemische Korrosion/Lokalelement

Die Bildung eines galvanischen Elements ist auch die Ursache für die *elektrochemische Korrosion*. Berühren sich zwei Metalle in einer Elektrolytlösung wie z.B. CO_2-haltigem Wasser (Regenwasser), entsteht an der Berührungsstelle ein sog. *Lokalelement*: Das unedle Metall (Anode) löst sich auf (korrodiert) und bildet mit $OH^{\ominus}$-Ionen ein Oxidhydrat; an dem edlen Metall (Kathode) werden meist $H_3O^{\oplus}$-Ionen zu H_2 reduziert.

Elektrochemische Bestimmung von pH-Werten

1. Glaselektrode

Der pH-Wert kann für den Verlauf chemischer und biologischer Prozesse von ausschlaggebender Bedeutung sein. Elektrochemisch kann der pH-Wert durch folgendes Meßverfahren bestimmt werden: Man vergleicht eine Spannung E_i, welche mit einer Elektrodenkombination in einer Lösung von bekanntem pH-Wert gemessen wird, mit der gemessenen Spannung E_a einer Probenlösung. Als Meßelektrode wird meist die sog. *Glaselektrode* benutzt. Sie besteht aus einem dickwandigen Glasrohr, an dessen Ende eine (meist kugelförmige) dünnwandige Membran aus einer besonderen Glassorte angeschmolzen ist. Die Glaskugel ist mit einer Pufferlösung von bekanntem und konstantem pH-Wert gefüllt (Innenlösung). Sie taucht in die Probenlösung ein, deren pH-Wert gemessen werden soll (Außenlösung). An der Phasengrenze Glas/Lösung bildet sich eine Potentialdifferenz ΔE (Potentialsprung), die von der Acidität der Außenlösung abhängt.

Zur Messung der an der inneren (i) und äußeren (a) Membranfläche entstandenen Potentiale werden zwei indifferente *Bezugselektroden* benutzt, wie z.B. zwei gesättigte Kalomelelektroden (Halbelement Hg/Hg_2Cl_2). Die innere Bezugselektrode ist in die Glaselektrode fest eingebaut. Die äußere Bezugselektrode taucht über eine KCl-Brücke (s. Abb. 120) in die Probenlösung. (Moderne Glaselektroden enthalten oft beide Elektroden in einem Bauelement kombiniert.)

Zusammen mit der Ableitelektrode bilden die Pufferlösung und die Probenlösung eine sog. Konzentrationszelle (Konzentrationskette). Für die EMK der Zelle (E) ergibt sich mit der Nernstschen Gleichung:

$$E = E_a - E_i = 0{,}059 \cdot \lg \frac{c(H_3O^{\oplus})_a}{c(H_3O^{\oplus})_i}$$

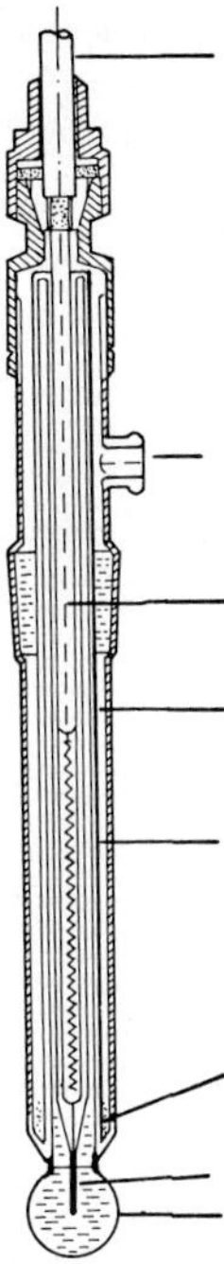

Abb. 120. Versuchsanordnung zur Messung von pH-Werten (Hg_2Cl_2 = Quecksilber(I)-chlorid (Kalomel))
Glaselektrode

Da die $H_3O^{\oplus}$-Konzentration der Pufferlösung bekannt ist, kann man aus der gemessenen EMK den pH-Wert der Probenlösung berechnen bzw. an einem entsprechend ausgerüsteten Meßinstrument (pH-Meter) direkt ablesen.

Elektroden 2. Art

In der Praxis benutzt man anstelle der Normalwasserstoffelektrode andere *Bezugselektroden*, deren Potential auf die Normalwasserstoffelektrode bezogen ist.

Besonders bewährt haben sich *Elektroden 2. Art*. Dies sind Anordnungen, in denen die Konzentration der potentialbestimmenden Ionen durch die Anwesenheit einer schwerlöslichen, gleichionigen Verbindung festgelegt ist.

Beispiele: Kalomelelektrode ($Hg/Hg_2^{2\oplus}$) mit Hg_2Cl_2 (Kalomel), Silber/Silberchlorid-Elektrode ($Ag/Ag^{\oplus}$).

Die potentialbestimmende Reaktion bei der (Ag/AgCl)-Elektrode ist: $Ag^{\oplus} + e^{\ominus} \rightleftharpoons Ag$.

Für das Potential gilt:

$$E = E^{o}_{Ag/Ag^{\oplus}} + \frac{R \cdot T}{F} \ln a_{Ag^{\oplus}} ,$$

$$E^{o}_{Ag/Ag^{\oplus}} = +0{,}81 \text{ V}.$$

Die Aktivität $a_{Ag^{\oplus}}$ wird über das Löslichkeitsprodukt von AgCl durch die Aktivität der $Cl^{\ominus}$-Ionen bestimmt.

2. Redoxelektroden

Außer der Glaselektrode gibt es andere Elektroden zur pH-Messung, die im Prinzip alle auf Redoxvorgängen beruhen. Die wichtigsten sind die Wasserstoffelektrode (s. S. 206), die Chinhydronelektrode (s. HT 211) und Metall-Metalloxidelektroden, die teilweise industrielle Verwendung finden. Praktische Bedeutung haben vor allem die Antimon- und die Bismutelektrode. Das Potential wird durch folgende Gleichung bestimmt:

$$Me + OH^{\ominus} \rightleftharpoons MeOH + e^{\ominus}.$$

Über das Ionenprodukt des Wassers ergibt sich dann der gesuchte Zusammenhang zwischen dem Potential und dem pH-Wert.

Spezielle Redoxreaktionen

Disproportionierungsreaktion heißt eine Redoxreaktion, bei der ein Element gleichzeitig in eine höhere und eine tiefere Oxidationsstufe übergeht.

Leitet man z.B. Chlorgas in Wasser ein, bilden sich bis zu einem bestimmten Gleichgewicht Salzsäure und hypochlorige Säure HOCl:

$$\overset{0}{Cl_2} + H_2O \rightleftharpoons \overset{-1}{HCl} + \overset{+1}{HOCl}.$$

Beim Erwärmen von wäßrigen HOCl-Lösungen bzw. der Lösungen ihrer Salze entstehen HCl und Chlorsäure $HClO_3$ bzw. die entsprechenden Salze:

$$2\ \overset{+1}{HOCl} + \overset{+1}{ClO^{\ominus}} \xrightarrow{50-80^{o}C} 2\ \overset{-1}{HCl} + \overset{+5}{ClO_3^{\ominus}}.$$

Durch Erhitzen von Chloraten wie $KClO_3$ auf ca. 400°C erhält man Kaliumperchlorat $KClO_4$ und Kaliumchlorid:

$$3\ \overset{+5}{Cl}O_3^{\ominus} + 9\ H_2O \longrightarrow 3\ \overset{+7}{Cl}O_4^{\ominus} + 6\ H_3O^{\oplus} + 6\ e^{\ominus}$$

$$\overset{+5}{Cl}O_3^{\ominus} + 6\ H_3O^{\oplus} + 6\ e^{\ominus} \longrightarrow \overset{-1}{Cl}^{\ominus} + 9\ H_2O$$

$$4\ \overset{+5}{Cl}O_3^{\ominus} \rightleftharpoons 3\ \overset{+7}{Cl}O_4^{\ominus} + \overset{-1}{Cl}^{\ominus}$$

Weitere Beispiele sind die Disproportionierung von Salpetriger Säure (HNO_2):

$$3\ H\overset{+3}{N}O_2 \rightleftharpoons H\overset{+5}{N}O_3 + 2\ \overset{+2}{N}O + H_2O,$$

und die Disproportionierung von Quecksilber(I)-Verbindungen:

$$Hg_2^{2\oplus} \longrightarrow \overset{0}{Hg} + Hg^{2\oplus}.$$

<u>Komproportionierung</u> oder <u>Synproportionierung</u> nennt man den zur Disproportionierung umgekehrten Vorgang. Hierbei bildet sich aus einer höheren und einer tieferen Oxidationsstufe eine mittlere Oxidationsstufe.

Beispiel:

$$\overset{+4}{S}O_2 + 2\ H_2\overset{-2}{S} \longrightarrow 3\ \overset{0}{S} + 2\ H_2O.$$

Diese Reaktion wird großtechnisch angewandt (Claus-Prozeß).

10. Säure-Base-Systeme

Die Vorstellungen über die Natur der Säuren und Basen haben sich im Laufe der Zeit zu leistungsfähigen Theorien entwickelt. Eine erste allgemein brauchbare Definition für Säuren stammt von *Boyle* (1663). Weitere Meilensteine auf dem Weg zu den heutigen Theorien setzten u.a. *Lavoisier*, *v. Liebig* und *Arrhenius*. Die Säure-Base-Definition von *Arrhenius* ist auf Wasser beschränkt und nur noch von historischem Interesse: Säuren geben $H^{\oplus}$-Ionen ab, Basen geben $OH^{\ominus}$-Ionen ab. Heute werden Säure-Base-Systeme vor allem durch die Theorien von *Brönsted* (1923) und *Lowry* sowie durch die Elektronentheorie von *Lewis* (1923) beschrieben.

Brönstedsäuren und -basen und der Begriff des pH-Wertes

Säuren sind - nach Brönsted (1923) - *Protonendonatoren* (Protonenspender). Das sind Stoffe oder Teilchen, die $H^{\oplus}$-Ionen abgeben können, wobei ein Anion $A^{\ominus}$ (= Base) zurückbleibt. Beispiele: HCl, HNO_3, Schwefelsäure H_2SO_4, CH_3COOH, H_2S. Außer diesen Neutralsäuren gibt es auch Kation-Säuren, s. S. 231, und Anion-Säuren, s. S. 231.

Beachte: Diese Theorie ist nicht auf Wasser als Lösungsmittel beschränkt!

Basen sind *Protonenacceptoren*. Das sind Stoffe oder Teilchen, die $H^{\oplus}$-Ionen aufnehmen können. Beispiele: $NH_3 + H^{\oplus} \rightleftharpoons NH_4^{\oplus}$; $Na^{\oplus}OH^{\ominus} + HCl \rightleftharpoons H_2O + Na^{\oplus} + Cl^{\ominus}$.

Kation-Basen und Anion-Basen werden auf S. 232 besprochen.

Salze sind Stoffe, die in festem Zustand aus Ionen aufgebaut sind. Beispiele: $Na^{\oplus}Cl^{\ominus}$, Ammoniumchlorid ($NH_4^{\oplus}Cl^{\ominus}$).

Eine Säure kann ihr Proton nur dann abgeben, d.h. als Säure reagieren, wenn das Proton von einer Base aufgenommen wird. Für eine Base liegen die Verhältnisse umgekehrt. Die saure oder basische Wirkung einer Substanz ist also eine Funktion des jeweiligen Reaktionspartners, denn Säure-Base-Reaktionen sind Protonenübertragungsreaktionen (Protolysen).

Protonenaufnahme bzw. -abgabe sind reversibel, d.h. bei einer Säure-Base-Reaktion stellt sich ein Gleichgewicht ein. Es heißt Säure-Base-Gleichgewicht oder Protolysengleichgewicht: $HA + B \rightleftharpoons BH^{\oplus} + A^{\ominus}$, mit den Säuren: HA und $BH^{\oplus}$ und den Basen: B und $A^{\ominus}$. Bei der Rückreaktion wirkt $A^{\ominus}$ als Base und $BH^{\oplus}$ als Säure. Man bezeichnet $A^{\ominus}$ als die zu HA *korrespondierende* (konjugierte) Base. HA ist die zu $A^{\ominus}$ *korrespondierende* (konjugierte) Säure. HA und $A^{\ominus}$ nennt man ein *korrespondierendes* (konjugiertes) *Säure-Base-Paar*. Für ein Säure-Base-Paar gilt: Je leichter eine Säure (Base) ihr Proton abgibt (aufnimmt), d.h. je stärker sie ist, um so schwächer ist ihre korrespondierende Base (Säure).

Die Lage des Protolysengleichgewichts wird durch die Stärke der beiden Basen (Säuren) bestimmt. Ist B stärker als $A^{\ominus}$, so liegt das Gleichgewicht auf der rechten Seite der Gleichung.

Beispiel:

$$HCl \rightleftharpoons H^{\oplus} + Cl^{\ominus}$$

$$NH_3 + H^{\oplus} \rightleftharpoons NH_4^{\oplus}$$

$$\overline{HCl + NH_3 \rightleftharpoons NH_4^{\oplus} + Cl^{\ominus}},$$

allgemein:

Säure 1 + Base 2 $\rightleftharpoons$ Säure 2 + Base 1.

Die Säure-Base-Paare sind:

$HCl/Cl^{\ominus}$ bzw. (Säure 1/Base 1),

$NH_3/NH_4^{\oplus}$ bzw. (Base 2/Säure 2).

Substanzen oder Teilchen, die sich einer starken Base gegenüber als Säure verhalten und von einer starken Säure $H^{\oplus}$-Ionen übernehmen und binden können, heißen *Ampholyte* (*amphotere* Substanzen). Welche Funktion ein Ampholyt ausübt, hängt vom Reaktionspartner ab. Beispiel: H_2O, $HCO_3^{\ominus}$, $H_2PO_4^{\ominus}$, $HSO_4^{\ominus}$, H_2NCOOH.

Wasser, H_2O, ist als sehr schwacher amphoterer Elektrolyt in ganz geringem Maße dissoziiert:

$$H_2O \rightleftharpoons H^{\oplus} + OH^{\ominus}.$$

$H^{\oplus}$-Ionen sind wegen ihrer im Verhältnis zur Größe hohen Ladung nicht existenzfähig. Sie liegen solvatisiert vor: $H_3O^{\oplus}$, $H_5O_2{}^{\oplus}$, $H_7O_3{}^{\oplus}$, $H_9O_4{}^{\oplus} = H_3O^{\oplus} \cdot 3\ H_2O$ etc. Zur Vereinfachung verwendet man nur das erste Ion $\underline{H_3O^{\oplus}}$ (= Hydronium-Ion).

Man formuliert die Dissoziation von Wasser meist als Autoprotolyse:

$$H_2O + H_2O \rightleftharpoons H_3O^{\oplus} + OH^{\ominus}$$ (Autoprotolyse des Wassers).

Das Massenwirkungsgesetz lautet für diese Reaktion:

$$\frac{c(H_3O^{\oplus}) \cdot c(OH^{\ominus})}{c^2(H_2O)} = K \quad \text{oder} \quad c(H_3O^{\oplus}) \cdot c(OH^{\ominus}) = K \cdot c^2(H_2O) = K_W.$$

$$K_{(293\,K)} = 3{,}26 \cdot 10^{-18}.$$

Da die Eigendissoziation des Wassers außerordentlich gering ist, kann die Konzentration des undissoziierten Wassers als nahezu konstant angenommen und gleichgesetzt werden der Ausgangskonzentration $c(H_2O) = 55{,}4\ mol \cdot l^{-1}$ (bei 20° C). (1 Liter H_2O wiegt bei 20° C 998,203 g; dividiert man durch $18{,}01\ g \cdot mol^{-1}$, ergeben sich für $c(H_2O) = 55{,}4\ mol \cdot l^{-1}$.)

Mit diesem Zahlenwert für $c(H_2O)$ erhält man:

$$c(H_3O^{\oplus}) \cdot c(OH^{\ominus}) = 3{,}26 \cdot 10^{-18} \cdot 55{,}4^2\ mol^2 \cdot l^{-2}$$
$$= 1 \cdot 10^{-14}\ mol^2 \cdot l^{-2} = K_W.$$

Die Konstante K_W heißt das Ionenprodukt des Wassers.

Für $c(H_3O^{\oplus})$ und $c(OH^{\ominus})$ gilt:

$$c(H_3O^{\oplus}) = c(OH^{\ominus}) = \sqrt{10^{-14}\ mol^2 \cdot l^{-2}}$$
$$= 10^{-7}\ mol \cdot l^{-1}.$$

Anmerkungen: Der Zahlenwert von K_W ist abhängig von der Temperatur. Für genaue Rechnungen muß man statt der Konzentrationen die Aktivitäten verwenden, s. S. 275.

Temperaturabhängigkeit von K_W

K_W in $10^{-14}\ mol^2 \cdot l^{-2}$	0,116	0,608	1,103	5,985	59,29
°C	0	18	25	50	100

Reines Wasser reagiert neutral, d.h. weder sauer noch basisch.

Man kann auch allgemein sagen: Eine wäßrige Lösung reagiert dann *neutral*, wenn in ihr die Wasserstoffionenkonzentration $c(H_3O^{\oplus})$ den Wert 10^{-7} mol · l^{-1} hat.

Die Zahlen 10^{-14} oder 10^{-7} sind vom Typ $a \cdot 10^{-b}$. Bildet man hiervon den negativen dekadischen Logarithmus, erhält man:

$$-\lg a \cdot 10^{-b} = b - \lg a.$$

Für den negativen dekadischen Logarithmus der Wasserstoffionenkonzentration hat man aus praktischen Gründen das Symbol pH (von potentia hydrogenii) eingeführt. Den zugehörigen Zahlenwert bezeichnet man als den pH-Wert oder als das pH einer Lösung:

$$pH = -\lg c(H_3O^{\oplus})$$

Der pH-Wert ist der negative dekadische Logarithmus der $H_3O^{\oplus}$-Konzentration (genauer: $H_3O^{\oplus}$-Aktivität).

Eine *neutrale* Lösung hat den pH-Wert 7 (bei T = 22 °C).

In *sauren* Lösungen überwiegen die $H_3O^{\oplus}$-Ionen und es gilt:

$$c(H_3O^{\oplus}) > 10^{-7}\ \text{mol} \cdot l^{-1} \quad \text{oder} \quad pH < 7.$$

In *alkalischen* (basischen) Lösungen überwiegt die $OH^{\ominus}$-Konzentration. Hier ist:

$$c(H_3O^{\oplus}) < 10^{-7}\ \text{mol} \cdot l^{-1} \quad \text{oder} \quad pH > 7.$$

Benutzt man das Symbol p allgemein für den negativen dekadischen Logarithmus einer Größe (z.B. pOH, pK_W), läßt sich das Ionenprodukt von Wasser auch schreiben als: $pH + pOH = pK_W = 14$. Mit dieser Gleichung kann man über die $OH^{\ominus}$-Ionenkonzentration auch den pH-Wert einer alkalischen Lösung errechnen (Tabelle 20).

Tabelle 20

pH		pOH
0	1 N starke Säure, z.B. 1 N HCl, $c(H_3O^{\oplus}) = 10^0 = 1$, $c(OH^{\ominus}) = 10^{-14}$	14
1	0,1 N starke Säure, z.B. 0,1 N HCl, $c(H_3O^{\oplus}) = 10^{-1}$, $c(OH^{\ominus}) = 10^{-13}$	13
2	0,01 N starke Säure, z.B. 0,01 N HCl, $c(H_3O^{\oplus}) = 10^{-2}$, $c(OH^{\ominus}) = 10^{-12}$	12
.	. .	.
.	. .	.
.	. .	.
(7)	Neutralpunkt, reines Wasser, $c(H_3O^{\oplus}) = c(OH^{\ominus}) = 10^{-7}$	(7)
.	. .	.
.	. .	.
.	. .	.
12	0,01 N starke Base, z.B. 0,01 N NaOH, $c(OH^{\ominus}) = 10^{-2}$, $c(H_3O^{\oplus}) = 10^{-12}$	2
13	0,1 N starke Base, z.B. 0,1 N NaOH, $c(OH^{\ominus}) = 10^{-1}$, $c(H_3O^{\oplus}) = 10^{-13}$	1
14	1 N starke Base, z.B. 1 N NaOH, $c(OH^{\ominus}) = 10^0$, $c(H_3O^{\oplus}) = 10^{-14}$	0
pH		pOH

(Zu dem Ausdruck 1 N HCl s. S. 55)

Säuren- und Basenstärke

Wir betrachten die Reaktion einer *Säure* HA mit H_2O:

$$HA + H_2O \rightleftharpoons H_3O^{\oplus} + A^{\ominus};\quad K = \frac{c(H_3O^{\oplus}) \cdot c(A^{\ominus})}{c(HA) \cdot c(H_2O)} .$$

Solange mit verdünnten Lösungen der Säure gearbeitet wird, kann $c(H_2O)$ als konstant angenommen und in die Gleichgewichtskonstante einbezogen werden:

$$K \cdot c(H_2O) = \underline{K_S} = \frac{c(H_3O^{\oplus}) \cdot c(A^{\ominus})}{c(HA)} .$$

(Manchmal auch K_a, a von acid.)

Für die Reaktion einer *Base* mit H_2O gelten analoge Beziehungen:

$$B + H_2O \rightleftharpoons BH^{\oplus} + OH^{\ominus}; \quad K' = \frac{c(BH^{\oplus}) \cdot c(OH^{\ominus})}{c(H_2O) \cdot c(B)}$$

$$K' \cdot c(H_2O) = \underline{K_b} = \frac{c(BH^{\oplus}) \cdot c(OH^{\ominus})}{c(B)}$$

Die Konstanten $\underline{K_s}$ und $\underline{K_b}$ nennt man Säure- bzw. Basenkonstante. Sie sind ein Maß für die Stärke einer Säure bzw. Base. Analog dem pH-Wert formuliert man den pK_s- bzw. pK_b-Wert:

$$\underline{pK_s} = -\lg K_s \quad \text{und} \quad \underline{pK_b} = -\lg K_b .$$

Zwischen den pK_s- und pK_b-Werten korrespondierender Säure-Base-Paare gilt die Beziehung:

$$pK_s + pK_b = 14.$$

Starke Säuren und starke Basen

Starke Säuren haben pK_s-Werte < 1 und starke Basen haben pK_b-Werte < 0, d.h. pK_s-Werte > 14.

In wäßrigen Lösungen starker Säuren und Basen reagiert die Säure oder Base praktisch vollständig mit dem Wasser, d.h. $c(H_3O^{\oplus})$ bzw. $c(OH^{\ominus})$ ist gleich der Gesamtkonzentration der Säure bzw. Base.

Der pH-Wert ist daher leicht auszurechnen.

Beispiele:

Säure: gegeben: 0,01 M wäßrige HCl-Lösung; gesucht: pH-Wert.

$$c(H_3O^{\oplus}) = 0{,}01 = 10^{-2}\ \text{mol} \cdot l^{-1}; \quad pH = 2.$$

Base: gegeben: 0,1 M NaOH; gesucht: pH-Wert.

$$c(OH^{\ominus}) = 0{,}1 = 10^{-1}\ \text{mol} \cdot l^{-1}; \quad pOH = 1; \quad c(OH^{\ominus}) \cdot c(H_3O^{\oplus}) = 10^{-14};$$

$$c(H_3O^{\oplus}) = 10^{-13}\ \text{mol} \cdot l^{-1}; \quad pH = 13.$$

Schwache Säuren und schwache Basen

Bei schwachen Säuren (Basen) kommt es nur zu unvollständigen Protolysen. Es stellt sich ein Gleichgewicht ein, in dem alle beteiligten Teilchen in meßbaren Konzentrationen vorhanden sind.

Säure: $HA + H_2O \rightleftharpoons H_3O^{\oplus} + A^{\ominus}$.

Aus Säure und H_2O entstehen gleichviele $H_3O^{\oplus}$- und $A^{\ominus}$-Ionen, d.h. $c(A^{\ominus}) = c(H_3O^{\oplus}) = x$. Die Konzentration der undissoziierten Säure $c = c(HA)$ ist gleich der Anfangskonzentration der Säure C minus x; denn wenn x $H_3O^{\oplus}$-Ionen gebildet werden, werden x Säuremoleküle verbraucht. Bei schwachen Säuren ist x gegenüber C vernachlässigbar und man darf $c = c(HA) = C$ setzen.

Nach dem Massenwirkungsgesetz ist:

$$K_s = \frac{c(H_3O^{\oplus}) \cdot c(A^{\ominus})}{c(HA)} = \frac{c^2(H_3O^{\oplus})}{c(HA)} \Bigg| = \frac{x^2}{C - x} \approx \frac{x^2}{C};$$

$$K_s \cdot c(HA) = c^2(H_2O^{\oplus});$$

mit HA = c ergibt sich durch Logarithmieren:

$$pK_s - \lg C = 2 \cdot pH.$$

Für den pH-Wert gilt:

$$\boxed{pH = \frac{pK_s - \lg C_{Säure}}{2}}.$$

Beachte: Bei sehr verdünnten schwachen Säuren ist die Protolyse so groß ($\alpha \geq 0{,}62$, s. S. 233), daß diese Säuren wie starke Säuren behandelt werden müssen. Für sie gilt:

$$pH = -\lg C.$$

Analoges gilt für sehr verdünnte schwache Basen.

<u>Base:</u> $B + H_2O \rightleftharpoons BH^{\oplus} + OH^{\ominus}$.

Zur Berechnung des pH-Wertes in der Lösung einer Base verwendet man die Basenkonstante K_b:

$$K_b = \frac{c(BH^{\oplus}) \cdot c(OH^{\ominus})}{c(B)} = \frac{10^{-14}}{K_s} \quad \text{oder} \quad pK_s + pK_b = 14;$$

$$pK_b = -\lg K_b; \quad pOH = \frac{pK_b - \lg C_{Base}}{2}.$$

Mit pOH + pH = 14 ergibt sich $pH = 14 - pOH = 14 - \frac{pK_b - \lg C_{Base}}{2}$ oder

$$\boxed{pH = 7 + \frac{1}{2}(pK_s + \lg C_{Base})}.$$

Beispiele:

<u>Säure:</u> gegeben: 0,1 M HCN-Lösung; $pK_{s_{HCN}} = 9{,}4$; gesucht: pH-Wert.

Lösung:

$$C = 0{,}1 = 10^{-1}\ mol \cdot l^{-1}; \quad pH = \frac{9{,}4 + 1}{2} = 5{,}2.$$

<u>Säure:</u> gegeben: 0,1 M CH_3COOH; $pK_{s_{CH_3COOH}} = 4{,}76$; gesucht: pH-Wert.

Lösung:

$$C = 0{,}1 = 10^{-1}\ mol \cdot l^{-1}; \quad pH = \frac{4{,}76 + 1}{2} = 2{,}88.$$

<u>Base:</u> gegeben: 0,1 M Na_2CO_3-Lösung; gesucht: pH-Wert.

Lösung: Na_2CO_3 enthält das basische $CO_3^{2\ominus}$-Ion, das mit H_2O reagiert:

$$CO_3^{2\ominus} + H_2O \rightleftharpoons HCO_3^{\ominus} + OH^{\ominus}.$$

Das $HCO_3^{\ominus}$-Ion ist die zu $CO_3^{2\ominus}$ konjugierte Säure mit $pK_s = 10{,}4$.

Aus $pK_s + pK_b = 14$ folgt $pK_b = 3{,}6$. Damit wird

$$pOH = \frac{3{,}6 - \lg 0{,}1}{2} = \frac{3{,}6 - (-1)}{2} = 2{,}3 \quad \text{und} \quad pH = 14 - 2{,}3 = 11{,}7.$$

Zum pH-Wert in Lösungen von Ampholyten s. HT 211.

Tabelle 21. Starke und schwache Säure-Base-Paare

pK_s		Säure ←	korrespondierende	→ Base			pK_b
-9	sehr starke Säure	$HClO_4$	Perchlorsäure	$ClO_4^{\ominus}$	Perchlorat-ion	sehr schwache Base	23
-3		H_2SO_4	Schwefelsäure	$HSO_4^{\ominus}$	Hydrogensulfation		17
-1,76		$H_3O^{\oplus}$	Oxoniumion	H_2O	Wasser[1)]		15,76
1,92	Die Stärke der Säure nimmt ab ↓	H_2SO_3	Schweflige Säure	$HSO_3^{\ominus}$	Hydrogensulfition	Die Stärke der Base nimmt zu ↓	12,08
1,92		$HSO_4^{\ominus}$	Hydrogensulfation	$SO_4^{2\ominus}$	Sulfation		12,08
1,96		H_3PO_4	Orthophosphorsäure	$H_2PO_4^{\ominus}$	Dihydrogenphosphation		12,04
4,76		HAc	Essigsäure	$Ac^{\ominus}$	Acetation		9,25
6,52		H_2CO_3	Kohlensäure	$HCO_3^{\ominus}$	Hydrogencarbonation		7,48
7		$HSO_3^{\ominus}$	Hydrogensulfition	$SO_3^{2\ominus}$	Sulfition		7
9,25		$NH_4^{\oplus}$	Ammoniumion	NH_3	Ammoniak		4,75
10,4		$HCO_3^{\ominus}$	Hydrogencarbonation	$CO_3^{2\ominus}$	Carbonation		3,6
15,74	sehr schwache Säure	H_2O	Wasser	$OH^{\ominus}$	Hydroxidion	sehr starke Base	-1,74
24		$OH^{\ominus}$	Hydroxidion	$O^{2\ominus}$	Oxidion		-10

[1)] Wegen $\frac{c(H^{\oplus}) \cdot c(OH^{\ominus})}{c(H_2O)} = \frac{10^{-14}}{55,5} = 1,8 \cdot 10^{-16}$, um $H^{\oplus}$, $OH^{\ominus}$ und H_2O in die Tabelle aufnehmen zu können. Bei der Ableitung von K_w über die Aktivitäten ist $pK_s(H_2O) = 14$ und $pK_s(H_3O^{\oplus}) = 0$

Mehrwertige Säuren

Mehrwertige (mehrbasige, mehrprotonige) Säuren sind Beispiele für mehrstufig dissoziierende Elektrolyte. Hierzu gehören Orthophosphorsäure (H_3PO_4), Schwefelsäure (H_2SO_4) und Kohlensäure (H_2CO_3). Sie können ihre Protonen schrittweise abgeben. Für jede Dissoziationsstufe gibt es eine eigene Dissoziationskonstante K bzw. Säurekonstante K_s mit einem entsprechenden pK_s-Wert.

$\underline{H_3PO_4}$:

Als Dissoziation formuliert	Als <u>Protolyse</u> formuliert
1. Stufe: $H_3PO_4 \rightleftharpoons H^{\oplus} + H_2PO_4^{\ominus}$	$H_3PO_4 + H_2O \rightleftharpoons H_3O^{\oplus} + H_2PO_4^{\ominus}$
	$K_{s_1} = \dfrac{c(H_3O^{\oplus}) \cdot c(H_2PO_4^{\ominus})}{c(H_3PO_4)}$
	$= 1{,}1 \cdot 10^{-2}$; $pK_{s_1} = 1{,}96$
2. Stufe: $H_2PO_4^{\ominus} \rightleftharpoons H^{\oplus} + HPO_4^{2\ominus}$	$H_2PO_4^{\ominus} + H_2O \rightleftharpoons H_3O^{\oplus} + HPO_4^{2\ominus}$
	$K_{s_2} = \dfrac{c(H_3O^{\oplus}) \cdot c(HPO_4^{2\ominus})}{c(H_2PO_4^{\ominus})}$
	$= 6{,}1 \cdot 10^{-8}$; $pK_{s_2} = 7{,}21$
3. Stufe: $HPO_4^{2\ominus} \rightleftharpoons H^{\oplus} + PO_4^{3\ominus}$	$HPO_4^{2\ominus} + H_2O \rightleftharpoons H_3O^{\oplus} + PO_4^{3\ominus}$
	$K_{s_3} = \dfrac{c(H_3O^{\oplus}) \cdot c(PO_4^{3\ominus})}{c(HPO_4^{2\ominus})}$
	$= 4{,}7 \cdot 10^{-13}$; $pK_{s_3} = 12{,}32$

Gesamtreaktion:

$$H_3PO_4 = 3\ H^{\oplus} + PO_4^{3\ominus}$$

$$K_{1,2,3} = \frac{c^3(H^{\oplus}) \cdot c(PO_4^{3\ominus})}{c(H_3PO_4)}$$

$$K_{1,2,3} = K_1 \cdot K_2 \cdot K_3$$

Bei einer Lösung von H_3PO_4 spielt die dritte Protolysenreaktion praktisch keine Rolle.

Im Falle einer Lösung von Na_2HPO_4 ist auch pK_{s_3} maßgebend.

H_2CO_3: Es wird nur die Protolyse formuliert.

1. Stufe:

$CO_2 + H_2O \rightleftharpoons H_2CO_3$; $\quad K_{s_1} = \frac{c(H_3O^{\oplus}) \cdot c(HCO_3^{\ominus})}{c(H_2CO_3)} = 3 \cdot 10^{-7}$

$H_2CO_3 + H_2O \rightleftharpoons HCO_3^{\ominus} + H_3O^{\oplus}$;

$pK_{s_1} = 6,52$

2. Stufe:

$HCO_3^{\ominus} + H_2O \rightleftharpoons CO_3^{2\ominus} + H_3O^{\oplus}$; $\quad K_{s_2} = \frac{c(CO_3^{2\ominus}) \cdot c(H_3O^{\oplus})}{c(HCO_3^{\ominus})} = 3,9 \cdot 10^{-11}$

$pK_{s_2} = 10,4$

Gesamtreaktion:

$H_2CO_3 + 2\,H_2O \rightleftharpoons CO_3^{2\ominus} + 2\,H_3O^{\oplus}$; $\quad K_{s_{1,2}} = \frac{c(CO_3^{2\ominus}) \cdot c^2(H_3O^{\oplus})}{c(H_2CO_3)} = K_{s_1} \cdot K_{s_2}$

$= 1,2 \cdot 10^{-17}$

$pK_{s_{1,2}} = pK_{s_1} + pK_{s_2} = 16,92$

Bei der ersten Stufe ist zu beachten, daß nur ein kleiner Teil des in Wasser gelösten CO_2 als H_2CO_3 vorliegt. pK_{s_1} bezieht sich hierauf.

Bei genügend großem Unterschied der K_s- bzw. pK_s-Werte kann man jede Stufe für sich betrachten. Ausschlaggebend für den pH-Wert ist meist die 1. Stufe. Während nämlich die Abspaltung des ersten Protons leicht und vollständig erfolgt, werden alle weiteren Protonen sehr viel schwerer und unvollständig abgespalten. Dabei gilt: $pK_{s_1} < pK_{s_2} < pK_{s_3}$.

Die einzelnen Dissoziationsstufen können oft in Form ihrer Salze isoliert werden.

Beispiele (mit Angaben über die Reaktion in Wasser):

Natriumdihydrogenphosphat NaH_2PO_4 (primäres Natriumphosphat) (sauer), Dinatriumhydrogenphosphat Na_2HPO_4 (sekundäres Natriumphosphat) (basisch), Trinatriumphosphat Na_3PO_4 (tertiäres Natriumphosphat) (stark basisch), Natriumhydrogencarbonat $NaHCO_3$ (basisch), Natriumcarbonat Na_2CO_3 (stark basisch) und andere Alkalicarbonate wie Kaliumcarbonat K_2CO_3 und Lithiumcarbonat Li_2CO_3.

Protolysereaktionen beim Lösen von Salzen in Wasser

Salze aus einer starken Säure und einer starken Base wie NaCl reagieren in Wasser neutral. Die hydratisierten $Na^{\oplus}$-Ionen sind so schwache Protonendonatoren, daß sie gegenüber Wasser nicht sauer reagieren. Die $Cl^{\ominus}$-Anionen sind andererseits so schwach basisch, daß sie aus dem Lösungsmittel keine Protonen aufnehmen können.

Es gibt nun auch Salze, deren Anionen infolge einer Protolysereaktion mit Wasser $OH^{\ominus}$-Ionen bilden. Es sind sog. Anion-Basen. Die stärkste Anion-Base in Wasser ist $OH^{\ominus}$. Weitere Beispiele:

$$CH_3COO^{\ominus} + H_2O \rightleftharpoons CH_3COOH + OH^{\ominus};\ pK_{b_{CH_3CO_2^{\ominus}}} = 9,25$$

$$CO_3^{2\ominus} + H_2O \rightleftharpoons HCO_3^{\ominus} + OH^{\ominus};\ pK_{b_{CO_3^{2\ominus}}} = 3,6$$

$$S^{2\ominus} + H_2O \rightleftharpoons HS^{\ominus} + OH^{\ominus};\ pK_{b_{S^{2\ominus}}} = 1,1$$

$$pOH = pK_b - \lg c_{Salz}$$

$$pH = 14 - pOH$$

Anion-Säuren sind z.B. $HSO_4^{\ominus}$ und $H_2PO_4^{\ominus}$:

$$HSO_4^{\ominus} + H_2O \rightleftharpoons H_3O^{\oplus} + SO_4^{2\ominus}$$

$$H_2PO_4^{\ominus} + H_2O \rightleftharpoons H_3O^{\oplus} + HPO_4^{2\ominus}$$

Kation-Säuren entstehen durch Protolysereaktionen beim Lösen bestimmter Salze in Wasser. Beispiele für Kationsäuren sind das $NH_4^{\oplus}$-Ion und hydratisierte, mehrfach geladene Metallkationen:

$$NH_4^{\oplus} + H_2O + Cl^{\ominus} \rightleftharpoons H_3O^{\oplus} + NH_3 + Cl^{\ominus};\ pK_{s_{NH_4^{\oplus}}} = 9,21$$

$$pH = \frac{9,21 - \lg c_{NH_4Cl}}{2} \quad \Big| \quad = \frac{pK_s - \lg c_{Salz}}{2}$$

$$[Fe(H_2O)_6]^{3\oplus} + H_2O + 3\ Cl^{\ominus} \rightleftharpoons H_3O^{\oplus} + [Fe(OH)(H_2O)_5]^{2\oplus} + 3\ Cl^{\ominus};$$

$$pK_{s_{[Fe(H_2O)_6]^{3\oplus}}} = 2,2$$

In allen Fällen handelt es sich um Kationen von Salzen, deren Anionen schwächere Basen als Wasser sind, z.B. $Cl^{\ominus}$, $SO_4^{2\ominus}$. Die Lösungen von hydratisierten Kationen reagieren um so stärker sauer, je kleiner der Radius und je höher die Ladung, d.h. je größer die Ladungsdichte des Metallions ist.

Betrachtet man die Reaktion von $[Fe(OH)(H_2O)_5]^{2\oplus}$ oder $[Al(OH)(H_2O)_5]^{2\oplus}$ mit $H_3O^{\oplus}$, so verhalten sich die Kationen wie eine Base. Man nennt sie daher auch Kation-Basen.

Anion-Basen sind z.B. $CN^{\ominus}$, $CO_3^{2\ominus}$.

Neutralisationsreaktionen

Neutralisationsreaktionen nennt man allgemein die Umsetzung einer Säure mit einer Base. Hierbei hebt die Säure die Basenwirkung bzw. die Base die Säurenwirkung mehr oder weniger vollständig auf.

Läßt man z.B. äquivalente Mengen wäßriger Lösungen von starken Säuren und Basen miteinander reagieren, ist das Gemisch weder sauer noch basisch, sondern neutral. Es hat den pH-Wert 7. Handelt es sich nicht um starke Säuren und starke Basen, so kann die Mischung einen pH-Wert $\neq$ 7 aufweisen, s. S. 231.

Allgemeine Formulierung einer Neutralisationsreaktion:

$$\text{Säure} + \text{Base} \longrightarrow \text{deprotonierte Säure} + \text{protonierte Base}$$

Beispiel: Salzsäure + Natronlauge

$$H_3O^{\oplus} + Cl^{\ominus} + Na^{\oplus} + OH^{\ominus} \longrightarrow Na^{\oplus} + Cl^{\ominus} + 2\,H_2O;$$

$$\Delta H = -57{,}3\ kJ \cdot mol^{-1}.$$

Die Metall-Kationen und die Säurerest-Anionen bleiben wie in diesem Fall meist gelöst und bilden erst beim Eindampfen der Lösung Salze.

Das Beispiel zeigt deutlich:

Die Neutralisationsreaktion ist eine Protolyse, d.h. eine Übertragung eines Protons von der Säure $H_3O^{\oplus}$ auf die Base $OH^{\ominus}$.

$$H_3O^{\oplus} + OH^{\ominus} \longrightarrow 2\,H_2O; \quad \Delta H = -57{,}3\ kJ \cdot mol^{-1}.$$

Da starke Säuren praktisch vollständig dissoziiert sind, wird bei allen Neutralisationsreaktionen gleich konzentrierter Hydroxidlösungen mit verschiedenen starken Säuren immer die gleiche Wärmemenge (Neutralisationswärme) von 57,3 $kJ \cdot mol^{-1}$ frei.

Ein Beispiel für eine Neutralisationsreaktion ohne Wasserbildung ist die Reaktion von NH_3 mit HCl in der Gasphase: $NH_3 + HCl \longrightarrow NH_4^{\oplus}Cl^{\ominus}$.

Genau verfolgen lassen sich Neutralisationsreaktionen durch die Aufnahme von pH-Diagrammen (Titrationskurven) bei Titrationen.

Protolysegrad

Anstelle des Dissoziationsgrads α von S. 187 kann man auch einen Protolysegrad α analog definieren:

Für die Protolysenreaktion

$$HA + H_2O \rightleftharpoons H_3O^{\oplus} + A^{\ominus}$$

gilt:

$$\alpha = \frac{\text{Konzentration protolysierter HA-Moleküle}}{\text{Konzentration der HA-Moleküle vor der Protolyse}}$$

Mit c = Gesamtkonzentration HA und c(HA), $c(H_3O^{\oplus})$, $c(A^{\ominus})$, den Konzentrationen von HA, $H_3O^{\oplus}$, $A^{\ominus}$ im Gleichgewicht, ergibt sich:

$$\alpha = \frac{c - c(HA)}{c} = \frac{c(H_3O^{\oplus})}{c} = \frac{c(A^{\ominus})}{c}$$

Man gibt α entweder in Bruchteilen von 1 (z.B. 0,5) oder in Prozenten (z.B. 50 %) an.

Das Ostwaldsche Verdünnungsgesetz lautet für die Protolyse:

$$\boxed{\frac{\alpha^2 \cdot c}{1 - \alpha} = K_s}\,.$$

Für starke Säuren ist α = 1 (bzw. 100 %).

Für schwache Säuren ist α << 1 und die Gleichung vereinfacht sich zu:

$$\alpha = \sqrt{\frac{K_s}{c}}\,.$$

Daraus ergibt sich:

Der Protolysengrad einer schwachen Säure wächst mit abnehmender Konzentration c, d.h. zunehmender Verdünnung.

Beispiel: 0,1 M CH_3COOH: α = 0,013; 0,001 M CH_3COOH: α = 0,125.

Titrationskurven

Titrieren heißt, die unbekannte Menge eines gelösten Stoffes dadurch ermitteln, daß man ihn durch Zugabe einer geeigneten Reagenzlösung mit genau bekanntem Gehalt (Wirkungsgrad, Titer) quantitativ von einem chemisch definierten Anfangszustand in einen ebenso gut bekannten Endzustand überführt. Man mißt dabei die verbrauchte Menge Reagenzlösung z.B. mit einer Bürette (Volumenmessung).

Das Ende der Umwandlungsreaktion soll von selbst erkennbar sein oder leicht erkennbar gemacht werden können.

Gesucht wird der Äquivalenzpunkt. Hier ist die dem gesuchten Stoff äquivalente Menge gerade verbraucht. (Der Titrationsgrad ist 1.)

Bestimmt man z.B. den Säuregehalt einer Lösung durch Zugabe einer Base genau bekannten Gehalts, indem man die Basenmenge mißt, die bis zum Äquivalenzpunkt verbraucht wird, und verfolgt man diese Titration durch Messung des jeweiligen pH-Wertes der Lösung, so erhält man Wertepaare. Diese ergeben graphisch die Titrationskurve der Neutralisationsreaktion. Der Wendepunkt der Kurve beim Titrationsgrad 1 $\hat{=}$ 100 % Neutralisation entspricht dem Äquivalenzpunkt (theoretischer Endpunkt).

Beispiele: Säure/Base-Titrationen (bei Raumtemperatur)

1. Starke Säure/starke Base. Beispiel: 0,1 M HCl/0,1 M NaOH. Vorgelegt wird 0,1 M HCl (Abb. 121).

Hier fallen Äquivalenzpunkt und Neutralpunkt (pH = 7) zusammen!

2. Titration einer schwachen Base wie Ammoniak mit HCl: Abb. 122.

3. Titration einer schwachen Säure wie Essigsäure mit NaOH: Abb. 123.

4. Titration einer schwachen Säure mit einer schwachen Base oder umgekehrt: Je schwächer die Säure bzw. Base, desto kleiner ist die pH-Änderung am Äquivalenzpunkt. Der Reagenzzusatz ist am Wendepunkt so groß, daß eine einwandfreie Feststellung des Äquivalenzpunktes nicht mehr möglich ist. Der pH-Wert des Äquivalenzpunktes hängt von den Dissoziationskonstanten der beiden Reaktionspartner ab. Er kann im sauren oder alkalischen Gebiet liegen. In Abb. 124 ist ein Sonderfall angegeben.

Bemerkungen: Der Wendepunkt einer Titrationskurve, der dem Äquivalenzpunkt entspricht, weicht um so mehr vom Neutralpunkt (pH = 7) ab, je schwächer die Säure oder Lauge ist. Bei der Titration schwacher Säuren liegt er im alkalischen, bei der Titration schwacher Basen im sauren Gebiet. Der Sprung im Äquivalenzpunkt, d.h. die größte Änderung des pH-Wertes bei geringster Zugabe von Reagenslösung ist um so kleiner, je schwächer die Säure bzw. Lauge ist.

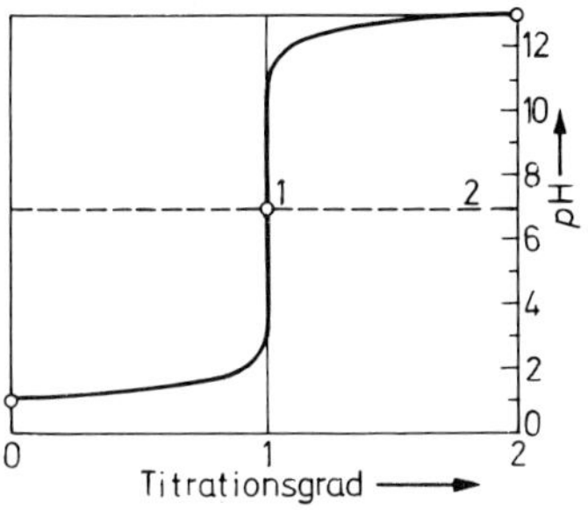

Abb. 121. pH-Diagramm zur Titration von sehr starken Säuren mit sehr starken Basen. 0,1 M HCl/0,1 M NaOH

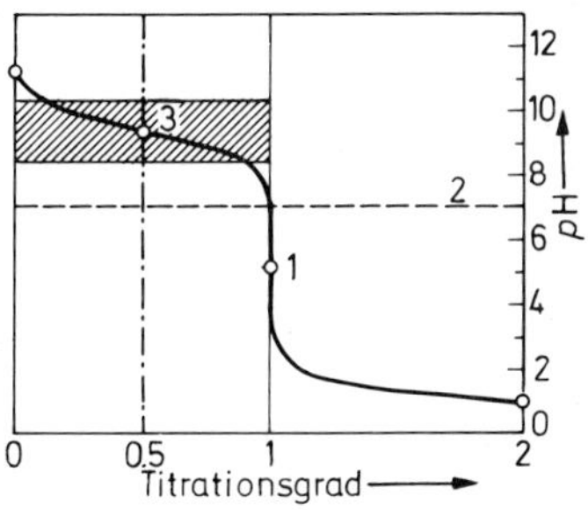

Abb. 122. pH-Diagramm zur Titration einer 0,1 M Lösung von NH_3 mit einer sehr starken Säure

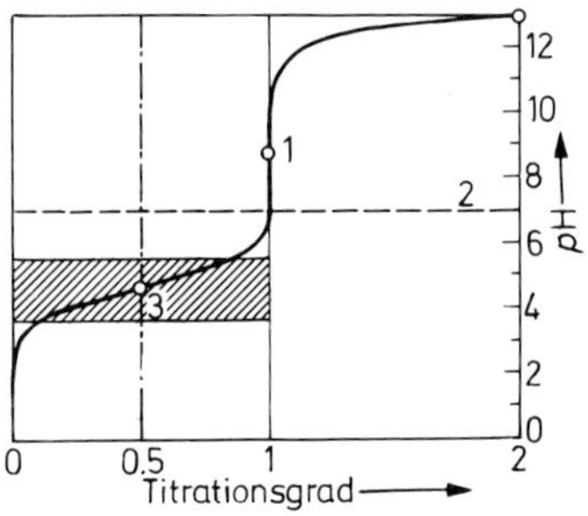

Abb. 123. pH-Diagramm zur Titration einer 0,1 M Lösung von CH_3COOH mit einer sehr starken Base

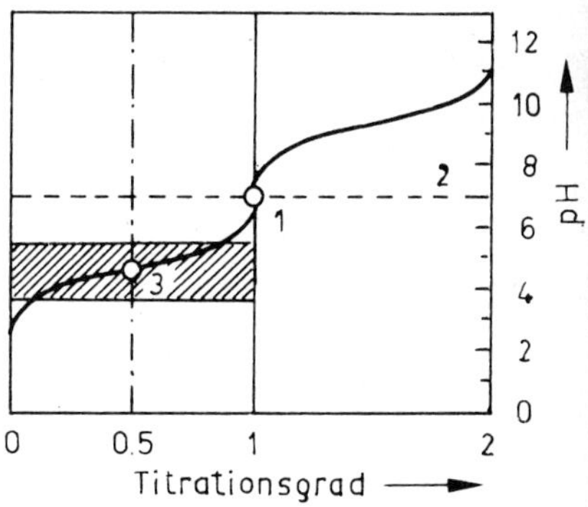

Abb. 124. Titration von 0,1 M CH_3COOH mit 0,1 M NH_3-Lösung

1 = Äquivalenzpunkt;
2 = Neutralpunkt (pH = 7);
3 = Halbneutralisationspunkt:
pH = pK_S (Titrationsgrad 0,5 ≙ 50 %) s.S.237. Schraffiert: Pufferbereich (pK_S ± 1) s.S.238

pH-Abhängigkeit von Säuren- und Basen-Gleichgewichten

Protonenübertragungen in wäßrigen Lösungen verändern den pH-Wert. Dieser wiederum beeinflußt die Konzentrationen konjugierter Säure/Base-Paare.

Die Henderson-Hasselbalch-Gleichung gibt diesen Sachverhalt wieder. Man erhält sie auf folgende Weise:

$$HA + H_2O \rightleftharpoons H_3O^{\oplus} + A^{\ominus}.$$

Schreiben wir für diese Protolysenreaktion der Säure HA das MWG an:

$$K_s = \frac{c(H_3O^{\oplus}) \cdot c(A^{\ominus})}{c(HA)}$$

dividieren durch K_s und $c(H_3O^{\oplus})$ und logarithmieren anschließend, ergibt sich:

$$-\lg c(H_3O^{\oplus}) = -\lg K_s + \lg \frac{c(A^{\ominus})}{c(HA)},$$

oder $$pH = pK_s + \lg \frac{c(A^{\ominus})}{c(HA)}$$ bzw. $$pH = pK_s - \lg \frac{c(HA)}{c(A^{\ominus})}$$

oder $$pH = pK_s + \lg \frac{c(\text{Salz})}{c(\text{Säure})}$$

Berechnet man mit dieser Gleichung für bestimmte pH-Werte die prozentualen Verhältnisse an Säure und korrespondierender Base ($HA/A^{\ominus}$) und stellt diese graphisch dar, entstehen Kurven, die als *Pufferungskurven* bezeichnet werden (Abb. 125 - 127). Abb. 125 zeigt die Kurve für $CH_3COOH/CH_3COO^{\ominus}$. Die Kurve gibt die Grenze des Existenzbereichs von Säure und korrespondierender Base an: bis pH = 3 existiert nur CH_3COOH; bei pH = 5 liegt 63,5 %, bei pH = 6 liegt 95 % $CH_3COO^{\ominus}$ vor; ab pH = 8 existiert nur $CH_3COO^{\ominus}$.

Abb. 126 gibt die Verhältnisse für das System $NH_4^{\oplus}/NH_3$ wieder. Bei pH = 6 existiert nur $NH_4^{\oplus}$, ab pH = 12 nur NH_3. Will man die $NH_4^{\oplus}$-Ionen quantitativ in NH_3 überführen, muß man durch Zusatz einer starken Base den pH-Wert auf 12 erhöhen. Da NH_3 unter diesen Umständen flüchtig ist, "treibt die stärkere Base die schwächere aus". Ein analoges Beispiel für eine Säure ist das System $H_2CO_3/HCO_3^{\ominus}$ (Abb. 127)

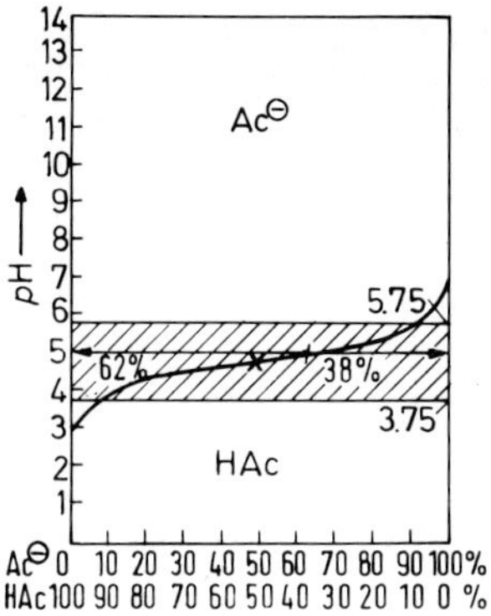

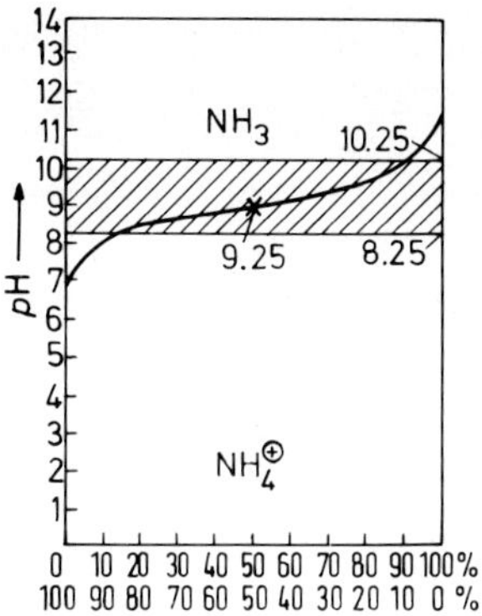

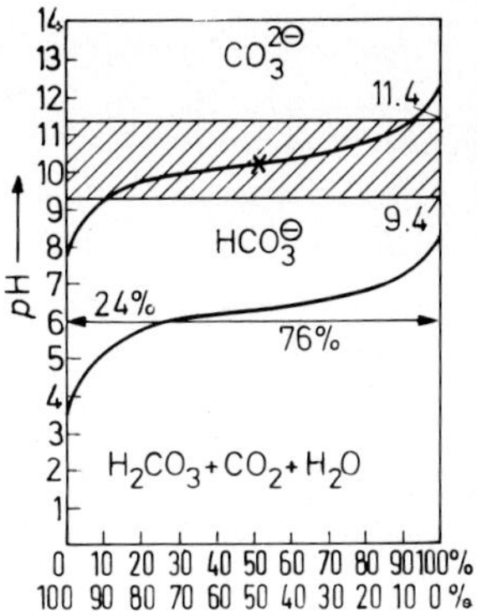

Abb. 125.
HAc : pH = pK_S = 4,75

Abb. 126.
$NH_4^\oplus$: pH = pK_S = 9,25

Abb. 127.
$HCO_3^\ominus$: pH = pK_S = 10,40

////// = Pufferbereich X = pK_s-Wert

Bedeutung der Henderson-Hasselbalch-Gleichung:

a) Bei bekanntem pH-Wert kann man das Konzentrationsverhältnis von Säure und konjugierter Base berechnen.

b) Bei pH = pK_S ist $\lg c(A^\ominus)/c(HA) = \lg 1 = 0$, d.h. $c(A^\ominus) = c(HA)$.

c) Ist $c(A^\ominus) = c(HA)$, so ist der pH-Wert gleich dem pK_S-Wert der Säure. Dieser pH-Wert stellt den Wendepunkt der Pufferungskurven in Abb. 125 - 127 dar. Vgl. Abb. 121 - 124.

d) Bei kleinen Konzentrationsänderungen ist der pH-Wert von der Verdünnung unabhängig.

e) Die Gleichung gibt auch Auskunft darüber, wie sich der pH-Wert ändert, wenn man zu Lösungen, die eine schwache Säure (geringe Protolyse) und ihr Salz (konjugierte Base) oder eine schwache Base und ihr Salz (konjugierte Säure) enthalten, eine Säure oder Base zugibt.

Enthält die Lösung eine Säure und ihr Salz bzw. eine Base und ihr Salz in etwa gleichen Konzentrationen, so bleibt der pH-Wert bei Zugaben von Säure bzw. Base in einem bestimmten Bereich, dem Pufferbereich des Systems, nahezu konstant (Abb. 125 - 127).

Lösungen mit diesen Eigenschaften heißen *Pufferlösungen*, Puffersysteme oder *Puffer*.

Eine Pufferlösung besteht aus einer schwachen Brönsted-Säure (-Base) und der korrespondierenden Base (bzw. korrespondierenden Säure). Sie vermag je nach der Stärke der gewählten Säure bzw. Base die Lösung in einem ganz bestimmten Bereich (Pufferbereich) gegen Säure- bzw. Basenzusatz zu puffern. Ein günstiger Pufferungsbereich erstreckt sich über je eine pH-Einheit auf beiden Seiten des pK_S-Wertes der zugrunde liegenden schwachen Säure.

Eine Pufferlösung hat die Pufferkapazität 1, wenn der Zusatz von c_{eq} = 1 mol Säure oder Base zu einem Liter Pufferlösung den pH-Wert um 1 Einheit ändert. Maximale Pufferkapazität erhält man für ein molares Verhältnis von Säure zu Salz von 1 : 1.

Geeignete Puffersysteme können aus Tabellen entnommen werden.

Pufferlösungen besitzen in der physiologischen Chemie besondere Bedeutung, denn viele Körperflüssigkeiten, z.B. Blut ($pH = 7{,}39 \pm 0{,}05$), sind gepuffert (physiologische Puffersysteme).

Wichtige Puffersysteme des Blutes sind:

a) Der Bicarbonatpuffer (Kohlensäure-Hydrogencarbonatpuffer)

$$H_2CO_3 \rightleftharpoons HCO_3^{\ominus} + H^{\oplus}.$$

H_2CO_3 ist praktisch vollständig in CO_2 und H_2O zerfallen: $H_2CO_3 \rightleftharpoons CO_2 + H_2O$. Die Kohlensäure wird jedoch je nach Verbrauch aus den Produkten wieder nachgebildet. Bei der Formulierung der Henderson-Hasselbalch-Gleichung für den Bicarbonatpuffer muß man daher die CO_2-Konzentration im Blut mitberücksichtigen:

$$pH = pK'_{H_2CO_3} + \lg \frac{c(HCO_3^{\ominus})}{c(H_2CO_3 + CO_2)}$$

$$\text{mit} \quad K'_{H_2CO_3} = \frac{c(H^{\oplus}) \cdot c(HCO_3^{\ominus})}{c(H_2CO_3 + CO_2)}$$

(K'_S ist die scheinbare Protolysenkonstante der H_2CO_3, die den Zerfall in $H_2O + CO_2$ berücksichtigt.)

b) Der Phosphatpuffer: Mischung aus $H_2PO_4^{\ominus}$ (primäres Phosphat) und $HPO_4^{2\ominus}$ (sekundäres Phosphat):

$$H_2PO_4^{\ominus} \rightleftharpoons HPO_4^{2\ominus} + H^{\oplus},$$

$$pH = pK_{H_2PO_4^{\ominus}} + \lg \frac{c(HPO_4^{2\ominus})}{c(H_2PO_4^{\ominus})}$$

Ein weiteres wichtiges Puffersystem ist das

$CH_3COOH/CH_3CO_2^{\ominus}$-Gemisch (Essigsäure/Acetat-Gemisch = Acetatpuffer):

1) Säurezusatz: Gibt man zu dieser Lösung etwas verdünnte HCl, so reagiert das $H_3O^{\oplus}$-Ion der vollständig protolysierten HCl mit dem Acetatanion und bildet undissoziierte Essigsäure. Das Acetatanion fängt also die Protonen der zugesetzten Säure ab, wodurch der pH-Wert der Lösung konstant bleibt:

$$H_3O^{\oplus} + CH_3COO^{\ominus} \rightleftharpoons CH_3COOH + H_2O.$$

2) Basenzusatz: Gibt man zu der Pufferlösung wenig verdünnte Natriumhydroxid-Lösung NaOH, reagieren die $OH^{\ominus}$-Ionen mit $H^{\oplus}$-Ionen der Essigsäure zu H_2O:

$$CH_3COOH + Na^{\oplus} + OH^{\ominus} \rightleftharpoons CH_3COO^{\ominus} + Na^{\oplus} + H_2O.$$

Da CH_3COOH als schwache Säure wenig protolysiert ist, ändert auch der Verbrauch an Essigsäure durch die Neutralisation den pH-Wert nicht merklich.

Die zugesetzte Base wird von dem Puffersystem "abgepuffert".

Zahlenbeispiel für die Berechnung des pH-Wertes eines Puffers:

Gegeben:

Lösung 1: 1 l Pufferlösung, die 0,1 mol Essigsäure CH_3COOH (pK_s = 4,76) und 0,1 mol Natriumacetat-Lösung ($CH_3COO^{\ominus}Na^{\oplus}$) enthält.

Der pH-Wert des Puffers berechnet sich zu:

$$pH = pK_s + \lg \frac{c(CH_3COO^{\ominus})}{c(CH_3COOH)} = 4{,}76 + \lg \frac{0{,}1}{0{,}1} = 4{,}76.$$

Gegeben:

Lösung 2: 1 ml Natriumhydroxid-Lösung (NaOH) mit $c_{eq} = 1\ mol \cdot l^{-1}$. Sie enthält 0,001 mol NaOH.

Gesucht: pH-Wert der Mischung aus Lösung 1 und Lösung 2.

0,001 mol NaOH neutralisieren die äquivalente Menge = 0,001 mol CH_3COOH. Hierdurch wird $c(CH_3COOH) = 0{,}099$ und $c(CH_3COO^{\ominus}) = 0{,}101$.

Der pH-Wert der Lösung berechnet sich zu:

$$pH = pK_s + \lg \frac{0{,}101}{0{,}099} = 4{,}76 + \lg 1{,}02 = 4{,}76 + 0{,}0086$$
$$= 4{,}7686.$$

Messung von pH-Werten

Eine genaue Bestimmung des pH-Wertes ist potentiometrisch mit der sog. Glaselektrode möglich, s. S. 217. Weniger genau arbeiten sog. pH-Indikatoren oder Farbindikatoren.

Farbindikatoren sind Substanzen, deren wäßrige Lösungen in Abhängigkeit vom pH-Wert der Lösung ihre Farbe ändern können. Es sind Säuren (HIn), die eine andere Farbe (Lichtabsorption) haben als ihre korrespondierenden Basen ($In^{\ominus}$). Zwischen beiden liegt folgendes Gleichgewicht vor:

$$HIn + H_2O \rightleftharpoons H_3O^{\oplus} + In^{\ominus}.$$

Hierfür gilt:

$$K_{s_{HIn}} = \frac{c(H_3O^{\oplus}) \cdot c(In^{\ominus})}{c(HIn)}$$

Säurezusatz verschiebt das Gleichgewicht nach links. Die Farbe von HIn wird sichtbar.

Basenzusatz verschiebt das Gleichgewicht nach rechts. Die Farbe von $In^{\ominus}$ wird sichtbar.

Am Farbumschlagspunkt gilt:

$$c(HIn) = c(In^{\ominus})$$

damit wird $c(H_3O^{\oplus}) = K_{s_{HIn}}$ oder $\underline{pH = pK_{s_{HIn}}}$,

d.h. der Umschlagspunkt eines Farbindikators liegt bei seinem pK_s-Wert, der dem pH-Wert der Lösung entspricht.

Ein brauchbarer Umschlagsbereich ist durch zwei pH-Einheiten begrenzt:

$$pH = pK_{s_{HIn}} \pm 1,$$

da das Auge die Farben erst bei einem 1ofachen Überschuß der einzelnen Komponenten in der Lösung erkennt. Für $c(In^{\ominus})/c(HIn) = 10$ ist nur die Farbe von $In^{\ominus}$ und für $c(In^{\ominus})/c(HIn) = 0,1$ ist nur die Farbe von HIn zu sehen.

Durch Kombination von Indikatoren kann man die Genauigkeit auf 0,1 bis 0,2 pH-Einheiten bringen. Häufig benutzt man Indikatorpapiere (mit Indikatoren getränkte und anschließend getrocknete Papierstreifen). Beliebt sind sog. Universalindikatoren, die aus Mischungen von Indikatoren mit unterschiedlichen Umschlagsbereichen bestehen. Hier tritt bei jedem pH-Wert eine andere Farbe auf.

Verwendung finden Farbindikatoren außer zur pH-Wertbestimmung auch zur Bestimmung des stöchiometrischen Endpunktes bei der Titration einer Säure oder einer Base.

Tabelle 22

Indikator	Umschlags-gebiet (pH)	Übergang sauer nach basisch
Thymolblau	1,2 - 2,8	rot - gelb
Methylorange	3,0 - 4,4	rot - orangegelb
Kongorot	3,0 - 5,2	blauviolett - rot
Methylrot	4,4 - 6,2	rot - gelb
Bromthymolblau	6,2 - 7,6	gelb - blau
Phenolphthalein	8,0 - 10,0	farblos - rot

Säure-Base-Reaktionen in nichtwäßrigen Systemen

Auch in nichtwäßrigen Systemen sind Säure-Base-Reaktionen möglich.

Bei Anwendung der Säure-Base-Theorie von *Brönsted* ist eine Säure-Base-Reaktion auf solche nichtwäßrige Lösungsmittel beschränkt, in denen Protonenübertragungsreaktionen möglich sind. Geeignete Lösungsmittel sind z.B. Eisessig, konz. H_2SO_4, konz. HNO_3, Alkohole, Ether, Ketone, NH_3 (flüssig).

Beispiele:

a) Reaktionen in flüssigen Säuren

Autoprotolyse von HNO_3 und CH_3COOH

$$HNO_3 + HNO_3 \rightleftharpoons H_2NO_3^{\oplus} + NO_3^{\ominus}$$

$$CH_3COOH + CH_3COOH \rightleftharpoons CH_3COOH_2^{\oplus} + CH_3CO_2^{\ominus}$$

Das Autoprotolysengleichgewicht liegt hier weitgehend auf der linken Seite.

Schwache Basen wie Anilin und Pyridin werden in Eisessig weitgehend protolysiert.

Gegenüber stärkeren Säuren wie Perchlorsäure und Schwefelsäure wirken Essigsäure und Salpetersäure als Basen:

$$HClO_4 + CH_3COOH \rightleftharpoons CH_3COOH_2^{\oplus} + ClO_4^{\ominus}$$

$$H_2SO_4 + HNO_3 \rightleftharpoons H_2NO_3^{\oplus} + HSO_4^{\ominus}$$

b) Reaktionen in flüssigem Ammoniak

Ammoniak ist wie Wasser ein Ampholyt ($pK_s > 23$). Autoprotolyse in flüssigem Ammoniak:

$$NH_3 + NH_3 \rightleftharpoons NH_4^{\oplus} + NH_2^{\ominus}.$$

Das Gleichgewicht liegt weitgehend auf der linken Seite. $NH_4^{\oplus}$ reagiert in flüssigem Ammoniak mit unedlen Metallen unter Wasserstoffentwicklung:

$$2\ NH_4^{\oplus} + Ca \longrightarrow 2\ NH_3 + Ca^{2\oplus} + H_2.$$

Säuren wie Essigsäure, die in Wasser schwache Säuren sind, sind in flüssigem Ammoniak starke Säuren:

$$CH_3COOH + NH_3 \rightleftharpoons NH_4^{\oplus} + CH_3COO^{\ominus}.$$

Elektronentheorie der Säuren und Basen nach Lewis

Wir haben gesehen, daß Brönsted-Säuren Wasserstoffverbindungen sind und Brönsted-Basen ein freies Elektronenpaar besitzen müssen, um ein Proton aufnehmen zu können.

Es gibt nun aber sehr viele Substanzen, die saure Eigenschaften haben, ohne daß sie Wasserstoffverbindungen sind. Ferner gibt es in nichtwasserstoffhaltigen (nichtprototropen) Lösungsmitteln Erscheinungen, die Säure-Base-Vorgängen in Wasser oder anderen prototropen Lösungsmitteln vergleichbar sind. Eine Beschreibung dieser Reaktionen ist mit der nach Lewis benannten Elektronentheorie der Säuren und Basen möglich.

Eine Lewis-Säure ist ein Molekül mit einer unvollständig besetzten Valenzschale (Elektronenpaarlücke), das zur Bildung einer kovalenten Bindung ein Elektronenpaar aufnehmen kann.

Eine Lewis-Säure ist demnach ein Elektronenpaar-Acceptor. Beispiele: SO_3, BF_3, BCl_3, $AlCl_3$, $SnCl_4$, $SbCl_5$, $Cu^{2\oplus}$.

Eine Lewis-Base ist eine Substanz, die ein Elektronenpaar zur Ausbildung einer kovalenten Bindung zur Verfügung stellen kann. Sie ist ein Elektronenpaar-Donator. Beispiele: $|NH_3$, $|N(C_2H_5)_3$, $OH^{\ominus}$, $NH_2^{\ominus}$, $C_6H_5^{\ominus}$, $Cl^{\ominus}$, $O^{2\ominus}$, $SO_3^{2\ominus}$.

Beachte: Eine Lewis-Säure ist ein Elektrophil. Eine Lewis-Base ist ein Nucleophil (vgl. HT 211).

Eine Säure-Base-Reaktion besteht nach Lewis in der Ausbildung einer Atombindung zwischen einer Lewis-Säure und einer Lewis-Base. Die Stärke einer Lewis-Säure bzw. Lewis-Base hängt daher vom jeweiligen Reaktionspartner ab.

Beispiele für Säure-Base-Reaktionen nach Lewis:

$$Ni + 4\,|C\equiv O| \longrightarrow Ni(|C\equiv O|)_4$$

$$Fe^{3\oplus} + 6\,|C\equiv N|^{\ominus} \longrightarrow [Fe(|C\equiv N|)_6]^{3\ominus}$$

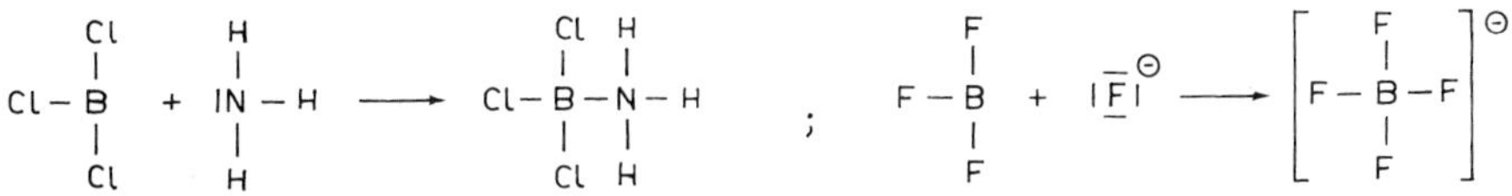

Supersäuren

Es gibt auch Substanzen, deren Acidität in wasserfreiem Zustand um mehrere Zehnerpotenzen (bis 10^{10}) größer ist als die der stärksten wäßrigen Säuren. Sie werden gewöhnlich als *Supersäuren* bezeichnet. Für diese Säuren muß die pH-Skala durch eine andere Aciditätsskala ersetzt werden, da der pH-Wert nur für Wasser als Lösungsmittel definiert ist.

Beispiele für Supersäuren: H_2SO_4 wasserfrei; Fluorsulfonsäure HSO_3F; eine Mischung von HSO_3F und SbF_5 ("magic acid"); HF/SbF_5.

$$2\ HSO_3F \rightleftharpoons H_2SO_3F^{\oplus} + SO_3F^{\ominus}.$$

$$2\ HSO_3F + SbF_5 \rightleftharpoons H_2SO_3F^{\oplus} + [SbF_5(SO_3F)]^{\ominus}.$$

Supersäuren ermöglichen u.a. die Darstellung von Kationen wie $S_8^{2\oplus}$, $I_2^{\oplus}$ und Carboniumionen in der organischen Chemie (HT 211).

Prinzip der "harten" und "weichen" Säuren und Basen

Nach R.G. Pearson (1967) kommt fast jede chemische Bindung durch eine Säure-Basen-Reaktion zustande. In seinem HSAB-Konzept (Hard and Soft Acids and Bases) unterscheidet er zwischen harten und weichen Säuren und Basen.

Säuren nach Pearson sind allgemein Elektronen-Acceptoren. *Harte Säuren* sind wenig polarisierbare Moleküle und Ionen mit hoher positiver Ladung und kleinem Radius (hohe Ladungsdichte). *Weiche Säuren* sind gut polarisierbare Moleküle und Ionen mit niedriger positiver Ladung und großem Radius.

Basen nach Pearson sind allgemein Elektronendonatoren (Elektronendonoren). Weiche Basen sind leichter polarisierbar als harte Basen.

Starke Bindungen (mit starkem ionischen Bindungsanteil) werden nun nach diesem Konzept ausgebildet zwischen harten Basen und harten Säuren oder weichen Basen und weichen Säuren.

Schwache Bindungen mit vorwiegend kovalentem Bindungsanteil bilden sich bei der Reaktion von weichen Basen mit harten Säuren bzw. von harten Basen mit weichen Säuren.

Tabelle 23. Auswahl von Säuren und Basen nach dem HSAB-Konzept

Säuren	
"harte" Säuren:	$H^{\oplus}$, $Li^{\oplus}$, $Na^{\oplus}$, $K^{\oplus}$, $Mg^{2\oplus}$, $Ca^{2\oplus}$, $Sr^{2\oplus}$, $Al^{3\oplus}$, $Ti^{4\oplus}$, $Cr^{3\oplus}$, $Cr^{6\oplus}$, $Mn^{2\oplus}$, $Fe^{3\oplus}$, $Co^{3\oplus}$, $Cl^{7\oplus}$, BF_3, CO_2, HX, $R_3C^{\oplus}$, $RCO^{\oplus}$
"weiche" Säuren:	$Cs^{\oplus}$, $Cu^{\oplus}$, $Ag^{\oplus}$, $Au^{\oplus}$, $Pd^{2\oplus}$, $Pt^{2\oplus}$, $Hg^{2\oplus}$, $Cd^{2\oplus}$, $I^{\oplus}$, $Br^{\oplus}$, I_2, Br_2, BH_3, Metalle, ICN, $CH_3Mg^{\oplus}$, $RS^{\oplus}$, $HO^{\oplus}$
Grenzfälle:	$Fe^{2\oplus}$, $Co^{2\oplus}$, $Pb^{2\oplus}$, $NO^{\oplus}$, SO_2
Basen	
"harte" Basen:	H_2O, ROH, ROR, NH_3, RNH_2, N_2H_4, $RO^{\ominus}$, $OH^{\ominus}$, $O^{2\ominus}$, $SO_4^{2\ominus}$, $CO_3^{2\ominus}$, $PO_4^{3\ominus}$, $F^{\ominus}$, $Cl^{\ominus}$, $NO_3^{\ominus}$, $ClO_4^{\ominus}$, $CH_3COO^{\ominus}$
"weiche" Basen:	RSH, RSR, R_3P, C_6H_6, C_2H_4, CO, $RS^{\ominus}$, $Br^{\ominus}$, $CN^{\ominus}$, $I^{\ominus}$, $SCN^{\ominus}$, $S_2O_3^{2\ominus}$, $R^{\ominus}$, RNC
Grenzfälle:	$C_6H_5NH_2$, Pyridin, $N_3^{\ominus}$, $Cl^{\ominus}$, $NO_2^{\ominus}$

11. Energetik chemischer Reaktionen
(Grundlagen der Thermodynamik)

Die *Thermodynamik* ist ein wesentlicher Teil der allgemeinen Wärmelehre. Sie befaßt sich mit den quantitativen Beziehungen zwischen der Wärmeenergie und anderen Energieformen. Die Thermodynamik geht von nur wenigen - aus Experimenten abgeleiteten - Axiomen aus, den sog. *Hauptsätzen der Thermodynamik*.

Ein Zentralbegriff in der Thermodynamik ist der Begriff des *Systems*. Unter einem System versteht man eine beliebige Menge Materie mit den sie einschließenden physikalischen oder gedachten Grenzen, die sie von ihrer Umgebung abschließen.

Man unterscheidet u.a.:

Abgeschlossene oder isolierte Systeme, die weder Energie (z.B. Wärme, Arbeit) noch Materie (Masse) mit ihrer Umgebung austauschen. (Beispiel: geschlossene (ideale) Thermosflasche.)

Geschlossene Systeme, die durchlässig sind für Energie, aber undurchlässig für Materie (Masse).

Offene Systeme, welche mit ihrer Umgebung sowohl Energie als auch Materie austauschen können.

Der Zustand eines Systems hängt von sog. Zustandsgrößen oder Zustandsvariablen ab wie Temperatur, Volumen, Druck, Konzentration, Innere Energie, Enthalpie, Entropie und Freie Enthalpie. Jede Zustandsgröße kann als Funktion anderer Zustandsgrößen dargestellt werden. Eine solche Darstellung heißt Zustandsgleichung.

I. Hauptsatz der Thermodynamik

Ein System besitzt einen bestimmten Energieinhalt, die sog. **Innere Energie U** (gemessen in J). U kann aus den verschiedensten Energieformen zusammengesetzt sein. Die Innere Energie ist eine Zustandsfunktion, d.h. sie hängt ausschließlich vom Zustand des Systems ab. ΔU bezeichnet die Änderung von U.

Für die Summe aus der Inneren Energie U und dem Produkt aus Druck p und Volumen V führt man aus praktischen Gründen als neue Zustandsfunktion die Enthalpie H (gemessen in J) ein:

$$\boxed{H = U + p \cdot V}\ .$$

Die Änderung der Enthalpie ΔH ergibt sich zu:

$$\boxed{\Delta H = \Delta U + p\Delta V + V\Delta p}\ .$$

Für einen isobaren Vorgang (bei konstantem Druck) wird wegen $\Delta p = 0$

$$\boxed{\Delta H = \Delta U + p\Delta V}\ .$$

D.h.: Die Änderung der Enthalpie ΔH ist gleich der Änderung der Inneren Energie ΔU und der Volumenarbeit $p\Delta V$ bei konstantem Druck.

Für Reaktionen, die ohne Volumenänderung ablaufen, gilt: $\Delta H = \Delta U$.

Veranschaulichung der Volumenarbeit $p \cdot \Delta V$:

Wir betrachten die *isobare* Durchführung einer mit Volumenvergrößerung verbundenen Gasreaktion (Abb. 128):

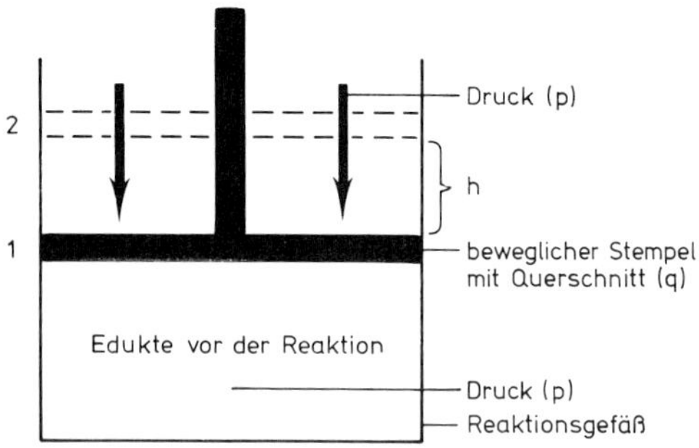

Abb. 128

(1) Anfangsstellung des Stempels; (2) Endstellung des Stempels. In dem Reaktionsgefäß soll unter isobaren Bedingungen eine isotherme Reaktion ablaufen. Hierbei vergrößert sich das Gasvolumen V um den

Betrag ΔV. Durch die Volumenvergrößerung wird der bewegliche Stempel gegen den konstanten Gegendruck (p) um die Höhe (h) nach oben gedrückt. Die hierbei geleistete Arbeit ist die Volumenarbeit $W_{\Delta V}$:

$$W_{\Delta V} = p \cdot q \cdot h = - p \cdot \Delta V \quad \text{mit} \quad q \cdot h = \Delta V.$$

$W_{\Delta V}$ erhält das negative Vorzeichen, wenn wie hier eine Expansion erfolgt. Bei einer Kompression wird $W_{\Delta V}$ positiv.

Auskunft über Änderungen der Inneren Energie von Systemen gibt der **I. Hauptsatz der Thermodynamik:**

Die von irgendeinem System während eines Vorganges insgesamt abgegebene oder aufgenommene Energiemenge ist nur vom Anfangs- und Endzustand des Systems abhängig. Sie ist unabhängig vom Weg: $E_1 = E_2$:

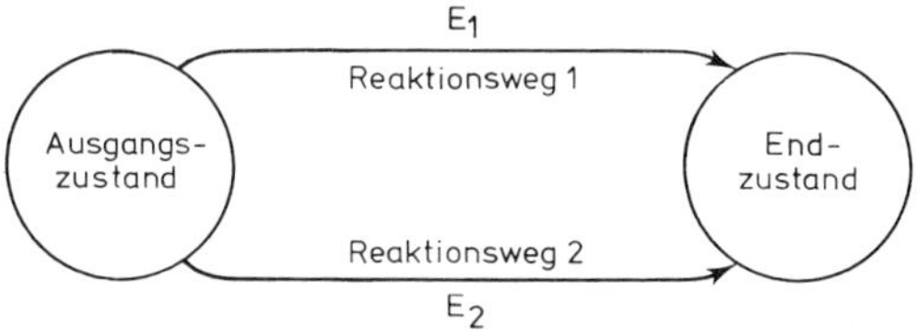

Für *abgeschlossene (isolierte)* Systeme folgt aus dem I. Hauptsatz, daß die Summe aller Energieformen konstant ist oder:

In einem abgeschlossenen System ist die Innere Energie U konstant, d.h. die Änderung der Inneren Energie ΔU ist gleich Null:

$$U = \text{const.} \quad \text{oder} \quad \Delta U = 0.$$

Für *geschlossene* Systeme folgt aus dem I. Hauptsatz:

Die Änderung der Inneren Energie ΔU eines geschlossenen Systems ist gleich der Summe der mit der Umgebung ausgetauschten Wärmemenge ΔQ und Arbeit ΔW:

$$\boxed{\Delta U = \Delta Q + \Delta W}\,.$$

Das bedeutet:

Führt man einem geschlossenen System von außen Energie zu, z.B. in Form von Wärme und Arbeit, so erhöht sich seine Innere Energie um den zugeführten Energiebetrag.

Anwendung des I. Hauptsatzes auf chemische Reaktionen

Chemische Reaktionen sind sowohl mit Materie- als auch mit Energieumsatz verknüpft.

Die thermochemischen Reaktionsgleichungen für die Bildung von Wasser aus den Elementen und die Zersetzung von Wasser in die Elemente sind:

$$H_2(g) + 1/2\ O_2(g) \longrightarrow H_2O(fl) + 285{,}84\ kJ \quad ((g) = \text{gasförmig}),$$

$$H_2O(fl) + 285{,}84\ kJ \longrightarrow H_2(g) + 1/2\ O_2(g) \quad ((fl) = \text{flüssig}).$$

Die Wärmemenge, die bei einer Reaktion frei wird oder verbraucht wird, heißt *Reaktionswärme*.

Die Reaktionswärme ist definiert als Energieumsatz in kJ pro Formelumsatz. 1 Formelumsatz ist ein der Reaktionsgleichung entsprechender Molumsatz.

Vorstehend schrieben wir die Energiemenge, die bei einer Reaktion umgesetzt wird, auf die rechte Seite der Reaktionsgleichung und benutzten das Pluszeichen für "freiwerdende Energie". In diesem Fall betrachtet man den Energieumsatz von einem Standpunkt außerhalb des Systems. Die Energie wird dabei wie ein Reaktionspartner behandelt. Die Reaktionswärme heißt dann auch positive bzw. negative Wärmetönung.

Die meisten chemischen Reaktionen verlaufen bei konstantem Druck. Zur Beschreibung der energetischen Verhältnisse verwendet man daher zweckmäßigerweise die Reaktionsenthalpie ΔH (Reaktionswärme bei konstantem Druck) an Stelle von ΔU. ΔH ist die Differenz zwischen der Enthalpie des Anfangszustandes und des Endzustandes:

$$\Delta H = H_{\text{Produkte}} - H_{\text{Edukte}}$$

Für Reaktionen, die unter *Standardbedingungen* (1,013 bar bzw. 1 mol · l^{-1} der Reaktionsteilnehmer) verlaufen, ersetzt man ΔH durch ΔH^o = *Standard*reaktionsenthalpie.

$\Delta H^o_{(25^oC)}$ sind die *Normal*reaktionsenthalpien. Von vielen Substanzen sind ihre Werte tabelliert.

Aus $H_A + H_B = H_C + H_D - \Delta H$ folgt:

Wird bei einer Reaktion Energie frei (verbraucht), so wird diese den Edukten entzogen (zugeführt). Die zugehörige Reaktionsenthalpie ΔH erhält dann ein negatives (positives) Vorzeichen.

Bei dieser Vorzeichengebung verlegt man den Beobachterstandpunkt in das System.

Eine Reaktion, bei der Energie frei wird (negative Reaktionsenthalpie), heißt *exotherm*. Eine Reaktion, die Energie verbraucht (positive Reaktionsenthalpie), heißt *endotherm*.

Häufig sind Reaktionsenthalpien nicht direkt meßbar. Mit Hilfe des Hess'schen Wärmesatzes (1840) - einer speziellen Form des I. Hauptsatzes - kann man sie oft rechnerisch ermitteln.

Hess'scher Satz der konstanten Wärmesummen

Läßt man ein chemisches System von einem Anfangszustand in einen Endzustand einmal direkt und das andere Mal über Zwischenstufen übergehen, so ist die auf dem direkten Weg auftretende Wärmemenge gleich der Summe der bei den Einzelschritten (Zwischenstufen) auftretenden Reaktionswärme.

Beispiel: Die Reaktionsenthalpie der Umsetzung von Graphitkohlenstoff und Sauerstoff in Kohlenmonoxid ist nicht direkt meßbar, da stets ein Gemisch aus Kohlenmonoxid (CO) und Kohlendioxid (CO_2) entsteht. Man kennt aber die Reaktionsenthalpie sowohl der Umsetzung von Kohlenstoff zu CO_2 als auch diejenige der Umsetzung von CO zu CO_2. Die Umwandlung von Kohlenstoff in CO_2 kann man nun einmal direkt durchführen oder über CO als Zwischenstufe. Mit Hilfe des Hess'schen Satzes läßt sich damit $\Delta H^o_{C \rightarrow CO}$ ermitteln.

1. Reaktionsweg: $C + O_2 \longrightarrow CO_2$; $\Delta H^o = -393{,}7$ kJ.

2. Reaktionsweg:
   1. Schritt $C + O_2 \longrightarrow CO + 1/2\ O_2$; $\Delta H^o = ?$
   2. Schritt $CO + 1/2\ O_2 \longrightarrow CO_2$; $\Delta H^o = -283{,}1$ kJ.

Gesamtreaktion von Reaktionsweg 2: $C + O_2 \longrightarrow CO_2$; $\Delta H^o = -393{,}7$ kJ.

Daraus ergibt sich: $\Delta H^o_{C \rightarrow CO} + (-283{,}1\ \text{kJ}) = -393{,}7$ kJ

oder $\Delta H^o_{C \rightarrow CO} = -110{,}6$ kJ.

II. Hauptsatz der Thermodynamik

Neben dem Materie- und Energieumsatz interessiert bei chemischen Reaktionen auch die Frage, ob sie in eine bestimmte Richtung ablaufen können oder nicht (ihre Triebkraft).

Ein Maß für die *Triebkraft* eines Vorganges (mit p und T konstant) ist die Änderung der sog. Freien Enthalpie ΔG (Reaktionsarbeit, Nutzarbeit) beim Übergang von einem Anfangszustand in einen Endzustand. (Zur Definition von ΔG s. S. 253.)

Bei chemischen Reaktionen ist $\Delta G = G_{Produkte} - G_{Edukte}$.

Verläuft eine Reaktion unter Standardbedingungen, erhält man die Änderung der Freien Enthalpie im Standardzustand ΔG^o. Man nennt sie manchmal auch Standardreaktionsarbeit. Die sog. Normalreaktionsarbeit ist die Standardreaktionsarbeit bei 25°C.

Für Elemente in ihrem stabilsten Zustand wird bei 25°C und 1,013 bar bzw. 1 mol · l^{-1} G^o gleich Null gesetzt.

Die Änderung der Freien Enthalpie für die Umsetzung

$$a\,A + b\,B \rightleftharpoons c\,C + d\,D$$

ergibt sich unter Standardbedingungen:

$$\Delta G_r^o = c \cdot G_C^o + d \cdot G_D^o - a \cdot G_A^o - b \cdot G_B^o .$$

Der Index r soll andeuten, daß es sich um die Änderung der Freien Enthalpie bei der Reaktion handelt. G_A^o ist die Freie Enthalpie von 1 Mol A im Standardzustand.

Allgemein kann man formulieren:

$$\Delta G = \sum G_{Produkte} - \sum G_{Edukte} .$$

Beispiel: Berechne $\Delta G^o_{(25^oC)}$ für die Reaktion von Tetrachlorkohlenstoff (CCl_4) mit Sauerstoff (O_2) nach der Gleichung:

$$CCl_4(g) + O_2 \longrightarrow CO_2 + 2\,Cl_2 .$$

$$\Delta G^o_{(CCl_4)} = -60{,}67 \text{ kJ}; \quad \Delta G^o_{(CO_2)} = -394{,}60 \text{ kJ};$$

$$\Delta G^o_{(CCl_4 \rightarrow CO_2)} = [-394{,}60] - [60{,}67] = -333{,}93 \text{ kJ}.$$

Weshalb CCl_4 trotz negativem ΔG nicht spontan verbrennt, wird auf S. 260 erklärt (kinetisch kontrollierte Reaktion).

Bevor wir uns damit befassen, welche Faktoren den Wert von ΔG bestimmen, müssen wir die Begriffe "reversibel" und "irreversibel" einführen. Ein Vorgang heißt reversibel (umkehrbar), wenn seine Richtung durch unendlich kleine Änderungen der Zustandsvariablen umgekehrt werden kann. Das betrachtete System befindet sich während des gesamten Vorganges im Gleichgewicht, d.h. der Vorgang verläuft über eine unendliche Folge von Gleichgewichtszuständen. Ein reversibler Vorgang ist ein idealisierter Grenzfall.

Ein Vorgang heißt irreversibel (nicht umkehrbar), wenn er einsinnig verläuft. Alle Naturvorgänge sind irreversibel.

Wichtig ist nun die Feststellung, daß die Arbeit, die bei einem Vorgang von einem System geleistet werden kann, nur bei einem reversibel geführten Vorgang einen maximalen Wert erreicht (W_{rev}).

Bei einer reversibel geführten isobaren und isothermen Reaktion (Druck und Temperatur werden konstant gehalten) setzt sich die Reaktionsenthalpie ΔH aus zwei Komponenten zusammen, nämlich einer Energieform, die zur Verrichtung (Leistung) von Arbeit genutzt werden kann (maximale Nutzarbeit W_{rev}), und einem Wärmebetrag Q_{rev}. Letzterer heißt gebundene Energie, weil er nicht zur Arbeitsleistung verwendet werden kann. In Formeln:

$$\boxed{\Delta H = W_{rev} + Q_{rev}} \, .$$

Die bei einem Vorgang freiwerdende maximale Nutzarbeit W_{rev} ist nun identisch mit der Änderung der Freien Enthalpie während des Vorgangs:

$$\boxed{W_{rev} = \Delta G} \, .$$

Die Freie Enthalpie G ist wie die Innere Energie U unabhängig vom Reaktionsweg. Für sie gilt der dem I. Hauptsatz entsprechende II. Hauptsatz der Thermodynamik. Er besagt:

Die von einem chemischen oder physikalischen System während eines isothermen Reaktionsablaufs maximal leistbare Arbeit (= Änderung der Freien Enthalpie ΔG) ist nur vom Anfangs- und Endzustand des Systems abhängig, aber nicht vom Weg, auf dem der Endzustand erreicht wird: $\Delta G_1 = \Delta G_2$:

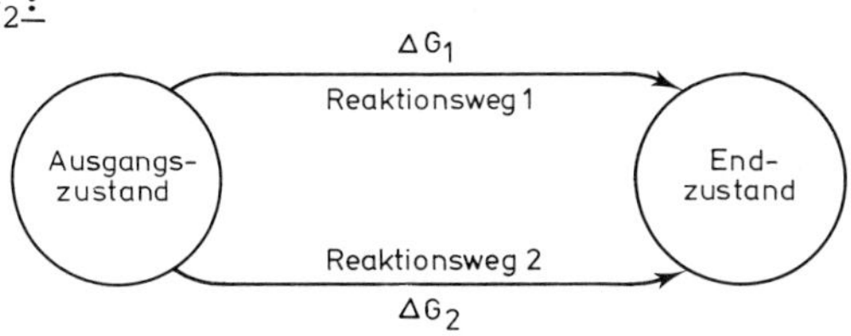

Dividiert man die Änderung der gebundenen Wärme ΔQ_{rev} durch die Temperatur, bei der der Vorgang abläuft, so bezeichnet man den Quotienten $\Delta Q_{rev}/T$ als reduzierte Wärme oder als Entropieänderung ΔS:

$$\boxed{\frac{\Delta Q_{rev}}{T} = \Delta S} \quad \text{oder} \quad \boxed{\Delta Q_{rev} = T \cdot \Delta S}.$$

Die Entropie S ist eine Zustandsfunktion. Sie wurde 1850 von R. Clausius eingeführt. Maßeinheit: $J \cdot K^{-1} \cdot mol^{-1}$ (früher Clausius: $cal \cdot Grad^{-1} \cdot mol^{-1}$).

Der Änderung von Q_{rev} (= ΔQ_{rev}) entspricht die Änderung der Entropie ΔS oder: In einem geschlossenen System ist die Entropieänderung ΔS des Systems gleich der im Verlauf von reversibel und isotherm ablaufenden Reaktionen mit der Umgebung ausgetauschten Wärmemenge, dividiert durch die zugehörige Reaktionstemperatur T (eine weitere Formulierung des II. Hauptsatzes der Thermodynamik).

Anmerkung: ΔS und ΔG wurden vorstehend auf der Basis eines reversiblen Prozesses formuliert. Trotzdem hängen sie als Zustandsfunktionen nur vom Anfangs- und Endzustand des Systems ab und nicht von der Art der Änderung (reversibel oder irreversibel), die von einem Zustand in den anderen führt.

Die Entropiemenge, die zur Erhöhung der Temperatur um 1 Grad erforderlich ist, heißt spezifische Entropie s. Die spez. Entropie pro Mol ist die spez. Molentropie S.

S wird ermittelt, indem man z.B. die Molwärme C, die zur Temperaturerhöhung eines Mols um 1 K gebraucht wird, durch die absolute Temperatur T dividiert, bei der die Erwärmung des Mols erfolgt: $S = \frac{C}{T}$. Je nachdem, ob die Molwärme bei konstantem Druck oder konstantem Volumen gemessen wird, versieht man sie mit dem Index p oder V: C_p bzw. C_V.

Statistische Deutung der Entropie

Die Entropie kann man veranschaulichen, wenn man sie nach Boltzmann als Maß für den Ordnungszustand eines Systems auffaßt. Jedes System strebt einem Zustand maximaler Stabilität zu. Dieser Zustand hat die größte Wahrscheinlichkeit. Im statistischen Sinne bedeutet größte Wahrscheinlichkeit den höchstmöglichen Grad an Unordnung. Dieser ist gleich dem Maximalwert der Entropie. Das bedeutet, daß die Entropie mit abnehmendem Ordnungsgrad, d.h. mit wachsender Unordnung wächst.

Diffundieren z.B. zwei Gase ineinander, so verteilen sich die Gasteilchen völlig regellos über den gesamten zur Verfügung stehenden Raum. Der Endzustand entspricht dem Zustand größter Unordnung = größter Wahrscheinlichkeit = größter Entropie.

Wenn die Entropie mit wachsender Unordnung zunimmt, so nimmt sie natürlich mit zunehmendem Ordnungsgrad ab. Sie wird gleich Null, wenn die größtmögliche Ordnung verwirklicht ist. Dies wäre für einen völlig regelmäßig gebauten Kristall (Idealkristall) am absoluten Nullpunkt (bei -273,15°C oder 0 K) der Fall. (Aussage des Nernstschen Wärmesatzes, der oft als *III. Hauptsatz der Thermodynamik* bezeichnet wird.)

Eine Formulierung des II. Hauptsatzes ist auch mit Hilfe der Entropie möglich. Für isolierte (abgeschlossene) Systeme ergeben sich damit folgende Aussagen des II. Hauptsatzes:

Laufen in einem isolierten System spontane (irreversible) Vorgänge ab, so wächst die Entropie des Systems an, bis sie im Gleichgewichtszustand einen Maximalwert erreicht: $\Delta S > 0$.

Bei reversiblen Vorgängen bleibt die Entropie konstant; d.h. die Änderung der Entropie ΔS ist gleich Null: $\Delta S = 0$.

Im Gleichgewichtszustand besitzt ein isoliertes System also ein Entropiemaximum und ΔS ist gleich 0.

Die Reaktionsentropie einer chemischen Umsetzung ergibt sich zu

$$\Delta S = \sum S_{\text{Produkte}} - \sum S_{\text{Edukte}}\,.$$

ΔS^{o} ist die Standard-Reaktionsentropie und $\Delta S^{o}_{(25^{o}C)}$ ist die Normal-Reaktionsentropie. Die S-Werte vieler Substanzen sind in Tabellenwerken tabelliert.

Beispiel: Berechne $\Delta S_{(25^{o}C)}$ für die Bildung von NH_3 nach der Gleichung: $3\,H_2 + N_2 \rightleftharpoons 2\,NH_3$:

$$\Delta S_{(25^{o}C)} = (2 \cdot 192{,}3) - (191{,}5 + 3 \cdot 130{,}6) = -198{,}7\ J \cdot K^{-1}.$$

$$\Delta S^{o}_{(25^{o}C)} = -99{,}28\ J \cdot K^{-1}.$$

Gibbs-Helmholtzsche Gleichung

Ersetzen wir in der Gleichung $\Delta H = W_{rev} + Q_{rev}$ (s. S. 251) die Energiebeiträge W_{rev} durch ΔG und Q_{rev} durch $T \cdot \Delta S$, so wird

$$\Delta H = \Delta G + T \cdot \Delta S$$

oder

$$\boxed{\Delta G = \Delta H - T \cdot \Delta S}\,.$$

Diese Gibbs-Helmholtzsche Gleichung definiert die Änderung der Freien Enthalpie (in angelsächsischen Büchern oft auch "Freie Energie" genannt).

Die Gibbs-Helmholtzsche Gleichung ist eine Fundamentalgleichung der chemischen Thermodynamik. Sie faßt die Aussagen der drei Hauptsätze der Thermodynamik für chemische Reaktionen zusammen und erlaubt die Absolutberechnung von ΔG aus den kalorischen Größen ΔH, ΔS und T. ΔH und T sind experimentell zugänglich; ΔS ist über die spezifischen Molentropien S bzw. Molwärmen C_p der Reaktionsteilnehmer ebenfalls meßbar, s. S. 252.

Bei einer chemischen Reaktion in einem geschlossenen System lassen sich folgende Fälle unterscheiden:

Für $\Delta G < 0$ läuft eine Reaktion freiwillig (spontan) ab, und man nennt sie exergonisch. Die Freie Enthalpie nimmt ab.

Für $\Delta G = 0$ befindet sich eine Reaktion im Gleichgewicht.

Für $\Delta G > 0$ läuft eine Reaktion nicht freiwillig ab, und man nennt sie endergonisch.

Beachte: Eine Reaktion verläuft um so quantitativer, je größer der negative Wert von ΔG ist.

Nach der Gibbs-Helmholtzschen Gleichung setzt sich ΔG zusammen aus der Reaktionsenthalpie ΔH und dem Entropieglied $T \cdot \Delta S$. In der Natur versucht ΔH einen möglichst großen negativen Wert zu erreichen, weil alle spontanen Prozesse so ablaufen, daß sich die potentielle Energie des Ausgangssystems verringert. Der Idealzustand wäre am absoluten Nullpunkt erreicht. Die Änderung der Entropie ΔS strebt im Gegensatz dazu einen möglichst großen positiven Wert an. Der Idealzustand wäre hier erreicht, wenn die ganze Materie gasförmig wäre.

Die Erfahrung lehrt, daß beide Komponenten von ΔG (d.h. ΔH und $T \cdot \Delta S$) manchmal zusammen und manchmal gegeneinander wirken. Die günstigsten Voraussetzungen für einen negativen ΔG-Wert (d.h. freiwilliger Vorgang) sind ein negativer ΔH-Wert und ein positiver $T \cdot \Delta S$-Wert. Ein hoher negativer ΔH-Wert kann einen geringeren $T \cdot \Delta S$-Wert überwiegen, und umgekehrt kann ein hoher Wert von $T \cdot \Delta S$ einen niedrigeren ΔH-Wert überkompensieren.

Bei sehr tiefen Temperaturen ist $T \cdot \Delta S \ll \Delta H$. Es laufen daher nur exotherme Reaktionen freiwillig ab.

Mit zunehmender Temperatur fällt das Entropieglied $T \cdot \Delta S$ stärker ins Gewicht. Bei hohen Temperaturen wird ΔG daher entscheidend durch $T \cdot \Delta S$ beeinflußt. Für sehr hohe Temperaturen gilt: $\Delta G \sim - T \cdot \Delta S$.

Bei sehr hohen Temperaturen laufen also nur solche Reaktionen ab, bei denen die Entropie zunimmt.

Bei gekoppelten Reaktionen addieren sich die Änderungen der Freien Enthalpie der einzelnen Reaktionen zu einem Gesamtbetrag für die Gesamtreaktion wie im Falle der Reaktionsenthalpien.

Zwischen ΔG einer chemischen Reaktion $a \cdot A + b \cdot B \rightleftharpoons c \cdot C + d \cdot D$ und den Konzentrationen der Reaktionsteilnehmer gilt die Beziehung:

$$\boxed{\Delta G = \Delta G^o + R \cdot T \cdot \ln \frac{p_C{}^c \cdot p_D{}^d}{p_A{}^a \cdot p_B{}^b}}$$

Verwendet man an Stelle von Gasdrucken andere Konzentrationsangaben, gilt entsprechend:

$$\boxed{\Delta G = \Delta G^o + R \cdot T \cdot \ln \frac{c^c(C) \cdot c^d(D)}{c^a(A) \cdot c^b(B)}}$$

Im Gleichgewichtszustand ist ΔG gleich Null. In diesem Falle wird

$$\boxed{\Delta G^o = - R \cdot T \cdot \ln K}$$ (K ist die Gleichgewichtskonstante, s. S. 273).

$$\Delta G^o_{(25^oC)} = 1{,}3643 \cdot \lg K_{(25^oC)}$$

Mit diesen Gleichungen läßt sich ΔG in Abhängigkeit von den Konzentrationen der Reaktionsteilnehmer berechnen.

Hat man ΔG auf andere Weise bestimmt, z.B. mit der Gibbs-Helmholtzschen Gleichung oder aus einer Potentialmessung (s. S. 257), kann man damit auch die Gleichgewichtskonstante der Reaktion berechnen.

Beispiele:

1) Berechnung von ΔG^o für die Bildung von Iodwasserstoff (HI) nach der Gleichung

$$H_2 + I_2 \rightleftharpoons 2\ HI.$$

Mit $\dfrac{p_{HI}^2}{p_{H_2} \cdot p_{I_2}} = K_{p_{444,5^oC}} = 50{,}40$ und $\Delta G^o = -R \cdot T \cdot \ln K$ ergibt sich

$$\Delta G^o_{(444,5^oC)} = 8{,}316\ J \cdot K^{-1} \cdot 717{,}65\ K \cdot 2{,}3026 \cdot \lg 50{,}40$$

$$= -23{,}40\ kJ.$$

Beachte: Bei Änderung der Partialdrucke der Reaktionsteilnehmer ändert sich K_p und damit ΔG^o!

2) Berechnung der Gleichgewichtskonstanten für das NH_3-Gleichgewicht:

Für die Reaktion $3\ H_2 + N_2 \rightleftharpoons 2\ NH_3$ hat man bei 25^oC für $\Delta H^o = -46{,}19$ kJ gefunden bzw. aus einer Tabelle entnommen. Für $\Delta S^o_{(25^oC)}$ berechnet man $-99{,}32\ J \cdot K^{-1}$ (s. S. 253). Daraus ergibt sich $\Delta G^o_{(25^oC)} = -92{,}28 - 298{,}15 \cdot (-0{,}198) = -33{,}24$ kJ. Mit $\Delta G^o = -R \cdot T \cdot \lg K$ oder $\lg K = -\Delta G^o/1{,}3643 = 5{,}78$ erhält man für die Gleichgewichtskonstante K_p

$$K_p = \frac{p_{NH_3}^2}{p_{H_2}^3 \cdot p_{N_2}} = 10^{5,78}.$$

Das Gleichgewicht der Reaktion liegt bei Zimmertemperatur und Atmosphärendruck praktisch ganz auf der rechten Seite. S. hierzu S. 274 und S. 276!

Zusammenhang zwischen ΔG und EMK

Eine sehr genaue Bestimmung von ΔG ist über die Messung der EMK eines Redoxvorganges möglich.

Aus den Teilgleichungen für den Redoxvorgang beim Daniell-Element geht hervor, daß pro reduziertes $Cu^{2\oplus}$-Ion von einem Zn-Atom z w e i Elektronen an die Halbzelle $Cu^{2\oplus}/Cu$ abgegeben werden. Für 1 Mol $Cu^{2\oplus}$-Ionen sind dies $2 \cdot N_A = 2 \cdot 6{,}02 \cdot 10^{23}$ Elektronen.

Bewegte Elektronen stellen bekanntlich einen elektrischen Strom dar. N_A Elektronen entsprechen einer Elektrizitätsmenge von $\sim 96500\ A \cdot s \equiv F$ (Faradaysche Konstante). Im Daniell-Element wird somit eine Elektrizitätsmenge von $2 \cdot F$ erzeugt.

Die in einer Zelle erzeugte elektrische Energie ist gleich dem Produkt aus freiwerdender Elektrizitätsmenge in $A \cdot s$ und der EMK der Zelle in Volt:

$$\boxed{W_{el} = -\, n \cdot F \cdot EMK}\,.$$

n ist die Zahl der bei der Reaktion übertragenen Mole Elektronen. Für das Daniell-Element berechnet sich damit eine elektrische Energie W_{el} von: $-2 \cdot 96500\ A \cdot s \cdot 1{,}1\ V = -212\ kJ$.

Da EMK die maximale Spannung des Daniell-Elements ist (s. S. 208), beträgt die maximale Arbeit der Redoxreaktion $Cu^{2\oplus} + Zn \rightleftharpoons Zn^{2\oplus} + Cu$ genau 212 kJ. Nun ist aber die maximale Nutzarbeit, die aus einer bei konstanter Temperatur und konstantem Druck ablaufenden chemischen Reaktion gewonnen wird, ein Maß für die Abnahme der Freien Enthalpie des Systems (s. S. 251):

$$\boxed{\Delta G = -\, W_{el}}\,.$$

Zwischen der Änderung der Freien Enthalpie ΔG und der EMK einer Zelle besteht also folgender Zusammenhang:

$$\boxed{\Delta G = \pm\, n \cdot F \cdot EMK}\,.$$

Das Minuszeichen bedeutet, daß ΔG negativ ist, wenn die Zelle Arbeit leistet.

ΔG ist bekanntlich ein Maß für die Triebkraft einer chemischen Reaktion. Die relative Stärke von Reduktions- bzw. Oxidationsmitteln beruht also auf der Größe der mit der Elektronenverschiebung verbundenen Änderung der Freien Enthalpie ΔG.

12. Kinetik chemischer Reaktionen

Für die Voraussage, ob eine chemische Reaktion tatsächlich wie gewünscht abläuft, braucht man außer der Energiebilanz und dem Vorzeichen der Änderung der Freien Enthalpie (ΔG) auch Informationen über die Geschwindigkeit der Reaktion.

Unter gegebenen Bedingungen laufen chemische Reaktionen mit einer bestimmten Geschwindigkeit ab, der **Reaktionsgeschwindigkeit v.**

Zur Erläuterung wollen wir eine einfache Reaktion betrachten: Die gasförmigen oder gelösten Ausgangsstoffe A und B setzen sich in einer einsinnig von links nach rechts ablaufenden Reaktion zu dem Produkt C um: $A + B \longrightarrow C$. Symbolisiert man die Konzentration der einzelnen Stoffe mit c(A), c(B) und c(C), so ist die Abnahme der Konzentration des Reaktanden A bzw. B oder auch die Zunahme der Konzentration des Reaktionsproduktes C in der Zeit t gleich der Reaktionsgeschwindigkeit der betreffenden Umsetzung. Da v in jedem Zeitmoment eine andere Größe besitzt, handelt es sich um differentielle Änderungen. Die Reaktionsgeschwindigkeit v wird durch einen Differentialquotienten ausgedrückt:

$$v = -\frac{d\,c(A)}{dt} = -\frac{d\,c(B)}{dt} = +\frac{d\,c(C)}{dt} \quad \text{oder allgemein:} \quad v = \pm\frac{dc}{dt},$$

wobei c die Konzentration ist.

Das Vorzeichen des Quotienten ist positiv, wenn die Konzentration zunimmt, und negativ, wenn sie abnimmt.

Unter der Reaktionsgeschwindigkeit versteht man die zeitliche Änderung der Menge eines Stoffes, der durch die betreffende Reaktion verbraucht oder erzeugt wird.

Nach der "Stoßtheorie" stellt man sich den Reaktionsablauf folgendermaßen vor: Sind die Reaktanden A und B in einem homogenen Reaktionsraum frei beweglich, so können sie miteinander zusammenstoßen, wobei sich die neue Substanz C bildet. Nicht jeder Zusammenstoß führt zur Bildung von C. Die Zahl der erfolgreichen Zusammenstöße je Sekunde Z ist proportional der Reaktionsgeschwindigkeit: $v = k_1 \cdot Z$. Z wächst mit der Konzentration von A und B, d.h. $Z = k_2 \cdot c(A) \cdot c(B)$.

Somit wird (mit $k = k_1 \cdot k_2$)

$$v = k \cdot c(A) \cdot c(B) = -\frac{d\,c(A)}{dt} = -\frac{d\,c(B)}{dt} = \frac{d\,c(C)}{dt}.$$

Für die allgemeinere Reaktion $x\,A + y\,B + z\,C \longrightarrow$ Produkte erhält man die entsprechende Geschwindigkeitsgleichung (Zeitgesetz):

$$v = -\frac{1}{x}\frac{d\,c(A)}{dt} = -\frac{1}{y}\frac{d\,c(B)}{dt} = -\frac{1}{z}\frac{d\,c(C)}{dt}$$

$$= k \quad c^a(A) \cdot c^b(B) \cdot c^c(C).$$

Zur Bedeutung von a, b, c, s. Reaktionsordnung.

Die Beträge der stöchiometrischen Faktoren 1/x, 1/y, 1/z werden gewöhnlich in die Konstante k einbezogen, die dann einen anderen Wert erhält.

Fassen wir das Ergebnis in Worte, so lautet es:

Die Reaktionsgeschwindigkeit einer einsinnig verlaufenden chemischen Reaktion ist der Konzentration der Reaktanden proportional.

Die Proportionalitätskonstante k heißt Geschwindigkeitskonstante der Reaktion. Sie stellt die Reaktionsgeschwindigkeit der Reaktanden dar für $c(A) = 1$ und $c(B) = 1$.

Dann gilt nämlich: $v = k$.

k hat für jeden chemischen Vorgang bei gegebener Temperatur einen charakteristischen Wert. Er wächst meistens mit steigender Temperatur.

Reaktionsordnung

Die Potenz, mit der die Konzentration eines Reaktionspartners in der Geschwindigkeitsgleichung der Reaktion auftritt, heißt die Reaktionsordnung der Reaktion *bezüglich* des betreffenden Reaktionspartners. Hat der Exponent den Wert 0, 1, 2, 3, spricht man von 0., 1., 2. und 3. Ordnung. Die Reaktionsordnung muß in jedem Falle experimentell ermittelt werden.

In *einfachen* Zeitgesetzen wie $v = k\ c^a(A) \cdot c^b(B)\ldots$, (in denen die Konzentrationen nur als Produkte auftreten), wird die Summe der Exponenten, mit denen die Konzentrationen im Zeitgesetz erscheinen, als *Reaktionsordnung n der Reaktion* bezeichnet: $n = a + b + \ldots$

Beachte: Die Buchstaben a, b, c sind nicht die stöchiometrischen Koeffizienten der Reaktion. Die Einheiten der Reaktionsgeschwindigkeit sind $mol\ l^{-1} \cdot s^{-1}$ bzw. $bar \cdot s^{-1}$ (für Gase).

Beispiele:

a) Reaktion nullter Ordnung

Eine Reaktion nullter Ordnung liegt vor, wenn die Reaktionsgeschwindigkeit konzentrationsunabhängig ist. Hier wird die Geschwindigkeit durch einen zeitlich konstanten nichtchemischen Vorgang bestimmt.

Beispiele sind:

Elektrolysen bei konstanter Stromstärke; photochemische Reaktionen; Absorption eines Gases in einer Flüssigkeit bei konstanter Gaszufuhr; Reaktion an einer festen Grenzfläche, an der die Konzentration des Reaktanden durch Adsorption konstant gehalten wird.

b) Reaktion erster Ordnung

Ein Beispiel hierfür ist der radioaktive Zerfall (s. S. 13) oder der thermische Zerfall von Verbindungen.

Das Zeitgesetz für eine Reaktion erster Ordnung wie der Umwandlung der Substanz A in die Substanz B: $A \longrightarrow B$ lautet:

$$v = -\frac{d\ c(A)}{dt} = k \cdot c(A)$$

Durch Umformen erhält man:

$$\frac{d\ c(A)}{c(A)} = k \cdot dt.$$

Bezeichnet man die Anfangskonzentration von A zum Zeitpunkt t = 0 mit $c(A)_o$, die Konzentration zu einer beliebigen Zeit t mit c(A), so kann man das Zeitgesetz in diesen Grenzen integrieren:

$$-\int_{c(A)_o}^{c(A)} \frac{d\ c(A)}{c(A)} = k \int_{t=0}^{t} dt; \quad -(\ln c(A) - \ln c(A)_o) = k \cdot (t-0);$$

$$\ln \frac{c(A)_o}{c(A)} = k \cdot t \qquad \left(\text{bzw. } 2{,}303 \cdot \lg \frac{c(A)_o}{c(A)} = k \cdot t\right.$$

$$\left.\text{oder } \lg c(A) = -\frac{k}{2{,}303} \cdot t + \lg c(A)_o\right)$$

Durch Entlogarithmieren ergibt sich:

$$c(A) = c(A)_o \cdot e^{-kt}$$

d.h. die Konzentration von A nimmt exponentiell mit der Zeit ab (Exponentialfunktion).

c) Reaktion zweiter Ordnung

Ein Beispiel ist die thermische Zersetzung von Iodwasserstoff: $2\,HI \rightleftharpoons H_2 + I_2$. Schreibt man hierfür allgemein: $2\,A \longrightarrow C + D$, so lautet das Zeitgesetz für eine Reaktion zweiter Ordnung:

$$v = -\frac{1}{2}\frac{d\,c(A)}{dt} = k \cdot c^2(A)$$

Chemische Reaktionen verlaufen nur selten in einem Reaktionsschritt. Meist sind die entstehenden Produkte das Ergebnis mehrerer Teilreaktionen, die auch als *Reaktionsschritte* oder Elementarreaktionen bezeichnet werden. Sie sind Glieder einer sog. *Reaktionskette*. Besteht nun eine Umsetzung aus mehreren einander folgenden Reaktionsschritten, so bestimmt der langsamste Reaktionsschritt die Geschwindigkeit der Gesamtreaktion.

Beispiel:

Die Umsetzung $2\,A + B \longrightarrow A_2B$ verläuft in zwei Schritten:

1. $A + B \longrightarrow AB$
2. $AB + A \longrightarrow A_2B$

Gesamt: $2\,A + B \longrightarrow A_2B$

Ist der erste Reaktionsschritt der langsamste, bestimmt er die Reaktionsgeschwindigkeit der Umsetzung.

Halbwertszeit

Der Begriff "Halbwertszeit" ($t_{1/2}$) definiert die Zeit, in der die Hälfte der am Anfang vorhandenen Menge des Ausgangsstoffes umgesetzt ist, d.h. bei $\frac{1}{2}\,c(A)_o$ in Abb.129.

Bei einer Reaktion 1. Ordnung ist die Halbwertszeit unabhängig von der Ausgangskonzentration:

$$t_{1/2} = \frac{0{,}693}{k}.$$

Bei einer Reaktion 2. Ordnung ist die Halbwertszeit bei gleicher Konzentration der Ausgangsstoffe der Ausgangskonzentration umgekehrt proportional:

$$t_{1/2} = \frac{1}{k \cdot c(A)_0}$$

Konzentration-Zeit-Diagramm für eine Reaktion *erster* Ordnung

Der Verlauf der Exponentialfunktion für eine Reaktion *erster* Ordnung ist in Abb. 129 als Diagramm "Konzentration gegen Zeit" dargestellt. Folgende Daten sind in dem Diagramm kenntlich gemacht:

a) Reaktionsgeschwindigkeit $v = -\frac{d\ c(A)}{dt}$ zu einer beliebigen Zeit

b) Halbwertszeit $t_{1/2}$.

Das Diagramm in Abb. 129 zeigt, daß die Reaktionsgeschwindigkeit mit der Zeit abnimmt und sich asymptotisch dem Wert Null nähert. Für $c(A) = 0$ kommt die Reaktion zum Stillstand.

c) $k \cdot c(A)$ ist in Abb. 129 die Steigung der Tangente.

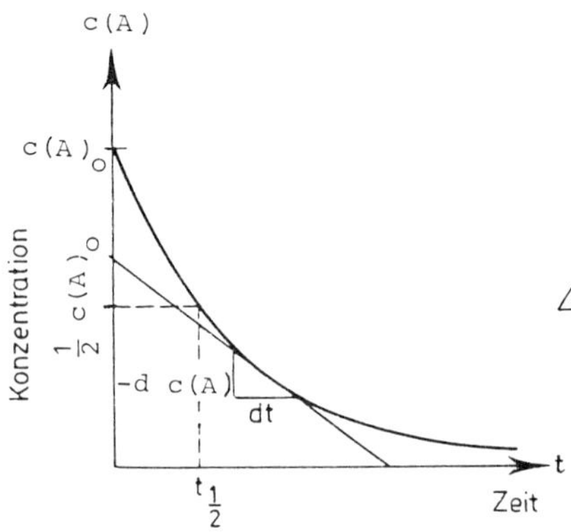

Abb. 129. "Konzentration gegen Zeit"-Diagramm für eine Reaktion erster Ordnung

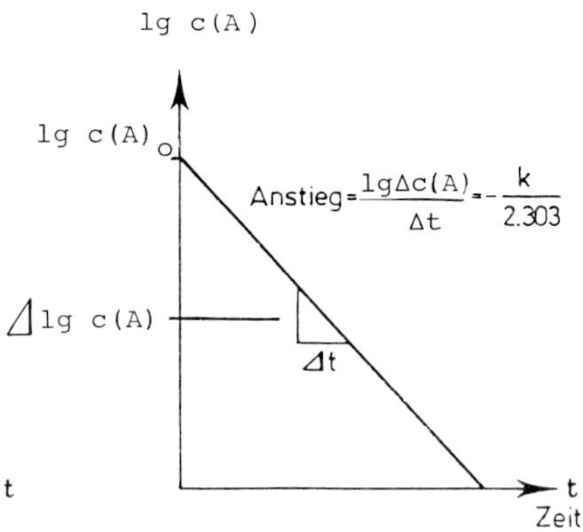

Abb. 130. Lineare Darstellung des Konzentrationsverlaufes einer Reaktion erster Ordnung

In Abb. 130 ist lg c(A) über die Zeit t graphisch aufgetragen. Man erhält damit eine Gerade mit der Steigung -k/2,303.

Konzentration-Zeit-Diagramm für eine Reaktion *zweiter* Ordnung

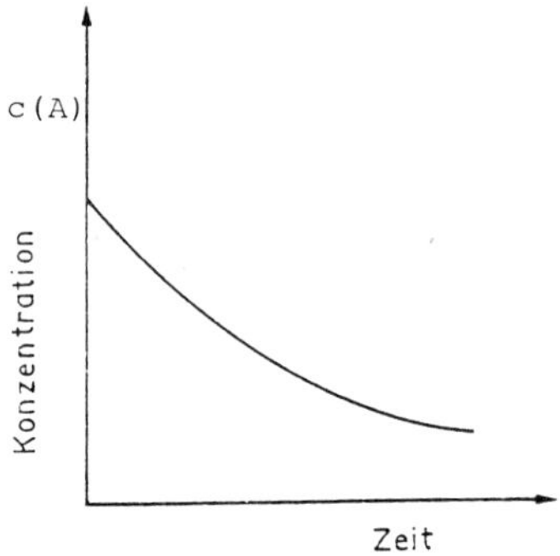

Abb. 131. "Konzentration gegen Zeit"-Diagramm für eine Reaktion zweiter Ordnung

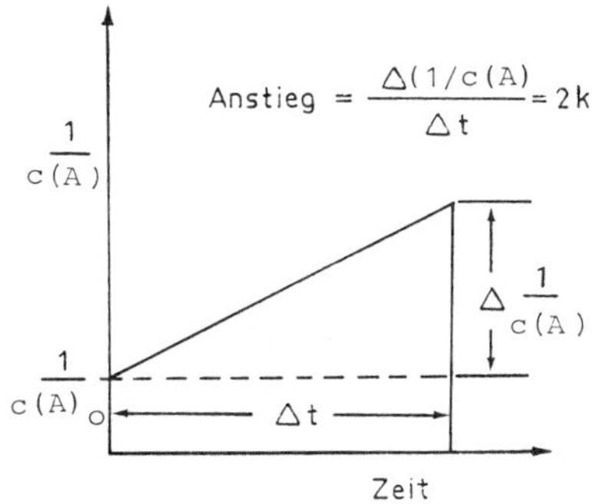

Abb. 132. Lineare Darstellung des Konzentrationsverlaufes einer Reaktion zweiter Ordnung

Molekularität einer Reaktion

Die Reaktionsordnung darf nicht mit der Molekularität einer Reaktion verwechselt werden. Diese ist gleich der Zahl der Teilchen, von denen eine Elementarreaktion (Reaktionsschritt) ausgeht.

Geht die Reaktion von nur einem Teilchen aus, ist die Molekularität eins und man nennt die Reaktion monomolekular: A ⟶ B.

Beispiele: $Br_2 \longrightarrow 2\ Br\cdot$; $H_2O \longrightarrow H\cdot + OH\cdot$, strukturelle Umlagerung (Isomerisierung):

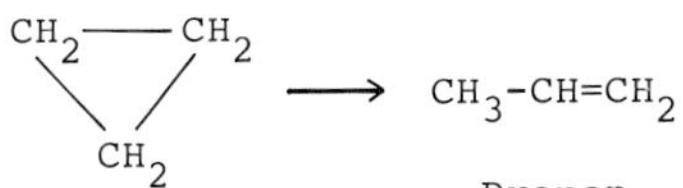

Propen

Cyclopropan

Ein weiteres Beispiel ist der Übergang eines angeregten Teilchens in einen niedrigeren Energiezustand.

Bei einer bimolekularen Reaktion müssen zwei Teilchen miteinander reagieren: A + X $\longrightarrow$ B. Die Molekularität der Reaktion ist zwei.

Beispiele:

1) $Br\cdot + H_2 \longrightarrow HBr + H\cdot$

$H\cdot + Br_2 \longrightarrow HBr + Br\cdot$

2) $HO^{\ominus} + CH_3Cl \longrightarrow CH_3OH + Cl^{\ominus}$

Die meisten chemischen Reaktionen laufen bimolekular ab, denn die Wahrscheinlichkeit für das Auftreten trimolekularer Reaktionen ist schon sehr klein. Reaktionen noch höherer Molekularität werden überhaupt nicht beobachtet.

Ein Beispiel für eine trimolekulare Reaktion ist:

$H\cdot + H\cdot + Ar \longrightarrow H_2 + Ar^*$

Ar = Argon
Ar* = angeregtes Argon

Beachte: Reaktionsordnung und Molekularität stimmen *nur* bei Elementarreaktionen überein. Die meisten chemischen Reaktionen bestehen jedoch nicht aus einer einzigen Elementarreaktion, sondern aus einer Folge nacheinander ablaufender Elementarreaktionen. In diesen Fällen ist eine Übereinstimmung von Reaktionsordnung und Molekularität rein zufällig.

Als Beispiel betrachten wir die hypothetische Reaktion:

A + X + Y $\longrightarrow$ B. Wird hierfür experimentell gefunden:

$-\frac{d\,c(A)}{dt} = k\cdot c(A)\cdot c(X)\cdot c(Y)$, so ist die Reaktionsordnung drei.

Untersucht man den Mechanismus (genauen Ablauf) der Reaktion, stellt man meist fest, daß die Gesamtreaktion in mehreren Schritten (Elementarreaktionen) abläuft, die z.B. bimolekular sein können:

A + X $\longrightarrow$ AX und AX + Y $\longrightarrow$ B.

Pseudo-Ordnung und Pseudo-Molekularität

Viele Reaktionen, die in Lösung ablaufen, verlaufen nur scheinbar mit niedriger Ordnung und Molekularität. Beispiele sind die säurekatalysierte Esterverseifung (s. HT 211) oder die Spaltung der Saccharose durch Wasser in Glucose und Fructose (Inversion des Rohrzuckers) (s. HT 211).

Beispiel: Rohrzuckerinversion:

Rohrzucker + H_2O ⟶ Glucose + Fructose.

Die Reaktion wird durch $H_3O^{\oplus}$-Ionen katalytisch beschleunigt.

Das Zeitgesetz lautet:

$$-\frac{d\,c(\text{Rohrzucker})}{dt} = k \cdot c(\text{Rohrzucker}) \cdot c(H_2O) \cdot c(H_3O^{\oplus}) .$$

Der Katalysator $H_3O^{\oplus}$ wird bei der Reaktion nicht verbraucht. Da die Reaktion in Wasser durchgeführt wird, verändert sich infolge des großen Überschusses an Wasser meßbar nur die Konzentration des Rohrzuckers. Experimentell findet man daher in wäßriger Lösung statt der tatsächlichen Reaktionsordnung 3 die pseudo-erste Ordnung:

$$-\frac{d\,c(\text{Rohrzucker})}{dt} = k' \cdot c(\text{Rohrzucker}) .$$

Die tatsächliche Reaktionsordnung erkennt man bei systematischer Variation der Konzentrationen aller in Frage kommenden Reaktionsteilnehmer.

Da die Rohrzuckerinversion eine Elementarreaktion ist, ist die Molekularität gleich der Reaktionsordnung. Sie ist daher auch pseudomonomolekular oder krypto-trimolekular.

Arrhenius-Gleichung

Es wird häufig beobachtet, daß eine thermodynamisch mögliche Reaktion ($\Delta G < 0$, s. S. 254) nicht oder nur mit kleiner Geschwindigkeit abläuft. Auf dem Weg zur niedrigeren potentiellen Energie existiert also bisweilen ein Widerstand, d.h. eine *Energiebarriere*. Dies ist verständlich, wenn man bedenkt, daß bei der Bildung neuer Substanzen Bindungen in den Ausgangsstoffen gelöst und wieder neu geknüpft werden müssen. Gleichzeitig ändert sich während der Reaktion der "Ordnungszustand" des reagierenden Systems.

Untersucht man andererseits die Temperaturabhängigkeit der Reaktionsgeschwindigkeit, so stellt man fest, daß diese meist mit zunehmender Temperatur wächst.

Diese Zusammenhänge werden in einer von Arrhenius 1889 angegebenen Gleichung miteinander verknüpft:

$$k = A \cdot e^{-E_a/RT}$$

(exponentielle Schreibweise der Arrhenius-Gleichung). Durch Logarithmieren ergibt sich $\ln k = \ln A - \frac{E_a}{RT}$ oder

$$\ln k = \text{const} - \frac{E_a}{RT}$$

(logarithmische Schreibweise).

In dieser Gleichung bedeutet: k = Geschwindigkeitskonstante; E_a = Aktivierungsenergie. Das ist die Energie, die aufgebracht werden muß, um die Energiebarriere zu überschreiten. R = allgemeine Gaskonstante; T = absolute Temperatur. Der Proportionalitätsfaktor A wird oft auch Frequenzfaktor genannt. A ist weitgehend temperaturunabhängig.

Nach der Arrhenius-Gleichung bestehen zwischen k, E_a und T folgende Beziehungen:

a) Je größer die Aktivierungsenergie E_a ist, um so kleiner wird k und mit k die Reaktionsgeschwindigkeit v.

b) Steigende Temperatur T führt dazu, daß der Ausdruck E_a/RT kleiner wird, dadurch werden k und v größer.

Faustregel (RGT-Regel): Temperaturerhöhung um 10°C bewirkt eine zwei- bis vierfach höhere Reaktionsgeschwindigkeit.

Beeinflussen läßt sich die Höhe der Aktivierungsenergie (bzw. -enthalpie) durch sog. Katalysatoren.

Katalysatoren (Kontakte) sind Stoffe, die Geschwindigkeit und Richtung von chemischen Vorgängen beeinflussen. Die Erscheinung heißt *Katalyse*.

Beschleunigen Katalysatoren die Reaktionsgeschwindigkeit, spricht man von positiver Katalyse. Bei negativer Katalyse (Inhibition) verringern sie die Geschwindigkeit. Entsteht der Katalysator während der Reaktion, handelt es sich um eine Autokatalyse. Man unterscheidet ferner zwischen homogener und heterogener Katalyse. Bei der homogenen Katalyse befinden sich sowohl Katalysator als auch die Reaktionspartner in der gleichen (gasförmigen oder flüssigen) Phase. Ein Beispiel hierfür ist die Säurekatalyse (s. HT 211). Bei der heterogenen Katalyse liegen Katalysator und Reaktionspartner in verschiedenen Phasen vor. Die Reaktion verläuft dabei oft an der Oberfläche des Katalysators (Kontakt-Katalyse).

Die Wirkungsweise eines Katalysators beruht meist darauf, daß er mit einer der Ausgangssubstanzen eine reaktionsfähige Zwischenverbindung bildet, die eine geringere Aktivierungsenergie besitzt als der aktivierte Komplex aus den Reaktanden. Die Zwischenverbindung reagiert mit dem anderen Reaktionspartner dann so weiter, daß der Katalysator im Lauf der Reaktion wieder freigesetzt wird. Im Idealfall bildet sich der Katalysator unverbraucht zurück.

Die Reaktion $A + B \longrightarrow A\,B$ wird mit dem Katalysator K zerlegt in $A + K \longrightarrow A\,K$ und $A\,K + B \longrightarrow A\,B + K$.

Der Katalysator erniedrigt über den Umweg eines Zwischenstoffes die Aktivierungsenergie der Reaktion. Die Geschwindigkeitskonstante k und mit ihr die Reaktionsgeschwindigkeit v werden dadurch erhöht, d.h. die Reaktion wird beschleunigt. Der Katalysator übt *keinen* Einfluß auf die Lage des Gleichgewichts einer Reaktion aus, denn er erhöht nur die Geschwindigkeit von Hin- und Rückreaktion. Er beschleunigt die Einstellung des Gleichgewichts und verändert den Reaktionsmechanismus.

Darstellung von Reaktionsabläufen durch Energieprofile

In Abb. 133 ist der energetische Verlauf einer Reaktion in einem Energiediagramm (Energieprofil) graphisch dargestellt. Die Abszisse ist die sog. Reaktionskoordinate. Die potentielle Energie ist als Ordinate eingezeichnet. Die Aktivierungsenergie E_a bzw. die Aktivierungsenthalpie $\Delta H^{\ddagger}$ (für p = konst.) erscheint als "Energieberg". Den Zustand am Gipfel des Energieberges nennt man "Übergangszustand", aktivierten Komplex oder Reaktionsknäuel. Der aktivierte Komplex wird meist durch den hochgestellten Index ‡ gekennzeichnet.

Bei Reaktionen zwischen festen und flüssigen Stoffen sind E_a und $\Delta H^{\ddagger}$ zahlenmäßig praktisch gleich. Unterschiede gibt es bei der Beteiligung von gasförmigen Stoffen an der Reaktion. Hier ist $\Delta H^{\ddagger} = E_a + \Delta(p \cdot V)^{\ddagger}$. Ändert sich beim Übergang von den Edukten zum "aktivierten Komplex" die Molzahl, muß sie entsprechend $\Delta(p \cdot V)^{\ddagger} = n^{\ddagger} \cdot R \cdot T$ berücksichtigt werden. $n^{\ddagger}$ ist die Änderung der Molzahl beim Übergang zum "aktivierten Komplex".

Im "Übergangszustand" haben sich die Reaktanden einander so weit wie möglich genähert. Hier lösen sich die alten Bindungen und bilden sich gleichzeitig neue. Die Reaktionsenthalpie ΔH ist die Enthalpiedifferenz zwischen den Edukten (Ausgangsstoffen) und den Produkten, s. S. 248. Entsteht bei einer Reaktion eine (instabile) Zwischenstufe (Zwischenstoff), so zeigt das Energiediagramm ein Energieminimum an (Abb. 134).

Beispiel: A + B C $\rightleftharpoons$ A ... B ... C $\rightleftharpoons$ A B + C.

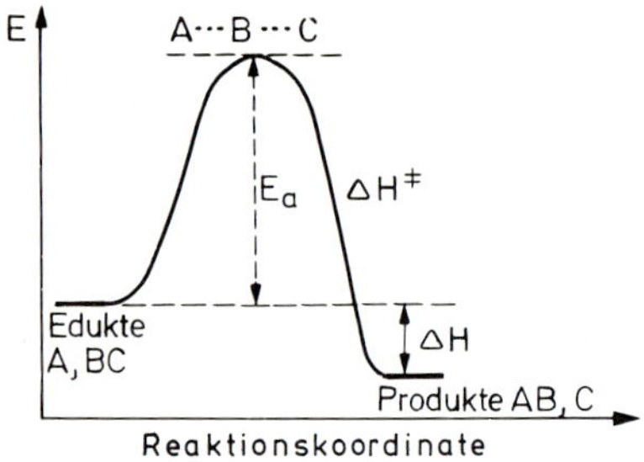

Abb. 133

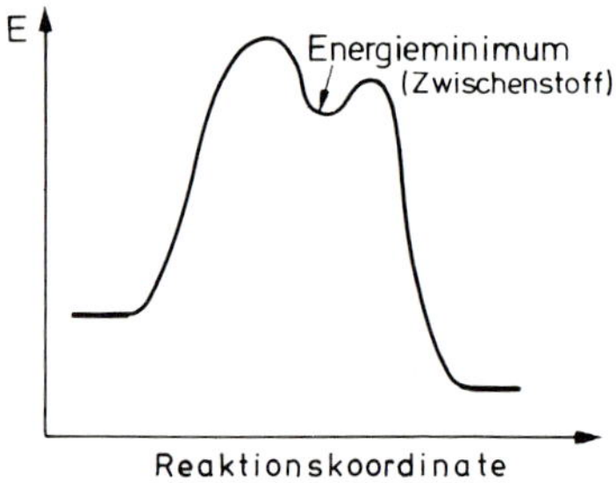

Abb. 134

Abb. 135 zeigt den Energieverlauf einer Reaktion mit und ohne Katalysator. E'_a ist kleiner als E_a.

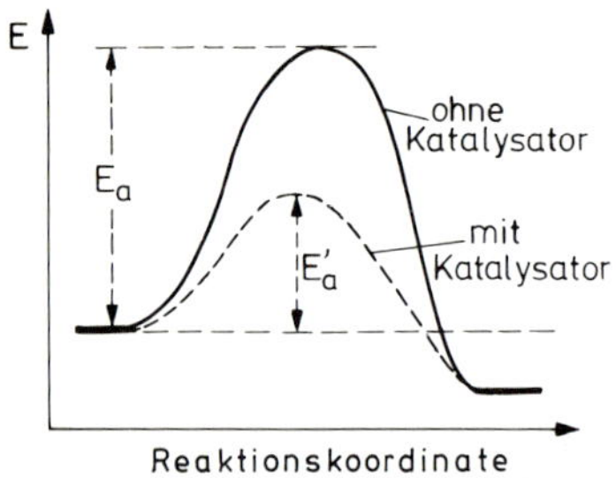

Abb. 135

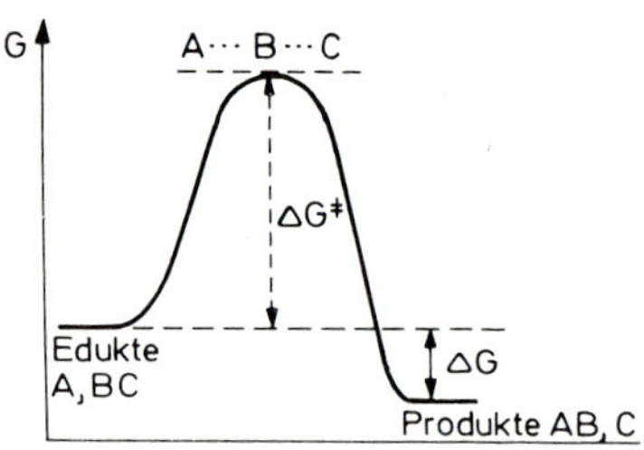

Abb. 136

Ähnliche Diagramme wie in Abb. 133 ergeben sich, wenn außer der Energie- oder besser Enthalpieänderung ΔH auch die Entropieänderung ΔS während des Reaktionsablaufs berücksichtigt wird. Mit ΔH und ΔS erhält man nach der Gibbs-Helmholtzschen Gleichung die Triebkraft, d.i. die Änderung der Freien Enthalpie ΔG beim Übergang von einem Anfangszustand zu einem Endzustand (s. S. 254). In Abb. 136 ist als Ordinate G aufgetragen. $\Delta G^{\ddagger}$ ist die Freie Aktivierungsenthalpie, d.i. die Differenz zwischen der Freien Enthalpie des "aktivierten Komplexes" und derjenigen der Edukte. ΔG dagegen ist die Differenz der Freien Enthalpie von Produkten und Edukten, d.i. die *Freie Reaktionsenthalpie*.

Anmerkung: Die Aktivierungsentropie $\Delta S^{\ddagger}$ ist meist negativ, weil der "aktivierte Komplex" meist einen größeren Ordnungszustand aufweist als die Edukte.

Parallelreaktionen

Stehen Reaktionspartnern unter sonst gleichen Bedingungen Reaktionswege mit unterschiedlicher Aktivierungsenergie zur Auswahl (Parallelreaktionen), wird der Reaktionsweg mit der niedrigsten Aktivierungsenergie bevorzugt (jedenfalls bei gleichem Frequenzfaktor).

Chemische Reaktionen können unter thermodynamischen und/oder kinetischen Gesichtspunkten betrachtet werden.

Will man die Möglichkeit eines Reaktionsablaufs beurteilen, müssen *beide Gesichtspunkte gleichzeitig* berücksichtigt werden. Die thermodynamische Betrachtungsweise zeigt, ob eine Reaktion thermodynamisch möglich ist oder nicht. Sie macht keine Aussage über die Zeit, die während des Reaktionsablaufs vergeht. Hierüber gibt die kinetische Betrachtungsweise Auskunft. Wird der Reaktionsablauf durch thermodynamische Faktoren bestimmt, nennt man die Reaktion thermodynamisch kontrolliert. Ist die Reaktionsgeschwindigkeit für den Reaktionsablauf maßgebend, heißt die Reaktion kinetisch kontrolliert.

Beispiele: Eine kinetisch kontrollierte Reaktion ist die Reaktion von Tetrachlorkohlenstoff (CCl_4) mit O_2 z.B. zu CO_2 (s. S. 250). Für die Reaktion ist $\Delta G^{o}_{(25^{o}C)}$ = -333,9 kJ. Die Reaktion sollte daher schon bei Zimmertemperatur spontan ablaufen. Die Reaktionsgeschwindigkeit ist jedoch praktisch Null. Erst durch Temperaturerhöhung läßt sich die Geschwindigkeit erhöhen. Den Grund für die kinetische Hemmung sieht man in der Molekülstruktur: Ein relativ kleines C-Atom ist tetraederförmig von vier großen Chloratomen umhüllt, so daß es nur schwer von O_2-Molekülen angegriffen werden kann. Ein anderes Beispiel ist die Ammoniaksynthese aus den Elementen nach Haber-Bosch. Auch diese Reaktion ist bei Zimmertemperatur thermodynamisch möglich. Die Reaktionsgeschwindigkeit ist jedoch praktisch Null. Sie läßt sich nur durch einen Katalysator erhöhen.

Metastabile Systeme

Die Gasmischungen H_2/O_2, H_2/Cl_2, $3\ H_2/N_2$ u.a. sind bei Zimmertemperatur beständig, obwohl die thermodynamische Berechnung zeigt, daß die Reaktionen zu den Produkten H_2O, HCl, NH_3 exergonisch sind.

Die Reaktionsgeschwindigkeit ist jedoch zu gering, um in den stabilen Gleichgewichtszustand überzugehen. Solche Systeme sind *kinetisch gehemmt*. Man nennt sie auch *metastabile* Systeme.

Aufheben läßt sich die kinetische Hemmung durch Energiezufuhr oder durch Katalysatoren.

Bei Beachtung der vorstehend skizzierten Gesetzmäßigkeiten gelingt es gelegentlich, Reaktionsabläufe zu steuern. Bei Parallelreaktionen mit unterschiedlicher Reaktionsgeschwindigkeit bestimmt die Reaktionszeit die Ausbeute an einzelnen möglichen Produkten. Bei genügend langer Reaktionszeit wird die Zusammensetzung der Produkte - bei gegebenen Reaktionsbedingungen - von der thermodynamischen Stabilität der einzelnen Produkte bestimmt. Beispiele s. Teil II.

Kettenreaktionen

Kettenreaktion nennt man eine besondere Art von Folgereaktionen. Als Beispiel betrachten wir die Chlorknallgasreaktion: $Cl_2 + H_2 \longrightarrow 2\ HCl$. Bei Anregung durch UV-Licht verläuft die Reaktion explosionsartig über folgende Elementarreaktionen:

$$Cl_2 \xrightarrow{h\nu} 2\ Cl\cdot$$

$$Cl\cdot + H_2 \longrightarrow HCl + H\cdot$$

$$H\cdot + Cl_2 \longrightarrow HCl + Cl\cdot \qquad \text{usw.}$$

Der Reaktionsbeginn (= *Kettenstart*) ist die photochemische Spaltung eines Cl_2-Moleküls in zwei energiereiche Cl-Atome (Radikale). Im zweiten Reaktionsschritt reagiert ein Cl-Atom mit einem H_2-Molekül zu HCl und einem H-Atom. Dieses bildet in einem dritten Schritt HCl und ein Cl-Atom. Dieser *Zyklus* kann sich wiederholen.

Die energiereichen, reaktiven Zwischenprodukte Cl· und H· heißen *Kettenträger*. Die nacheinander ablaufenden Zyklen bilden die *Kette*. Ihre Anzahl ist die *Kettenlänge*.

Einleitung von Kettenreaktionen

Einleiten kann man Kettenreaktionen z.B. durch photochemische oder thermische Spaltung schwacher Bindungen in einem der Reaktionspartner oder einem als *Initiator* zugesetzten Fremdstoff. Als Initiatoren eignen sich z.B. Peroxide oder Azoverbindungen (s. HT 211).

Abbruch von Kettenreaktionen

Zu einem Kettenabbruch kann z.B. die Wiedervereinigung (Rekombination) von zwei Radikalen führen, wobei in einer *tri*molekularen Reaktion (Dreierstoß) die überschüssige Energie an die Gefäßwand oder ein geeignetes Molekül M (= *Inhibitor*) abgegeben wird. Geeignete Inhibitoren sind z.B. NO, O_2, Olefine, Phenole oder aromatische Amine.

$$Cl\cdot + Cl\cdot + \text{Wand} \longrightarrow Cl_2 \quad \text{oder} \quad Cl\cdot + Cl\cdot + M \longrightarrow Cl_2 + M^*$$

(M^* = angeregtes Molekül)

Beispiele für Kettenreaktionen: Chlorknallgas-Reaktion: $Cl_2 + H_2 \longrightarrow 2\ HCl$; Knallgas-Reaktion: $2\ H_2 + O_2 \longrightarrow 2\ H_2O$; die Bildung von HBr aus den Elementen; thermische Spaltung von Ethan; Photochlorierung von Paraffinen, s. HT 211; Autoxidationsprozesse, s. HT 211; radikalische Polymerisationen, s. HT 211.

13. Chemisches Gleichgewicht
(Kinetische Ableitung)

Chemische Reaktionen in geschlossenen Systemen verlaufen selten einsinnig, sondern sind meist umkehrbar:

$$A + B \rightleftharpoons C + D.$$

Für die Geschwindigkeit der Hinreaktion $A + B \longrightarrow C + D$ ist die Reaktionsgeschwindigkeit v_H gegeben durch die Gleichung $v_H = k_H \cdot c(A) \cdot c(B)$. Für die Rückreaktion $C + D \rightleftharpoons A + B$ gilt entsprechend $v_R = k_R \cdot c(C) \cdot c(D)$. (Zu dem Begriff der Reaktionsgeschwindigkeit s. S. 258).

Der in jedem Zeitmoment nach außen hin sichtbare und damit meßbare Stoffumsatz der Gesamtreaktion (aus Hin- und Rückreaktion) ist gleich der Umsatzdifferenz beider Teilreaktionen. Entsprechend ist die Reaktionsgeschwindigkeit der Gesamtreaktion gleich der Differenz aus den Geschwindigkeiten der Teilreaktionen:

$$v = v_H - v_R = k_H \cdot c(A) \cdot c(B) - k_R \cdot c(C) \cdot c(D).$$

Bei einer umkehrbaren Reaktion tritt bei gegebenen Konzentrationen und einer bestimmten Temperatur ein Zustand ein, bei dem sich der Umsatz von Hin- und Rückreaktion aufhebt. Das Reaktionssystem befindet sich dann im chemischen Gleichgewicht. Die Lage des Gleichgewichts wird durch die relative Größe von v_H und v_R bestimmt. Das chemische Gleichgewicht ist ein *dynamisches Gleichgewicht*, das sich zu jedem Zeitpunkt neu einstellt. In der Zeiteinheit werden gleichviele Produkte gebildet, wie wieder in die Edukte zerfallen. Im chemischen Gleichgewicht ist die Geschwindigkeit der Hinreaktion v_H gleich der Geschwindigkeit der Rückreaktion v_R. Die Geschwindigkeit der Gesamtreaktion ist gleich Null. Die Reaktion ist nach außen zum Stillstand gekommen.

In Formeln läßt sich dies wie folgt angeben:

$$k_H \cdot c(A) \cdot c(B) = k_R \cdot c(C) \cdot c(D)$$

oder

$$\frac{k_H}{k_R} = \frac{c(C) \cdot c(D)}{c(A) \cdot c(B)} = K_c$$

Das sind Aussagen des von *Guldberg* und *Waage* 1867 formulierten Massenwirkungsgesetzes (MWG): *Eine chemische Reaktion befindet sich bei gegebener Temperatur im chemischen Gleichgewicht, wenn der Quotient aus dem Produkt der Konzentrationen der Reaktionsprodukte und aus dem Produkt der Konzentrationen der Edukte einen bestimmten, für die Reaktion charakteristischen Zahlenwert K_c erreicht hat.*

K_c ist die (temperaturabhängige) Gleichgewichtskonstante. Der Index c deutet an, daß die Konzentrationen verwendet wurden. Da Konzentration und Druck eines gasförmigen Stoffes bei gegebener Temperatur einander proportional sind:

$$p = R \cdot T \cdot n/v = R \cdot T \cdot c = \text{konst.} \cdot c,$$

kann man anstelle der Konzentrationen die Partialdrücke gasförmiger Reaktionsteilnehmer einsetzen. Die Gleichgewichtskonstante bekommt dann den Index p:

$$\frac{p_C \cdot p_D}{p_A \cdot p_B} = K_p.$$

Wichtige Regeln: Für jede Gleichgewichtsreaktion wird das MWG so geschrieben, daß das Produkt der Konzentrationen der Produkte im Zähler und das Produkt der Konzentrationen der Edukte im Nenner des Quotienten steht.

Besitzen in einer Reaktionsgleichung die Komponenten von dem Wert 1 verschiedene Koeffizienten, so werden diese im MWG als Exponent der Konzentration der betreffenden Komponente eingesetzt:

$$a\,A + b\,B \rightleftharpoons c\,C + d\,D,$$

$$\frac{c^c(C) \cdot c^d(D)}{c^a(A) \cdot c^b(B)} = K_c \quad \text{bzw.} \quad \frac{p_C^c \cdot p_D^d}{p_A^a \cdot p_B^b} = K_p.$$

Je größer bzw. kleiner der Wert der Gleichgewichtskonstanten K ist, desto mehr bzw. weniger liegt das Gleichgewicht auf der Seite der Produkte.

Wir unterscheiden folgende Grenzfälle:

$K \gg 1$: Die Reaktion verläuft nahezu vollständig in Richtung der Produkte.

$K \sim 1$: Alle Reaktionsteilnehmer liegen in vergleichbaren Konzentrationen vor.

$K \ll 1$: Es liegen praktisch nur die Ausgangsstoffe vor.

Der negative dekadische Logarithmus von K wird als pK-Wert bezeichnet (vgl. S. 223):

$$pK = -\lg K.$$

Formulierung des MWG für einfache Reaktionen

Beispiele:

1) $4\ HCl + O_2 \rightleftharpoons 2\ H_2O + 2\ Cl_2$

$$\frac{c^2(H_2O) \cdot c^2(Cl_2)}{c^4(HCl) \cdot c(O_2)} = K_c$$

2) $2\ HCl + \frac{1}{2}\ O_2 \rightleftharpoons H_2O + Cl_2$

$$\frac{c(H_2O) \cdot c(Cl_2)}{c^2(HCl) \cdot c^{1/2}(O_2)} = K_c$$

3) $BaSO_4 \rightleftharpoons Ba^{2\oplus} + SO_4^{2\ominus}$

$$\frac{c(Ba^{2\oplus}) \cdot c(SO_4^{2\ominus})}{c(BaSO_4)} = K_c$$

4) $N_2 + 3\ H_2 \rightleftharpoons 2\ NH_3$

$$\frac{p^2_{NH_3}}{p_{N_2} \cdot p^3_{H_2}} = K_p$$

Gekoppelte Reaktionen

Sind Reaktionen miteinander gekoppelt, so kann man für jede Reaktion die Reaktionsgleichung aufstellen und das MWG formulieren. Für jede Teilreaktion erhält man eine Gleichgewichtskonstante. Multipliziert man die Gleichgewichtskonstanten der Teilreaktionen miteinander, so ergibt sich die Gleichgewichtskonstante der Gesamtreaktion. Diese ist auch zu erhalten, wenn man auf die Gesamtgleichung das MWG anwendet.

Beispiele:

Zur Herstellung von Schwefelsäure (H_2SO_4) wird Schwefeltrioxid (SO_3) benötigt. Es kann durch Oxidation von SO_2 dargestellt werden. Ein älteres Verfahren (Bleikammerprozeß) verwendet hierzu Stickstoffdioxid NO_2. Schematisierte Darstellung (ohne Nebenreaktionen):

1) $2\ NO + O_2 \rightleftharpoons 2\ NO_2$

2) $2\ SO_2 + 2\ NO_2 \rightleftharpoons 2\ SO_3 + 2\ NO$

3) $2\ SO_3 + 2\ H_2O \rightleftharpoons 2\ H_2SO_4$

Gesamtreaktion: $2\ SO_2 + 2\ H_2O + O_2 \rightleftharpoons 2\ H_2SO_4$

Die Gleichgewichtskonstanten für die einzelnen Reaktionsschritte und die Gesamtreaktion sind:

$$K_1 = \frac{c^2(NO_2)}{c^2(NO) \cdot c(O_2)}; \quad K_2 = \frac{c^2(SO_3) \cdot c^2(NO)}{c^2(SO_2) \cdot c^2(NO_2)}; \quad K_3 = \frac{c^2(H_2SO_4)}{c^2(SO_3) \cdot c^2(H_2O)}$$

$$K_{gesamt} = \frac{c^2(H_2SO_4)}{c^2(SO_2) \cdot c^2(H_2O) \cdot c(O_2)} = K_1 \cdot K_2 \cdot K_3 .$$

Aktivitäten

Das Massenwirkungsgesetz gilt streng nur für ideale Verhältnisse wie verdünnte Lösungen (Konzentration $< 0{,}1\ mol \cdot l^{-1}$). Die formale Schreibweise des Massenwirkungsgesetzes kann aber auch für reale Verhältnisse, speziell für konzentrierte Lösungen beibehalten werden, wenn man anstelle der Konzentrationen die wirksamen Konzentrationen, die sog. Aktivitäten der Komponenten, einsetzt. In nicht verdünnten Lösungen beeinflussen sich die Teilchen einer Komponente gegenseitig und verlieren dadurch an Reaktionsvermögen. Auch andere in Lösung vorhandene Substanzen oder Substanzteilchen vermindern das Reaktionsvermögen, falls sie mit der betrachteten Substanz in Wechselwirkung treten können.

Die dann noch vorhandene wirksame Konzentration heißt Aktivität a. Sie unterscheidet sich von der Konzentration durch den Aktivitätskoeffizienten f, der die Wechselwirkungen in der Lösung berücksichtigt:

Aktivität (a) = Aktivitätskoeffizient (f) · Konzentration (c):

$$\boxed{a = f \cdot c}$$

Für $c \longrightarrow 0$ wird $f \longrightarrow 1$.

Der Aktivitätskoeffizient f ist stets < 1. Der Aktivitätskoeffizient f korrigiert die Konzentration c einer Substanz um einen experimentell zu ermittelnden Wert (z.B. durch Anwendung des Raoultschen Gesetzes, s. S. 181). Formuliert man für die Reaktion $AB \rightleftharpoons A + B$ das MWG, so muß man beim Vorliegen großer Konzentrationen die Aktivitäten einsetzen:

$$\frac{c(A) \cdot c(B)}{c(AB)} = K_c \text{ geht über in } \frac{a_A \cdot a_B}{a_{AB}} = \frac{f_A \cdot c_A \cdot f_B \cdot c_B}{f_{AB} \cdot c_{AB}} = K_a .$$

Beeinflussung von Gleichgewichtslagen

1. *Änderung der Temperatur*

Bei Temperaturänderungen ändert sich der Wert der Gleichgewichtskonstanten K wie folgt:

Temperaturerhöhung (-erniedrigung) verschiebt das chemische Gleichgewicht nach der Seite, auf der Produkte unter Wärmeverbrauch (Wärmeentwicklung) entstehen. Anders formuliert: Temperaturerhöhung begünstigt endotherme Reaktionen, Temperaturerniedrigung begünstigt exotherme Reaktionen.

Beispiel: Ammoniaksynthese nach Haber-Bosch:

$$N_2 + 3\ H_2 \rightleftharpoons 2\ NH_3; \quad \Delta H = -92\ kJ; \quad K_p = \frac{p^2_{NH_3}}{p_{N_2} \cdot p^3_{H_2}} .$$

Temperaturerhöhung verschiebt das Gleichgewicht auf die linke Seite (Edukte). K_p wird kleiner. Das System weicht der Temperaturerhöhung aus, indem es die Edukte zurückbildet, wobei Energie verbraucht wird ("Flucht vor dem Zwang").

Beachte: Druckerhöhung zeigt die entgegengesetzte Wirkung. Links sind nämlich vier Volumenteile und rechts nur zwei. Das System weicht nach rechts aus.

Dies ist ein Beispiel für das von *Le Chatelier* und *Braun* formulierte "Prinzip des kleinsten Zwanges":

Wird auf ein im Gleichgewicht befindliches System durch Änderung der äußeren Bedingungen ein Zwang ausgeübt, weicht das System diesem Zwang dadurch aus, daß sich das Gleichgewicht so verschiebt, daß der Zwang kleiner wird.

Die Abhängigkeit der Gleichgewichtskonstanten von der Temperatur wird formelmäßig durch die *Gleichung von van't Hoff* beschrieben:

$$\frac{d \ln K_p}{dT} = \frac{\Delta H^o}{RT^2}$$

K_p = Gleichgewichtskonstante der Partialdrucke
ΔH^o = Reaktionsenthalpie bei 298 K und 1 bar, vgl. S. 248
R = allgemeine Gaskonstante
T = absolute Temperatur

Die van't Hoffsche Gleichung (van't Hoffsche Reaktionsisobare) erhält man durch Kombination der Gleichungen

$\Delta G^o = - RT \cdot \ln K_p$, s. S. 255

und $\Delta G^o = \Delta H^o - T \cdot \Delta S^o$, s. S. 254

2. *Änderung von Konzentration bzw. Partialdruck bei konstanter Temperatur*

Schreibt man für die Gleichgewichtsreaktion $A + B \rightleftharpoons C$ die Massenwirkungsgleichung:

$$\frac{c(C)}{c(A) \cdot c(B)} = K_c \quad \text{bzw.} \quad \frac{p_C}{p_A \cdot p_B} = K_p,$$

so muß der Quotient immer den Wert K besitzen. Erhöht man c(A), muß zwangsläufig c(C) größer und c(B) kleiner werden, wenn sich der Gleichgewichtszustand wieder einstellt. Da nun c(C) nur größer bzw. c(B) nur kleiner wird, wenn A mit B zu C reagiert, verschiebt sich das Gleichgewicht nach rechts. Das bedeutet: Die Reaktion verläuft durch Erhöhung der Konzentration von A bzw. B so weit nach rechts, bis sich das Gleichgewicht mit dem gleichen Zahlenwert für K erneut eingestellt hat. Eine Verschiebung der Gleichgewichtslage im gleichen Sinne erhält man, wenn man c(C) verringert. Auf diese Weise läßt sich der Ablauf von Reaktionen beeinflussen.

Beispiele für die Anwendung auf Säure-Base-Gleichgewichte s. S. 220.

Das Löslichkeitsprodukt

Silberbromid AgBr fällt als gelber, käsiger Niederschlag aus, wenn man einer Lösung von KBr ($K^{\oplus}Br^{\ominus}$) Silbernitrat $Ag^{\oplus}NO_3^{\ominus}$ hinzufügt. Es dissoziiert nach $AgBr \rightleftharpoons Ag^{\oplus} + Br^{\ominus}$.

AgBr ist ein schwerlösliches Salz, d.h. das Gleichgewicht liegt auf der linken Seite.

Schreibt man die Massenwirkungsgleichung:

$$\frac{c(Ag^{\oplus}) \cdot c(Br^{\ominus})}{c(AgBr)_{\text{gelöst}}} = K \quad \text{oder} \quad c(Ag^{\oplus}) \cdot c(Br^{\ominus}) = c(AgBr) \cdot K,$$

so ist die Konzentration an gelöstem Silberbromid c(AgBr) in einer gesättigten Lösung konstant, weil zwischen dem Silberbromid in Lösung und dem festen Silberbromid AgBr(f), das als Bodenkörper vorhanden ist, ein dynamisches, *heterogenes* Gleichgewicht besteht, das dafür sorgt, daß c(AgBr) konstant ist. Man kann daher c(AgBr) in die Konstante K einbeziehen. Die neue Konstante heißt das ***Löslichkeitsprodukt*** von AgBr.

$$c(Ag^{\oplus}) \cdot c(Br^{\ominus}) = Lp_{AgBr} = 10^{-12,3}\ mol^2 \cdot l^{-2}.$$

Für eine gesättigte Lösung (mit Bodenkörper) ist:

$$c(Ag^{\oplus}) = c(Br^{\ominus}) = \sqrt{10^{-12,3}} = 10^{-6,15}\ mol \cdot l^{-1}.$$

Wird das Löslichkeitsprodukt überschritten, d.h. $c(Ag^{\oplus}) \cdot c(Br^{\ominus}) > 10^{-12,3}\ mol^2 \cdot l^{-2}$, fällt so lange AgBr aus, bis die Gleichung wieder stimmt. Erhöht man nur eine Ionenkonzentration, so kann man bei genügendem Überschuß das Gegenion quantitativ aus der Lösung abscheiden. Beispiel: Erhöht man die Konzentration von $Br^{\ominus}$ auf $c(Br^{\ominus}) = 10^{-2,3}\ mol \cdot l^{-1}$, so fällt so lange AgBr aus, bis $c(Ag^{\oplus}) = 10^{-10}\ mol \cdot l^{-1}$ ist. Dann gilt wieder: $c(Ag^{\oplus}) \cdot c(Br^{\ominus}) = 10^{-10} \cdot 10^{-2,3} = 10^{-12,3}\ mol^2 \cdot l^{-2}$.

Allgemeine Formulierung

Das Löslichkeitsprodukt Lp eines schwerlöslichen Elektrolyten A_mB_n ist definiert als das Produkt seiner Ionenkonzentrationen in gesättigter Lösung.

$$A_mB_n \rightleftharpoons m\,A^{\oplus} + n\,B^{\ominus}$$

$$Lp_{A_mB_n} = c^m(A^{\oplus}) \cdot c^n(B^{\ominus}) \quad (mol/l)^{m+n}.$$

Das Löslichkeitsprodukt gilt für alle schwerlöslichen Verbindungen.

Tabelle 24. Löslichkeitsprodukte von schwerlöslichen Salzen bei 20°C (Dimension für A_mB_n: $(mol/l)^{m+n}$

AgCl	$1 \cdot 10^{-10}$	$BaCrO_4$	$2,4 \cdot 10^{-10}$	$Mg(OH)_2$	$1,2 \cdot 10^{-11}$
AgBr	$5 \cdot 10^{-13}$	$PbCrO_4$	$1,8 \cdot 10^{-14}$	$Al(OH)_3$	$1,1 \cdot 10^{-33}$
AgI	$1,5 \cdot 10^{-16}$	$PbSO_4$	$2 \cdot 10^{-8}$	$Fe(OH)_3$	$1,1 \cdot 10^{-36}$
Hg_2Cl_2	$2 \cdot 10^{-18}$	$BaSO_4$	$1 \cdot 10^{-10}$	ZnS	$1 \cdot 10^{-23}$
$PbCl_2$	$1,7 \cdot 10^{-5}$			CdS	$8 \cdot 10^{-27}$
				Ag_2S	$1,6 \cdot 10^{-49}$
				HgS	$2 \cdot 10^{-52}$

Fließgleichgewicht

Im Gegensatz zum vorstehend besprochenen chemischen Gleichgewicht ist ein sog. stationärer Zustand oder Fließgleichgewicht ("steady state") dadurch gekennzeichnet, daß sämtliche Zustandsgrößen (Zustandsvariable), die den betreffenden Zustand charakterisieren, einen zeitlich konstanten Wert besitzen. Bildet sich z.B. in einem Reaktionssystem ein stationärer Zustand aus, so besitzt das System eine konstante, aber endliche Gesamtreaktionsgeschwindigkeit, und die Konzentrationen der Reaktionsteilnehmer sind konstant (dynamisches Gleichgewicht im offenen System).

Ein stationärer Zustand kann sich nur in einem offenen System ausbilden, s. S. 245. Der lebende Organismus ist ein Beispiel für ein offenes System: Nahrung und Sauerstoff werden aufgenommen, CO_2 und andere Produkte abgegeben. Es stellt sich eine von der Aktivität der Enzyme (Biokatalysatoren) abhängige stationäre Konzentration der Produkte ein. Dieses Fließgleichgewicht ist charakteristisch für den betreffenden Stoffwechsel.

Spezielle Anorganische Chemie

A) Hauptgruppenelemente

Wasserstoff

Stellung von Wasserstoff im PSE

Die Stellung von Wasserstoff im PSE ist nicht ganz eindeutig. Obwohl es ein s^1-Element ist, zeigt es sehr große Unterschiede zu den Alkalielementen.

So ist es ein typisches Nichtmetall, besitzt eine Elektronegativität EN von 2,1. Sein Ionisierungspotential ist etwa doppelt so hoch wie das der Alkalimetalle. H-Atome gehen σ-Bindungen ein. Durch Aufnahme von einem Elektron entsteht $H^{\ominus}$ mit der Elektronenkonfiguration von He.

Sog. metallischen Wasserstoff erhält man erst bei einem Druck von 3 - 4 Millionen bar.

Vorkommen: Auf der Erde selten frei, z.B. in Vulkangasen. In größeren Mengen auf Fixsternen und in der Sonnenatmosphäre. Sehr viel Wasserstoff kommt gebunden vor im Wasser und in Kohlenstoff-Wasserstoff-Verbindungen.

Gewinnung: Technische Verfahren: Beim Überleiten von Wasserdampf über glühenden Koks entsteht "Wassergas", ein Gemisch aus CO und H_2 (s. S. 321). Bei der anschließenden "Konvertierung" wird CO mit Wasser und ZnO/Cr_2O_3 als Katalysator in CO_2 und H_2 überführt:
$CO + H_2O \rightleftharpoons H_2 + CO_2$, $\Delta H = -42\ kJ \cdot mol^{-1}$. Das CO_2 wird unter Druck mit Wasser bzw. mit "MEDA" ($|NCH_3(C_2H_4OH)_2$, 45 %-ige Lösung) ausgewaschen. Große Mengen Wasserstoff entstehen auch bei der Zersetzung von Kohlenwasserstoffen bei hoher Temperatur (Crackprozeß) und bei der Reaktion von Erdgas mit Wasser:

$CH_4 + H_2O \xrightarrow{Ni} CO + 3\ H_2$. CO wird wieder der Konvertierung unterworfen. Diese katalytische (allotherme) Dampfspaltung (Steam-Reforming) von Erdgas (Methan) oder von leichten Erdölfraktionen (Propan, Butan, Naphtha bis zum Siedepunkt von 200° C) ist derzeit das wichtigste Verfahren. Als Nebenprodukt fällt Wasserstoff bei der Chloralkali-Elektrolyse an (Zwangsanfall).

Darstellungsmöglichkeiten im Labor: Durch Elektrolyse von leitend gemachtem Wasser (Zugabe von Säure oder Lauge); durch Zersetzung von Wasser mit elektropositiven Metallen: $2\ Na + 2\ H_2O \longrightarrow 2\ NaOH + H_2$; durch Zersetzung von Wasserstoffsäuren und Laugen mit bestimmten Metallen: $2\ HCl + Zn \longrightarrow ZnCl_2 + H_2$; $Zn \xrightarrow{NaOH} Zn(OH)_4^{2\ominus} + H_2 + 2\ Na^{\oplus}$; $Al + NaOH + 3\ H_2O \longrightarrow [Al(OH)_4]^{\ominus} + Na^{\oplus} + \frac{1}{2}\ H_2$; durch Reaktion von Hydriden mit Wasser (s. S. 284).

Der auf diese Weise dargestellte Wasserstoff ist besonders reaktionsfähig, da "in statu nascendi" H-Atome auftreten.

Eigenschaften: In der Natur kommen drei Wasserstoffisotope vor: ^1_1H (Wasserstoff), $^2_1H = D$ (schwerer Wasserstoff, Deuterium) und $^3_1H = T$ (Tritium, radioaktiv). Über die physikalischen Unterschiede der Wasserstoffisotope s. Kap. 2.1. In ihren chemischen Eigenschaften sind sie praktisch gleich.

Wasserstoff liegt als H_2-Molekül vor. Es ist ein farbloses, geruchloses Gas. H_2 ist das leichteste Gas. Da die H_2-Moleküle klein und leicht sind, sind sie außerordentlich beweglich, und H_2 hat ein sehr großes Diffusionsvermögen. Wasserstoff ist ein sog. *permanentes* Gas, denn es kann nur durch gleichzeitige Anwendung von Druck und starker Kühlung verflüssigt werden (kritischer Druck: 14 bar, kritische Temperatur: $-240^{\circ}C$). H_2 verbrennt mit bläulicher, sehr heißer Flamme zu Wasser.

Stille elektrische Entladungen zerlegen das H_2-Molekül. Es entsteht reaktionsfähiger *atomarer* Wasserstoff H, der bereits bei gewöhnlicher Temperatur mit vielen Elementen und Verbindungen reagiert. $H_2 \rightleftharpoons 2\ H$; $\Delta H = 434{,}1\ kJ \cdot mol^{-1}$. Bei der Rekombination an Metalloberflächen entstehen Temperaturen bis $4000^{\circ}C$ (Langmuir-Fackel).

Reaktionen und Verwendung von Wasserstoff

Wasserstoff ist ein wichtiges Reduktionsmittel. Es reduziert z.B. Metalloxide: $CuO + H_2 \longrightarrow Cu + H_2O$, und Stickstoff: $N_2 + 3\ H_2 \rightleftharpoons 2\ NH_3$ (Haber-Bosch-Verfahren). Ein Gemisch aus 2 Volumina H_2 und 1 Volumen O_2 reagiert nach Zündung (oder katalytisch mit Pt/Pd) explosionsartig zu Wasser. Das Gemisch heißt Knallgas, die Reaktion Knallgasreaktion: $H_2 + \frac{1}{2}\ O_2 \longrightarrow H_2O(g)$; $\Delta H^{\circ} = -239\ kJ$, s. S. 271.

Im Knallgasgebläse für autogenes Schweißen entstehen in einer Wasserstoff/Sauerstoff-Flamme Temperaturen bis $3000^{\circ}C$. In der organischen Chemie wird H_2 in Verbindung mit Metallkatalysatoren für Hydrierungen benutzt (Kohlehydrierung, Fetthärtung) (s. HT 211).

Wasserstoffverbindungen

Verbindungen von Wasserstoff mit anderen Elementen werden bei diesen Elementen besprochen.

Allgemeine Bemerkungen:

Mit den Elementen der I. und II. Hauptgruppe bildet Wasserstoff *salzartige Hydride*. Sie enthalten *$H^{\ominus}$-Ionen* (= Hydrid-Ionen) im Gitter. Beim Auflösen dieser Verbindungen in Wasser bildet sich H_2: $H^{\oplus} + H^{\ominus} \longrightarrow H_2$. Ihre Schmelze zeigt großes elektrisches Leitvermögen. Bei der Elektrolyse entsteht an der Anode H_2. Es sind starke Reduktionsmittel. Beachte: Im Hydrid-Ion hat Wasserstoff die *Oxidationszahl -1*. Der Ionenradius von $H^{\ominus}$ liegt mit 136 bis 154 pm (je nach Kation) in der Mitte zwischen den Radien der $Cl^{\ominus}$- und $F^{\ominus}$-Ionen. S. hierzu Abb. 20, S. 45.

Wasserstoffverbindungen mit den Elementen der III. bis VII. Hauptgruppe sind überwiegend kovalent gebaut (*kovalente Hydride*), z.B. C_2H_6, CH_4, PH_3, H_2S, HCl. In all diesen Verbindungen hat Wasserstoff die Oxidationszahl +1.

Metallartige Hydride werden von manchen Übergangselementen gebildet. Es handelt sich dabei allerdings mehr um Einlagerungsverbindungen von H_2, d.h. Einlagerungen von H-Atomen auf Zwischengitterplätzen im Metallgitter, z.B. $TiH_{1,7}$, $LaH_{2,87}$. Uran bildet das stöchiometrisch zusammengesetzte Hydrid UH_3. Durch die Einlagerung von Wasserstoff verschlechtern sich die metallischen Eigenschaften. $FeTiH_x$ (x bis max. 2) befindet sich als Wasserstoffspeicher in der Erprobung.

Komplexe Hydride s. S. 287.

Kovalente Hydride, die durch Wasser hydrolysiert werden, bilden ein Säure-Base-System: $HCl_{gas} + H_2O \longrightarrow H_3O^{\oplus} + Cl^{\ominus}$. Der Dissoziationsgrad hängt von der Polarisierbarkeit der Bindung (Elektronegativitäten der Bindungspartner), der Hydrationsenthalpie und anderen Faktoren ab.

Alkalimetalle (Li, Na, K, Rb, Cs, Fr)

Die Elemente der I. Hauptgruppe heißen Alkalimetalle. Sie haben alle ein Elektron mehr als das im PSE vorangehende Edelgas. Dieses Valenzelektron wird daher besonders leicht abgegeben (geringe Ionisierungsenergie), wobei positiv einwertige Ionen entstehen.

Die Alkalimetalle sind sehr reaktionsfähig. So bilden sie schon an der Luft Hydroxide und zersetzen Wasser unter Bildung von H_2 und Metallhydroxid. Mit Sauerstoff erhält man verschiedene Oxide: *Lithium* bildet ein *normales* Oxid Li_2O. *Natrium* verbrennt zu Na_2O_2, Natrium*peroxid*. Durch Reduktion mit metallischem Natrium kann dieses in das Natrium*oxid* Na_2O übergeführt werden. Das Natrium*hyperoxid* NaO_2 erhält man aus Na_2O_2 (bei ca. 500°C und einem Sauerstoffdruck von ca. 300 bar).

Kalium, *Rubidium* und *Cäsium* bilden direkt die *Hyperoxide* KO_2, RbO_2 und CsO_2 beim Verbrennen der Metalle an der Luft.

Die Verbindungen der Alkalimetalle färben die nichtleuchtende Bunsenflamme charakteristisch: Li - rot, Na - gelb, K - rotviolett, Rb - rot, Cs - blau.

Lithium

Das $Li^{\oplus}$-Ion ist das kleinste Alkalimetall-Ion. Folglich hat es mit 1,7 die größte Ladungsdichte (Ladungsdichte = Ladung/Radius). Natrium hat zum Vergleich eine Ladungsdichte von 1,0 und $Mg^{2\oplus}$ aus der II. Hauptgruppe von 3,1. Da die Ladungsdichte für die chemischen Eigenschaften von Ionen eine große Rolle spielt, ist es nicht verwunderlich, daß Lithium in manchen seiner Eigenschaften dem zweiten Element der II. Hauptgruppe ähnlicher ist als seinen höheren Homologen.

Die Erscheinung, daß das *erste* Element einer Gruppe auf Grund vergleichbarer Ladungsdichte in manchen Eigenschaften dem *zweiten Element der folgenden Gruppe* ähnlicher ist als seinen höheren Homologen, nennt man *Schrägbeziehung im PSE*. Deutlicher ausgeprägt ist diese Schrägbeziehung zwischen den Elementen Be und Al sowie B und Si.

Große Ladungsdichte bedeutet große polarisierende Wirkung auf Anionen und Dipolmoleküle. Unmittelbare Folgen sind die Fähigkeit des $Li^{\oplus}$-Kations zur Ausbildung kovalenter Bindungen (Beispiel: $(LiCH_3)_4$) und die große Neigung zur Hydration. In kovalenten Verbindungen

Tabelle 25. Eigenschaften der Alkalimetalle

Name	Lithium	Natrium	Kalium	Rubidium	Cäsium	Francium
Elektronenkonfiguration	$[He]2s^1$	$[Ne]3s^1$	$[Ar]4s^1$	$[Kr]5s^1$	$[Xe]6s^1$	$[Rn]7s^1$
Fp. [°C]	180	98	64	39	29	(27)
Kp. [°C]	1330	892	760	688	690	(680)
Ionisierungsenergie [kJ/mol]	520	500	420	400	380	
Atomradius [pm] im Metall	152	186	227	248	263	
Ionenradius [pm]	68	98	133	148	167	180
Hydratationsenergie [$kJ \cdot mol^{-1}$]	-499,5	-390,2	-305,6	-280,9	-247,8	
Hydratationsradius [pm]	340	276	232	228	228	

versucht Li die Elektronenkonfiguration von Neon zu erreichen, entweder durch die Ausbildung von Mehrfachbindungen, Beispiel $(LiCH_3)_4$, oder durch Adduktbildung, z.B. LiCl in H_2O:

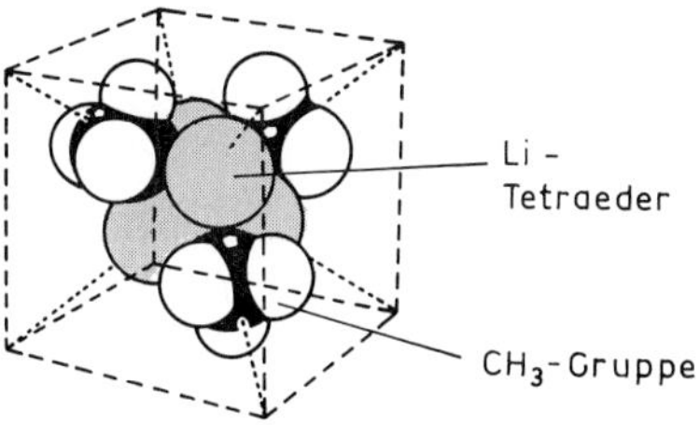

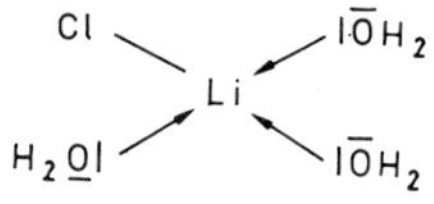

Addukt von LiCl • 3 H_2O

Abb. 137. Struktur von $(LiCH_3)_4$. Die vier Li-Atome bauen ein Tetraeder auf, während die CH_3-Gruppen symmetrisch über den Tetraederflächen angeordnet sind

Der Radius des hydratisierten $Li^{\oplus}$-Ions ist mit 340 pm fast sechsmal größer als der des isolierten $Li^{\oplus}$. Für das $Cs^{\oplus}$ (167 pm) ergibt sich im hydratisierten Zustand nur ein Radius von 228 pm.

Beachte: Dies ist auch der Grund dafür, daß das Normalpotential E^{O} für $Li/Li^{\oplus}$ unter den Meßbedingungen einen Wert von - 3,03 V hat.

Vorkommen: Zusammen mit Na und K in Silicaten in geringer Konzentration weit verbreitet.

Darstellung: Schmelzelektrolyse von LiCl mit KCl als Flußmittel.

Eigenschaften: Silberweißes, weiches Metall. Läuft an der Luft an unter Bildung von Lithiumoxid Li_2O und Lithiumnitrid Li_3N (schon bei 25°C!). Lithium ist das leichteste Metall.

Verbindungen

Li_2O, Lithiumoxid, entsteht beim Verbrennen von Li bei 100°C in Sauerstoffatmosphäre.

LiH, Lithiumhydrid, entsteht beim Erhitzen von Li mit H_2 bei 600 - 700°C. Es kristallisiert im NaCl-Gitter und ist so stabil, daß es unzersetzt geschmolzen werden kann. Es enthält das *Hydrid-Ion $H^{\ominus}$* und hat eine stark hydrierende Wirkung. LiH bildet Doppelhydride, die ebenfalls starke Reduktionsmittel sind: z.B. 4 LiH + $AlCl_3$ $\longrightarrow$ $LiAlH_4$ (Lithiumaluminiumhydrid) + 3 LiCl.

Li_3PO_4 ist schwerlöslich und zum Nachweis von Li geeignet.

LiCl, farblose, zerfließliche Kristalle; zum Unterschied von NaCl und KCl z.B. in Alkohol löslich.

Li_2CO_3, zum Unterschied zu den anderen Alkalicarbonaten in Wasser schwer löslich. Ausgangssubstanz zur Darstellung anderer Li-Salze.

Lithiumorganyle (Lithiumorganische Verbindungen), z.B. $LiCH_3$, LiC_6H_5. Die Substanzen sind sehr sauerstoffempfindlich, zum Teil selbstentzündlich und auch sonst sehr reaktiv. Wichtige Synthese-Hilfsmittel. Darstellung: 2 Li + RX $\longrightarrow$ LiR + LiX (X = Halogen). Lösungsmittel: Tetrahydrofuran, Benzol, Ether. Auch Metall-Metall-Austausch ist möglich: 2 Li + R_2Hg $\longrightarrow$ 2 RLi + Hg. Lithiumorganyle haben typisch kovalente Eigenschaften. Sie sind flüssig oder niedrigschmelzende Festkörper. Sie neigen zu Molekülassoziation. Beispiel: $(LiCH_3)_4$.

Natrium

Natrium kommt in seinen Verbindungen als $Na^{\oplus}$-Kation vor. Ausnahmen sind einige kovalente Komplexverbindungen.

Vorkommen: NaCl (Steinsalz oder Kochsalz), $NaNO_3$ (Chilesalpeter), Na_2CO_3 (Soda), $Na_2SO_4 \cdot 10\ H_2O$ (Glaubersalz), $Na_3[AlF_6]$ (Kryolith).

Darstellung: Durch Schmelzelektrolyse von NaOH (mit der Castner-Zelle) oder bevorzugt NaCl (Downs-Zelle), s. S. 190.

Eigenschaften: Silberweißes, weiches Metall; läßt sich schneiden und zu Draht pressen. Bei $0^{\circ}C$ ist sein elektrisches Leitvermögen nur dreimal kleiner als das von Silber. Im Na-Dampf sind neben wenigen Na_2-Molekülen hauptsächlich Na-Atome vorhanden.

Natrium oxidiert sich an feuchter Luft sofort zu NaOH und muß daher unter Petroleum aufbewahrt werden. In vollkommen trockenem Sauerstoff kann man es schmelzen, ohne daß es sich oxidiert! Bei Anwesenheit von Spuren Wasser verbrennt es mit intensiv gelber Flamme zu Na_2O_2, Natriumperoxid. Gegenüber elektronegativen Reaktionspartnern ist Natrium sehr reaktionsfähig, z.B.:

$$2\ Na + Cl_2 \longrightarrow 2\ NaCl;\ \Delta H = -881{,}51\ kJ \cdot mol^{-1},$$

$$2\ Na + 2\ H_2O \longrightarrow 2\ NaOH + H_2;\ \Delta H = -285{,}55\ kJ \cdot mol^{-1},$$

$$2\ Na + 2\ CH_3OH \longrightarrow 2\ CH_3ONa + H_2.$$

Natrium löst sich in absolut trockenem, flüssigem NH_3 mit blauer Farbe. In der Lösung liegen solvatisierte $Na^{\oplus}$-Ionen und solvatisierte Elektronen vor. Beim Erhitzen der Lösung bildet sich Natriumamid: $2\ Na + 2\ NH_3 \longrightarrow 2\ NaNH_2 + H_2$.

Verwendung: Zur Darstellung von Na_2O_2 (für Bleich- und Waschzwecke); $NaNH_2$ (z.B. zur Indigosynthese); für organische Synthesen; als Trokkenmittel für Ether, Benzol u.a.; für Natriumdampf-Entladungslampen; in flüssiger Form als Kühlmittel in Kernreaktoren (niedriger Neutronen-Absorptionsquerschnitt).

Verbindungen

NaCl, Natriumchlorid, Kochsalz, Steinsalz. Vorkommen: In Steinsalzlagern, Solquellen, im Meerwasser (3 %) und in allen Organismen. Gewinnung: Bergmännischer Abbau von Steinsalzlagern; Auflösung von Steinsalz mit Wasser und Eindampfen der "Sole"; durch Auskristallisieren aus Meerwasser. Verwendung: Ausgangsmaterial für Na_2CO_3, NaOH, Na_2SO_4, $Na_2B_4O_7 \cdot 10\ H_2O$ (Borax); für Chlordarstellung; für Speise- und Konservierungszwecke; im Gemisch mit Eis als Kältemischung (-21 °C).

NaOH, Natriumhydroxid, Ätznatron. Darstellung: Durch Elektrolyse einer wäßrigen Lösung von NaCl (Chloralkalielektrolyse), s. S. 190. NaOH ist in Wasser leicht löslich. Verwendung: In wäßriger Lösung als starke Base (Natronlauge). Es dient zur Farbstoff-, Kunstseiden- und Seifenfabrikation (s. HT 211), ferner zur Gewinnung von Cellulose aus Holz und Stroh, zur Reinigung von Ölen und Fetten u.a.

Na_2SO_4, Natriumsulfat: Als Glaubersalz kristallisiert es mit 10 H_2O. Vorkommen: In großen Lagern, im Meerwasser. Darstellung: $2\ NaCl + H_2SO_4 \longrightarrow Na_2SO_4 + 2\ HCl$. Es findet Verwendung in der Glas-, Farbstoff-, Textil- und Papierindustrie.

$NaNO_3$, Natriumnitrat, Chilesalpeter. Vorkommen: Lagerstätten u.a. in Chile, Ägypten, Kleinasien, Kalifornien. Technische Darstellung: $Na_2CO_3 + 2\ HNO_3 \longrightarrow 2\ NaNO_3 + H_2O + CO_2$; leichtlöslich in Wasser. Verwendung als Düngemittel.

Na_2CO_3, Natriumcarbonat: Vorkommen als Soda $Na_2CO_3 \cdot 10\ H_2O$ in einigen Salzen, Mineralwässern, in der Asche von Algen und Tangen. Technische Darstellung: **Solvay-Verfahren** (1863): In eine NH_3-gesättigte Lösung von NaCl wird CO_2 eingeleitet. Es bildet sich schwerlösliches $NaHCO_3$. Durch Glühen entsteht daraus Na_2CO_3. Das Verfahren beruht auf der Schwerlöslichkeit von $NaHCO_3$.

$$2\ NH_3 + 2\ CO_2 + 2\ H_2O \rightleftharpoons 2\ NH_4HCO_3,$$

$$2\ NH_4HCO_3 + 2\ NaCl \longrightarrow 2\ NaHCO_3 + 2\ NH_4Cl,$$

$$2\ NaHCO_3 \longrightarrow Na_2CO_3 + H_2O + CO_2.$$

Verwendung: Als Ausgangssubstanz für andere Na-Verbindungen; in der Seifen-, Waschmittel- und Glasindustrie, als schwache Base im Labor.

Beachte: "Sodawasser" ist eine Lösung von CO_2 in Wasser (= Sprudel).

$NaHCO_3$, Natriumhydrogencarbonat (Natriumbicarbonat): Entsteht beim Solvay-Verfahren. In Wasser schwerlöslich. Verwendung z.B. gegen überschüssige Magensäure, als Brause- und Backpulver. Zersetzt sich ab 100°C: $2\ NaHCO_3 \longrightarrow Na_2CO_3 + CO_2 + H_2O$.

Na_2O_2, Natriumperoxid, bildet sich beim Verbrennen von Natrium an der Luft. Starkes Oxidationsmittel.

$Na_2S_2O_4$, Natriumdithionit (s. S. 376): Starkes Reduktionsmittel.

$Na_2S_2O_3$, Natriumthiosulfat, erhält man aus Na_2SO_3 durch Kochen mit Schwefel (s. S. 377). Dient als Fixiersalz in der Photographie, s. S. 393.

Kalium

Vorkommen: Als Feldspat $K[AlSi_3O_8]$ und Glimmer, als KCl (Sylvin) in Kalisalzlagerstätten, als $KMgCl_3 \cdot 6\ H_2O$ (Carnallit), K_2SO_4 usw.

Darstellung: Schmelzelektrolyse von KOH.

Eigenschaften: Silberweißes, wachsweiches Metall, das sich an der Luft sehr leicht oxidiert. Es wird unter Petroleum aufbewahrt. K ist reaktionsfähiger als Na und zersetzt Wasser so heftig, daß sich der freiwerdende Wasserstoff selbst entzündet: $2\ K + 2\ H_2O \longrightarrow 2\ KOH + H_2$. An der Luft verbrennt es zu Kaliumdioxid KO_2, einem Hyperoxid. Das Valenzelektron des K-Atoms läßt sich schon mit langwelligem UV-Licht abspalten (Alkaliphotozellen). Das in der Natur vorkommende Kalium-Isotop ^{40}K ist radioaktiv und eignet sich zur Altersbestimmung von Mineralien.

Verbindungen

KCl, Kaliumchlorid: Vorkommen als Sylvin und Carnallit, $KCl \cdot MgCl_2 \cdot 6\ H_2O = KMgCl_3 \cdot 6\ H_2O$. Gewinnung aus Carnallit durch Behandeln mit Wasser, da KCl schwerer löslich ist als $MgCl_2$. Findet Verwendung als Düngemittel.

KOH, Kaliumhydroxid, Ätzkali. Darstellung: (1.) Elektrolyse von wäßriger KCl-Lösung (s. NaOH). (2.) Kochen von K_2CO_3 mit gelöschtem Kalk (Kaustifizieren von Pottasche): $K_2CO_3 + Ca(OH)_2 \longrightarrow CaCO_3 + 2\ KOH$. KOH kann bei 350 - 400 $^{\circ}$C unzersetzt sublimiert werden. Der Dampf besteht vorwiegend aus $(KOH)_2$-Molekülen. KOH ist stark hygroskopisch und absorbiert begierig CO_2. Es ist eine sehr starke Base (wäßrige Lösung = Kalilauge). Es findet u.a. bei der Seifenfabrikation und als Ätzmittel Verwendung.

KNO_3, Kaliumnitrat, Salpeter. Darstellung: (1.) $NaNO_3 + KCl \longrightarrow KNO_3 + NaCl$. (2.) $2\ HNO_3 + K_2CO_3 \longrightarrow 2\ KNO_3 + H_2O + CO_2$. Verwendung: Als Düngemittel, Bestandteil des Schwarzpulvers etc.

K_2CO_3, Kaliumcarbonat, Pottasche. Darstellung: (1.) $2\ KOH + CO_2 \longrightarrow K_2CO_3 + H_2O$ (Carbonisieren von KOH). (2.) Formiat-Pottasche-Verfahren. Verfahren in drei Stufen: a) $K_2SO_4 + Ca(OH)_2 \longrightarrow CaSO_4 + 2\ KOH$. b) $2\ KOH + 2\ CO \longrightarrow 2\ HCOOK$. c) $2\ HCOOK + 2\ KOH + O_2 \longrightarrow 2\ K_2CO_3 + 2\ H_2O$. Verwendung: Zur Herstellung von Schmierseife und Kaliglas.

$KClO_3$, Kaliumchlorat: Darstellung durch Disproportionierungsreaktionen beim Einleiten von Cl_2 in heiße KOH: $6\ KOH + 3\ Cl_2 \longrightarrow KClO_3 + 5\ KCl + 3\ H_2O$. $KClO_3$ gibt beim Erhitzen Sauerstoff ab: es disproportioniert in $Cl^{\ominus}$ und $ClO_4^{\ominus}$; bei stärkerem Erhitzen spaltet Perchlorat Sauerstoff ab: $4\ ClO_3^{\ominus} \longrightarrow 3\ ClO_4^{\ominus} + Cl^{\ominus}$; $ClO_4^{\ominus} \longrightarrow 2\ O_2 + Cl^{\ominus}$.

Verwendung von $KClO_3$: Als Antisepticum, zur Zündholzfabrikation, zu pyrotechnischen Zwecken, zur Unkrautvernichtung, Darstellung von Kaliumperchlorat.

K_2SO_4: Düngemittel.

Rubidium, Cäsium

Beide Elemente kommen als Begleiter der leichteren Homologen in sehr geringen Konzentrationen vor. Entdeckt wurden sie von *Bunsen* und *Kirchhoff* mit der Spektralanalyse.

Darstellung: Durch Reduktion der Hydroxide mit Mg im H_2-Strom oder mit Ca im Vakuum oder durch Erhitzen der Dichromate im Hochvakuum bei 500 $^{\circ}$C mit Zr.

Eigenschaften: Sie sind viel reaktionsfähiger als die leichteren Homologen. Mit O_2 bilden sie die Hyperoxide RbO_2 und CsO_2. In ihren Verbindungen sind sie den Kalium-Verbindungen sehr ähnlich.

Wenn Atome von ^{133}Cs durch Mikrowellen angeregt werden, erreicht ihre Eigenschwingung exakt 9 192 631 770 Hertz. Seit 1967 wird die Sekunde weltweit durch die Schwingungsfrequenz des Cäsiums definiert. Rundfunk- und Fernsehsender, die Zeitansage im Telefon, die Bundesbahn u.a. empfangen "atomgenaue" Zeitimpulse. Auch moderne Funkuhren vergleichen "ihre Zeit" in bestimmten Abständen mit der Zeit des Funksignals, das seit 1973 von der Bundespost-Sendeanlage in Mainflingen bei Frankfurt als Zeitcode gesendet wird. Die Genauigkeit des Zeitcodes wird seit 1978 von "CS1", der ersten Braunschweiger Cäsiumuhr überwacht.

Francium

Francium ist das schwerste Alkalimetall. In der Natur kommt es in sehr geringen Mengen als radioaktives Zerfallsprodukt von Actinium vor.

Erdalkalimetalle (Be, Mg, Ca, Sr, Ba, Ra)

Die Erdalkalimetalle bilden die II. Hauptgruppe des PSE. Sie enthalten zwei locker gebundene Valenzelektronen, nach deren Abgabe sie die Elektronenkonfiguration des jeweils davorstehenden Edelgases haben.

Wegen der - gegenüber den Alkalimetallen - größeren Kernladung und der verdoppelten Ladung der Ionen sind sie härter und haben u.a. höhere Dichten, Schmelz- und Siedepunkte als diese. *Beryllium* nimmt in der Gruppe eine Sonderstellung ein. Es zeigt eine deutliche Schrägbeziehung zum Aluminium, dem zweiten Element der III. Hauptgruppe. Beryllium bildet in seinen Verbindungen Bindungen mit stark kovalentem Anteil aus. $Be(OH)_2$ ist eine amphotere Substanz. In Richtung zum Radium nimmt der basische Charakter der Oxide und Hydroxide kontinuierlich zu. $Ra(OH)_2$ ist daher schon stark basisch. Tabelle 26 enthält weitere wichtige Daten.

Beryllium

Vorkommen: Das seltene Metall kommt hauptsächlich als Beryll vor: $Be_3Al_2Si_6O_{18} \equiv 3\ BeO \cdot Al_2O_3 \cdot 6\ SiO_2$. Chromhaltiger Beryll = Smaragd (grün), eisenhaltiger Beryll = Aquamarin (hellblau).

Darstellung: (1.) Technisch: Schmelzelektrolyse von basischem Berylliumfluorid ($2\ BeO \cdot 5\ BeF_2$) im Gemisch mit BeF_2 bei Temperaturen oberhalb 1285 °C. Be fällt in kompakten Stücken an. (2.) $BeF_2 + Mg \longrightarrow Be + MgF_2$.

Physikalische Eigenschaften: Beryllium ist ein stahlgraues, sehr hartes, bei 25 °C sprödes Metall. Es kristallisiert in der hexagonal dichtesten Kugelpackung mit einem kovalenten Bindungsanteil.

Chemische Eigenschaften: Beryllium verbrennt beim Erhitzen zu BeO. Mit Wasser bildet sich eine dünne zusammenhängende Hydroxidschicht. Es löst sich in verdünnten nichtoxidierenden Säuren wie HCl, H_2SO_4 unter H_2-Entwicklung. Oxidierende Säuren erzeugen in der Kälte eine dünne BeO-Schicht und greifen das darunterliegende Metall nicht an. Beryllium löst sich als einziges Element der Gruppe in Alkalilaugen.

Verwendung: Als Legierungsbestandteil, z.B. Be/Cu-Legierung; als Austrittsfenster für Röntgenstrahlen; als Neutronenquelle und Konstruktionsmaterial für Kernreaktoren (hoher Fp., niedriger Neutronen-Absorptionsquerschnitt) usw.

Tabelle 26. Eigenschaften der Erdalkalimetalle

Name	Beryllium	Magnesium	Calcium	Strontium	Barium	Radium
Elektronenkonfiguration	$[He]2s^2$	$[Ne]3s^2$	$[Ar]4s^2$	$[Kr]5s^2$	$[Xe]6s^2$	$[Rn]7s^2$
Fp. [°C]	1280	650	838	770	714	700
Kp. [°C]	2480	1110	1490	1380	1640	1530
Ionisierungsenergie [kJ/mol]	900	740	590	550	502	-
Atomradius [pm] im Metall	112	160	197	215	221	-
Ionenradius [pm]	30	65	94	110	134	143
Hydratationsenthalpie [$kJ \cdot mol^{-1}$]	-2457,8	-1892,5	-1562,6	-1414,8	-1273,7	-1231
Basenstärke der Hydroxide	⟶					zunehmend
Löslichkeit der Hydroxide	⟶					zunehmend
Löslichkeit der Sulfate	⟶					abnehmend
Löslichkeit der Carbonate	⟶					abnehmend

Verbindungen

Beryllium kann formal zwei kovalente Bindungen ausbilden. In Verbindungen wie BeX_2 besitzt es jedoch nur ein Elektronenquartett. Die Elektronenkonfiguration von Neon erreicht es auf folgenden Wegen: (1.) Durch Adduktbildung mit Donormolekülen wie Ethern, Ketonen, $Cl^{\ominus}$-Ionen. Beispiel: $BeCl_2 \cdot 2\ OR_2$. (2.) Durch Ausbildung von Doppelbindungen (p_π-p_π-Bindungen). Beispiel: $BeCl_2$ und $(BeCl_2)_2$. (3.) Durch Ausbildung von Dreizentren-Zweielektronen-Bindungen. Hierbei werden drei Atome durch zwei Elektronen zusammengehalten. Beispiele: $(BeH_2)_x$, $(Be(CH_3)_2)_x$. (4.) Durch Polymerisation. Beispiel: $(BeCl_2)_x$.

$BeCl_2$, Berylliumchlorid. Bildungsreaktion: $Be + Cl_2 \longrightarrow BeCl_2$. Es ist hydrolyseempfindlich, sublimierbar und kann als Lewis-Säure zwei Donormoleküle addieren (daher löslich in Alkohol, Ether u.a.). Festes $BeCl_2$ ist polymer, die Verknüpfung erfolgt über Chlorbrücken. Bei 560°C existieren im Dampf dimere und bei 750°C monomere Moleküle:

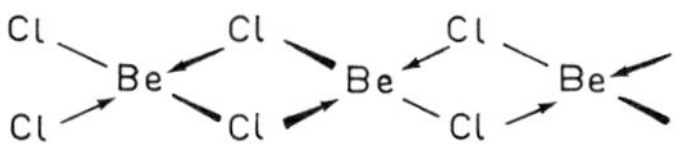

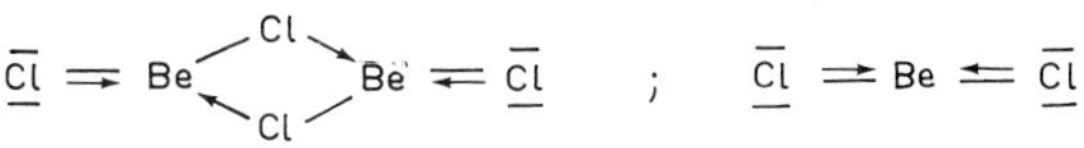

BeR_2, Berylliumorganyle: Sie entstehen bei der Reaktion von z.B. $BeCl_2$ mit Lithiumorganylen oder Grignard-Verbindungen. Beispiel: $Be(CH_3)_2$. Dimere Moleküle existieren nur im Dampf. Im festen Zustand ist die Substanz polymer. Da sie eine *Elektronenmangelverbindung* ist, werden die Moleküle wieder durch Dreizentren-Bindungen verknüpft. S. hierzu S. 305.

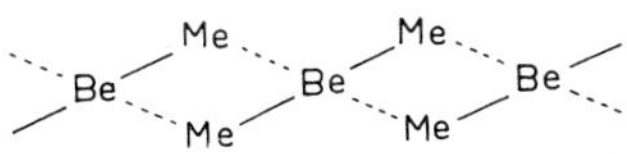

Magnesium

Magnesium nimmt in der II. Hauptgruppe eine Mittelstellung ein. Es bildet Salze mit $Mg^{2\oplus}$-Ionen. Seine Verbindungen zeigen jedoch noch etwas kovalenten Charakter. In Wasser liegen Hexaquo-Komplexe vor: $[Mg(H_2O)_6]^{2\oplus}$.

Vorkommen: Nur in kationisch gebundenem Zustand als Carbonat, Chlorid, Silicat und Sulfat.

$CaMg(CO_3)_2 = CaCO_3 \cdot MgCO_3$ (Dolomit); $MgCO_3$ (Magnesit, Bitterspat); $MgSO_4 \cdot H_2O$ (Kieserit); $KMgCl_3 \cdot 6\ H_2O = KCl \cdot MgCl_2 \cdot 6\ H_2O$ (Carnallit); im Meerwasser als $MgCl_2$, $MgBr_2$, $MgSO_4$; als Bestandteil des Chlorophylls.

Darstellung

(1.) Schmelzflußelektrolyse von wasserfreiem $MgCl_2$ bei ca. 700 °C mit einem Flußmittel (NaCl, KCl, $CaCl_2$, CaF_2). Anode: Graphit; Kathode: Eisen.

(2.) "Carbothermisches" Verfahren: $MgO + CaC_2 \longrightarrow Mg + CaO + 2\ C$ bei 2000 °C im Lichtbogen. Anstelle von CaC_2 kann auch Koks eingesetzt werden.

Verwendung: Wegen seines geringen spez. Gewichts als Legierungsbestandteil, z.B. in Hydronalium, Duraluminium, Elektronmetallen. Letztere enthalten mehr als 90 % Mg neben Al, Zn, Cu, Si. Sie sind unempfindlich gegenüber alkalischen Lösungen und HF. Gegenüber Eisen erzielt man eine Gewichtsersparnis von 80 %! Als Bestandteil von Blitzlichtpulver, da es mit blendend weißer Flamme verbrennt. Verwendet wird es auch als starkes Reduktionsmittel.

Chemische Eigenschaften: Mg überzieht sich an der Luft mit einer dünnen, zusammenhängenden Oxidschicht. Mit kaltem Wasser bildet sich eine $Mg(OH)_2$-Schutzschicht. An der Luft verbrennt es zu MgO und Mg_3N_2.

Verbindungen

MgO: $MgCO_3 \longrightarrow MgO + CO_2$. Kristallisiert im NaCl-Gitter.

$MgCO_3 \xrightarrow{800-900\,^\circ C} MgO + CO_2$ (kaustische Magnesia, bindet mit Wasser ab).

$MgCO_3 \xrightarrow{1600-1700\,^\circ C} MgO + CO_2$ (Sintermagnesia, hochfeuerfestes Material).

$Mg(OH)_2$: $MgCl_2 + Ca(OH)_2$ (Kalkmilch) $\longrightarrow Mg(OH)_2 + CaCl_2$.

$MgCl_2$: Als Carnallit, natürlich und durch Eindampfen der Endlaugen bei der KCl-Gewinnung, oder nach $MgO + Cl_2 + C \longrightarrow MgCl_2 + CO$.

RMgX, Grignard-Verbindungen: R = Kohlenwasserstoffrest, X = Halogen. Sie entstehen nach der Gleichung: $Mg + RX \longrightarrow RMgX$ in Donor-Lösungsmitteln wie Ether. Die Substanzen sind gute Alkylierungs- und Arylierungsmittel (s. HT 211).

Ein wichtiger Magnesium-Komplex ist das Chlorophyll:

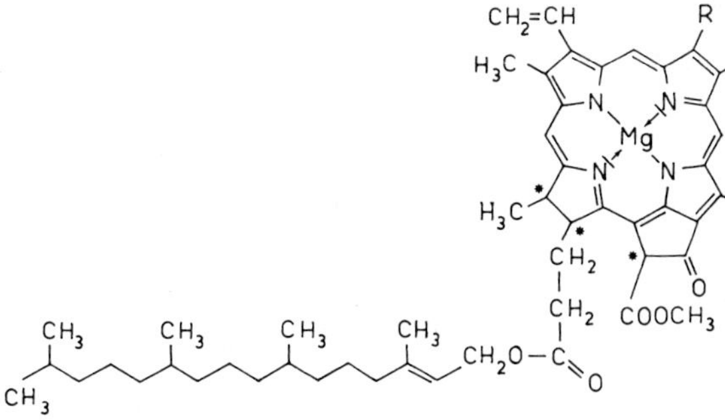

R = CH_3 für Chlorophyll a
R = CHO für Chlorophyll b
• = Asymmetriezentren

Calcium

Calcium ist mit 3,4 % das dritthäufigste Metall in der Erdrinde.

Vorkommen: Sehr verbreitet als Carbonat $CaCO_3$ (Kalkstein, Kreide, Marmor), $CaMg(CO_3)_2 \equiv CaCO_3 \cdot MgCO_3$ (Dolomit), Sulfat $CaSO_4 \cdot 2\ H_2O$ (Gips, Alabaster), in Calciumsilicaten, als Calciumphosphate $Ca_5(PO_4)_3(OH,F,Cl)$ (Phosphorit), $Ca_5(PO_4)_3F \equiv 3\ Ca_3(PO_4)_2 \cdot CaF_2$ (Apatit), und als Calciumfluorid CaF_2 (Flußspat, Fluorit).

Darstellung: (1.) Schmelzflußelektrolyse von $CaCl_2$ (mit CaF_2 und KCl als Flußmittel) bei 700°C in eisernen Gefäßen. Als Anode benutzt man Kohleplatten, als Kathode einen Eisenstab ("Berührungselektrode"). (2.) Chemisch: $CaCl_2 + 2\ Na \longrightarrow Ca + 2\ NaCl$.

Eigenschaften: Weißes, glänzendes Metall, das sich an der Luft mit einer Oxidschicht überzieht. Bei Zimmertemperatur beobachtet man langsame, beim Erhitzen schnelle Reaktion mit O_2 und den Halogenen. Calcium zersetzt Wasser beim Erwärmen: $Ca + 2\ H_2O \longrightarrow Ca(OH)_2 + H_2$. An der Luft verbrennt es zu CaO und Ca_3N_2. Als starkes Reduktionsmittel reduziert es z.B. Cr_2O_3 zu $\overset{0}{Cr}$.

Verbindungen

CaH_2, Calciumhydrid, Reduktionsmittel in der organischen Chemie.

CaO, Calciumoxid, gebrannter Kalk, wird durch Glühen von $CaCO_3$ bei 900 - 1000°C in Öfen dargestellt (Kalkbrennen): $CaCO_3 \xrightarrow{\Delta} CaO + CO_2\uparrow$.

$Ca(OH)_2$, Calciumhydroxid, gelöschter Kalk, entsteht beim Anrühren von CaO mit H_2O unter starker Wärmeentwicklung und unter Aufblähen; $\Delta H = -62{,}8\ kJ \cdot mol^{-1}$. Verwendung: Zur Desinfektion, für Bauzwecke, zur Glasherstellung, zur Entschwefelung der Abluft von Kohlekraftwerken ($\longrightarrow CaSO_4 \cdot 2\ H_2O$).

Chlorkalk (Calciumchlorid-hypochlorid, Bleichkalk): $3\ CaCl(OCl) \cdot Ca(OH)_2 \cdot 5\ H_2O$. Darstellung: Einleiten von Cl_2 in pulverigen, gelöschten Kalk. Verwendung: Zum Bleichen von Zellstoff, Papier, Textilien, zur Desinfektion. Enthält 25 - 36 % "wirksames Chlor".

$CaSO_4$ kommt in der Natur vor als Gips, $CaSO_4 \cdot 2\ H_2O$, und kristallwasserfrei als Anhydrit, $CaSO_4$. Gips verliert bei 120 - 130°C Kristallwasser und bildet den gebrannten Gips, $CaSO_4 \cdot \frac{1}{2}\ H_2O$ ("Stuckgips"). Mit Wasser angerührt, erhärtet dieser rasch zu einer festen, aus verfilzten Nädelchen bestehenden Masse. Dieser Vorgang ist mit einer Ausdehnung von ca. 1 % verbunden.

Wird Gips auf ca. 650°C erhitzt, erhält man ein wasserfreies, langsam abbindendes Produkt, den "totgebrannten" Gips. Beim Erhitzen auf 900 - 1100°C entsteht der Estrichgips, Baugips, Mörtelgips (feste Lösung von CaO in $CaSO_4$). Dieser erstarrt beim Anrühren mit Wasser zu einer wetterbeständigen, harten, dichten Masse. Estrichgips + Wasser + Sand $\longrightarrow$ Gipsmörtel; Estrichgips + Wasser + Kies $\longrightarrow$ Gipsbeton.

Darstellung von $CaSO_4$: $CaCl_2 + H_2SO_4 \longrightarrow CaSO_4 + 2\ HCl$. $CaSO_4$ bedingt die bleibende (*permanente*) Härte des Wassers. Sie kann z.B. durch Sodazusatz entfernt werden: $CaSO_4 + Na_2CO_3 \longrightarrow CaCO_3 + Na_2SO_4$. Heute führt man die Wasserentsalzung meist mit Ionenaustauschern durch.*

$CaCl_2$ kristallisiert wasserhaltig als Hexahydrat $CaCl_2 \cdot 6\ H_2O$. Wasserfrei ist es ein gutes Trockenmittel. Es ist ein Abfallprodukt bei der Soda-Darstellung nach Solvay. Man gewinnt es auch aus $CaCO_3$ mit HCl.

CaF_2 dient als Flußmittel bei der Darstellung von Metallen aus Erzen. Es wird ferner benutzt bei metallurgischen Prozessen und als Trübungsmittel bei der Porzellanfabrikation. Es ist in Wasser unlöslich! Darstellung: $Ca^{2\oplus} + 2\ F^{\ominus} \longrightarrow CaF_2$.

---

*Anmerkung: Die Wasserhärte wird in "Grad deutscher Härte" angegeben: $1°dH \mathrel{\hat{=}} 10$ mg CaO in 1000 ml H_2O = 7,14 mg $Ca^{2\oplus}$/l

$CaCO_3$ kommt in drei kristallisierten Modifikationen vor: Calcit (Kalkspat) = rhomboedrisch, Aragonit = rhombisch, Vaterit = rhombisch. Calcit ist die beständigste Form. Es kommt kristallinisch vor als Kalkstein, Marmor, Dolomit, Muschelkalk, Kreide. Eigenschaften: weiße, fast unlösliche Substanz. In kohlensäurehaltigem Wasser gut löslich unter Bildung des leichtlöslichen $Ca(HCO_3)_2$: $CaCO_3 + H_2O + CO_2 \longrightarrow Ca(HCO_3)_2$. Beim Eindunsten oder Kochen der Lösung fällt $CaCO_3$ wieder aus. Hierauf beruht die Bildung von Kesselstein und Tropfsteinen in Tropfsteinhöhlen. Verwendung: zu Bauzwecken, zur Glasherstellung usw.

$Ca(HCO_3)_2$, Calciumhydrogencarbonat (Calciumbicarbonat), bedingt die temporäre Härte des Wassers. Beim Kochen verschwindet sie: $Ca(HCO_3)_2 \longrightarrow CaCO_3 + H_2O + CO_2$. Über *permanente* Härte s. $CaSO_4$.

CaC_2, Calciumcarbid, wird im elektrischen Ofen bei ca. 3000 °C aus Kalk und Koks gewonnen: $CaO + 3\,C \longrightarrow CaC_2 + CO$. Es ist ein starkes Reduktionsmittel; es dient zur Darstellung von $CaCN_2$ und Acetylen (Ethin): $CaC_2 \xrightarrow{H_2O} Ca(OH)_2 + C_2H_2$. $CaC_2 = Ca^{2\oplus}[|C{\equiv}C|]^{2\ominus}$.

$CaCN_2$, Calciumcyanamid, entsteht nach der Gleichung: $CaC_2 + N_2 \longrightarrow CaCN_2 + C$ bei 1100 °C. Seine Düngewirkung beruht auf der Zersetzung durch Wasser zu Ammoniak: $CaCN_2 + 3\,H_2O \longrightarrow CaCO_3 + 2\,NH_3$.

Calciumkomplexe: Calcium zeigt nur wenig Neigung zur Komplexbildung. Ein stabiler Komplex, der sich auch zur titrimetrischen Bestimmung von Calcium eignet, entsteht mit Ethylendiamintetraacetat (EDTA):

$$Ca^{2\oplus} \quad \begin{array}{l} CH_2-\overline{N}(CH_2COO^{\ominus})_2 \\ | \\ CH_2-\underline{N}(CH_2COO^{\ominus})_2 \end{array} \longrightarrow$$

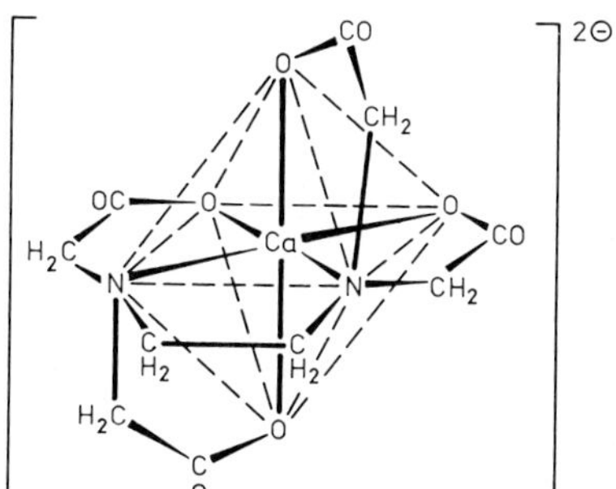

Struktur des $[Ca(EDTA)]^{2\ominus}$-Komplexes

Wichtige stabile Komplexe bilden sich auch mit Polyphosphaten (z.B. Wasserenthärtung).

Mörtel

Mörtel heißen Bindemittel, welche mit Wasser angerührt erhärten (abbinden).

Luftmörtel, z.B. Kalk, Gips, werden von Wasser angegriffen. Der Abbindeprozeß wird für Kalk- bzw. Gips-Mörtel durch folgende Gleichungen beschrieben: $Ca(OH)_2 + CO_2 \longrightarrow CaCO_3 + H_2O$ bzw. $CaSO_4 \cdot \frac{1}{2} H_2O + \frac{3}{2} H_2O \longrightarrow CaSO_4 \cdot 2 H_2O$.

Wassermörtel (z.B. Portlandzement, Tonerdezement) werden von Wasser nicht angegriffen. *Zement* (Portlandzement) wird aus Kalkstein, Sand und Ton (Aluminiumsilicat) durch Brennen bei 1400 °C gewonnen. Zusammensetzung: CaO (58 - 66 %), SiO_2 (18 - 26 %), Al_2O_3 (4 - 12 %), Fe_2O_3 (2 - 5 %). *Beton* ist ein Gemisch aus Zement und Kies.

Strontium

Strontium steht in seinen chemischen Eigenschaften in der Mitte zwischen Calcium und Barium.

Vorkommen: als $SrCO_3$ (Strontianit) und $SrSO_4$ (Coelestin).

Darstellung: Schmelzflußelektrolyse von $SrCl_2$ (aus $SrCl_2$ + HCl) mit KCl als Flußmittel.

Verwendung: Strontiumsalze finden bei der Darstellung von bengalischem Feuer ("Rotfeuer") Verwendung.

Beachte: $SrCl_2$ ist im Unterschied zu $BaCl_2$ in Alkohol löslich.

Barium

Vorkommen: als $BaSO_4$ (Schwerspat, Baryt), $BaCO_3$ (Witherit).

Darstellung: Reduktion von BaO mit Al oder Si bei 1200 °C im Vakuum.

Eigenschaften: weißes Metall, das sich an der Luft zu BaO oxidiert. Unter den Erdalkalimetallen zeigt es die größte Ähnlichkeit mit den Alkalimetallen.

Verbindungen

$BaSO_4$: schwerlösliche Substanz; $c(Ba^{2\oplus}) \cdot c(SO_4^{2\ominus}) = 10^{-10}\ mol^2 \cdot l^{-2}$ $= Lp_{BaSO_4}$. Ausgangsmaterial für die meisten anderen Ba-Verbindungen: $BaSO_4 + 4\ C \longrightarrow BaS + 4\ CO$; $BaS + 2\ HCl \longrightarrow BaCl_2 + H_2S$.

Verwendung: als Anstrichfarbe (Permanentweiß), Füllmittel für Papier. Bei der Röntgendurchleuchtung von Magen und Darm dient es als Kontrastmittel. Die weiße Anstrichfarbe Lithopone entsteht aus $BaSO_4$ und ZnS: $BaS + ZnSO_4 \longrightarrow BaSO_4 + ZnS$.

$Ba(OH)_2$ entsteht durch Erhitzen von $BaCO_3$ mit Kohle und Wasserdampf: $BaCO_3 + C + H_2O \longrightarrow Ba(OH)_2 + 2\ CO$, oder durch Reaktion von BaO mit Wasser. Die wäßrige Lösung (Barytwasser) ist eine starke Base.

BaO kristallisiert im NaCl-Gitter und ist ein starkes alkalisches Trockenmittel. Bildungsreaktion: $BaCO_3 + C \longrightarrow BaO + 2\ CO$.

BaO_2, Bariumperoxid, entsteht nach: $BaO + \frac{1}{2}\ O_2 \longrightarrow BaO_2$. Es gibt beim Glühen O_2 ab. Bei der Umsetzung mit H_2SO_4 wird Wasserstoffperoxid, H_2O_2, frei.

Beachte: Die löslichen Bariumsalze sind stark giftig! (Ratten-, Mäuse-Gift)

Radium

Vorkommen: in der Pechblende (UO_2) als radioaktives Zerfallsprodukt von ^{238}U u.a.

Gewinnung: Durch Zusatz von Ba-Salz fällt man Ra und Ba als Sulfate und trennt beide anschließend durch fraktionierte Kristallisation der Bromide bzw. Chromate.

Metallisches Radium erhält man durch Elektrolyse seiner Salzlösungen mit einer Hg-Kathode und anschließender Zersetzung des entstandenen Amalgams bei 400 - 700°C in H_2-Atmosphäre.

Erfolgreich ist auch eine Reduktion von RaO mit Al im Hochvakuum bei 1200°C.

Eigenschaften: In seinen chemischen Eigenschaften ähnelt es dem Barium.

Borgruppe (B, Al, Ga, In, Tl)

Die Elemente der Borgruppe bilden die III. Hauptgruppe des PSE. Sie haben die Valenzelektronenkonfiguration n s^2p^1 und können somit maximal drei Elektronen abgeben bzw. zur Bindungsbildung benutzen.

Bor nimmt in dieser Gruppe eine Sonderstellung ein. Es ist ein Nichtmetall und bildet nur kovalente Bindungen. Tetragonal kristallisiertes Bor zeigt Halbmetall-Eigenschaften. Es gibt keine $B^{3\oplus}$-Ionen! In Verbindungen wie BX_3 (X = einwertiger Ligand) versucht Bor, seinen Elektronenmangel auf verschiedene Weise zu beheben.

a) In BX_3-Verbindungen, in denen X freie Elektronenpaare besitzt, bilden sich p_π-p_π-Bindungen aus. b) BX_3-Verbindungen sind Lewis-Säuren. Durch Adduktbildung erhöht Bor seine Koordinationszahl von drei auf vier und seine Elektronenzahl von sechs auf acht: $BF_3 + F^\ominus \longrightarrow BF_4^\ominus$. c) Bei den Borwasserstoffen werden schließlich drei Atome mit nur zwei Elektronen mit Hilfe von Dreizentrenbindungen miteinander verknüpft.

Die sog. Schrägbeziehung im PSE ist besonders stark ausgeprägt zwischen Bor und Silicium, dem zweiten Element der IV. Hauptgruppe.

Wie in den Hauptgruppen üblich, nimmt der Metallcharakter von oben nach unten zu.

Interessant ist, daß Thallium sowohl einwertig, $Tl^\oplus$, als auch dreiwertig, $Tl^{3\oplus}$, vorkommt. Thallium in der Oxidationsstufe +3 ist ein starkes Oxidationsmittel.

Bor

Vorkommen

Bor kommt nur mit Sauerstoff verbunden in der Natur vor. Als H_3BO_3, Borsäure, Sassolin und in Salzen von Borsäuren der allgemeinen Formel $H_{n-2}B_nO_{2n-1}$ vor allem als $Na_2B_4O_7 \cdot 4\ H_2O$, Kernit, oder $Na_2B_4O_7 \cdot 10\ H_2O$, Borax, usw.

Darstellung

Als *amorphes* Bor fällt es bei der Reduktion von B_2O_3 mit Mg oder Na an. Es wird auch durch Schmelzflußelektrolyse von KBF_4 mit KCl als Flußmittel hergestellt. Als sog. *kristallisiertes* Bor entsteht es z.B. bei der thermischen Zersetzung von BI_3 an 800 - 1000°C heißen

Tabelle 27. Eigenschaften der Elemente der Borgruppe

Name	Bor	Aluminium	Gallium	Indium	Thallium
Elektronenkonfiguration	$[He]2s^2 2p^1$	$[Ne]3s^2 3p^1$	$[Ar]3d^{10} 4s^2 4p^1$	$[Kr]4d^{10} 5s^2 5p^1$	$[Xe]4f^{14} 5d^{10} 6s^2 6p^1$
Fp. [°C]	(2300)	660	30	156	303
Kp. [°C]	3900	2450	2400	2000	1440
Normalpotential [V]	-	-1,706	-0,560	0,338	0,336 (für $Tl^{\oplus}$)
Ionisierungsenergie [kJ/mol]	800	580	580	560	590
Atomradius [pm]	79	143	122	136	170
Ionenradius [pm] (+III)	16	45	62	81	95
Elektronegativität	2,0	1,5	1,6	1,7	1,8

Metallcharakter	⟶	zunehmend
Beständigkeit der E(I)-Verbindungen	⟶	zunehmend
Beständigkeit der E(III)-Verbindungen	⟶	abnehmend
Basischer Charakter der Oxide	⟶	zunehmend
Salzcharakter der Chloride	⟶	zunehmend

Metalloberflächen aus Wolfram oder Tantal. Es entsteht auch bei der Reduktion von Borhalogeniden: $2\ BX_3 + 3\ H_2 \longrightarrow 2\ B + 6\ HX$.

Eigenschaften

Kristallisiertes Bor (Bordiamant) ist härter als Korund (α-Al_2O_3). Die verschiedenen Gitterstrukturen enthalten das Bor in Form von B_{12}-Ikosaedern (Zwanzigflächner) angeordnet.

Bor ist sehr reaktionsträge und reagiert erst bei höheren Temperaturen. Mit den Elementen Chlor, Brom und Schwefel reagiert es oberhalb 700°C zu den Verbindungen BCl_3, BBr_3 und B_2S_3. An der Luft verbrennt es bei ca. 700°C zu Bortrioxid, B_2O_3. Oberhalb 900°C entsteht Borstickstoff, $(BN)_x$. Beim Schmelzen mit KOH oder NaOH entstehen unter H_2-Entwicklung die entsprechenden Borate und Metaborate. Beim Erhitzen mit Metallen bilden sich Boride, wie z.B. MB_4, MB_6 und MB_{12}.

Verbindungen

Borwasserstoffe, Borane: Die Borane lassen sich in Gruppen einteilen:

B_nH_{n+4}: B_2H_6, B_3H_7, B_4H_8, B_5H_9, B_6H_{10}, B_8H_{12}, B_9H_{13}, $B_{10}H_{14}$, $B_{12}H_{16}$;

B_nH_{n+6}: B_3H_9, B_4H_{10}, B_5H_{11}, B_6H_{12}, B_8H_{14}, B_9H_{15}, $B_{10}H_{16}$, $B_{13}H_{19}$, $B_{14}H_{20}$, $B_{20}H_{26}$;

B_nH_{n+8}: B_8H_{16}, $B_{14}H_{22}$, $B_{15}H_{23}$, $B_{30}H_{38}$;

B_nH_{n+10}: B_8H_{18}, $B_{26}H_{36}$, $B_{40}H_{50}$;

$B_{20}H_{16}$: = wasserstoffarmes Borhydrid.

Der einfachste denkbare Borwasserstoff, BH_3, ist nicht existenzfähig. Es gibt jedoch Addukte von ihm, z.B. $BH_3 \cdot NH_3$.

B_2H_6, Diboran, ist der einfachste stabile Borwasserstoff. Mit Wasser reagiert es nach der Gleichung: $B_2H_6 + 6\ H_2O \longrightarrow 2\ B(OH)_3 + 6\ H_2$. B_2H_6 hat die nachfolgend angegebene Struktur:

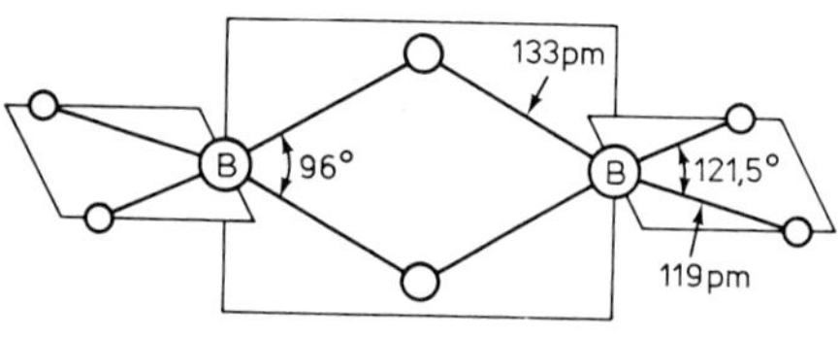

Abb. 138. Struktur von B_2H_6

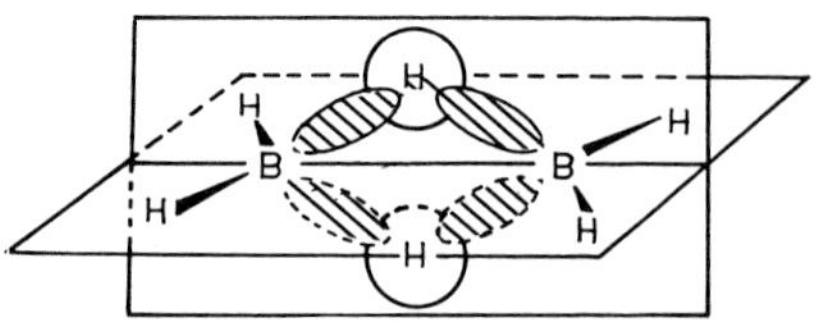

Abb. 139. Schematische Darstellung des Zustandekommens der B-H-B-Bindungen

Die Substanz ist eine *Elektronenmangelverbindung*. Um nämlich die beiden Boratome über zwei Wasserstoffbrücken zu verknüpfen, stehen den Bindungspartnern jeweils nur zwei Elektronen zur Verfügung. Die Bindungstheorie erklärt diesen Sachverhalt durch die Ausbildung von sog. *Dreizentrenbindungen*. Auf S. 77 haben wir gesehen, daß bei der Anwendung der MO-Theorie auf zwei Atome ein bindendes und ein lokkerndes Molekülorbital entstehen. Werden nun in einem Molekül wie dem B_2H_6 drei Atome miteinander verbunden, läßt sich ein drittes Molekülorbital konstruieren, dessen Energie zwischen den beiden anderen MO liegt und keinen Beitrag zur Bindung leistet. Es heißt daher *nichtbindendes Molekülorbital*. Auf diese Weise genügen auch in diesem speziellen Fall zwei Elektronen im bindenden MO, um drei Atome miteinander zu verknüpfen. Im B_2H_6 haben wir eine Dreizentren-Zweielektronen-Bindung.

In den Polyboranen gibt es außer den B-H-B- auch B-B-B-Dreizentrenbindungen. Bei einigen erkennt man Teilstrukturen des Ikosaeders.

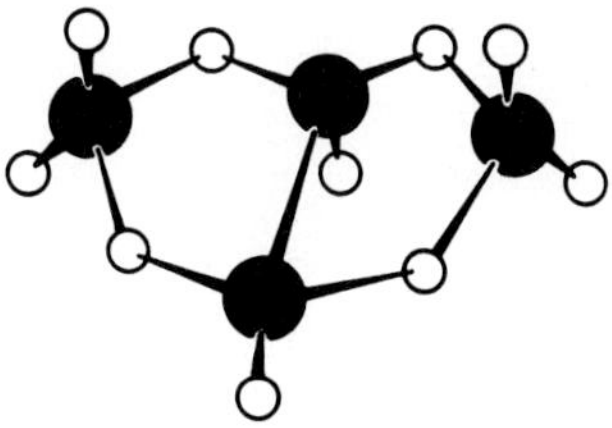

Abb. 140. Struktur von B_4H_{10}

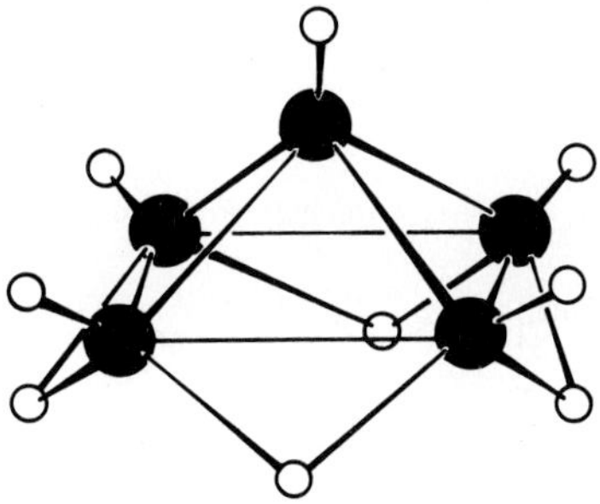

Abb. 141. Struktur von B_5H_9

Darstellung der Borane

B_2H_6 entsteht z.B. bei der Reduktion von BCl_3 mit $LiAlH_4$ (Lithiumalanat), Lithiumaluminiumhydrid oder technisch durch Hydrierung von B_2O_3 bei Anwesenheit von $Al/AlCl_3$ als Katalysator, Temperaturen oberhalb $150^{\circ}C$ und einem H_2-Druck von 750 bar.

B_4H_{10} und B_6H_{10} entstehen z.B. bei der Einwirkung von H_3PO_4, Orthophosphorsäure, auf Magnesiumborid.

Thermische Zersetzung von B_2H_6 liefert B_4H_{10}, B_5H_9 usw. in unterschiedlichen Konzentrationen.

Eigenschaften

Die flüssigen und gasförmigen Borane haben einen widerlichen Geruch. Sie sind alle mehr oder weniger oxidabel. Sie sind zugänglich für Additions-, Substitutions-, Reduktions- und Oxidationsreaktionen. Borane bilden auch Anionen, die Boranate. Ein wichtiges Monoboranat ist das salzartige $Na^{\oplus}BH_4^{\ominus}$, Natriumboranat, das als Reduktionsmittel verwendet wird. Es entsteht z.B. nach der Gleichung: $2\ NaH + (BH_3)_2 \longrightarrow 2\ NaBH_4$.

Carborane

Ersetzt man in Boran-Anionen wie $B_6H_6^{2\ominus}$ je zwei $B^{\ominus}$-Anionen durch zwei (isostere) C-Atome, erhält man ungeladene "Carborane", z.B. $B_4C_2H_6$, allgemein $B_{n-2}C_2H_n$ mit n = 5 bis 12. Die wichtigsten Carborane sind 1,2- und 1,7-Dicarba*closo*dodecaborane, $B_{10}C_2H_{12}$. *closo* heißt: Die Boratome bilden für sich ein geschlossenes Polyeder. Im Gegensatz hierzu werden offene oder unvollständige Polyeder als *nido*-Verbindungen bezeichnet.

Darstellung von $1,2\text{-}B_{10}H_{10}C_2RR'$:

$$B_{10}H_{14} + 2\ R_2S \longrightarrow B_{10}H_{12}(R_2S)_2 + H_2$$

$$B_{10}H_{12}(R_2S)_2 + RC{\equiv}CR' \longrightarrow 1,2\text{-}B_{10}H_{10}C_2RR' + 2\ R_2S + H_2$$

Durch Erhitzen auf 450°C bildet sich aus dem 1,2-Isomeren das 1,7- und 1,12-Isomere.

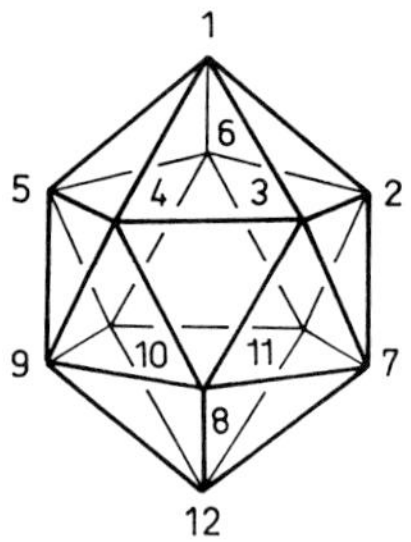

$B_{12}H_{12}^{2\ominus}$ bzw. $B_{10}C_2H_{12}$

Borhalogenide

BF_3 ist ein farbloses Gas (Kp. -99,9°C, Fp. -127,1°C). Es bildet sich z.B. nach der Gleichung: $B_2O_3 + 6\ HF \longrightarrow 2\ BF_3 + 3\ H_2O$. Die Fluoratome im BF_3 liegen an den Ecken eines gleichseitigen Dreiecks mit Bor in der Mitte.

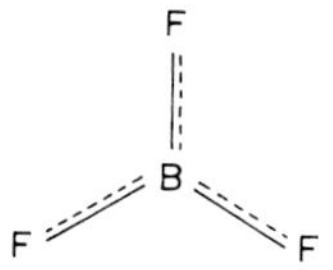

Der kurze Bindungsabstand von 130 pm (Einfachbindungsabstand = 152 pm) ergibt eine durchschnittliche Bindungsordnung von $1\frac{1}{3}$. Den Doppelbindungscharakter jeder B-F-Bindung erklärt man durch eine Elektronenrückgabe vom Fluor zum Bor.

BF_3 ist eine starke Lewis-Säure. Man kennt eine Vielzahl von Additionsverbindungen. Beispiel: Bortrifluorid-Etherat $BF_3 \cdot O(C_2H_5)_2$. Mit HF bildet sich HBF_4.

HBF_4, Fluoroborsäure, entsteht auch bei der Umsetzung von $B(OH)_3$, Borsäure, mit Fluorwasserstoff HF. Ihre wäßrige Lösung ist eine starke Säure. Ihre Metallsalze, die Fluoroborate, entstehen durch Auflösen von Metallsalzen wie Carbonaten und Hydroxiden in wäßriger HBF_4. $NaBF_4$ entsteht z.B. auch nach der Gleichung: $NaF + BF_3 \longrightarrow NaBF_4$. Die Fluoroborate sind salzartig gebaut. In ihrer Löslichkeit sind sie den Perchloraten vergleichbar.

Im $BF_4^{\ominus}$-Ion ist das Boratom tetraedrisch von den vier Fluoratomen umgeben. Diese Anordnung mit KoZ. 4 ist beim Bor sehr stabil.

BCl_3 läßt sich direkt aus den Elementen gewinnen. Es ist eine farblose, leichtbewegliche, an der Luft stark rauchende Flüssigkeit (Kp. 12,5°C, Fp. -107,3°C). BCl_3 ist wegen seiner Elektronenpaarlücke ebenfalls eine Lewis-Säure.

BI_3 ist eine stärkere Lewis-Säure als BF_3.

Sauerstoff-Verbindungen

B_2O_3 entsteht als Anhydrid der Borsäure, H_3BO_3, aus dieser durch Glühen. Es fällt als farblose, glasige und sehr hygroskopische Masse an.

H_3BO_3, Borsäure, Orthoborsäure, kommt in der Natur vor. Sie entsteht auch durch Hydrolyse von geeigneten Borverbindungen wie BCl_3 oder $Na_2B_4O_7$.

Eigenschaften: Sie kristallisiert in schuppigen, durchscheinenden sechsseitigen Blättchen und bildet Schichtengitter. Die einzelnen Schichten sind durch Wasserstoffbrücken miteinander verknüpft. Beim Erhitzen bildet sich unter Abspaltung von Wasser die *Metaborsäure*, HBO_2. Weiteres Erhitzen führt zur Bildung von B_2O_3. H_3BO_3 ist wasserlöslich. Ihre Lösung ist eine sehr schwache *ein*wertige Säure: $H_3BO_3 + 2\ H_2O \rightleftharpoons H_3O^{\oplus} + B(OH)_4^{\ominus}$. Durch Zusatz mehrwertiger Alkohole wie z.B. Mannit kann das Gleichgewicht nach rechts verschoben werden. Borsäure erreicht auf diese Weise die Stärke der Essigsäure.

Borsäure-Ester sind flüchtig und färben die Bunsenflamme grün. Borsäuretrimethylester bildet sich aus Borsäure und Methanol unter dem Zusatz von konz. H_2SO_4 als wasserentziehendem Mittel:

$$B(OH)_3 + 3\ HOCH_3 \xrightarrow{H_2SO_4} B(OCH_3)_3 + 3\ H_2O.$$

Merkhilfe:

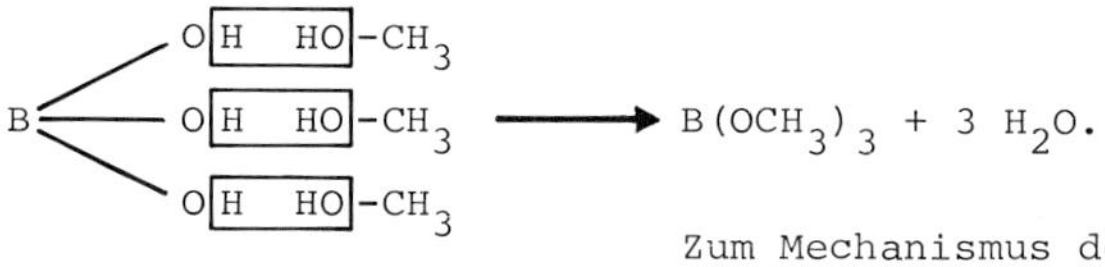

Zum Mechanismus der Esterbildung s. Teil II!

Borate: Es gibt *Ortho*borate, z.B. NaH_2BO_3, *Meta*borate, z.B. $(NaBO_2)_3$ und $(Ca(BO_2)_2)_n$, sowie *Poly*borate, Beispiel: Borax $Na_2B_4O_7 \cdot 10\ H_2O$. $(NaBO_2)_3$ ist trimer und bildet Sechsringe. Im $(Ca(BO_2)_2)_n$ sind die $BO_2^{\ominus}$-Anionen zu Ketten aneinandergereiht.

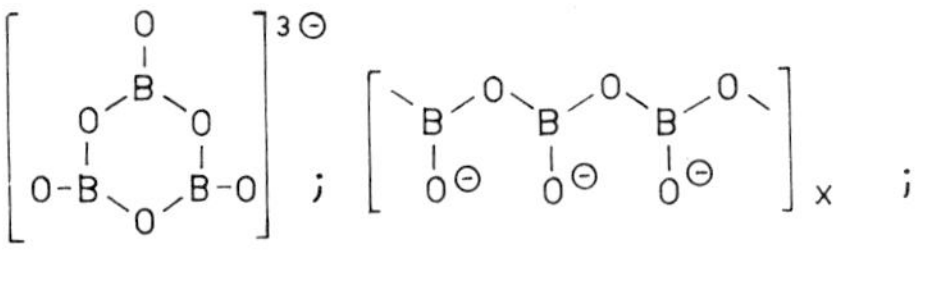

Anionen der Metaborsäure HBO_2

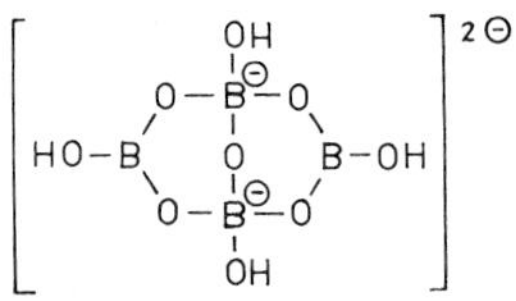

Anion der Tetraborsäure

$[B_4O_5(OH)_4]^{2\ominus}$

Perborate sind z.T. Additionsverbindungen von H_2O_2 an Borate.
Beispiel: *Natriumpercarbonat* aus Soda und H_2O_2: $Na_2CO_3 \cdot 1{,}5\ H_2O_2$.
Natriumperborat $NaBO_2(OH)_2 \cdot 3\ H_2O$ enthält zwei Peroxogruppen: $[(HO)_2B(-O-O-)_2B(OH)_2]^{2\ominus} 2Na^{\oplus}$. Bildungsreaktion: 1. $Na_2B_4O_7$ + 2 NaOH $\longrightarrow$ 4 $NaBO_2$ + H_2O; 2. $NaBO_2$ + H_2O_2 + 3 H_2O $\longrightarrow$ Natriumperborat.
Perborate sind in Waschmitteln, Bleichmitteln und Desinfektionsmitteln enthalten.

Borstickstoff-Verbindungen

Beispiele für Bor-Stickstoff-Verbindungen, die gewisse Ähnlichkeiten zu Kohlenstoff und seinen Verbindungen zeigen, sind Borstickstoff und Borazin.

$(BN)_x$, Bornitrid ("Borstickstoff"), bildet sich als hochpolymere Substanz u.a. aus den Elementen bei Weißglut oder aus BBr_3 und flüssigem Ammoniak nach folgender Gleichung:

$$2\ BBr_3 \xrightarrow{NH_3} \underset{\text{Boramid}}{2\ B(NH_2)_3} \xrightarrow{\Delta} \underset{\text{Borimid}}{B_2(NH)_3} \xrightarrow{750^\circ C} 2\ BN$$

$(BN)_x$ bildet ein talkähnliches weißes Pulver oder farblose Kristalle. Es ist sehr reaktionsträge und hat einen Schmelzpunkt von 3270°C.

Infolge der Elektronegativitätsunterschiede zwischen den beiden Bindungspartnern ist das freie Elektronenpaar des N-Atoms weitgehend an diesem lokalisiert und die Substanz bis zu sehr hohen Temperaturen ein Isolator. Man kennt zwei Modifikationen: Die *graphitähnliche* Modifikation (anorganischer Graphit) besteht aus Schichten von verknüpften Sechsringen. Im Unterschied zum Graphit liegen die Sechsringe aus B und N genau senkrecht übereinander, wobei jeweils ein B- über einem N-Atom liegt (Abb. 142). Bei 1400°C und 70 000 bar bildet sich aus der graphitähnlichen eine *diamantähnliche* Modifikation (Borazon).

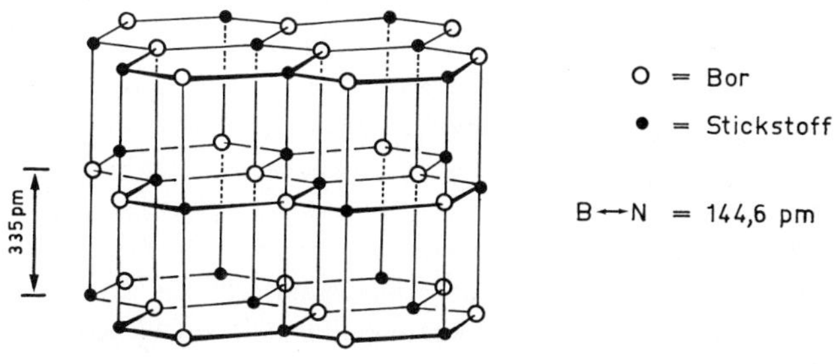

Abb. 142. Ausschnitt aus dem Gitter des hexagonalen $(BN)_x$

$B_3N_3H_6$, Borazin (Borazol), bildet sich beim Erhitzen von B_2H_6 mit NH_3 auf 250 - 300°C. Es entsteht auch auf folgende Weise:

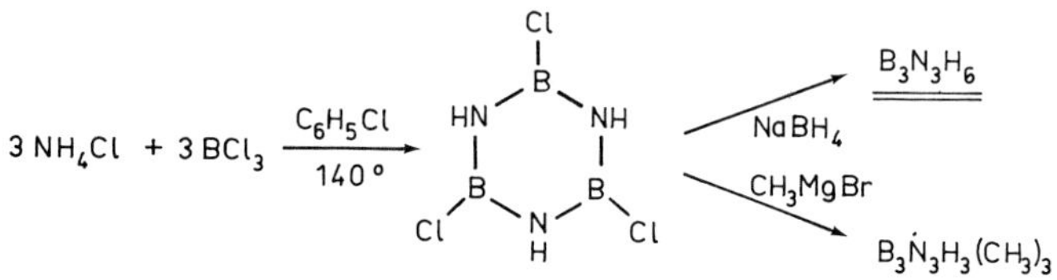

1,3,5-Trichlorborazol

Borazin ist eine farblose, leichtbewegliche, aromatisch riechende Flüssigkeit; Kp. 55°C; Fp. -57,92°C. In vielen physikalischen Eigenschaften ist es benzolähnlich *(anorganisches Benzol)*. Die Molekülstruktur ist ein ebenes sechsgliedriges Ringsystem. Infolge der unterschiedlichen Elektronegativität der Bindungspartner ist Borazin viel reaktionsfähiger als Benzol.

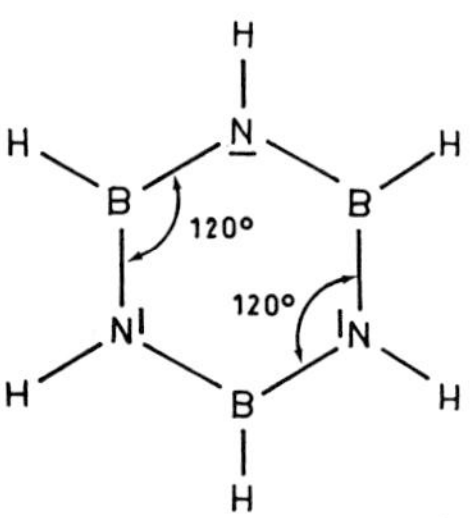

B⟷N = 143,6 pm

Eine Grenzstrukturformel für Borazin. Weitere Formeln entstehen durch Delokalisation der einsamen Elektronenpaare an den Stickstoffatomen.

Aluminium

Aluminium ist im Gegensatz zu Bor ein Metall. Entsprechend seiner Stellung im PSE zwischen Metall und Nichtmetall haben seine Verbindungen ionischen *und* kovalenten Charakter. Aluminium ist normalerweise *drei*wertig. Eine Stabilisierung seiner Elektronenstruktur erreicht es auf folgende Weise: a) Im Unterschied zu Bor kann Aluminium die Koordinationszahl 6 erreichen. So liegen in wäßriger Lösung $[Al(H_2O)_6]^{3\oplus}$-Ionen vor. Ein anderes Beispiel ist die Bildung von $[AlF_6]^{3\ominus}$. b) In Aluminiumhalogeniden erfolgt über Halogenbrücken eine Dimerisierung, Beispiel $(AlCl_3)_2$. c) In Elektronenmangelverbindungen wie $(AlH_3)_x$ und $(Al(CH_3)_3)_x$ werden Dreizentren-Bindungen ausgebildet. Koordinationszahl 4 erreicht Aluminium auch im $[AlCl_4]^{\ominus}$.

Im Gegensatz zu $B(OH)_3$ ist $Al(OH)_3$ amphoter!

Vorkommen

Aluminium ist das häufigste Metall und das dritthäufigste Element in der Erdrinde. Es kommt nur mit Sauerstoff verbunden vor: in Silicaten wie Feldspäten, $M(I)[AlSi_3O_8] \equiv (M(I))_2O \cdot Al_2O_3 \cdot 6\ SiO_2$, Granit, Porphyr, Basalt, Gneis, Schiefer, Ton, Kaolin usw.; als kristallisiertes Al_2O_3 im Korund (Rubin, Saphir); als Hydroxid im Hydrargillit, $Al_2O_3 \cdot 3\ H_2O \equiv Al(OH)_3$, im Bauxit, $Al_2O_3 \cdot H_2O \equiv AlO(OH)$, als Fluorid im Kryolith, Na_3AlF_6.

Darstellung

Aluminium wird durch Elektrolyse der Schmelze eines "eutektischen" Gemisches von sehr reinem Al_2O_3 (18,5 %) und Na_3AlF_6 (81,5 %) bei ca. 950°C und einer Spannung von 5 - 7 V erhalten. Als Anoden dienen vorgebrannte Kohleblöcke oder Söderberg-Elektroden. Sie bestehen aus verkokter Elektrodenkohle. Man erhält sie aus einer Mischung aus Anthrazit, verschiedenen Kokssorten und Teerpech in einem Eisenblechmantel (Söderberg-Masse). Die Kathode besteht aus einzelnen vorgebrannten Kohleblöcken oder aus Kohle-Stampfmasse.

Na_3AlF_6 wird heute künstlich hergestellt.

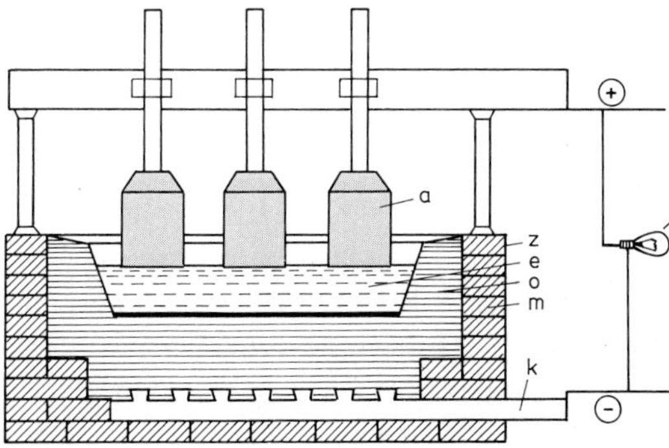

Abb. 143. Aluminium-Zelle. - z Blechmantel; m Mauerwerk; o Ofenfutter; k Stromzuführung zur Kathode; a Anode; e Elektrolyt; l Kontroll-Lampe. (Nach A. Schmidt)

Reines Al_2O_3 gewinnt man aus Fe- und Si-haltigem Bauxit. Hierzu löst man diesen mit NaOH unter Druck zu $[Al(OH)_4]^{\ominus}$, Aluminat (Bayer-Verfahren, nasser Aufschluß). Die Verunreinigungen werden als $Fe_2O_3 \cdot aq$ (Rotschlamm) und Na/Al-Silicat abfiltriert. Das Filtrat wird mit Wasser stark verdünnt und die Fällung/Kristallisation von $Al(OH)_3 \cdot aq$ durch Impfkristalle beschleunigt. Das abfiltrierte $Al(OH)_3 \cdot aq$ wird durch Erhitzen in Al_2O_3 übergeführt.

Eigenschaften und Verwendung

Aluminium ist - unter normalen Bedingungen - an der Luft beständig. Es bildet sich eine dünne, geschlossene Oxidschicht (Passivierung), welche das darunterliegende Metall vor weiterem Angriff schützt. Die gleiche Wirkung haben oxidierende Säuren. Durch anodische Oxidation läßt sich diese Oxidschicht verstärken (Eloxal-Verfahren). In nichtoxidierenden Säuren löst sich Aluminium unter H_2-Entwicklung und Bildung von $[Al(H_2O)_6]^{3\oplus}$. Starke Basen wie KOH, NaOH lösen Aluminium auf unter Bildung von $[Al(OH)_4]^{\ominus}$, Aluminat-Ionen. Das silberweiße Leichtmetall (Fp. 660°C) findet im Alltag und in der Technik vielseitige Verwendung. So dient z.B. ein Gemisch von Aluminium und Fe_3O_4 als sog. Thermit zum Schweißen. Die Bildung von Al_2O_3 ist mit 1653,8 kJ so exotherm, daß bei der Entzündung der Thermitmischung Temperaturen bis 2400°C entstehen, bei denen das durch Reduktion gewonnene Eisen flüssig ist ("aluminothermisches Verfahren"). Aluminium ist ein häufig benutzter Legierungsbestandteil. Beispiele sind das *Duraluminium* (Al/Cu-Legierung) und das seewasserfeste *Hydronalium* (Al/Mg-Legierung).

Verbindungen

$Al(OH)_3$ bildet sich bei tropfenweiser Zugabe von Alkalihydroxidlösung oder besser durch Zugabe von NH_3-Lösung zu $[Al(H_2O)_6]^{3\oplus}$. Als *amphotere* Substanz löst es sich sowohl in Säuren als auch in Laugen: $Al(OH)_3 + 3\ H_3O^{\oplus} \rightleftharpoons Al^{3\oplus} + 6\ H_2O$ und $Al(OH)_3 + OH^{\ominus} \rightleftharpoons [Al(OH)_4]^{\ominus}$.

Al_2O_3, Aluminiumoxid, kommt in zwei Modifikationen vor. Das kubische γ-Al_2O_3 entsteht beim Erhitzen von γ-$Al(OH)_3$ oder γ-AlO(OH) über 400°C. γ-Al_2O_3 ist ein weißes, wasserunlösliches, jedoch hygroskopisches Pulver. In Säuren und Basen ist es löslich. Es findet ausgedehnte Verwendung als *Adsorbens in der Chromatographie*, bei Dehydratisierungen usw. Beim Erhitzen über 1100°C bildet sich das hexagonale α-Al_2O_3:

$$\gamma\text{-}Al(OH)_3 \xrightarrow{200^\circ C} \gamma\text{-}AlO(OH) \xrightarrow{400^\circ C} \gamma\text{-}Al_2O_3 \xrightarrow{1100^\circ C} \alpha\text{-}Al_2O_3.$$

α-Al_2O_3 kommt in der Natur als Korund vor. Es ist sehr hart, säureunlöslich und nicht hygroskopisch (Fp. 2050°C). Hergestellt wird es aus Bauxit, AlO(OH). Verwendung findet es bei der Darstellung von Aluminium, von Schleifmitteln, synthetischen Edelsteinen, feuerfesten Steinen und Laborgeräten.

Die Edelsteine Rubin (rot) bzw. Saphir (blau) sind Al_2O_3-Kristalle und enthalten Spuren von Cr_2O_3 bzw. TiO_2.

Aluminate $M(I)AlO_2 \mathrel{\hat{=}} M(I)_2O \cdot Al_2O_3$ und $M(II)Al_2O_4 \equiv M(II)O \cdot Al_2O_3$ (Spinell) entstehen beim Zusammenschmelzen von Al_2O_3 mit Metalloxiden.

$AlCl_3$ entsteht in wasserfreier Form beim Erhitzen von Aluminium in Cl_2- oder HCl-Atmosphäre. Es bildet sich auch entsprechend der Gleichung: $Al_2O_3 + 3\ C + 3\ Cl_2 \longrightarrow 2\ AlCl_3 + 3\ CO$ bei ca. 800°C. $AlCl_3$ ist eine farblose, stark hygroskopische Substanz, die sich bei 183°C durch Sublimation reinigen läßt. Es ist eine starke Lewis-Säure. Dementsprechend gibt es unzählige Additionsverbindungen mit Elektronenpaardonatoren wie z.B. HCl, Ether, Aminen. Auf dieser Reaktionsweise beruht sein Einsatz bei "Friedel-Crafts-Synthesen", Polymerisationen usw. Aluminiumtrichlorid liegt in kristallisierter Form als $(AlCl_3)_n$ vor. $AlCl_3$-Dampf zwischen dem Sublimationspunkt und ca. 800°C besteht vorwiegend aus dimeren $(AlCl_3)_2$-Molekülen.

Oberhalb 800°C entspricht die Dampfdichte monomeren $AlCl_3$-Species.

In wasserhaltiger Form kristallisiert $AlCl_3$ mit 6 H_2O.
Eine Schmelze von $AlCl_3$ leitet den elektrischen Strom nicht, es ist daher keine Schmelzflußelektrolyse möglich.

$AlBr_3$ und *AlI_3* liegen auch in kristallisiertem Zustand als dimere Moleküle vor. Das $AlBr_3$ findet als Lewis-Säure gelegentlich Verwendung.

$Al_2(SO_4)_3 \cdot 18\ H_2O$ bildet sich beim Auflösen von $Al(OH)_3$ in heißer konz. H_2SO_4. Es ist ein wichtiges Hilfsmittel in der Papierindustrie und beim Gerben von Häuten. Es dient ferner als Ausgangssubstanz zur Darstellung von z.B. $AlOH(CH_3CO_2)_2$, basisches Aluminiumacetat (essigsaure Tonerde), und von $KAl(SO_4)_2 \cdot 12\ H_2O$ (Kaliumalaun).

Alaune heißen kristallisierte Verbindungen der Zusammensetzung $\underline{M(I)M(III)(SO_4)_2 \cdot 12\ H_2O}$, mit M(I) = $Na^{\oplus}$, $K^{\oplus}$, $Rb^{\oplus}$, $Cs^{\oplus}$, $NH_4^{\oplus}$, $Tl^{\oplus}$ und M(III) = $Al^{3\oplus}$, $Sc^{3\oplus}$, $Ti^{3\oplus}$, $Cr^{3\oplus}$, $Mn^{3\oplus}$, $Fe^{3\oplus}$, $Co^{3\oplus}$ u.a. Beide Kationenarten werden entsprechend ihrer Ladungsdichte mehr oder weniger fest von je sechs H_2O-Molekülen umgeben. In wäßriger Lösung liegen die Alaune vor als: $(M(I))_2SO_4 \cdot (M(III))_2(SO_4)_3 \cdot 24\ H_2O$.

Alaune sind echte *Doppelsalze*. Ihre wäßrigen Lösungen zeigen die chemischen Eigenschaften der getrennten Komponenten. Die physikalischen Eigenschaften der Lösungen setzen sich additiv aus den Eigenschaften der Komponenten zusammen.

AlR_3, Aluminiumtrialkyle, entstehen z.B. nach der Gleichung: $AlCl_3$ + 3 RMgCl $\longrightarrow$ AlR_3 + 3 $MgCl_2$. Das technisch wichtige $Al(C_2H_5)_3$ erhält man aus Ethylen, Wasserstoff und aktiviertem Aluminium mit $Al(C_2H_5)_3$ als Katalysator unter Druck und bei erhöhter Temperatur. Es ist Bestandteil von "Ziegler-Katalysatoren", welche die Niederdruck-Polymerisation von Ethylen ermöglichen.

Die Trialkyle sind dimer gebaut. Die Bindung in diesen Elektronenmangelverbindungen läßt sich durch Dreizentrenbindungen beschreiben.

Gallium - Indium - Thallium

Diese Elemente sind dem Aluminium nahe verwandte Metalle. Sie kommen in geringen Konzentrationen vor. *Gallium* findet als Füllung von Hochtemperaturthermometern sowie als Galliumarsenid und ähnliche Verbindungen für Solarzellen Verwendung (Fp. 30 °C, Kp. 2400 °C).

Gallium ist nach Silicium der zweitwichtigste Rohstoff für die Elektronik und die gesamte Halbleitertechnologie.

Gallium kommt z.B. in der Erdkruste mit ca. 15g pro Tonne Gestein vor. Es fällt zumeist bei der Kupfer- und Zink-Gewinnung an. Auch bei der Aluminiumgewinnung aus Bauxit wird es durch ein Schwerkraft-Abtrennungsverfahren vom leichteren Aluminium abgetrennt.

Thallium ist in seinen Verbindungen *ein-* und *drei*wertig. Die einwertige Stufe ist stabiler als die dreiwertige. Thallium-Verbindungen sind sehr giftig und fi

Kohlenstoffgruppe (C, Si, Ge, Sn, Pb)

Die Elemente dieser Gruppe bilden die IV. Hauptgruppe. Sie stehen von beiden Seiten des PSE gleich weit entfernt. Die Stabilität der maximalen Oxidationsstufe +4 nimmt innerhalb der Gruppe von oben nach unten ab. C, Si, Ge und Sn haben in ihren natürlich vorkommenden Verbindungen die Oxidationsstufe +4, Pb die Oxidationsstufe +2. Während Sn(II)-Ionen reduzierend wirken, sind Pb(IV)-Verbindungen Oxidationsmittel, wie z.B. PbO_2.

Kohlenstoff ist ein typisches Nichtmetall und Blei ein typisches Metall. Dementsprechend nimmt der Salzcharakter der Verbindungen der einzelnen Elemente innerhalb der Gruppe von oben nach unten zu. Unterschiede in der chemischen Bindung bedingen auch die unterschiedlichen Eigenschaften wie Härte und Sprödigkeit bei C, Si und Ge, Duktilität beim Sn und die metallischen Eigenschaften beim Blei.

Hydroxide: $Ge(OH)_2$ zeigt noch saure Eigenschaften, $Sn(OH)_2$ ist amphoter und $Pb(OH)_2$ ist überwiegend basisch.

Wasserstoffverbindungen: CH_4 ist die einzige exotherme Wasserstoffverbindung.

Die Unterschiede in der Polarisierung zwischen C und Si: $\overset{\delta-}{C}—\overset{\delta+}{H}$, $\overset{\delta+}{Si}—\overset{\delta-}{H}$, zeigen sich im chemischen Verhalten.

Beachte: Kohlenstoff kann als einziges Element dieser Gruppe unter normalen Bedingungen p_π-p_π-Mehrfachbindungen ausbilden. Si=Si-Bindungen erfordern besondere sterische Voraussetzungen wie z.B. in Tetramesityldisilen.

Kohlenstoff

Über Kohlenstoffisotope s. S. 13.

Vorkommen: frei, kristallisiert als Diamant und Graphit. Gebunden als Carbonat, $CaCO_3$, $MgCO_3$, $CaCO_3 \cdot MgCO_3$ (Dolomit) usw. In der Kohle, im Erdöl, in der Luft als CO_2, in allen organischen Materialien.

Eigenschaften: Kristallisierter Kohlenstoff kommt in zwei Modifikationen vor: als Diamant und als Graphit.

Tabelle 28. Eigenschaften der Elemente der Kohlenstoffgruppe

Element	Kohlenstoff	Silicium	Germanium	Zinn	Blei
Elektronen-konfiguration	[He]$2s^2 2p^2$	[Ne]$3s^2 3p^2$	[Ar]$3d^{10} 4s^2 4p^2$	[Kr]$4d^{10} 5s^2 5p^2$	[Xe]$4f^{14} 5d^{10} 6s^2 6p^2$
Fp. [°C]	3730 (Graphit)	1410	937	232	327
Kp. [°C]	4830	2680	2830	2270	1740
Normalpotential [V] (+II)	-	-	-	-0,14	-0,13
Ionisierungs-energie [kJ/mol]	1090	790	760	710	720
Atomradius [pm]	77 (Kovalenz-radius)	118	122	162	175
Ionenradius [pm] (bei Oxidationszahl +IV)	16	38	53	71	84
Elektronegativität	2,5	1,8	1,8	1,8	1,8

Metallcharakter	⟶	zunehmend
Affinität zu elektropositiven Elementen	⟶	zunehmend
Affinität zu elektronegativen Elementen	⟶	zunehmend
Beständigkeit der E(II)-Verbindungen	⟶	zunehmend
Beständigkeit der E(IV)-Verbindungen	⟶	abnehmend
Saurer Charakter der Oxide	⟶	abnehmend
Salzcharakter der Chloride	⟶	zunehmend

Definition: *Modifikationen* sind verschiedene Zustandsformen chemischer Elemente oder Verbindungen, die bei gleicher Zusammensetzung unterschiedliche Eigenschaften aufweisen.

Allotropie heißt die Eigenschaft von *Elementen*, in verschiedenen Modifikationen vorzukommen.

Polymorphie heißt die Eigenschaft von *Verbindungen*, in verschiedenen Modifikationen vorzukommen.

Graphit: metallglänzend, weich, abfärbend. Er ist ein guter Leiter von Wärme und Elektrizität. Natürliche Vorkommen von Graphit gibt es z.B. in Sibirien, Böhmen und bei Passau. Technisch hergestellt wird er aus Koks und Quarzsand im elektrischen Ofen (Acheson-Graphit).

Verwendung: als Schmiermittel, Elektrodenmaterial, zur Herstellung von Bleistiften und Schmelztiegeln etc.

Struktur von Graphit: Das Kristallgitter besteht aus ebenen Schichten, welche aus allseitig verknüpften Sechsecken gebildet werden. Die Schichten liegen so übereinander, daß die *dritte* Schicht mit der Ausgangsschicht identisch ist. Da für den Aufbau der sechseckigen Schichten von jedem C-Atom jeweils nur drei Elektronen benötigt werden (sp^2-Hybridorbitale), bleibt pro C-Atom ein Elektron übrig. Diese überzähligen Elektronen sind zwischen den Schichten praktisch frei beweglich. Sie befinden sich in den übriggebliebenen p-Orbitalen, die einander überlappen und delokalisierte p_π-p_π-Bindungen bilden. Sie bedingen die Leitfähigkeit längs der Schichten und die schwarze Farbe des Graphits (Wechselwirkung mit praktisch allen Wellenlängen des sichtbaren Lichts). Abb. 144 zeigt Ausschnitte aus dem Graphitgitter.

Graphitverbindungen

Kovalente Graphitverbindungen

Beim Erhitzen von Graphit mit Fluor auf 627° C entsteht "Graphitfluorid" (= Kohlenstoffmonofluorid) $(CF)_n$ als grau-weiße nichtleitende Substanz. In den gewellten Kohlenstoffschichten ist der Kohlenstoff sp^3-hybridisiert.

Graphit-Intercalationsverbindungen sind Einlagerungsverbindungen. Sie entstehen durch Einlagerung von Alkalimetallen, Sauerstoff, Molekülen wie $SbCl_5$ usw. zwischen die Schichten. Diese werden dadurch in Richtung der c-Achse aufgeweitet.
Beispiele: C_6K (rot), $C_{24}K$ (blau), $C_{24}SbCl_5$ (grau-schwarz).

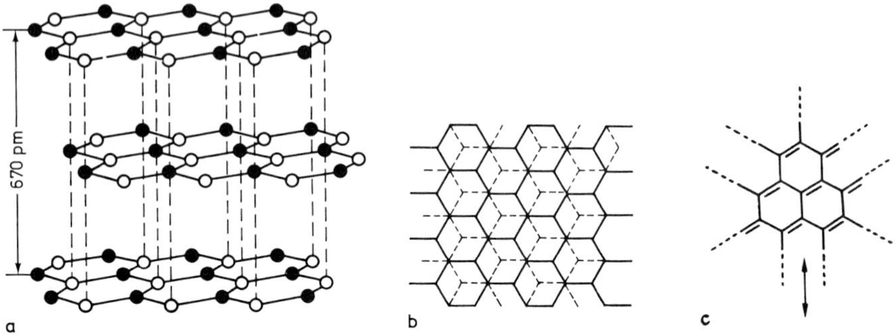

Abb. 144. Ausschnitt aus dem Graphitgitter. (a) Folge von drei Schichten. (b) Anordnung von zwei aufeinanderfolgenden Schichten in der Draufsicht. (c) Andeutung einer mesomeren Grenzstruktur

Graphitsalze entstehen aus Graphit und starken Säuren wie H_2SO_4, HF. In ihnen ist das Graphitgitter stark aufgequollen. Es dient quasi als Riesenkation, z.B. $C_{24}^{\oplus}$.

Diamant kristallisiert kubisch. Er ist durchsichtig, meist farblos, von großem Lichtbrechungsvermögen und ein typischer Nichtleiter. Im Diamantgitter besitzt jedes C-Atom eine sp^3-Hybridisierung und ist somit jeweils Mittelpunkt eines Tetraeders aus C-Atomen (Atomgitter). Dies bedingt die große Härte des Diamanten. Er ist der härteste Stoff (Härte 10 in der Skala nach Mohs).

Diamant ist eine bei Zimmertemperatur "metastabile" Kohlenstoff-Modifikation. Thermodynamisch stabil ist bei dieser Temperatur nur der Graphit. Die Umwandlungsgeschwindigkeit Diamant $\longrightarrow$ Graphit ist jedoch so klein, daß beide Modifikationen nebeneinander vorkommen. Beim Erhitzen von Diamant im Vakuum auf 1500°C erfolgt die Umwandlung $C_{Diamant} \longrightarrow C_{Graphit}$; $\Delta H^{o}_{(25^{o}C)} = -1{,}89$ kJ.

Umgekehrt gelingt auch die Umwandlung von Graphit in Diamant, z.B. bei 3000°C und 150 000 bar (Industriediamanten).

Diamant ist reaktionsträger als Graphit. An der Luft verbrennt er ab 800°C langsam zu CO_2. Von nichtoxidierenden Säuren und von Basen wird er nicht angegriffen.

Verwendung: Geschliffene Diamanten finden als Brillanten in der Schmuckindustrie Verwendung. Wegen seiner Härte wird der Diamant benutzt zur Herstellung von Schleifscheiben, Bohrerköpfen usw.

Abb. 145 zeigt einen Ausschnitt aus dem Diamantgitter.

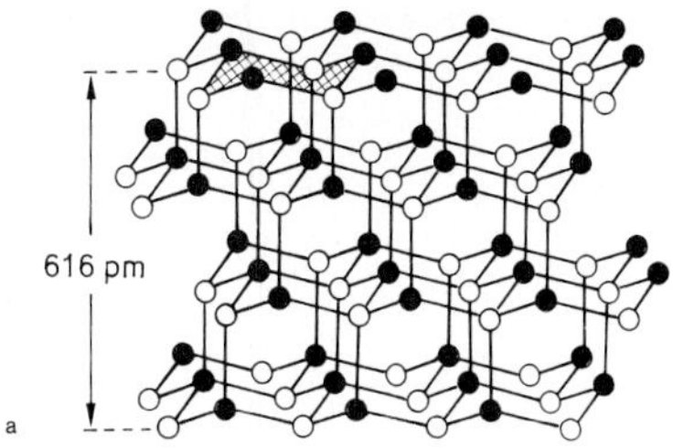

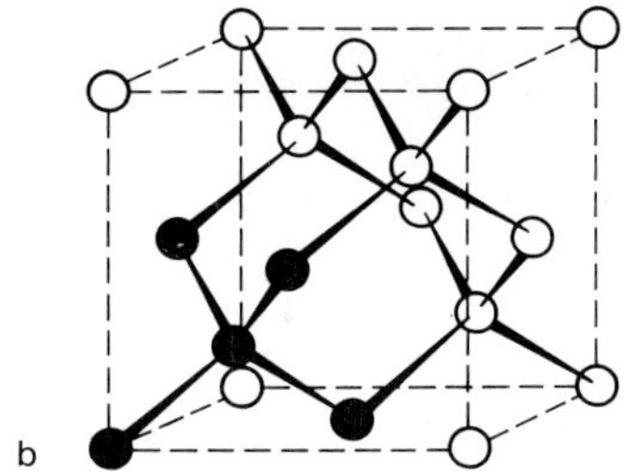

Abb. 145. (a) Kristallgitter des Diamanten. Um die Sesselform der Sechsringe anzudeuten, wurde ein Sechsring schraffiert. (b) Ausschnitt aus dem Kristallgitter. Ein Kohlenstofftetraeder wurde hervorgehoben. Vgl. Abb. 40, S. 76

Kohlenstoff-Verbindungen

Die Kohlenstoff-Verbindungen sind so zahlreich, daß sie als "Organische Chemie" ein eigenes Gebiet der Chemie bilden. An dieser Stelle sollen nur einige "anorganische" Kohlenstoff-Verbindungen besprochen werden.

CO_2, Kohlendioxid, kommt frei als Bestandteil der Luft (0,03 - 0,04 %), im Meerwasser und gebunden in Carbonaten vor. Es entsteht bei der Atmung, Gärung, Fäulnis, beim Verbrennen von Kohle. Es ist das Endprodukt der Verbrennung jeder organischen Substanz.

Darstellung: (1.) Aus Carbonaten wie $CaCO_3$ durch Glühen: $CaCO_3 \xrightarrow{\Delta} CaO + CO_2$, oder mit Säuren: $CaCO_3 + H_2SO_4 \longrightarrow CaSO_4 + CO_2 + H_2O$. (2.) Durch Verbrennen von Koks mit überschüssigem Sauerstoff.

Eigenschaften: CO_2 ist ein farbloses, geruchloses, wasserlösliches Gas und schwerer als Luft. Es ist nicht brennbar und wirkt erstikkend. Durch Druck läßt es sich zu einer farblosen Flüssigkeit kondensieren. Beim raschen Verdampfen von flüssigem CO_2 kühlt es sich so stark ab, daß es zu festem CO_2 (feste Kohlensäure, Trockeneis) gefriert. Im Trockeneis werden die CO_2-Moleküle durch van der Waals-Kräfte zusammengehalten (Molekülgitter). Eine Mischung von Trockeneis und Aceton oder Methanol usw. dient als Kältemischung für Temperaturen bis -76 °C.

Struktur von CO_2

Das CO_2-Molekül ist linear gebaut. Der C-O-Abstand ist mit 115 pm kürzer als ein C=O-Doppelbindungsabstand. Außer Grenzformel (a) müssen auch die "Resonanzstrukturen" (b) und (c) berücksichtigt werden, um den kurzen Abstand zu erklären:

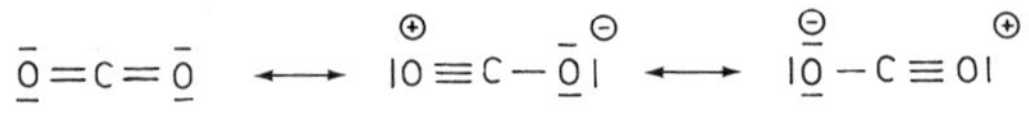

(a) (b) (c)

Die wäßrige Lösung von CO_2 ist eine schwache Säure, Kohlensäure H_2CO_3 (pK_{s1} = 6,37). $CO_2 + H_2O \rightleftharpoons H_2CO_3$. Das Gleichgewicht liegt bei dieser Reaktion praktisch ganz auf der linken Seite. H_2CO_3 ist in wasserfreier Form nicht beständig. Sie ist eine *zwei*wertige Säure. Demzufolge bildet sie Hydrogencarbonate (primäre Carbonate, Bicarbonate) $M(I)HCO_3$ und sekundäre Carbonate (Carbonate) $M(I)_2CO_3$.

Hydrogencarbonate: Hydrogencarbonate sind häufig in Wasser leicht löslich. Durch Erhitzen gehen sie in die entsprechenden Carbonate über: $2\ M(I)HCO_3 \rightleftharpoons M_2CO_3 + H_2O + CO_2$. Sie sind verantwortlich für die temporäre Wasserhärte (s. S. 299).

Carbonate: Nur die Alkalicarbonate sind leicht löslich und glühbeständig. Alle anderen Carbonate zerfallen beim Erhitzen in die Oxide oder Metalle und CO_2. Durch Einleiten von CO_2 in die wäßrige Lösung von Carbonaten bilden sich Hydrogencarbonate.

Kohlensäure-Hydrogencarbonatpuffer (Bicarbonatpuffer) ist ein Puffersystem im Blut (s. hierzu S. 238):

$$H_2O + CO_2 \rightleftharpoons H_2CO_3 \rightleftharpoons HCO_3^{\ominus} + H^{\oplus}.$$

Das *Carbonat-Ion* $CO_3^{2\ominus}$ ist eben gebaut. Seine Elektronenstruktur läßt sich durch Überlagerung von mesomeren Grenzformeln plausibel machen:

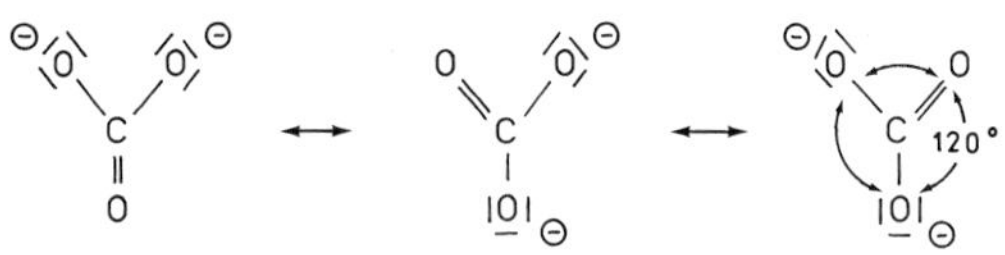

CO, Kohlenmonoxid, entsteht z.B. beim Verbrennen von Kohle bei ungenügender Luftzufuhr. Als Anhydrid der Ameisensäure, HCOOH, entsteht es aus dieser durch Entwässern, z.B. mit H_2SO_4. Technisch dargestellt wird es in Form von Wassergas und Generatorgas.

Wassergas ist ein Gemisch aus ca. 50 % H_2 und 40 % CO (Rest: CO_2, N_2, CH_4). Man erhält es beim Überleiten von Wasserdampf über glühenden Koks.

Generatorgas enthält ca. 70 % N_2 und 25 % CO (Rest: O_2, CO_2, H_2). Es bildet sich beim Einblasen von Luft in brennenden Koks. Zuerst entsteht CO_2, das durch den glühenden Koks reduziert wird. Bei Temperaturen von über 1000 °C kann man somit als Gleichung angeben:
$C + \frac{1}{2} O_2 \longrightarrow CO$, $\Delta H = -111\ \text{kJ} \cdot \text{mol}^{-1}$.

Eigenschaften: CO ist ein farbloses, geruchloses Gas, das die Verbrennung nicht unterhält. Es verbrennt an der Luft zu CO_2. Mit Wasserdampf setzt es sich bei hoher Temperatur mittels Katalysator zu CO_2 und H_2 um (Konvertierung). CO ist ein starkes Blutgift, da seine Affinität zu Hämoglobin um ein Vielfaches größer ist als diejenige von O_2. CO ist eine sehr schwache Lewis-Base. Über das freie Elektronenpaar am Kohlenstoffatom kann es Addukte bilden. Mit einigen Übergangselementen bildet es Komplexe: z.B. $Ni + 4\ CO \longrightarrow Ni(CO)_4$ (Nickeltetracarbonyl).

Elektronenformel von CO: $|\overset{\ominus}{C}\equiv\overset{\oplus}{O}|$. CO ist isoster mit N_2.

Beachte: Ionen oder Moleküle mit gleicher Gesamtzahl an Elektronen, gleicher Elektronenkonfiguration, gleicher Anzahl von Atomen und gleicher Gesamtladung heißen ***isoster***. Beispiel: CO_2/N_2O.

Atome, Ionen, Moleküle mit gleicher Anzahl und Anordnung von Elektronen heißen ***isoelektronisch***. Beispiele: $O^{2\ominus}/F^{\ominus}/Ne/Na^{\oplus}$ usw. oder $HF/OH^{\ominus}$.

Verwendung: CO wird als Reduktionsmittel in der Technik verwendet, z.B. zur Reduktion von Metalloxiden wie Fe_2O_3 im Hochofenprozeß. Es dient als Ausgangsmaterial zur Darstellung wichtiger organischer Grundchemikalien, wie z.B. Natriumformiat, Methanol und Phosgen, $COCl_2$.

Boudouard-Gleichgewicht

In allen Fällen, in denen CO und Kohlenstoff bei höheren Temperaturen als Reduktionsmittel eingesetzt werden, existiert das Boudouard-Gleichgewicht: $CO_2 + C \rightleftharpoons 2\,CO$, $\Delta H = +173\ kJ \cdot mol^{-1}$. Die Lage des Gleichgewichts ist stark temperatur- und druckabhängig. Seine Abhängigkeit von der Temperatur zeigt Abb. 146. Siehe auch Hochofenprozeß, S. 450.

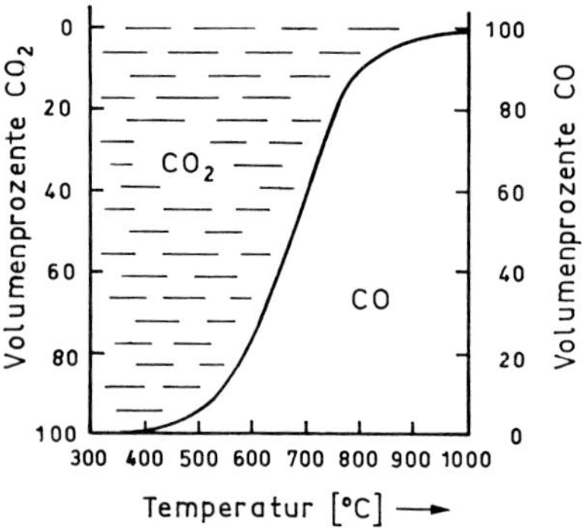

Abb. 146. Die Temperaturabhängigkeit des Boudouard-Gleichgewichts

C_3O_2 (Kohlensuboxid) entsteht aus Malonsäure, $HOOC\text{-}CH_2\text{-}COOH$, durch Entwässern mit z.B. P_4O_{10}. Das monomere $\overline{\underline{O}}=C=C=C=\overline{\underline{O}}$ polymerisiert bereits bei Raumtemperatur.

CS_2, Schwefelkohlenstoff (Kohlenstoffdisulfid), entsteht aus den Elementen beim Erhitzen. Es ist eine wasserklare Flüssigkeit (Kp. 46,3°C), giftig, leichtentzündlich (!). Es löst Schwefel, Phosphor, Iod, Fette u.a. Das Molekül ist gestreckt gebaut und enthält p_π-p_π-Bindungen zwischen Kohlenstoff und Schwefel: $\overline{\underline{S}}=C=\overline{\underline{S}}$.

COS, Kohlenoxidsulfid, bildet sich aus S und CO. Es ist ein farb- und geruchloses Gas (Fp. -138°C, Kp. -50,2°C).

$CN^\ominus$, $(CN)_2$, HCN, HOCN usw. s. S. 395.

$SCN^\ominus$, $(SCN)_2$ s. S. 395.

Carbide

Carbide sind binäre Verbindungen von Elementen mit Kohlenstoff. Eingeteilt werden sie in salzartige, kovalente und metallische Carbide.

Salzartige Carbide

CaC_2 baut ein Ionengitter aus $[|C{\equiv}C|]^{2\ominus}$- und $Ca^{2\oplus}$-Ionen auf. Es ist als Salz vom Ethin (Acetylid) aufzufassen und reagiert mit Wasser nach der Gleichung: $CaC_2 + 2\ H_2O \longrightarrow Ca(OH)_2 + HC{\equiv}CH$ *(= "Acetylenid")*

Al_4C_3, Aluminiumcarbid, leitet sich vom Methan ab. Es enthält $C^{4\ominus}$-Ionen. $Al_4C_3 + 12\ H_2O \longrightarrow 4\ Al(OH)_3 + 3\ CH_4$ *(= "Methanid")*

Li_4C_3 und Mg_2C_3 *("Allylenide")* hydrolysieren zu Propin, C_3H_4.

Kovalente Carbide sind Verbindungen von Kohlenstoff mit Nichtmetallen. Beispiele: Borcarbid, Siliciumcarbid, (CH_4, CS_2).

Metallische Carbide enthalten Kohlenstoffatome in den Lücken der Metallgitter (s. hierzu S. 101). Die meist nichtstöchiometrischen Verbindungen (Legierungen) sind resistent gegen Säuren und leiten den elektrischen Strom. Sie sind sehr hart und haben hohe Schmelzpunkte. Beispiele: Fe_3C, Zementit; TaC, Tantalcarbid (Fp. 3780 °C); WC (mit Cobalt zusammengesintert als Widia = wie Diamant).

Silicium

Vorkommen: Silicium ist mit einem Prozentanteil von 27,5 % nach Sauerstoff das häufigste Element in der zugänglichen Erdrinde. Es kommt nur mit Sauerstoff verbunden vor: als Quarz (SiO_2) und in Form von Silicaten (Salze von Kieselsäuren) z.B. im Granit, in Tonen und Sanden; im Tier- und Pflanzenreich gelegentlich als Skelett- und Schalenmaterial.

Darstellung: Durch Reduktion von SiO_2 mit z.B. Magnesium, Aluminium, Kohlenstoff oder Calciumcarbid, CaC_2, im elektrischen Ofen:

$SiO_2 + 2\ Mg \longrightarrow 2\ MgO + Si$ (fällt als braunes Pulver an),

$SiO_2 + CaC_2 \longrightarrow$ kompakte Stücke von Si (technisches Verfahren).

In sehr reiner Form erhält man Silicium bei der thermischen Zersetzung von SiI_4 oder von $HSICl_3$ mit H_2 und anschließendem "Zonenschmelzen". In hochreaktiver Form entsteht Silicium z.B. bei folgender Reaktion: $CaSi_2 + 2\ HCl \longrightarrow 2\ Si + H_2 + CaCl_2$.

Eigenschaften: braunes Pulver oder - z.B. aus Aluminium auskristallisiert - schwarze Kristalle, Fp. 1413 °C. Silicium hat eine Gitterstruktur, die der des Diamanten ähnelt; es besitzt Halbleitereigenschaften. Silicium ist sehr reaktionsträge: Aus den Elementen bilden sich z.B. SiS_2 bei ca. 600 °C, SiO_2 oberhalb 1000 °C, Si_3N_4 bei 1400 °C und SiC erst bei 2000 °C. Eine Ausnahme ist die Reaktion von Silicium mit Fluor: Schon bei Zimmertemperatur bildet sich unter Feuererscheinung SiF_4. *Silicide* entstehen beim Erhitzen von Silicium mit bestimmten Metallen im elektrischen Ofen, z.B. $CaSi_2$.

Weil sich auf der Oberfläche eine SiO_2-Schutzschicht bildet, wird Silicium von allen Säuren (außer Flußsäure) praktisch nicht angegriffen. In heißen Laugen löst sich Silicium unter Wasserstoffentwicklung und Silicatbildung: $Si + 2\ OH^{\ominus} + H_2O \longrightarrow SiO_3^{2\ominus} + 2\ H_2$.

Verwendung: Hochreines Silicium wird in der Halbleiter- und Solarzellentechnik verwendet.

Verbindungen

Siliciumverbindungen unterscheiden sich von den Kohlenstoffverbindungen in vielen Punkten.

Die bevorzugte Koordinationszahl von Silicium ist 4. In einigen Fällen wird die KoZ. 6 beobachtet. Silicium bildet nur in Ausnahmefällen ungesättigte Verbindungen. Stattdessen bilden sich polymere Substanzen. Die Si-O-Bindung ist stabiler als z.B. die C-O-Bindung. Zur Deutung gewisser Eigenschaften und Abstände zieht man gelegentlich auch die Möglichkeit von p_π-d_π-Bindungen in Betracht.

Siliciumwasserstoffe, Silane, haben die allgemeine Formel Si_nH_{2n+2}.

Darstellung: Als allgemeine Darstellungsmethode für Monosilan SiH_4 und höhere Silane eignet sich die Umsetzung von Siliciden mit Säuren, z.B. $Mg_2Si + 4\ H_3O^{\oplus} \longrightarrow 2\ Mg^{2\oplus} + SiH_4 + 4\ H_2O$. SiH_4 und Si_2H_6 entstehen auch auf folgende Weise: $SiCl_4 + LiAlH_4 \longrightarrow SiH_4 + LiAlCl_4$, und $2\ Si_2Cl_6 + 3\ LiAlH_4 \longrightarrow 2\ Si_2H_6 + 3\ LiAlCl_4$. Auch eine Hydrierung von SiO_2 ist möglich.

Eigenschaften: Silane sind extrem oxidationsempfindlich. Die Bildung einer Si-O-Bindung ist mit einem Energiegewinn von - im Durchschnitt - 368 kJ verbunden. Sie reagieren daher mit Luft und Wasser explosionsartig mit lautem Knall. Ihre Stabilität nimmt von den niederen zu den höheren Gliedern hin ab. Sie sind säurebeständig.

SiH_4 und Si_2H_6 sind farblose Gase. SiH_4 hat einen Fp. von $-184{,}7\,^{\circ}C$ und einen Kp. von $-30{,}4\,^{\circ}C$.

Mit Halogenen oder Halogenwasserstoffen können die H-Atome in den Silanen substituiert werden, z.B. $SiH_4 + HCl \longrightarrow HSiCl_3$, Silicochloroform. Diese Substanzen reagieren mit Wasser unter Bildung von Silicium-Wasserstoff-Sauerstoff-Verbindungen: In einem ersten Schritt entstehen *Silanole*, *Silandiole* oder *Silantriole*. Aus diesen bilden sich anschließend durch Kondensation die sog. *Siloxane*:

Beispiel H_3SiCl: $H_3SiCl + H_2O \longrightarrow H_3SiOH$, Silanol;

$$2\ H_3SiOH \xrightarrow[-H_2O]{} H_3Si{-}O{-}SiH_3,\ \text{Disiloxan.}$$

Alkylchlorsilane entstehen z.B. nach dem Müller-Rochow-Verfahren: $4\ RCl + 2\ Si \xrightarrow{300-400\,^{\circ}C} RSiCl_3,\ R_2SiCl_2,\ R_3SiCl$. Bei dieser Reaktion dient Kupfer als Katalysator.

Alkylhalogensubstituierte Silane sind wichtige Ausgangsstoffe für die Darstellung von Siliconen.

Silicone (Silico-Ketone), Polysiloxane, sind Polykondensationsprodukte der Orthokieselsäure $Si(OH)_4$ und/oder ihrer Derivate, der sog. Silanole R_3SiOH, Silandiole $R_2Si(OH)_2$ und Silantriole $RSi(OH)_3$. Durch geeignete Wahl dieser Reaktionspartner, des Mischungsverhältnisses sowie der Art der Weiterverarbeitung erhält man ringförmige und kettenförmige Produkte, Blatt- oder Raumnetzstrukturen. Gemeinsam ist allen Substanzen die stabile Si-O-Si-Struktureinheit. Beispiele für den Aufbau von Siliconen:

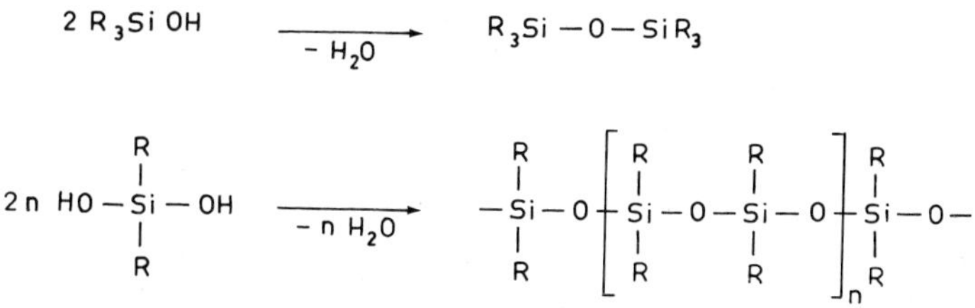

Eigenschaften und Verwendung

Silicone $[R_2SiO]_n$ sind technisch wichtige Kunststoffe. Sie sind chemisch resistent, hitzebeständig, hydrophob und besitzen ein ausgezeichnetes elektrisches Isoliervermögen. Sie finden vielseitige Verwendung als Schmiermittel (Siliconöle, Siliconfette), als Harze, Dichtungsmaterial, Imprägnierungsmittel.

Halogenverbindungen des Siliciums haben die allgemeine Formel Si_nX_{2n+2}. Die Anfangsglieder bilden sich aus den Elementen, z.B. $Si + 2\ Cl_2 \longrightarrow SiCl_4$. Verbindungen mit $n > 1$ entstehen aus den Anfangsgliedern durch Disproportionierung oder Halogenentzug, z.B. mit Si. Es gibt auch gemischte Halogenverbindungen wie SiF_3I, $SiCl_2Br_2$, $SiFCl_2Br$.

Beispiele: SiF_4 ist ein farbloses Gas. $SiCl_4$ ist eine farblose Flüssigkeit mit Fp. -70,4 °C und Kp. 57,57 °C. $SiBr_4$ ist eine farblose Flüssigkeit mit Fp. 5,2 °C und Kp. 152,8 °C. SiI_4 bildet Kristalle mit einem Fp. von 120,5 °C.

Alle Halogenverbindungen reagieren mit Wasser: $SiX_4 + 4\ H_2O \longrightarrow Si(OH)_4 + 4\ HX$.

Kieselsäuren

$Si(OH)_4$, "Orthokieselsäure", ist eine sehr schwache Säure (pK_{S_1} = 9,66). Sie ist nur bei einem pH-Wert von 3,20 einige Zeit stabil. Bei Änderung des pH-Wertes spaltet sie *intermolekular* Wasser ab:

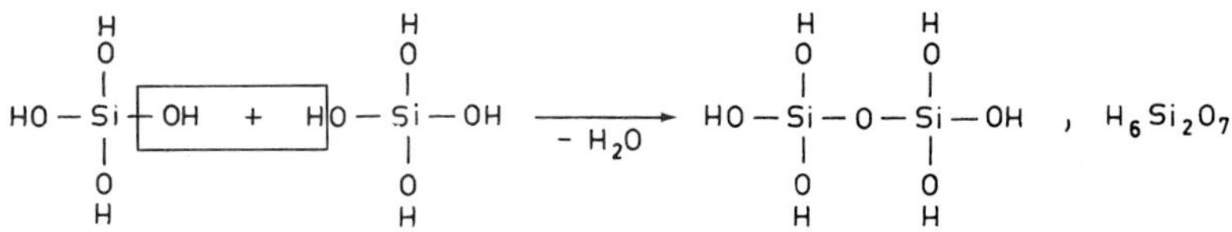

Orthodikieselsäure

Weitere Wasserabspaltung (Kondensation) führt über *Poly*kieselsäuren $H_{2n+2}Si_nO_{3n+1}$ zu *Meta*kieselsäuren $(H_2SiO_3)_n$. Für n = 3, 4 oder 6 entstehen Ringe, für n = ∞ Ketten. Die Ketten können weiterkondensieren zu Bändern $(H_6Si_4O_{11})_\infty$, die Bänder zu Blattstrukturen $(H_2Si_2O_5)_\infty$, welche ihrerseits zu Raumnetzstrukturen weiterkondensieren können. Als Endprodukt entsteht als ein hochpolymerer Stoff $(SiO_2)_\infty$, das Anhydrid der Orthokieselsäure. In allen Substanzen liegt das Silicium-Atom in der Mitte eines Tetraeders aus Sauerstoffatomen.

Die Salze der verschiedenen Kieselsäuren heißen *Silicate*. Man kann sie künstlich durch Zusammenschmelzen von Siliciumdioxid SiO_2 (Quarzsand) mit Basen oder Carbonaten herstellen: z.B. $CaCO_3 + SiO_2 \longrightarrow CaSiO_3$ (Calcium-Metasilicat) + CO_2.

Man unterscheidet:

a) Inselsilicate mit isolierten SiO_4-Tetraedern ($ZrSiO_4$, Zirkon).

b) Gruppensilicate mit einer begrenzten Anzahl verknüpfter Tetraeder: $ScSi_2O_7$, Thortveitit.

(Ringsilicate.) Dreiringe: Benitoit, $BaTi[Si_3O_9]$; Sechsringe: Beryll, $Al_2Be_3[Si_6O_{18}]$.

c) Kettensilicate, mit eindimensional unendlichen Ketten aus $[Si_2O_6]^{4\ominus}$-Einheiten und Doppelketten (Band-Silicate) aus $[Si_4O_{11}]^{6\ominus}$-Einheiten.

d) Schichtsilicate (Blatt-Silicate) mit zweidimensional unendlicher Struktur mit $[Si_2O_5]^{2\ominus}$-Einheiten. Die Kationen liegen zwischen den Schichten. Wichtige Schichtsilicate sind die Tonmineralien und Glimmer. Aus der Schichtstruktur ergeben sich die (besonderen) Eigenschaften von Talk als Schmiermittel, Gleitmittel, die Spaltbarkeit bei Glimmern, oder das Quellvermögen von Tonen.

e) Gerüstsilicate mit dreidimensional unendlicher Struktur, siehe $(SiO_2)_x$. In diesen Substanzen ist meist ein Teil des Si durch Al ersetzt. Zum Ladungsausgleich sind Kationen wie $K^{\oplus}$, $Na^{\oplus}$, $Ca^{2\oplus}$ eingebaut, z.B. $Na[AlSi_3O_8]$, Albit (Feldspat).

In den sog. *Zeolithen* gibt es Kanäle und Röhren, in denen sich Kationen und Wassermoleküle befinden. Letztere lassen sich leicht austauschen. Sie dienen daher als Ionenaustauscher (Permutite) und Molekularsiebe und Ersatz von Phosphat in Waschmitteln.

"Wasserglas" heißen wäßrige Lösungen von Alkalisilicaten. Sie enthalten vorwiegend Salze: $M(I)_3HSiO_4$, $M_2H_2SiO_4$, MH_3SiO_4. Wasserglas ist ein mineralischer Leim, der zum Konservieren von Eiern, zum Verkleben von Glas, als Flammschutzmittel usw. verwendet wird.

SiO_2, Siliciumdioxid, kommt rein vor als Quarz, Bergkristall (farblos), Amethyst (violett), Rauchtopas (braun), Achat, Opal, Kieselsinter etc. Es ist Bestandteil der Körperhülle der Diatomeen (Kieselgur, Infusorienerde). SiO_2 ist ein hochpolymerer Stoff (Unterschied zu CO_2!). Es existiert in mehreren Modifikationen wie Quarz, Cristobalit, Tridymit, Coesit, Stishovit. In allen Modifikationen mit Ausnahme des Stishovits hat Silicium die Koordinationszahl 4. Im Stishovit hat Silicium die Koordinationszahl 6!

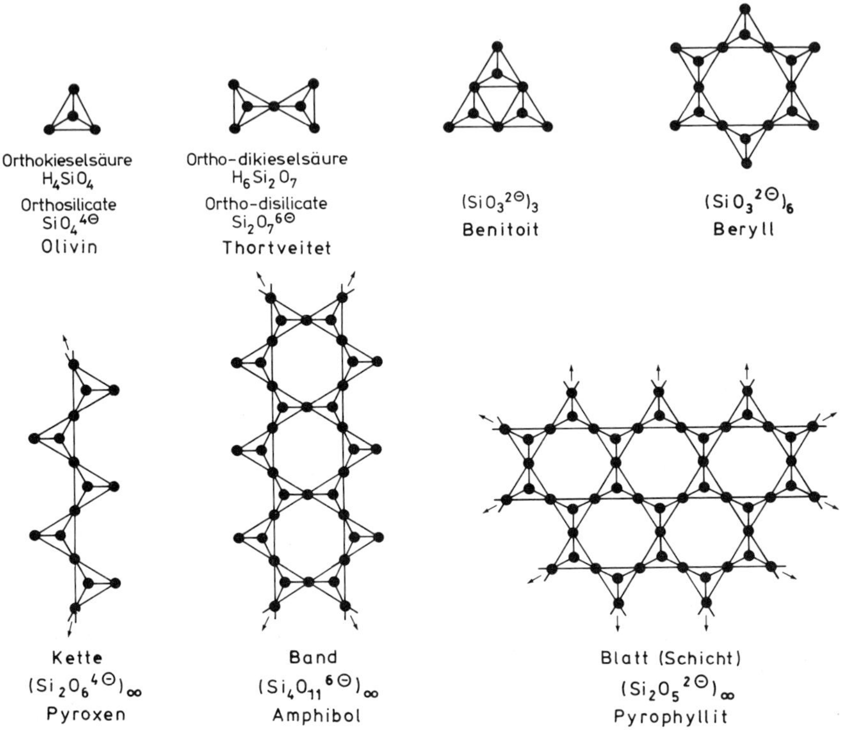

Abb. 147. Ausgewählte Beispiele für die Anordnung von Sauerstofftetraedern in Silicaten. Die Si-Atome, welche die Tetraedermitten besetzen, sind weggelassen

Die besondere Stabilität der Si-O-Bindung wird dadurch erklärt, daß man zusätzlich zu den (polarisierten) Einfachbindungen p_π-d_π-Bindungen annimmt. Diese kommen dadurch zustande, daß freie p-Elektronenpaare des Sauerstoffs in leere d-Orbitale des Siliciums eingebaut werden:

$$-\overset{|}{\underset{|}{Si}}-\overline{\underline{O}}- \longleftrightarrow -\overset{|}{\underset{|}{Si}}{}^{\ominus}=\overset{\oplus}{\underline{O}}-$$

Eigenschaften: SiO_2 ist sehr resistent. Es ist im allgemeinen unempfindlich gegen Säuren. Ausnahme: HF bildet über $SiF_4 \longrightarrow H_2SiF_6$. Mit Laugen entstehen langsam Silicate. Durch Zusammenschmelzen mit Alkalihydroxiden, $SiO_2 + 2\ NaOH \longrightarrow Na_2SiO_3 + H_2O$, oder Carbonaten entstehen glasige Schmelzen, deren wäßrige Lösungen das Wasserglas darstellen.

"Kieselgel" besteht vorwiegend aus der Polykieselsäure $(H_2Si_2O_5)_\infty$ (Blattstruktur). Durch geeignete Trocknung erhält man daraus "Kiesel-Xerogele" = Silica-Gele. Diese finden wegen ihres starken Adsorptionsvermögens vielseitige Verwendung, z.B. mit $CoCl_2$ imprägniert als *"Blaugel"* (Trockenmittel). Der Wassergehalt zeigt sich durch Rosafärbung an (Co-Aquokomplex). Kieselgel ist ferner ein beliebtes chromatographisches Adsorbens.

Im Knallgasgebläse geschmolzener Quarz liefert Quarzglas, das sich durch einen geringen Ausdehnungskoeffizienten auszeichnet. Es ist außerdem gegen alle Säuren außer HF beständig und läßt ultraviolettes Licht durch.

Durch Zusammenschmelzen von Sand (SiO_2), Kalk (CaO) und Soda (Na_2CO_3) erhält man die gewöhnlichen Gläser wie Fensterglas und Flaschenglas (Na_2O, CaO, SiO_2).

Spezielle Glassorten entstehen mit Zusätzen. B_2O_3 setzt den Ausdehnungskoeffizienten herab (Jenaer Glas, Pyrexglas). Kali-Blei-Gläser enthalten K_2O und PbO (Bleikristallglas, Flintglas). Milchglas erhält man z.B. mit SnO_2.

Glasfasern entstehen aus Schmelzen geeigneter Zusammensetzung. Sie sind Beispiele für sog. Synthesefasern (Chemiefasern). E-Glas = alkaliarmes Ca/Al_2O_3/B/Silicat-Glas; es dient zur Kunststoffverstärkung und im Elektrosektor.

Mineralfaser-Dämmstoffe bestehen aus glasigen kurzen, regellos angeordneten Fasern. Hauptanwendungsgebiete: Wärme-, Schall-, Brandschutz.

Asbest ist die älteste anorg. Naturfaser. Er besteht aus faserigen Aggregaten silicatischer Minerale.
Chrysotil-Asbeste (Serpentinasbeste), $Mg_3(OH)_4[Si_2O_5]$ sind fein- und parallel-faserig (spinnbar), alkalibeständig.

Amphibolasbeste (Hornblendeasbest, z.B. $(Mg,Fe^{2\oplus})_7(OH)_2[Si_8O_{22}]$) enthalten starre Kristall-Nadeln und sind säurestabil.

Ersatzstoffe: silicatische Mineralfasern, Al_2O_3-Fasern u.a.
Über Edelsteine s.S. 467.

H_2SiF_6, Kieselfluorwasserstoffsäure, entsteht durch Reaktion von SiF_4 mit H_2O ($3\ SiF_4 + 2\ H_2O \longrightarrow SiO_2 + 2\ H_2SiF_6$). Sie ist eine starke Säure, jedoch im wasserfreien Zustand unbekannt. Ihre Salze sind die Hexafluorosilicate.

SiC, Siliciumcarbid (Carborundum), entsteht aus SiO_2 und Koks bei ca. 2000°C. Man kennt mehrere Modifikationen. Allen ist gemeinsam, daß die Atome jeweils tetraedrisch von Atomen der anderen Art umgeben sind. Die Bindungen sind überwiegend kovalent. SiC ist sehr hart, chemisch und thermisch sehr stabil und ein Halbleiter. *Verwendung:* als Schleifmittel, als feuerfestes Material, für Heizwiderstände (Silitstäbe).

SiS_2, Siliciumdisulfid, bildet sich aus den Elementen beim Erhitzen auf Rotglut ($\Delta H^o = -207$ kJ). Die farblosen Kristalle zeigen eine Faserstruktur. Im Gegensatz zu $(SiO_2)_x$ besitzt $(SiS_2)_x$ eine Kettenstruktur, da die Tetraeder kantenverknüpft sind:

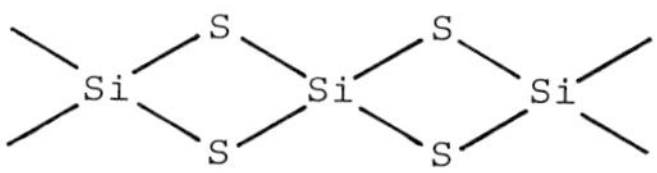

Zinn

Vorkommen: Als Zinnstein SnO_2 und Zinnkies $Cu_2FeSnS_4 \equiv Cu_2S \cdot FeS \cdot SnS_2$.

Darstellung: Durch "Rösten" von Schwefel und Arsen gereinigter Zinnstein, SnO_2, wird mit Koks reduziert. Erhitzt man anschließend das noch mit Eisen verunreinigte Zinn wenig über den Schmelzpunkt von Zinn, läßt sich das flüssige Zinn von einer schwerer schmelzenden Fe-Sn-Legierung abtrennen ("Seigern").

Eigenschaften: silberweißes, glänzendes Metall, Fp. 231,91°C. Es ist sehr weich und duktil und läßt sich z.B. zu Stanniol-Papier auswalzen.

Vom Zinn kennt man neben der metallischen Modifikation (β-Zinn) auch eine nichtmetallische Modifikation α-Zinn (auch graues Zinn) mit Diamantgitter:

$$\alpha\text{-Zinn} \underset{}{\overset{13,2^oC}{\rightleftharpoons}} \beta\text{-Zinn}.$$

Metallisches Zinn ist bei gewöhnlicher Temperatur unempfindlich gegen Luft, schwache Säuren und Basen. Beim Erhitzen in feinverteilter Form verbrennt es an der Luft zu SnO_2. Mit Halogenen bilden sich die Tetrahalogenide SnX_4. In starken Säuren und Basen geht Zinn in Lösung: $Sn + 2\ HCl \longrightarrow SnCl_2 + H_2$ und $Sn + 4\ H_2O + 2\ OH^{\ominus} + 2\ Na^{\oplus} \longrightarrow 2\ Na^{\oplus} + [Sn(OH)_6]^{2\ominus} + 2\ H_2$. Beim Eindampfen läßt sich Natriumstannat $Na_2[Sn(OH)_6]$ isolieren.

Verwendung: Zum Verzinnen (Beispiel: verzinntes Eisenblech = Weißblech). Als Legierungsbestandteil: Bronze = Zinn + Kupfer; Britanniametall = Zinn + Antimon + wenig Kupfer; Weichlot oder Schnellot = 40 - 70 % Zinn und 30 - 60 % Blei.

Zinn-Verbindungen

In seinen Verbindungen kommt Zinn in den Oxidationsstufen +2 und +4 vor. Die vierwertige Stufe ist die beständigste. Zinn(II)-Verbindungen sind starke Reduktionsmittel.

Am Beispiel des $SnCl_2$ und $SnCl_4$ kann man zeigen, daß in Verbindungen mit höherwertigen Metallkationen der kovalente Bindungsanteil größer ist als in Verbindungen mit Kationen geringerer Ladung (kleinerer Oxidationszahl). Die höher geladenen Kationen sind kleiner und haben eine größere polarisierende Wirkung auf die Anionen als die größeren Kationen mit kleinerer Oxidationszahl (Ionenradien: $Sn^{2\oplus}$: 112 pm, $Sn^{4\oplus}$: 71 pm). Dementsprechend ist $SnCl_2$ eine feste, salzartig gebaute Substanz und $SnCl_4$ eine Flüssigkeit mit $SnCl_4$-Molekülen.

Zinn(II)-Verbindungen

$SnCl_2$ bildet sich beim Auflösen von Zinn in Salzsäure. Es kristallisiert wasserhaltig als $SnCl_2 \cdot 2\ H_2O$ ("Zinnsalz"). In verdünnter Lösung erfolgt Hydrolyse: $SnCl_2 + H_2O \rightleftharpoons Sn(OH)Cl + HCl$. Wasserfreies $SnCl_2$ entsteht aus $SnCl_2 \cdot 2\ H_2O$ durch Erhitzen in HCl-Gasatmosphäre auf Rotglut.

$SnCl_2$ ist ein starkes Reduktionsmittel.

Im Gaszustand ist monomeres $SnCl_2$ gewinkelt gebaut. Festes $(SnCl_2)_x$ enthält $SnCl_3$-Struktureinheiten.

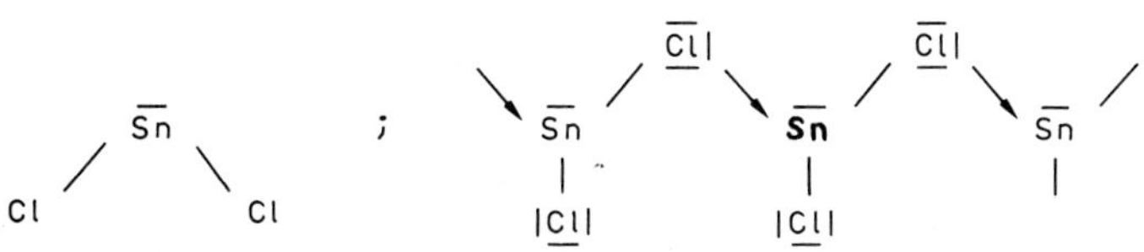

Sn(OH)$_2$ entsteht als weißer, schwerlöslicher Niederschlag beim tropfenweisen Zugeben von Alkalilaugen zu Sn(II)-Salzlösungen: $Sn^{2\oplus} + 2\ OH^{\ominus} \longrightarrow Sn(OH)_2$. Als amphoteres Hydroxid löst es sich sowohl in Säuren als auch in Basen: $Sn(OH)_2 + 2\ H^{\oplus} \longrightarrow Sn^{2\oplus} + 2\ H_2O$; $Sn(OH)_2 + OH^{\ominus} \longrightarrow [Sn(OH)_3]^{\ominus}$ oder auch $Sn(OH)_2 + 2\ OH^{\ominus} \longrightarrow [Sn(OH)_4]^{2\ominus}$. Diese Stannat(II)-Anionen sind starke Reduktionsmittel.

SnS ist dunkelbraun. Es bildet metallglänzende Blättchen. Es ist unlöslich in farblosem "Schwefelammon".

Zinn(IV)-Verbindungen

SnCl$_4$ entsteht durch Erhitzen von Zinn im Cl_2-Strom. Es ist eine farblose, an der Luft rauchende Flüssigkeit (Fp. -36,2°C, Kp. 114,1°C). Mit Wasser reagiert es unter Hydrolyse und Bildung von kolloidgelöstem SnO_2. Es läßt sich auch ein Hydrat $SnCl_4 \cdot 5\ H_2O$ ("Zinnbutter") isolieren.

Beim Einleiten von HCl-Gas in eine wäßrige Lösung von $SnCl_4$ bildet sich Hexachlorozinnsäure $H_2[SnCl_6] \cdot 6\ H_2O$. Ihr Ammoniumsalz (Pinksalz) wird als Beizmittel in der Färberei verwendet.

$SnCl_4$ ist eine starke Lewis-Säure, von der viele Addukte bekannt sind.

SnO$_2$ kommt in der Natur als Zinnstein vor. Darstellung durch Erhitzen von Zinn an der Luft ("Zinnasche"). Es dient zur Herstellung von Email. Beim Schmelzen mit NaOH entsteht Natriumstannat(IV): $Na_2[Sn(OH)_6]$. Dieses Natriumhexahydroxostannat (Präpariersalz) wird in der Färberei benutzt. Die zugrunde liegende freie Zinnsäure ist unbekannt.

SnS$_2$, *Zinndisulfid,* Musivgold, bildet sich in Form goldglänzender, durchscheinender Blättchen beim Schmelzen von Zinn und Schwefel unter Zusatz von NH_4Cl. Es findet Verwendung als Goldbronze. Bei der Umsetzung von Zinn(IV)-Salzen mit H_2S ist es als gelbes Pulver erhältlich. Mit Alkalisulfid bilden sich Thio-stannate: $SnS_2 + Na_2S \longrightarrow Na_2[SnS_3]$, auch $Na_4[SnS_4]$.

Blei

Vorkommen: selten gediegen, dagegen sehr verbreitet als Bleiglanz, PbS, und Weißbleierz, $PbCO_3$, etc.

Darstellung: PbS kann z.B. nach folgenden zwei Verfahren in elementares Blei übergeführt werden:

(1.) Röstreduktionsverfahren:

a) $PbS + \frac{3}{2}\,O_2 \longrightarrow PbO + SO_2$, "Röstarbeit",

b) $PbO + CO \longrightarrow Pb + CO_2$, "Reduktionsarbeit".

(2.) Röstreaktionsverfahren: Hierbei wird PbS unvollständig in PbO übergeführt. Das gebildete PbO reagiert mit dem verbliebenen PbS nach der Gleichung: $PbS + 2\,PbO \longrightarrow 3\,Pb + SO_2$ ("Reaktionsarbeit").

Das auf diese Weise dargestellte Blei (Werkblei) kann u.a. elektrolytisch gereinigt werden.

Verwendung: Blei findet vielseitige Verwendung im Alltag und in der Industrie, wie z.B. in Akkumulatoren, als Legierungsbestandteil im Schrotmetall (Pb/As), Letternmetall (Pb, Sb, Sn), Blei-Lagermetalle usw.

Verbindungen

In seinen Verbindungen kommt Blei in der Oxidationsstufe +2 und +4 vor. Die zweiwertige Oxidationsstufe ist die beständigste. Vierwertiges Blei ist ein starkes Oxidationsmittel.

Blei(II)-Verbindungen

PbX_2, Blei(II)-Halogenide (X = F, Cl, Br, I), bilden sich nach der Gleichung: $Pb^{2\oplus} + 2\,X^{\ominus} \longrightarrow PbX_2$. Sie sind relativ schwerlöslich. PbF_2 ist in Wasser praktisch unlöslich.

$PbSO_4$: $Pb^{2\oplus} + SO_4^{2\ominus} \longrightarrow PbSO_4$ ist eine weiße, schwerlösliche Substanz.

PbO, Bleiglätte, ist ein Pulver (gelbe oder rote Modifikation). Es entsteht durch Erhitzen von Pb, $PbCO_3$ usw. an der Luft und dient zur Herstellung von Bleigläsern.

PbS kommt in der Natur als Bleiglanz vor. Aus Bleisalzlösungen fällt es mit $S^{2\ominus}$-Ionen als schwarzer, schwerlöslicher Niederschlag aus. $Lp_{PbS} = 3{,}4 \cdot 10^{-28}\ mol^2 \cdot l^{-2}$.

$Pb(OH)_2$ bildet sich durch Einwirkung von Alkalilaugen oder NH_3 auf Bleisalzlösungen. Es ist ein weißes, in Wasser schwerlösliches Pulver. In konzentrierten Alkalilaugen löst es sich unter Bildung von Plumbaten(II): $Pb(OH)_2 + OH^{\ominus} \longrightarrow [Pb(OH)_3]^{\ominus}$.

Blei(IV)-Verbindungen

$PbCl_4$ ist unbeständig: $PbCl_4 \longrightarrow PbCl_2 + Cl_2$.

PbO_2, Bleidioxid, entsteht als braunschwarzes Pulver bei der Oxidation von Blei(II)-Salzen durch starke Oxidationsmittel wie z.B. Cl_2 oder durch anodische Oxidation ($Pb^{2\oplus} \longrightarrow Pb^{4\oplus}$). PbO_2 wiederum ist ein relativ starkes Oxidationsmittel: $PbO_2 + 4\ HCl \longrightarrow PbCl_2 + H_2O + Cl_2$. Beachte seine Verwendung im Blei-Akku, s. S. 215.

Pb_3O_4, Mennige, enthält Blei in beiden Oxidationsstufen: $Pb_2[PbO_4]$ (Blei(II)-orthoplumbat(IV)). Als leuchtendrotes Pulver entsteht es beim Erhitzen von feinverteiltem PbO an der Luft auf ca. 500 °C.

Inert-pair-Effekt

Blei wird häufig dazu benutzt, um gewisse Valenz-Regeln in den Hauptgruppen des PSE aufzuzeigen.

In einer Hauptgruppe mit z.B. geradzahliger Nummer sind ungeradzahlige Valenzen wenig begünstigt, wenn nicht gar unmöglich. Pb_3O_4 ist ein "valenzgemischtes" salzartiges Oxid.

Ein Beispiel für ein Element mit ungeradzahliger Gruppennummer ist Sb_2O_4 = $Sb(III)Sb(V)O_4$.

Als Erklärung für das Fehlen bestimmter Wertigkeitsstufen für ein Element, wie z.B. Blei oder Antimon, dient die Vorstellung, daß die s-Elektronen nicht einzeln und nacheinander abgegeben werden. Sie werden erst abgegeben, wenn eine ausreichende Ionisierungsenergie verfügbar ist: = "inert electron pair".

Stickstoffgruppe (N, P, As, Sb, Bi)

Die Elemente dieser Gruppe bilden die V. Hauptgruppe des PSE. Sie haben alle die Elektronenkonfiguration s^2p^3 und können durch Aufnahme von drei Elektronen ein Oktett erreichen. Sie erhalten damit formal die Oxidationsstufe -3. Beispiele: NH_3, PH_3, AsH_3, SbH_3, BiH_3. Die Elemente können auch bis zu 5 Valenzelektronen abgeben. Ihre Oxidationszahlen können demnach Werte von -3 bis +5 annehmen. Die Stabilität der höchsten Oxidationsstufe nimmt in der Gruppe von oben nach unten ab. Bi_2O_5 ist im Gegensatz zu P_4O_{10} ein starkes Oxidationsmittel. H_3PO_3 ist im Vergleich zu $Bi(OH)_3$ ein starkes Reduktionsmittel.

Der Metallcharakter nimmt innerhalb der Gruppe nach unten hin zu: Stickstoff ist ein typisches Nichtmetall, Bismut ein typisches Metall. Die Elemente Phosphor, Arsen und Antimon kommen in metallischen und nichtmetallischen Modifikationen vor. Diese Erscheinung heißt Allotropie.

Beachte: Stickstoff kann als Element der 2. Periode in seinen Verbindungen maximal vierbindig sein (Oktett-Regel).

Stickstoff

Vorkommen: Luft enthält 78,09 Vol.-% Stickstoff. Gebunden kommt Stickstoff u.a. vor im Salpeter KNO_3, Chilesalpeter $NaNO_3$ und als Bestandteil von Eiweiß.

Gewinnung: Technisch durch fraktionierte Destillation von flüssiger Luft. Stickstoff hat einen Kp. von -196 °C und verdampft zuerst. Sauerstoff (Kp. -183 °C) bleibt zurück.

Stickstoff entsteht z.B. auch beim Erhitzen von Ammoniumnitrit:
$NH_4NO_2 \xrightarrow{\Delta} N_2 + 2\ H_2O$.

Zusammensetzung trockener Luft in Vol.-%: N_2: 78,09; O_2: 20,95; Ar: 0,93; CO_2: 0,03; restliche Edelgase sowie CH_4.

Eigenschaften: Stickstoff ist nur als Molekül N_2 beständig. Er ist farb-, geruch- und geschmacklos und schwer löslich in H_2O. Er ist nicht brennbar und unterhält nicht die Atmung. N_2 ist sehr reaktionsträge, weil die N-Atome durch eine *Dreifachbindung* zusammengehalten werden, N_2: |N≡N|. Die Bindungsenergie beträgt 945 $kJ \cdot mol^{-1}$.

Tabelle 29. Eigenschaften der Elemente der Stickstoffgruppe

Element	Stickstoff	Phosphor	Arsen	Antimon	Bismut
Elektronenkonfiguration	$[He]2s^2 2p^3$	$[Ne]3s^2 3p^3$	$[Ar]3d^{10} 4s^2 4p^3$	$[Kr]4d^{10} 5s^2 5p^3$	$[Xe]4f^{14} 5d^{10} 6s^2 6p^3$
Fp. [°C]	-210	44[a]	817 (28,36 bar)[b]	631	271
Kp. [°C]	-196	280	subl. bei 613 °C[b]	1380	1560
Ionisierungsenergie [kJ/mol]	1400	1010	950	830	700
Atomradius [pm] (kovalent)	70	110	118	136	152
Ionenradius [pm] $E^{5\oplus}$	13	35	46	62	74
Elektronegativität	3,0	2,1	2,0	1,9	1,9

Metallischer Charakter	⟶ zunehmend
Affinität zu elektropositiven Elementen	⟶ abnehmend
Affinität zu elektronegativen Elementen	⟶ zunehmend
Basencharakter der Oxide	⟶ zunehmend
Salzcharakter der Halogenide	⟶ zunehmend

[a] weiße Modifikation

[b] graues As

Beim Erhitzen mit Si, B, Al und Erdalkalimetallen bilden sich Verbindungen, die Nitride. (Li_3N bildet sich auch schon bei Zimmertemperatur.)

Verwendung: Stickstoff wird als billiges Inertgas sehr häufig bei chemischen Reaktionen eingesetzt. Ausgangsstoff für NH_3-Synthese.

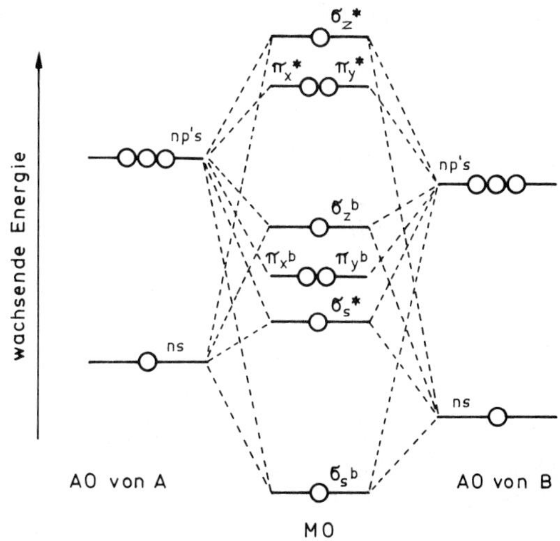

Abb. 148. MO-Energiediagramm für AB-Moleküle; B ist der elektronegativere Bindungspartner. Beispiele: $CN^{\ominus}$, CO, $NO^{\oplus}$. Beachte: Für $\underline{N_2}$ haben die AO auf beiden Seiten die gleiche Energie. Die Konfiguration ist $(\sigma_s{}^b)^2(\sigma_s{}^*)^2(\pi_{x,y}{}^b)^4(\sigma_z{}^b)^2$. Es gibt somit <u>eine</u> σ-Bindung und <u>zwei</u> π-Bindungen. Vergleiche den Unterschied in der Reihenfolge der MO beim O_2-Molekül, S. 365!

Verbindungen

Salzartige Nitride werden von den stark elektropositiven Elementen (Alkali- und Erdalkalimetalle, Zn, Cd) gebildet. Sie enthalten in ihrem Ionengitter das $N^{3\ominus}$-Anion. Bei der Hydrolyse entsteht NH_3.

NH_3, Ammoniak, ist ein farbloses, stechend riechendes Gas. Es ist leichter als Luft und löst sich sehr leicht in Wasser (Salmiakgeist). Die Lösung reagiert alkalisch: $NH_3 + H_2O \rightleftharpoons NH_4{}^{\oplus} + OH^{\ominus}$. Flüssiges Ammoniak ist ein wasserähnliches Lösungsmittel (Kp. $-33,4\,^{\circ}C$). Im Vergleich zum Ionenprodukt des Wassers ist dasjenige von flüssigem NH_3 sehr klein: $2\ NH_3 \rightleftharpoons NH_4{}^{\oplus} + NH_2{}^{\ominus}$; $[NH_4{}^{\oplus}]\cdot[NH_2{}^{\ominus}] = 10^{-29}\ mol^2\cdot l^{-2}$.

NH_3 ist eine starke Lewis-Base und kann als Komplexligand fungieren. Beispiele: $[Ni(NH_3)_6]^{2\oplus}$, $[Cu(NH_3)_4]^{2\oplus}$.

Flüssiges (wasserfreies) Ammoniak löst Alkali- und Erdalkalimetalle mit blauer Farbe. Die Blaufärbung rührt von solvatisierten Elektronen her: $e^{\ominus} \cdot n\ NH_3$.

Darstellung von Natriumamid:

$$2\ Na + 2\ HNH_2 \longrightarrow 2\ NaNH_2 + H_2;\quad \Delta H = -146\ kJ \cdot mol^{-1}.$$

Mit Protonen bildet NH_3 Ammonium-Ionen $NH_4^{\oplus}$. Beispiel: $NH_3 + HCl \longrightarrow NH_4Cl$. Alle Ammoniumsalze sind leicht flüchtig.

Das $NH_4^{\oplus}$-Ion zeigt Ähnlichkeiten mit den Alkalimetall-Ionen.

Darstellung: Großtechnisch: aus den Elementen nach Haber-Bosch: $3\ H_2 + N_2 \rightleftharpoons 2\ NH_3$; $\Delta H = -92{,}3$ kJ. Das Gleichgewicht verschiebt sich bei dieser Reaktion mit sinkender Temperatur und steigendem Druck nach rechts. Leider ist die Reaktionsgeschwindigkeit bei Raumtemperatur praktisch Null. Katalysatoren wie α-Eisen wirken aber erst bei ca. 400 - 500 °C genügend beschleunigend. Weil die Reaktion exotherm verläuft, befinden sich bei dem Druck 1 bar bei dieser Temperatur nur ca. 0,1 Vol.-% Ammoniak im Gleichgewicht mit den Ausgangsstoffen. Da die Ammoniakbildung unter Volumenverminderung verläuft, kann man durch Druckerhöhung die Ausbeute an Ammoniak beträchtlich erhöhen (Prinzip von *Le Chatelier*, s. S. 277).

Reaktionsbedingungen: Temperatur 400 - 500 °C, Druck 200 bar, Ausbeute: 21 %. Andere Verfahren arbeiten bei Drucken von 750 oder 1000 bar. Die Ammoniakausbeute ist dann entsprechend höher. Die hohen Drucke bedingen jedoch einen größeren apparativen Aufwand. Der Reaktor besteht aus einem Cr/Mo-Stahlmantel und innen aus V2A-Stahl.

Verwendung von Ammoniak: zur Darstellung von Düngemitteln wie $(NH_4)_2SO_4$, zur Darstellung von Salpetersäure (Ostwald-Verfahren), zur Sodadarstellung, für Reinigungszwecke, als Kältemittel.

Molekülstruktur von NH_3 s. S. 85.

Im NH_3-Molekül und seinen Derivaten kann das N-Atom durch die von den drei Bindungspartnern aufgespannte Ebene "hindurchschwingen". Die Energiebarriere für das als *Inversion* bezeichnete Umklappen beträgt etwa 24 kJ · mol^{-1}. Im NH_3-Molekül schwingt das N-Atom mit einer Frequenz von $2{,}387 \cdot 10^{10}$ Hz. Diese Inversion ist der Grund dafür, daß bei $|NR^1R^2R^3$-Molekülen im allgemeinen keine optischen Isomere gefunden werden (s. HT 211).

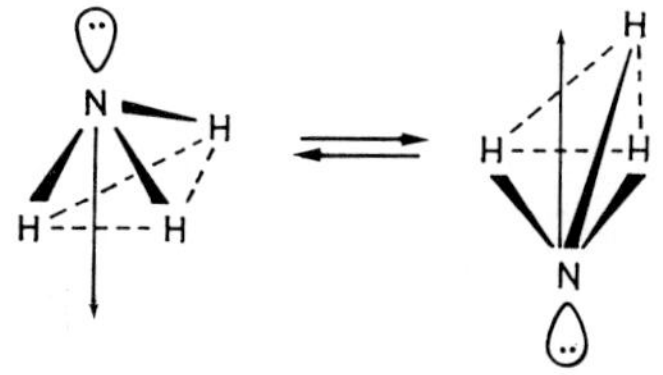

Abb. 149. Inversion im NH_3-Molekül

Werden im NH_3-Molekül die H-Atome durch Reste R substituiert, erhält man *Amine*: z.B. $CH_3\overline{N}H_2$, Monomethylamin, $(CH_3)_2\overline{N}H$, Dimethylamin, $(CH_3)_3N|$, Trimethylamin. Ihre Struktur leitet sich vom Tetraeder des $|NH_3$ ab.

Ausnahme: $(H_3Si)_3N$, Trisilylamin, ist eben gebaut. Man erklärt dies damit, daß sich zwischen einem p-Orbital des N-Atoms und d-Orbitalen der Si-Atome partielle d_π-p_π-Bindungen ausbilden. Es ist eine sehr schwache Lewis-Base.

Ersetzt man im NH_3-Molekül ein H-Atom durch Metalle, entstehen *Amide*. Beispiel: $Na^{\oplus}NH_2^{\ominus}$, Natriumamid.

Werden zwei H-Atome durch Metalle ersetzt, erhält man *Imide*. Beispiel: $(Li^{\oplus})_2NH^{2\ominus}$.

Nitride enthalten das $N^{3\ominus}$-Ion. Beispiel: $(Li^{\oplus})_3N^{3\ominus}$. Mit Wasser entwickeln diese Salze Ammoniak. Es handelt sich demnach um Salze von NH_3.

Stickstoffhalogenide

Ihre Darstellung erfolgt nach der Gleichung:

$$NH_3 + 3\ X_2 \longrightarrow NX_3 + 3\ HX.$$

NF_3, Stickstofftrifluorid, ist ein farbloses, stabiles Gas. Mit Wasser erfolgt keine Reaktion. Fluor ist der elektronegativere Bindungspartner. NF_3 besitzt praktisch keine Lewis-Base-Eigenschaften, verglichen mit NH_3. $\measuredangle$ FPF = 98°.

NCl_3, Trichloramin, ist ein explosives, gelbes Öl. Stickstoff ist der elektronegativere Bindungspartner. Reaktion mit Wasser:
$NCl_3 + 3\ H_2O \rightleftharpoons NH_3 + 3\ HOCl$.

$NBr_3 \cdot NH_3$, $NI_3 \cdot NH_3$ sind wie NCl_3 explosiv.

N_2H_4, Hydrazin, ist eine endotherme Verbindung ($\Delta H(fl) = +55{,}6\ kJ \cdot mol^{-1}$). Bei Raumtemperatur ist es eine farblose, an der Luft rauchende Flüssigkeit (Kp. 113,5°C, Fp. 1,5°C). Beim Erhitzen disproportioniert Hydrazin gelegentlich explosionsartig in N_2 und NH_3. Es ist eine schwächere Base als NH_3. Hydrazin bildet Hydraziniumsalze: $N_2H_5^{\oplus}X^{\ominus}$, mit sehr starken Säuren: $N_2H_6^{2\oplus}(X^{\ominus})_2$ (X = einwertiger Säurerest). $N_2H_5^{\oplus}HSO_4^{\ominus}$ läßt sich aus Wasser umkristallisieren. Hydrazin ist ein starkes Reduktionsmittel; als Zusatz im Kesselspeisewasser vermindert es die Korrosion. Mit Sauerstoff verbrennt es nach der Gleichung: $N_2H_4 + O_2 \longrightarrow N_2 + 2\ H_2O$ ($\Delta H = -623\ kJ \cdot mol^{-1}$).
Verwendung: als Korrosionsinhibitor, zur Herstellung von Treibmitteln, Polymerisationsinitiatoren, Herbiziden, Pharmaka. N_2H_4 und org. Derivate als Treibstoffe für Spezialfälle in der Luftfahrt.

Die *Darstellung* von Hydrazin erfolgt durch Oxidation von NH_3.

(1.) Bei der Hydrazinsynthese nach Raschig verwendet man hierzu Natriumhypochlorit, NaOCl. Dabei entsteht Chloramin, NH_2Cl, als Zwischenstufe: $NH_3 + HOCl \longrightarrow NH_2Cl + H_2O$; $NH_2Cl + NH_3 \longrightarrow H_2N{-}NH_2 + HCl$. Die durch Schwermetallionen katalysierte Nebenreaktion: $N_2H_4 + 2\ NH_2Cl \longrightarrow N_2 + 2\ NH_4Cl$ wird durch Zusatz von Komplexbildnern wie Leim, Gelatine usw. unterdrückt.

Aus der wäßrigen Lösung kann Hydrazin als Sulfat oder durch Destillation abgetrennt werden. Durch Erwärmen mit konz. KOH entsteht daraus Hydrazinhydrat, $N_2H_4 \cdot H_2O$. Entwässern mit festem NaOH liefert wasserfreies Hydrazin.

(2.) Ein neues Darstellungsverfahren verläuft über ein Ketazin:

$$2\ NH_3 + Cl_2 + 2\ R_2C{=}O \longrightarrow \underset{\text{(Ketazin)}}{R_2C{=}N{-}N{=}CR_2} + 2\ H_2O + 2\ HCl.$$

$R_2C{=}N{-}N{=}CR_2 + 2\ H_2O \longrightarrow N_2H_4 + 2\ R_2C{=}O$. Diese Reaktion verläuft unter Druck.

Molekülstruktur von N_2H_4:

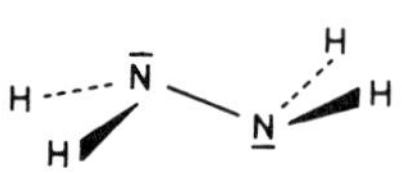

Vgl. hierzu die Struktur von H_2O_2!

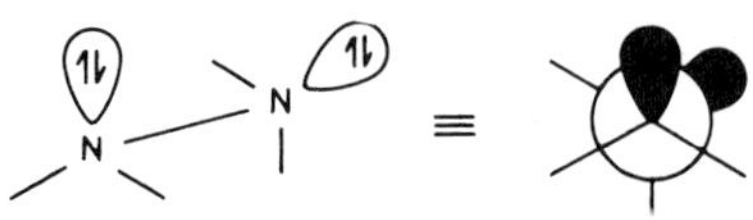

schiefe, gestaffelte Konformation (engl. skew oder gauche)

HN_3, Stickstoffwasserstoffsäure, ist eine in wasserfreier Form farblose, leichtbewegliche, explosive Flüssigkeit. HN_3 ist eine schwache Säure (pK_S = 4,75). Ihre Salze heißen Azide. Das Azid-Ion $N_3^{\ominus}$ ist ein Pseudohalogenid, s.S. 395. Es verhält sich in vielen Reaktionen wie $Cl^{\ominus}$. Wichtige Ausnahme: Schwermetallazide sind hochexplosiv und finden als Initialzünder Verwendung wie $Pb(N_3)_2$. Die Azide stark elektropositiver Metalle sind beständiger. Natriumazid, das aus Distickstoffoxid, N_2O, und Natriumamid, $NaNH_2$, entsteht, zersetzt sich beispielsweise erst ab 300°C: $NaN_3 \longrightarrow Na + 1{,}5\ N_2$. Es entsteht reines Na und spektralanalytisch reiner Stickstoff.

Darstellung von HN_3: (1.) $N_2H_4 + HNO_2 \longrightarrow HN_3 + 2\ H_2O$. HN_3 wird durch Destillation abgetrennt. (2.) $2\ NaNH_2 + N_2O \longrightarrow NaN_3 + NaOH + NH_3$. Durch Destillation mit verd. H_2SO_4 entsteht freie HN_3. Durch Entwässern mit $CaCl_2$ erhält man 90%ige HN_3.

Molekülstruktur von HN_3:

Struktur von $N_3^{\ominus}$:

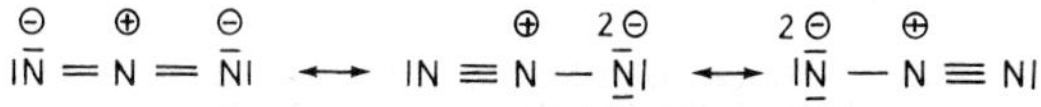

Beachte: Die größere Anzahl von mesomeren Grenzformeln (bessere Verteilung der Elektronen) macht die größere Stabilität von $N_3^{\ominus}$ gegenüber HN_3 verständlich.

NH_2OH, Hydroxylamin, kristallisiert in farblosen, durchsichtigen, leicht zersetzlichen Kristallen (Fp. 33,1°C). Oberhalb 100°C zersetzt sich NH_2OH explosionsartig: $3\ NH_2OH \longrightarrow NH_3 + N_2 + 3\ H_2O$. Hydroxylamin bildet Salze, z.B. $NH_2OH + HCl \longrightarrow [\overset{\oplus}{N}H_3OH]Cl^{\ominus}$, Hydroxylammoniumchlorid.

Die *Darstellung* erfolgt durch Reduktion, z.B. von HNO_3, oder nach der Gleichung: $NO_2 + \frac{5}{2}\ H_2 \xrightarrow{Pt} NH_2OH + H_2O$.

Hydroxylamin ist weniger basisch als Ammoniak. Es ist ein starkes Reduktionsmittel, kann aber auch gegenüber starken Reduktionsmitteln wie $SnCl_2$ als Oxidationsmittel fungieren.

Hydroxylamin reagiert mit Carbonylgruppen: Mit Ketonen entstehen Ketoxime und mit Aldehyden Aldoxime: $R_2C{=}\overline{N}{-}OH$ bzw. $RCH{=}\overline{N}{-}OH$.

Molekülstruktur

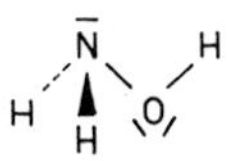

N_2O, Distickstoffmonoxid (Lachgas), ist ein farbloses Gas, das sich leicht verflüssigen läßt (Kp. -88,48°C). Es muß für Narkosezwecke zusammen mit Sauerstoff eingeatmet werden, da es die Atmung nicht unterhält. Es unterhält jedoch die Verbrennung, da es durch die Temperatur der Flamme in N_2 und $\frac{1}{2}$ O_2 gespalten wird.

Darstellung: Durch Erhitzen von $NH_4NO_3 \xrightarrow{\Delta} N_2O + 2\ H_2O$.

Elektronenstruktur:

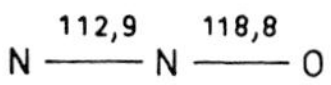

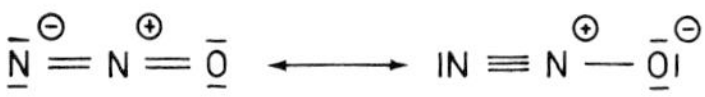

Beachte: In den Grenzformeln ist N_2O mit CO_2 isoelektronisch!

NO, Stickstoffmonoxid, ist ein farbloses, in Wasser schwer lösliches Gas. Es ist eine endotherme Verbindung. An der Luft wird es sofort braun, wobei sich NO_2 bildet: $2\ NO + O_2 \rightleftharpoons 2\ NO_2$; $\Delta H = -56{,}9\ kJ \cdot mol^{-1}$. Oberhalb 650°C liegt das Gleichgewicht auf der linken Seite.

Bei der Umsetzung mit F_2, Cl_2 und Br_2 entstehen die entsprechenden *Nitrosylhalogenide*: $2\ NO + Cl_2 \longrightarrow 2\ NOCl$; $\Delta H = -77\ kJ \cdot mol^{-1}$. Die Verbindungen NOX (X = F, Cl, Br) sind weitgehend kovalent gebaut. $NO^{\oplus}$-Ionen liegen vor in $NO^{\oplus}ClO_4^{\ominus}$, $NO^{\oplus}HSO_4^{\ominus}$. Dabei hat das neutrale NO-Molekül ein Elektron abgegeben und ist in das $NO^{\oplus}$-Kation (Nitrosyl-Ion) übergegangen. Das $NO^{\oplus}$-Ion kann auch als Komplexligand fungieren.

Die Reaktion von NO mit Stickstoffdioxid NO_2 liefert *Distickstofftrioxid, N_2O_3*: $NO + NO_2 \rightleftharpoons N_2O_3$. N_2O_3 ist nur bei tiefen Temperaturen stabil (tiefblaue Flüssigkeit, blaßblaue Kristalle). Oberhalb -10°C bilden sich NO und NO_2 zurück.

Darstellung: Großtechnisch durch katalytische Ammoniakverbrennung (Ostwald-Verfahren) bei der Darstellung von Salpetersäure HNO_3:
$4\ NH_3 + 5\ O_2 \xrightarrow{Pt} 4\ NO + 6\ H_2O$, $\Delta H = -906\ kJ \cdot mol^{-1}$, s. Salpetersäure!

Weitere Darstellungsmöglichkeiten: Aus den Elementen bei Temperaturen um 3000°C (Lichtbogen): $\frac{1}{2}\ N_2 + \frac{1}{2}\ O_2 \rightleftharpoons NO$, $\Delta H = +90\ kJ \cdot mol^{-1}$; durch Einwirkung von Salpetersäure auf Kupfer und andere Metalle (Reduktion von HNO_3): $3\ Cu + 8\ HNO_3 \longrightarrow 3\ Cu(NO_3)_2 + 2\ NO + 4\ H_2O$ usw.

Elektronenstruktur von NO: Das NO-Molekül enthält ein ungepaartes Elektron und ist folglich ein Radikal. Im flüssigen und festen Zustand liegt es weitgehend dimer vor: N_2O_2. Die Anordnung der Elektronen im NO läßt sich sehr schön mit einem MO-Energiediagramm demonstrieren; vgl. hierzu Abb. 148, S. 337. Ein Elektron befindet sich in einem antibindenden π^*-Orbital. Die Elektronenkonfiguration ist $(\sigma_s^b)^2(\sigma_s^*)^2\ (\pi_{x,y}^b)^4(\sigma_z^b)^2(\pi_{x,y}^*)$. Gibt NO sein ungepaartes Elektron ab, entsteht $NO^{\oplus}$. Das Nitrosyl-Ion ist isoster mit CO, $CN^{\ominus}$, N_2. Die Bindungsordnung ist höher als im NO!

NO_2, Stickstoffdioxid: rotbraunes, erstickend riechendes Gas. Beim Abkühlen auf -20°C entstehen farblose Kristalle aus $(NO_2)_2$: $2\ NO_2 \rightleftharpoons N_2O_4$, $\Delta H = -57\ kJ \cdot mol^{-1}$. Bei Temperaturen zwischen -20°C und 140°C liegt immer ein Gemisch aus dem monomeren und dem dimeren Oxid vor. Oberhalb 650°C ist NO_2 vollständig in NO und $\frac{1}{2}\ O_2$ zerfallen.

NO_2 ist ein Radikal; es enthält ein ungepaartes Elektron (paramagnetisch). Durch Elektronenabgabe entsteht $NO_2^{\oplus}$, das Nitryl-Kation. Dieses Ion ist isoster mit CO_2. Durch Aufnahme eines Elektrons entsteht $NO_2^{\ominus}$, das Nitrit-Ion (Anion der Salpetrigen Säure).

NO_2 ist ein starkes Oxidationsmittel. Mit Wasser reagiert es unter Bildung von Salpetersäure HNO_3 und Salpetriger Säure HNO_2 (Disproportionierung): $2\ NO_2 + H_2O \longrightarrow HNO_3 + HNO_2$. Mit Alkalilaugen entstehen die entsprechenden Nitrite und Nitrate.

Darstellung von NO_2: NO_2 entsteht als Zwischenprodukt bei der Salpetersäuredarstellung nach dem Ostwald-Verfahren aus NO und O_2: $2\ NO + O_2 \longrightarrow 2\ NO_2$. Im Labormaßstab erhält man es durch Erhitzen von Nitraten von Schwermetallen wie $Pb(NO_3)_2$.

Molekülstruktur

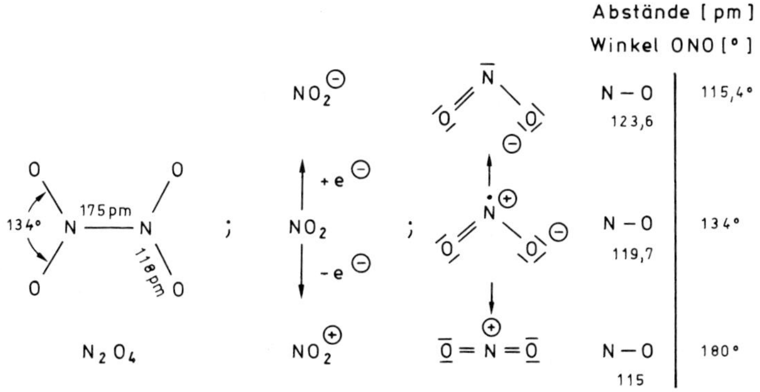

N_2O_5, Distickstoffpentoxid, ist das Anhydrid der Salpetersäure HNO_3. Es entsteht aus ihr durch Wasserabspaltung, z.B. mit P_4O_{10} (bei Anwesenheit von O_3). Es bildet farblose Kristalle und neigt zu Explosionen. Im festen und flüssigen Zustand liegt es als $NO_2^{\oplus}NO_3^{\ominus}$, Nitryl-nitrat, vor. Im Gaszustand und in CCl_4-Lösungen hat es folgende (kovalente) Struktur:

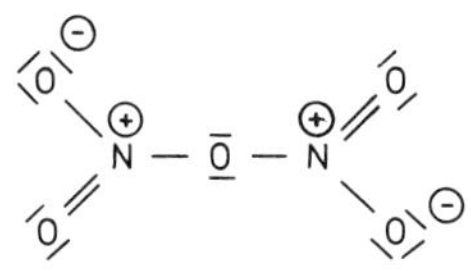

HNO_2, Salpetrige Säure, ist in freiem Zustand nur in verdünnten, kalten wäßrigen Lösungen bekannt (pK_s = 3,29). Ihre Salze, die Nitrite, sind dagegen stabil. Beim Versuch, die wäßrige Lösung zu konzentrieren, und beim Erwärmen disproportioniert HNO_2 in HNO_3 und NO. Diese Reaktion verläuft über mehrere Stufen: In einem ersten Schritt zerfällt HNO_2 in Wasser und ihr Anhydrid N_2O_3. Dieses zersetzt sich sofort weiter zu NO und NO_2. NO_2 reagiert mit Wasser unter Disproportionierung usw. Zusammengefaßt läßt sich die Reaktion wie folgt darstellen: $3\ HNO_2 \longrightarrow HNO_3 + 2\ NO + H_2O$.

Je nach der Wahl des Reaktionspartners reagieren HNO_2 bzw. ihre Salze als Reduktions- oder Oxidationsmittel. Beispiele: *Reduktionswirkung* hat HNO_2 gegenüber starken Oxidationsmitteln wie $KMnO_4$. *Oxidationswirkung:* $HNO_2 + NH_3 \longrightarrow N_2 + 2\ H_2O$. NH_3 wird hierbei zu Stickstoff oxidiert und HNO_2 zu Stickstoff reduziert. Erhitzen von NH_4NO_2 liefert die gleichen Reaktionsprodukte (Komproportionierung). $NaNO_2$ wird in der organischen Chemie zur Herstellung von HNO_2 verwendet (s. Sandmeyer-Reaktion, HT 211).

Darstellung von Nitriten: Aus Nitraten durch Erhitzen bei Anwesenheit eines schwachen Reduktionsmittels oder durch Einleiten eines Gemisches aus gleichen Teilen NO und NO_2 in Alkalilaugen:

$$NO + NO_2 + 2\ NaOH \longrightarrow 2\ NaNO_2 + H_2O.$$

Molekülstruktur: Von der freien HNO_2 sind zwei tautomere Formen denkbar, von denen organische Derivate existieren ($R\text{-}NO_2$ = Nitroverbindungen, R-ONO = Ester der Salpetrigen Säure) (s. HT 211).

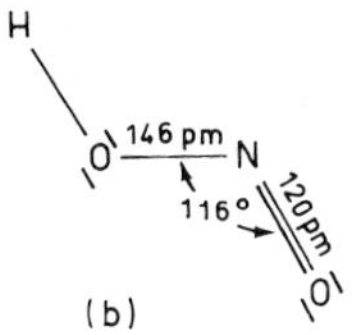

(b) ;

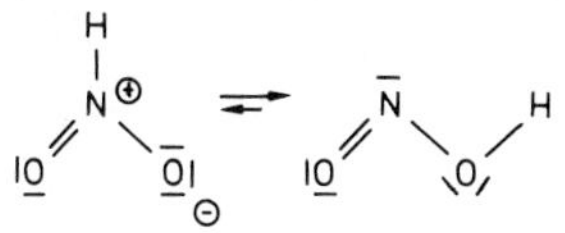

(a) (b) ;

Beachte: Im Gaszustand ist nur das Isomere (b) nachgewiesen worden. Das Molekül ist planar.

HNO_3, Salpetersäure, kommt in Form ihrer Salze, der Nitrate, in großer Menge vor; $NaNO_3$ (Chilesalpeter). Nitrate entstehen bei allen Verwesungsprozessen organischer Körper bei Anwesenheit von Basen wie $Ca(OH)_2$.

Wasserfreie HNO_3 ist eine farblose, stechend riechende Flüssigkeit, stark ätzend und an der Luft rauchend (Kp. 84 °C, Fp. -42 °C). Sie zersetzt sich im Licht und wird daher in braunen Flaschen aufbewahrt. $2\ HNO_3 \longrightarrow H_2O + 2\ NO_2 + \frac{1}{2}\ O_2$. HNO_3 ist ein kräftiges Oxidationsmittel und eine starke Säure ($pK_s = -1{,}32$).

Oxidationswirkung: $NO_3^{\ominus} + 4\ H^{\oplus} + 3\ e^{\oplus} \longrightarrow NO + 2\ H_2O$. Besonders starke Oxidationskraft besitzt konz. HNO_3. Sie oxidiert alle Stoffe mit einem Redoxpotential negativer als +0,96 V. Außer Gold und Platin löst sie fast alle Metalle. Als "Scheidewasser" dient eine 50%ige Lösung zur Trennung von Silber und Gold. Fast alle Nichtmetalle wie Schwefel, Phosphor, Arsen usw. werden zu den entsprechenden Säuren oxidiert. Aus Zucker entsteht CO_2 und H_2O. Erhöhen läßt sich die oxidierende Wirkung bei Verwendung eines Gemisches aus einem Teil HNO_3 und drei Teilen konz. HCl. Das Gemisch heißt *Königswasser*, weil es sogar Gold löst: $HNO_3 + 3\ HCl \longrightarrow NOCl + 2\ Cl\cdot + 2\ H_2O$. In Königswasser entsteht Chlor "in statu nascendi".

Einige unedle Metalle wie Aluminium und Eisen werden von konz. HNO_3 nicht gelöst, weil sie sich mit einer Oxid-Schutzschicht überziehen (Passivierung).

HNO_3 als Säure: Verdünnte HNO_3 ist eine sehr starke Säure: $HNO_3 + H_2O \longrightarrow H_3O^{\oplus} + NO_3^{\ominus}$. Ihre Salze heißen Nitrate. Sie entstehen bei der Umsetzung von HNO_3 mit den entsprechenden Carbonaten oder Hydroxiden.

Beachte: Alle Nitrate werden beim Glühen zersetzt. Alkalinitrate und $AgNO_3$ zersetzen sich dabei in Nitrite und O_2: $NaNO_3 \xrightarrow{\Delta} NaNO_2 + \frac{1}{2} O_2$. Die übrigen Nitrate gehen in die Oxide oder freien Metalle über, z.B. $Cu(NO_3)_2 \xrightarrow{\Delta} CuO + 2\,NO_2 + \frac{1}{2} O_2$ und $Hg(NO_3)_2 \xrightarrow{\Delta} Hg + 2\,NO_2 + O_2$.

Nitrylverbindungen enthalten das Nitryl-Kation $NO_2^{\oplus}$ (auch Nitronium-Ion). NO_2X-Verbindungen entstehen aus HNO_3 mit noch stärkeren Säuren: $O_2NOH + HX \longrightarrow NO_2X + H_2O$. Beispiele: $NO_2^{\oplus}ClO_4^{\ominus}$, $NO_2^{\oplus}SO_3F^{\ominus}$.

Darstellung von Salpetersäure: Großtechnisch durch die katalytische Ammoniakverbrennung (Ostwald-Verfahren): 1. Reaktionsschritt: $4\,NH_3 + 5\,O_2 \xrightarrow{Pt/Rh} 4\,NO + 6\,H_2O$; 2. Schritt: Beim Abkühlen bildet sich NO_2: $NO + \frac{1}{2} O_2 \longrightarrow NO_2$; 3. Schritt: NO_2 reagiert mit Wasser unter Bildung von HNO_3 und HNO_2. Letztere disproportioniert in HNO_3 und NO: $3\,HNO_2 \longrightarrow HNO_3 + 2\,NO + H_2O$. NO wird mit überschüssigem O_2 wieder in NO_2 übergeführt, und der Vorgang beginnt erneut.

Zusammenfassung: $4\,NO_2 + 2\,H_2O + O_2 \longrightarrow 4\,HNO_3$.

Eine hohe Ausbeute an NO wird dadurch erzielt, daß man das NH_3/Luft-Gemisch mit hoher Geschwindigkeit durch ein Netz aus einer Platin/Rhodium-Legierung als Katalysator strömen läßt. Die Reaktionstemperatur beträgt ca. 700°C.

HNO_3 entsteht auch beim Erhitzen von $NaNO_3$ mit H_2SO_4: $NaNO_3 + H_2SO_4 \longrightarrow HNO_3 + NaHSO_4$.

Verwendung: Als Scheidewasser zur Trennung von Silber und Gold, zur Herstellung von Nitraten, Kunststoffen, zur Farbstoff-Fabrikation, zum Ätzen von Metallen, zur Herstellung von Schießpulver und Sprengstoffen wie Nitroglycerin, s. hierzu HT 211. Über die Nitriersäure s. HT 211.

$NaNO_3$ (Chilesalpeter) und NH_4NO_3 sind wichtige Düngemittel.

Molekülstruktur von HNO_3:

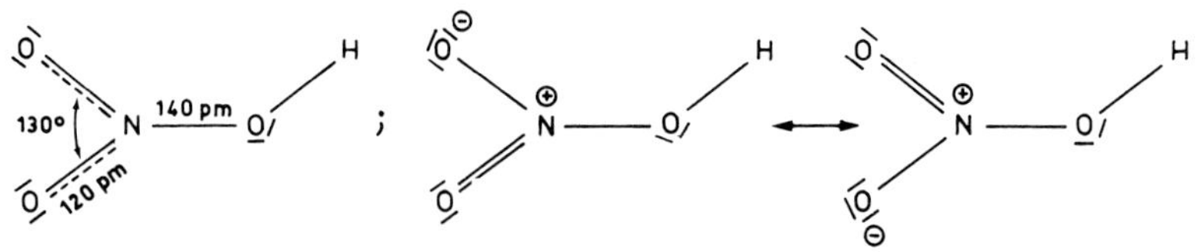

Mesomere Grenzformeln von $NO_3^{\ominus}$

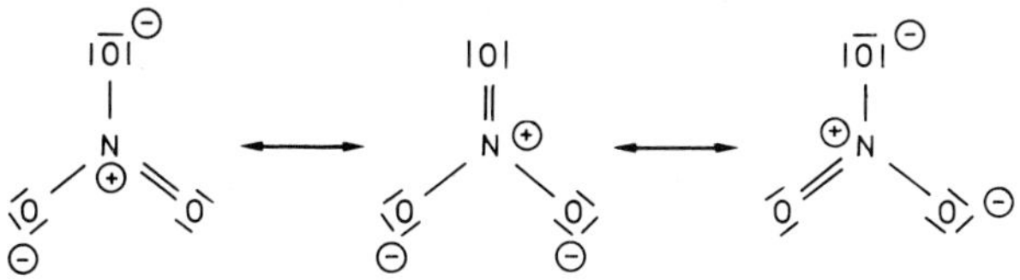

HNO_3 und das $NO_3^{\ominus}$-Ion sind planar gebaut (sp^2-Hybridorbitale am N-Atom).

Phosphor

Vorkommen: Nur in Form von Derivaten der Phosphorsäure, z.B. als $Ca_3(PO_4)_2$ in den Knochen, als $3\ Ca_3(PO_4)_2 \cdot CaF_2$ (Apatit), als $3\ Ca_3(PO_4)_2 \cdot Ca(OH,F,Cl)_2$ (Phosphorit), im Zahnschmelz, als Ester im Organismus, s. HT 211.

Darstellung: Man erhitzt tertiäre Phosphate zusammen mit Koks und Sand (SiO_2) im elektrischen Ofen auf 1300 - 1450°C:
$2\ Ca_3(PO_4)_2 + 10\ C + 6\ SiO_2 \longrightarrow 6\ CaSiO_3 + 10\ CO + 4\ P$. Bei der Kondensation des Phosphordampfes entsteht weißer Phosphor P_4.

Eigenschaften: Das Element Phosphor kommt in mehreren monotropen (einseitig umwandelbaren) Modifikationen vor:

a) *Weißer (gelber, farbloser) Phosphor* ist fest, wachsglänzend, wachsweich, wasserunlöslich, in Schwefelkohlenstoff (CS_2) löslich, Fp. 44°C. Er entzündet sich bei etwa 45°C an der Luft von selbst und verbrennt zu P_4O_{10}, Phosphorpentoxid. Weißer Phosphor muß daher unter Wasser aufbewahrt werden. Er ist sehr giftig. An feuchter Luft zerfließt er langsam unter Bildung von H_3PO_3, H_3PO_4 und $H_4P_2O_6$ (Unterdiphosphorsäure).

Phosphor reagiert mit den meisten Elementen, in lebhafter Reaktion z.B. mit Chlor, Brom und Iod zu den entsprechenden Phosphorhalogeniden.

Im Dampfzustand besteht der weiße Phosphor aus P_4-Tetraedern und oberhalb 800°C aus P_2-Teilchen.

Die ∡ PPP sind 60° (gleichseitige Dreiecke). Diese Winkel verursachen eine beträchtliche Ringspannung (Spannungsenergie etwa 92 $kJ \cdot mol^{-1}$).

Das Zustandekommen der Spannung wird dadurch erklärt, daß an der Bildung der P-P-Bindungen im wesentlichen nur p-Orbitale beteiligt sind. Die drei p-Orbitale am Phosphoratom bilden aber Winkel von 90° miteinander.

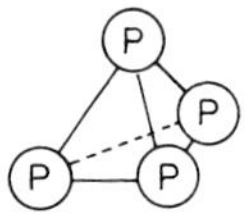

Abb. 150. Struktur von weißem Phosphor

b) *Roter Phosphor* entsteht aus weißem Phosphor durch Erhitzen unter Ausschluß von Sauerstoff auf ca. $300^{o}C$. Das rote Pulver ist unlöslich in organischen Lösungsmitteln, ungiftig und schwer entzündlich. Auch in dieser Modifikation ist jedes P-Atom mit drei anderen P-Atomen verknüpft, es bildet sich jedoch eine mehr oder weniger geordnete Raumnetzstruktur. Der Ordnungsgrad hängt von der thermischen Behandlung ab.

Roter Phosphor findet z.B. bei der Zündholzfabrikation Verwendung. Zusammen mit Glaspulver befindet er sich auf den Reibflächen der Zündholzschachtel. In den Streichholzköpfen befindet sich $KClO_3$, Sb_2S_3 oder Schwefel (als brennbare Substanz).

c) *"Violetter Phosphor"*, *"Hittdorfscher Phosphor"*, entsteht beim längeren Erhitzen von rotem Phosphor auf Temperaturen oberhalb $550^{o}C$. Das kompliziert gebaute, geordnete Schichtengitter hat einen Fp. von ca. $620^{o}C$. Die Substanz ist unlöslich in CS_2.

d) *Schwarzer Phosphor* ist die bis $550^{o}C$ thermodynamisch beständigste Phosphormodifikation. Alle anderen sind in diesem Temperaturbereich metastabil, d.h. nur beständig, weil die Umwandlungsgeschwindigkeit zu klein ist.

Schwarzer Phosphor entsteht aus dem weißen Phosphor bei hoher Temperatur und sehr hohem Druck, z.B. $200^{o}C$ und 12 000 bar. Ohne Druck erhält man ihn durch Erhitzen von weißem Phosphor auf $380^{o}C$ mit Quecksilber als Katalysator und Impfkristallen aus schwarzem Phosphor. Diese Phosphormodifikation ist ungiftig, unlöslich, metallisch und leitet den elektrischen Strom. Das Atomgitter besteht aus Doppelschichten, die parallel übereinander angeordnet sind, wie aus Abb. 151 zu ersehen ist.

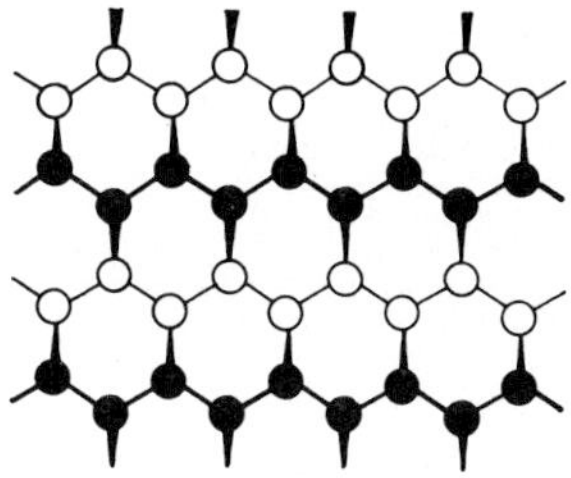

Abb. 151. Ausschnitt aus dem Gitter des schwarzen Phosphors in der Draufsicht. ● Diese Phosphoratome liegen über der Papierebene. ○ Diese Phosphoratome liegen unter der Papierebene. ∢ P-P-P ≈ 100°

Verbindungen

PH_3, Monophosphan, ist ein farbloses, knoblauchartig riechendes, giftiges, brennbares Gas (Kp. -87,7°C). Der HPH-Winkel beträgt 93,5°. Das freie Elektronenpaar befindet sich daher vornehmlich in einem s-Orbital. PH_3 ist eine schwache Lewis-Base. Mit HI bildet sich $PH_4^{\oplus}I^{\ominus}$, Phosphoniumiodid.

Darstellung: z.B. (1.) Durch Kochen von weißem Phosphor mit Alkalilauge: $4\ P + 3\ NaOH + 3\ H_2O \longrightarrow PH_3 + 3\ NaH_2PO_2$ (Salz der hypophosphorigen Säure). (2.) Durch Hydrolyse von Phosphiden wie Ca_3P_2. (3.) In reiner Form durch Zersetzung von Phosphoniumverbindungen: $PH_4^{\oplus} + OH^{\ominus} \longrightarrow PH_3 + H_2O$. PH_3 ist stärker reduzierend und schwächer basisch als NH_3. Es reduziert z.B. $AgNO_3$ zum Metall. Mit O_2 bildet sich H_3PO_4.

P_2H_4, Diphosphan, entsteht bei der Hydrolyse von Phosphiden als Nebenprodukt; Kp. +51,7°C. Es ist selbstentzündlich und zerfällt in PH_3 und $(PH)_x$ (gelbe Polymere).

Phosphoroxide

P_4O_6 entsteht beim Verbrennen von Phosphor bei beschränkter Sauerstoffzufuhr bzw. bei stöchiometrischem Umsatz. Es leitet sich vom P_4-Tetraeder des weißen Phosphors dadurch ab, daß in jede P-P-Bindung unter Aufweitung des PPP-Winkels ein Sauerstoffatom eingeschoben wird.

P_4O_{10}, Phosphorpentoxid, bildet sich beim Verbrennen von Phosphor im Sauerstoffüberschuß. Seine Molekülstruktur unterscheidet sich von derjenigen des P_4O_6 lediglich dadurch, daß jedes Phosphoratom noch ein Sauerstoffatom erhält, Abb. 152. P_4O_{10} ist das Anhydrid der Orthophosphorsäure, H_3PO_4. Es ist sehr hygroskopisch und geht mit Wasser über Zwischenstufen in H_3PO_4 über. Es findet als starkes Trockenmittel vielseitige Verwendung.

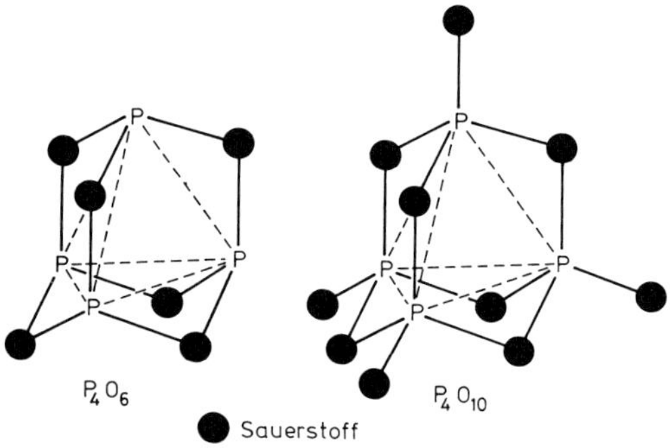

Abb. 152. Struktur von P_4O_6 und P_4O_{10}

Phosphorsäuren

Phosphor bildet eine Vielzahl von Sauerstoffsäuren: *Ortho*säuren H_3PO_n (n = 2,3,4,5), *Meta*säuren $(HPO_3)_n$ (n = 3 bis 8), *Poly*säuren $H_{n+2}P_nO_{3n+1}$ und *Thio*phosphorsäuren.

H_3PO_2, Phosphinsäure (früher: Hypophosphorige Säure), ist eine *ein*-wertige Säure. Zwei H-Atome sind direkt an Phosphor gebunden. Phosphor hat in dieser Verbindung die Oxidationszahl +1. Sie ist ein starkes Reduktionmittel und reduziert z.B. $CuSO_4$ zu CuH, Kupferhydrid! Beim Erwärmen auf ca. 130° C disproportioniert sie in PH_3 und H_3PO_3. Ihre Salze, die Phosphinate wie NaH_2PO_2, sind gut wasserlöslich.

Molekülstruktur

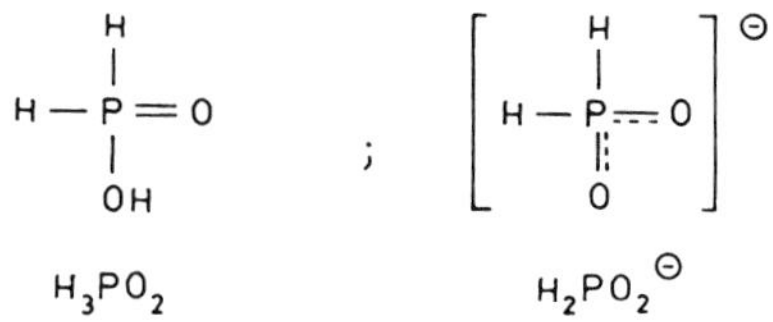

Beachte: Phosphor hat in H_3PO_2 eine tetraedrische Umgebung.

Darstellung: $P_4 + 6\ H_2O \rightleftharpoons PH_3 + 3\ H_3PO_2$.

H_3PO_3, Phosphonsäure (früher Phosphorige Säure): farblose, in Wasser sehr leicht lösliche Kristalle (Fp. 70° C).

Darstellung: $PCl_3 + 3\ H_2O \longrightarrow H_3PO_3 + 3\ HCl$. Sie ist ein relativ starkes Reduktionsmittel. Beim Erwärmen disproportioniert sie in PH_3 und H_3PO_4. H_3PO_3 ist eine *zwei*wertige Säure, weil ein H-Atom direkt an Phosphor gebunden ist. Dementsprechend kennt man Hydrogenphosphonate wie NaH_2PO_3 und Phosphonate wie Na_2HPO_3.

Struktur von H_3PO_3 und ihren Anionen:

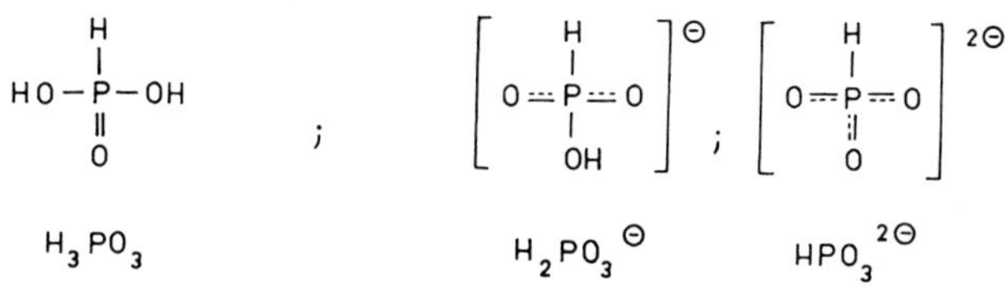

Beachte: Phosphor hat in H_3PO_3 eine tetraedrische Umgebung.

H_3PO_4, Orthophosphorsäure, kurz Phosphorsäure, ist eine *drei*wertige mittelstarke Säure, s. S. 228. Sie bildet Dihydrogenphosphate (primäre Phosphate), Hydrogenphosphate (sekundäre Phosphate) und Phosphate (tertiäre Phosphate), s. S. 230. Über ihre Verwendung als Puffersysteme s. S. 238.

Darstellung: (1.) $3\ P + 5\ HNO_3 + 2\ H_2O \longrightarrow 3\ H_3PO_4 + 5\ NO$.
(2.) $Ca_3(PO_4)_2 + 3\ H_2SO_4 \longrightarrow 3\ CaSO_4 + 2\ H_3PO_4$ (20 - 50%ige Lösung).
(3.) $P_4O_{10} + 6\ H_2O \longrightarrow 4\ H_3PO_4$ (85 - 90%ige wäßrige Lösung = sirupöse Phosphorsäure).

Eigenschaften: Reine H_3PO_4 bildet eine farblose, an der Luft zerfließende Kristallmasse, Fp. 42°C. Beim Erhitzen bilden sich Polyphosphorsäuren, s. S. 352.

Verwendung: Phosphorsäure wird zur Rostumwandlung (Phosphatbildung) benutzt. Phosphorsaure Salze finden als Düngemittel Verwendung.

"Superphosphat" ist ein Gemisch aus unlösl. $CaSO_4$ und lösl. $Ca(H_2PO_4)_2$. $Ca_3(PO_4)_2 + 2\ H_2SO_4 \longrightarrow Ca(H_2PO_4)_2 + 2\ CaSO_4$.

"Doppelsuperphosphat" entsteht nach der Gleichung:
$Ca_3(PO_4)_2 + 4\ H_3PO_4 \longrightarrow 3\ Ca(H_2PO_4)_2$. S. hierzu auch S. 470.

Molekülstruktur von H_3PO_4 und ihren Anionen:

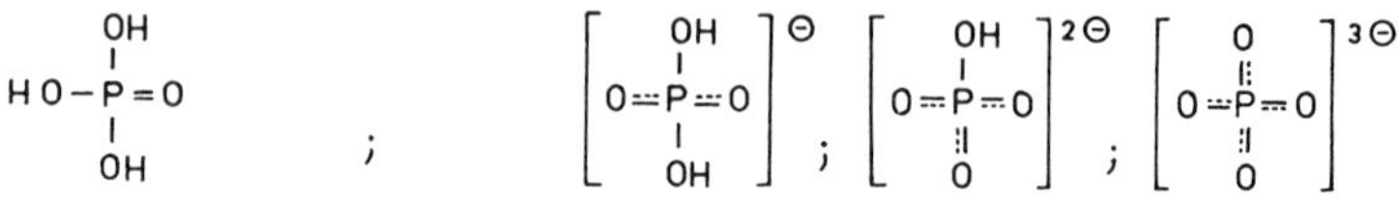

H_3PO_4 $H_2PO_4^{\ominus}$ $HPO_4^{2\ominus}$ $PO_4^{3\ominus}$

Im $PO_4^{3\ominus}$ sitzt das P-Atom in einem symmetrischen Tetraeder. Alle Bindungen sind gleichartig. Die π-Bindungen sind p_{π}-d_{π}-Bindungen.

$H_4P_2O_7$, Diphosphorsäure (Pyrophosphorsäure), erhält man durch Eindampfen von H_3PO_4-Lösungen oder durch genau dosierte Hydrolyse von P_4O_{10}. Die farblose, glasige Masse (Fp. 61 °C) geht mit Wasser in H_3PO_4 über. Sie ist eine *vier*wertige Säure und bildet Dihydrogenphosphate, z.B. $K_2H_2P_2O_7$, und Diphosphate (Pyrophosphate), z.B. $K_4P_2O_7$.

Molekülstruktur

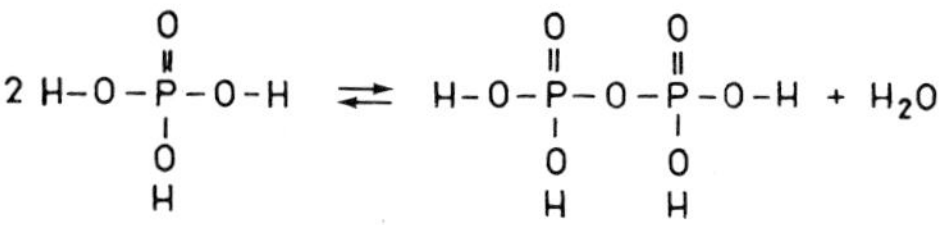

$H_4P_2O_7$

Strukturhinweis: Zwei Tetraeder sind über eine Ecke miteinander verknüpft.

$H_4P_2O_7$ entsteht durch Kondensation aus zwei Molekülen H_3PO_4: $H_3PO_4 + H_3PO_4 \xrightarrow[-H_2O]{} H_4P_2O_7$. Durch Erhitzen von H_3PO_4 bzw. von primären Phosphaten bilden sich durch intermolekulare Wasserabspaltung höhere Polysäuren ($H_{n+2}P_nO_{3n+1}$).

$Na_5P_3O_{10}$, Natriumtripolyphosphat, entsteht nach der Gleichung: $Na_4P_2O_7 + \frac{1}{n}(NaPO_3)_n \xrightarrow{\Delta} Na_5P_3O_{10}$. Es findet vielfache Verwendung, so bei der Wasserenthärtung, Lebensmittelkonservierung, in Waschmitteln.

Das Polyphosphat $Na_nH_2P_nO_{3n+1}$ (n = 30 - 90) bildet mit $Ca^{2\oplus}$-Ionen lösliche Komplexe.

Metaphosphorsäuren heißen cyclische Verbindungen der Zusammensetzung $(HPO_3)_n$ (n = 3 - 8). Sie sind relativ starke Säuren. Die Trimetaphosphorsäure bildet einen ebenen Ring; die höhergliedrigen Ringe sind gewellt.

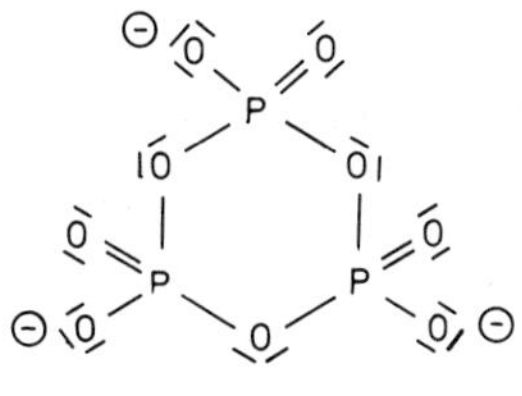

Trimetaphosphat - Ion

$Na_3P_3O_9$ entsteht beim Erhitzen von NaH_2PO_4 auf 500°C.

Die *Phosphorsulfide* P_4S_3, P_4S_5, P_4S_7 und P_4S_{10} entstehen beim Zusammenschmelzen von rotem Phosphor und Schwefel. Sie dienen in der organischen Chemie als Schwefelüberträger. Ihre Strukturen kann man formal vom P_4-Tetraeder ableiten, vgl. Abb. 153.

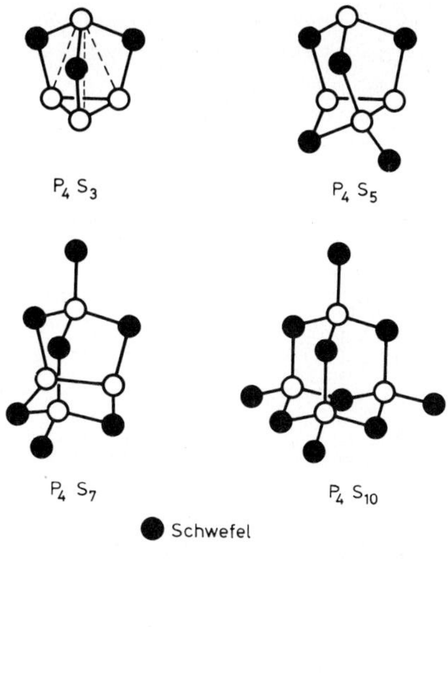

Abb. 153. Phosphorsulfide

Halogenverbindungen

Man kennt Verbindungen vom Typ PX_3, PX_5, P_2X_4 und POX_3, PSX_3 (X = Halogen).

PF_3 entsteht durch Fluorierung von PCl_3. Das farblose Gas ist ein starkes Blutgift, da es sich anstelle von O_2 an Hämoglobin anlagert. In Carbonylen kann es das CO vertreten.

PF_5 entsteht durch Fluorierung von PF_3, PCl_5 u.a. Es ist ein farbloses, hydrolyseempfindliches Gas und eine starke Lewis-Säure. Bau: trigonal-bipyramidal. Es zeigt bei RT als "nicht starres" Molekül intramolekularen Ligandenaustausch, oder besser Ligandenumordnung (= Pseudorotation (Berry 1960)).

Pseudorotation (Berry-Mechanismus)

In der trigonalen Bipyramide gibt es *zwei* Sätze von äquivalenten Positionen. Satz 1 besteht aus den beiden axialen (apicalen) (a) Positionen, Satz 2 aus den drei äquatorialen (e) Positionen.

Die Ligandenumordnung erfolgt mit relativ schwachen und einfachen Winkeldeformationsbewegungen. Zwischen den trigonalen Bipyramiden (a) bzw. (c) und der quadratischen Pyramide (b) besteht nur ein geringer Energieunterschied. Die Rotationsfrequenz ist für PF_5: $10^5 \cdot s^{-1}$, die Rotationsbarriere beträgt $20\ kJ \cdot mol^{-1}$.

Andere Beispiele für nicht-starre Moleküle: NH_3, H_2O, SF_4, IF_5, XeF_6, IF_7, $Fe(CO)_5$.

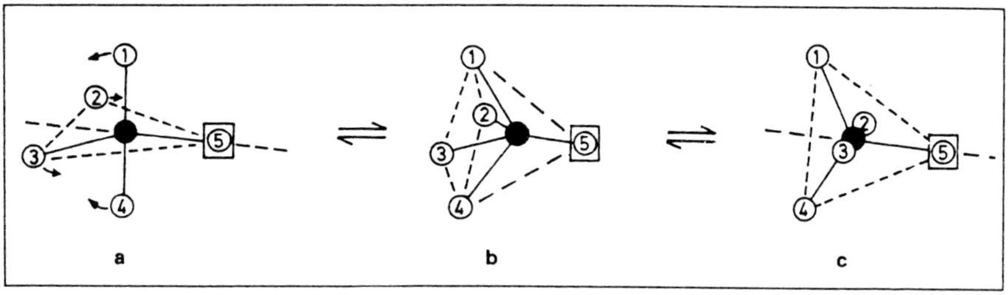

Abb. 154 a-c. Intramolekularer Umordnungsprozeß = Pseudorotation (a) trigonale Bipyramide (ursprüngliche Anordnung), (b) quadratische Pyramide (Übergangsstufe), (c) trigonale Bipyramide

Beachte: Die Position 5 wurde festgehalten.

PCl₃ bildet sich aus den Elementen: $P + \frac{3}{2}\,Cl_2 \longrightarrow PCl_3$. Es ist eine farblose, stechend riechende Flüssigkeit (Kp. 75,9 °C). Mit Wasser bildet sich phosphorige Säure: $PCl_3 + 3\,H_2O \longrightarrow H_3PO_3 + 3\,HCl$. Mit Sauerstoff bzw. Schwefel entsteht $POCl_3$, Phosphoroxidchlorid (Phosphorylchlorid), bzw. $PSCl_3$, Thiophosphorylchlorid.

PCl_5 bildet sich direkt aus den Elementen über PCl_3 als Zwischenstufe. Im festen Zustand ist es ionisch gebaut: $PCl_4^{\oplus}PCl_6^{\ominus}$. Im Dampfzustand und meist auch in Lösung liegen bipyramidal gebaute PCl_5-Moleküle vor. PCl_5 sublimiert ab 160 °C. Hydrolyse liefert über $POCl_3$ als Endprodukt H_3PO_4. PCl_5 wird als Chlorierungsmittel verwendet.

$POCl_3$, Phosphoroxidchlorid, ist eine farblose Flüssigkeit (Kp. 108 °C). Es entsteht bei der unvollständigen Hydrolyse von PCl_5, z.B. mit Oxalsäure $H_2C_2O_4$.

Phosphor-Stickstoff-Verbindungen

Es gibt eine Vielzahl von Substanzen, die Bindungen zwischen Phosphor- und Stickstoffatomen enthalten. Am längsten bekannt sind die *Phosphazene*. Sie sind cyclische oder kettenförmige Verbindungen mit der $-\overset{|}{\underset{|}{P}}=N-$-Gruppierung. Präparativen Zugang zu den Phosphazenen findet man z.B. über die Reaktion von PCl_5 mit NH_4Cl:

$$n\,PCl_5 + n\,NH_4Cl \xrightarrow{\text{in } C_2H_2Cl_4 \text{ oder } C_6H_5Cl} (NPCl_2)_n + 4\,n\,HCl;\; n = 3,4.$$

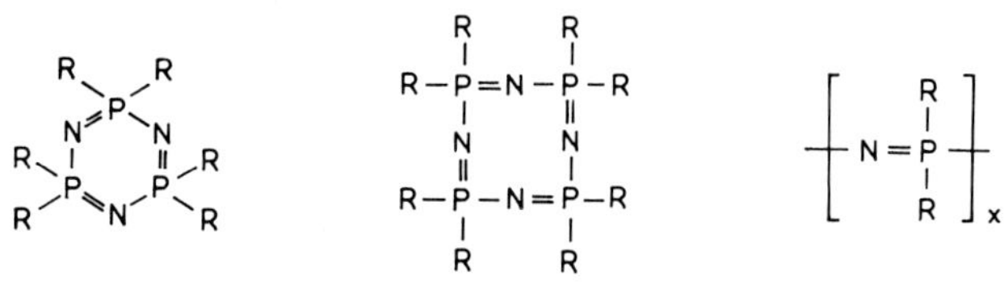

Formale Darstellung von $(NPR_2)_n$-Verbindungen

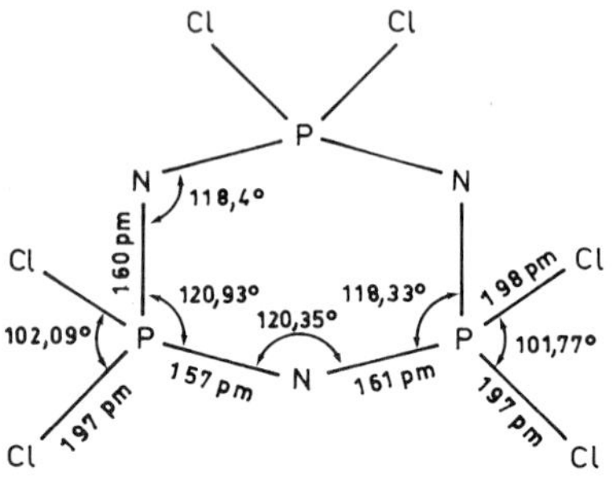

Abb. 155. Bindungsabstände und -winkel in $[NPCl_2]_3$. Berechnet: P-N = 180 pm; P=N = 161 pm

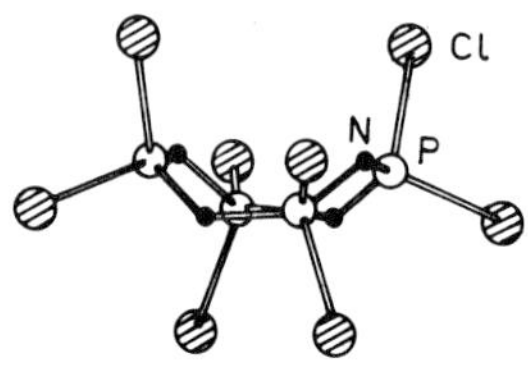

Abb. 156. Molekülstruktur des K-$[NPCl_2]_4$ nach Hazekamp et al. (K bedeutet K-Modifikation.) P-N = 166 pm; NPN-Winkel = 117°; PNP-Winkel = 123°

In diesen Verbindungen lassen sich die Chloratome relativ leicht durch eine Vielzahl anderer Atome und Gruppierungen ersetzen, wie z.B. F, Br, SCN, CH_3, C_6H_5, OR.

Vielfach sind die Substanzen sehr stabil. $(NPCl_2)_3$ z.B. bildet farblose Kristalle (Fp. 113°C). Die Substanz läßt sich sublimieren und destillieren (Kp. 256,5°C).

Beachte: In den Phosphazenen ist die P=N-Doppelbindung meist nur formal vorhanden. Da das π-Elektronensystem mehr oder weniger stark delokalisiert ist, kann man oft nicht mehr zwischen einer P-N-Einfach- und einer P=N-Doppelbindung in den Molekülen unterscheiden.

Arsen

Vorkommen: Selten gediegen in Form von grauschwarzen Kristallen als Scherbenkobalt. Mit Schwefel verbunden als As_4S_4 (Realgar), As_2S_3 (Auripigment), NiAs (Rotnickelkies), FeAsS (Arsenkies).

Darstellung: (1.) Durch Erhitzen von Arsenkies: FeAsS ⟶ FeS + As. Arsen sublimiert ab. (2.) Durch Reduktion von As_2O_3 mit Kohlenstoff: $As_2O_3 + 3\ C \longrightarrow 2\ As + 3\ CO$.

Eigenschaften: Es gibt mehrere monotrope Modifikationen: "graues" oder metallisches Arsen ist die normal auftretende und stabilste Modifikation; es ist stahlgrau, glänzend und spröde und leitet den elektrischen Strom; es kristallisiert in einem Schichtengitter. Die gewellten Schichten bestehen aus verknüpften Sechsecken.

Beim Abschrecken von As-Dampf mit flüssiger Luft entsteht nichtmetallisches gelbes Arsen, As_4. Es ähnelt in seiner Struktur dem weißen Phosphor, ist jedoch instabiler als dieser.

"Schwarzes" Arsen entspricht dem schwarzen Phosphor.

An der Luft verbrennt Arsen zu As_2O_3. In Chloratmosphäre entzündet es sich unter Bildung von $AsCl_3$. Mit Metallen bildet es Arsenide.

Verbindungen

AsH_3 ist ein farbloses, nach Knoblauch riechendes, sehr giftiges Gas. Es verbrennt mit fahler Flamme zu As_2O_3 und H_2O. In der Hitze zerfällt es in die Elemente. Leitet man das entstehende Gasgemisch auf kalte Flächen, scheidet sich ein schwarzer Belag von metallischem Arsen ab (Arsenspiegel, Marshsche Probe).

Darstellung: Durch Einwirkung von naszierendem Wasserstoff (z.B. aus Zink und Salzsäure) auf lösliche Arsenverbindungen.

Sauerstoffverbindungen

Alle Oxide und Säuren sind feste weiße Stoffe.

$(As_2O_3)_x$, Arsentrioxid, Arsenik, ist ein sehr giftiges, in Wasser sehr wenig lösliches weißes Pulver oder eine glasige Masse. Die kubische Modifikation besteht aus As_4O_6-Molekülen. Die monokline Modifikation ist hochmolekular und besteht aus gewellten Schichten.

Darstellung: Durch Verbrennung von Arsen mit Sauerstoff.

Verwendung: Zur Schädlingsbekämpfung, zum Konservieren von Tierpräparaten und Häuten, zur Glasfabrikation usw.

As_2O_5 bzw. As_4O_{10} entsteht durch Erhitzen (Entwässern) von H_3AsO_4, Arsensäure, als weiße glasige Masse.

H_3AsO_3, Arsenige Säure, ist im freien Zustand unbekannt. Ihre wäßrige Lösung entsteht beim Lösen von As_2O_3 in Wasser. Sie ist eine schwache Säure (pK_s = 9,23) und wirkt je nach Reaktionspartner reduzierend oder oxidierend. Ihre Salze heißen *Arsenite*. Die Alkali- und Erdalkalisalze leiten sich von der Metaform ab: $KAsO_2$. Schwermetallsalze kennt man von der Orthoform: Ag_3AsO_3.

H_3AsO_4, Arsensäure, entsteht beim Erhitzen von Arsen oder As_2O_3 in konz. HNO_3 in Form von zerfließenden, weißen Kristallen. Gegenüber geeigneten Reaktionspartnern kann sie als Oxidationsmittel wirken. Verwendung fand sie und ihre Salze, die Arsenate, als Schädlingsbekämpfungsmittel.

Arsensäure ist eine dreiwertige mittelstarke Säure. Dementsprechend gibt es drei Typen von Salzen: z.B. KH_2AsO_4, K_2HAsO_4, K_3AsO_4.

Halogenverbindungen

AsF_3, farblose Flüssigkeit, z.B. aus As_2O_3 mit HF.

$AsCl_3$, farblose Flüssigkeit, aus den Elementen oder As_2O_3 mit HCl.

AsI_3, rote Kristalle.

AsF_5, u.a. aus den Elementen als farbloses Gas.

Alle Arsenhalogenverbindungen sind Lewis-Säuren.

Schwefelverbindungen

As_2S_3 bzw. As_4S_6 kommt in der Natur als Auripigment vor. Es bildet sich beim Einleiten von H_2S in saure Lösungen von As(III)-Substanzen. Es ist löslich in Na_2S zu Na_3AsS_3, Natrium-thioarsenit.

As_4S_4, Realgar, bildet sich beim Verschmelzen der Elemente im richtigen stöchiometrischen Verhältnis. Seine Struktur ähnelt der des S_4N_4, s. S. 378.

As_2S_5 bzw. As_4S_{10} erhält man als gelben Niederschlag durch Einleiten von H_2S in saure Lösungen von As(V)-Verbindungen. In Na_2S z.B. ist es löslich zu Na_3AsS_4, Natrium-thioarsenat.

Antimon

Vorkommen: vor allem als Sb_2S_3 (Grauspießglanz), in geringen Mengen gediegen und als Sb_2O_3 (Weißspießglanz).

Darstellung: (1.) Durch Röstreduktionsarbeit: $Sb_2S_3 + 5\ O_2 \longrightarrow Sb_2O_4$ (Tetroxid) + 3 SO_2. Das Oxid wird mit Kohlenstoff reduziert.
(2.) Niederschlagsarbeit: Durch Verschmelzen mit Eisen wird Antimon in den metallischen Zustand übergeführt: $Sb_2S_3 + 3\ Fe \longrightarrow 3\ FeS + 2\ Sb$.

Eigenschaften: Von Antimon kennt man mehrere monotrope Modifikationen. Das "graue", metallische Antimon ist ein grauweißes, glänzendes, sprödes Metall. Es kristallisiert in einem Schichtengitter, vgl. As, und ist ein guter elektrischer Leiter. "Schwarzes", nichtmetallisches Antimon entsteht durch Aufdampfen von Antimon auf kalte Flächen.

Antimon verbrennt beim Erhitzen an der Luft zu Sb_2O_3. Mit Cl_2 reagiert es unter Aufglühen zu $SbCl_3$ und $SbCl_5$.

Verwendung findet es als Legierungsbestandteil: mit Blei als Letternmetall, Hartblei, Lagermetalle. Mit Zinn als Britanniametall, Lagermetalle usw.

Verbindungen

SbH_3, Antimonwasserstoff, Monostiban, ist ein farbloses, giftiges Gas. Die Darstellung und Eigenschaften der endothermen Verbindung sind denen des AsH_3 ähnlich.

$SbCl_3$, Antimontrichlorid, ist eine weiße, kristallinische Masse (Antimonbutter). Sie läßt sich sublimieren und aus Lösungsmitteln schön kristallin erhalten. Mit Wasser bilden sich basische Chloride (Oxidchloride), z.B. SbOCl.

$SbCl_5$, Antimonpentachlorid, entsteht aus $SbCl_3$ durch Oxidation mit Chlor. Es ist eine gelbe, stark hydrolyseempfindliche Flüssigkeit (Fp. 3,8°C). In allen drei Aggregatzuständen ist die Molekülstruktur eine trigonale Bipyramide. Es ist eine starke Lewis-Säure und bildet zahlreiche Komplexe mit der Koordinationszahl 6, z.B. $[SbCl_6]^{\ominus}$. $SbCl_5$ findet als Chlorierungsmittel in der organischen Chemie Verwendung.

Antimonoxide sind Säure- und Basen-Anhydride, denn sie bilden sowohl mit starken Säuren als auch mit starken Basen Salze, die *Antimonite* und die *Antimonate*. Alle Oxide und Säuren sind feste, weiße Substanzen.

$(Sb_2O_3)_x$ entsteht beim Verbrennen von Antimon mit Sauerstoff als weißes Pulver. Im Dampf und in der kubischen Modifikation liegen Sb_4O_6-Moleküle vor, welche wie P_4O_6 gebaut sind. Die rhombische Modifikation besteht aus hochpolymeren Bandmolekülen. Der Umwandlungspunkt liegt bei 570°C.

Sb_2O_3 löst sich in konz. H_2SO_4 oder konz. HNO_3 unter Bildung von $Sb_2(SO_4)_3$ bzw. $Sb(NO_3)_3$. In Laugen entstehen Salze der Antimonigen Säure, $HSbO_2$ bzw. $HSb(OH)_4$ (Meta- und Orthoform).

Sb_2O_5 ist das Anhydrid der "Antimonsäure" $Sb_2O_5 \cdot aq$ ($2\ SbCl_5 + x\ H_2C \longrightarrow Sb_2O_5 \cdot aq + 10\ HCl$). Es ist ein gelbliches Pulver.

SbO_2, Antimondioxid, bzw. *Sb_2O_4, Antimontetroxid,* bildet sich aus Sb_2O_3 oder Sb_2O_5 beim Erhitzen auf Temperaturen über 800°C als ein weißes, wasserunlösliches Pulver. Es ist ein Antimon(III,V)-oxid $Sb(III)[Sb(V)O_4]$.

$H[Sb(OH)_6]$, Antimon(V)-Säure, ist eine mittelstarke, oxidierend wirkende Säure. Ein Beispiel für ihre Salze ist $K[Sb(OH)_6]$ (Kaliumhexahydroxoantimonat(V)).

Sb_2S_3 bzw. *Sb_2S_5* entstehen als orangerote Niederschläge beim Einleiten von H_2S in saure Lösungen von Sb(III)- bzw. Sb(V)-Substanzen. Sie bilden sich auch beim Zusammenschmelzen der Elemente. Eine graue Modifikation von Sb_2S_3 (Grauspießglanz) erhält man beim Erhitzen der orangeroten Modifikation unter Luftabschluß (Bandstruktur). Beide Sulfide lösen sich in $S^{2\ominus}$-haltiger Lösung als Thioantimonit $SbS_3^{3\ominus}$ bzw. Thioantimonat $SbS_4^{3\ominus}$.

Bismut (früher Wismut)

Vorkommen: meist gediegen, als Bi_2S_3 (Bismutglanz) und Bi_2O_3 (Bismutocker).

Darstellung: Rösten von Bi_2S_3: $Bi_2S_3 + \frac{9}{2} O_2 \longrightarrow Bi_2O_3 + 3\ SO_2$ und anschließender Reduktion von Bi_2O_3: $2\ Bi_2O_3 + 3\ C \longrightarrow 4\ Bi + 3\ CO_2$.

Eigenschaften: glänzendes, sprödes, rötlich-weißes Metall. Es dehnt sich beim Erkalten aus! Bi ist löslich in HNO_3 und verbrennt an der Luft zu Bi_2O_3. Bismut kristallisiert in einem Schichtengitter, s. As.

Verwendung: als Legierungsbestandteil: Woodsches Metall enthält Bi, Cd, Sn, Pb und schmilzt bei 62°C; Rose's Metall besteht aus Bi, Sn, Pb (Fp. 94°C). Diese Legierungen finden z.B. bei Sprinkleranlagen Verwendung.

Verbindungen

Beachte: Alle Bismutsalze werden durch Wasser hydrolytisch gespalten, wobei basische Salze entstehen.

$BiCl_3$: Bildet sich als weiße Kristallmasse aus Bi und Cl_2. Mit Wasser entsteht BiOCl.

Bi_2O_3 entsteht als gelbes Pulver durch Rösten von Bi_2S_3 oder beim Verbrennen von Bi an der Luft. Es ist löslich in Säuren und unlöslich in Laugen. Es ist ein ausgesprochen basisches Oxid.

$Bi(NO_3)_3$ bildet sich beim Auflösen von Bi in HNO_3. Beim Versetzen mit Wasser bildet sich basisches Bismutnitrat: $Bi(NO_3)_3 + 2\ H_2O \longrightarrow Bi(OH)_2NO_3 + 2\ HNO_3$.

BiF_3: weißes wasserunlösliches Pulver.

$BiBr_3$: gelbe Kristalle.

BiI_3 bildet schwarze bis braune glänzende Kristallblättchen.

Diese Substanzen entstehen u.a. beim Auflösen von Bi_2O_3 in den betreffenden Halogenwasserstoffsäuren.

Bi(V)-Verbindungen erhält man aus Bi(III)-Verbindungen durch Oxidation mit starken Oxidationsmitteln bei Anwesenheit von Alkalilaugen in Form von "Bismutaten" wie $KBiO_3$, den Salzen einer nicht bekannten Säure.

Bismut(V)-Verbindungen sind starke Oxidationsmittel.

Verwendung: Bismutverbindungen wirken örtlich entzündungshemmend und antiseptisch, sie finden daher medizinische Anwendung.

Ausnahmen von der Doppelbindungsregel

Die Elemente der V. Hauptgruppe liefern einige schöne Beispiele für Ausnahmen von der Doppelbindungsregel. Die erste stabile Verbindung mit Phosphor-Kohlenstoff-p_π-p_π-Bindungen wurde 1964 hergestellt:

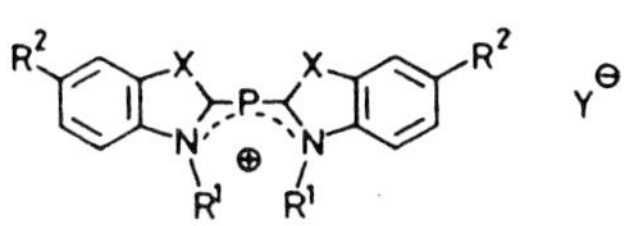

$X = S,\ NR^1$
$Y = BF_4^{\ominus},\ ClO_4^{\ominus}$
$R^1 = CH_3,\ C_2H_5$
$R^2 = H,\ Br,\ CH_3$ u.a.

Phosphabenzol und Arsabenzol sind farblose, sehr reaktive Substanzen. Das Bismutabenzol ist nur in Lösung stabil.

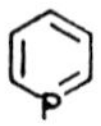

Phosphabenzol Arsabenzol Bismutabenzol

Bekannt sind auch Verbindungen mit S=C-$(3p-2p)_\pi$-Te=C-$(5p-2p)_\pi$-, Sb=C-$(5p-2p)_\pi$ oder Bi=C-$(6p-2p)_\pi$-Bindungen.

Im Tetramesityldisilen ist die -Si=Si- $(3p-3p)_\pi$-Bindung durch die sperrigen Mes-Reste "einbetoniert". Dies gilt auch für die nachfolgende Phosphor- und die analoge Arsen-Verbindung:

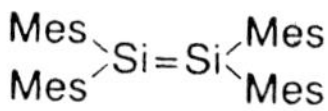

(Mes = Mesityl = $Me_3C_6H_2$)

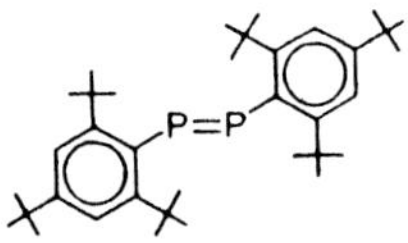

(transfiguriert)

Eine C-P-Dreifachbindung liegt vor, z.B. in $(CH_3)_3Si-C\equiv P|$.

Chalkogene (O, S, Se, Te, Po)

Die Elemente der VI. Hauptgruppe heißen Chalkogene (Erzbildner). Sie haben alle in ihrer Valenzschale die Elektronenkonfiguration s^2p^4. Aus Tabelle 30 geht hervor, daß der Atomradius vom Sauerstoff zum Schwefel sprunghaft ansteigt, während die Unterschiede zwischen den nachfolgenden Elementen geringer sind. Sauerstoff ist nach Fluor das elektronegativste Element. In seinen Verbindungen hat Sauerstoff mit zwei Ausnahmen die Oxidationszahl -2. Ausnahmen: Positive Oxidationszahlen hat Sauerstoff in den Sauerstoff-Fluoriden und im $O_2^{\oplus}$ (Dioxigenyl-Kation) im $O_2[PtF_6]$; in Peroxiden wie H_2O_2 hat Sauerstoff die Oxidationszahl -1. Für Sauerstoff gilt die Oktettregel streng. Die anderen Chalkogene kommen in den Oxidationsstufen -2 bis +6 vor. Bei ihnen wird die Beteiligung von d-Orbitalen bei der Bindungsbildung diskutiert.

Der Metallcharakter nimmt - wie in allen vorangehenden Gruppen - von oben nach unten in der Gruppe zu. Sauerstoff und Schwefel sind typische Nichtmetalle. Von Se und Te kennt man nichtmetallische und metallische Modifikationen. Polonium ist ein Metall. Es ist ein radioaktives Zerfallsprodukt der Uran- und Protactinium-Zerfallsreihe. Im Kernreaktor entsteht es aus Bismut:

$$^{209}_{83}Bi(n,\gamma)\,^{210}_{83}Bi \longrightarrow \,^{210}_{84}Po + \beta .$$

Sauerstoff

Vorkommen: Sauerstoff ist mit ca. 50 % das häufigste Element der Erdrinde. Die Luft besteht zu 20,9 Vol.-% aus Sauerstoff. Gebunden kommt Sauerstoff vor z.B. im Wasser und fast allen mineralischen und organischen Stoffen.

Darstellung: (1.) Technisch durch fraktionierte Destillation von flüssiger Luft (Linde-Verfahren). Da Sauerstoff mit -183 °C einen höheren Siedepunkt hat als Stickstoff mit -196 °C, bleibt nach dem Abdampfen des Stickstoffs Sauerstoff als blaßblaue Flüssigkeit zurück.

(2.) Durch Elektrolyse von angesäuertem (leitend gemachtem) Wasser.

(3.) Durch Erhitzen von Bariumperoxid BaO_2 auf ca. 800 °C.

Tabelle 30. Eigenschaften der Chalkogene

Element	Sauerstoff	Schwefel	Selen	Tellur	Polonium
Elektronen-konfiguration	$[He]2s^2 2p^4$	$[Ne]3s^2 3p^4$	$[Ar]3d^{10} 4s^2 4p^4$	$[Kr]4d^{10} 5s^2 5p^4$	$[Xe]4f^{14} 5d^{10} 6s^2 6p^4$
Fp. [°C]	-219	113[a]	217[b]	450	254
Kp. [°C]	-183	445	685[b]	990	962
Ionisierungs-energie [kJ/mol]	1310	1000	940	870	810
Atomradius [pm] (kovalent)	66	104	114	132	
Ionenradius [pm] ($E^{2\ominus}$)	146	190	202	222	
Elektronegativität	3,5	2,5	2,4	2,1	2,0

Metallischer Charakter	⟶	zunehmend
Allgemeine Reaktionsfähigkeit	⟶	abnehmend
Salzcharakter der Halogenide	⟶	zunehmend
Affinität zu elektropositiven Elementen	⟶	abnehmend
Affinität zu elektronegativen Elementen	⟶	zunehmend

[a] α-S
[b] graues Se

Eigenschaften und Verwendung

Von dem Element Sauerstoff gibt es zwei Modifikationen: den molekularen Sauerstoff O_2 und das Ozon O_3.

Sauerstoff, O_2, ist ein farbloses, geruchloses und geschmackloses Gas, das in Wasser wenig löslich ist. Mit Ausnahme der leichten Edelgase verbindet sich Sauerstoff mit allen Elementen, meist in direkter Reaktion. Sauerstoff ist für das Leben unentbehrlich. Für die Technik ist er ein wichtiges Oxidationsmittel und findet Verwendung z.B. bei der Oxidation von Sulfiden ("Rösten"), bei der Stahlerzeugung, der Darstellung von Salpetersäure, der Darstellung von Schwefelsäure usw.

Das O_2-Molekül ist ein Diradikal, denn es enthält zwei ungepaarte Elektronen. Diese Elektronen sind auch der Grund für die blaue Farbe von flüssigem Sauerstoff und den Paramagnetismus. Die Elektronenstruktur des Sauerstoffmoleküls läßt sich mit der MO-Theorie plausibel machen: Abb. 157 zeigt das MO-Diagramm des Sauerstoffmoleküls.

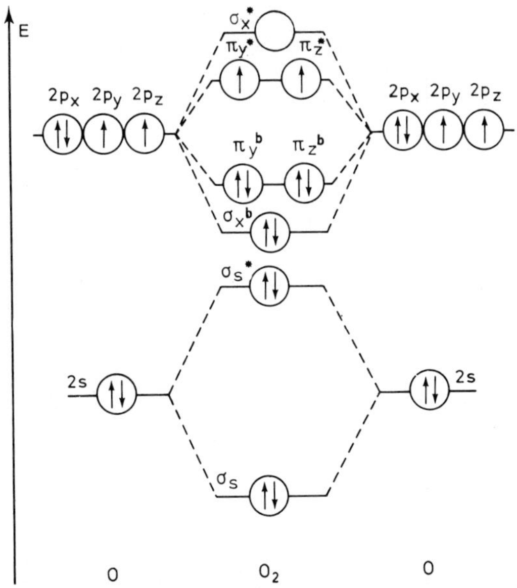

Abb. 157. MO-Energiediagramm für O_2 (s. hierzu S.337).
$(\sigma_s{}^b)^2(\sigma_s{}^*)^2(\sigma_x{}^b)^2(\pi_{y,z}{}^b)^4(\pi_y{}^*)^1(\pi_z{}^*)^1$

Man sieht: Die beiden ungepaarten Elektronen befinden sich in den beiden entarteten antibindenden MO (= "Triplett-Sauerstoff", abgekürzt: $^3O_2$). Durch spez. Aktivatoren wie z.B. Enzymkomplexe mit bestimmten Metallatomen (Cytochrom, Hämoglobin) oder bei Anregung durch Licht entsteht der aggresive diamagnetische "Singulett-Sauerstoff", abgekürzt: $^1O_2$ (Lebensdauer ca. 10^{-4}s).

Im $^1O_2$ sind beide Valenzelektronen in einem der beiden π*-MO gepaart.

O_3, Ozon, bildet sich in der Atmosphäre z.B. bei der Entladung von Blitzen und durch Einwirkung von UV-Strahlen auf O_2-Moleküle. Die technische Darstellung erfolgt in Ozonisatoren aus O_2 durch stille elektrische Entladungen. $1\frac{1}{2}\,O_2 \longrightarrow O_3$, $\Delta H = 143\ \mathrm{kJ \cdot mol^{-1}}$.

Eigenschaften und *Verwendung:* Ozon ist energiereicher als O_2 und im flüssigen Zustand ebenfalls blau. Es zerfällt leicht in molekularen und atomaren Sauerstoff: $O_3 \longrightarrow O_2 + O$. Ozon ist ein starkes Oxidationsmittel. Es zerstört Farbstoffe (Bleichwirkung) und dient zur Abtötung von Mikroorganismen ($E^0_{O_2/O_3} = 1{,}9$ V).

In der Erdatmosphäre dient es als Lichtfilter, weil es langwellige UV-Strahlung (< 310 nm) absorbiert.

Molekülstruktur von Ozon:

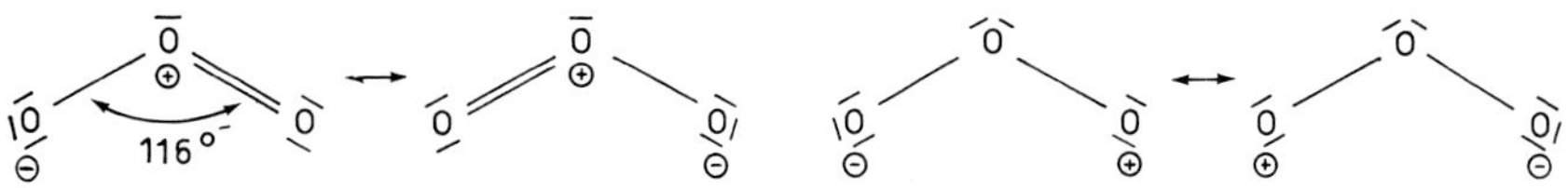

O ↔ O = 128 pm

Sauerstoffverbindungen

Die Verbindungen von Sauerstoff mit anderen Elementen werden, soweit sie wichtig sind, bei den entsprechenden Elementen besprochen. Hier folgen nur einige spezielle Substanzen.

H_2O, Wasser, nimmt in der Chemie einen zentralen Platz ein. Dementsprechend sind seine physikalischen und chemischen Eigenschaften an vielen Stellen dieses Buches zu finden. So werden z.B. die Eigendissoziation des Wassers auf S. 222 besprochen, Wasserstoffbrückenbindungen und im Zusammenhang damit Schmelz- und Siedepunkt S. 114, der

Bau, Dipolmoment und Dielektrizitätskonstante S. 175, das Zustandsdiagramm S. 171, das Lösungsvermögen S. 176, die Wasserhärte S. 299.

Natürliches Wasser ist nicht rein. Es enthält gelöste Salze und kann mit Hilfe von Ionenaustauschern oder durch Destillieren in Quarzgefäßen von seinen Verunreinigungen befreit werden (Entmineralisieren).

Reines Wasser ist farb- und geruchlos, Fp. 0 °C, Kp. 100 °C, und hat bei 4 °C seine größte Dichte. Beim Übergang in den festen Zustand (Eis) erfolgt eine Volumenzunahme von 10 %. Eis ist leichter (weniger dicht) als flüssiges Wasser! Bei höheren Temperaturen wirkt Wasser oxidierend: Wasserdampf besitzt erhebliche Korrosionswirkung.

H_2O_2, Wasserstoffperoxid, entsteht durch Oxidation von Wasserstoff und Wasser oder durch Reduktion von Sauerstoff.

Darstellung: (1.) Über Anthrachinonderivate und Aceton/Isopropanol im Kreisprozeß:

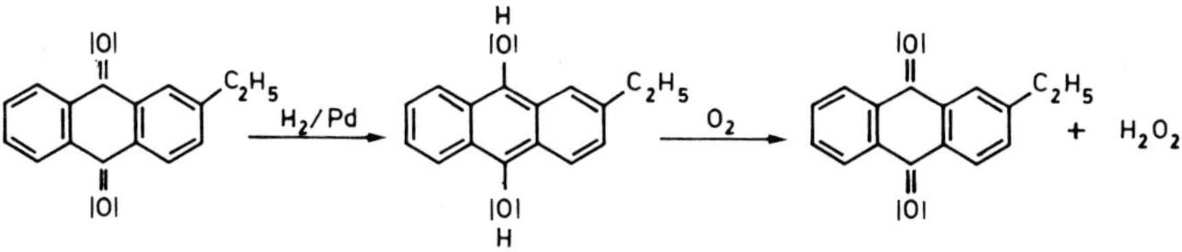

2-Ethyl-Anthrachinon 2-Ethyl-Anthrahydrochinon

$$(CH_3)_2CO \xrightarrow{H_2/Pd} (CH_3)_2CHOH \xrightarrow{O_2} (CH_3)_2CO + H_2O_2.$$

(2.) Durch anodische Oxidation von z.B. 50%iger H_2SO_4. Es bildet sich Peroxodischwefelsäure $H_2S_2O_8$. Ihre Hydrolyse liefert H_2O_2. (3.) Zersetzung von BaO_2: $BaO_2 + H_2SO_4 \longrightarrow BaSO_4 + H_2O_2$.

Durch Entfernen von Wasser unter sehr schonenden Bedingungen erhält man konzentrierte Lösungen von H_2O_2 oder auch wasserfreies H_2O_2. 30%iges H_2O_2 ist als "Perhydrol" im Handel.

Eigenschaften: Wasserfrei ist H_2O_2 eine klare, viskose Flüssigkeit, die sich bisweilen explosionsartig in H_2O und O_2 zersetzt. Durch Metalloxide wie MnO_2 wird der Zerfall katalysiert. H_2O_2 wirkt im allgemeinen oxidierend, ist aber gegenüber stärkeren Oxidationsmitteln wie $KMnO_4$ ein Reduktionsmittel. $H_2O_2 + 2\ H_2O \rightleftharpoons O_2 + 2\ H_3O^{\oplus} + 2\ e^{\ominus}$, $E^o = 0{,}682$ (in saurer Lösung). H_2O_2 ist eine schwache Säure, $pK_s = 11{,}62$. Mit einigen Metallen bildet sie Peroxide, z.B. Na_2O_2, BaO_2.

Diese "echten" Peroxide enthalten die Peroxo-Gruppierung $-\underline{\overline{O}}-\underline{\overline{O}}-$

Verwendung findet H_2O_2 als Oxidationsmittel, zum Bleichen, als Desinfektionsmittel usw.

Alkali- und Erdalkaliperoxide sind ionisch gebaute Peroxide. Sie enthalten $O_2^{2\ominus}$-Ionen im Gitter.

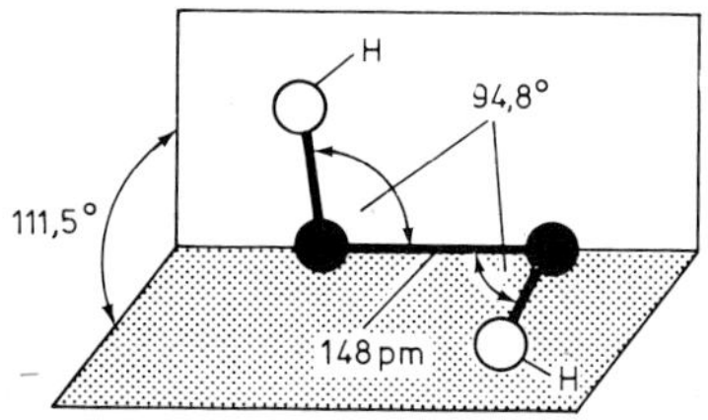

Abb. 158. Struktur von H_2O_2

Oxide

Die Oxide zahlreicher Elemente werden bei den entsprechenden Elementen besprochen. Hier sollen nur einige allgemeine Betrachtungen angestellt werden.

Salzartig gebaute Oxide bilden sich mit den Elementen der I. und II. Hauptgruppe. In den Ionengittern existieren $O^{2\ominus}$-Ionen. Diese Oxide heißen auch *basische Oxide* und *Basenanhydride*, weil sie bei der Reaktion mit Wasser Hydroxyl-Ionen bilden: $O^{2\ominus} + H_2O \longrightarrow 2\ OH^{\ominus}$. Alkalioxide lösen sich in Wasser. Die anderen salzartigen Oxide lösen sich nur in Säuren.

Man kennt auch *amphotere Oxide* wie ZnO und Al_2O_3. Sie lösen sich sowohl in Säuren als auch in Laugen.

Oxide mit überwiegend *kovalenten* Bindungsanteilen sind die Oxide der Nichtmetalle und mancher Schwermetalle, z.B. CrO_3. Mit Wasser bilden sie Sauerstoffsäuren. Es sind daher *saure Oxide* und *Säureanhydride*.

Schwefel

Vorkommen: frei (gediegen) z.B. in Sizilien und Kalifornien; gebunden als Metallsulfid: Schwefelkies FeS_2, Zinkblende ZnS, Bleiglanz PbS, Gips $CaSO_4 \cdot 2\ H_2O$, als Zersetzungsprodukt in der Kohle und im Eiweiß. Im Erdgas als H_2S und in Vulkangasen als SO_2.

Gewinnung: durch Ausschmelzen aus vulkanischem Gestein; aus unterirdischen Lagerstätten mit überhitztem Wasserdampf und Hochdrücken des flüssigen Schwefels mit Druckluft (Frasch-Verfahren); durch Verbrennen von H_2S bei beschränkter Luftzufuhr mit Bauxit als Katalysator (Claus-Prozeß): $H_2S + \frac{1}{2}\ O_2 \longrightarrow S + H_2O$; durch eine Symproportionierungsreaktion aus H_2S und SO_2: $2\ H_2S + SO_2 \longrightarrow 2\ H_2O + 3\ S$. Schwefel fällt auch als Nebenprodukt beim Entschwefeln von Kohle an.

Eigenschaften: Schwefel kommt in vielen Modifikationen vor. Die Schwefelatome lagern sich zu Ketten oder Ringen zusammen. Die Atombindungen entstehen vornehmlich durch Überlappung von p-Orbitalen. Dies führt zur Ausbildung von Zickzack-Ketten. Unter normalen Bedingungen beständig ist nur der achtgliedrige, kronenförmige *cyclo-Octaschwefel* S_8 (Abb. 159). Er ist wasserunlöslich, jedoch löslich in Schwefelkohlenstoff CS_2 und bei Raumtemperatur "schwefelgelb". Dieser *rhombische α-Schwefel* wandelt sich bei 95,6°C reversibel in den ebenfalls achtgliedrigen *monoklinen β-Schwefel* um. Solche Modifikationen heißen *enantiotrop* (wechselseitig umwandelbar).

Bei etwa 119°C geht der feste Schwefel in eine hellgelbe, dünnflüssige Schmelze über. Die Schmelze erstarrt erst bei 114 - 115°C. Ursache für diese Erscheinung ist die teilweise Zersetzung der Achtringe beim Schmelzen. Die Zersetzungsprodukte (Ringe, Ketten) verursachen die Depression.

Bei ca. 160°C wird flüssiger Schwefel schlagartig viskos. Man nimmt an, daß in diesem Produkt riesige Makromoleküle (Ketten und Ringe) vorliegen. Die Viskosität nimmt bei weiterem Erhitzen wieder ab; am Siedepunkt von 444,6°C liegt wieder eine dünnflüssige Schmelze vor.

Schwefeldampf enthält - in Abhängigkeit von Temperatur und Druck - alle denkbaren Bruchstücke von S_8. Blaues S_2 ist ein Diradikal.

cyclo-Hexaschwefel, S_6, entsteht beim Ansäuern wäßriger Thiosulfat-Lösungen. Die orangeroten Kristalle zersetzen sich ab 50°C. S_6 liegt in der Sesselform vor und besitzt eine hohe Ringspannung.

Weitere Modifikationen enthalten S_7-, S_9-, S_{10}-, S_{11}-, S_{12}-, S_{18}- oder S_{20}-Ringe. S_6, S_{12} und S_{18} entstehen aus Polysulfanen H_2S_x und Chlorsulfanen Cl_2S_y unter HCl-Abspaltung. S_{12} (Fp. 148°C) und S_{18} (Fp. 126°C) sind hellgelbe kristalline Substanzen.

Modifikationen mit ungeradzahligen Schwefelringen (S_7, S_9, S_{11}) erhält man auf folgende Weise:

$$(C_5H_5)_2TiS_5 + S_xCl_2 \xrightarrow{HCl} (C_5H_5)_2TiCl_2 + S_n.$$

Den sog. *plastischen Schwefel* erhält man durch schnelles Abkühlen (Abschrecken) der Schmelze. Gießt man die Schmelze in einem dünnen Strahl in Eiswasser, bilden sich lange Fasern. Diese lassen sich unter Wasser strecken und zeigen einen helixförmigen Aufbau. Dieser sog. *catena-Schwefel* ist unlöslich in CS_2. Er wandelt sich langsam in α-Schwefel um.

Verwendung findet Schwefel z.B. zum Vulkanisieren von Kautschuk, zur Herstellung von Zündhölzern, Schießpulver, bei der Schädlingsbekämpfung.

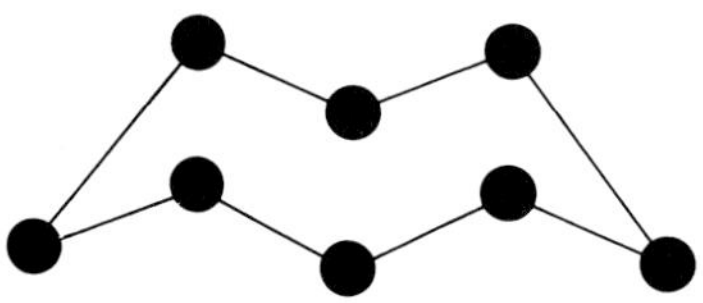

Abb. 159. Achtgliedriger Ring aus S-Atomen

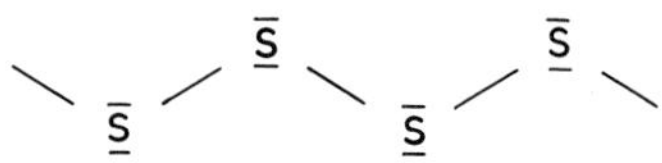

Abb. 160. Zweidimensionale Darstellung mit den freien Elektronenpaaren an den Schwefelatomen. Diese sind dafür verantwortlich, daß die Schwefelketten nicht eben sind. Es entsteht ein Diederwinkel zwischen jeweils drei von vier S-Atomen eines Kettenabschnitts

Verbindungen

Schwefel ist sehr reaktionsfreudig. Bei höheren Temperaturen geht er mit den meisten Elementen Verbindungen ein.

Verbindungen von Schwefel mit Metallen und auch einigen Nichtmetallen heißen Sulfide, z.B. Na_2S Natriumsulfid, PbS Bleisulfid, P_4S_3 Phosphortrisulfid. Natürlich vorkommende Sulfide nennt man entsprechend ihrem Aussehen Kiese, Glanze oder Blenden.

H_2S, Schwefelwasserstoff, ist im Erdgas und in vulkanischen Gasen enthalten und entsteht beim Faulen von Eiweiß. *Darstellung:* Durch Erhitzen von Schwefel mit Wasserstoff und durch Einwirkung von Säuren auf bestimmte Sulfide, z.B. $FeS + H_2SO_4 \longrightarrow FeSO_4 + H_2S$. *Eigenschaften:* farbloses, wasserlösliches Gas; stinkt nach faulen Eiern. Es verbrennt an der Luft zu SO_2 und H_2O. Bei Sauerstoffmangel entsteht Schwefel.

H_2S ist ein starkes Reduktionsmittel und eine schwache zweiwertige Säure. Sie bildet demzufolge zwei Reihen von Salzen: normale Sulfide wie z.B. Na_2S, Natriumsulfid, und Hydrogensulfide wie NaHS. Schwermetallsulfide haben meist charakteristische Farben und oft auch sehr kleine Löslichkeitsprodukte, z.B. $c(Hg^{2\oplus}) \cdot c(S^{2\ominus}) = 10^{-54}\ mol^2 \cdot l^{-2}$. H_2S wird daher in der analytischen Chemie als Gruppenreagens verwendet.

H_2S_x, Polysulfane, entstehen z.B. beim Eintragen von Alkalipolysulfiden (aus Alkalisulfid + S_8) in kalte überschüssige konz. Salzsäure. Sie sind extrem empfindlich gegenüber $OH^{\ominus}$-Ionen.

Halogenverbindungen

Schwefelfluoride: (SF_2), S_2F_2, SF_4, S_2F_{10}, SF_6.

S_2F_2, Difluordisulfan, ist ein farbloses Gas. Es gibt zwei Strukturisomere:

$$S_8 \xrightarrow{AgF/125\,^\circ C} \underline{FSSF}; \quad S_2Cl_2 + 2\ KSO_2F \text{ oder } 2\ KF \xrightarrow{140\,^\circ C} \underline{SSF_2}.$$

F-S-S-F setzt sich bei $-50\,^\circ C$ und Anwesenheit von NaF mit $S{=}SF_2$ ins Gleichgewicht. Oberhalb $0\,^\circ C$ liegt nur SSF_2 vor.

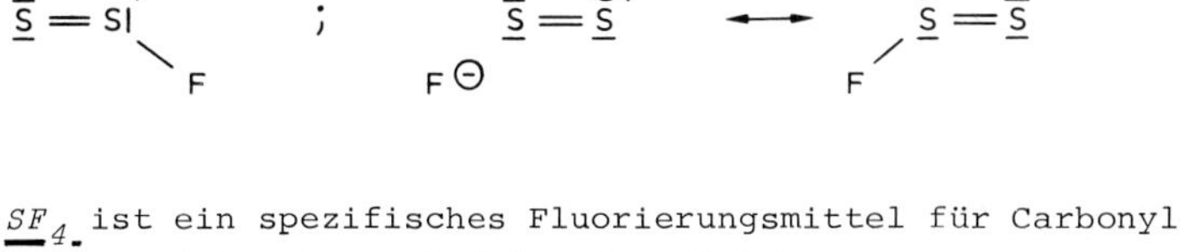

SF_4 ist ein spezifisches Fluorierungsmittel für Carbonylgruppen. Es bildet sich z.B. nach folgender Gleichung:

$$SCl_2 + Cl_2 + 4\ NaF \xrightarrow{CH_3CN/75\,^\circ C} SF_4 + 4\ NaCl.$$

Die Molekülstruktur des SF_4 (Abb. 162 a) läßt sich von der trigonalen Bipyramide ableiten. Eine der drei äquatorialen Positionen wird dabei von einem freien Elektronenpaar des Schwefels besetzt.

Da dieses nur unter dem Einfluß des Schwefelkernes steht, ist es verhältnismäßig diffus und beansprucht einen größeren Raum als ein bindendes Elektronenpaar. SF_4 ist oberhalb -98° C ein Beispiel für stereochemische Flexibilität (s. Pseudorotation!).

SF_6. entsteht z.B. beim Verbrennen von Schwefel in Fluoratmosphäre. Das farb- und geruchlose Gas ist sehr stabil, weil das S-Atom von den F-Atomen "umhüllt" ist. Es findet als Isoliergas Verwendung.

S_2F_{10} bildet sich als Nebenprodukt bei der Reaktion von Schwefel mit Fluor oder durch photochemische Reaktion aus SF_5Cl:
$2\ SF_5Cl + H_2 \longrightarrow S_2F_{10} + 2\ HCl$. Es ist sehr giftig (Kp. +29°C) und reaktionsfähiger als SF_6, weil es leicht SF_5-Radikale bildet. Struktur: $F_5S{-}SF_5$.

SF_5Cl entsteht als farbloses Gas aus SF_4 mit Cl_2 und CsF bei ca. 150°C. Es ist ein starkes Oxidationsmittel.

Schwefelchloride und Schwefelbromide

S_2Cl_2 bildet sich aus Cl_2 und geschmolzenem Schwefel Es dient als Lösungsmittel für Schwefel beim Vulkanisieren von Kautschuk. Es ist eine gelbe Flüssigkeit (Kp. 139°C) und stark hydrolyseempfindlich.

SCl_2 ist eine dunkelrote Flüssigkeit, Kp. 60°C. Es bildet sich aus S_2Cl_2 durch Einleiten von Cl_2 bei 0°C: $S_2Cl_2 + Cl_2 \longrightarrow 2\ SCl_2$.

SCl_4 entsteht als blaßgelbe, zersetzliche Flüssigkeit bei tiefer Temperatur: $SCl_2 + Cl_2 \longrightarrow SCl_4$. Fp. = -31°C.

S_2Br_2 entsteht aus S_2Cl_2 mit Bromwasserstoff als tiefrote Flüssigkeit.

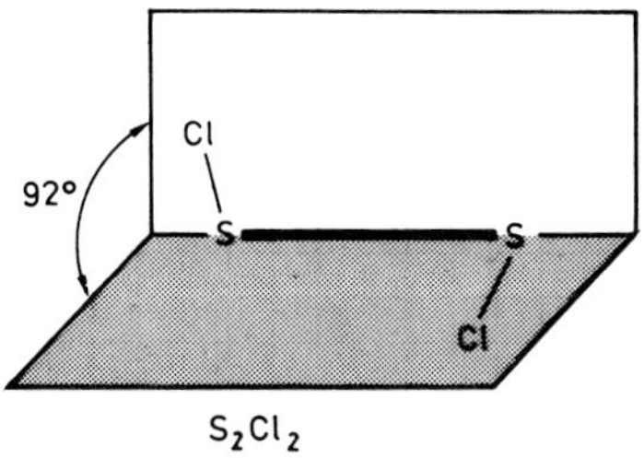

Abb. 161. Molekülstruktur von S_2Cl_2 und SCl_2

Oxidhalogenide SOX_2 (X = F, Cl, Br)

$SOCl_2$, Thionylchlorid, bildet sich durch Oxidation von SCl_2, z.B. mit SO_3. Es ist eine farblose Flüssigkeit, Kp. 76°C. Mit H_2O erfolgt Zersetzung in HCl und SO_2.

Die analogen Brom- und Fluor-Verbindungen werden durch Halogenaustausch erhalten.

SO_2Cl_2, Sulfurylchlorid, bildet sich durch Addition von Cl_2 an SO_2 mit Aktivkohle als Katalysator. Es ist eine farblose Flüssigkeit und dient in der organischen Chemie zur Einführung der SO_2Cl-Gruppe.

SOF_4 ist ein farbloses Gas. Es entsteht durch Fluorierung von SOF_2.

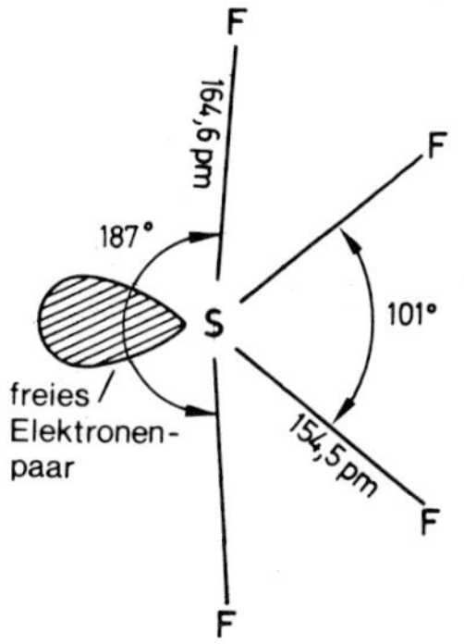

Abb. 162. Molekülstruktur von SF_4

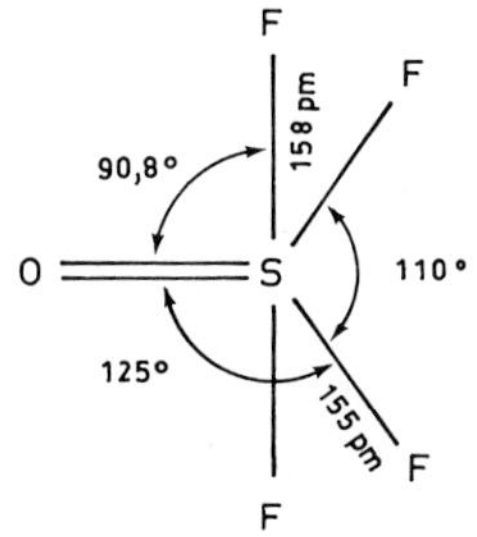

Abb. 163. Molekülstruktur von SOF_4

Schwefeloxide und Schwefelsäuren

SO_2, Schwefeldioxid, kommt in den Kratergasen von Vulkanen vor.

Darstellung: (1.) Durch Verbrennen von Schwefel. (2.) Durch Oxidieren (Rösten) von Metallsulfiden: $2\ FeS_2 + 5\frac{1}{2}\ O_2 \longrightarrow Fe_2O_3 + 4\ SO_2$. (3.) Durch Reduktion von konz. H_2SO_4 mit Metallen, Kohlenstoff etc.:

$$Cu + 2\ H_2SO_4 \longrightarrow CuSO_4 + SO_2 + 2\ H_2O.$$

Eigenschaften: farbloses, hustenreizendes Gas, leichtlöslich in Wasser. SO_2 wird bei -10°C flüssig. Flüssiges SO_2 ist ein gutes Lösungsmittel für zahlreiche Substanzen. SO_2 ist das Anhydrid der Schwefligen Säure H_2SO_3. Seine wäßrige Lösung reagiert daher sauer.

SO_2 ist ein starkes Reduktionsmittel. Es reduziert z.B. organische Farbstoffe, wirkt desinfizierend und wird daher zum Konservieren von Lebensmitteln und zum Ausschwefeln von Holzfässern verwendet.

Molekülstruktur

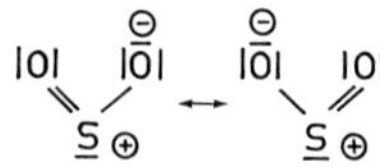

H_2SO_3, Schweflige Säure, entsteht beim Lösen von Schwefeldioxid in Wasser. Sie läßt sich nicht in Substanz isolieren und ist eine zweiwertige Säure (pK_{S_1} = 1,81 bei 18 °C). Ihre Salze, die Sulfite, entstehen z.B. beim Einleiten von SO_2 in Laugen. Es gibt normale Sulfite, z.B. Na_2SO_3, und saure Sulfite, z.B. $NaHSO_3$, Natriumhydrogensulfit. Disulfite oder Pyrosulfite entstehen beim Isolieren der Hydrogensulfite aus wäßriger Lösung oder durch Einleiten von SO_2 in Sulfitlösungen:

$$2\ HSO_3^{\ominus} \longrightarrow H_2O + S_2O_5^{2\ominus} \quad \text{oder} \quad SO_3^{2\ominus} + SO_2 \longrightarrow S_2O_5^{2\ominus}.$$

Sie finden für die gleichen Zwecke Verwendung wie die Sulfite, z.B. zum Bleichen von Wolle und Papier und als Desinfektionsmittel.

SO_3, Schwefeltrioxid, gewinnt man technisch nach dem Kontaktverfahren (s. unten). In der Gasphase existieren monomere SO_3-Moleküle. Die Sauerstoffatome umgeben das S-Atom in Form eines gleichseitigen Dreiecks. Festes SO_3 kommt in drei Modifikationen vor: Die eisartige Modifikation (γ-SO_3) besteht aus sechsgliedrigen Ringen. Die beiden asbestartigen Modifikationen (α-SO_3, β-SO_3) enthalten lange Ketten.

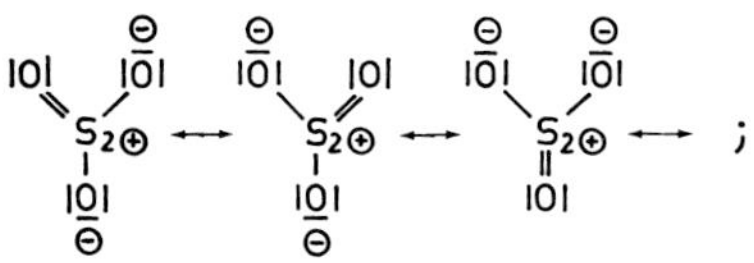

trigonal-planar

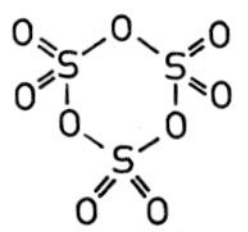

gewellter Ring,
tetraedrische Umgebung von S-Atomen

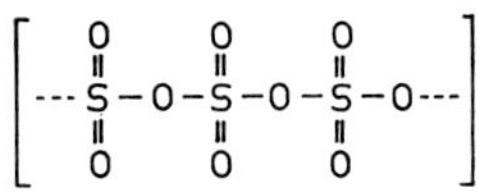

SO_3 reagiert mit Wasser in stark exothermer Reaktion zu Schwefelsäure, H_2SO_4.

HSO_3Cl, Chlorsulfonsäure, ist ein Beispiel für eine Halogenschwefelsäure. Sie bildet sich aus SO_3 und HCl. Entsprechend werden ihre Salze aus SO_3 und Chloriden erhalten. HSO_3Cl ist eine farblose, bis 25 °C stabile Flüssigkeit. Sie zersetzt sich heftig mit Wasser. Verwendung findet sie zur Einführung der Sulfonsäuregruppe $-SO_3H$ (Sulfonierungsmittel in der organischen Chemie).

Molekülstruktur s. Tabelle 31.

H_2SO_4, Schwefelsäure

Darstellung: Durch Oxidation von SO_2 mit Luftsauerstoff in Gegenwart von Katalysatoren entsteht Schwefeltrioxid SO_3. Durch Anlagerung von Wasser bildet sich daraus H_2SO_4. Früher stellte man SO_3 nach dem sog. Bleikammerverfahren her; hierbei dienten NO_2/NO als Katalysator. Heute benutzt man fast ausschließlich das sog. Kontaktverfahren nach Knietsch.

Kontaktverfahren: SO_2 wird zusammen mit Luft bei ca. 400°C über einen Vanadinoxid-Kontakt (V_2O_5) geleitet: $SO_2 + \frac{1}{2} O_2 \rightleftharpoons SO_3$, $\Delta H = -99\ kJ \cdot mol^{-1}$. Das gebildete SO_3 wird von konzentrierter H_2SO_4 absorbiert. Es entsteht die *rauchende Schwefelsäure* (Oleum). Sie enthält Dischwefelsäure (= Pyroschwefelsäure) und andere Polyschwefelsäuren: $H_2SO_4 + SO_3 \longrightarrow H_2S_2O_7$. Durch Verdünnen mit Wasser kann man aus der rauchenden H_2SO_4 verschieden starke Schwefelsäuren herstellen: $H_2S_2O_7 + H_2O \longrightarrow 2\ H_2SO_4$.

Eigenschaften: 98,3%ige Schwefelsäure (konz. H_2SO_4) ist eine konstant siedende, dicke, ölige Flüssigkeit (Dichte 1,8, Fp. 10,4°C, Kp. 338°C) und stark hygroskopisch. Beim Versetzen von konz. H_2SO_4 mit H_2O bilden sich in stark exothermer Reaktion Schwefelsäure-Hydrate: $H_2SO_4 \cdot H_2O$, $H_2SO_4 \cdot 2\ H_2O$, $H_2SO_4 \cdot 4\ H_2O$. Diese Hydratbildung ist energetisch so begünstigt, daß konz. Schwefelsäure ein starkes Trockenmittel für inerte Gase ist. Sie entzieht auch Papier, Holz, Zucker usw. das gesamte Wasser, so daß nur Kohlenstoff zurückbleibt.

H_2SO_4 löst alle Metalle außer Pb ($PbSO_4$-Bildung), Platin und Gold. Verdünnte H_2SO_4 löst "unedle Metalle" (negatives Normalpotential) unter H_2-Entwicklung. Metalle mit positivem Normalpotential lösen sich in konz. H_2SO_4 unter SO_2-Entwicklung. Konz. H_2SO_4 läßt sich jedoch in Eisengefäßen transportieren, weil sich eine Schutzschicht aus $Fe_2(SO_4)_3$ bildet. Konz. H_2SO_4, vor allem heiße konz. H_2SO_4, ist ein kräftiges Oxidationsmittel und kann z.B. Kohlenstoff zu CO_2 oxidieren.

In wäßriger Lösung ist H_2SO_4 eine sehr starke zweiwertige Säure. Diese bildet neutrale Salze (Sulfate), Beispiel: Na_2SO_4, und saure Salze (Hydrogensulfate), Beispiel: $NaHSO_4$. Fast alle Sulfate sind wasserlöslich. Bekannte Ausnahmen sind $BaSO_4$ und $PbSO_4$.

Verwendung: Die Hauptmenge der Schwefelsäure wird zur Herstellung künstlicher Düngemittel, z.B. $(NH_4)_2SO_4$, verbraucht. Sie wird weiter benutzt zur Darstellung von Farbstoffen, Permanentweiß ($BaSO_4$), zur Darstellung von Orthophosphorsäure H_3PO_4, von HCl, zusammen mit HNO_3 als Nitriersäure zur Darstellung von Sprengstoffen wie Trinitrotoluol (TNT) usw.

Molekülstruktur s. Tabelle 31.

$H_2S_2O_4$, Dithionige Säure, ist nicht isolierbar. Ihre Salze, die Dithionite, entstehen durch Reduktion von Hydrogensulfit-Lösungen mit Natriumamalgam, Zinkstaub oder elektrolytisch. $Na_2S_2O_4$ ist ein vielbenutztes Reduktionsmittel.

Molekülstruktur s. Tabelle 31.

Tabelle 31. Schwefelsäuren

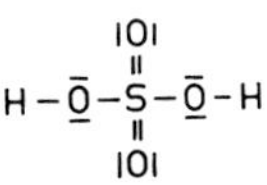

Schwefelsäure

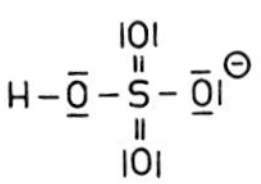

Hydrogensulfat-Ion

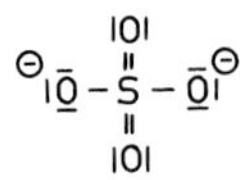

Sulfat-Ion

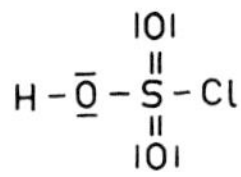

Chlorsulfonsäure

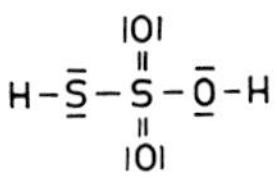

Thioschwefelsäure

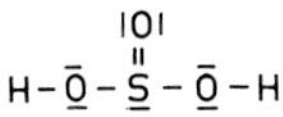

Schweflige Säure

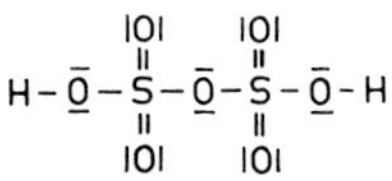

Dischwefelsäure

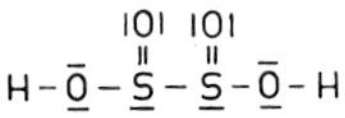

Dithionige Säure

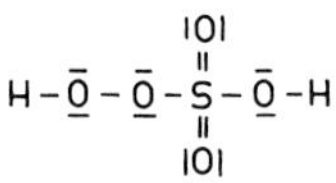

Peroxomonoschwefelsäure

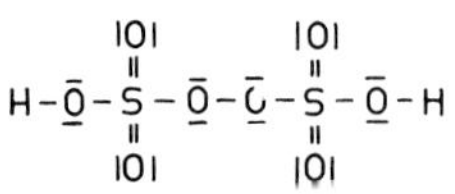

Peroxodischwefelsäure

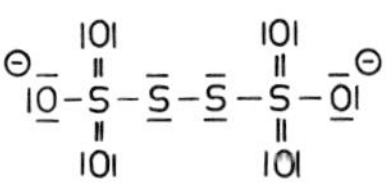

Tetrathionat-Ion

Beachte: Im $SO_4^{2\ominus}$-Ion sitzt das S-Atom in einem Tetraeder. Die S-O-Abstände sind gleich; die p_π-d_π-Bindungen sind demzufolge delokalisiert.

$H_2S_2O_3$, Thioschwefelsäure, kommt nur in ihren Salzen vor, z.B. $Na_2S_2O_3$ Natriumthiosulfat. Es entsteht beim Kochen von Na_2SO_3-Lösung mit Schwefel: $Na_2SO_3 + S \longrightarrow Na_2S_2O_3$. Das $S_2O_3^{2\ominus}$-Anion reduziert Iod zu Iodid, wobei sich das Tetrathionat-Ion bildet: $2\ S_2O_3^{2\ominus} + I_2 \longrightarrow 2\ I^\ominus + S_4O_6^{2\ominus}$. Diese Reaktion findet Anwendung bei der Iod-Bestimmung in der analytischen Chemie (Iodometrie). Chlor wird zu Chlorid reduziert, aus $S_2O_3^{2\ominus}$ entsteht dabei $SO_4^{2\ominus}$ (Antichlor). Da $Na_2S_2O_3$ Silberhalogenide unter Komplexbildung löst $[Ag(S_2O_3)_2]^{3\ominus}$, wird es als Fixiersalz in der Photographie benutzt (s. S. 393).

H_2SO_5, Peroxomonoschwefelsäure, Carosche Säure, entsteht als Zwischenstufe bei der Hydrolyse von $H_2S_2O_8$, Peroxodischwefelsäure. Sie bildet sich auch aus konz. H_2SO_4 und H_2O_2. In wasserfreier Form ist sie stark hygroskopisch, Fp. 45°C. Sie ist ein starkes Oxidationsmittel und zersetzt sich mit Wasser in H_2SO_4 und H_2O_2.

Molekülstruktur s. Tabelle 31.

$H_2S_2O_8$, Peroxodischwefelsäure, entsteht durch anodische Oxidation von H_2SO_4 oder aus H_2SO_4 und H_2O_2. Sie hat einen Fp. von 65°C, ist äußerst hygroskopisch und zersetzt sich über H_2SO_5 als Zwischenstufe in H_2SO_4 und H_2O_2. $2\ H_2SO_4 + H_2O_2 \rightleftharpoons 2\ H_2O + H_2S_2O_8$. Die Salze, Peroxodisulfate, sind kräftige Oxidationsmittel. Sie entstehen durch anodische Oxidation von Sulfaten.

Molekülstruktur s. Tabelle 31.

Schwefel-Stickstoff-Verbindungen

Von den zahlreichen Substanzen mit S-N-Bindungen beanspruchen die cyclischen Verbindungen das größte Interesse. Am bekanntesten ist das *Tetraschwefeltetranitrid S_4N_4*. Es entsteht auf vielen Wegen. Eine häufig benutzte Darstellungsmethode beruht auf der Umsetzung von S_2Cl_2 mit Ammoniak. Bei dieser Reaktion entstehen auch $S_4N_3^\oplus Cl^\ominus$, $S_7(NH)$ und $S_6(NH)_2$.

Die Struktur von S_4N_4 läßt sich als ein *acht*gliedriges "Käfigsystem" charakterisieren (Abb. 164). S_7NH, $S_6(NH)_2$ und das durch Reduktion von S_4N_4 zugängliche $S_4(NH)_4$ leiten sich formal von elementarem Schwefel dadurch ab, daß S-Atome im S_8-Ring durch NH-Gruppen ersetzt sind (Abb. 166). Das $S_4N_3^\oplus$-Kation ist ein ebenes *sieben*gliedriges

Ringsystem mit einer S-S-Bindung (Abb. 165). Das *sechs*gliedrige Ringsystem des $S_3N_3Cl_3$ entsteht durch Chlorieren von S_4N_4 (Abb. 168). Oxidation von S_4N_4 mit $SOCl_2$ bei Anwesenheit von $AlCl_3$ liefert $S_5N_5^{\oplus}AlCl_4^{\ominus}$. Das Kation ist ein azulenförmiges *zehn*gliedriges Ringsystem (Abb. 167). Ein Ringsystem mit unterschiedlich langen S-N-Bindungsabständen ist das $S_4N_4F_4$. Man erhält es durch Fluorieren von S_4N_4 mit AgF_2.

S_2N_2, Dischwefeldinitrid, entsteht als explosive, kristalline, farblose Substanz beim Durchleiten von S_4N_4-Dampf durch Silberwolle. Es ist nahezu quadratisch gebaut.

$(SN)_x$, Polythiazyl, entsteht durch Erhitzen von S_2N_2 oder besser durch Erhitzen von S_4N_4 auf ca. 70°C und Kondensieren des Dampfes auf Glasflächen bei 10 - 30°C. Es ist ein goldglänzender, diamagnetischer Feststoff, ein eindimensionaler elektrischer Leiter und bei 0,26 K ein Supraleiter. $(SN)_x$ bildet zickzackförmige SN-Ketten.

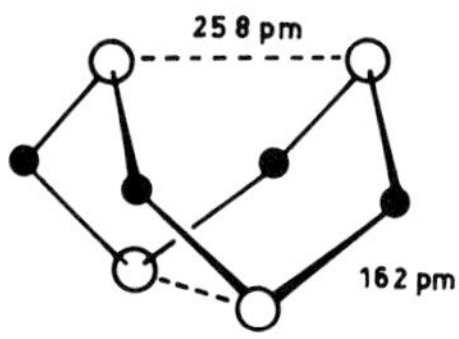

Abb. 164. Struktur von S_4N_4. Der Abstand von 258 ppm spricht für eine schwache S-S-Bindung. Beachte: Im As_4S_4 (Realgar) tauschen die S-Atome mit den N-Atomen den Platz

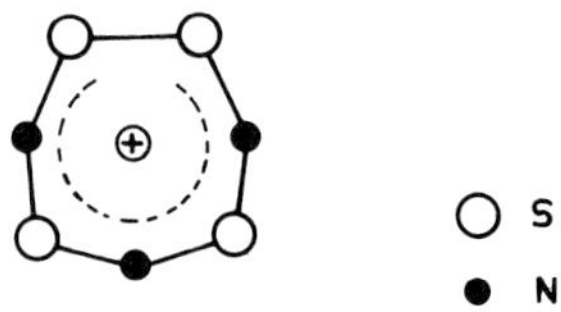

Abb. 165. Struktur von $S_4N_3^{\oplus}$

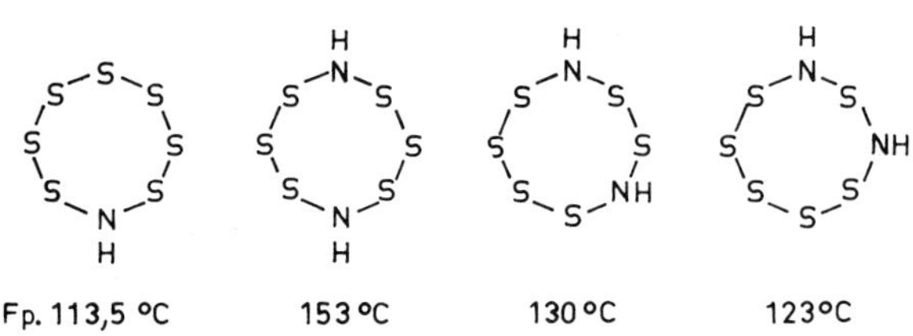

Abb. 166. Die Schwefelimide S_7NH, $S_6(NH)_2$

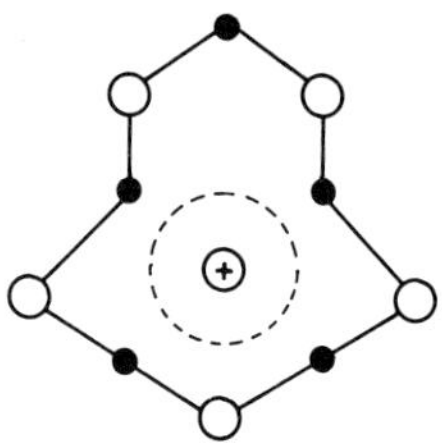

Abb. 167. Struktur von $S_5N_5^{\oplus}$

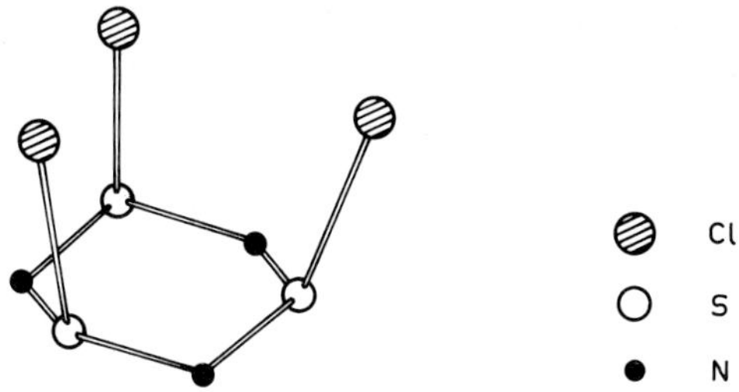

Abb. 168. Struktur von $S_3N_3Cl_3$

Selen

Vorkommen und *Gewinnung:* Es ist vor allem im Flugstaub der Röstgase von Schwefelerzen von Silber und Gold enthalten. Durch Erwärmen mit konz. HNO_3 erhält man SeO_2. Dieses läßt sich durch Reduktion mit z.B. SO_2 in Selen überführen: $SeO_2 + 2\ SO_2 \longrightarrow Se + 2\ SO_3$.

Eigenschaften: Selen bildet wie Schwefel mehrere Modifikationen. Die Molekülkristalle enthalten Se_8-Ringe. Stabil ist graues, metallähnliches Selen. Sein Gitter besteht aus unendlichen spiraligen Ketten, die sich um parallele Achsen des Kristallgitters winden:

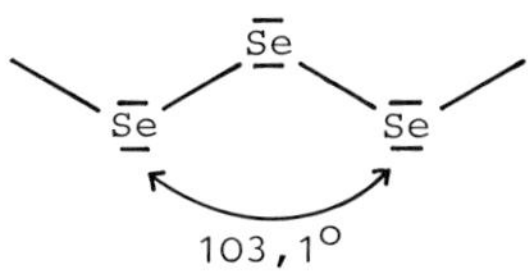

Graues Selen ist ein Halbleiter. Die elektrische Leitfähigkeit läßt sich durch Licht erhöhen. Verwendung findet es in Gleichrichtern und Photoelementen.

Verbindungen

H_2Se, Selenwasserstoff, entsteht als endotherme Verbindung bei ca. 400°C aus den Elementen. $\Delta H = +30\ kJ \cdot mol^{-1}$. Die gasförmige Substanz ist giftig und "riecht nach faulem Rettich".

SeO_2, Selendioxid, bildet sich beim Verbrennen von Selen als farbloses, sublimierbares Pulver mit Kettenstruktur.
$SeO_2 + H_2O \longrightarrow H_2SeO_3$.

H_2SeO_3, Selenige Säure, ist eine schwache, zweiwertige Säure. Sie läßt sich kristallin isolieren. $SeO_2 + H_2O \longrightarrow H_2SeO_3$.

SeO_3, Selentrioxid (aus H_2SeO_4 mit P_4O_{10} bei 150°C), ist ein starkes Oxidationsmittel. $SeO_3 + H_2O \longrightarrow H_2SeO_4$.

H_2SeO_4, Selensäure (Fp. 57°C), entsteht in Form ihrer Salze durch Oxidation von Seleniten oder durch Schmelzen von Selen mit KNO_3. Sie ist eine schwächere Säure, aber ein stärkeres Oxidationsmittel als H_2SO_4.

Tellur

Vorkommen und *Gewinnung:* Es findet sich als Cu_2Te, Ag_2Te, Au_2Te im Anodenschlamm bei der elektrolytischen Kupfer-Raffination. Aus wäßrigen Lösungen von Telluriten erhält man durch Reduktion (mit SO_2) ein braunes amorphes Pulver. Nach dem Schmelzen ist es silberweiß und metallisch.

"Metallisches" Tellur hat die gleiche Struktur wie graues Selen.

Verbindungen

TeO_2, Tellurdioxid, entsteht beim Verbrennen von Tellur als nichtflüchtiger, farbloser Feststoff (verzerrte Rutil-Struktur). In Wasser ist es fast unlöslich. Mit starken Basen entstehen *Tellurite*: $TeO_3^{2\ominus}$. H_2TeO_3 ist in Substanz nicht bekannt.

TeO_3, Tellurtrioxid, bildet sich beim Entwässern von $Te(OH)_6$ als orangefarbener Feststoff. $TeO_3 + x\ H_2O \longrightarrow Te(OH)_6$.

$Te(OH)_6$, Tellursäure (Orthotellursäure), entsteht durch Oxidation von Te oder TeO_2 mit Na_2O_2, CrO_3 u.a. Die Hexahydroxoverbindung ist eine sehr schwache Säure. Es gibt Salze (Tellurate) verschiedener Zusammensetzung; sie enthalten alle TeO_6-Oktaeder: $K[TeO(OH)_5]$, $Ag_2[TeO_2(OH)_4]$, Ag_6TeO_6 usw. Bei der kristallinen $Te(OH)_6$ sind die Oktaeder über Wasserstoffbrücken verknüpft.

Halogene (F, Cl, Br, I, At)

Die Halogene (Salzbildner) bilden die VII. Hauptgruppe des PSE. Alle Elemente haben ein Elektron weniger als das jeweils folgende Edelgas. Um die Edelgaskonfiguration zu erreichen, versuchen die Halogenatome ein Elektron aufzunehmen. Erfolgt die Übernahme vollständig, dann entstehen die Halogenid-Ionen $F^{\ominus}$, $Cl^{\ominus}$, $Br^{\ominus}$, $I^{\ominus}$. Sie können aber auch in einer Elektronenpaarbindung einen mehr oder weniger großen Anteil an einem Elektron erhalten, das von einem Bindungspartner stammt. Aus diesem Grunde bilden alle Halogene zweiatomige Moleküle und sind Nichtmetalle: $|\overline{\underline{F}}\cdot + e^{\ominus} \longrightarrow |\overline{\underline{F}}|^{\ominus}$, z.B. $Na^{\oplus}F^{\ominus}$. $|\overline{\underline{F}}\cdot + \cdot\overline{\underline{F}}| \longrightarrow |\overline{\underline{F}} - \overline{\underline{F}}|$, F_2. Der Nichtmetallcharakter nimmt vom Fluor zum Astat hin ab. At ist radioaktiv; stabilstes Isotop ist ^{210}At mit $t_{1/2} = 8{,}3$ h.

Fluor ist das elektronegativste aller Elemente (EN = 4) und ein sehr starkes Oxidationsmittel. Wie aus einem Vergleich der Redoxpotentiale in Tabelle 32 hervorgeht, nimmt die Oxidationskraft vom Fluor zum Iod hin stark ab.

Fluor hat in allen seinen Verbindungen die Oxidationszahl -1. Die anderen Halogene können in Verbindungen mit den elektronegativeren Elementen Fluor und Sauerstoff auch positive Oxidationszahlen aufweisen: Bei ihnen sind Oxidationszahlen von -1 bis +7 möglich.

Die Halogene kommen wegen ihrer hohen Reaktivität in der Natur nicht elementar vor.

Fluor

Vorkommen: als CaF_2 (Flußspat, Fluorit), Na_3AlF_6 (Kryolith), $Ca_5(PO_4)_3F \equiv 3\ Ca_3(PO_4)_2 \cdot CaF_2$ (Apatit).

Darstellung: Fluor kann nur durch anodische Oxidation von Fluorid-Ionen erhalten werden: Man elektrolysiert wasserfreien Fluorwasserstoff oder eine Lösung von Kaliumfluorid KF in wasserfreiem HF. Als Anode dient Nickel oder Kohle, als Kathode Eisen, Stahl oder Kupfer. Die Badspannung beträgt ca. 10 V.

In dem Elektrolysegefäß muß der Kathodenraum vom Anodenraum getrennt sein, um eine explosionsartige Reaktion von H_2 mit F_2 zu HF zu vermeiden. Geeignete Reaktionsgefäße für Fluor bestehen aus Cu, Ni, Monelmetall (Ni/Cu), PTFE (Polytetrafluorethylen, Teflon).

Zum MO-Energiediagramm s. S. 365.
Besetzung für F_2: $(\sigma_s^b)^2(\sigma_s^*)^2(\sigma_x^b)^2(\pi_{y,z}^b)^4(\pi_{y,z}^*)^4$.

Tabelle 32. Eigenschaften der Halogene

Element	Fluor	Chlor	Brom	Iod	Astat
Elektronenkonfiguration	$1s^2 2s^2 2p^5$	$[Ne]3s^2 3p^5$	$[Ar]3d^{10} 4s^2 4p^5$	$[Kr]4d^{10} 5s^2 5p^5$	$[Xe]4f^{14} 5d^{10} 6s^2 6p^5$
Fp. [°C]	-219,62	-100,98	-7,2	113,5	302
Kp. [°C]	-188,14	-34,6	58,78	184,35	335
Ionisierungsenergie [kJ/mol]	1680	1260	1140	1010	
Kovalenter Atomradius [pm]	64	99	111	128	
Ionenradius [pm]	133	181	196	219	
Elektronegativität	4,0	3,0	2,8	2,5	
Dissoziationsenergie des X_2-Moleküls [kJ/mol]	157,8	238,2	189,2	148,2	
Normalpotential [V] $X^{\ominus}/X_2$ (in saurem Milieu)	+3,06[a]	+1,36	+1,06	+0,53	

Allgemeine Reaktionsfähigkeit	⟶	nimmt ab
Affinität zu elektropositiven Elementen	⟶	nimmt ab
Affinität zu elektronegativen Elementen	⟶	nimmt zu

[a] $HF \cdot aq \rightleftharpoons \frac{1}{2} F_2 + H^{\oplus} + e^{\ominus}$

Eigenschaften

Fluor ist das reaktionsfähigste aller Elemente und ein sehr starkes Oxidationsmittel. Es ist stark ätzend und sehr giftig. Mit Metallen wie Fe, Al, Ni oder Legierungen wie Messing, Bronze, Monelmetall (Ni/Cu) bildet es Metallfluoridschichten, wodurch das darunterliegende Metall geschützt ist (Passivierung). Verbindungen von Fluor mit anderen Elementen heißen Fluoride.

Fluor reagiert heftig mit Wasser: $F_2 + H_2O \rightleftharpoons 2\ HF + \frac{1}{2}\ O_2$ (+ wenig O_3), $\Delta H = -256{,}2\ kJ \cdot mol^{-1}$.

Verbindungen

<u>*HF, Fluorwasserstoff,*</u> entsteht aus den Elementen oder aus CaF_2 und H_2SO_4 in Reaktionsgefäßen aus Platin, Blei oder Teflon $(C_2F_4)_x$.

Eigenschaften: HF ist eine farblose, an der Luft stark rauchende, leichtbewegliche Flüssigkeit (Kp. 19,5°C, Fp. -83°C). HF riecht stechend und ist sehr giftig.

Das monomere HF-Molekül liegt erst ab 90°C vor. Bei Temperaturen unterhalb 90°C assoziieren HF-Moleküle über Wasserstoffbrücken zu $(HF)_n$ (n = 2 - 8). Dieser Vorgang macht sich auch in den physikalischen Daten wie Fp., Kp. und der Dichte bemerkbar. Bei 20°C entspricht die mittlere Molekülmasse $(HF)_3$-Einheiten.

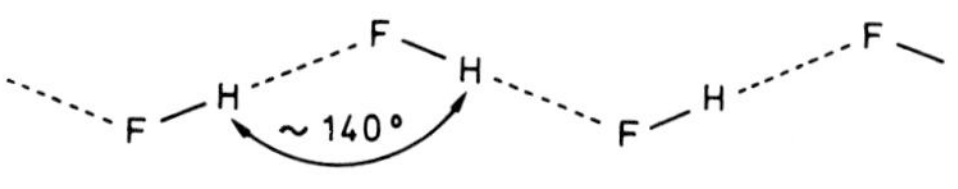

Zick-Zack-Ketten

In kristallisiertem $(HF)_n$ ist:

∢ HFH = 120,1°
d(F-H) = 92 pm
d(F···H) = 157 pm

Flüssiger Fluorwasserstoff ist ein wasserfreies Lösungsmittel für viele Substanzen: $3\ HF \rightleftharpoons H_2F^{\oplus} + HF_2^{\ominus}$;
$c(H_2F^{\oplus}) \cdot c(HF_2^{\ominus}) = 10^{-10}\ mol^2 \cdot l^{-2}$.

Die wäßrige HF-Lösung heißt <u>Fluorwasserstoffsäure</u> (Flußsäure). Sie ist eine mäßig starke Säure (Dissoziation bis ca. 10 %). Sie ätzt Glas unter Bildung von SiF_4 und löst viele Metalle unter H_2-Entwicklung und Bildung von Fluoriden: $M(I)^{\oplus}F^{\ominus}$ usw. Die Metallfluoride besitzen <u>*Salzcharakter*</u>. Die meisten von ihnen sind wasserlöslich. Schwerlöslich sind LiF, PbF_2, CuF_2. Unlöslich sind u.a. die Erdalkalifluoride. Einige Fluoride können HF-Moleküle anlagern wie z.B. KF: Aus wasserfreiem flüssigen Fluorwasserstoff kann man u.a. folgende

Substanzen isolieren: KF • HF, KF • 2 HF (Fp. 80°C), KF • 3 HF usw. Sie leiten sich von $(HF)_n$ durch Ersatz von einem $H^\oplus$ durch $K^\oplus$ ab und lassen sich demnach schreiben als $K^\oplus HF_2^\ominus$ usw.

Zahlreiche Metall- und Nichtmetall-Fluoride bilden mit Alkalifluoriden oft sehr stabile Fluoro-Komplexe. Beispiele: $BF_3 + F^\ominus \longrightarrow [BF_4]^\ominus$, $SiF_4 + 2\ F^\ominus \longrightarrow [SiF_6]^{2\ominus}$, $AlF_3 + 3\ F^\ominus \longrightarrow [AlF_6]^{3\ominus}$, $Ti(H_2O)_6^{3\oplus} + 6\ F^\ominus \longrightarrow [TiF_6]^{3\ominus}$..

Sauerstoffverbindungen

Beachte: Von Fluor sind außer HOF keine Sauerstoffsäuren bekannt.

HOF, Hypofluorige Säure, entsteht beim Überleiten von F_2-Gas bei niedrigem Druck über Eis (im Gemisch mit HF, O_2, F_2O). Sie läßt sich als weiße Substanz ausfrieren (Fp. -117°C). Bei Zimmertemperatur zerfällt sie nach: $2\ HOF \longrightarrow 2\ HF + O_2$ und $2\ HOF \longrightarrow F_2O + H_2O$. Organische Derivate ROF sind bekannt.

F_2O, Sauerstoffdifluorid, entsteht beim Einleiten von Fluor-Gas in eine wäßrige NaOH- oder KOH-Lösung: $2\ F_2 + 2\ OH^\ominus \longrightarrow 2\ F^\ominus + F_2O + H_2O$. Das durch eine Disproportionierungsreaktion entstandene F_2O ist das Anhydrid der unbeständigen Hypofluorigen Säure HOF. Eigenschaften: F_2O ist ein farbloses, sehr giftiges Gas und weniger reaktionsfähig als F_2. Sein Bau ist gewinkelt mit ∢ F-O-F = 101,5°.

F_2O_2, Disauerstoffdifluorid, entsteht durch Einwirkung einer elektrischen Glimmentladung auf ein Gemisch aus gleichen Teilen F_2 und O_2 in einem mit flüssiger Luft gekühlten Gefäß als orangegelber Beschlag. Beim Fp. = -163,5°C bildet es eine orangerote Flüssigkeit, welche bei -57°C in die Elemente zerfällt. F_2O_2 ist ein starkes Oxidations- und Fluorierungsmittel. Bau: F–O–O–F.

Die Substanzen SF_4, SF_6, NF_3, BF_3, PF_3, CF_4 und H_2SiF_6 werden als Verbindungen der Elemente S, N, B, P, C und Si beschrieben.

Chlor

Vorkommen: als NaCl (Steinsalz, Kochsalz), KCl (Sylvin), $KCl \cdot MgCl_2 \cdot 6\ H_2O$ (Carnallit), $KCl \cdot MgSO_4$ (Kainit).

Darstellung: (1.) Großtechnisch durch Elektrolyse von Kochsalzlösung (Chloralkali-Elektrolyse, S. 190). (2.) Durch Oxidation von Chlorwasserstoff mit Luft oder MnO_2: $MnO_2 + 4\ HCl \longrightarrow MnCl_2 + Cl_2 + 2\ H_2O$.

Eigenschaften: gelbgrünes Gas von stechendem, hustenreizendem Geruch, nicht brennbar (Kp. -34,06°C, Fp. -101°C). Chlor löst sich gut in Wasser (= Chlorwasser). Es verbindet sich direkt mit fast allen Elementen zu Chloriden. Ausnahmen sind die Edelgase, O_2, N_2 und Kohlenstoff. Absolut trockenes Chlor ist reaktionsträger als feuchtes Chlor und greift z.B. weder Kupfer noch Eisen an.

Beispiele für die Bildung von Chloriden:

$$2\ Na + Cl_2 \longrightarrow 2\ NaCl;\ \Delta H = -822{,}57\ kJ \cdot mol^{-1};$$

$$Fe + \frac{3}{2}\ Cl_2 \longrightarrow FeCl_3;\ \Delta H = -405{,}3\ kJ \cdot mol^{-1};$$

$$H_2 + Cl_2 \xrightarrow{h\nu} 2\ HCl;\ \Delta H = -184{,}73\ kJ \cdot mol^{-1}.$$

Die letztgenannte Reaktion ist bekannt als Chlorknallgas-Reaktion, weil sie bei Bestrahlung expolosionsartig abläuft (Radikal-Kettenreaktion), s. S. 270.

Verbindungen

HCl, Chlorwasserstoff, entsteht (1.) in einer "gezähmten" Knallgasreaktion aus den Elementen. Man benutzt hierzu einen Quarzbrenner, dessen Konstruktion dem Daniellschen Hahn nachempfunden ist; (2.) aus NaCl mit Schwefelsäure: $NaCl + H_2SO_4 \longrightarrow HCl + NaHSO_4$ und $NaCl + NaHSO_4 \longrightarrow HCl + Na_2SO_4$; (3.) HCl fällt auch oft als Nebenprodukt bei der Chlorierung organischer Verbindungen an.

Eigenschaften: farbloses, stechend riechendes Gas. HCl ist gut löslich in Wasser. Die Lösung heißt Salzsäure. Konzentrierte Salzsäure ist 38%ig.

Sauerstoffsäuren von Chlor

HOCl, Hypochlorige Säure, bildet sich beim Einleiten von Cl_2 in Wasser: $Cl_2 + H_2O \rightleftharpoons HOCl + HCl$ (Disproportionierung). Das Gleichgewicht der Reaktion liegt jedoch auf der linken Seite. Durch Abfangen von HCl durch Quecksilberoxid HgO (Bildung von $HgCl_2 \cdot 2\ HgO$) erhält man Lösungen mit einem HOCl-Gehalt von über 20 %. HOCl ist nur in wäßriger Lösung einige Zeit beständig. Beim Versuch, die wasserfreie Säure zu isolieren, bildet sich Cl_2O: $2\ HOCl \rightleftharpoons Cl_2O + H_2O$. HOCl ist ein starkes Oxidationsmittel ($E^0_{HOCl/Cl^\ominus} = +1{,}5$ V) und eine sehr schwache Säure. Chlor hat in dieser Säure die formale Oxidationsstufe +1.

Salze der Hypochlorigen Säure:

Wichtige Salze sind NaOCl (Natriumhypochlorit), CaCl(OCl) (Chlorkalk) und $Ca(OCl)_2$ (Calciumhypochlorit). Sie entstehen durch Einleiten von Cl_2 in die entsprechenden starken Basen, z.B.:

$$Cl_2 + 2\ NaOH \longrightarrow NaOCl + H_2O + NaCl.$$

Hypochloritlösungen finden Verwendung als Bleich- und Desinfektionsmittel und zur Darstellung von Hydrazin (Raschig-Synthese).

$HClO_2$, Chlorige Säure, entsteht beim Einleiten von ClO_2 in Wasser gemäß: $2\ ClO_2 + H_2O \rightleftharpoons HClO_2 + HClO_3$. Sie ist instabil. Ihre Salze, die Chlor<u>ite</u>, werden durch Einleiten von ClO_2 in Alkalilaugen erhalten: $2\ ClO_2 + 2\ NaOH \longrightarrow NaClO_2 + NaClO_3 + H_2O$. Chloratfrei entstehen sie durch Zugabe von Wasserstoffperoxid H_2O_2. Die stark oxidierenden Lösungen der Chlorite finden zum Bleichen Verwendung. Das eigentlich oxidierende Agens ist ClO_2, das mit Säuren entsteht. Festes $NaClO_2$ bildet mit oxidablen Stoffen explosive Gemische. $AgClO_2$ sowie $Pb(ClO_2)_2$ explodieren durch Schlag und Erwärmen. In $HClO_2$ und ihren Salzen hat das Chloratom die formale Oxidationsstufe +3. Das $ClO_2^{\ominus}$-Ion ist gewinkelt gebaut.

$HClO_3$, Chlorsäure, entsteht in Form ihrer Salze, der Chlorate, u.a. beim Ansäuern der entsprechenden Hypochlorite. Die freigesetzte Hypochlorige Säure oxidiert dabei ihr eigenes Salz zum Chlorat: $2\ HOCl + ClO^{\ominus} \longrightarrow 2\ HCl + ClO_3^{\ominus}$ <u>(Disproportionierungsreaktion)</u>. <u>Technisch gewinnt man $NaClO_3$ durch Elektrolyse einer heißen NaCl-Lösung</u>. $Ca(ClO_3)_2$ bildet sich beim Einleiten von Chlor in eine heiße Lösung von $Ca(OH)_2$ (Kalkmilch). Zur Darstellung der freien Säure eignet sich vorteilhaft die Zersetzung von $Ba(ClO_3)_2$ mit H_2SO_4.

$HClO_3$ läßt sich bis zu einem Gehalt von ca. 40 % konzentrieren. Diese Lösungen sind kräftige Oxidationsmittel: Sie oxidieren z.B. elementaren Schwefel zu Schwefeltrioxid SO_3. In $HClO_3$ hat Chlor die formale Oxidationsstufe +5.

Feste Chlorate spalten beim Erhitzen O_2 ab und sind daher im Gemisch mit oxidierbaren Stoffen explosiv! Sie finden Verwendung z.B. mit Mg als Blitzlicht, für Oxidationen, in der Sprengtechnik, in der Medizin als Antiseptikum, ferner als Ausgangsstoffe zur Darstellung von Perchloraten.

Das $ClO_3^{\ominus}$-Anion ist pyramidal gebaut.

$HClO_4$, Perchlorsäure, wird durch H_2SO_4 aus ihren Salzen, den Perchloraten, freigesetzt: $NaClO_4 + H_2SO_4 \longrightarrow NaHSO_4 + HClO_4$. Sie entsteht auch durch anodische Oxidation von Cl_2. Perchlorate erhält man durch Erhitzen von Chloraten, z.B.: $4\ KClO_3 \xrightarrow{\Delta} KCl + 3\ KClO_4$ (Disproportionierungsreaktion) oder durch anodische Oxidation. Es sind oft gut kristallisierende Salze, welche in Wasser meist leicht löslich sind. Ausnahme: $KClO_4$. In $HClO_4$ hat das Chloratom die formale Oxidationsstufe +7.

Reine $HClO_4$ ist eine farblose, an der Luft rauchende Flüssigkeit (Fp. -112°C). Schon bei Zimmertemperatur wurde gelegentlich explosionsartige Zersetzung beobachtet, vor allem bei Kontakt mit oxidierbaren Stoffen. Verdünnte Lösungen sind wesentlich stabiler. In Wasser ist $HClO_4$ eine der stärksten Säuren ($pK_s = -9$!). Die große Bereitschaft von $HClO_4$, ein $H^{\oplus}$-Ion abzuspalten, liegt in ihrem Bau begründet. Während in dem Perchlorat-Anion $ClO_4^{\ominus}$ das Cl-Atom in der Mitte eines regulären Tetraeders liegt (energetisch günstiger Zustand), wird in der $HClO_4$ diese Symmetrie durch das kleine polarisierende H-Atom stark gestört.

Es ist leicht einzusehen, daß die Säurestärke der Chlorsäuren mit abnehmender Symmetrie (Anzahl der Sauerstoffatome) abnimmt. Vgl. folgende Reihe: HOCl: $pK_s = +7{,}25$; $HClO_3$: $pK_s = 0$; $HClO_4$: $pK_s = -9$.

Oxide des Chlors

Cl_2O, Dichloroxid, entsteht (1.) bei der Umsetzung von CCl_4 mit HOCl: $CCl_4 + HOCl \longrightarrow Cl_2O + CHCl_3$; (2.) beim Überleiten von Cl_2 bei 0°C über feuchtes HgO; (3.) durch Eindampfen einer HOCl-Lösung. Das orangefarbene Gas kondensiert bei 1,9°C zu einer rotbraunen Flüssigkeit. Cl_2O ist das Anhydrid von HOCl und zerfällt bei Anwesenheit oxidabler Substanzen explosionsartig. Das Molekül ist gewinkelt gebaut: $\sphericalangle$ Cl-O-Cl = 110,8°.

ClO_2, Chlordioxid, entsteht durch Reduktion von $HClO_3$. Bei der technischen Darstellung reduziert man $NaClO_3$ mit Schwefliger Säure H_2SO_3: $2\ HClO_3 + H_2SO_3 \longrightarrow 2\ ClO_2 + H_2SO_4 + H_2O$. Weitere Bildungsmöglichkeiten ergeben sich bei der Disproportionierung von $HClO_3$, der Umsetzung von $NaClO_3$ mit konz. HCl, bei der Einwirkung von Cl_2 auf Chlorite oder der Reduktion von $HClO_3$ mit Oxalsäure ($H_2C_2O_4$). ClO_2 ist ein gelbes Gas, das sich durch Abkühlen zu einer rotbraunen Flüssigkeit kondensiert (Kp. 9,7°C, Fp. -59°C). Die Substanz ist äußerst explosiv. Als Pyridin-Addukt stabilisiert wird es in

wäßriger Lösung für Oxidationen und Chlorierungen verwendet. ClO_2 ist ein gemischtes Anhydrid. Beim Lösen in Wasser erfolgt sofort Disproportionierung: $2\ ClO_2 + H_2O \longrightarrow HClO_3 + HClO_2$. Die Molekülstruktur von ClO_2 ist gewinkelt, ∡ O-Cl-O = 116,5°. Es hat eine ungerade Anzahl von Elektronen.

Cl_2O_3, Dichlortrioxid, bildet sich u.a. bei der Photolyse von ClO_2. Der dunkelbraune Festkörper ist unterhalb -78°C stabil. Bei 0°C erfolgt explosionsartige Zersetzung.

Cl_2O_6, Dichlorhexoxid, ist als gemischtes Anhydrid von $HClO_3$ und $HClO_4$ aufzufassen. Es entsteht bei der Oxidation von ClO_2 mit Ozon O_3. Die rotbraune Flüssigkeit (Fp. 3,5°C) dissoziiert beim Erwärmen in ClO_3, welches zu ClO_2 und O_2 zerfällt. Cl_2O_6 explodiert mit organischen Substanzen. In CCl_4 ist es löslich.

Cl_2O_7, Dichlorheptoxid, ist das Anhydrid von $HClO_4$. Man erhält es beim Entwässern dieser Säure mit P_4O_{10} als eine farblose, ölige, explosive Flüssigkeit (Kp. 81,5°C, Fp. -91,5°C). Bau: $O_3ClOClO_3$.

Brom

Brom kommt in Form seiner Verbindungen meist zusammen mit den analogen Chloriden vor. Im Meerwasser bzw. in Salzlagern als NaBr, KBr und $KBr \cdot MgBr_2 \cdot 6\ H_2O$ (Bromcarnallit).

Darstellung: Zur Darstellung kann man die unterschiedlichen Redoxpotentiale von Chlor und Brom ausnutzen: $E^0_{2Cl^\ominus/Cl_2} = +1{,}36$ V und $E^0_{2Br^\ominus/Br_2} = +1{,}07$ V. Durch Einwirkung von Cl_2 auf Bromide wird elementares Brom freigesetzt: $2\ KBr + Cl_2 \longrightarrow Br_2 + 2\ KCl$. Im Labormaßstab erhält man Brom auch mit der Reaktion: $4\ HBr + MnO_2 \longrightarrow MnBr_2 + 2\ H_2O + Br_2$.

Eigenschaften: Brom ist bei Raumtemperatur eine braune Flüssigkeit. (Brom und Quecksilber sind die einzigen bei Raumtemperatur flüssigen Elemente.) Brom ist weniger reaktionsfähig als Chlor. In wäßriger Lösung reagiert es unter Lichteinwirkung: $H_2O + Br_2 \longrightarrow 2\ HBr + \frac{1}{2}\ O_2$. Mit Kalium reagiert es explosionsartig unter Bildung von KBr.

Verbindungen

HBr, Bromwasserstoff, ist ein farbloses Gas. Es reizt die Schleimhäute, raucht an der Luft und läßt sich durch Abkühlen verflüssigen. HBr ist leicht zu Br_2 oxidierbar: $2\ HBr + Cl_2 \longrightarrow 2\ HCl + Br_2$. Die wäßrige Lösung von HBr heißt Bromwasserstoffsäure. Ihre Salze, die Bromide, sind meist wasserlöslich. Ausnahmen sind z.B. AgBr, Silberbromid und Hg_2Br_2, Quecksilber(I)-bromid.

Darstellung: Aus den Elementen mittels Katalysator (Platinschwamm, Aktivkohle) bei Temperaturen von ca. 200 °C oder aus Bromiden mit einer nichtoxidierenden Säure: $3\ KBr + H_3PO_4 \longrightarrow K_3PO_4 + 3\ HBr$. Es entsteht auch durch Einwirkung von Br_2 auf Wasserstoffverbindungen wie H_2S oder bei der Bromierung gesättigter organischer Kohlenwasserstoffe, z.B. Tetralin, $C_{10}H_{12}$.

HOBr, Hypobromige Säure, erhält man durch Schütteln von Bromwasser mit Quecksilberoxid: $2\ Br_2 + 3\ HgO + H_2O \longrightarrow HgBr_2 \cdot 2\ HgO + 2\ HOBr$. Die Salze (Hypobromite) entstehen ebenfalls durch Disproportionierung aus Brom und den entsprechenden Laugen: $Br_2 + 2\ NaOH \longrightarrow NaBr + NaOBr$.

Bei Temperaturen oberhalb 0 °C disproportioniert HOBr: $3\ HOBr \longrightarrow 2\ HBr + HBrO_3$.

Verwendung finden Hypobromitlösungen als Bleich- und Oxidationsmittel.

$HBrO_2$, Bromige Säure, bildet sich in Form ihrer Salze (Bromite) aus Hypobromit in alkalischem Medium oder durch Oxidation von Hypobromiten: $BrO^{\ominus} + ClO^{\ominus} \longrightarrow BrO_2^{\ominus} + Cl^{\ominus}$.

Bromite sind gelbe Substanzen. $NaBrO_2$ findet bei der Textilveredlung Verwendung.

$HBrO_3$, Bromsäure, erhält man aus Bromat und H_2SO_4. Ihre Salze, die Bromate, sind in ihren Eigenschaften den Chloraten analog.

$HBrO_4$, Perbromsäure, bildet sich in Form ihrer Salze aus alkalischen Bromatlösungen mit Fluor: $BrO_3^{\ominus} + F_2 + H_2O \longrightarrow BrO_4^{\ominus} + 2\ HF$. Die Säure gewinnt man aus den Salzen mit verd. H_2SO_4. Beim Erhitzen entsteht aus $KBrO_4$ (Kaliumperbromat) $KBrO_3$ (Kaliumbromat).

Br_2O, Dibromoxid, ist das Anhydrid der hypobromigen Säure. Es ist nur bei Temperaturen < -40 °C stabil und ist aus Brom und HgO in Tetrachlorkohlenstoff oder aus BrO_2 erhältlich.

BrO_2, Bromdioxid, entsteht z.B. durch Einwirkung einer Glimmentladung auf ein Gemisch von Brom und Sauerstoff. Die endotherme Substanz ist ein nur bei tiefen Temperaturen beständiger gelber Festkörper.

Iod

Vorkommen: im Meerwasser und manchen Mineralquellen, als $NaIO_3$ im Chilesalpeter, angereichert in einigen Algen, Tangen, Korallen, in der Schilddrüse etc.

Darstellung: (1.) Durch Oxidation von Iodwasserstoff HI mit MnO_2. (2.) Durch Oxidation von NaI mit Chlor: $2\ NaI + Cl_2 \longrightarrow 2\ NaCl + I_2$. (3.) Aus der Mutterlauge des Chilesalpeters ($NaNO_3$) durch Reduktion des darin enthaltenen $NaIO_3$ mit SO_2: $2\ NaIO_3 + 5\ SO_2 + 4\ H_2O \longrightarrow Na_2SO_4 + 4\ H_2SO_4 + I_2$. Die Reinigung kann durch Sublimation erfolgen.

Eigenschaften: Metallisch glänzende, grauschwarze Blättchen. Die Schmelze ist braun und der Iod-Dampf violett. Iod ist schon bei Zimmertemperatur merklich flüchtig. Es bildet ein Schichtengitter.

Löslichkeit: In Wasser ist Iod nur sehr wenig löslich. Sehr gut löst es sich mit dunkelbrauner Farbe in einer wäßrigen Lösung von Kaliumiodid, KI, oder Iodwasserstoff, HI, unter Bildung von Additionsverbindungen wie $KI \cdot I_2 \equiv K^{\oplus}I_3^{\ominus}$ oder HI_3. In organischen Lösungsmitteln wie Alkohol, Ether, Aceton ist Iod sehr leicht löslich mit brauner Farbe. In Benzol, Toluol usw. löst es sich mit roter Farbe, und in CS_2, $CHCl_3$, CCl_4 ist die Lösung violett gefärbt. Eine 2,5 - 10%ige alkoholische Lösung heißt Iodtinktur.

Iod zeigt nur eine geringe Affinität zum Wasserstoff. So zerfällt Iodwasserstoff, HI, beim Erwärmen in die Elemente. Bei höherer Temperatur reagiert Iod z.B. direkt mit Phosphor, Eisen, Quecksilber.

Eine wäßrige Stärkelösung wird durch freies Iod blau gefärbt (s. HT 211). Dabei wird Iod in Form einer Einschlußverbindung in dem Stärkemolekül eingelagert.

Iodflecken lassen sich mit Natriumthiosulfat $Na_2S_2O_3$ entfernen. Hierbei entsteht NaI und Natriumtetrathionat $Na_2S_4O_6$.

Verbindungen

HI, Iodwasserstoff, ist ein farbloses, stechend riechendes Gas, das an der Luft raucht und sich sehr gut in Wasser löst. Es ist leicht zu elementarem Iod oxidierbar. HI ist ein stärkeres Reduktionsmittel als HCl und HBr. Die wäßrige Lösung von HI ist eine Säure, die Iodwasserstoffsäure. Viele Metalle reagieren mit ihr unter Bildung von Wasserstoff und den entsprechenden Iodiden. Die Alkaliiodide entstehen nach der Gleichung: $I_2 + 2\ NaOH \longrightarrow NaI + NaOI + H_2O$.

Darstellung: (1.) Durch Einleiten von Schwefelwasserstoff H_2S in eine Aufschlämmung von Iod in Wasser. (2.) Aus den Elementen: $H_2 + I_2(g) \rightleftharpoons 2\ HI$ mit Platinschwamm als Katalysator. (3.) Durch Hydrolyse von Phosphortriiodid PI_3.

HOI, Hypoiodige Säure, ist unbeständig und zersetzt sich unter Disproportionierung in HI und Iodsäure: $3\ HOI \longrightarrow 2\ HI + HIO_3$. Diese reagieren unter Komproportionierung zu Iod: $HIO_3 + 5\ HI \longrightarrow 3\ H_2O + 3\ I_2$. Darstellung: Durch eine Disproportionierungsreaktion aus Iod. Der entstehende HI wird mit HgO aus dem Gleichgewicht entfernt: $2\ I_2 + 3\ HgO + H_2O \longrightarrow HgI_2 \cdot 2\ HgO + 2\ HOI$. Die Salze, die Hypoiodite, entstehen aus I_2 und Alkalilaugen. Sie disproportionieren in Iodide und Iodate.

HIO_3, Iodsäure, entsteht z.B. durch Oxidation von I_2 mit HNO_3 oder Cl_2 in wäßriger Lösung. Sie bildet farblose Kristalle und ist ein starkes Oxidationsmittel. $pK_s = 0{,}8$.

Iodate: Die Alkaliiodate entstehen aus I_2 und Alkalilaugen beim Erhitzen. Sie sind starke Oxidationsmittel. Im Gemisch mit brennbaren Substanzen detonieren sie auf Schlag. $IO_3^{\ominus}$ ist pyramidal gebaut.

Periodsäuren: Wasserfreie Orthoperiodsäure, H_5IO_6, ist eine farblose, hygroskopische Substanz. Sie ist stark oxidierend und schwach sauer. Sie zersetzt sich beim Erhitzen über die Metaperiodsäure, HIO_4, und I_2O_7 in I_2O_5. Darstellung: Oxidation von Iodaten.

Iodoxide

I_2O_4, $IO^{\oplus}IO_3^{\ominus}$, entsteht aus HIO_3 mit heißer H_2SO_4. Gelbes körniges Pulver.

I_2O_5 bildet sich als Anhydrid der HIO_3 aus dieser durch Erwärmen auf 240 - 250 °C. Es ist ein weißes kristallines Pulver, das bis 275 °C stabil ist. Es ist eine exotherme Verbindung ($\Delta H = -158{,}18\ kJ \cdot mol^{-1}$).

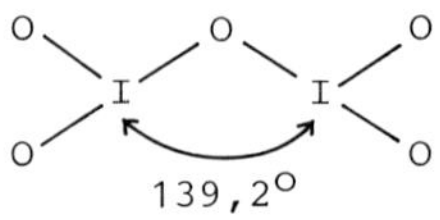

I_2O_7 bildet sich beim Entwässern von HIO_4. Orangefarbener polymerer Feststoff.

I_4O_9, Iod(III)-iodat $I(IO_3)_3$, ist aus I_2 mit Ozon O_3 in CCl_4 bei -78°C erhältlich.

Bindungsenergie und Acidität

Betrachten wir die Bindungsenergie (ΔH) der Halogenwasserstoff-Verbindungen und ihre Acidität, so ergibt sich: Je stärker die Bindung, d.h. je größer die Bindungsenergie ist, die bei der Bindungsbildung frei wird, um so geringer ist die Neigung der Verbindung, das H-Atom als Proton abzuspalten.

Substanz	ΔH [kJ · mol^{-1}]	pK_S-Wert
HF	-563,5	3,14
HCl	-432	-2
HBr	-355,3	-3,5
HI	-299	< -5

HI ist demnach die stärkste Säure!

Salzcharakter der Halogenide

Der Salzcharakter der Halogenide nimmt von den Fluoriden zu den Iodiden hin ab. Gründe für diese Erscheinung sind die Abnahme der Elektronegativität von Fluor zu Iod und die Zunahme des Ionenradius von $F^{\ominus}$ zu $I^{\ominus}$: Das große $I^{\ominus}$-Anion ist leichter polarisierbar als das kleine $F^{\ominus}$-Anion. Dementsprechend wächst der kovalente Bindungsanteil von den Fluoriden zu den Iodiden an.

Unter den Halogeniden sind die Silberhalogenide besonders erwähnenswert. Während z.B. AgF in Wasser leicht löslich ist, sind AgCl, AgBr und AgI schwerlösliche Substanzen ($Lp_{AgCl} = 10^{-10}$ mol^2 · l^{-2}, $Lp_{AgBr} = 5 \cdot 10^{-13}$ mol^2 · l^{-2}, $Lp_{AgI} = 10^{-16}$ mol^2 · l^{-2}). Die Silberhalogenide gehen alle unter Komplexbildung in Lösung: AgCl löst sich u.a. in verdünnter NH_3-Lösung, s. S. 148, AgBr löst sich z.B. in konz. NH_3-Lösung oder $Na_2S_2O_3$-Lösung, s. unten, und AgI löst sich in NaCN-Lösung.

Photographischer Prozeß (Schwarz-Weiß-Photographie)

Der Film enthält in einer Gelatineschicht auf einem Trägermaterial fein verteilte AgBr-Kristalle. Bei der Belichtung entstehen an den belichteten Stellen Silberkeime (latentes Bild). Durch das Entwickeln mit Reduktionsmitteln wie Hydrochinon wird die unmittelbare Umgebung der Silberkeime ebenfalls zu elementarem (schwarzem) Silber reduziert. Beim anschließenden Behandeln mit einer $Na_2S_2O_3$-Lösung (= Fixieren) wird durch die Bildung des Bis(thiosulfato)argentat-Komplexes $[Ag(S_2O_3)_2]^{3\ominus}$ das restliche unveränderte AgBr aus der Gelatineschicht herausgelöst, und man erhält das gewünschte Negativ.

Das Positiv (wirklichkeitsgetreues Bild) erhält man durch Belichten von Photopapier mit dem Negativ als Maske in der Dunkelkammer. Danach wird wie oben entwickelt und fixiert.

Interhalogenverbindungen

Verbindungsbildung der Halogene untereinander führt zu den sog. *Interhalogenverbindungen*. Sie sind vorwiegend vom Typ XY_n, wobei Y das leichtere Halogen ist, und n eine ungerade Zahl zwischen 1 und 7 sein kann. Interhalogenverbindungen sind um so stabiler, je größer die Differenz zwischen den Atommassen von X und Y ist. Ihre Darstellung gelingt aus den Elementen bzw. durch Anlagerung von Halogen an einfache XY-Moleküle. Die Verbindungen sind sehr reaktiv. Extrem reaktionsfreudig ist IF_7. Es ist ein gutes Fluorierungsmittel.

Die Struktur von ClF_3, BrF_3 und ICl_3 leitet sich von der trigonalen Bipyramide ab. Die Substanzen dimerisieren leicht. ClF_3 und BrF_3 dissoziieren: $2\ ClF_3 \rightleftharpoons ClF_2^{\oplus} + ClF_4^{\ominus}$. $ClF_2^{\oplus}$ bzw. $BrF_2^{\oplus}$ ist gewinkelt und $ClF_4^{\ominus}$ bzw. $BrF_4^{\ominus}$ quadratisch planar gebaut.

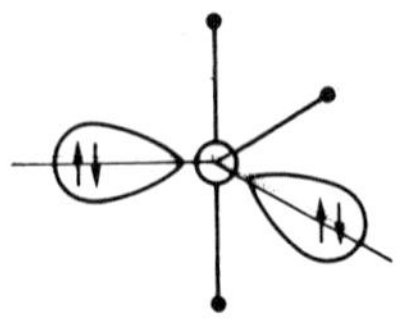

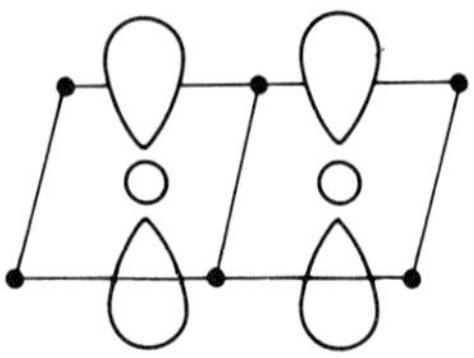

dimeres ClF_3, BrF_3, ICl_3

O = X , ● = Y

monomeres ClF_3, BrF_3, ICl_3

Tabelle 33. Interhalogenverbindungen

XY:	ClF (farbloses Gas, Fp. -155,6°C, Kp. -100°C); BrF (hellrotes Gas); IF (braun, fest); ICl (rote Nadeln, Fp. 27,2°C, Kp. 97,5°C); IBr (rot-braune Kristalle, Fp. 36°C, Kp. 116°C).
XY_3:	ClF_3 (farbloses Gas, Fp. -82,6°C, Kp. 11,3°C); BrF_3 (farblose Flüssigkeit, Fp. 8,8°C, Kp. 127°C); IF_3 (gelb, fest); ICl_3 (gelbe Kristalle).
XY_5:	ClF_5 (farbloses Gas); BrF_5 (farblose Flüssigkeit, Fp. -61,3°C, Kp. 40,5°C); IF_5 (farblose Flüssigkeit, Fp. 8,5°C, Kp. 97°C). Die Struktur ist ein Oktaeder, bei dem eine Ecke von einem Elektronenpaar besetzt ist.
XY_7:	IF_7 (farbloses Gas, Fp. 4,5°C, Kp. 5,5°C) (pentagonale Bipyramide).

Polyhalogenid-Ionen sind geladene Interhalogenverbindungen wie z.B. $I_3^{\ominus}$ (aus $I^{\ominus} + I_2$), $Br_3^{\ominus}$, $I_5^{\ominus}$, $IBr_2^{\ominus}$, $ICl_3F^{\ominus}$ (aus $ICl_3 + F^{\ominus}$), $ICl_4^{\ominus}$ (aus $ICl_2 + Cl_2$). Mit großen Kationen ist $I_3^{\ominus}$ linear und symmetrisch gebaut:

$$[|\overline{\underline{I}}-\hat{\underline{I}}-\overline{\underline{I}}|]^{\ominus} .$$

Manche Ionen entstehen auch durch Eigendissoziation einer Interhalogenverbindung wie z.B. $2\ BrF_3 \rightleftharpoons BrF_2^{\oplus} + BrF_4^{\ominus}$.

Pseudohalogene - Pseudohalogenide

Die Substanzen $(CN)_2$ (Dicyan), $(SCN)_2$ (Dirhodan), $(SeCN)_2$ (Selenocyan) zeigen eine gewisse Ähnlichkeit mit den Halogenen. Sie heißen daher *Pseudohalogene*.

$(CN)_2$, Dicyan, ist ein farbloses, giftiges Gas. Unter Luftausschluß polymerisiert es zu Paracyan. Mit Wasser bilden sich $(NH_4)_2C_2O_4$ (Ammoniumoxalat), $NH_4^{\oplus}HCO_2^{\ominus}$ (Ammoniumformiat), $(NH_4)_2CO_3$ und $OC(NH_2)_2$ (Harnstoff). Bei hohen Temperaturen treten CN-Radikale auf.

Darstellung: durch thermische Zersetzung von AgCN (Silbercyanid): $2\ AgCN \xrightarrow{\Delta} 2\ Ag + (CN)_2$; durch Erhitzen von $Hg(CN)_2$ mit $HgCl_2$: $Hg(CN)_2 + HgCl_2 \longrightarrow Hg_2Cl_2 + (CN)_2$; $2\ Cu^{2\oplus} + 4\ CN^{\ominus} \longrightarrow 2\ CuCN + (CN)_2$, oder durch Oxidation von HCN mit MnO_2.

$(SCN)_2$, Dirhodan, ist ein gelber Festkörper, der schon bei Raumtemperatur zu einem roten unlöslichen Material polymerisiert. $(SCN)_2$ ist ein Oxidationsmittel, das z.B. Iodid zu Iod oxidiert.

Die Pseudohalogene bilden Wasserstoffsäuren, von denen sich Salze ableiten. Vor allem die Silbersalze sind in Wasser schwer löslich. Zwischen Pseudohalogenen und Halogenen ist Verbindungsbildung möglich, wie z.B. Cl-CN, Chlorcyan, zeigt.

HCN, Cyanwasserstoff, Blausäure, ist eine nach Bittermandelöl riechende, sehr giftige Flüssigkeit (Kp. 26 °C). Sie ist eine schwache Säure, ihre Salze heißen *Cyanide*.

Darstellung: durch Zersetzung der Cyanide durch Säure oder großtechnisch durch folgende Reaktion:

$$2\ CH_4 + 3\ O_2 + 2\ NH_3 \xrightarrow{\text{Katalysator}/800\,^{\circ}C} 2\ HCN + 6\ H_2O.$$

Vom Cyanwasserstoff existiert nur die *Normalform* HCN. Die organischen Derivate RCN heißen Nitrile. Von der *Iso-Form* sind jedoch organische Derivate bekannt, die Isonitrile, RNC.

$$H{-}C{\equiv}N| \quad ; \quad \underset{\text{Nitrile}}{R{-}C{\equiv}N|} \quad ; \quad \underset{\text{Isonitrile}}{|\overset{\ominus}{C}{\equiv}\overset{\oplus}{N}{-}R} \quad .$$

Das *Cyanid-Ion $CN^{\ominus}$* ist ein *Pseudohalogenid*. Es ist eine starke Lewis-Base und ein guter Komplexligand.

NaCN wird technisch aus Natriumamid $NaNH_2$ durch Erhitzen mit Kohlenstoff hergestellt: $NH_3 + Na \longrightarrow NaNH_2 + \frac{1}{2} H_2$; $2\ NaNH_2 + C \xrightarrow{600^\circ C} Na_2N_2C$ (Natriumcyanamid) $+ 2\ H_2$; $Na_2N_2C + C \xrightarrow{> 600^\circ C} 2\ NaCN$.

KCN erhält man z.B. nach der Gleichung: $HCN + KOH \longrightarrow KCN + H_2O$. Kaliumcyanid wird durch starke Oxidationsmittel zu *KOCN, Kaliumcyanat*, oxidiert. Mit Säuren entsteht daraus eine wäßrige Lösung von *HOCN, Cyansäure,* die man auch durch thermische Zersetzung von Harnstoff erhalten kann. Von der Cyansäure existiert eine Iso-Form, die mit der Normal-Form im Gleichgewicht steht (= Tautomerie). Cyansäure kann zur Cyanursäure trimerisieren (s. HT 211).

$$\underset{\text{Normal-Form}}{H{-}O{-}C{\equiv}N|} \rightleftharpoons \underset{\text{Iso-Form}}{O{=}C{=}NH}$$

Das Cyanat-Ion, $|N{\equiv}C{-}\overline{\underline{O}}|^{\ominus}$, ist wie das Isocyanat-Ion ein Pseudohalogenid. Weitere Pseudohalogenide sind die Anionen: $SCN^{\ominus}$, Thiocyanat (Rhodanid), $N_3^{\ominus}$, Azid, s.S. 395, 341.

Knallsäure, Fulminsäure, ist eine zur Cyansäure isomere Substanz, welche im freien Zustand sehr unbeständig ist. Ihre Schwermetallsalze (Hg- und Ag-Salze) dienen als Initialzünder. Die Salze heißen Fulminate. Man erhält sie aus dem Metall, Salpetersäure und Ethylalkohol. Auch von der Knallsäure gibt es eine Iso-Form:

$$H{-}C{\equiv}\overset{\oplus}{N}{-}\overset{\ominus}{\overline{\underline{O}}|} \rightleftharpoons \underset{\text{Iso-Form}}{|\overset{\ominus}{C}{\equiv}\overset{\oplus}{N}{-}\overline{\underline{O}}{-}H}$$

Edelgase (He, Ne, Ar, Kr, Xe, Rn)

Die Edelgase bilden die VIII. bzw. O. Hauptgruppe des Periodensystems (PSE). Sie haben eine abgeschlossene Elektronenschale (= Edelgaskonfiguration): Helium hat s^2-Konfiguration, alle anderen haben eine s^2p^6-Konfiguration. Aus diesem Grund liegen sie als einatomige Gase vor und sind sehr reaktionsträge. Zwischen den Atomen wirken nur van der Waals-Kräfte, s. S. 116.

Vorkommen: In trockener Luft sind enthalten (in Vol.-%):
He: $5{,}24 \cdot 10^{-4}$, Ne: $1{,}82 \cdot 10^{-3}$, Ar: 0,934, Kr: $1{,}14 \cdot 10^{-4}$, Xe: $1 \cdot 10^{-5}$, Rn nur in Spuren. Rn und He kommen ferner als Folgeprodukte radioaktiver Zerfallsprozesse in einigen Mineralien vor. He findet man auch in manchen Erdgasvorkommen (bis zu 10 %).

Gewinnung: He aus den Erdgasvorkommen, die anderen außer Rn aus der verflüssigten Luft durch Adsorption an Aktivkohle und anschließende Desorption und fraktionierte Destillation.

Eigenschaften: Die Edelgase sind farblos, geruchlos, ungiftig und nicht brennbar. Weitere Daten sind in Tabelle 34 enthalten.

Verwendung: Helium: Im Labor als Schutz- und Trägergas, ferner in der Kryotechnik, der Reaktortechnik und beim Gerätetauchen als Stickstoffersatz zusammen mit O_2 wegen der im Vergleich zu N_2 geringeren Löslichkeit im Blut. Argon: Als Schutzgas bei metallurgischen Prozessen und bei Schweißarbeiten. Edelgase finden auch wegen ihrer geringen Wärmeleitfähigkeit als Füllgas für Glühlampen Verwendung, ferner in Gasentladungslampen und Lasern.

Chemische Eigenschaften

Nur die schweren Edelgase gehen mit den stark elektronegativen Elementen O_2 und F_2 Reaktionen ein, weil die Ionisierungsenergien mit steigender Ordnungszahl abnehmen. So kennt man von Xenon verschiedene Fluoride, Oxide und Oxidfluoride. Ein $XeCl_2$ entsteht nur auf Umwegen.

Verbindungen

Die *erste* dargestellte Edelgasverbindung ist das $Xe^{\oplus}[PtF_6]^{\ominus}$ (1962).

Xenonfluoride sind farblose, kristalline, verdampfbare Stoffe. Sie entstehen bei der Reaktion: Xe + n F_2 + Energie (elektrische Entladungen, UV-Bestrahlung, Erhitzen).

Tabelle 34. Eigenschaften der Edelgase

Element	Helium	Neon	Argon	Krypton	Xenon	Radon
Elektronenkonfiguration	$1s^2$	$1s^2 2s^2 2p^6$	$[Ne] 3s^2 3p^6$	$[Ar] 3d^{10} 4s^2 4p^6$	$[Kr] 4d^{10} 5s^2 5p^6$	$[Xe] 4f^{14} 5d^{10} 6s^2 6p^6$
Fp. [°C]	-269[a] (104 bar)	-249	-189	-157	-112	-71
Kp. [°C]	-269	-246	-186	-152	-108	-62
Ionisierungsenergie [kJ/mol]	2370	2080	1520	1350	1170	1040
Atomradius [pm] (kovalent)	99	160	192	197	217	

[a] Helium ist bei 1 bar am absoluten Nullpunkt flüssig (He I). Ab 2,18 K und 1,013 bar zeigt He ungewöhnliche Eigenschaften (He II): suprafüssiger Zustand. Seine Viskosität ist um 3 Zehnerpotenzen kleiner als die von gasförmigem H_2; seine Wärmeleitfähigkeit ist um 3 Zehnerpotenzen höher als die von Kupfer bei Raumtemperatur

XeF_2: linear gebaut. Fp. 129°C. Disproportioniert:
$2\,XeF_2 \xrightarrow{\Delta} Xe + XeF_4$.

XeF_4: planar-quadratisch. Fp. 117°C. Läßt sich im Vakuum sublimieren.

XeF_6: oktaedrisch verzerrt. $XeF_6 + RbF \rightleftharpoons Rb[XeF_7] \xrightleftharpoons{> 50^{\circ}C} \frac{1}{2} XeF_6 + \frac{1}{2} Rb_2[XeF_8]$ (leicht verzerrtes quadratisches Antiprisma).
$XeF_6 + HF \longrightarrow [XeF_5]^{\oplus}HF_2^{\ominus}$.

Xenon-Oxide

XeO_3 entsteht bei der Reaktion $XeF_6 + 3\,H_2O \longrightarrow XeO_3 + 6\,HF$ und ist in festem Zustand explosiv ($\Delta H = +401\ kJ \cdot mol^{-1}$). Die wäßrige Lösung ist stabil und wirkt stark oxidierend. Mit starken Basen bilden sich Salze der Xenonsäure H_2XeO_4, welche mit $OH^{\ominus}$-Ionen disproportionieren: $2\,HXeO_4^{\ominus} + 2\,OH^{\ominus} \longrightarrow XeO_6^{4\ominus} + Xe + O_2 + 2\,H_2O$. Das $XeO_6^{4\ominus}$-Anion ist ein starkes Oxidationsmittel (Perxenat-Ion). Beispiele: Na_4XeO_6, Ba_2XeO_6.

XeO_4 ist sogar bei -40°C noch explosiv (Zersetzung in die Elemente). Es ist tetraedrisch gebaut und isoelektronisch mit $IO_4^{\ominus}$. Die Darstellung gelingt mit Ba_2XeO_6 und konz. H_2SO_4.

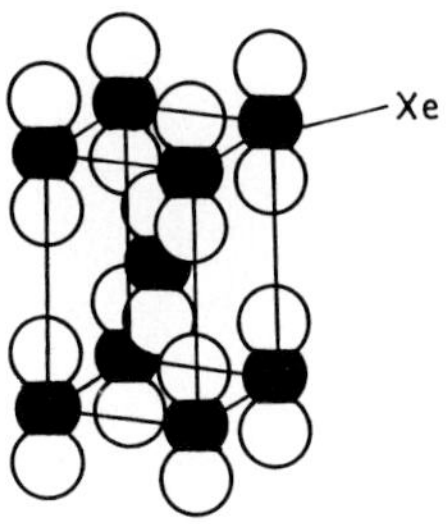

Abb. 169. XeF_2-Moleküle im XeF_2-Kristall

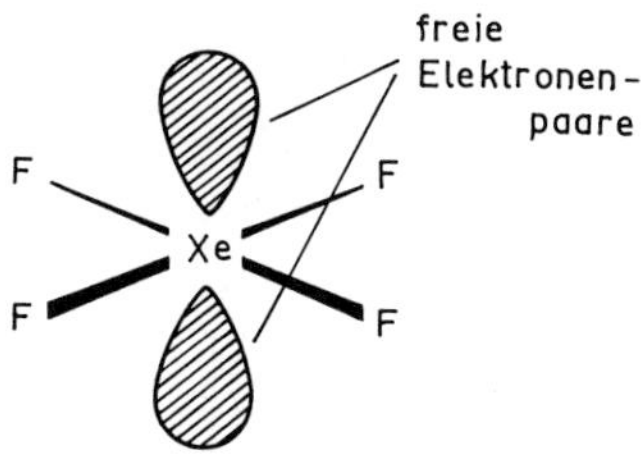

Abb. 170. Molekülstruktur von XeF_4. Xe ⟷ F = 195 pm

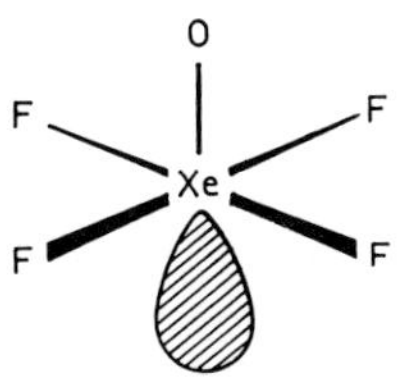

Abb. 171. Molekülstruktur von $XeOF_4$

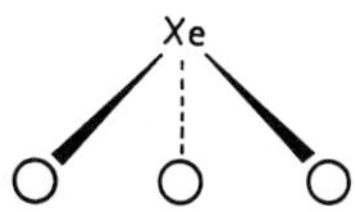

Abb. 172. Struktur von XeO_3.
Xe-O = 176 pm
(ähnlich dem $IO_3^{\ominus}$-Ion)

Oxidfluoride von Xenon: $XeOF_4$, XeO_2F_2, $XeOF_2$.

KrF_2, Kryptondifluorid, entsteht aus Kr und F_2. Es ist nur bei tiefer Temperatur stabil.

RnF_x bildet sich z.B. aus Rn und F_2 beim Erhitzen auf 400°C.

$XeCl_2$ wurde massenspektroskopisch und IR-spektroskopisch nachgewiesen. Von *$XeCl_4$* existiert ein Mößbauer-Spektrum.

$XeOF_4$ entsteht als Primärprodukt bei der Reaktion von XeF_6 (bei 50°C) mit Quarzgefäßen und durch partielle Hydrolyse. Es ist eine farblose Flüssigkeit, Fp. -28°C.

"Physikalische Verbindungen"

Beim Ausfrieren von Wasser bei Gegenwart der Edelgase bildet sich eine besondere kubische Eis-Struktur.

Pro Elementarzelle mit 46 H_2O-Molekülen sind 8 Hohlräume vorhanden, die von Edelgasatomen besetzt sind: $8\ E \cdot 46\ H_2O$. Diese Substanzen bezeichnet man als Einschlußverbindungen, Clathrate (Käfigverbindungen).

Ähnliche Substanzen entstehen mit Hydrochinon in einer Edelgasatmosphäre unter Druck.

Beschreibung der Bindung in Edelgasverbindungen

Zur Beschreibung der Bindung der Edelgasverbindungen wurden sehr unterschiedliche Ansätze gemacht.

Besonders einfach ist die Anwendung des VSEPR-Konzepts, s. S. 93.
Es gibt auch MO-Modelle, die nur 5s- und 5p-Orbitale von Xenon benutzen.

Die Möglichkeit, daß 5d-, 6s- und 6p-Orbitale an der Bindung beteiligt sind, wird besonders für XeF_4 und XeF_6 diskutiert.

Allgemeine Verfahren zur Reindarstellung von Metallen (Übersicht)

Einige Metalle kommen in elementarem Zustand (= gediegen) vor: Au, Ag, Pt, Hg. Siehe *Cyanidlaugerei* für Ag, Au.

Von den Metallverbindungen sind die wichtigsten: Oxide, Sulfide, Carbonate, Silicate, Sulfate, Phosphate und Chloride.

Entsprechend den Vorkommen wählt man die Aufarbeitung. *Sulfide* führt man meist durch Erhitzen an der Luft (= *Rösten*) in die Oxide über.

I. Reduktion der *Oxide* zu den Metallen

1) Reduktion mit Kohlenstoff bzw. CO:

Fe, Cd, Mn, Mg, Sn, Bi, Pb, Zn, Ta.

Metalle, die mit Kohlenstoff *Carbide* bilden, können auf diese Weise nicht rein erhalten werden. Dies trifft für die meisten Nebengruppenelemente zu.

S. auch "Ferrochrom", "Ferromangan", "Ferrowolfram", "Ferrovanadin".

2) Reduktion mit Metallen

a) Das *aluminothermische Verfahren* eignet sich z.B. für Cr_2O_3, MnO_2, Mn_3O_4, Mn_2O_3, V_2O_5, BaO (im Vakuum), TiO_2.

$$Cr_2O_3 + Al \longrightarrow Al_2O_3 + 2\ Cr,$$

$\Delta H = -535$ kJ.

b) Reduktion mit *Alkali-* oder *Erdalkalimetallen*

V_2O_5 mit Ca; TiO_2 bzw. ZrO_2 über $TiCl_4$ bzw. $ZrCl_4$ mit Na oder Mg. Auf die gleiche Weise gewinnt man Lanthanide (s.S. 462) und einige Actinide (s.S. 465).

3) Reduktion mit *Wasserstoff* bzw. *Hydriden*

Beispiele: MoO_3, WO_3, GeO_2, TiO_2 (mit CaH_2).

II. *Elektrolytische* Verfahren

1) Schmelzelektrolyse

Zugänglich sind auf diese Weise Aluminium aus Al_2O_3, Na aus NaOH, die Alkali- und Erdalkalimetalle aus den Halogeniden.

2) Elektrolyse wäßriger Lösungen

Cu, Cd bzw. Zn aus H_2SO_4-saurer Lösung von $CuSO_4$, $CdSO_4$ bzw. $ZnSO_4$. Vgl. Kupfer-Raffination.

Reinigen kann man auf diese Weise auch Ni, Ag, Au.

III. Spezielle Verfahren

1) Röst-Reaktionsverfahren

für Pb aus PbS und Cu aus Cu_2S.

2) Transport-Reaktionen

a) Mond-Verfahren: $Ni + 4 \xrightarrow{80^\circ C} Ni(CO)_4 \xrightarrow{180^\circ C} Ni + 4\ CO$.

b) Aufwachs-Verfahren (*van Arkel* und *de Boer*) für Ti, V, Zr, Hf.

Beispiel: $Ti + 2\ I_2 \underset{1200^\circ C}{\overset{500^\circ C}{\rightleftharpoons}} TiI_4$.

3) Erhitzen (Destillation, Sublimation)

As durch Erhitzen von FeAsS. Hg aus HgS unter Luftzutritt.

4) Niederschlagsarbeit:

$Sb_2S_3 + 3\ Fe \longrightarrow 2\ Sb + 3\ FeS$.

5) Zonenschmelzen

B) Nebengruppenelemente

Im Langperiodensystem von S. 41 sind zwischen die Elemente der Hauptgruppen II a und III a die sog. Übergangselemente eingeschoben. Zur Definition der Übergangselemente s. S. 43.

Man kann nun die jeweils untereinanderstehenden Übergangselemente zu sog. *Nebengruppen* zusammenfassen. Hauptgruppen werden durch den Buchstaben a und Nebengruppen durch den Buchstaben b im Anschluß an die durch römische Zahlen gekennzeichneten Gruppennummern unterschieden.

Die Elemente der Nebengruppe II b (Zn, Cd und Hg) haben bereits vollbesetzte d-Niveaus: $d^{10}s^2$ und bilden den Abschluß der einzelnen Übergangsreihen. Sie werden meist gemeinsam mit den Übergangselementen besprochen, weil sie in ihrem chemischen Verhalten manche Ähnlichkeit mit diesen aufweisen.

Die Numerierung der Nebengruppen erfolgt entsprechend der Anzahl der Valenzelektronen (Zahl der d- *und* s-Elektronen). Die Nebengruppe VIII b besteht aus drei Spalten mit insgesamt 9 Elementen. Sie enthält Elemente unterschiedlicher Elektronenzahl im d-Niveau. Diese Elementeinteilung ist historisch entstanden, weil die nebeneinanderstehenden Elemente einander chemisch sehr ähnlich sind. Die sog. *Eisenmetalle* Fe, Co, Ni unterscheiden sich in ihren Eigenschaften recht erheblich von den sechs übrigen Elementen, den sog. *Platinmetallen*, s. hierzu auch S. 41.

Alle Übergangselemente sind Metalle. Sie bilden häufig stabile Komplexe und können meist in verschiedenen Oxidationsstufen auftreten. Einige von ihnen bilden gefärbte Ionen und zeigen Paramagnetismus (s. hierzu Kap. 6). Infolge der relativ leicht anregbaren d-Elektronen sind ihre Emissionsspektren *Bandenspektren*.

Die mittleren Glieder einer Übergangsreihe kommen in einer größeren Zahl verschiedener Oxidationsstufen vor als die Anfangs- und Endglieder (s. Tabelle 37).

Tabelle 35. Eigenschaften der Elemente Sc - Zn

	III	IV	V	VI	VII	VIII			I	II
	Sc	Ti	V	Cr	Mn	Fe	Co	Ni	Cu	Zn
Elektronen-konfiguration	$3d^1 4s^2$	$3d^2 4s^2$	$3d^3 4s^2$	$3d^5 4s^1$	$3d^5 4s^2$	$3d^6 4s^2$	$3d^7 4s^2$	$3d^8 4s^2$	$3d^{10} 4s^1$	$3d^{10} 4s^2$
Atomradius [pm]*	161	145	132	137	137	124	125	125	128	133
Schmelzpunkt [°C]	1540	1670	1900	1900	1250	1540	1490	1450	1083	419
Siedepunkt [°C]	2730	3260	3450	2640	2100	3000	2900	2730	2600	906
Dichte [g/cm³]	3,0	4,5	5,8	7,2	7,4	7,9	8,9	8,9	8,9	7,3
Ionenradius [pm]**										
$Me^{2\oplus}$	-	90	88	88	80	76	74	72	69	74
$Me^{3\oplus}$	81	87	74	63	66	64	63	62	-	-
$E^{o}_{Me/Me^{2\oplus}}$ (Volt)	-	-1,63	-1,2	-0,91	-1,18	-0,44	-0,28	-0,25	-0,35	-0,76
$E^{o}_{Me/Me^{3\oplus}}$ (Volt)	-2,1	-1,2	-0,85	-0,74	-0,28	-0,04	-0,4			

*im Metall

**im chemisch stabilen Gaszustand

Die E^{o}-Werte sind in saurer Lösung gemessen.

Tabelle 36. Eigenschaften der Elemente Mo, Ru - Cd und W, Os - Hg

	Mo	Ru	Rh	Pd	Ag	Cd
Elektronen-konfiguration	$4d^5 5s^1$	$4d^7 5s^1$	$4d^8 5s^1$	$4d^{10}$	$4d^{10} s^1$	$4d^{10} s^2$
Atomradius [pm]*	136	133	134	138	144	149
Schmelzpunkt [°C]	2610	2300	1970	1550	961	321
Siedepunkt [°C]	5560	3900	3730	3125	2210	765
Dichte [g/cm³]	10,2	12,2	12,4	12,0	10,5	8,64
$E^0_{Me/Me^{\oplus}}$					+0,79	
$E^0_{Me/Me^{2\oplus}}$		+0,45	+0,6	+1,0		-0,4
$E^0_{Me/Me^{3\oplus}}$	-0,2					

	W	Os	Ir	Pt	Au	Hg
Elektronen-konfiguration	$5d^4 6s^2$	$5d^6 6s^2$	$5d^9 s^0$	$5d^9 6s^1$	$5d^{10} s^1$	$5d^{10} s^2$
Atomradius [pm]*	137	134	136	139	144	152
Schmelzpunkt [°C]	3410	3000	2450	1770	1063	-39
Siedepunkt [°C]	5930	5500	4500	3825	2970	357
Dichte [g/cm³]	19,3	22,4	22,5	21,4	19,3	13,54
$E^0_{Me/Me^{\oplus}}$					+1,68	
$E^0_{Me/Me^{2\oplus}}$		+0,85	+1,1	+1,0		+0,85
$E^0_{Me/Me^{4\oplus}}$	+0,05					

*im Metall

Die E^0-Werte sind in saurer Lösung gemessen.

Tabelle 37. Wichtige Oxidationsstufen und die zugehörigen Koordinationszahlen der Elemente Sc - Zn, Mo, Ru - Cd, W, Os - Hg und Ce

Sc	Ti	V	Cr	Mn	Fe	Co	Ni	Cu	Zn
+III	+III 6	+II 6	+II 6	+II 4,6	+II 6	+II	+II 4,6	+I 4,6	+II
	+IV 4,6	+III 4,5,6	+III 4,6	(+III) 5	+III 6	+III	(+III)	+II 4,6	4,6
	(7,8)	+IV 4,5,6	+VI 4	(+IV) 6	(+IV) 4				
		+V 4,5,6		(+VI) 4	(+VI) 4				
				+VII 3,4					

		Mo	Ru	Rh	Pd	Ag	Cd
Ce	III	+III 6	+II 5,6	+III 5	+II 4	+I 2,4	+II
	IV 4	+IV 6,8	+III 6	+IV 6	+IV 6	(+II) 4	4,6
		+V 5,6,8	+IV 6				
		+VI 4,6,8	+VI 4,5,6				

W	Os	Ir	Pt	Au	Hg
+IV 6,8	+IV 6	+III 5	+II 4	+I 2,4	+I
+V 5,6,8	+VI 4,5,6	+IV 6	+IV 6	+III 4,(5)6	+II
+VI 4,6,8	+VIII 4,5,6	(+VI) 6			2,4,6

Die Oxidationszahlen sind durch römische Zahlen gekennzeichnet.

Die arabischen Zahlen geben die zugehörigen Koordinationszahlen an.

Innerhalb einer Nebengruppe nimmt die Stabilität der höheren Oxidationsstufen von oben nach unten zu (Unterschied zu den Hauptgruppen!).

Die meisten Übergangselemente kristallisieren in dichtesten Kugelpackungen. Sie zeigen relativ gute elektrische Leitfähigkeit und sind im allgemeinen ziemlich hart, oft spröde und haben relativ hohe Schmelz- und Siedepunkte. Den Grund hierfür kann man in den relativ kleinen Atomradien und dem bisweilen beträchtlichen kovalenten Bindungsanteil sehen.

Beachte: Die Elemente der Gruppe II b (Zn, Cd, Hg) sind weich und haben niedrige Schmelzpunkte.

Vorkommen: meist als Sulfide und Oxide, einige auch gediegen.

Darstellung: durch Rösten der Sulfide und Reduktion der entstandenen Oxide mit Kohlenstoff oder CO. Falls Carbidbildung eintritt, müssen andere Reduktionsmittel verwendet werden: Aluminium für die Darstellung von Mn, V, Cr, Ti, Wasserstoff für die Darstellung von W oder z.B. auch die Reduktion eines Chlorids mit Magnesium oder elektrolytische Reduktion.

Hochreine Metalle erhält man durch thermische Zersetzung der entsprechenden Iodide an einem heißen Wolframdraht. S. hierzu die Übersicht S. 401.

Oxidationszahlen

Die höchsten Oxidationszahlen erreichen die Elemente nur gegenüber den stark elektronegativen Elementen Cl, O und F. Die Oxidationszahl +8 wird in der Gruppe VIII b nur von Os und Ru erreicht.

Tabelle 37 enthält eine Zusammenstellung wichtiger Oxidationsstufen und der zugehörigen Koordinationszahlen.

Qualitativer Vergleich der Standardpotentiale von einigen Metallen in verschiedenen Oxidationsstufen (vgl. hierzu Kap. 9).

Beachte die folgenden Regeln:

1. Je negativer das Potential eines Redoxpaares ist, um so stärker ist die reduzierende Wirkung des reduzierten Teilchens (Red).
2. Je positiver das Potential eines Redoxpaares ist, um so stärker ist die oxidierende Wirkung des oxidierten Teilchens (Ox).

3. Ein oxidierbares Teilchen Red(1) kann nur dann von einem Oxidationsmittel Ox(2) oxidiert werden, wenn das Redoxpotential des Redoxpaares Red(2)/Ox(2) positiver ist als das Redoxpotential des Redoxpaares Red(1)/Ox(1). Für die Reduktion sind die Bedingungen analog.

Beispiel 1: Mangan-Ionen in verschiedenen Oxidationsstufen in sauren Lösungen:

$E^0_{Mn/Mn^{2\oplus}} = -1{,}18$ V; $E^0_{Mn^{2\oplus}/Mn^{3\oplus}} = +1{,}51$ V;

$E^0_{Mn^{\oplus}/MnO_2} = +1{,}23$ V;

$E^0_{Mn^{2\oplus}/MnO_4^{\ominus}} = +1{,}51$ V; $E^0_{MnO_2/MnO_4^{\ominus}} = +1{,}63$ V.

Schlußfolgerung: $Mn^{2\oplus}$ ist relativ stabil gegenüber einer Oxidation. MnO_2 und $MnO_4^{\ominus}$ sind starke Oxidationsmittel. $Mn^{3\oplus}$ läßt sich leicht zu $Mn^{2\oplus}$ reduzieren.

Beispiel 2: (in saurer Lösung)

$E^0_{Co/Co^{2\oplus}} = -0{,}277$ V; $E^0_{Co^{2\oplus}/Co^{3\oplus}} = +1{,}82$ V.

Schlußfolgerung: $Co^{3\oplus}$ kann aus $Co^{2\oplus}$ nur durch Oxidationsmittel mit einem Redoxpotential > +1,82 V erhalten werden. Ein geeignetes Oxidationsmittel ist z.B. $S_2O_8^{2\ominus}$ mit $E^0_{2HSO_4^{\ominus}/S_2O_8^{2\ominus}} = +2{,}18$ V.

Beispiel 3: (in saurer Lösung)

$E^0_{Fe/Fe^{2\oplus}} = -0{,}44$ V; $E^0_{Fe/Fe^{3\oplus}} = -0{,}036$ V;

$E^0_{Fe^{2\oplus}/Fe^{3\oplus}} = +0{,}77$ V; $E^0_{Fe^{3\oplus}/FeO_4^{2\ominus}} = +2{,}2$ V.

Schlußfolgerung: Ferrate mit $FeO_4^{2\ominus}$ sind starke Oxidationsmittel. $Fe^{2\oplus}$ kann z.B. leicht mit O_2 zu $Fe^{3\oplus}$ oxidiert werden, weil $E^0_{H_2O/O_2} = +1{,}23$ V ist.

Qualitativer Vergleich der Atom- und Ionenradien der Nebengruppenelemente:

Atomradien

Wie aus Abb. 173 ersichtlich, fallen die Atomradien am Anfang jeder Übergangselementreihe stark ab, werden dann i.a. relativ konstant und steigen am Ende der Reihe wieder an. Das Ansteigen am Ende der Reihe läßt sich damit erklären, daß die Elektronen im vollbesetzten d-Niveau die außenliegenden s-Elektronen (4s, 5s usw.) gegenüber der Kernladung abschirmen, so daß diese nicht mehr so stark vom Kern angezogen werden.

Auf Grund der Lanthanidenkontraktion (s.u.) sind die Atomradien und die Ionenradien von gleichgeladenen Ionen in der 2. und 3. Übergangsreihe einander sehr ähnlich.

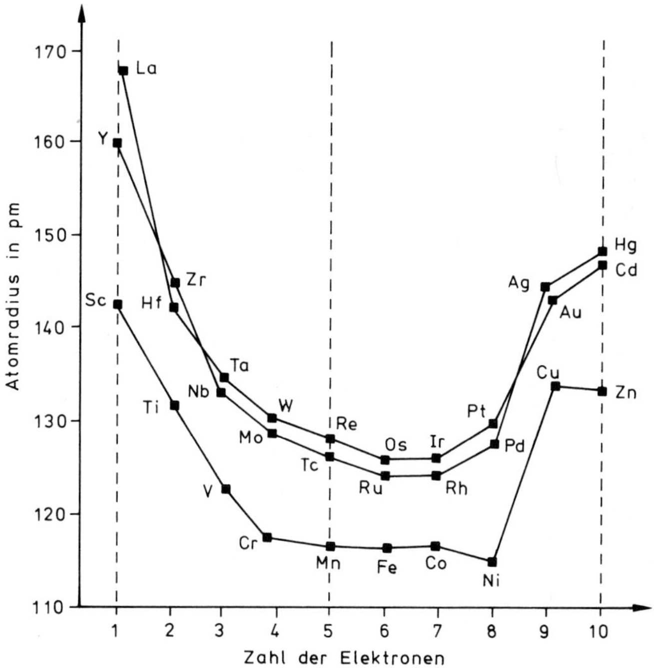

Abb. 173. Atomradien der Übergangselemente. Im Unterschied zu Tabelle S. 45 wurden hier die Kovalenzradien der Atome zugrunde gelegt, um eine der Realität angenäherte Vergleichsbasis sicherzustellen

Lanthanoiden-Kontraktion

Zwischen die Elemente Lanthan (Ordnungszahl 57) und Hafnium (Ordnungszahl 72) werden die 14 Lanthanoidenelemente oder Seltenen Erden eingeschoben, bei denen die sieben 4f-Orbitale, also innenliegende Orbitale, besetzt werden. Da sich gleichzeitig pro Elektron die Kernladung um eins erhöht, ergibt sich eine stetige Abnahme der Atom- bzw. Ionengröße. Die Auswirkungen der Lanthanoiden-Kontraktion zeigen folgende Beispiele:

$Lu^{3\oplus}$ hat mit 85 pm einen kleineren Ionenradius als $Y^{3\oplus}$ (92 pm). Hf, Ta, W und Re besitzen fast die gleichen Radien wie ihre Homologen Zr, Nb, Mo und Tc. Hieraus ergibt sich eine große Ähnlichkeit in den chemischen Eigenschaften dieser Elemente.

Ähnliche Auswirkungen hat die Actinoiden-Kontraktion

Ionenradien

Bei den Übergangselementen zeigen die Ionenradien eine Abhängigkeit von der Koordinationszahl und den Liganden. Abb. 174 zeigt den Gang der Ionenradien für $Me^{2\oplus}$-Ionen der 3d-Elemente in oktaedrischer Umgebung, z.B. $[Me(H_2O)_6]^{2\oplus}$. An dieser Stelle sei bemerkt, daß die Angaben in der Literatur stark schwanken.

Eine Deutung des Auf und Ab der Radien erlaubt die Kristallfeldtheorie: Bei schwachen Liganden wie H_2O resultieren high spin-Komplexe. Zuerst werden die tieferliegenden t_{2g}-Orbitale besetzt (Abnahme des Ionenradius). Bei $Mn^{2\oplus}$ befindet sich je ein Elektron in beiden e_g-Orbitalen. Diese Elektronen stoßen die Liganden stärker ab als die Elektronen in den t_{2g}-Orbitalen. Hieraus resultiert ein größerer Ionenradius. Von $Mn^{2\oplus}$ an werden die t_{2g}-Orbitale weiter aufgefüllt. Bei $Zn^{2\oplus}$ werden schließlich die e_g-Orbitale vollständig besetzt.

Anmerkung: Der Gang der Hydrationsenthalpien ist gerade umgekehrt. Abnehmender Ionenradius bedeutet kürzeren Bindungsabstand. Daraus resultiert eine höhere Bindungsenergie bzw. eine höhere Hydrationsenthalpie.

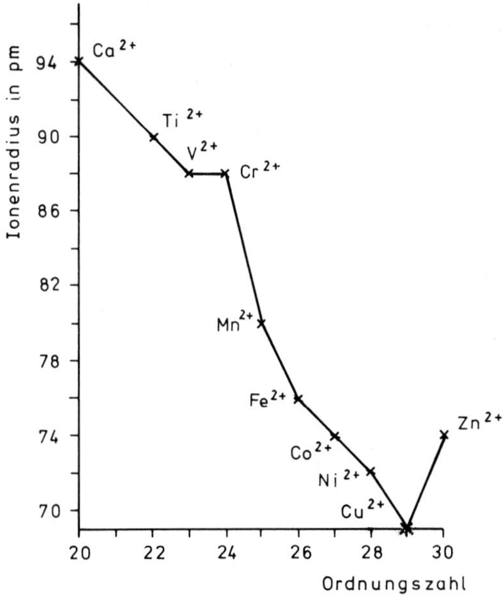

Abb. 174. Ionenradien für $Me^{2\oplus}$-Ionen der 3d-Elemente in oktaedrischer Umgebung

I. Nebengruppe

Eigenschaften der Elemente

	Cu	Ag	Au
Ordnungszahl	29	47	79
Elektronenkonfiguration	$3\,d^{10}\ 4\,s^1$	$4\,d^{10}\ 5\,s^1$	$5\,d^{10}\ 6\,s^1$
Fp. [°C]	1083	961	1063
Ionenradius [pm]			
$Me^{\oplus}$	96	126	137
$Me^{2\oplus}$	69	89	-
$Me^{3\oplus}$	-	-	85
Spez. elektr. Leitfähigkeit $[\Omega^{-1} \cdot cm^{-1}]$	$5{,}72 \cdot 10^5$	$6{,}14 \cdot 10^5$	$4{,}13 \cdot 10^5$

Übersicht

Die Elemente dieser Gruppe sind *edle* Metalle und werden vielfach als *Münzmetalle* bezeichnet. Edel bedeutet: Sie sind wenig reaktionsfreudig, denn die Valenzelektronen sind fest an den Atomrumpf gebunden. Der edle Charakter nimmt vom Kupfer zum Gold hin zu. In nicht oxidierenden Säuren sind sie unlöslich. Kupfer löst sich in HNO_3 und H_2SO_4, Silber in HNO_3, Gold in Königswasser ($HCl : HNO_3 = 3 : 1$).

Die Elemente unterscheiden sich in der Stabilität ihrer Oxidationsstufen: Stabil sind im allgemeinen Cu(II)-, Ag(I)- und Au(III)-Verbindungen.

Kupfer

Vorkommen: gediegen, als Cu_2S (Kupferglanz), Cu_2O (Cuprit, Rotkupfererz), $CuCO_3 \cdot Cu(OH)_2$ (Malachit), $CuFeS_2$ ($\equiv Cu_2S \cdot Fe_2S_3$) (Kupferkies).

Darstellung: (1.) Röstreaktionsverfahren: $2\,Cu_2S + 3\,O_2 \longrightarrow 2\,Cu_2O + 2\,SO_2$ und $Cu_2S + 2\,Cu_2O \longrightarrow 6\,Cu + SO_2$. Geht man von $CuFeS_2$ aus, muß das Eisen zuerst durch kieselsäurehaltige Zuschläge verschlackt werden (Schmelzarbeit). (2.) Kupfererze werden unter Luftzutritt mit verd. H_2SO_4 als $CuSO_4$ gelöst. Durch Eintragen von elementarem Eisen in die Lösung wird das edlere Kupfer metallisch abgeschieden (Zementation, Zementkupfer): $Cu^{2\oplus} + Fe \longrightarrow Cu + Fe^{2\oplus}$. Die Reinigung von Rohkupfer ("Schwarzkupfer") erfolgt durch Elektroraffination, s. S. 192.

Eigenschaften: Reines Kupfer ist gelbrot. Unter Bildung von Cu_2O erhält es an der Luft die typische kupferrote Farbe. Bei Anwesenheit von CO_2 bildet sich mit der Zeit basisches Carbonat (Patina): $CuCO_3 \cdot Cu(OH)_2$. Grünspan ist basisches Kupferacetat. Kupfer ist weich und zäh und kristallisiert in einem kubisch flächenzentrierten Gitter. Es besitzt hervorragende thermische und elektrische Leitfähigkeit.

Verwendung: Wegen seiner besonderen Eigenschaften findet Kupfer als Metall vielfache Verwendung. Es ist auch ein wichtiger Legierungsbestandteil, z.B. mit Sn in der Bronze, mit Zn im Messing und mit Zn und Ni im Neusilber. Das hervorragende elektrische Leitvermögen wird in der Elektrotechnik genutzt.

Kupferverbindungen

Kupfer(II)-Verbindungen: Elektronenkonfiguration 3 d^9; paramagnetisch; meist gefärbt.

CuO (schwarz) bildet sich beim Verbrennen von Kupfer an der Luft. Es gibt leicht seinen Sauerstoff ab. Bei stärkerem Erhitzen entsteht Cu_2O.

$Cu(OH)_2$ bildet sich als hellblauer schleimiger Niederschlag: $Cu^{2\oplus} + 2\ OH^{\ominus} \longrightarrow Cu(OH)_2$. Beim Erhitzen entsteht CuO. $Cu(OH)_2$ ist amphoter; $Cu(OH)_2 + 2\ OH^{\ominus} \rightleftharpoons [Cu(OH)_4]^{2\ominus}$ (hellblau). Komplex gebundenes $Cu^{2\oplus}$ wird in alkalischer Lösung leicht zu Cu_2O reduziert (s. hierzu Fehlingsche Lösung, (s. HT 211).

CuS (schwarz), Gestein; $Lp_{CuS} = 10^{-40}\ mol^2 \cdot l^{-2}$.

CuF_2 (weiß) ist vorwiegend ionisch gebaut (verzerrtes Rutilgitter).

$CuCl_2$ ist gelbbraun. Die Substanz ist über Chlorbrücken vernetzt: $(CuCl_2)_x$. Es enthält planar-quadratische $CuCl_4$-Einheiten. $CuCl_2$ löst sich in Wasser unter Bildung eines grünen Dihydrats: $CuCl_2(H_2O)_2$. Die Struktur ist planar. Die Cu-Cl-Bindung besitzt einen beträchtlichen kovalenten Bindungscharakter.

$CuSO_4$ (wasserfrei) ist weiß und *$CuSO_4 \cdot 5\ H_2O$* (Kupfervitriol) blau. Im triklinen $CuSO_4 \cdot 5\ H_2O$ gibt es zwei Arten von Wassermolekülen. Jedes der beiden $Cu^{2\oplus}$-Ionen in der Elementarzelle ist von vier H_2O-Molekülen umgeben, die vier Ecken eines verzerrten Oktaeders besetzen. Außerdem hat jedes $Cu^{2\oplus}$ zwei O-Atome aus den $SO_4{}^{2\ominus}$-Tetraedern zu Nachbarn. Das fünfte H_2O-Molekül ist nur von anderen Wassermolekülen und von O-Atomen der $SO_4{}^{2\ominus}$-Ionen umgeben, Abb. 175.

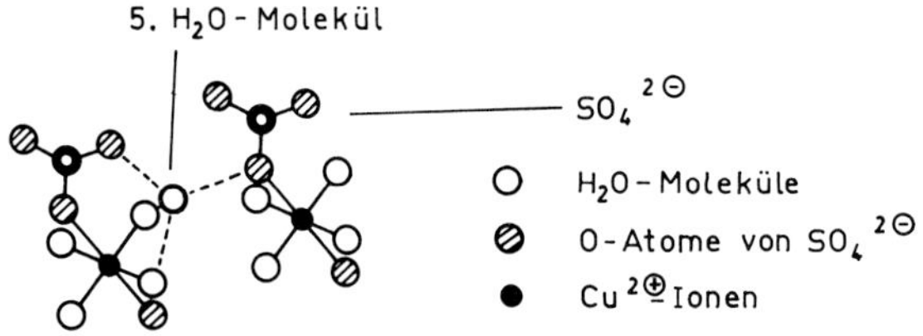

Abb. 175. Die Umgebung des fünften H_2O-Moleküls in $CuSO_4 \cdot 5\ H_2O$

$[Cu(NH_3)_4]^{2\oplus}$ bildet sich in wäßriger Lösung aus $Cu^{2\oplus}$-Ionen und NH_3. Die tiefblaue Farbe des Komplex-Ions dient als qualitativer Kupfernachweis. Der "Cu(II)-tetrammin-Komplex" hat eine quadratisch-planare Anordnung der Liganden, wenn man nur die nächsten Nachbarn des $Cu^{2\oplus}$-Ions berücksichtigt. In wäßriger Lösung liegt ein verzerrtes Oktaeder vor; hier kommen zwei H_2O-Moleküle als weitere Liganden (in größerem Abstand) hinzu. S. hierzu Kapitel 6. Die alkalische Lösung des Komplexes $[Cu(NH_3)_4](OH)_2$ (Schweizers Reagens) löst Cellulose. Durch Einspritzen der Cellulose-Lösungen in Säuren oder Basen bilden sich Cellulosefäden (Kupferseide).

Kupfer(I)-Verbindungen: 3 d^{10}; diamagnetisch; farblos. Sie enthalten große polarisierbare Anionen und kovalenten Bindungsanteil.

In Wasser sind $Cu^{\oplus}$-Ionen instabil: $2\ Cu^{\oplus} \rightleftharpoons Cu^{2\oplus} + Cu$. Das Gleichgewicht liegt auf der rechten Seite. Nur Anionen und Komplexliganden, welche mit $Cu^{\oplus}$ schwerlösliche oder stabile Verbindungen bilden, verhindern die Disproportionierung. Es bilden sich dann sogar $Cu^{\oplus}$-Ionen aus $Cu^{2\oplus}$-Ionen.

Beispiele:

$Cu^{2\oplus} + 2\ I^{\ominus} \longrightarrow CuI + \frac{1}{2}\ I_2$; $2\ Cu^{2\oplus} + 4\ CN^{\ominus} \longrightarrow 2\ CuCN + (CN)_2$.

Struktur von $(CuCN)_x$: $\longrightarrow$ Cu–C≡N| $\longrightarrow$ Cu–C≡N| $\longrightarrow$ Cu–C≡N| $\longrightarrow$

CuCN ist im Überschuß von $CN^{\ominus}$-Ionen löslich und kann folgende Komplexe bilden:

$[Cu(CN)_2]^{\ominus}$ bildet im Gitter polymere, spiralige Anion-Ketten mit trigonal planarer Anordnung und KoZ 3 am Kupfer.

$[Cu(CN)_3]^{2\ominus}$ bildet Ketten aus $Cu(CN)_4$-Tetraedern.

$[Cu(CN)_4]^{3\ominus}$-Ionen liegen als isolierte Tetraeder vor.

Cu_2O entsteht durch Reduktion von $Cu^{2\oplus}$ als gelber Niederschlag. Rotes Cu_2O erhält man durch Erhitzen von CuO bzw. gelbem Cu_2O.

Kupfer(I)-Salze können CO binden: $Cu(NH_3)_2Cl + CO \rightleftharpoons [Cu(NH_3)_2ClCO]$.

Silber

Vorkommen: gediegen, als Ag_2S (Silberglanz), AgCl (Hornsilber), in Blei- und Kupfererzen.

Gewinnung: Silber findet sich im Anodenschlamm bei der Elektroraffination von Kupfer. Angereichert erhält man es bei der Bleidarstellung. Die Abtrennung vom Blei gelingt z.B. durch "Ausschütteln" mit flüssigem Zink (= Parkesieren). Zn und Pb sind unterhalb 400°C praktisch nicht mischbar. Ag und Zn bilden dagegen beim Erstarren Mischkristalle in Form eines Zinkschaums auf dem flüssigen Blei. Durch teilweises Abtrennen des Bleis wird das Ag im Zinkschaum angereichert. Nach Abdestillieren des Zn bleibt ein "Reichblei" mit 8 - 12 % Ag zurück. Die Trennung Ag/Pb erfolgt jetzt durch Oxidation von Pb zu PbO, welches bei 884°C flüssig ist, auf dem Silber schwimmt und abgetrennt werden kann (Treibarbeit). Eine weitere Möglichkeit der Silbergewinnung bietet die Cyanidlaugerei (s. Goldgewinnung, unten). Die Reinigung des Rohsilbers erfolgt elektrolytisch.

Eigenschaften: Ag besitzt von allen Elementen das größte thermische und elektrische Leitvermögen. Weitere Eigenschaften s. Tabelle 412.

Verwendung: elementar für Münzen, Schmuck, in der Elektronik etc. oder als Überzug (Versilbern). Zur Verwendung von AgBr in der Photographie s.S. 393.

Silber(I)-Verbindungen: Elektronenkonfiguration 4 d^{10}; meist farblos, stabilste Oxidationsstufe.

Ag_2O (dunkelbraun) entsteht bei der Reaktion: $2\ Ag^{\oplus} + 2\ OH^{\ominus} \longrightarrow 2\ AgOH \longrightarrow Ag_2O + H_2O$.

Ag_2S (schwarz) hat ein Löslichkeitsprodukt von $\approx 1{,}6 \cdot 10^{-49}\ mol^3 \cdot l^{-3}$.

$AgNO_3$ ist das wichtigste Ausgangsmaterial für andere Ag-Verbindungen. Es ist leicht löslich in Wasser und entsteht nach folgender Gleichung: $3\ Ag + 4\ HNO_3 \longrightarrow 3\ AgNO_3 + NO + 2\ H_2O$.

AgF ist ionisch gebaut. Es ist leicht löslich in Wasser!

AgCl bildet sich als käsiger weißer Niederschlag aus $Ag^{\oplus}$ und $Cl^{\ominus}$, $Lp_{AgCl} = 1{,}6 \cdot 10^{-10}\ mol^2 \cdot l^{-2}$. In konz. HCl ist AgCl löslich: $AgCl + Cl^{\ominus} \longrightarrow [AgCl_2]^{\ominus}$. Mit wäßriger verd. NH_3-Lösung entsteht das lineare Silberdiamminkomplex-Kation: $[Ag(NH_3)_2]^{\oplus}$.

AgBr s. S. 278.

AgF, AgCl, AgBr besitzen NaCl-Struktur.

AgSCN entsteht aus $Ag^{\oplus} + SCN^{\ominus}$, $Lp = 0{,}5 \cdot 10^{-12}\ mol^2 \cdot l^{-2}$. Es ist polymer gebaut:

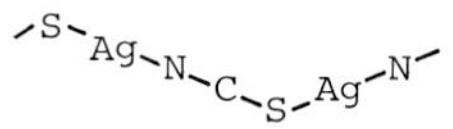

AgCN zeigt eine lineare Kettenstruktur mit kovalenten Bindungsanteilen: -Ag-CN-Ag-CN- . Es ist im $CN^{\ominus}$-Überschuß löslich.

Silber(II)-Verbindungen sind mit Ausnahme von AgF_2 nur in komplexgebundenem Zustand stabil. Sie werden mit sehr kräftigen Oxidationsmitteln erhalten wie Ozon, Peroxodisulfat $S_2O_8{}^{2\ominus}$ oder durch anodische Oxidation.

AgF_2, Silberdifluorid, wird aus den Elementen dargestellt. Es ist ein kräftiges Oxidations- und Fluorierungsmittel.

Silber(III)-Verbindungen

Ag_2O_3 entsteht durch anodische Oxidation einer alkalischen Lösung von Ag(I)-Verbindungen.

Gold

Vorkommen: hauptsächlich gediegen.

Gewinnung: (1.) Aus dem Anodenschlamm der Kupfer-Raffination. (2.) Mit dem Amalgamverfahren: Au wird durch Zugabe von Hg als Amalgam (Au/Hg) aus dem Gestein herausgelöst. Hg wird anschließend abdestilliert. (3.) Aus goldhaltigem Gestein durch Cyanidlaugerei: Goldhaltiges Gestein wird unter Luftzutritt mit verdünnter NaCN-Lösung behandelt. Gold geht dabei als Komplex in Lösung. Mit Zn-Staub wird $Au^{\oplus}$ dann zu Au reduziert:

a) $2\ Au + 4\ NaCN + H_2O + \frac{1}{2}\ O_2 \longrightarrow 2\ Na[Au(CN)_2] + 2\ NaOH$;

b) $2\ Na[Au(CN)_2] + Zn \longrightarrow Na_2[Zn(CN)_4] + 2\ Au$.

Die Reinigung erfolgt elektrolytisch.

Eigenschaften: Gold ist sehr weich und reaktionsträge. Löslich ist es z.B. in Königswasser und Chlorwasser.

Verwendung: zur Herstellung von Münzen und Schmuck und als Legierungsbestandteil mit Cu oder Palladium, in der Dentaltechnik, Optik, Glas-, Keramikindustrie, Elektrotechnik, Elektronik

Gold(I)-Verbindungen sind in wäßriger Lösung nur beständig, wenn sie schwerlöslich (AuI, AuCN) oder komplex gebunden sind. Sie disproportionieren leicht in $\overset{0}{Au}$ und Au(III).

Beispiele: $AuCl + Cl^{\ominus} \longrightarrow [Cl\text{-}Au\text{-}Cl]^{\ominus}$; $3\ AuCl \rightleftharpoons 2\ Au + AuCl_3$.

Gold(III)-Verbindungen: Das $Au^{3\oplus}$-Ion ist ein starkes Oxidationsmittel. Es ist fast immer in einen planar-quadratischen Komplex eingebaut. Beispiele: $(AuCl_3)_2$, $(AuBr_3)_2$. Die Darstellung dieser Substanzen gelingt aus den Elementen. $(AuCl_3)_2$ bildet mit Salzsäure Tetrachlorgoldsäure (hellgelb): $2\ HCl + Au_2Cl_6 \longrightarrow 2\ H[AuCl_4]$.

$Au(OH)_3$ wird durch $OH^{\ominus}$-Ionen gefällt. Im Überschuß löst es sich: $Au(OH)_3 + OH^{\ominus} \rightleftharpoons [Au(OH)_4]^{\ominus}$ (Aurate). Beim Trocknen entsteht AuO(OH), beim Erhitzen $\overset{0}{Au}$.

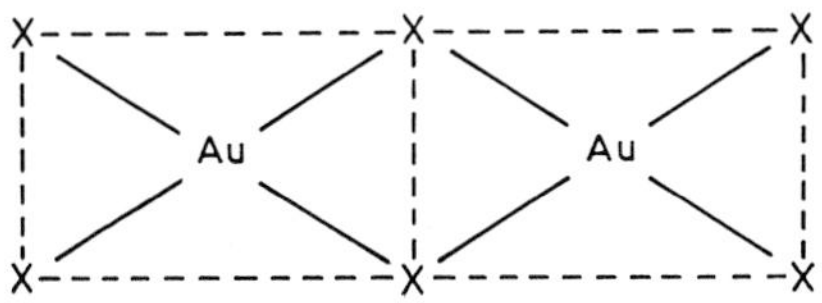

planar-quadratische Umgebung des $Au^{3\oplus}$ in Au_2X_6

Cassiusscher Goldpurpur ist ein rotes Goldkolloid. Man erhält es aus Au(III)-Lösungen durch Reduktion mit $SnCl_2$. Es dient als analytischer Nachweis von Gold und vor allem zum Färben von Glas und Porzellan.

"Flüssiges Gold" sind Umsetzungsprodukte von Gold(III)-chloro-Komplexen mit schwefelhaltigen Terpenen oder Harzen. Sie werden zum Bemalen von Glas und Porzellan benutzt.

II. Nebengruppe

Eigenschaften der Elemente

	Zn	Cd	Hg
Ordnungszahl	30	48	80
Elektronenkonfiguration	$3\,d^{10}\ 4\,s^2$	$4\,d^{10}\ 5\,s^2$	$5\,d^{10}\ 6\,s^2$
Fp. [°C]	419	321	-39
Kp. [°C]	906	765	357
Ionenradius $Me^{2\oplus}$[pm]	74	97	110
$E^{o}_{Me/Me^{2\oplus}}$[V]	-0,76	-0,40	+0,85

Übersicht

Zn und Cd haben in ihren Verbindungen - unter normalen Bedingungen - die Oxidationszahl +2. Hg kann positiv ein- und zweiwertig sein. Im Unterschied zu den Erdalkalimetallen sind die s-Elektronen fester an den Kern gebunden. Die Metalle der II. Nebengruppe sind daher *edler* als die Metalle der II. Hauptgruppe. Die Elemente bilden Verbindungen mit z.T. sehr starkem kovalenten Bindungscharakter, z.B. Alkylverbindungen wie $Zn(CH_3)_2$. Sie zeigen eine große Neigung zur Komplexbildung: $Hg^{2\oplus} >> Cd^{2\oplus} > Zn^{2\oplus}$. An feuchter Luft überziehen sich die Metalle mit einer dünnen Oxid- bzw. Hydroxidschicht, die vor weiterem Angriff schützt (Passivierung). Hg hat ein positives Normalpotential, es läßt sich daher schwerer oxidieren und löst sich - im Gegensatz zu Zn und Cd - nur in oxidierenden Säuren. Hg bildet mit den meisten Metallen Legierungen, die sog. *Amalgame*.

Vorkommen der Elemente: Zn und Cd kommen meist gemeinsam vor als Sulfide, z.B. ZnS (Zinkblende), Carbonate, Oxide oder Silicate. Die Cd-Konzentration ist dabei sehr gering. Hg kommt elementar vor und als HgS (Zinnober).

Darstellung: (1.) Rösten der Sulfide bzw. Erhitzen der Carbonate und anschließende Reduktion der entstandenen Oxide mit Kohlenstoff: $ZnS + \frac{3}{2}\,O_2 \longrightarrow ZnO + SO_2$ bzw. $ZnCO_3 \longrightarrow ZnO + CO_2$. $ZnO + C \longrightarrow Zn + CO$. (2.) Elektrolyse von $ZnSO_4$ (aus ZnO und H_2SO_4) mit Pb-Anode und Al-Kathode.

Die Reinigung erfolgt durch fraktionierte Destillation oder elektrolytisch. Cd fällt bei der Destillation an. HgS liefert beim Erhitzen direkt metallisches Hg.

Verwendung:

Zink: als Eisenüberzug (Zinkblech, verzinktes Eisen), als Legierungsbestandteil z.B. im Messing (CuZn), als Anodenmaterial für Trockenbatterien, mit Säuren als Reduktionsmittel. ZnO, Zinkweiß, ist eine Malerfarbe. Kristallisiertes ZnS findet als Material für Leuchtschirme Verwendung, denn es leuchtet nach Belichten nach (Phosphoreszenz).

Cadmium: als Rostschutz, als Elektrodenmaterial in Batterien, in Form seiner Verbindungen als farbige Pigmente, Legierungsbestandteil (Woodsches Metall, Schnellot) und zur Absorption von Neutronen in Kernreaktoren.

Quecksilber: Verwendung zur Füllung von Thermometern, Barometern, Manometern, als Sperrflüssigkeit für Gase im Labor, als Elektrodenmaterial, Quecksilberdampflampen für UV-reiches Licht usw. Quecksilber-Verbindungen sind wie das Metall sehr giftig und oft Bestandteil von Schädlingsbekämpfungsmitteln; sie finden aber auch bei Hautkrankheiten Verwendung. Silberamalgam dient als Zahnfüllmaterial. Alkalimetall-Amalgame sind starke Reduktionsmittel.

Zink-Verbindungen

$Zn(OH)_2$ ist amphoter. Mit $OH^{\ominus}$-Ionen bilden sich Zinkate: $[Zn(OH)_4]^{2\ominus}$.

ZnO ist eine Malerfarbe (*Zinkweiß*): $Zn + \frac{1}{2} O_2 \longrightarrow ZnO$.

ZnS (weiß) kommt in zwei Modifikationen vor: Zinkblende (kubisch), s.S. 70, 369 und Wurtzit (hexagonal).

$ZnSO_4$ bildet mit BaS Lithopone (weißes Farbstoffpigment): $ZnSO_4 + BaS \longrightarrow BaSO_4 + ZnS$.

ZnR_2, Zinkorganyle, sind die ältesten metallorganischen Verbindungen. $Zn(CH_3)_2$ wurde 1849 von *E. Frankland* entdeckt. Es sind unpolare, flüssige oder tiefschmelzende Substanzen. Sie sind linear gebaut. Darstellung: Zn + Alkylhalogenid im Autoklaven oder Umsetzung von $ZnCl_2$ mit entsprechenden Lithiumorganylen oder Grignardverbindungen (s. HT 211).

Cadmium-Verbindungen

$Cd(OH)_2$ ist in Laugen unlöslich, aber in Säuren löslich (Unterschied zu $Zn(OH)_2$).

CdS ist schwerlöslich in Säuren. $Cd^{2\ominus} + S^{2\ominus} \longrightarrow CdS$ (gelb). Cadmiumgelb ist eine Malerfarbe. $Lp_{CdS} = 10^{-29}\ mol^2 \cdot l^{-2}$.

CdF_2 kristallisiert im CaF_2-Gitter, s. S. 70.

$CdCl_2$ und *CdI_2* bilden typische Schichtengitter, s. S. 73.

Quecksilber-Verbindungen

Hg(I)-Verbindungen sind diamagnetisch. Sie enthalten die dimere Einheit $[Hg\text{-}Hg]^{2\oplus}$ mit einer kovalenten Hg-Hg-Bindung. $Hg_2^{2\oplus}$-Ionen disproportionieren sehr leicht: $Hg_2^{2\oplus} \rightleftharpoons \overset{o}{Hg} + Hg^{2\oplus}$, $E^o = -0,12$ V.
Beispiele: $Hg_2^{2\oplus} + 2\ OH^{\ominus} \rightleftharpoons Hg + HgO + H_2O$; $Hg_2^{2\oplus} + S^{2\ominus} \rightleftharpoons Hg + HgS$; $Hg_2^{2\oplus} + 2\ CN^{\ominus} \rightleftharpoons Hg + Hg(CN)_2$.

Hg(I)-halogenide, X-Hg-Hg-X, sind linear gebaut und besitzen vorwiegend kovalenten Bindungscharakter. Mit Ausnahme von Hg_2F_2 sind sie in Wasser schwerlöslich. Hg_2I_2 ist gelb gefärbt, die anderen Halogenide sind farblos.

Hg_2Cl_2 (Kalomel) bildet sich in der Kälte nach der Gleichung:

$2\ HgCl_2 + SnCl_2 \longrightarrow Hg_2Cl_2 + SnCl_4$.

Es entsteht auch aus $HgCl_2$ und Hg. Mit NH_3 bildet sich ein schwarzer Niederschlag:

$Hg_2Cl_2 + 2\ NH_3 \longrightarrow Hg + HgNH_2Cl + NH_4Cl$.

Die schwarze Farbe rührt von dem feinverteilten elementaren Quecksilber her.

Hg(II)-Verbindungen

HgO kommt in zwei Modifikationen vor (verschiedene Korngröße bedingt Farbunterschied!): $Hg^{2\oplus} + 2\ OH^{\ominus} \longrightarrow HgO$ (gelb) $+ H_2O$ und $Hg + \frac{1}{2}\ O_2 \longrightarrow HgO$ (rot). Bei Temperaturen > 400°C zerfällt HgO in die Elemente.
Kristallines HgO besteht aus 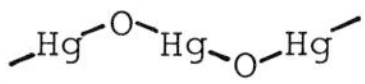 -Ketten.

$Hg(OH)_2$ ist nicht isolierbar!

HgS kommt in der Natur als *Zinnober (rot)* vor. Diese Modifikation besitzt Kettenstruktur wie HgO. Aus $Hg^{2\oplus}$ + $S^{2\ominus}$ bildet sich HgS *(schwarz)* mit Zinkblendestruktur, $Lp_{HgS} = 1{,}67 \cdot 10^{-54}$. Durch Erwärmen von schwarzem HgS, z.B. in Na_2S-Lösung, entsteht rotes HgS.

HgF_2 ist ionisch gebaut und besitzt CaF_2-Struktur.

$Hg(CN)_2$ $\xrightarrow{\Delta}$ Hg + $(CN)_2$; $Hg(CN)_2 + 2\ CN^{\ominus} \longrightarrow [Hg(CN)_4]^{2\ominus}$.

HgI_2 ist enantiotrop und ein schönes Beispiel für das Phänomen der *Thermochromie*: HgI_2 (rot) $\xrightleftharpoons{127^{\circ}C}$ HgI_2 (gelb). Entsprechend der Ostwaldschen Stufenregel entsteht bei der Darstellung aus $Hg^{2\oplus}$ und $I^{\ominus}$ zuerst die gelbe Modifikation, die sich in die rote umwandelt. Mit überschüssigen $I^{\ominus}$-Ionen bildet sich ein Tetraiodokomplex: $HgI_2 + 2\ I^{\ominus} \longrightarrow [HgI_4]^{2\ominus}$. Eine alkalische Lösung von $K_2[HgI_4]$ dient als *Nesslers-Reagens* zum Ammoniak-Nachweis: $2\ [HgI]_4^{2\ominus} + NH_3 + 3\ OH^{\ominus} \longrightarrow [Hg_2N]I \cdot H_2O + 7\ I^{\ominus} + 3\ H_2O$ (braunrote Färbung). Mit viel NH_3 bildet sich ein rotbrauner Niederschlag von $[Hg_2N]OH$ (Millonsche Base).

$HgCl_2$ (Sublimat) bildet sich beim Erhitzen von $HgSO_4$ mit NaCl. Fp. 280°C, Kp. 303°C. Es ist sublimierbar, leichtlöslich in Wasser und bildet Chlorokomplexe $[HgCl_3]^{\ominus}$ und $[HgCl_4]^{2\ominus}$, in denen im festen Zustand sechsfachkoordiniertes Hg vorliegt.

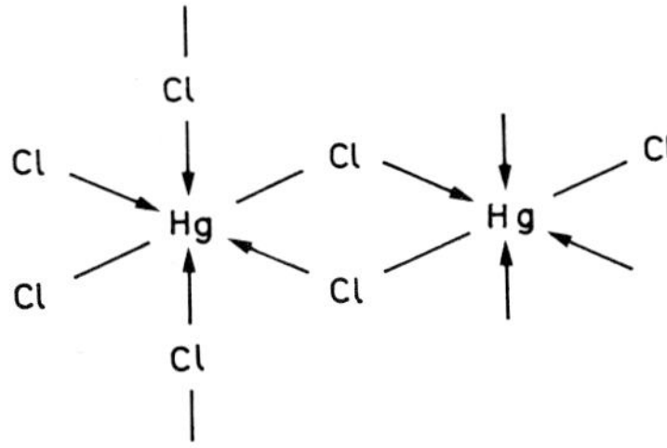

$[HgCl_4]^{2\ominus}$ – Bandstruktur
KoZ. 6 am Hg

$HgCl_2$ ist ein linear gebautes Molekül. In wäßriger Lösung ist es nur sehr wenig dissoziiert. $HgCl_2$ ist sehr giftig!

Reaktion mit gasförmigem NH_3: Es entsteht weißes *schmelzbares Präzipitat*, Fp. 300°C: $HgCl_2 + 2\ NH_3 \longrightarrow [Hg(NH_3)_2]Cl_2$. Bau: In einem kubischen Gitter aus $Cl^{\ominus}$-Ionen sind die Flächenmitten von $[H_3N\text{-}Hg\text{-}NH_3]^{2\oplus}$-Ionen besetzt.

<u>Reaktion mit wäßriger NH_3-Lösung:</u> Es entsteht Hg(II)-amid-chlorid = weißes *unschmelzbares Präzipitat*: $HgCl_2 + 2\ NH_3 \longrightarrow Hg(NH_2)Cl + NH_4Cl$. $Hg(NH_2)Cl$ bildet gewinkelte Ketten:

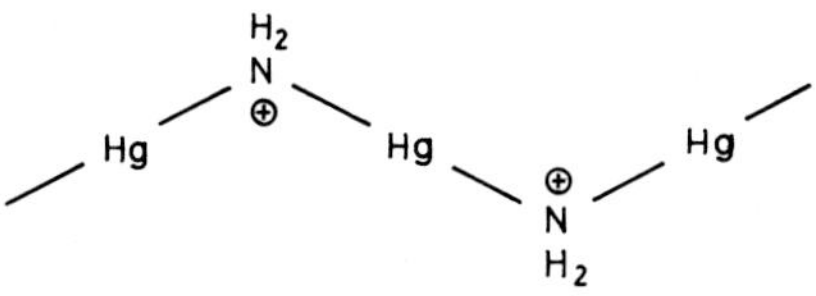

Beim Kochen einer wäßrigen Lösung von $Hg(NH_2)Cl$ bildet sich das Chlorid der *Millonschen Base* $[Hg_2N]OH$. Die $[Hg_2N]^{\oplus}$-Kationen bilden eine cristobalitähnliche Raumnetzstruktur (s. S. 70), während die $Cl^{\ominus}$-Ionen in kanalförmigen Hohlräumen sitzen und für den Ladungsausgleich sorgen. Die $Cl^{\ominus}$-Ionen können gegen andere Anionen ausgetauscht werden.

III. Nebengruppe

Eigenschaften der Elemente

	Sc	Y	La	Ac
Ordnungszahl	21	39	57	89
Elektronen-konfiguration	$3\,d^1\ 4\,s^2$	$4\,d^1\ 5\,s^2$	$5\,d^1\ 6\,s^2$	$6\,d^1\ 7\,s^2$
Fp. [°C]	1540	1500	920	1050
Ionenradius $Me^{3\oplus}$ [pm]	81	92	114	118
Dichte [$g \cdot cm^{-3}$]	2,99	4,472	6,162	

Übersicht

Die d^1-Elemente sind typische Metalle, ziemlich weich, silbrig-glänzend und sehr reaktionsfähig. Sie haben in allen Verbindungen die Oxidationsstufe +3. Ihre Verbindungen zeigen große Ähnlichkeit mit denen der Lanthaniden. Sc, Y und La werden daher häufig zusammen mit den Lanthaniden als Metalle der "Seltenen Erden" bezeichnet. Die Abtrennung von Sc und Y von Lanthan und den Lanthaniden gelingt mit Ionenaustauschern. Y, La finden Verwendung z.B. in der Elektronik und Reaktortechnik.

Verschiedene keramische Supraleiter bestehen aus Ba-La-Cu-Oxiden. Für die Verbindung $YBa_2Cu_3O_x$ (x = 7) wurde eine Sprungtemperatur von 92 K angegeben.

Scandium

Vorkommen: als Oxid (bis 0,2 %) in Erzen von Zn, Zr, W; in dem seltenen Mineral Thortveitit $(Y,Sc)_2(Si_2O_7)$.

Darstellung: durch Schmelzelektrolyse eines Gemisches aus $ScCl_3$ (wasserfrei) und KCl oder LiCl an einer Zn-Kathode. Es entsteht eine Zn-Sc-Legierung. Zn wird bei höherer Temperatur im Vakuum abdestilliert. Das Fluorid läßt sich auch mit Calcium oder Magnesium reduzieren.

Darstellung von $ScCl_3$: $Sc_2O_3 + 3\ C + 3\ Cl_2 \longrightarrow 2\ ScCl_3 + 3\ CO$.

Eigenschaften: Sc ist relativ unedel und daher leicht in Säuren löslich. Es bildet Komplexe, z.B. K_3ScF_6.

Yttrium

Vorkommen als Oxid in den Yttererden. Als Ausgangsmaterial für die Darstellung dient meist das Mineral Xenotim YPO_4. Darstellung s. Sc. Bei den Leuchtstoffen von Fernsehröhren besteht die Rotkomponente aus Y_2O_2S: Eu oder YVO_4.

Lanthan

kommt als Begleiter von Cer im Monazitsand vor. Darstellung s. Sc.

Actinium

Vorkommen als radioaktives Zerfallsprodukt in Form der Isotope $^{227}_{89}Ac$ (Halbwertszeit 28 a) und $^{228}_{89}Ac$ (Halbwertszeit 6 h) in sehr geringen Mengen.

Darstellung von $^{227}_{89}Ac$ aus Radium ($RaCO_3$) im Reaktor durch Bestrahlen mit Neutronen. $^{228}_{89}Ac$ ist ein Tochterprodukt von $^{232}_{90}Th$.

IV. Nebengruppe

Eigenschaften der Elemente

	Ti	Zr	Hf
Ordnungszahl	22	40	72
Elektronenkonfiguration	$3\,d^2\ 4\,s^2$	$4\,d^2\ 5\,s^2$	$5\,d^2\ 6\,s^2$
Fp. [°C]	1670	1850	2000
Kp. [°C]	3260	3580	5400
Ionenradius [pm] $Me^{4\oplus}$	68	79	78

Übersicht

Titan ist mit etwa 0,5 Gew.-% an der Lithosphäre beteiligt. Die Elemente überziehen sich an der Luft mit einer schützenden Oxidschicht. Die Lanthanidenkontraktion ist dafür verantwortlich, daß Zirkon und Hafnium praktisch gleiche Atom- und Ionenradien haben und sich somit in ihren chemischen Eigenschaften kaum unterscheiden. Hf kommt immer zusammen mit Zr vor. Bei allen Elementen ist die Oxidationsstufe +4 die beständigste.

Titan

Vorkommen: in Eisenerzen vor allem als $FeTiO_3$ (Ilmenit), als $CaTiO_3$ (Perowskit), TiO_2 (Rutil) und in Silicaten. Titan ist in geringer Konzentration sehr verbreitet.

Darstellung: Ausgangsmaterial ist $FeTiO_3$ und TiO_2. $2\,TiO_2 + 3\,C + 4\,Cl_2 \longrightarrow 2\,TiCl_4 + 2\,CO + CO_2$. $TiCl_4$ (Kp. 136°C) wird durch Destillation gereinigt. Anschließend erfolgt die Reduktion mit Natrium oder Magnesium unter Schutzgas (Argon): $TiCl_4 + 2\,Mg \longrightarrow Ti + 2\,MgCl_2$. Das schwarze, schwammige Titan wird mit HNO_3 gereinigt und unter Luftausschluß im elektrischen Lichtbogen zu duktilem metallischen Titan geschmolzen. *Ferrotitan* wird als Ausgangsstoff für legierte Stähle durch Reduktion von $FeTiO_3$ mit Kohlenstoff hergestellt.

Sehr reines Titan erhält man durch thermische Zersetzung von TiI_4 an einem heißen Wolframdraht. Bei diesem Verfahren von *van Arkel* und *de Boer* (Aufwachsverfahren) erhitzt man pulverförmiges Ti und Iod in einem evakuierten Gefäß, das an eine Glühbirne erinnert, auf ca. 500°C. Hierbei bildet sich flüchtiges TiI_4. Dieses diffundiert an den ca. 1200°C heißen Wolframdraht und wird zersetzt. Während sich das Titan metallisch an dem Wolframdraht niederschlägt, steht das Iod für eine neue *"Transportreaktion"* zur Verfügung.

Eigenschaften: Das silberweiße Metall ist gegen HNO_3 und Alkalien resistent, weil sich eine zusammenhängende Oxidschicht bildet (Passivierung). Es hat die - im Vergleich zu Eisen - geringe Dichte von 4,5 $g \cdot cm^{-1}$. In einer Sauerstoffatmosphäre von 25 bar verbrennt Titan mit gereinigter Oberfläche bei 25°C vollständig zu TiO_2. Das gebildete TiO_2 löst sich dabei in geschmolzenem Metall.

Verwendung: im Apparatebau, für Überschallflugzeuge, Raketen, Rennräder usw., weil es ähnliche Eigenschaften hat wie Stahl, jedoch leichter und korrosionsbeständiger ist.

Titan(IV)-Verbindungen: Alle Verbindungen sind kovalent gebaut. Es gibt keine $Ti^{4\oplus}$-Ionen!

$TiCl_4$: $2\ TiO_2 + 3\ C + 4\ Cl_2 \longrightarrow 2\ TiCl_4 + CO_2 + 2\ CO$. Es hydrolysiert zu TiO_2. $TiCl_4 + 2\ HCl \longrightarrow [TiCl_6]^{2\ominus}$. Farblose, an der Luft rauchende Flüssigkeit.

TiF_4 entsteht aus $TiCl_4$ mit HF (wasserfrei); $TiF_4 + 2\ F^{\ominus} \longrightarrow [TiF_6]^{2\ominus}$; $[TiF_6]^{2\ominus} + H_2O \longrightarrow [TiOF_4]^{2\ominus}$. TiF_4 ist farblos, fest und sublimiert bei 284°C. Es besteht aus Makromolekülen mit F-Brücken. Ti hat darin die KoZ. 6.

$TiBr_4$ (gelb) und *TiI_4* (rotbraun) sind direkt aus den Elementen zugänglich. $TiBr_4$: Fp. 38,25°C, Kp. 233°C; TiI_4: Fp. 155°C, Kp. 377°C.

Beachte: $TiCl_4$, $TiBr_4$ und TiI_4 sind starke Lewis-Säuren. Sie bilden mit zahlreichen Lewis-Basen sehr stabile Addukte, so z.B. mit Ethern und Aminen. Titan erreicht damit die KoZ. 6.

TiO_2 kommt in drei Modifikationen vor: Rutil (tetragonal), Anatas (tetragonal) und Brookit (rhombisch). Oberhalb 800°C wandeln sich die beiden letzten *monotrop* in Rutil um. Rutilgitter s. S. 70.
$TiO_2 + BaSO_4$ ergibt Titanweiß (Anstrichfarbe). Es besitzt ein hohes Lichtbrechungsvermögen und eine hohe Dispersion. TiO_2 wird als weißes Pigment vielfach verwendet.

$TiOSO_4 \cdot H_2O$, Titanoxidsulfat (Titanylsulfat), ist farblos. Bildung: TiO_2 + konz. $H_2SO_4 \longrightarrow Ti(SO_4)_2$; $Ti(SO_4)_2 + H_2O \longrightarrow TiOSO_4 \cdot H_2O$. Im Titanylsulfat liegen endlose -Ti-O-Ti-O-Zickzack-Ketten vor. Die $SO_4^{2\ominus}$-Ionen und H_2O-Moleküle vervollständigen die KoZ. 6 am Titan. Von Bedeutung ist seine Reaktion mit H_2O_2. Sie findet als qualitative Nachweisreaktion für H_2O_2 bzw. Titan Verwendung: $TiO(SO_4) + H_2O_2 \longrightarrow TiO_2(SO_4)$ (Peroxo-Komplex). Das $TiO_2^{2\oplus} \cdot x\ H_2O$ ist orangegelb gefärbt.

Titan(III)-Verbindungen entstehen durch Reduktion von Ti(IV)-Substanzen und wirken selbst reduzierend. Sie finden z.B. in der Maßanalyse bei der Reduktion von $Fe^{3\oplus}$ zu $Fe^{2\oplus}$ Verwendung (Titanometrie).

$TiCl_3$, dunkelviolett, kristallisiert in einem Schichtengitter mit sechsfachkoordinierten $Ti^{3\oplus}$-Ionen. Es entsteht beim Durchleiten von $TiCl_4$ und H_2 durch ein auf ca. 500°C erhitztes Rohr.

$[Ti(H_2O)_6]^{3\oplus}$-Lösungen sind nur unter Ausschluß von Sauerstoff haltbar.

$Ti(OH)_3$ ist purpurrot gefärbt und löst sich nur in Säuren.

Titan(II)-Verbindungen sind nur in festem Zustand stabil. Sie sind starke Reduktionsmittel und entstehen beim Erhitzen von Ti(IV)-Verbindungen mit Ti: $TiCl_4 + Ti \longrightarrow 2\ TiCl_2$ oder $TiO_2 + Ti \longrightarrow 2\ TiO$.

Titan-organische Verbindungen sind Bestandteile von Katalysatoren (z.B. Ziegler/Natta-Katalysator für Niederdruckpolymerisation von Ethylen.)

"Titanorganyle" gibt es mit Ti(III) und Ti(IV).

Eine wichtige Ausgangsverbindung ist *Cp_2TiCl_2* (Fp. 230°C). ($Cp \equiv \eta^5\text{-}C_5H_5$). Die rote, kristalline Substanz entsteht aus $TiCl_4$ und C_5H_5Na (Cyclopentadienyl-Natrium). Sie besitzt eine quasi-tetraedrische Struktur.

Zirkon und Hafnium

Zr und Hf kommen immer zusammen vor. Der Hafniumgehalt beträgt selten mehr als 1 %.

Vorkommen: als $ZrSiO_4$ (Zirkonit) und ZrO_2 (Baddeleyit).

Darstellung: s. Titan.

Verwendung: Metallisches Zr und Hf finden Verwendung in Kernreaktoren. Reines Zirkon eignet sich wegen seiner hohen Neutronendurchlässigkeit als Hüllenmaterial für Brennelemente. Zr ist auch Bestandteil von Stahllegierungen.

ZrO_2 wird zur Darstellung feuerfester chemischer Geräte verwendet (Fp. 2700 °C) und dient als Trübungsmittel für Email. Der Nernststift, der in der Spektroskopie als Lichtquelle benutzt wird, enthält 15 % Y_2O_3 und 85 % ZrO_2.

$ZrOCl_2$ findet in der Analytischen Chemie Anwendung zum Abtrennen von $PO_4^{3\ominus}$ als säurebeständiges $Zr_3(PO_4)_4$.

ZrF_4 bildet (wie HfF_4) mit $I^{\ominus}$-Ionen $[ZrF_7]^{3\ominus}$-Ionen. Die Struktur ist ein einhütiges Oktaeder (mit einem F über einer Fläche).

$Zr(OH)_2Cl_2$ (basisches Chlorid) enthält im Kristallgitter $[Zr_4(OH)_8]^{8\oplus}$-Ionen, wobei 4 $Zr^{4\oplus}$-Ionen in quadratischer Anordnung durch je zwei OH-Brücken verknüpft sind. Die Substanz findet z.B. beim Weißgerben, in der Keramik und als Textilhilfsmittel Verwendung.

HfC, Hafniumcarbid, hat den höchsten bekannten Schmelzpunkt einer chemischen Verbindung: Fp. 4160 °C.

Hinweis: Hafnium ist das erste mit Hilfe der Röntgenspektroskopie entdeckte Element (*Hevesy* u. *Coster*, 1923).

Die *Trennung* von Zirkon und Hafnium gelingt z.B. mit Ionenaustauschern, chromatographisch an Kieselgel über die $MeCl_4$-Lösungen in HCl-haltigem Methanol oder durch mehrfache Extraktion der ammonrhodanidhaltigen, sauren Lösungen der Sulfate mit Ether.

V. Nebengruppe

Eigenschaften der Elemente

	V	Nb	Ta
Ordnungszahl	23	41	73
Elektronenkonfiguration	$3d^3\ 4s^2$	$4d^4\ 5s^1$	$5d^3\ 6s^2$
Fp. [°C]	1900	2420	3000
Ionenradius [pm] $Me^{5\oplus}$	59	69	68

Übersicht

Die Elemente sind typische Metalle. V_2O_5 ist amphoter, Ta_2O_5 sauer. Die Tendenz, in niederen Oxidationsstufen aufzutreten, nimmt mit steigender Ordnungszahl ab. So sind Vanadin(V)-Verbindungen im Gegensatz zu Tantal(V)-Verbindungen leicht zu V(III)- und V(II)-Verbindungen reduzierbar.

Niedere Halogenide von Niob und Tantal werden durch Metall-Metall-Bindungen stabilisiert. Nb_6Cl_{14} und Ta_6Cl_{14} enthalten $[M_6Cl_{12}]^{2\oplus}$-Einheiten.

Auf Grund der Lanthanidenkontraktion sind sich Niob und Tantal sehr ähnlich und unterscheiden sich merklich vom Vanadin.

Vanadin

Vorkommen: Eisenerze enthalten oft bis zu 1 % V_2O_5. Bei der Stahlherstellung sammelt sich V_2O_5 in der Schlacke des Konverters. Weitere Vanadinvorkommen sind der Carnotit $K(UO_2)VO_4 \cdot 1,5\ H_2O$, der Patronit VS_4 (komplexes Sulfid) und der Vanadinit $Pb_5(VO_4)_3Cl$.

Darstellung: (1.) Durch Reduktion von V_2O_5 mit Calcium oder Aluminium. (2.) Nach dem Verfahren von *van Arkel* und *de Boer* durch thermische Zersetzung von VI_2.

Eigenschaften: Reines Vanadin ist stahlgrau, duktil und läßt sich kalt bearbeiten. Es wird durch eine dünne Oxidschicht passiviert. In oxidierenden Säuren sowie HF ist es löslich.

Verwendung: Vanadin ist ein wichtiger Legierungsbestandteil von Stählen. Vanadinstahl ist zäh, hart und schlagfest. *Ferrovanadin* enthält bis zu 50 % Vanadin. Zur Darstellung der Legierung reduziert man ein Gemisch von V_2O_5 und Eisenoxid mit Koks im elektrischen Ofen. V_2O_5 dient als Katalysator bei der SO_3-Darstellung.

Verbindungen des Vanadins

Vanadinverbindungen enthalten das Metall in sehr verschiedenen Oxidationsstufen. Wichtig und stabil sind die Oxidationsstufen +4 und +5.

Vanadin mit der Oxidationsstufe -1: $[V(CO)_6]^{\ominus}$. In dieser Verbindung erreicht Vanadin die Elektronenkonfiguration von Krypton. Darstellung: Reduktion von $[V(CO)_6]$ mit Natrium.

Vanadin mit der Oxidationsstufe 0 liegt vor im Carbonyl $[V(CO)_6]$ oder $[V(dipy)_3]$. Beachte: $[V(CO)_6]$ (dunkelgrün) ist einkernig, obwohl ihm ein Elektron zur Edelgaskonfiguration fehlt. Es ist paramagnetisch und läßt sich leicht reduzieren: $V(CO)_6 + Na \longrightarrow [V(CO)_6]^{\ominus}Na^{\oplus}$. V hat dann 36 Elektronen.

Vanadin(II)-Verbindungen sind sehr reaktiv. Sie sind starke Reduktionsmittel. Man erhält sie durch kathodische Reduktion oder Reduktion mit Zink aus V(III)-Verbindungen.

VCl_2 ist fest und stabil. KoZ. 6 für Vanadin. ($2\ VCl_3 \xrightleftharpoons{800^{\circ}C} VCl_2 + VCl_4$.)

VI_2 (violett) aus VI_3 durch Erhitzen.

VO, schwarz, besitzt metallischen Glanz und elektrische Leitfähigkeit. Es ist nicht stöchiometrisch zusammengesetzt und enthält Metall-Metall-Bindungen.

$[V(H_2O)_6]^{2\oplus}$ ist ebenso wie *VSO_4* violett.

Vanadin(III)-Verbindungen sind sehr unbeständig. Die wäßrigen Lösungen sind grün. Beispiel: $[V(H_2O_6]_2[SO_4]_3$. VCl_3 (violett) ($VCl_4 \xrightleftharpoons{\Delta} VCl_3 + Cl_2$). V hat darin die KoZ. 6.

VI_3 (braun) aus den Elementen.

Vanadin(IV)-Verbindungen sind unter normalen Bedingungen sehr beständig. Sie entstehen aus V(II)- und V(III)-Verbindungen durch Oxidation z.B. mit Sauerstoff oder durch Reduktion von V(V)-Verbindungen.

VO_2, dunkelblau bis schwarz, ist amphoter (Rutilstruktur).
$VO_2 + 4\ OH^{\ominus} \longrightarrow [VO_4]^{4\ominus} + 2\ H_2O$. Die Vanadate(IV) sind farblos.
In schwach alkalischer Lösung bilden sich Isopolyvanadate(IV).

Mit Säuren bildet VO_2 Oxovanadin-Verbindungen. Sie enthalten die Gruppierung V=O und Koordinationszahl 6 am Vanadin-Kation (Oxovanadium(IV)-Ion: $VO^{2\oplus}$).

$VOSO_4 \cdot 2\ H_2O$: in Lösung blau durch $[OV(H_2O)_5]^{2\oplus}$-Ionen.

$VO(OH)_2$ (gelbes Vanadylhydroxid) entsteht aus $VOSO_4 \cdot 2\ H_2O$ mit Laugen.

$VOCl_2$ (grün) erhält man mit H_2 aus $VOCl_3$.

VCl_4 (rotbraune, ölige Flüssigkeit), Kp. 154°C. Darstellung aus V oder V_2O_5 mit CCl_4 bei 500°C oder aus den Elementen. Es ist tetraedrisch gebaut und nicht assoziiert.

Vanadin(V)-Verbindungen

VF_5 (weiß), Fp. 19,5°C, enthält im Kristall Ketten von F-verbrückten VF_6-Oktaedern. Im Gaszustand liegt ein trigonal-bipyramidal gebautes Molekül vor. Darstellung aus den Elementen.

V_2O_5 (orange), Vanadinpentoxid, ist das stabilste Vanadinoxid. Es bildet sich beim Verbrennen von Vanadinpulver im Sauerstoffüberschuß oder beim Glühen anderer Vanadinverbindungen an der Luft. Das amphotere Oxid hat einen ähnlichen Bau wie $[Si_2O_5]^{2\ominus}$, s. S. 327. Seine Lösungen in Säuren sind stark oxidierend. Sie enthalten das $VO_2^{\oplus}$ in solvatisiertem Zustand (Dioxovanadium(V)-Ion).

Vanadate(V) (Orthovanadate)

Die Reaktion von V_2O_5 mit Alkalihydroxiden gibt farblose Vanadate(V), M_3VO_4. Diese Vanadate sind nur in stark alkalischem Milieu stabil. Mit sinkendem pH-Wert kondensieren sie unter Farbvertiefung zu Isopolyvanadaten(V). Das Ende der Kondensation, die unter Protonenverbrauch abläuft, bildet wasserhaltiges V_2O_5.

Existenzbereich und Kondensationsgrad von Isopolyvanadaten(V):

pH 13 - 8:	$HVO_4^{2\ominus}$	*Mono*vanadat	farblos
	$HV_2O_7^{3\ominus}$	*Di*vanadate	
	$(VO_3^{\ominus})_n$	*Meta*vanadate	
pH 7 - 1,3:	$[V_{10}O_{28}]^{6\ominus}$ ($[HV_{10}O_{28}]^{5\ominus}$, $[H_2V_{10}O_{28}]^{4\ominus}$ usw.)	*Deca*vanadat	orange-braun
pH ~ 2:	$V_2O_5 \cdot aq$		
pH 0,5 - 1,3:	$VO_2^{\oplus}$ als $[VO_2(H_2O)_5]^{2\oplus}$ (Dioxovanadium(V)-Ion)		farblos

Vorstehend sind nur die stabilsten Kondensationsprodukte aufgeführt. Die Isopolyvanadate sind über O-Brücken verknüpft. Im Decavanadat(V) liegen zehn miteinander verknüpfte $[VO_6]$-Oktaeder vor.

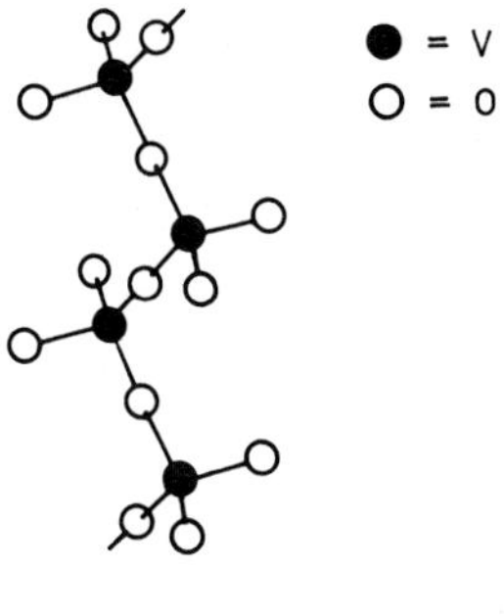

Abb. 176. Ausschnitt aus der Struktur von $(VO_3^{\ominus})_n$ (Metavanadat)

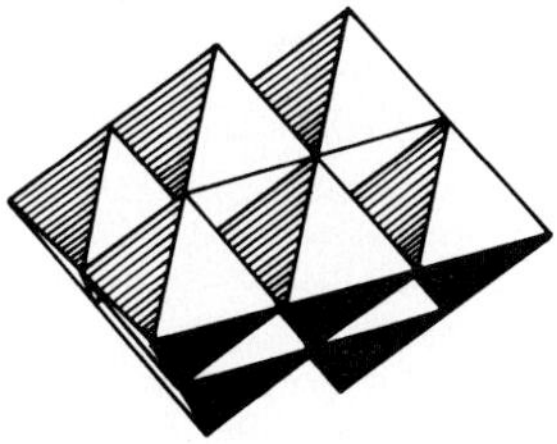

Abb. 177. Struktur von $[V_{10}O_{28}]^{6\ominus}$

Niob und Tantal

Vorkommen: im Niobit (Columbit, Tantalit) $(Fe,Mn)(Nb,TaO_3)_2$.

Darstellung: Zusammenschmelzen von Niobit mit $KHSO_4$ und Auswaschen mit heißem Wasser liefert als Rückstand ein Gemisch der Nb- und Ta-Oxide. Zur Aufarbeitung des Rückstandes stellt man die Kaliumfluorokomplexe dar: K_2TaF_7, K_2NbF_7 oder $K_2NbOF_5 \cdot H_2O$. Diese Substanzen unterscheiden sich in ihrer Löslichkeit und können durch *fraktionierte Kristallisation* getrennt werden. Die einzelnen Fluorokomplexe werden nun z.B. mit H_2SO_4 in die Oxide übergeführt und mit Aluminium zum Metall reduziert. Kompaktes Metall erhält man durch Schmelzen im elektrischen Lichtbogen.

Eigenschaften: Eine dünne Metalloxidschicht macht die Metalle gegen Säuren, selbst gegen Königswasser, resistent.

Verwendung: als Legierungsbestandteil, z.B. für "warmfeste" Stähle, besonders für Gasturbinen und Brennkammern von Raketen. Tantalfreies Niob dient als Hüllenmaterial für Brennelemente in Kernreaktoren. Metallisches Tantal verwendet man gelegentlich als Ersatz für Platin.

Die *Chemie* dieser Elemente ist dadurch gekennzeichnet, daß Verbindungen mit positiv *fünfwertigen* Metallen besonders beständig sind.

Von Interesse sind die Halogenverbindungen. Sie bilden sich aus den Elementen.

NbF_5 und *TaF_5* sind im Gaszustand monomer und trigonal-bipyramidal gebaut. Im festen Zustand liegen sie tetramer vor und besitzen eine Ringstruktur, bei der vier Metallatome ein Quadrat bilden.

Die Fluoride bilden *Fluorokomplexe*: $NbF_6^{\ominus}$, $NbF_7^{2\ominus}$, $TaF_6^{\ominus}$, $TaF_7^{2\ominus}$, $TaF_8^{3\ominus}$ (Na_3TaF_8, quadratisches Antiprisma).

$NbCl_5$ und *$TaCl_5$* sind im flüssigen und festen Zustand dimer.

Beachte: Ein entsprechendes VCl_5 ist unbekannt.

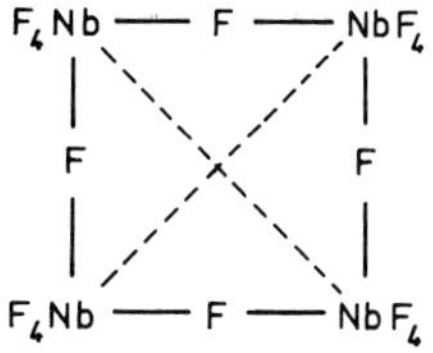

Abb. 178. Struktur von NbF_5 im festen Zustand

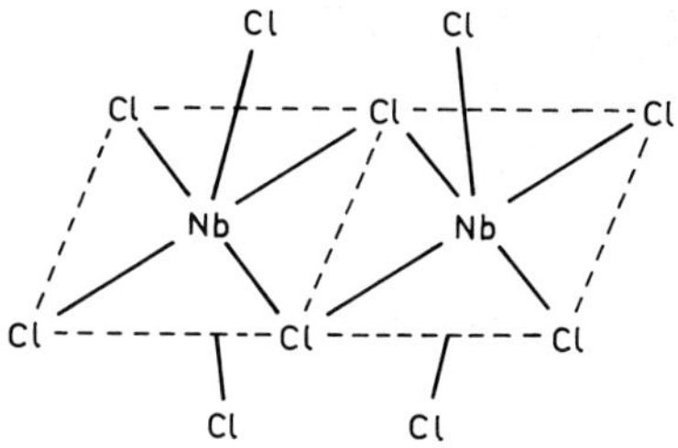

Abb. 179. Struktur von $NbCl_5$

VI. Nebengruppe

Eigenschaften der Elemente

	Cr	Mo	W
Ordnungszahl	24	42	74
Elektronenkonfiguration	$3\,d^5\ 4\,s^1$	$4\,d^5\ 5\,s^1$	$5\,d^4\ 6\,s^2$
Fp. [°C]	1900	2610	3410
Ionenradius [pm]			
$Me^{6\oplus}$	52	62	62
$Me^{3\oplus}$	63	-	-

Übersicht

Die Elemente dieser Gruppe sind hochschmelzende Schwermetalle. Chrom weicht etwas stärker von den beiden anderen Elementen ab. Die Stabilität der höchsten Oxidationsstufe nimmt innerhalb der Gruppe von oben nach unten zu. Die bevorzugte Oxidationsstufe ist bei Chrom +3, bei Molybdän und Wolfram +6.

Beachte: Cr(VI)-Verbindungen sind starke Oxidationsmittel.

Chrom

Vorkommen: als $FeCr_2O_4 \equiv FeO \cdot Cr_2O_3$, Chromeisenstein (Chromit). Die Substanz ist ein Spinell. Die $O^{2\ominus}$-Ionen bauen eine dichteste Kugelpackung auf, die $Cr^{3\oplus}$-Ionen besetzen die oktaedrischen und die $Fe^{2\oplus}$-Ionen die tetraedrischen Lücken.

Darstellung: Reines Chrom gewinnt man mit dem *Thermitverfahren*: $Cr_2O_3 + 2\,Al \longrightarrow Al_2O_3 + 2\,Cr$ ($\Delta H = -536\ kJ \cdot mol^{-1}$).

Eigenschaften: Chrom ist silberweiß, weich und relativ unedel. Es löst sich in nichtoxidierenden Säuren unter H_2-Entwicklung. Gegenüber starken Oxidationsmitteln wie konz. HNO_3 ist es beständig (Passivierung).

Verwendung: Beim Verchromen eines Werkstückes wird elementares Chrom kathodisch auf einer Zwischenschicht von Cadmium, Nickel oder Kupfer abgeschieden und das Werkstück auf diese Weise vor Korrosion geschützt. Chrom ist ein wichtiger Legierungsbestandteil für Stähle. "Ferrochrom" ist eine Cr-Fe-Legierung mit bis zu 60 % Cr. Man erhält sie durch Reduktion von $FeCr_2O_4$ (Chromit) mit Koks im elektrischen Ofen.

Chromverbindungen

In seinen Verbindungen besitzt das Element Chrom formal die Oxidationszahlen -2 bis +6. Am stabilsten ist Chrom in der Oxidationsstufe +3.

Beispiele für Chromverbindungen mit Chrom verschiedener Oxidationszahl:

Oxidationszahl	Verbindung
-2	$Na_2[Cr(CO)_5]$: $Cr(CO)_6 + OH^{\ominus} \longrightarrow [Cr(CO)_5]^{2\ominus}$
0	$[Cr(CO)_6]$, $[Cr(dipy)_3]$, $[Cr(C_6H_6)_2]$

Chrom(II)-Verbindungen sind starke Reduktionsmittel. Sie entstehen entweder aus den Elementen (wie z.B. $CrCl_2$, CrS) oder durch Reduktion von $Cr^{3\oplus}$-Verbindungen mit H_2 bei höherer Temperatur.

Chrom(III)-Verbindungen sind besonders stabil. Sie enthalten drei ungepaarte Elektronen.

$CrCl_3$ ist die wichtigste Chromverbindung. Sie ist rot und schuppig. Ihr Gitter besteht aus einer kubisch-dichtesten Packung von Chlorid-Ionen. Zwischen jeder zweiten $Cl^{\ominus}$-Doppelschicht sind zwei Drittel der oktaedrischen Lücken von $Cr^{3\oplus}$-Ionen besetzt. Das schuppenartige Aussehen rührt davon her, daß die anderen Schichten aus $Cl^{\ominus}$-Ionen durch Van der Waals-Kräfte zusammengehalten werden. Reinstes $CrCl_3$ ist unlöslich in Wasser. Bei Anwesenheit von $Cr^{2\oplus}$-Ionen geht es aber leicht in Lösung. Die Darstellung gelingt aus Chrom oder $Cr_2O_7{}^{2\ominus}$ mit Koks im Chlorstrom bei Temperaturen oberhalb 1200 °C.

Cr_2O_3 (grün) besitzt Korundstruktur. Es entsteht wasserfrei beim Verbrennen von Chrom an der Luft. Wasserhaltig erhält man es beim Versetzen wäßriger Lösungen von Cr(III)-Verbindungen mit $OH^{\ominus}$-Ionen. Wasserhaltiges Cr_2O_3 ist amphoter. Mit Säuren bildet es $[Cr(H_2O)_6]^{3\oplus}$-Ionen und mit Laugen $[Cr(OH)_6]^{3\ominus}$-Ionen (Chromite). Beim Zusammenschmelzen von Cr_2O_3 mit Metalloxiden MeO bilden sich Spinelle $MeO \cdot Cr_2O_3$.

In <u>Spinellen</u> bauen $O^{2\ominus}$-Ionen eine kubisch-dichteste Packung auf, und die $Me^{3\oplus}$- bzw. $Me^{2\oplus}$-Ionen besetzen die oktaedrischen bzw. tetraedrischen Lücken in dieser Packung. <u>Beachte:</u> Die $Cr^{3\oplus}$-Ionen sitzen in oktaedrischen Lücken.

$Cr_2(SO_4)_3$ entsteht aus $Cr(OH)_3$ und H_2SO_4. Es bildet violette Kristalle mit 12 Molekülen Wasser: $[Cr(H_2O)_6]_2(SO_4)_3$.

$KCr(SO_4)_2 \cdot 12\ H_2O$ (Chromalaun) kristallisiert aus Lösungen von K_2SO_4 und $Cr_2(SO_4)_3$ in großen dunkelvioletten Oktaedern aus.

Verwendung: $Cr_2(SO_4)_3$ und $KCr(SO_4)_2 \cdot 12\ H_2O$ werden zur Chromgerbung von Leder verwendet (Chromleder).

<u>Chrom(IV)-Verbindungen</u> und <u>Chrom(V)-Verbindungen</u> sind sehr selten. Das dunkelgrüne CrF_4 und das rote CrF_5 sind durch Reaktion der Elemente zugänglich.

<u>Chrom(VI)-Verbindungen</u> sind starke Oxidationsmittel.

CrF_6 ist ein gelbes, unbeständiges Pulver. Es entsteht aus den Elementen bei 400 °C und 350 bar.

CrO_3: orangerote Nadeln, Fp. 197 °C. <u>Darstellung:</u> $Cr_2O_7^{2\ominus}$ + konz. $H_2SO_4 \longrightarrow (CrO_3)_x$. Die Substanz ist sehr giftig; sie löst sich leicht in Wasser. In viel Wasser erhält man H_2CrO_4, in wenig Wasser Polychromsäuren $H_2Cr_nO_{3n+1}$ (s. unten). $(CrO_3)_x$ ist das Anhydrid der Chromsäure H_2CrO_4. Es ist aus Ketten von CrO_4-Tetraedern aufgebaut, wobei die Tetraeder jeweils über zwei Ecken verknüpft sind. $(CrO_3)_x$ ist ein starkes Oxidationsmittel. Mit organischen Substanzen reagiert es bisweilen explosionsartig.

CrO_2Cl_2, Chromylchlorid, entsteht aus Chromaten mit Salzsäure. Es ist eine dunkelrote Flüssigkeit mit Fp. −96,5 °C und Kp. 116,7 °C.

Chromate Me_2CrO_4
Dichromate $Me_2Cr_2O_7$

Darstellung von Na_2CrO_4: (1.) Durch Oxidationsschmelze; <u>in der Technik:</u> $Cr_2O_3 + \frac{3}{2}\ O_2 + 2\ Na_2CO_3 \longrightarrow 2\ Na_2CrO_4 + 2\ CO_2$; <u>im Labor:</u> $Cr_2O_3 + 2\ Na_2CO_3 + 3\ KNO_3 \longrightarrow 2\ Na_2CrO_4 + 3\ KNO_2 + 2\ CO_2$. (2.) Durch anodische Oxidation von Cr(III)-sulfat-Lösung an Bleielektroden.

Darstellung von $Na_2Cr_2O_7$: $2\ Na_2CrO_4 + H_2SO_4 \longrightarrow Na_2Cr_2O_7 + Na_2SO_4 + H_2O$.

Eigenschaften: Zwischen $CrO_4^{2\ominus}$ und $Cr_2O_7^{2\ominus}$ besteht in verdünnter Lösung ein pH-abhängiges Gleichgewicht:

$$2\ CrO_4^{2\ominus} \underset{OH^{\ominus}}{\overset{H_3O^{\oplus}}{\rightleftharpoons}} Cr_2O_7^{2\ominus} + H_2O.$$

gelb — orange

Bei der Bildung von $Cr_2O_7^{2\ominus}$ werden zwei $CrO_4^{2\ominus}$-Tetraeder unter Wasserabspaltung über eine Ecke miteinander verknüpft. Diese *Kondensationsreaktion* läuft schon bei Zimmertemperatur ab. Dichromate sind nur bei pH-Werten < 7 stabil. In konzentrierten, stark sauren Lösungen bilden sich unter Farbvertiefung höhere Polychromate der allgemeinen Formel: $[Cr_nO_{3n+1}]^{2\ominus}$.

Chromate und Dichromate sind starke Oxidationsmittel. Besonders stark oxidierend wirken saure Lösungen. So werden schwefelsaure Dichromat-Lösungen z.B. bei der Farbstoffherstellung verwendet. Einige Chromate sind schwerlösliche Substanzen: $BaCrO_4$, $PbCrO_4$ und Ag_2CrO_4 sind gelb, Hg_2CrO_4 ist rot. $PbCrO_4$ (Chromgelb) und $PbCrO_4 \cdot Pb(OH)_2$ (Chromrot) finden als Farbpigmente kaum noch Verwendung wegen der krebserregenden Eigenschaften vieler Chrom(VI)-Verbindungen, wenn sie in atembarer Form (z.B. als Staub, Aerosol) auftreten.

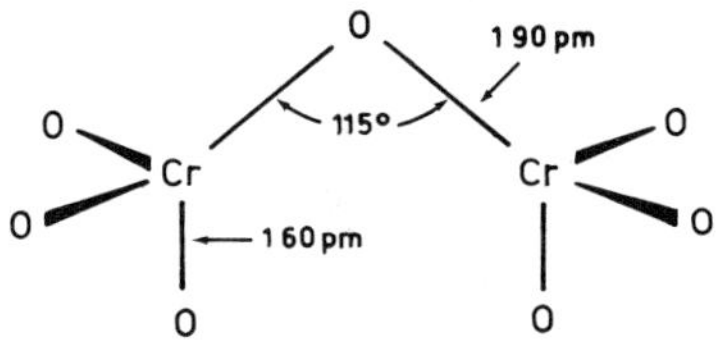

Abb. 180. Struktur von $Cr_2O_7^{2\ominus}$

Peroxochromate $MeHCrO_6$

Blauviolette Peroxochromate der Zusammensetzung $MeHCrO_6$ bilden sich aus sauren Chromatlösungen mit 30%igem H_2O_2 unter Eiskühlung: $HCrO_4^{\ominus} + 2\ H_2O_2 \longrightarrow HCrO_6^{\ominus} + 2\ H_2O$. Sie leiten sich vom Chromat dadurch ab, daß zwei O-Atome durch je eine O_2-Gruppe (Peroxo-Gruppe) ersetzt sind. Die wäßrigen Lösungen der Peroxochromate zersetzen sich leicht unter O_2-Entwicklung.

Peroxochromate Me_3CrO_8 entstehen als rote Substanzen beim Versetzen von alkalischen Chromat-Lösungen mit 30%igem H_2O_2 unter Eiskühlung. In diesen Substanzen sind alle O-Atome des Chromats durch O_2-Gruppen (-O-O-) ersetzt.

$CrO_5 \equiv CrO(O_2)_2$, Chromperoxid, ist eine tiefblau gefärbte instabile Verbindung. Mit Ether, Pyridin usw. läßt sie sich stabilisieren. Sie zerfällt in $Cr^{3\oplus}$ und Sauerstoff. Darstellung: $HCrO_4^{\ominus} + 2\ H_2O_2 + H^{\oplus} \xrightarrow{25^oC} CrO_5 + 3\ H_2O$.

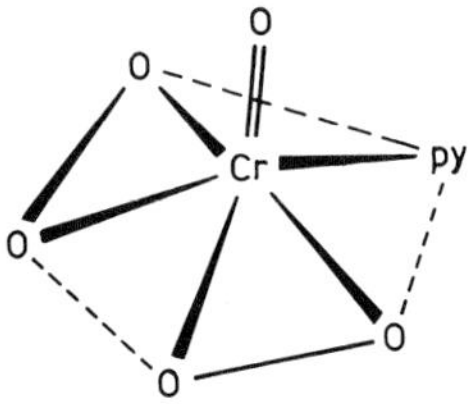

Abb. 181. Struktur von $CrO(O_2)_2 \cdot py$

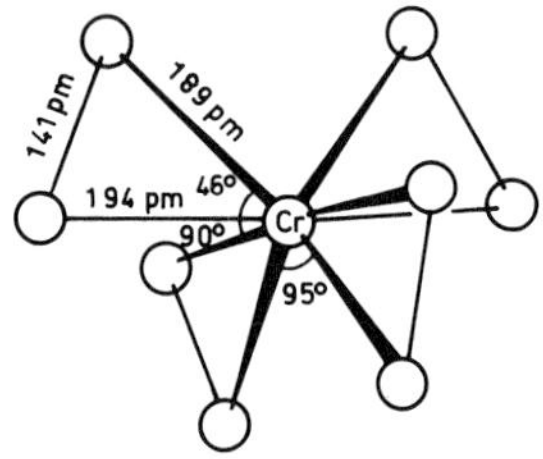

Abb. 182. Struktur von $CrO_8^{3\ominus}$

Molybdän

Vorkommen: MoS_2 (Molybdänglanz, Molybdänit), $PbMoO_4$ (Gelbbleierz).

Gewinnung: Durch Rösten von MoS_2 entsteht MoO_3. Dieses wird mit Wasserstoff zu Molybdän reduziert. Das anfallende Metallpulver wird anschließend zu kompakten Metallstücken zusammengeschmolzen.

Eigenschaften: Molybdän ist ein hartes, sprödes, dehnbares Metall. Als Legierungsbestandteil in Stählen erhöht es deren Härte und Zähigkeit. Ferromolybdän enthält 50 - 85 % Mo. Man erhält es durch Reduktion von MoO_3 und Eisenoxid mit Koks im elektrischen Ofen.

Molybdän ist relativ beständig gegen nichtoxidierende Säuren (Passivierung). Oxidierende Säuren und Alkalischmelzen führen zur Verbindungsbildung.

Molybdän-Verbindungen

MoO_3 ist ein weißes, in Wasser kaum lösliches Pulver. Beim Erhitzen wird es gelb. In Alkalilaugen löst es sich unter Bildung von Molybdaten.

Bei einem pH-Wert > 6,5 entsteht Monomolybdat Me_2MoO_4. Beim Ansäuern erfolgt Kondensation zu Polymolybdaten:

Bei pH ≈ 6 bildet sich vornehmlich $[Mo_7O_{24}]^{6\ominus}$, Heptamolybdat (Paramolybdat), und bei pH-Werten ≈ 3 $[Mo_8O_{26}]^{4\ominus}$, Oktamolybdat (Meta molybdat). Die Polysäuren stehen miteinander im Gleichgewicht. Sie kommen auch in hydratisierter Form vor. Bei einem pH-Wert < 1 fällt gelbes $(MoO_3)_x \cdot aq$ aus, welches sich bei weiterem Säurezusatz als $(MoO_2)X_2$ auflöst.

$(NH_4)_6Mo_7O_{24}$, Ammoniummolybdat, findet in der analytischen Chemie Verwendung zum Nachweis von Phosphat. In salpetersaurer Lösung bildet sich ein gelber Niederschlag von $(NH_4)_3[P(Mo_{12}O_{40})]$ = Ammonium-12-molybdato-phosphat.

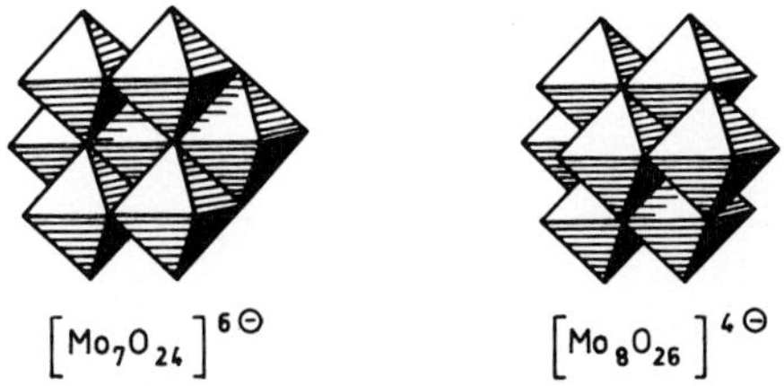

Abb. 183. Struktur von $[Mo_7O_{24}]^{6\ominus}$ und $[Mo_8O_{26}]^{4\ominus}$

Im $[Mo_7O_{24}]^{6\ominus}$ sind sechs MoO_6-Oktaeder zu einem hexagonalen Ring verknüpft, wobei sie das siebte Mo-Atom oktaedrisch umgeben.

Molybdänblau ist eine blaugefärbte, kolloidale Lösung von Oxiden mit vier- und sechswertigem Molybdän. Es entsteht beim Reduzieren einer angesäuerten Molybdatlösung z.B. mit $SnCl_2$ und dient als analytische Vorprobe.

MoS_2 bildet sich beim Erhitzen von Molybdänverbindungen, wie MoO_3 mit H_2S. Es besitzt ein Schichtengitter und wird als temperaturbeständiger Schmierstoff verwendet.

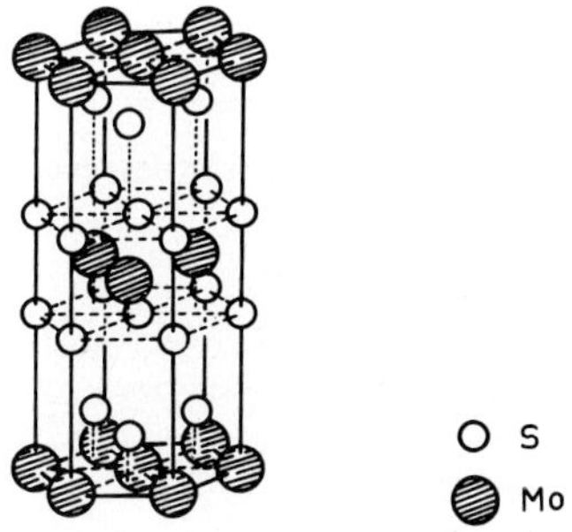

Abb. 184. MoS_2-Gitter. (Nach Hiller)

Wolfram

Vorkommen: Wolframit $(Mn,Fe(II))WO_4$, Scheelit $CaWO_4$, Wolframocker $WO_3 \cdot aq$.

Darstellung: Durch Reduktion von WO_3 mit Wasserstoff bei ca. 1200 °C erhält man Wolfram in Pulverform. Dieses wird zusammengepreßt und in einer Wasserstoffatmosphäre elektrisch gesintert.

Eigenschaften: Das weißglänzende Metall zeichnet sich durch einen hohen Schmelzpunkt und große mechanische Festigkeit aus. Es läßt sich zu langen dünnen Drähten ausziehen. An seiner Oberfläche bildet sich eine dünne, zusammenhängende Oxidschicht, wodurch es gegen viele Säuren resistent ist. Wolfram verbrennt bei Rotglut zu WO_3. In Alkalihydroxidschmelzen löst es sich unter Bildung von Wolframaten.

Verwendung: Wolfram findet vielfache technische Verwendung, so z.B. als Glühfaden in Glühbirnen und als Legierungsbestandteil in "Wolframstahl". Ferrowolfram enthält 60 - 80 % W. Man gewinnt es durch Reduktion von Wolframerz und Eisenerz mit Koks im elektrischen Ofen. Wolframcarbid WC wird mit ca. 10 % Kobalt gesintert und ist unter der Bezeichnung Widiametall als besonders harter Werkstoff, z.B. für Bohrerköpfe, im Handel.

Halogenglühlampen enthalten eine Glühwendel aus Wolfram sowie Halogen (Iod, Brom oder Dibrommethan). Beim Erhitzen der Glühwendel verdampft Wolframmetall. Unterhalb von 1400° C reagiert der Metalldampf mit dem Halogen, z.B. Iod zu WI_2 ($W + 2I \rightleftharpoons WI_2$), das bei ca. 250° C gasförmig vorliegt und an die ca. 1400° C heiße Wendel diffundiert. Hier wird es wieder in die Elemente gespalten. Wolfram scheidet sich an der Wendel ab, das Halogen steht für eine neue "Transportreaktion" zur Verfügung.

Transportreaktionen

Als chemische Transportreaktionen bezeichnet man reversible Reaktionen, bei denen sich ein fester oder flüssiger Stoff mit einem gasförmigen Stoff zu gasförmigen Reaktionsprodukten umsetzt. Der Stofftransport erfolgt unter Bildung flüchtiger Verbindungen (= über die Gasphase), die bei Temperaturänderung an anderer Stelle wieder in die Reaktanten zerlegt werden.

Beispiele für transportierbare Stoffe: Elemente, Halogenide, Oxidhalogenide, Oxide, Sulfide, Selenide, Telluride, Nitride, Phosphide, Arsenide, Antimonide.

Beispiele für Transportmittel: Cl_2, Br_2, I_2, HCl, HBr, HI, O_2, H_2O, CO, CO_2, $AlCl_3$, $SiCl_4$, $NbCl_5$.

Wichtige Verfahren "Mond-Verfahren" s.S. 402, 456.

Verfahren von van Arkel und de Boer s.S. 426, 430.

Wolfram-Verbindungen

WO_3, Wolfram(VI)-oxid (Wolframocker), entsteht als gelbes Pulver beim Glühen vieler Wolfram-Verbindungen an der Luft. Es ist unlöslich in Wasser und Säuren, löst sich aber in starken Alkalihydroxidlösungen unter Bildung von Wolframaten.

Wolframate, Polysäuren

Monowolframate, Me_2WO_4, sind nur in stark alkalischem Medium stabil. Beim Ansäuern tritt Kondensation ein zu Anionen von *Polywolframsäuren*, die auch hydratisiert sein können:

$6\ WO_4^{2\ominus} \rightleftharpoons [HW_6O_{21}]^{5\ominus}$, Hexawolframat-Ion, bzw. $[H_7W_6O_{24}]^{5\ominus}$ (hydratisiertes Ion).

$2\ [HW_6O_{21}]^{5\ominus} \rightleftharpoons [W_{12}O_{41}]^{10\ominus}$, Dodekawolframat-Ion (bzw. hydratisiert).

Bei pH-Werten < 5 erhält man das Metawolframat-Ion:

$12\ WO_4^{2\ominus} \rightleftharpoons [W_{12}O_{39}]^{6\ominus}$ bzw. $[H_2W_{12}O_{40}]^{6\ominus}$ (= hydratisiert).

Sinkt der pH-Wert unter 1,5, bildet sich $(WO_3)_x \cdot aq$ (Wolframoxidhydrat).

Die Säuren, welche diesen Anionen zugrunde liegen, heißen *Isopolysäuren*, weil sie die gleiche Ausgangssäure besitzen.

Heteropolysäuren nennt man im Gegensatz dazu Polysäuren, welche entstehen, wenn man mehrbasige schwache Metallsäuren wie Wolframsäure, Molybdänsäure, Vanadinsäure mit mehrbasigen mittelstarken Nichtmetallsäuren (= Stammsäuren) wie Borsäure, Kieselsäure, Phosphorsäure, Arsensäure, Periodsäure kombiniert. Man erhält gemischte Polysäureanionen bzw. ihre Salze.

Heteropolysäuren des Typs $[X(W_{12}O_{40})]^{n-8\ominus}$ mit n = Wertigkeit des Heteroatoms erhält man mit den Heteroatomen X = P, As, Si.

Heteropolysäuren des Typs $[X(W_6O_{24})]^{n-12\ominus}$ kennt man mit X = I, Te, Fe usw.

Wolframblau entsteht als Mischoxid mit $W^{4\oplus}$ und $W^{5\oplus}$ bei der Reduktion von Wolframaten mit $SnCl_2$ u.a.

a

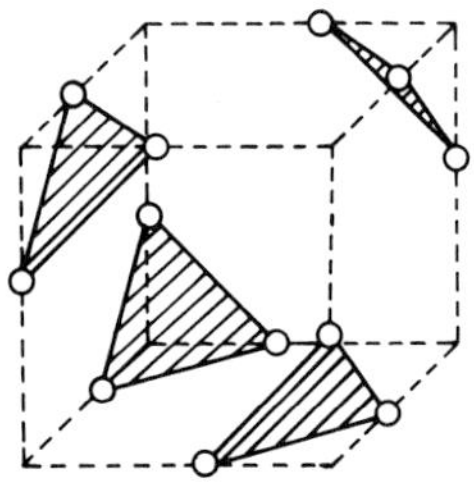

b

Abb. 185a und b. Struktur von $[XMo_{12}O_{40}]^{(8-n)\ominus}$ bzw. $[XW_{12}O_{40}]^{(8-n)\ominus}$. (a) Anordnung der zwölf MeO_6-Oktaeder. (b) Anordnung der zwölf Me-Atome

Wolframbronzen sind halbmetallische Mischverbindungen der Zusammensetzung Na_xWO_3 (x = 0 bis 1). Die blauviolett-goldgelb gefärbten Substanzen haben metallisches Aussehen und leiten den elektrischen Strom. Sie enthalten vermutlich gleichzeitig W(V) und W(VI). Sie entstehen durch Reduktion von geschmolzenen Natriumwolframaten mit Wasserstoff oder elektrolytisch.

WCl_6 entsteht bei Rotglut aus den Elementen. Es ist eine dunkelviolette Kristallmasse. Im Dampf liegen monomere Moleküle vor.

VII. Nebengruppe

Eigenschaften

	Mn	Tc	Re
Ordnungszahl	25	43	75
Elektronenkonfiguration	$3d^5\ 4s^2$	$4d^5\ 5s^2$	$5d^5\ 6s^2$
Fp. [°C]	1250	2140	3180
Ionenradius $Me^{2\oplus}$ [pm]	80		
Ionenradius $Me^{7\oplus}$ [pm]	46		56

Übersicht

Von den Elementen der VII. Nebengruppe besitzt nur Mangan Bedeutung. Rhenium ist sehr selten und Technetium wird künstlich dargestellt. Die Elemente können in ihren Verbindungen verschiedene Oxidationszahlen annehmen. Während Mn in der Oxidationsstufe +2 am stabilsten ist, sind $Re^{2\oplus}$- und $Tc^{2\oplus}$-Ionen nahezu unbekannt. Mn(VII)-Verbindungen sind starke Oxidationsmittel. Re(VII)- und Tc(VII)-Verbindungen sind dagegen sehr stabil.

Mangan

Vorkommen: in Form von Oxiden: MnO_2 (Braunstein), $MnO(OH) \equiv Mn_2O_3 \cdot H_2O$ (Manganit), $Mn_3O_4 \equiv MnO \cdot Mn_2O_3$ (Hausmannit), Mn_2O_3 (Braunit); ferner als Carbonat (Manganspat) und Silicat sowie in den sog. Manganknollen auf dem Meeresboden der Tiefsee.

Darstellung: durch Reduktion der Oxide mit Aluminium: $3\ Mn_3O_4 + 8\ Al \longrightarrow 9\ Mn + 4\ Al_2O_3$ oder $3\ MnO_2 + 4\ Al \longrightarrow 3\ Mn + 2\ Al_2O_3$.

In Form von *Manganstahl* mit unterschiedlichem Mn-Gehalt wird es technisch dargestellt im Hochofen oder elektrischen Ofen aus einem Gemisch von Mangan- und Eisenerzen mit Koks.

Eigenschaften: Mangan ist ein silbergraues, hartes, sprödes und relativ unedles Metall. Es löst sich leicht in Säuren unter H_2-Entwicklung und Bildung von $Mn^{2\oplus}$-Ionen. Mn reagiert mit den meisten Nichtmetallen. An der Luft verbrennt es zu Mn_3O_4.

Verwendung: Mangan ist ein wichtiger Legierungsbestandteil. "Manganstahl" entsteht bei der Reduktion von Mangan-Eisenerzen mit Koks im Hochofen oder elektrischen Ofen. Mn dient dabei u.a. als Desoxidationsmittel für Eisen: $Mn + FeO \longrightarrow MnO + Fe$. "Ferromangan" ist eine Stahllegierung mit einem Mn-Gehalt von 30 - 90 %. Von den Mangan-Verbindungen findet vor allem $KMnO_4$, Kaliumpermanganat, als Oxidations- und Desinfektionsmittel Verwendung.

Mangan-Verbindungen

Mangan kann in seinen Verbindungen die Oxidationszahlen -3 bis +7 annehmen. Von Bedeutung sind jedoch nur die Oxidationsstufen +2 in $Mn^{2\oplus}$-Kationen, +4 im MnO_2 und +7 in $KMnO_4$.

Beispiele für verschiedene Oxidationsstufen:

$\overset{-3}{Mn}$: $[Mn(NO)_3CO]$; $\overset{-1}{Mn}$: $[Mn(CO)_5]^{\ominus}$; $\overset{0}{Mn}$: $[Mn_2(CO)_{10}]$; $\overset{+1}{Mn}$: $K_5[Mn(CN)_6]$;

$\overset{+2}{Mn}$: MnS, $MnSO_4$, MnO; $\overset{+3}{Mn}$: Mn_2O_3; $\overset{+4}{Mn}$: MnO_2; $\overset{+5}{Mn}$: $MnO_4^{3\ominus}$; $\overset{+6}{Mn}$: $MnO_4^{2\ominus}$;

$\overset{+7}{Mn}$: $KMnO_4$.

Mn(II)-Verbindungen haben die energetisch günstige Elektronenkonfiguration 3 d^5. Mn(II)-Verbindungen sind in Substanz und saurem Medium stabil. In alkalischer Lösung wird $\overset{+2}{Mn}$ durch Luftsauerstoff leicht zu $\overset{+4}{Mn}$ oxidiert: $Mn(OH)_2$ (farblos) $\xrightarrow{O_2}$ $MnO_2 \cdot aq$ (braun).

MnO ist ein Basenanhydrid. Es kristallisiert wie NaCl. Beim Erhitzen geht es in Mn_2O_3 über.

MnS fällt im Trennungsgang der qualitativen Analyse als fleischfarbener Niederschlag an. Man kennt auch eine orangefarbene und eine grüne Modifikation.

Mn(IV)-Verbindungen

MnO_2, Braunstein, ist ein schwarzes kristallines Pulver. Wegen seiner außerordentlich geringen Wasserlöslichkeit ist es sehr stabil. Das amphotere MnO_2 ist Ausgangsstoff für andere Mn-Verbindungen, z.B. $MnO_2 + H_2SO_4 + C \longrightarrow MnSO_4$. MnO_2 ist ein Oxidationsmittel: $2\ MnO_2 \xrightarrow{>500^{\circ}C} Mn_2O_3 + \frac{1}{2}\ O_2$. Zusammen mit Graphit bildet es die positive Elektrode in Trockenbatterien (Leclanché-Element, s. S. 213).

Als "Glasmacherseife" dient es zum Aufhellen von Glasschmelzen. Darstellung: z.B. durch anodische Oxidation von Mn(II)-Substanzen.

Mn(VI)-Verbindungen: Das tiefgrüne *Manganat(VI)* K_2MnO_4 entsteht z.B. bei der Oxidationsschmelze von $Mn^{2\oplus}$ mit KNO_3 + Na_2CO_3 oder $MnO_2 + \frac{1}{2} O_2 + 2\ KOH \longrightarrow K_2MnO_4 + H_2O$. Beim Ansäuern beobachtet man eine Disproportionierungsreaktion: $MnO_4^{2\ominus} \xrightarrow{H_3O^{\oplus}} MnO_2 + MnO_4^{\ominus}$.

Mn(VII)-Verbindungen

Beispiel: *$KMnO_4$, Kaliumpermanganat*. Es ist ein starkes Oxidationsmittel. In alkalischem Milieu wird es zu MnO_2 reduziert (E^o = +0,59 V). In saurer Lösung geht die Reduktion bis zum Mn(II) (E^o = +1,51 V).

Darstellung: technisch durch anodische Oxidation; im Labor durch Oxidationsschmelze und Ansäuern des grünen Manganat(VI) oder durch Oxidation von Mn(II) bzw. Mn(IV) mit PbO_2 in konz. HNO_3-Lösung.

Mn_2O_7: Dieses Säureanhydrid entsteht als explosives grünes Öl aus $KMnO_4$ und konz. H_2SO_4.

Technetium

Technetium ("Eka-Mangan") wurde erstmals 1937 hergestellt durch Bestrahlen von Molybdän mit Deuteronen. Sein Name (τεχνητόσ = künstlich) soll zeigen, daß es in der Natur nicht vorkommt.

Industriell gewinnt man $^{99}_{43}Tc$ (β, $t_{1/2} = 2 \cdot 10^5$ a) als Spaltprodukt von Uran im Kernreaktor.

Tc_2O_7 ist hellgelb und beständiger als Mn_2O_7. Es entsteht z.B. durch Disproportionierung aus TcO_3: $3\ TcO_3 \xrightarrow{\Delta} Tc_2O_7 + TcO_2$.

$TcO_4^{\ominus}$, Pertechnetat, ist farblos; es bildet sich aus Tc_2O_7 mit KOH.

Rhenium

Rhenium kommt in sehr geringen Konzentrationen vor, vergesellschaftet mit Molybdän in molybdänhaltigen Erzen. Isoliert wird es in Form des schwerlöslichen $KReO_4$.

Metallisches Rhenium erhält man durch Reduktion von NH_4ReO_4, Re_2S_7 oder Re_3Cl_9 mit H_2.

Das Pt-ähnliche Metall zeigt eine hohe chemische Resistenz. Es löst sich in HNO_3; in Salzsäure ist es unlöslich. Verwendet wird es als Katalysator, in Thermoelementen (bis 900°C), in elektrischen Lampen.

Verbindungen

Die Verbindungen ähneln denen des Mangan. Die niedrigen Oxidationsstufen sind jedoch unbeständiger und die höheren Oxidationsstufen beständiger als beim Mangan.

Re_2O_7 ist das beständigste Oxid. Die gelbe, hygroskopische Verbindung entsteht z.B. beim Erhitzen von metallischem Rhenium an der Luft.

$MReO_4$, Perrhenate, sind farblos; sie entstehen z.B. durch Lösen von Re_2O_7 in KOH.

ReO_3 entsteht als rote Substanz durch Reduktion von Re_2O_7 mit metallischem Re bei 250°C. Bei stärkerem Erhitzen disproportioniert es: $3\ ReO_3 \longrightarrow Re_2O_7 + ReO_2$. Es besitzt eine unendliche Gitterstruktur ("ReO_3-Struktur") mit oktaedrischer Koordination des Rheniums.

Halogenide

$ReCl_3$ (dunkelrot), *$ReBr_3$* (rotbraun), *ReI_3* (schwarz) entstehen durch thermische Zersetzung aus den höheren Halogeniden. Sie sind trimer $(ReX_3)_3$ und besitzen eine "Inselstruktur" (Dreiecks-Metall-"Cluster") mit Re-Re-Bindungen. Der kurze Bindungsabstand Re-Re von 248 pm zeigt, daß es sich hier um Doppelbindungen handeln muß. Jedes Re-Atom erhält die Elektronenkonfiguration von Radon (86 Elektronen).

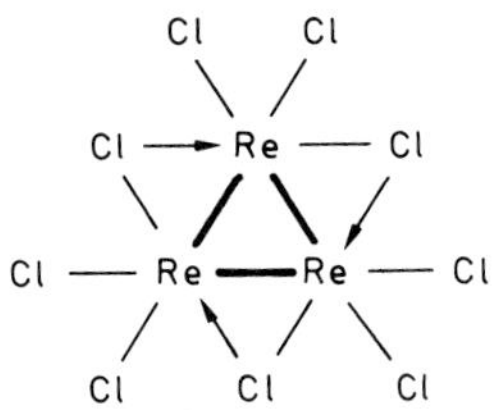

Die KoZ. 6 von Rhenium in Re_3X_9 wird auf 7 erhöht, wenn jedes Re-Atom ein zusätzliches Halogenid aufnimmt. Es entstehen die Chlorokomplexe $[Re_3X_{12}]^{3\ominus}$.

$[Re_2X_8]^{2\ominus}$-Ionen enthalten einen so kurzen Re-Re-Abstand, daß man eine Vierfach-Bindung annimmt. Die Edelgaskonfiguration des Radons erreichen die Ionen durch Anlagerung von zwei Molekülen Wasser: $K_2Re_2X_8 \cdot 2\ H_2O$.

$[Re_2Cl_8]^{2\ominus}$ erhält man durch Reduktion von $ReO_4^{\ominus}$ mit H_2 in HCl-saurer Lösung. Die vier Cl-Atome zeigen eine quadratische Anordnung um das Re-Atom. Die Anordnung ist symmetrisch (quadratisches Prisma).

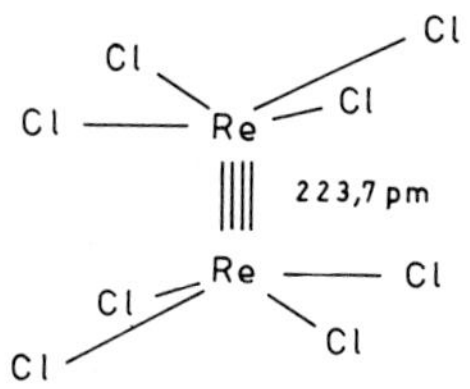

ReF_7, $ReCl_6$, $ReBr_5$, ReI_4 sind die höchsten stabilen Halogenide. Sie sind aus den Elementen zugänglich.

ReF_7 (Fp. 48°C, Kp. 33,7°C), Bau: pentagonale Bipyramide. Durch Anlagerung von einem $F^{\ominus}$-Ion bildet sich $ReF_8^{\ominus}$ (quadratisches Antiprisma).

$ReH_9^{2\ominus}$ ist ein komplexes Hydrid. Es entsteht aus $ReO_4^{\ominus}$ mit Natrium in Ethanol. Das Molekül ist stereochemisch nicht starr. Seine Struktur entspricht einem Trigonalen Prisma mit drei zusätzlichen Positionen über den Zentren der Rechteckflächen.

VIII. Nebengruppe

Diese Nebengruppe enthält **neun** Elemente mit unterschiedlicher Elektronenzahl im d-Niveau. Die sog. ***Eisenmetalle*** Fe, Co, Ni sind untereinander chemisch sehr ähnlich. Sie unterscheiden sich in ihren Eigenschaften recht erheblich von den sog. ***Platinmetallen***, welche ihrerseits wieder in Paare aufgetrennt werden können.

Eigenschaften

Element	Ordnungszahl	Elektronenkonfiguration	Fp. [°C]	Ionenradius [pm] $Me^{2\oplus}$	$Me^{3\oplus}$	$Me^{4\oplus}$	Dichte [$g \cdot cm^{-3}$]
Fe	26	$3d^6\ 4s^2$	1540	76	64		7,9
Co	27	$3d^7\ 4s^2$	1490	74	63		8,9
Ni	28	$3d^8\ 4s^2$	1450	72	62		8,9
Ru	44	$4d^7\ 5s^1$	2300			67	12,2
Rh	45	$4d^8\ 5s^1$	1970	86	68		12,4
Pd	46	$4d^{10}$	1550	80		65	12,0
Os	76	$4f^{14}\ 5d^6\ 6s^2$	3000			69	22,4
Ir	77	$4f^{14}\ 5d^7\ 6s^2$	2454			68	22,5
Pt	78	$4f^{14}\ 5d^9\ 6s^1$	1770	80		65	21,4

Eisenmetalle

Eisen

Vorkommen: Die wichtigsten Eisenerze sind: $Fe_3O_4 \equiv FeO \cdot Fe_2O_3$, Magneteisenstein (Magnetit); Fe_2O_3, Roteisenstein (Hämatit); $Fe_2O_3 \cdot aq$, Brauneisenstein; $FeCO_3$, Spateisenstein (Siderit); FeS_2, Eisenkies (Pyrit); $Fe_{1-x}S$, Magnetkies (Pyrrhotin).

Darstellung

Die oxidischen Erze werden meist mit Koks im *Hochofen* reduziert (Abb. 186). Ein Hochofen ist ein 25 - 30 m hoher schachtförmiger Ofen von ca. 10 m Durchmesser. Die eigenartige Form (aufeinandergestellte Kegel) ist nötig, weil mit zunehmender Temperatur das Volumen der "Beschickung" stark zunimmt und dies ein "Hängen" des Ofens bewirken würde. Daher ist der "Kohlensack" die breiteste Stelle im Ofen. Unterhalb des Kohlensacks schmilzt die Beschickung, was zu einer Volumenverminderung führt. Die Beschickung des Ofens erfolgt so, daß man schichtweise Koks und Eisenerz mit Zuschlag einfüllt.

Im unteren Teil des Ofens wird heiße Luft ("Heißwind") eingeblasen. Hiermit verbrennt der Koks vorwiegend zu CO (Temperatur bis 1800°C). Die aufsteigenden Gase reduzieren das Erz in der mittleren Zone zu schwammigem Metall. Ein Teil des CO disproportioniert bei 400 - 900°C in CO_2 und C (Boudouard-Gleichgewicht).

In der "Kohlungszone" wird Eisen mit dem Kohlenstoff legiert. Dadurch sinkt der Schmelzpunkt des Eisens von 1539°C auf ca. 1150 - 1300°C ab. Das "Roheisen" tropft nach unten und wird durch das "Stichloch" abgelassen. Die ebenfalls flüssige Schlacke sammelt sich auf dem Roheisen und schützt es vor der Oxidation durch den Heißwind. Die Schlacke wird ebenfalls durch eine Öffnung "abgestochen".

Im oberen Teil des Hochofens wird das Gemisch aus Erz, Koks und Zuschlägen durch die aufsteigenden heißen Gase vorgewärmt. Das 100 - 300°C heiße Gichtgas (60 % N_2; 30 % CO; CO_2) dient in Wärmetauschern zum Aufwärmen der Luft (Heißwind).

Die *Zuschläge* dienen dazu, die Beimengungen (*"Gangart"*) der Erze in die *Schlacke* überzuführen. Die Zuschläge richten sich demnach nach der Zusammensetzung des Erzes. Enthält das Erz Al_2O_3 und SiO_2, nimmt man z.B. Dolomit, Kalkstein etc. als Zuschläge. Enthält es CaO, gibt man umgekehrt Feldspat, Al_2O_3 etc. zu. In beiden Fällen will man leichtschmelzbare Calcium-Aluminium-Silicate = "Schlacke" erhalten.

Das *Roh*eisen enthält ca. 4 % C, ferner geringe Mengen an Mn, Si, S, P u.a. Es wird als Gußeisen verwendet. *Schmiedbares Eisen* bzw. *Stahl* erhält man durch Verringerung des C-Gehalts im Roheisen unter 1,7 %.

Reines, C-freies Eisen (*Weicheisen*) ist nicht härtbar. Zum Eisen-Kohlenstoff-Zustandsdiagramm s. S. 112.

Zur Stahlerzeugung dienen das Siemens-Martin-Verfahren und das Windfrisch-Verfahren im Konverter (Abb. 187).

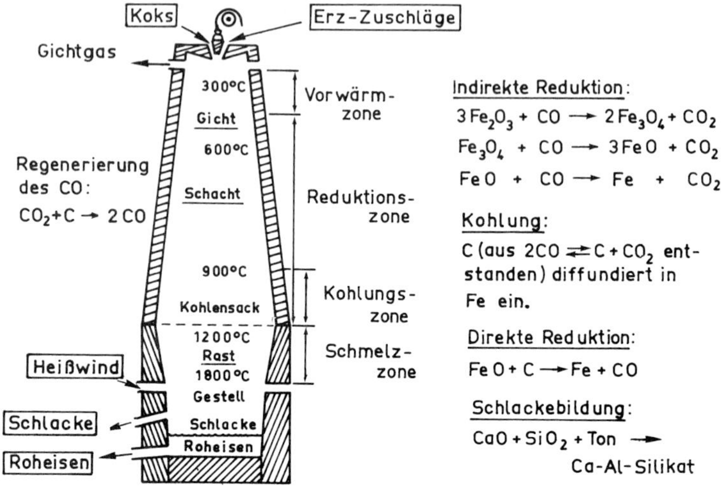

Abb. 186. Schematische Darstellung des Hochofenprozesses

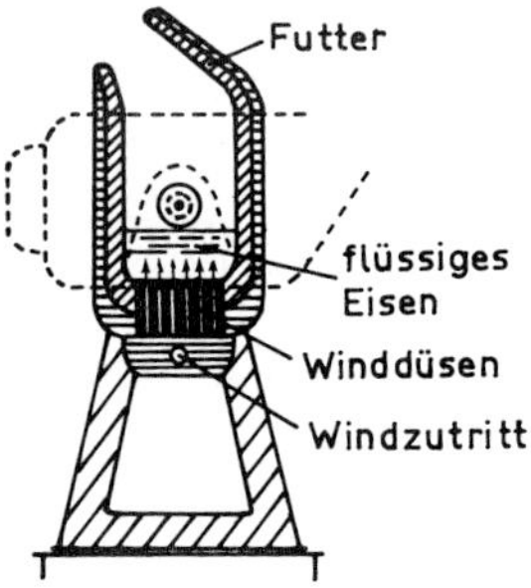

Abb. 187. Schematische Darstellung eines Konverters zur Stahlerzeugung

Beim Siemens-Martin-Verfahren (Herdfrischverfahren) wird ein Gemisch aus Roheisen und Schrott geschmolzen und der Kohlenstoff des Roheisens durch den Sauerstoffgehalt des Schrotts oxidiert. Der Prozeß verläuft relativ langsam und kann jederzeit unterbrochen werden. Man kann so Stahl mit einem bestimmten C-Gehalt herstellen.

Beim Konverterverfahren (Windfrischverfahren) wird der gesamte Kohlenstoff im Roheisen durch Einblasen von Luft oder Aufblasen von Sauerstoff verbrannt. Man erhält eine Oxidschlacke und reines Eisen.

Anschließend wird das entkohlte Eisen mit der gewünschten Menge Kohlenstoff dotiert, z.B. durch Zugabe von kohlenstoffhaltigem Eisen.

Der nach beiden Verfahren erzeugte Stahl wird je nach Verwendungszweck mit anderen Metallen legiert, z.B. Ti, V, Mo, W, Ni, Cr.

Über Legierungen s. S. 103. Über das Boudouard-Gleichgewicht s. S. 322.

Eigenschaften

Reines Eisen kommt in drei enantiotropen Modifikationen vor:
α-Fe (kubisch-innenzentriert), γ-Fe (kubisch-dicht), δ-Fe (kubisch-innenzentriert):

$$\alpha\text{-Eisen} \xrightleftharpoons{906^\circ C} \gamma\text{-Eisen} \xrightleftharpoons{1401^\circ C} \delta\text{-Eisen} \xrightleftharpoons{1539^\circ C} \text{flüssiges Eisen.}$$

α-Fe ist wie Cobalt und Nickel *ferromagnetisch*. Bei 768 °C (Curie-Temperatur) wird es paramagnetisch. Eisen wird von feuchter, CO_2-haltiger Luft angegriffen. Es bilden sich Oxidhydrate, $FeO(OH) \cdot aq$ (= *Rostbildung*).

Eisenverbindungen

In seinen Verbindungen ist Eisen hauptsächlich zwei- und dreiwertig, wobei der Übergang zwischen beiden Oxidationsstufen relativ leicht erfolgt: $Fe^{2\oplus} \rightleftharpoons Fe^{3\oplus} + e^{\ominus}$, $E^0 = +0{,}77$ V.

Eisen(II)-Verbindungen

$Fe(OH)_2$ entsteht unter Luftausschluß als weiße Verbindung bei der Reaktion: $Fe^{2\oplus} + 2\ OH^{\ominus} \longrightarrow Fe(OH)_2$. Es wird an der Luft leicht zu $Fe(OH)_3 \cdot aq$ oxidiert.

FeO ist nicht in reinem Zustand bekannt und nur oberhalb 560 °C stabil. Es entsteht z.B. aus FeC_2O_4 durch Erhitzen.

$FeCl_2 \cdot 6\ H_2O$ bildet sich beim Auflösen von Eisen in Salzsäure.

$FeSO_4 \cdot 7\ H_2O$ entsteht aus Eisen und verdünnter H_2SO_4. Beachte: Wegen der Bildung einer Oxidschicht (Passivierung) wird Eisen von konz. H_2SO_4 nicht angegriffen.

$(NH_4)_2SO_4 \cdot FeSO_4 \cdot 6\ H_2O$ (Mohrsches Salz) ist ein Doppelsalz. In Lösung zeigt es die Eigenschaften der Komponenten. Im Gegensatz zu anderen Fe(II)-Verbindungen wird es durch Luftsauerstoff nur langsam oxidiert.

FeS_2 (Pyrit, Schwefelkies), glänzend-gelb, enthält $S_2^{2\ominus}$-Ionen.

Fe(II)-Komplexverbindungen sind ebenfalls mehr oder weniger leicht zu Fe(III)-Komplexen zu oxidieren. Relativ stabil ist z.B. $K_4[Fe(CN)_6] \cdot 3\ H_2O$, Kaliumhexacyanoferrat(II) (gelbes Blutlaugensalz). Darstellung: $Fe^{2\oplus} + 6\ CN^{\ominus} \longrightarrow [Fe(CN)_6]^{4\ominus}$.

Biologisch wichtig ist der Eisenkomplex, welcher im Hämoglobin, dem Farbstoff der roten Blutkörperchen (Erythrocyten), vorkommt; s. hierzu HT 211.

Eisen(III)-Verbindungen

γ-Fe_2O_3: In der kubisch-dichten Packung aus $O^{2\ominus}$-Ionen sind die tetraedrischen und oktaedrischen Lücken willkürlich mit $Fe^{3\oplus}$-Ionen besetzt. Bei 300°C erhält man aus der γ-Modifikation α-Fe_2O_3 mit einer hexagonal-dichten Kugelpackung aus $O^{2\ominus}$-Ionen, wobei zwei Drittel der Lücken mit Fe(III) besetzt sind.

Fe_3O_4 besitzt eine *inverse* Spinellstruktur, $Fe^{3\oplus}[\overset{II}{Fe}\ \overset{III}{Fe}\ O_4]$. In einer kubisch-dichten Kugelpackung aus $O^{2\ominus}$-Ionen sitzen die $Fe^{2\oplus}$-Ionen in oktaedrischen Lücken, die $Fe^{3\oplus}$-Ionen in tetraedrischen *und* oktaedrischen Lücken.

$FeCl_3$ entsteht aus den Elementen. Es bildet wie $CrCl_3$ ein Schichtengitter aus. Im Dampf liegen bei 400°C dimere Fe_2Cl_6-Moleküle vor. Die Umgebung der Fe-Atome ist tetraedrisch; s. Al_2Cl_6.

$Fe^{3\oplus}$-Ionen in Wasser: Beim Auflösen von Fe(III)-Salzen in Wasser bilden sich $[Fe(H_2O)_6]^{3\oplus}$-Ionen. Diese reagieren sauer:

$$[Fe(H_2O)_6]^{3\oplus} + H_2O \rightleftharpoons [Fe(H_2O)_5(OH)]^{2\oplus} + H_3O^{\oplus}$$

$$[Fe(H_2O)_5OH]^{2\oplus} + H_2O \rightleftharpoons [Fe(H_2O)_4(OH)_2]^{\oplus} + H_3O^{\oplus}$$

$[Fe(H_2O)_6]^{2\oplus}$ ist eine sog. Kationsäure und $[Fe(H_2O)_5OH]^{2\oplus}$ eine Kationbase.

Bei dieser "Hydrolyse" laufen dann Kondensationsreaktionen ab (besonders beim Verdünnen oder Basenzusatz); es entstehen unter Braunfärbung kolloide Kondensate der Zusammensetzung $(FeOOH)_x \cdot aq$. Mit zunehmender Kondensation flockt $Fe(OH)_3 \cdot aq$ bzw. $Fe_2O_3 \cdot n\ H_2O$ aus. Die Kondensate bezeichnet man auch als "Isopolybasen".

$Al^{3\oplus}$ und $Cr^{3\oplus}$ verhalten sich analog.

Um die "Hydrolyse" zu vermeiden, säuert man z.B. wäßrige $FeCl_3$-Lösungen mit Salzsäure an. Es bilden sich gelbe Chlorokomplexe: $[FeCl_4(H_2O)_2]^{\ominus}$.

$Fe_2(SO_4)_3$ entsteht nach der Gleichung: $Fe_2O_3 + 3\ H_2SO_4 \longrightarrow Fe_2(SO_4)_3 + 3\ H_2O$. Mit Alkalisulfaten bildet es Alaune (Doppelsalze) vom Typ $Me^IFe(SO_4)_2 \cdot 12\ H_2O$, s. S. 313.

$Fe(SCN)_3$ ist blutrot gefärbt. Seine Bildung ist ein empfindlicher Nachweis für $Fe^{3\oplus}$: $Fe^{3\oplus} + 3\ SCN^{\ominus} \longrightarrow Fe(SCN)_3$. Mit überschüssigem $SCN^{\ominus}$ entsteht u.a. $[Fe(SCN)_6]^{3\ominus}$ bzw. $[Fe(NCS)_6]^{3\ominus}$. (Die Umlagerung ist IR-spektroskopisch nachgewiesen.)

$K_3[Fe(CN)_6]$, Kaliumhexacyanoferrat(III) (rotes Blutlaugensalz), ist thermodynamisch instabiler als das gelbe $K_4[Fe(CN)_6]$ (hat Edelgaskonfiguration) und gibt langsam Blausäure (HCN) ab. Darstellung: Aus $K_4[Fe(CN)_6]$ durch Oxidation, z.B. mit Cl_2.

$Fe^{III}[Fe^{III}Fe^{II}(CN)_6]_3$ ist *"unlösliches Berlinerblau"* oder *"unlösliches Turnbulls-Blau"*. Es entsteht entweder aus $K_4[Fe(CN)_6]$ und überschüssigen $Fe^{3\oplus}$-Ionen oder aus $K_3[Fe(CN)_6]$ mit überschüssigen $Fe^{2\oplus}$-Ionen und wird als blauer Farbstoff verwendet. Lösliches Berlinerblau ist $K[Fe^{III}Fe^{II}(CN)_6]$.

Eisen(O)-Verbindungen: Beispiele sind die Carbonyle, die auf S. 123 besprochen wurden.

Eisen(IV)-, Eisen(V)- und Eisen(VI)-Verbindungen sind ebenfalls bekannt. Es sind Oxidationsmittel.

Ferrate(VI): *$FeO_4^{2\ominus}$* entstehen bei der Oxidation von $Fe(OH)_3$ in konzentrierter Alkalilauge mit Chlor oder durch anodische Oxidation von metallischem Eisen als purpurrote Salze. Das Anion ist tetraedrisch gebaut. Das Fe-Kation enthält zwei ungepaarte Elektronen (paramagnetisch). $FeO_4^{2\ominus}$ ist ein sehr starkes Oxidationsmittel.

$(\pi\text{-}C_5H_5)_2Fe$, Ferrocen, s. S. 122.

Eisenoxide sind wichtige Bestandteile anorganischer Pigmente.

Pigmente sind feinteilige Farbmittel, die in Löse- oder Bindemitteln praktisch unlöslich sind. Sie bestehen mit Ausnahme der "Metallischen Pigmente" (Al, Cu, α-Messing), der "Magnetpigmente" (z.B. γ-Fe_2O_3, Fe_3O_4/Fe_2O_3, Cr_2O_3) und "Farbruße" im wesentlichen aus Oxiden, Oxidhydraten, Sulfiden, Sulfaten, Carbonaten und Silicaten der Übergangsmetalle.

Beispiele

Natürliche anorg. Pigmente erhält man durch mechanische Behandlung von Mineralien und farbigen "Erden" wie *Kreide* ($CaCO_3$); *Ocker* (Limonit (Brauneisenerz/α-FeOOH; *Terra die Siena* (Montmorillonit/Halloysit, (50 % Fe_2O_3; *Umbra* (45-70 % Fe_2O_3, 5-20 % MnO_2).

Künstliche Pigmente: Weißpigmente: TiO_2; Lithopone: $ZnS/BaSO_4$; Zinkblende: ZnS; Baryt: $BaSO_4$ (Permanentweiß).

Buntpigmente: Verantwortlich für die Farben sind: α-FeOOH (gelb); α-Fe_2O_3 (rot); Fe_3O_4 (schwarz).

Eisen-Blaupigmente: $M^{\oplus}[Fe(II)Fe(III)(CN)_6] \cdot xH_2O$
$M^{\oplus} = Na^{\oplus}, K^{\oplus}, NH_4^{\oplus}$ (= "lösliches Berliner Blau"),
$Fe(III)[Fe(III)Fe(II)(CN_6]_3$ (= "unlösliches Berliner Blau").

Cadmium-Pigmente: CdS (gelb), Chrom(III)-oxid-Pigmente

Korrosionsschutzpigmente: z.B. Mennige (Pb_3O_4).

Cobalt und Nickel

Vorkommen und Darstellung

Cobalterze: CoAsS, Cobaltglanz; $CoAs_2$, Speiscobalt; Co_3S_4, Cobaltkies u.a.

Nickelerze: NiS, Gelbnickelkies (Millerit); NiAs, Rotnickelkies; NiAsS, Arsennickelkies; Magnesiumnickelsilicat (Garnierit) u.a.
Da die Mineralien relativ selten sind, werden Cobalt und Nickel bei der Aufarbeitung von Kupfererzen und Magnetkies (FeS) gewonnen. Nach ihrer Anreicherung werden die Oxide mit Kohlenstoff zu den Rohmetallen reduziert. Diese werden elektrolytisch gereinigt. Reines Nickel erhält man z.B. auch nach dem *Mond-Verfahren* durch Zersetzung von Nickeltetracarbonyl: $Ni(CO)_4 \overset{\Delta}{\rightleftharpoons} Ni + 4\ CO$.

Verwendung: Cobalt und Nickel sind wichtige Legierungsbestandteile von Stählen. Cobalt wird auch zum Färben von Gläsern (Cobaltblau) benutzt. Nickel findet Verwendung als Oberflächenschutz (Vernickeln), als Münzmetall, zum Plattieren von Stahl und als Katalysator bei katalytischen Hydrierungen.

Cobalt-Verbindungen

In seinen Verbindungen hat Cobalt meist die Oxidationszahlen +2 und +3. In einfachen Verbindungen ist die zweiwertige und in Komplexen die dreiwertige Oxidationsstufe stabiler.

Cobalt(II)-Verbindungen: In einfachen Verbindungen ist die zweiwertige Oxidationsstufe sehr stabil. Es gibt zahlreiche wasserfreie Substanzen wie CoO, das zum Färben von Glas benutzt wird, oder $CoCl_2$ (blau), das mit Wasser einen rosa gefärbten Hexaquo-Komplex bildet. Es kann daher als Feuchtigkeitsindikator dienen, z.B. im "Blaugel", s. S. 329. $Co^{2\oplus}$ bildet oktaedrische (z.B. $[Co(H_2O)_6]^{2\oplus}$), tetraedrische (z.B. $[CoCl_4]^{2\ominus}$) und mit bestimmten Chelatliganden planar-quadratische Komplexe.

Cobalt(III)-Verbindungen: Einfache Co(III)-Verbindungen sind instabil. So wird z.B. $Co^{3\oplus}$ in CoF_3 von Wasser sofort zu $Co^{2\oplus}$ reduziert.

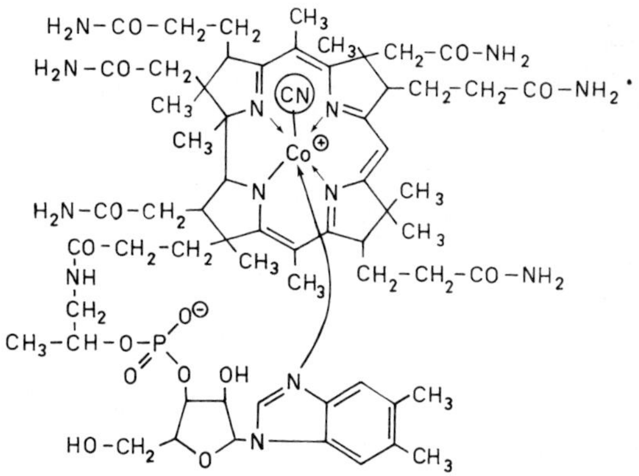

Abb. 188. Vitamin B_{12}

CoF_3 ist deshalb ein gutes Fluorierungsmittel. Besonders stabil ist die dreiwertige Oxidationsstufe in Komplexverbindungen. $Co^{3\oplus}$ bildet oktaedrische Komplexe, z.B. $[Co(H_2O)_6]^{3\oplus}$, von denen die Ammin-, Acido- und Aquo-Komplexe schon lange bekannt sind und bei der Erarbeitung der Theorie der Komplexverbindungen eine bedeutende Rolle gespielt haben. Ein wichtiger biologischer Co(III)-Komplex ist das Vitamin B_{12}, Cyanocobalamin. Es ähnelt im Aufbau dem Häm. Das makrocyclische Grundgerüst heißt *Corrin*. Vier Koordinationsstellen am Cobalt sind durch die Stickstoffatome des Corrins besetzt, als weitere Liganden treten die $CN^{\ominus}$-Gruppe und 5,6-Dimethylbenzimidazol auf, das über eine Seitenkette mit einem Ring des Corrins verknüpft ist.

Die Vitamin-B_{12}-Wirkung bleibt auch erhalten, wenn $CN^{\ominus}$ durch andere Anionen ersetzt wird, z.B. $OH^{\ominus}$, $Cl^{\ominus}$, $NO_2^{\ominus}$, $OCN^{\ominus}$, $SCN^{\ominus}$ u.a. Vgl. HT 211.

$(\pi$-$C_5H_5)_2Co$, Cobaltocen, s. Ferrocen, S. 122.

Nickel-Verbindungen

Nickel tritt in seinen Verbindungen fast nur *zwei*wertig auf. Da sich Nickel in verdünnten Säuren löst, sind viele Salze bekannt, die meist gut wasserlöslich sind. Das schwerlösliche $Ni(CN)_2$ geht mit $CN^{\ominus}$ als $[Ni(CN)_4]^{2\ominus}$ komplex in Lösung.

Nickel bildet paramagnetische oktaedrische Komplexe wie z.B. $[Ni(H_2O)_6]^{2\oplus}$ und $[Ni(NH_3)_6]^{2\oplus}$, paramagnetische tetraedrische Komplexe wie $[NiCl_4]^{2\ominus}$ und diamagnetische planar-quadratische Komplexe wie $[Ni(CN)_4]^{2\ominus}$ und Bis(dimethylglyoximato)-nickel(II), bekannt auch als Nickeldiacetyldioxim. Dieser rote Komplex entsteht aus einer ammoniakalischen Lösung von Ni-Salzen und einer Lösung von Diacetyldioxim (= Dimethylglyoxim) in Ethanol. Er dient zum qualitativen Nickelnachweis sowie zur quantitativen Nickelbestimmung. Im Kristall sind die quadratischen Komplexe parallel übereinandergestapelt, wobei eine Metall-Metall-Wechselwirkung zu beobachten ist.

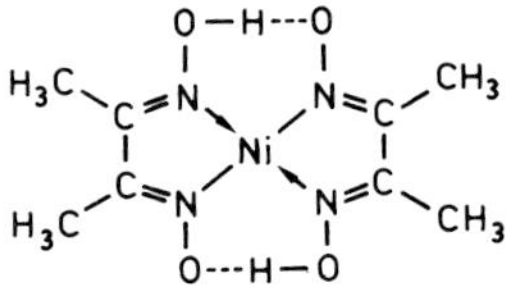

Abb. 189. Bis(dimethylglyoximato)-nickel(II) Ni-Diacetyldioxim (Grenzstruktur)

Nickel(O)-Verbindungen:

$\overset{0}{Ni}(CO)_4$ (tetraedrisch), s. S. 123.

$[\overset{0}{Ni}(CN)_4]^{4\ominus}$ entsteht durch Reduktion von $[Ni(CN)_4]^{2\ominus}$ mit Alkalimetall in flüssigem Ammoniak.

$(\pi\text{-}C_5H_5)_2Ni$, Nickelocen, s. Ferrocen, S. 122.

Platinmetalle

Vorkommen und Darstellung

Die Elemente kommen meist gediegen (z.T. als Legierung) oder als Sulfide vor. Daher finden sie sich oft bei der Aufbereitung von z.B. Nickelerzen oder der Goldraffination. Nach ihrer Anreicherung werden die Elemente in einem langwierigen Prozeß voneinander getrennt. Er beruht auf Unterschieden in der Oxidierbarkeit der Metalle und der Löslichkeit ihrer Komplexsalze.

Eigenschaften und Verwendung

Die Elemente sind hochschmelzende, schwere Metalle, von denen *Ruthenium* und *Osmium* kaum verwendet werden. *Rhodium* wird Platin zulegiert (1 - 10 %), um dessen Haltbarkeit und katalytische Eigenschaften zu verbessern. *Iridium* ist widerstandsfähiger als Platin; es ist unlöslich in Königswasser. Zur Herstellung von Laborgeräten und Schreibfedern findet eine Pt-Ir-Legierung Verwendung. *Platin* und *Palladium* sind wichtige Katalysatoren in Technik und Labor, s. z.B. SO_3-Darstellung S. 375 und Hydrierungsreaktionen (HT 211). Platin wird darüber hinaus in der Schmuckindustrie benutzt und dient zur Herstellung von technischen Geräten sowie der Abgasreinigung von Ottomotoren. Heißes Palladiumblech ist so durchlässig für Wasserstoff, daß man es zur Reinigung von Wasserstoff benutzen kann.

Palladium löst sich in Cl_2-haltiger Salzsäure oder in konz. HNO_3. Platin geht in Königswasser in Lösung; es bildet sich $H_2[PtCl_6] \cdot 6\,H_2O$, Hexachloroplatin(IV)-Säure.

Beachte: Platingeräte werden angegriffen von schmelzenden Cyaniden, Hydroxiden, Sulfiden, Phosphat, Silicat, Blei, Kohlenstoff, Silicium, LiCl, $HgCl_2$ u.a.

Verbindungen der Platinmetalle

Wichtige Verbindungen der Platinmetalle sind die Oxide, Halogenide und die Vielzahl von Komplexverbindungen, s. Kap. 6, S. 118.

Ruthenium und *Osmium*

bilden Verbindungen mit den Oxidationszahlen von -2 bis +8 (z.B. in RuO_4 und OsO_4). Das farblose, giftige OsO_4 (Fp. ~ 40°C, Kp. 130°C) ist bei Zimmertemperatur flüchtig. Es eignet sich als selektives Oxidationsmittel in der organischen Chemie. Bekannt sind ferner Halogenide wie $OsOF_5$; RuF_6, OsF_6; RuF_5, OsF_5; RuF_4, OsF_4; $RuCl_3$, $OsCl_3$; $RuCl_2$, $OsCl_2$. Komplexverbindungen mit $Ru^{2\oplus}$ bzw. $Os^{2\oplus}$ sind oft diamagnetisch und oktaedrisch gebaut. Über Carbonyle s. S. 123.

Rhodium und *Iridium*

Die beständigste Oxidationszahl ist +3. Man kennt eine Vielzahl von Komplexen: Bei Koordinationszahl 4 sind sie planar-quadratisch und bei Koordinationszahl 6 oktaedrisch gebaut. Rh(III)-Komplexe sind diamagnetisch.

Palladium und *Platin*

Viele ihrer Verbindungen waren Forschungsobjekte der klassischen Komplexchemie (s. Kapitel 6, S. 118). Komplexverbindungen mit $Pd^{2\oplus}$ und $Pt^{2\oplus}$ sind planar-quadratisch gebaut. Verbindungen mit $Pd^{4\oplus}$ und $Pt^{4\oplus}$ haben Koordinationszahl 6 und somit oktaedrischen Bau.

$PdCl_2$ entsteht aus den Elementen. Die stabile β-Modifikation, welche bei Temperaturen unterhalb 550°C entsteht, enthält Pd_6Cl_{12}-Einheiten mit planar-quadratischer Umgebung am Palladiumatom und Metall-Metall-Bindungen (= Metall-Cluster). Bei Temperaturen oberhalb 550°C erhält man eine instabile α-Modifikation. Sie besteht aus Ketten mit planar-quadratischer Umgebung am Palladium.

Von besonderer praktischer Bedeutung ist die Fähigkeit von metallischem Palladium, Wasserstoffgas in sein Gitter aufzunehmen. Unter beträchtlicher Gitteraufweitung entsteht hierbei eine Palladium-Wasserstoff-Legierung (maximale Formel: $PdH_{0,85}$). Bei Hydrierungen kann der Wasserstoff in sehr reaktiver Form wieder abgegeben werden. Ähnlich, jedoch weniger ausgeprägt, ist diese Erscheinung beim Platin. Da Platin auch Sauerstoffgas absorbieren kann, wird es häufig als Katalysator bei Oxidationsprozessen eingesetzt.

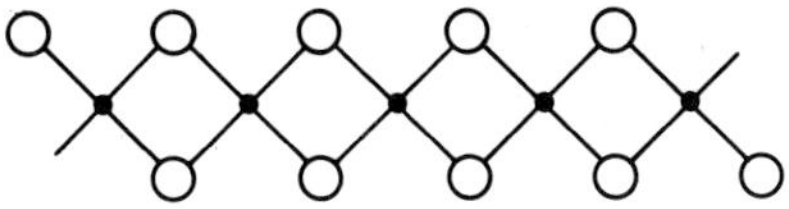

α-Modifikation von $PdCl_2$

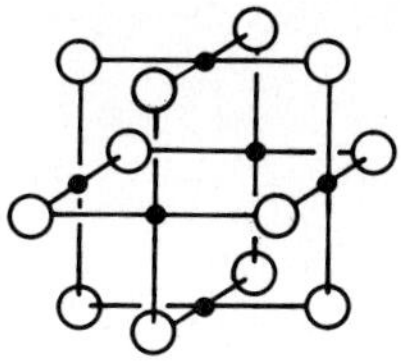

β-Modifikation von $PdCl_2$

Abb. 190

cis-[$PtCl_2(NH_3)_2$] (quadratisch) zeigt Anti-Tumor-Wirkung.

[$Pd(PF_3)_4$] bzw. *[$Pt(PF_3)_4$]* enthalten $\overset{0}{Pd}$ bzw. $\overset{0}{Pt}$. Sie sind tetraedrisch gebaut.

PtF_6 mit Pt(VI) ist ein sehr starkes Oxidationsmittel. Es reagiert mit O_2 bzw. Xenon zu $O_2^{\oplus}[PtF_6]^{\ominus}$ bzw. $Xe^{\oplus}[PtF_6]^{\ominus}$.

Lanthanoide, Ln

Eigenschaften

Element	Ordnungszahl	Elektronenkonfiguration	Fp. [°C]	Ionenradius [pm] der $Me^{3⊕}$-Ionen	Farben
Ce	58	$4f^2\ 5s^2\ 5p^6\ 5d^0\ 6s^2$	795	107	fast farblos
Pr	59	$4f^3\ 5s^2\ 5p^6\ 5d^0\ 6s^2$	935	106	gelbgrün
Nd	60	$4f^4$ " $6s^2$	1020	104	violett
Pm	61	$4f^5$ " $6s^2$	1030	106	violettrosa
Sm	62	$4f^6$ " $6s^2$	1070	100	tiefgelb
Eu	63	$4f^7$ " $6s^2$	826	98	fast farblos
Gd	64	$4f^7\ 5s^2\ 5p^6\ 5d^1\ 6s^2$	1310	97	farblos
Tb	65	$4f^9\ 5s^2\ 5p^6\ 5d^0\ 6s^2$	1360	93	fast farblos
Dy	66	$4f^{10}$ " $6s^2$	1410	92	gelbgrün
Ho	67	$4f^{11}$ " $6s^2$	1460	91	gelb
Er	68	$4f^{12}$ " $6s^2$	1500	89	tiefrosa
Tm	69	$4f^{13}$ " $6s^2$	1550	87	blaßgrün
Yb	70	$4f^{14}$ " $6s^2$	824	86	fast farblos
Lu	71	$4f^{14}\ 5s^2\ 5p^6\ 5d^1\ 6s^2$	1650	85	farblos

Übersicht

Die Chemie der 14 auf das La folgenden Elemente ist der des La sehr ähnlich, daher auch die Bezeichnung Lanthanoide (früher Lanthanide). Der ältere Name "Seltene Erden" ist irreführend, da die Elemente weit verbreitet sind. Sie kommen meist jedoch nur in geringer Konzentration vor. Alle Lanthanoide bilden stabile Me(III)-Verbindungen, deren Me-Ionenradien mit zunehmender Ordnungszahl infolge der Lanthanoidenkontraktion abnehmen (s.S. 410).

Vorkommen und Darstellung

Meist als Phosphate oder Silicate im Monazitsand $CePO_4$, Thorit $ThSiO_4$, Orthit (Cer-Silicat), Gadolinit $Y_2Fe(SiO_4)_2O_2$, Xenotim YPO_4 u.a. Die Mineralien werden z.B. mit konz. H_2SO_4 aufgeschlossen und die Salze aus ihren Lösungen über Ionenaustauscher abgetrennt. Die Metalle gewinnt man durch Reduktion der Chloride von Ce - Eu mit Natrium oder der Fluoride von Gd - Lu mit Magnesium. Die Isotope des kurzlebigen, radioaktiven Pm werden durch Kernreaktionen hergestellt.

Eigenschaften und Verwendung

Die freien Metalle reagieren mit Wasser unter H_2-Entwicklung und relativ leicht mit H_2, O_2 oder N_2 zu Hydriden, Oxiden oder Nitriden. Auch die Carbide besitzen Ionencharakter. Bei den Salzen ist die Schwerlöslichkeit der Fluoride (LnF_3) und Oxalate in Wasser erwähnenswert.

Ln(II)-Verbindungen: Die Stabilität nimmt in der Reihe $Eu^{2\oplus} > Yb^{2\oplus} > Sm^{2\oplus} > Tm^{2\oplus}$ ab. Die Verbindungen zeigen ein ähnliches Verhalten wie die der Erdalkalimetalle.

Ln(IV)-Verbindungen: Ce, Tb, Pr, Dy und Nd treten auch vierwertig auf, jedoch sind nur Ce(IV)-Verbindungen in Wasser beständig. Da beim Redoxprozeß $Ce^{3\oplus}$ (farblos) $\rightleftharpoons$ $Ce^{4\oplus}$ (gelb) + $e^{\ominus}$ die Farbe umschlägt, wird Ce(IV)-sulfat als Oxidationsmittel in der Maßanalyse verwendet ("Cerimetrie"). Die Fluoride und Oxide dieser Elemente sind besonders gut untersucht.

Ln(III)-Verbindungen: Alle Lanthanoide bilden stabile Ln(III)-Verbindungen, wobei (La), Gd und Lu praktisch nur dreiwertig auftreten, während von den anderen je nach Elektronenkonfiguration auch stabile Ln(II)- bzw. Ln(IV)-Verbindungen existieren. Bekannt sind Salze wie die Halogenide, Sulfate, Nitrate, Phosphate und Oxalate, die früher teilweise zur Trennung der Elemente durch fraktionierte Kristallisation benutzt wurden.

Die Aquokationen $[Ln(OH_2)_n]^{3\oplus}$ zeigen von Ce - Lu die unter "Eigenschaften" genannten Farben. Auffällig ist die Abhängigkeit der Farbe von der Elektronenkonfiguration.

Verwendung findet Ce im Cer-Eisen (70 % Ce, 30 % Fe), als Zündstein in Feuerzeugen und als Oxid in den Gasglühstrümpfen (1 % CeO_2 + 99 % ThO_2). Oxide von Nd und Pr dienen zum Färben von Brillengläsern. Einige Lanthanoiden-Verbindungen werden als Zusatz in den Leuchtschichten von Farbfernsehgeräten verwendet.

Actinoide, An

Eigenschaften

Element	Ordnungszahl	vermutliche Elektronenkonfiguration	Fp. [°C]	Ionenradius [pm] $Me^{3\oplus}$	$Me^{4\oplus}$
Th	90	$5f^0\ 6s^2\ 6p^6\ 6d^2\ 7s^2$	1700	-	102
Pa	91	$5f^2$ " $6d^1\ 7s^2$	1230	113	98
U	92	$5f^3$ " $6d^1\ 7s^2$	1130		97
Np	93	$5f^5$ " $6d^0\ 7s^2$	640	110	95
Pu	94	$5f^6$ " $6d^0\ 7s^2$	640	108	93
Am	95	$5f^7$ " $6d^0\ 7s^2$	940	107	92
Cm	96	$5f^7$ " $6d^1\ 7s^2$	1350	98	89
Bk	97	$5f^8$ " $6d^1\ 7s^2$	980	94	87
Cf	98	$5f^{10}$ " $6d^0\ 7s^2$	900	98	86
Es	99	$5f^{11}$ " $6d^0\ 7s^2$		93	
Fm	100	$5f^{12}$ " $6d^0\ 7s^2$			
Md	101	$5f^{13}$ " $6d^0\ 7s^2$			
No	102	$5f^{14}$ " $6d^0\ 7s^2$			
Lr	103	$5f^{14}$ " $6d^1\ 7s^2$			

Übersicht

Th, Pa und U kommen natürlich vor, alle anderen Elemehte werden durch Kernreaktionen gewonnen. Im Gegensatz zu den Lanthanoiden treten sie in mehreren Oxidationsstufen auf und bilden zahlreiche Komplexverbindungen, zum Teil mit KoZ 8.

Vorkommen und Darstellung

Die künstlich durch Kernumwandlung hergestellten Elemente werden durch Ionenaustauscher getrennt und gereinigt. Th wird aus dem Monazitsand gewonnen, Pa aus Uranmineralien und U aus Uranpecherz UO_2 und anderen uranhaltigen Mineralien wie $U_3O_8 \equiv UO_2 \cdot 2\ UO_3$ (Uraninit). U wird in Form von $UO_2(NO_3)_2$ aus den Erzen herausgelöst und über UO_2 in UF_4 überführt. Aus diesem wird mit Ca oder Mg metallisches Uran erhalten.

Eigenschaften und Verwendung

Alle Actinoide sind unedle Metalle, die in ihren Verbindungen in mehreren Oxidationsstufen auftreten. Meist sind die Halogenide und Oxide besser als die anderen Verbindungen bekannt und untersucht.

Oxidationszahl VII: nur bei Np und Pu bekannt als Li_5NpO_6 und Li_5PuO_6.

Oxidationszahl VI: Die Beständigkeit nimmt in der Reihe U > Np > Pu > Am ab.

Besonders wichtig ist das flüchtige Hexafluorid des Urans UF_6, das zur Isotopentrennung mittels Gasdiffusion verwendet wird. Daneben sind viele Salze (Nitrate, Sulfate etc.) bekannt, welche das Uranylion $UO_2^{2\oplus}$ enthalten. Uranat(VI) bildet in saurer Lösung keine Polyanionen wie Mo oder W, sondern nur ein Diuranat(VI):

$$2\ [UO_4]^{2\ominus} + 2\ H_3O^{\oplus} \rightleftharpoons [U_2O_7]^{2\ominus} + 3\ H_2O.$$

Oxidationszahl V: Die Beständigkeit nimmt ab in der Reihe Pa > Np > U > Pu > Am. Daher disproportioniert UF_5: $3\ UF_5 \rightleftharpoons U_2F_9 + UF_6$.

Oxidationszahl IV: Wichtige Verbindungen sind die stabilen Dioxide AnO_2 mit Fluoritstruktur und zahlreiche Komplexverbindungen (z.B. Fluorokomplexe).

Oxidationszahl III: Alle Actinoide bilden $An^{3\oplus}$-Ionen, die meist leicht oxidierbar und in ihrem chemischen Verhalten den Ln(III)-Ionen ähnlich sind.

Oxidationszahl II: Bekannt sind Oxide wie PnO, NpO, AmO etc. und Halogenide wie ThX_2, AmX_2 u.a. Diese Oxidationsstufe ist charakteristisch für Am.

Technische Verwendung finden die Elemente u.a. in Kernreaktoren und als Energiequelle, z.B. in Weltraumsatelliten.

Anhang

Edelsteine

Viele Silicate werden als Edelsteine verwendet. Man versteht darunter Stoffe, die wegen der Schönheit ihrer Farben oder ihres besonderen Farbenspiels ("Feuer", "Glanz"), ihrer Seltenheit sowie einer gewissen Härte zu Schmuckzwecken verwendet werden. Die meisten Edelsteine sind Minerale. Kleinere Steine sowie viele industriell verwendete Edelsteine werden auch synthetisch hergestellt.

Beispiele:

Smaragd, $Al_2Be_3[Si_6O_{18}]$, Mohshärte 7,5-8, hellblau, blau, blaugrün, farbgebende Substanz: Chrom, Vanadin.

Aquamarin, $Al_2Be_3[Si_6O_{18}]$, Mohshärte 7,5-8, hellblau, blau, blaugrün, farbgebende Substanz: Eisen.

Granat (Gruppe verschiedenfarbiger Mineralien mit ähnlicher Zusammensetzung). Beispiel: $Mg_3Al_2[SiO_4]_3$ rot.

Turmalin (Aluminium-Borat-Silicat), farbenreich

Bergkristall, SiO_2, farblos

Amethyst, SiO_2, violett - rotviolett

Citrin, SiO_2, hellgelb - goldbraun

Achat, SiO_2, verschiedenfarbig

Opal, $SiO_2 \cdot nH_2O$, weiß, grau, blau, grün, organge, schwarz

Lapislazuli, $Na_8[Al_6Si_6O_{24}]S_2$, lasurblau

Andere Edelsteine:

Diamant, Mohshärte 10, Rubin, Al_2O_3, Mohshärte 9, farbgebende Substanz: Chrom, bei bräunlichen Tönen auch Eisen,
Saphir, Al_2O_3, Mohshärte 9, farbenreich, farbgebende Substanz: blau: Eisen, Titan; violett: Vanadin; rosa: Chrom; gelb/grün: wenig Eisen.

Düngemittel

Düngemittel sind Substanzen oder Stoffgemische, welche die von der Pflanze benötigten Nährstoffe in einer für die Pflanze geeigneten Form zur Verfügung stellen.

Pflanzen benötigen zu ihrem Aufbau verschiedene Elemente, die unentbehrlich sind, deren Auswahl jedoch bei den einzelnen Pflanzenarten verschieden ist. Dazu gehören die Nichtmetalle H, B, C, N, O, S, P, Cl und die Metalle Mg, K, Ca, Mn, Fe, Cu, Zn, Mo. C, H und O werden als CO_2 und H_2O bei der Photosynthese verarbeitet, die anderen Elemente werden in unterschiedlichen Mengen, z.T. nur als Spurenelemente benötigt. Die sechs wichtigen Hauptnährelemente sind unterstrichen; N, P, K sind dabei von besonderer Bedeutung.

Allgemein wird unterschieden zwischen *Handelsdüngern* mit definiertem Nährstoffgehalt und *wirtschaftseigenen Düngern*. Letztere sind Neben- und Abfallprodukte, wie z.B. tierischer Dung, Getreidestroh, Gründüngung (Leguminosen), Kompost, Trockenschlamm (kompostiert aus Kläranlagen).

Handelsdünger aus *natürlichen* Vorkommen

Organische Dünger sind z.B. Guano, Torf, Horn-, Knochen-, Fischmehl.

Organische Handelsdünger

Düngemittel	% N	% P_2O_5	% K_2O	% Ca	% org.Masse
Blutmehl	10-14	1,3	0,7	0,8	60
Erdkompost	0,02	0,15	0,15	0,7	8
Fischguano	8	13	0,4	15	40
Holzasche	-	3	6-10	30	-
Horngrieß	12-14	6-8	-	7	80
Horn-Knochen-Mehl	6-7	6-12	-	7	40-50
Horn-Knochen-Blutmehl	7-9	12	0,3	13	50
Hornmehl	10-13	5	-	7	80
Hornspäne	9-14	6-8	-	7	80
Knochenmehl, entleimt	1	30	0,2	30	-
Knochenmehl, gedämpft	4-5	20-22	0,2	30	-
Klärschlamm	0,4	0,15	0,16	2	20
Kompost	0,3	0,2	0,25	10	20-40
Peruguano	6	12	2	20	40
Rinderdung, getrocknet	1,6	1,5	4,2	4,2	45
Ricinusschrot	5	-	-	-	40
Ruß	3,5	0,5	1,2	5-8	80
Stadtkompost	0,3	0,3	0,8	8-10	20-40
Stallmist, Rind, frisch	0,35	1,6	4	3,1	20-40

Anorganische Dünger (Mineraldünger) aus *natürlichen* Vorkommen sind z.B. $NaNO_3$ (Chilesalpeter (seit 1830)), $CaCO_3$ (Muschelkalk, KCl (Sylvin). Sie werden bergmännisch abgebaut und kommen gereinigt und zerkleinert in den Handel.

Kunstdünger

Organische Dünger: Harnstoff, $H_2N\text{-}CO\text{-}NH_2$, wird mit Aldehyden kondensiert als Depotdüngemittel verwendet; es wird weniger leicht ausgewaschen. Ammonnitrat-Harnstoff-Lösungen sind Flüssigdünger mit schneller Düngewirkung.

Harnstoff wirkt relativ langsam ($-NH_2 \longrightarrow -NO_3^{\ominus}$). Dies gilt auch für $CaCN_2$ s. u.

Mineraldünger

Stickstoffdünger: Sie sind von besonderer Bedeutung, weil bisher der Luftstickstoff nur von den Leguminosen unmittelbar verwertet werden kann. Die anderen Pflanzen nehmen Stickstoff als $NO_3^{\ominus}$ oder $NH_4^{\oplus}$ je nach pH-Wert des Bodens auf. Bekannte Düngemittel, die i.a. als Granulate ausgebracht werden, sind:

Ammoniumnitrat, "Ammonsalpeter", NH_4NO_3 (seit 1913)
$NH_3 + HNO_3 \longrightarrow NH_4NO_3$ (explosionsgefährlich); wird mit Zuschlägen gelagert und verwendet. Zuschläge sind z.B. $(NH_4)_2SO_4$, $Ca(NO_3)_2$, Phosphate, $CaSO_4 \cdot 2\,H_2O$, $CaCO_3$.

Kalkammonsalpeter, $NH_4NO_3/CaCO_3$.

Natronsalpeter, $NaNO_3$, Salpeter, KNO_3.

Kalksalpeter, $Ca(NO_3)_2$

Kalkstickstoff (seit 1903) $CaC_2 + N_2 \xrightleftharpoons{1100\,^\circ C} CaCN_2 + C$

$$(CaO + 3C \rightleftharpoons CaC_2 + CO)$$

Ammoniumsulfat, $(NH_4)_2SO_4$, $2\,NH_3 + H_2SO_4 \longrightarrow (NH_4)_2SO_4$ oder
$(NH_4)_2CO_3 + CaSO_4 \longrightarrow (NH_4)_2SO_4 + CaCO_3$

$(NH_4)_2HPO_4$ s. Phosphatdünger

Vergleichsbasis der Dünger ist % N.

Phosphatdünger: P wird von der Pflanze als Orthophosphat-Ion aufgenommen. Vergleichbasis der Dünger ist % P_2O_5. Der Wert der phosphathaltigen Düngemittel richtet sich auch nach ihrer Wasser- und Citratlöslichkeit (Citronensäure, Ammoniumcitrat) und damit nach der vergleichbaren Löslichkeit im Boden.

Beispiele

"Superphosphat", (seit 1850) ist ein Gemisch aus $Ca(H_2PO_4)_2$ und $CaSO_4 \cdot 2\ H_2O$ (Gips).

$$Ca_3(PO_4)_2 + 2\ H_2SO_4 \longrightarrow Ca(H_2PO_4)_2 + 2\ CaSO_4$$

"Doppelsuperphosphat" entsteht aus carbonatreichen Phosphaten:

$$Ca_3(PO_4)_2 + 4\ H_3PO_4 \longrightarrow 3\ Ca(H_2PO_4)_2$$

$$CaCO_3 + 2\ H_3PO_4 \longrightarrow Ca(H_2PO_4)_2 + CO_2 + H_2O$$

"Rhenaniaphosphat" (seit 1916) $3\ CaNaPO_4 \cdot Ca_2SiO_4$ entsteht aus einem Gemisch von $Ca_3(PO_4)_2$ mit Na_2CO_3, $CaCO_3$ und Alkalisilicaten bei 1100 - 1200° C in Drehrohröfen ("Trockener Aufschluß").

Es wird durch organische Säuren im Boden zersetzt.

"Ammonphosphat" $(NH_4)_2HPO_4$

$$H_3PO_4 + 2\ NH_3 \longrightarrow (NH_4)_2HPO_4$$

"Thomasmehl" (seit 1878) ist feingemahlene "Thomasschlacke". Hauptbestandteil ist: Silico-carnotit $Ca_5(PO_4)_2[SiO_4]$

Kaliumdünger: K reguliert den Wasserhaushalt der Pflanzen. Es liegt im Boden nur in geringer Menge vor und wird daher ergänzend als wasserlösliches Kalisalz aufgebracht. Vergleichbasis der Dünger ist % K_2O.

Beispiele

"Kalidüngesalz" KCl (Gehalt ca. 40 %) (seit 1860).

"Kornkali" mit Magnesiumoxid: 37 % KCl + 5 % MgO

Kalimagnesia $K_2SO_4 \cdot MgSO_4 \cdot 6\ H_2O$

Kaliumsulfat K_2SO_4 (Gehalt ca. 50 %).

Carnallit $KMgCl_3 \cdot 6\ H_2O$

Kainit $KMgClSO_4 \cdot 3\ H_2O$

Mehrstoffdünger: Dünger, die mehrere Nährelemente gemeinsam enthalten, aber je nach den Bodenverhältnissen in unterschiedlichen Mengen, werden Mischdünger genannt. Man kennt Zweinährstoff- und Mehrnährstoffdünger mit verschiedenen N-P-K-Mg-Gehalten. So bedeutet z.B. die Formulierung 20-10-5-1 einen Gehalt von 20 % N - 10 % P_2O_5 - 5 % K_2O - 1 % MgO.

Häufig werden diese Dünger mit Spurenelementen angereichert, um auch bei einem einmaligen Streuvorgang möglichst viele Nährstoffe den Pflanzen anbieten zu können.

Beispiele

"Kaliumsalpeter": KNO_3/NH_4Cl

"Nitrophoska": $(NH_4)_2HPO_4/(NH_4)Cl$ bzw. $(NH_4)_2SO_4$ und KNO_3

"Hakaphos" KNO_3, $(NH_4)_2HPO_4$, Harnstoff

Literaturauswahl und Quellennachweis

Große Lehrbücher

Chemie-Kompendium für das Selbststudium. Offenbach: Kaiserlei Verlagsges. 1972.

Chemistry of the Elements, N.N. Greenwood and A. Earnshaw, Pergamon Press 1986

Cotton, F.A., Wilkinson, G.: Advanced Inorganic Chemistry. New York: Interscience Publishers.

Emeléus, H.J., Sharpe, A.G.: Modern aspects of inorganic chemistry. London: Routledge & Kegen Paul 1973.

Heslop, R.B., Jones, K.: Inorganic Chemistry. Elsevier 1976.

Hollemann, A.F., Wiberg, E.: Lehrbuch der anorganischen Chemie. Berlin: Walter de Gruyter 1985

Huheey, I.E.: Inorganic Chemistry. New York: Harper & Row 1972.

Lagowski, J.J.: Modern inorganic chemistry. New York: Marcel Dekker 1973.

Purcell, K.F., Kotz, J.C.: Inorganic Chemistry. Philadelphia: W.B. Saunders.

Riedel,E.: Anorganische Chemie. Berlin: Walter de Gruyter 1988

Kleine Lehrbücher

Cotton, F.A., Wilkinson, G.: Basic inorganic chemistry. New York: John Wiley & Sons.

Gutmann/Hengge: Allgemeine und anorganische Chemie. Weinheim: Verlag Chemie 1985

Jander, G., Spandau, H.: Kurzes Lehrbuch der anorganischen und allgemeinen Chemie. Berlin - Heidelberg - New York: Springer.

Kaufmann, H., Jecklin, L.: Grundlagen der anorganischen Chemie. Basel: Birkhäuser.

Mortimer, Ch.E.: Chemie. Stuttgart: Thieme 1987

Riedel, E.: Allgemeine und Anorganische Chemie. Berlin: Walter de Gruyter 1985

Schmidt, M.: Anorganische Chemie I, II. Mannheim: Bibliographisches Institut.

Darstellungen der allgemeinen Chemie

Becker, R.S., Wentworth, W.E.: Allgemeine Chemie. Stuttgart: Thieme 1976.

Blaschette, A.: Allgemeine Chemie. Frankfurt: Akademische Verlagsgesellschaft.

Christen, H.R.: Grundlagen der allgemeinen und anorganischen Chemie. Aarau und Frankfurt: Sauerländer-Salle 1985

Dickerson/Gray/Haight: Prinzipien der Chemie. Berlin: Walter de Gruyter 1978

Fachstudium Chemie, Lehrbuch 1 - 7. Weinheim: Verlag Chemie.

Gründler, W., et al.: Struktur und Bindung. Weinheim: Verlag Chemie 1977.

Heyke, H.E.: Grundlagen der Allgemeinen Chemie und Technischen Chemie. Heidelberg: Hüthig.

Sieler, J., et al.: Struktur und Bindung - Aggregierte Systeme und Stoffsystematik. Weinheim: Verlag Chemie 1973.

Physikalische Chemie

Barrow, G.M.: Physikalische Chemie. Braunschweig: Vieweg.

Brdička, R.: Grundlagen der Physikalischen Chemie. Berlin: VEB Deutscher Verlag der Wissenschaften 1968.

Ebert, H.: Elektrochemie. Würzburg: Vogel 1972.

Hamann/Vielstich: Elektrochemie. Weinheim: Verlag Chemie.

Moore, W.J., Hummel, D.O.: Physikalische Chemie. Berlin: Walter de Gruyter.

Näser, K.-H.: Physikalische Chemie. Leipzig: VEB Deutscher Verlag für Grundstoffindustrie 1974.

Wagner, W.: Chemische Thermodynamik. Berlin: Akademie-Verlag.

Wiberg, E.: Die chemische Affinität. Berlin: Walter de Gruyter 1972.

Monographien über Teilgebiete

Bailar, J.C.: The chemistry of coordination compounds. New York: Reinhold Publishing Corp.

Becke-Goehring, M., Hoffmann, H.: Komplexchemie. Berlin - Heidelberg - New York: Springer 1970.

Bell, R.P.: Säuren und Basen. Weinheim: Verlag Chemie 1974.

Chemische Kinetik. Fachstudium Chemie, Bd.6. Weinheim: Verlag Chemie.

Büchner, Schliebs, Winter, Büchel: Industrielle Anorganische Chemie. Verlag Chemie, Weinheim 1984

Evans, R.C.: Einführung in die Kristallchemie. Berlin: Walter de Gruyter 1976.

Gillespie, R.J.: Molekülgeometrie. Weinheim: Verlag Chemie 1975.

Gray, H.B.: Elektronen und chemische Bindung. Berlin: Walter de Gruyter 1973.

Greenwood, N.N.: Ionenkristalle, Gitterdefekte und nichtstöchiometrische Verbindungen. Weinheim: Verlag Chemie.

Grinberg, A.A.: The Chemistry of Complex Compounds. London: Pergamon Press.

Hard, H.-D.: Die periodischen Eigenschaften der chemischen Elemente. Stuttgart: Thieme 1974.

Hiller, J.-E.: Grundriß der Kristallchemie. Berlin: Walter de Gruyter 1952.

Homann, Kl.H.: Reaktionskinetik. Darmstadt: Steinkopff 1975.

Kehlen, H., Kuschel, Fr., Sackmann, H.: Grundlagen der chemischen Kinetik. Braunschweig: Vieweg.

Kettler, S.F.A.: Koordinationsverbindungen. Weinheim: Verlag Chemie.

Kleber, W.: Einführung in die Kristallographie. Berlin: VEB Verlag Technik.

Kober, F.: Grundlagen der Komplexchemie. Frankfurt: Salle + Sauerländer.

Krebs, H.: Grundzüge der Anorganischen Kristallchemie. Stuttgart: Enke.

Kunze, U.R.: Grundlagen der quantitativen Analyse. Stuttgart: Thieme 1980.

Latscha, H.P., Klein, H.A.: Analytische Chemie. Berlin - Heidelberg - New York: Springer 1984.

Lieser, K.H.: Einführung in die Kernchemie. Weinheim: Verlag Chemie.

Powell, P., Timms, P.: The Chemistry of the Non-Metals. London: Chapman and Hall 1974.

Schmidt, A.: Angewandte Elektrochemie. Weinheim: Verlag Chemie.

Steudel, R.: Chemie der Nichtmetalle. Berlin: Walter de Gruyter.

Tobe, M.L.: Reaktionsmechanismen der anorganischen Chemie. Weinheim: Verlag Chemie.

Verkade, John G.: A Pictorial Approach to Molecular Bonding. Berlin-Heidelberg-New York: Springer 1986

Weiss, A., Witte, H.: Kristallstruktur und chemische Bindung. Weinheim: Verlag Chemie 1983.

Wells, A.F.: Structural Inorganic Chemistry. Oxford: University Press.

Winkler, H.G.F.: Struktur und Eigenschaften der Kristalle. Berlin - Heidelberg - New York: Springer 1955.

Stöchiometrie

Kullbach, W.: Mengenberechnungen in der Chemie. Weinheim: Verlag Chemie 1980.

Nylén, P., Wigren, N.: Einführung in die Stöchiometrie. Darmstadt: Steinkopff 1973.

Wittenberger, W.: Rechnen in der Chemie. Wien: Springer.

Nachschlagewerke und Übersichtsartikel

Adv. Inorg. Chem. Radiochemistry. New York: Academic Press.

Anorganikum I, II. Berlin: VEB Deutscher Verlag der Wissenschaften.

Aylward, G.H., Findlay, T.J.V.: Datensammlung Chemie. Weinheim: Verlag Chemie 1975.

Comprehensive inorganic chemistry. New York: Pergamon Press.

Fachlexikon ABC Chemie. Frankfurt: Harri Deutsch.

Gmelin Handbuch-Bände der Anorganischen Chemie. Berlin - Heidelberg - New York: Springer.

Halogen Chemistry (Gutmann, V., Ed.). New York: Academic Press.

Harrison, R.D.: Datenbuch Chemie Physik. Braunschweig: Vieweg 1982.

Progress in Inorganic Chemistry. New York: John Wiley & Sons.

Römpps Chemie-Lexikon. Stuttgart: Franckh'sche Verlagshandlung.

Außer diesen Büchern wurden für spezielle Probleme weitere Monographien benutzt. Sie können bei Bedarf im Literaturverzeichnis der größeren Lehrbücher gefunden werden.

Abbildungsnachweis

Die in der rechten Spalte aufgeführten Abbildungen in diesem Buch wurden, zum Teil mit Änderungen, den nachstehenden Werken entnommen:

Brdička, R.: Grundlagen der Physikalischen Chemie. Berlin: VEB Deutscher Verlag der Wissenschaften 1968.	96
Chemiekompendium. Kaiserlei Verlagsgesellschaft 1972.	186, Tab.1
Christen, H.R.: Grundlagen der allgemeinen und anorganischen Chemie. Aarau - Frankfurt a.M.: Sauerländer-Salle 1968.	9, 17, 20, 24, 26, 35, 41, 42, 57, 62, 106
Christen, H.R.: Grundlagen der organischen Chemie. Aarau - Frankfurt a.M.: Sauerländer-Diesterweg-Salle 1970.	86
Fluck, E., Brasted, R.C.: Allgemeine und Anorganische Chemie. In: Uni-Taschenbücher, Bd.53. Heidelberg: Quelle & Meyer 1973.	4, 29, 100
Gillespie, R.J.: Molekülgeometrie. Weinheim: Verlag Chemie 1975.	Tab.3
Gray, H.B.: Elektronen und Chemische Bindung. Berlin - New York: de Gruyter 1973.	46, 47, 51, 89
Hiller, J.-E.: Grundriß der Kristallchemie. Berlin: de Gruyter 1952.	38, 39, 90, 92
Hofmann-Rüdorff: Anorganische Chemie. Braunschweig: Vieweg.	69, 70
Hollemann, A.F., Wiberg, E.: Lehrbuch der anorganischen Chemie. 81.-90. Aufl. Berlin: de Gruyter 1976.	18, 21, 116, 177, 183, 185
Jander, G., Jahr, K.F., Knoll, H.: Maßanalyse. In: Sammlung Göschen, Bd.221/221a. Berlin: de Gruyter 1966.	120, 124
Jander, G., Spandau, H.: Kurzes Lehrbuch der anorganischen und allgemeinen Chemie. Berlin - Heidelberg - New York: Springer 1977.	105

Krebs, H.: Grundzüge der Anorganischen Kristallchemie. Stuttgart: F. Enke.	66
Lieser, K.H.: Einführung in die Kernchemie. Weinheim: Verlag Chemie 1969.	Tab.3, 4
Mortimer, C.-E.: Chemie. Das Basiswissen der Chemie in Schwerpunkten. Übersetzt von P. Jacobi und J. Schweizer. Stuttgart: Thieme 1973.	1, 5, 25, 28, 32, 33, 34, 36, 44, 48, 52, 53, 55, 56, 58, 94, 95
Schmidt, M.: Anorganische Chemie. Mannheim: Bibliographisches Institut.	Tab.5
Steudel, R.: Chemie der Nichtmetalle. Berlin - New York: de Gruyter 1974.	12b, 60
Sutton, L.E.: Chemische Bindung und Molekülstruktur. Übertragen von E. Fluck. Berlin - Göttingen - Heidelberg: Springer 1961.	8, 9
Winkler, H.G.F.: Struktur und Eigenschaften der Kristalle. Berlin - Göttingen - Heidelberg: Springer 1955.	27, 31, 37, 40, 63, 64, 65, Tab.9

Weitere Abbildungen stammen aus Vorlesungsskripten von H.P. Latscha. Einige davon wurden - mit zum Teil erheblichen Veränderungen - den im Literaturverzeichnis aufgeführten Büchern und Zeitschriften entnommen.

Sachverzeichnis

absolute Atommasse 9
absolute Temperatur 160
absoluter Nullpunkt 159
Absorptionsspektrum 142
Acetatpuffer 239
Actinoiden 365
-Kontraktion 410
äquimolar 184
Äquivalent-
- konzentration 55
- masse 53
- stoffmenge 55
- zahl 56
Äquivalenzpunkt 234
Aerosol 196
Ätzkali 289
Aggregatzustände 152
Akkumulator 214
Aktinium 425
- reihe 14
aktivierter Komplex 267
Aktivierungs-
- analyse 18
- energie 266
- enthalpie 269
Aktivität 275
- radioaktive 14
Aktivitätskoeffizient 276
Alaune 313
Alkali-Mangan-Zelle 214
Alkalimetalle 43,285
alkalisch 223
allgemeine Gasgleichung 160
allgemeine Gaskonstante 160
Allotropie 317,361
Altersbestimmung 15
Aluminium 310
aluminotherm.Verfahren 312,401
Amalgamverfahren 191
Amide 339
Amine 339
amorph 152
Ampholyt 221
amphotere Substanzen 221
Analyse 51
Anatas 427
angeregter Zustand 22
Anion 43,187
- Basen 231
- Säuren 231
anisotrop 155
Anolyt 183
antibindende MO 77,145
Antimon 357
Antipoden 131
Apatit 297,347,381
Aquamarin 293
Aquokomplexe 177
Aragonit 299
Arrhenius-Gleichung 265
Arsen 356
- kies 355,356
- spiegel 357
Arsenik 357
Asbest 329
Assoziation 114
Astat 381,382
Aston-Regel 8
Atom, 5,6
- aufbau 6
- bindung 76
- gitter 157
- hülle 6
- kern 6
- masse 9
- modell 20
- orbital 25,27,28
- radien 45,409
Aufenthaltswahrscheinlichkeit 24
Auripigment 356
Ausbeuteberechnung 64
Austenit 112
Autokatalyse 266
Autoprotolyse 222
Avogadro-Zahl 53
azeotropes Gemisch 194
Azide 341

Baddeleyit 428
Barium 300
Baryt 300
Basen 220
- anhydride 366
- konstante 225

Basen
-, schwache 226
-, starke 225
Batterie 214
Bauxit 311
Berliner-Blau 455
Berry-Mechanismus 354
Beryll 293
Beryllium 293
Beton 300
Bezugselektrode 215,217
Bicarbonatpuffer 238
bimolekular 263
bindende MO 145
Bindigkeit 90
Bindung 58
-,σ- 85
-,π- 87
Bindungsarten 66
-, ionische 66
-, Komplex 135
-, kovalente 76
-, metallische 98
-, van der Waals 116
Bindungsenergien 92
Bindungsisomerie 134
Bindungslängen 92
Bismut 336
Blaugel 329
Blausäure 395
Blei 332
- glanz 332,369
- kammerverfahren 275
Blutlaugensalz 454
Bohr-Modell 20,37
Bor 302
- gruppe 302
Borane 304
Borate 308
Borax 302
Boride 304
Boudouard-Gleichgewicht 322
Boyle-Mariotte-Gesetz 158
Boyle-Temperatur 162
Brauneisenstein 450
Braunit 445
Braunstein 445
Bravais-Gitter 153
Brennstoffzelle 214
Britanniametall 330
Brönsted-Base 214
Brönsted-Säure 220
Brom 388
Bromcarnallit 388
Bromide 389
Bromite 389
Brookit 427
Bronze 330
Brown Molekularbewegung 158,169

Cadmium 419
Cäsium 291
Calcit 299
Calcit-Struktur 72
Calcium 297
Carbide 323
Carbonyle 123
Carborane 306
Carborundum 329
Carnallit 290,296,384
Carnotit 430
Carosche Säure 377
Cassius Goldpurpur 418
Castner-Zelle 288,191
Cer 462
Chalkogene 361
le Chatelier-Braun-Prinzip 277
Charge-transfer-Komplexe 123
Chelat 118
- effekt 12o
- komplex 118
- ligand 118
chemische Bindung 58
chemisches Gleichgewicht 272
chemisches Volumengesetz 4
Chilesalpeter 288
chiral 131
Chlor 384
- alkalielektrolyse 190
- cyan 395
- knallgasreaktion 270
Chloride 385
Chlorite 386
Chlorophyll 297
Chrom 436
Chromit 436
Chromleder 438
cis-trans-Isomerie 129
Clathrate 400
Claus-Prozeß 369
closo 306
Cluster 127,458
Cobalt 456
Coelestin 300
Coulomb-Gesetz 67
Cuprit 412
Cyanidlaugerei 415,417
Cyanocobalamin 457

Dampfdruck 167
- erniedrigung 181
Daniell-Element 204,208
Deuterium 10,11,13
Dialyse 184
Diamant 318
Diaphragma-Verfahren 190
Diastereomere 131
Dibenzolchrom 122
Dicyan 395
Dielektrizitätskonstante 176
Diffusion 165,182
Dipol 175
- moment 175
Dipol-Dipol-Wechselwirkung 114,115
Dirhodan 395
Dispersionskräfte 116

Dispersionsmittel 196
Disproportionierung 218,386,387
Dissoziation 187
- grad 187
- isomerie 134
- konstante 187
-,mehrstufige 228
divariant 172
Dolomit 296,297
Doppelbindung 87
Doppelbindungsregel 91,361
Doppelsalze 314
Dosimetrie 14
Downs-Zelle 191,288
Dreifachbindung 88,335,341
Dreizentrenbindung 295,305
Duraluminium 296,312
dynamisches Gleichgewicht 272
dystektischer Punkt 108

Edelgase 43,397
Edelgaskonfiguration 42
Edelgasregel 135
Effusion 165
Eigenfunktion 25
Eigenleitung 100
Eigenwerte 25
einkernig 123
Einlagerungs-Mischkristalle 103,104
-,Strukturen 102
Einschlußverbindungen 400
einzähnig 18
Eisen 450
Eisen-Kohlenstoff-System 112
Eisenmetalle 450
elektrochem. Korrosion 216
elektrochem. Spannungsreihe 206
Elektroden 189,215
- prozesse 189
Elektrolyse 189,190,199
Elektrolyt 187
-, echter 188
-, potentieller 188
-, schwacher 188
-, starker 188
elektrolytische Dissoziation 187
elektromotorische Kraft 205
Elektronegativität 47
Elektronen 6
- abgabe 201
- affinität 45
- aufnahme 201
- dichteverteilung 24
- donator 244
- gas 98
- hülle 6,19
- konfiguration 33,37
- mangelverbindungen 295
- spin 26

Elektronenpaar
- Abstoßungsmodell 93
- acceptor 243
- bindung 81
- donator 243
- freies 82
Elektronmetall 296
Elektrophil 243
Elektrophorese 189
Element 2
- symbol 3
- verbreitung 3
Elementarteilchen 7
Elementarzelle 152
Eloxal 312
Emissionsspektrum 19
Emulsion 196
Enantiomere 131
enantiotrop 369
endergonisch 254
endotherm 178,249
Energie
- band 98
- barriere 265
- dosis 14
-,freie 254
- niveau 21
- profil 267
entartet 26
Enthalpie 246
-,freie 250
Entropie 178,252
Erdalkalimetalle 43,293
Erdmetalle 43,302
Erstarrungspunkt 156
- enthalpie 156
Eutektikum 107
eutektische Legierung 106
exergonisch 254
exotherm 178,249

Faraday-Tyndall-Effekt 196
Farbindikator 240
Fasern 329
Feldspat 290,311
Feldstärkeparameter 139
Ferrit 112
Ferrocen 122
Ferrochrom 437
Ferromangan 445
Ferromolybdän 440
Ferrotitan 426
Ferrovanadin 431
Ferrowolfram 442
fester Zustand 152
Festpunkt 156
Fixiersalz 393
Fließgleichgewicht 279
flüssiger Zustand 166
flüssige Säuren 241
flüssiger Ammoniak 242
Flußspat 297,381

Fluor 381
Fluorit 297,381
Formel, chemische 51
Formelschreibweise von Komplexen 150
Francium 292
Frasch-Verfahren 369
Freie Enthalpie 269
freies Elektronenpaar 82
Freiheitsgrade 171
Fulminsäure 396

Gallium 314
Galvanisches Element 204
Gammaspektrum 18
Gangart 451
Gase 157
Gasgesetze 158
Gasgleichung 160,161
Gaskonstante 160
Gasmischungen 157,162
Gay-Lussac-Gesetz 159
Gefrierpunkt 156,169
- erniedrigung 182
Geiger-Müller-Zählrohr 13
gekoppelte Reaktionen 256,275
Gel 196
Gelbbleierz 440
Generatorgas 321
Germanium 315,316
Gesetz
- der konstanten Proportionen 4
- der multiplen Proportionen 4
- von Avogadro 5
- von Boyle und Mariotte 158
- von der Erhaltung der Masse 4
- von Gay-Lussac 159
- von Henry Dalton 186
Geschwindigkeits-Gleichung 259
Geschwindigkeitsverteilung 169
Gewichtsprozent 61
Gibbs-Helmholtz-Gleichung 254
Gibbs-Phasenregel 172
Gips 297,369
Gitterenergie 68
Gittertypen 156
Glas 297,329
- elektrode 216
- macherseife 447
Glaubersalz 288
Gleichgewicht 272
- konstante 255
- lage 276
Glimmer 290
Gold 417
-,flüssiges 418
- purpur 418
Graphit 317
- verbindungen 317
- salze 318
Grauspießglanz 357
Grenzstruktur 93
Grünspan 413
Grundgesetze, chemische 4
Grundzustand 21
Gruppen (PSE) 41

Haber-Bosch-Verfahren 337
Hämatit 450
Hämoglobin 454
Hafnium 430
Halbkette 203
Halbleiter 100
Halbneutralisationspunkt 235
Halbmetalle 2,49
Halbwertszeit 261
Halbzelle 203
Halogene 43,381
Halogenide 382
harte Base 244
harte Säure 244
Hauptgruppenelemente 42
Hauptquantenzahl 21
I. Hauptsatz 245,247
II. Hauptsatz 250,251
III. Hauptsatz 253
Hausmannit 445
Henderson-Hasselbalch-Gleichung 236
Henry-Dalton-Gesetz 186
Hess-Satz 249
heterogene Stoffe 173
Heteropolysäure 443
hexagonal 154
high spin 141
Hochofen 450
homöopolare Bindung 78
homogene Stoffe 173
Hornsilber 415
HSAB-Konzept 145,244
Hume-Rothery-Phasen 109
Hund-Regel 32
hybridisieren 82
Hybridorbitale 82,88
Hydrargillit 311
Hydrationsenergie 177
Hydrationsenthalpie 177
Hydratisierung 177
Hydratisomerie 134
Hydride 284
Hydrolyse 180
Hydronium-Ion 222
hydrophil 197
hydrophob 116,198
Hyperoxide 285

ideale Gase 158
ideale Lösung 192
Ikosaeder 304
Ilmenit 426
Imide 339
Indikator 240

Indium 314
inert-pair-Effekt 335
Inhibition 266
Inhibitor 271
Initiator 271
innere Energie 245
- Übergangselemente 42
Intercalationsverbindung 317
Interhalogenverbindungen 393
intermetallische Phasen 108
- Verbindungen 108
intermolekular 114
interstitielle Verbindung 317
intramolekular 115
Inversion 338
Iod 390
Ionen 44
- beziehung 66
-bindung 66
--Dipol-Wechselwirkung 116
- dosis 14
- gitter 68,157
- gleichung 202
- produkt des Wassers 222
- radien 45,409,410
Ionisationsisomerie 134
Ionisierungsenergie 45
Ionisierungspotential 45
Iridium 460
irreversibel 251
Isobar 8
isobar 246
isoelektrischer Punkt 198
isoelektronisch 292,321
Iso-Form 396
Isolator 100
Isomerie 129
- cis-trans- 129
-,optische 131
-,Stereo- 129
Isopolybase 454
Isopolysäure 443
isoster 278,292,308,321
Isotherme 162
isotonisch 184
Isotope 7,13
-,Anwendung 17
-,Trennung 10
Isotopieeffekte 10
isotrop 152

Jahn-Teller-Effekt 143

Kainit 384
Kalium 286,290
Kalk 297
- stein 297
Katalysator 266
Katalyse 266
-,homogene 266
-,heterogene 266
Katholyt 183
Kation 43,187
- Basen 231,454
- Säuren 231,454
Kernit 302
Kernkräfte 9
Kernladungszahl 7,35
Kernregeln 8
Kettenreaktion 270
Kieselgel 329
Kieserit 296
Kinetik 258
kinetisch gehemmt 270
- kontrolliert 269
Knallgas 283
Knallsäure 396
Knotenebene 87
Knotenfläche 30
Koagulation 198
Kochpunkt 168
Kochsalz 384
Königswasser 345
Kohäsionskräfte 166
Kohlenstoff 315
- isotope 13
Kolloide 196
Komplex 118
-,aktivierter 267
- bildung 148
- bindung 135
-,Nomenklatur 150
- stabilitätskonstante 148,149
- zerfallskonstante 148
Komproportionierung 219,344
Kondensations-
- enthalpie 167
- kurve 129
- reaktion 439
konjugiertes Redoxpaar 201
- Säure-Base-Paar 221
Kontaktverfahren 372
Konverterverfahren 452
Konvertierung 282
Konzentration 54
- maße 54
- kette 214
Koordinations-
- gitter 68
- isomerie 133
- zahl 118,127
korrespondierende Base 221
- Säure 221
Korrosion 215
Korund 304,311
kovalente Bindung 76
Kreide 297
Kristallfeld-Ligandenfeld-Theorie 138
Kristallfeld-Stabilisierungs-Energie 141

Kristall-
- gitter 152,155
- klassen 152
- strukturen 70,71
- systeme 153
kristallin 152
kritischer Punkt 164
Kronenether 120
Kryohydrat 107
Kryolith 288,381
kubisch 154
Kugelpackung
-,hexagonal dichte 101
-,kubisch dichte 101
-,-,innenzentrierte 101,155
-,-,raumzentrierte 101
Kupfer 412
- glanz 412
- kies 412
- seide 412
- vitriol 412

Lachgas 342
Ladungszahl 8
Langmuir-Fackel 283
Lanthan 424,425
Lanthanoiden 462
- kontraktion 410
Laves-Phasen 111
LCAO-Methode 77
Legierungen 103
Leitfähigkeit, metallische 100
Leitungsband 100
Lewis-Säure-Theorie 242
Ligand 118
Ligandenfeld-Stabilisierungs-
Energie 141
Linienspektrum 19
lipophil 176
Liquiduskurve 104
Lithium 285
Lithopone 301
Löslichkeit 179
- koeffizient 186
- produkt 278
Lösungen 174
-,alkalische 223
-,echte 174
-,isotonische 184
-,kolloide 197
-,neutrale 223
-,saure 223
Lösungsmittel 174
- gleichgewichte 186
Lösungsvorgänge 177
Lokalelement 216
low spin 141
Luft 335
- mörtel 300
lyophil 197
lyophob 198

Magnesia 296
Magnesit 296
Magnesium 296
magnetische Quantenzahl 23
Magnetit 450
Magnetkies 456
Malachit 412
Mangan 445
Manganit 445
Manganstahl 446
Markierung, radioaktive 15
Marmor 297
Marsh-Probe 357
Martensit 112
Masse, Erhaltung 4
Massengehalt 61
Massenwirkungsgesetz 273
Massenzahl 7
Mattauch-Regel 8
mehrbasige Säure 228
Mehrelektronenatome 32
Mehrfachbindung 87
mehrkernig 123
Mehrstoffsysteme 173
mehrwertige Säure 228
mehrzähnig 118
Mennige 334
Mesomerie 92
Messing 109,411
Messung, radioaktive 13
Metalle 49
-,Darstellungsmethoden 401
Metallgitter 101,157
metallische Bindung 98
Metasäure 350
metastabil 270
Millerit 456
Millon-Base 422,423
Mischbarkeit, Legierung 104
Mischelement 7,8
Mischkristall 104
Mischungslücke 108,195
MO-
- Bindungstheorie 77,144
- Energiediagramm 337,365
- Theorie 77,144
Modifikation 317,422
Mörtel 300
Mohr-Salz 453
Mol 53
- masse 53
- volumen 54
- zahl 56
Molalität 55
Molarität 55
Molekül 51
- gitter 157
- masse 53
- orbital (MO) 77,99
- struktur 82
Molekularität 263

Molenbruch 62
Molybdän 440
- blau 441
Molybdänit 440
Mond-Verfahren 456
Monelmetall 381
monoklin 154
monomolekular 263
monotrop 347
Moseley-Gesetz 35
Müller-Rochow-Verfahren 325
Münzmetalle 412
Musivgold 332
MWG 273

Natrium 288
Nebengruppenelemente 43,403
Nebenquantenzahl 23
Neptuniumreihe 14
Nernst-
--Gleichung 210
--Hauptsatz 253
--Verteilungssatz 186
--Wärmesatz 253
Nessler-Reagens 422
Neusilber 44
Neutralisationsreaktion 232
Neutralpunkt 234
Neutralsäure 220
Neutron 6
Neutronenquelle 12
Neutronenzahl 7
Ni-As-Gitter 75
Ni-As-Phasen 112
nichtbindendes MO 79,145,305
nichtideale Lösung 194
Nichtleiter 100
Nichtmetalle 2,47
nichtwäßrige Systeme 241
Nickel 456
--Cadmium-Batterie 214
nido 306
Niederschlagsarbeit 357,402
Niob 434
Niobit 434
Nitrat 345
Nitride 337
Nitrite 339,344
Nitrosylhalogenide 338
Nitrylverbindungen 346
Niveau 26
Nomenklatur v. Komplexen 150
nonvariant 172
Normalität 56
Normal-
- potential 203,206,407
- reaktionsenthalpie 248
- volumen 55
- wasserstoffelektrode 205
Nucleonen 6
Nucleophil 243
Nuclide 7

Oberflächenspannung 166
Oktaederlücken 102
Oktettaufweitung 91
Oktettregel 91
Oleum 372
optische Isomerie 131
Orbital 25
Ordnungszahl 7,35
orthorhombisch 154
Orthosäure 350
Osmium 460
Osmose 183
osmotischer Druck 183
Ostwald-
--Stufenregel 422
--Verdünnungsgesetz 188,233
--Verfahren 346
Oxidation 201
Oxidationsmittel 203
Oxidationsstufen 44,200
Oxidationszahl 199
Oxide 368
-,amphotere 368
-,basische 368
-,saure 368
Ozon 366

π-Acceptor-Bindung 147
π-Bindung 87
π-Komplex 122
Palladium 460
Parallelreaktion 269
paramagnetisch 91
parkesieren 415
Partialladung 175
Passivierung 209
Patronit 430
Pauli-Prinzip 32
Peptisation 198
Perioden 41
- system 35,41
Perlit 112
permanentes Gas 254,283
permanente Härte 298
Perowskit-Struktur 72,426
Pfeffer-Zelle 183
pH-Messung 215,240
pH-Wert 223
Phase 171
Phasendiagramm 172,196
Phasengesetz 172
Phosphatpuffer 238
Phosphazene 355
Phosphinate 350
Phosphinsäure 350
Phosphonate 351
Phosphonsäure 351
Phosphor 347
Phosphorit 347,297
photographischer Prozeß 393
physiologische Puffersysteme 238
Pigmente 455

Platin 455
Platinmetalle 459
polare Lösungsmittel 175
- Substanzen 175,177
Polarisationsebene 132
Polarisierbarkeit 73,115
polarisierte Atombindung 175
Polonium 362
Polymorphie 317
Potentialdifferenz 205
Pottasche 291
Präzipitat 422
Prinzip d.kleinsten Zwangs 277
Promotionsenergie 82
Promovierungsenergie 82
Proportionen, Gesetz der 4
Protolyse 233
- gleichgewicht 221
- reaktion 231
Protonen 6
- acceptoren 220
- donatoren 220
Pseudohalogenide 395
pseudomolekular 264
pseudomolekulare Ordnung 265
Pseudorotation 354
Puffer 237
- bereich 238
- kapazität 238
Pyrit 450
Pyrrhotin 450
Quantenzahl 25
-,Haupt- 21
-,Neben- 23
-,magnetische 23
-,Spin- 26
Quantisierung 21
Quarz 323
Quecksilber 417
- batterie 214

Radikal 92
- kette 270
- reaktionen 270
radioaktiv 11
- Aktivität 14
- Gleichgewicht 17
- Strahlung 11
- Verschiebungssätze 12
- Zerfallsreihen 14
Radium 301
Raffination 192
Raoult-Gesetz 181
Raumgitter 52,152
- gruppen 153
Reaktionen
-,einfache 274
-,gekoppelte 275
-,Radikal 270
- nullter Ordnung 260
- erster Ordnung 260
- zweiter Ordnung 261
Reaktions-
- enthalpie 248
- geschwindigkeit 258
- gleichung 52
- kette 261
- ordnung 259
- richtung 208,211
- schritt 261
- wärme 248
reales Gas 158,162
Realgar 355
Redox-
- elektroden 218
- gleichung 202
- paar 201,206
- potential 205
- reaktion 201
- reihe 206
- system 201
- vorgang 201,203
Reduktion 201
Reduktionsmittel 203
Reichblei 415
Reinelement 7,8
Reinheitskriterien 174
Reinsubstanz 174
relative Atommasse 9
Resonanz 92
- energie 93
reversibel 251
Rhenium 447
Rhodium 460
rhomboedrisch 154
rösten 357
Rose-Metall 359
Rost 453
rotationssymmetrisch 85
Rotnickelkies 355
--Gitter 75
Rubidium 291
Rubin 311
Ruthenium 460
Rutil 427
Rydberg-Konstante 20

σ-Bindung 85
σ-Donor-Bindung 135,146
Sättigungsdampfdruck 167
Säure 220
- anhydrid 366
- katalyse 266
- konstante 225
-,schwache 225
-,starke 225
Salze 220,232
Salzisomerie 134
Sandwich-Verbindung 122
Saphir 311
Sassolin 302
sauer 223
Sauerstoff 361
Scandium 424

Schale 26
Schaum 197
Scheelit 442
Scheidewasser 345
Scherbenkobalt 355
Schichtengitter 73,441
Schlacke 451
Schmelzdiagramm 104
Schmelzelektrolyse 191
Schmelzenthalpie 156
Schmelzpunkt 156
Schmelzwärme 156
Schrägbeziehung d. PSE 285,302
Schrödinger-Gleichung 24
Schrot-Metall 333
Schutzkolloid 198
Schwefel 369
-,catena- 370
-,cyclo- 369
- kies 369
Schweizers Reagens 414
Schwerspat 300
seigern 105,330
Selen 379
Selenocyan 395
Siderit 450
Siede-
--Diagramm 193
- kurve 193
- punkt 168
- punktserhöhung 182
Siemens-Martin-Verfahren 452
Silanole 325
Silber 415
- glanz 415
Silicate 326
Silicium 323
Silicone 325
Siloxane 325
Smaragd 293
Soda 288
Sol 196
Soliduskurve 104
Solvathülle 177
Solvationsenergie 177
Solvationsenthalpie 177
Solvatisierung 177
Solvay-Verfahren 289
Spannungsreihe 206
Speiscobalt 456
spektrochemische Reihe 139
Spinell 313,435,454
- struktur 71
Spinpaarungsenergie 142
Spinquantenzahl 26
Stabilitätskonstante 148
Stahl 113,451
Standard-
--Bedingungen 248,250
--Potential s.Normalpotential
- reaktionsenthalpie 248
stationärer Zustand 279
Steinsalz 384
Stereoisomerie 129
Stickstoff 335
--Gruppe 335
Stöchiometrie 63
Störstellenleitung 100
Stoffmenge 55
Stoffmengenanteil 62
Stoffmengeneinheit 56
Stoffmengenkonzentration 55
Strahlungsarten 11
Strahlungsquellen 15
Strontianit 300
Strontium 300
Strukturformel 52
Sublimat 422
Substitutionsmischkristalle 104
Sulfide 370
Sulfite 373
Superhosphat 351
Supersäure 243
supraflüssig 353
Suspension 196
synergetisch 148
Synproportionierung 219
Sylvin 290,384
Synthese 51
System 245
-, abgeschlossenes 245
-, geschlossenes 245
-, metastabiles 270
-, offenes 245
Szintillationszähler 13

Tammann-Regel 108
Tantal 434
Tautomerie 396
Technetium 447
Tellur 380
tempern 105
temporäre Härte 299
Tetraederlücken 102
tetragonal 154
Thallium 314
thermische Bewegung 158,169
Thermit 312,401,436
Thermochromie 422
Thermodynamik 245
thermodynamisch kontrolliert 269
Thixotropie 196
Thorium-Reihe 14
Thortveitit 424
Titan 426
Titration 234
Titrationskurven 234
Tonerde, essigsaure 313
trans-Effekt 131
Transportreaktion 427,442
Treibarbeit 415
Triebkraft 250,254,257
triklin 154
Tripelpunkt 171

Tritium 10,11,13
Trockenbatterie 214
Tyndall-Effekt 196

Übergangs-Elemente 43
Übergangs-Zustand 267
Überspannung 189,209
Überstrukturphase 105
ungepaarte Elektronen 82
ungesättigte Verbindungen 87
univariant 172
Universalindikator 240
Unterschale 26
Uran 465
--Reihe 14

Valenz-
- band 99
- bindungstheorie (VB-Theorie) 81,135
- elektronen 44
- strich 81
- struktur 81
Vanadin 430
Vanadinit 430
van Arkel - de Boer - Verfahren 426,430
van der Waals-Bindung 116
van der Waals-Gasgleichung 163
van't Hoff-Gleichung 277
VB-Theorie 81,135
Verbindungen 49
-, gesättigte 82
-, ungesättigte 85
Verdampfungsenthalpie 167
Verdünnungsgesetz, Ostwaldsches 188,233
Verteilungskoeffizient 164
Vitamin B_{12} 457
Volta-Element 204
Volumen-
- anteil 62
- arbeit 246
- gesetz 4,5
- prozente 62
VSEPR-Modell 93

Wärmeleitfähigkeit 100
Wasser 221,366
- gas 321
- glas 327
- härte 298,299
- mörtel 300
Wasserstoff 282
- brückenbindungen 114
- ionenkonzentration 223
- peroxid 367
- speicher 255
- spektrum 19
weiche Base 244
weiche Säure 244
Weichlot 330
Weißbleierz 332
Weißspießglanz 357
Wellenmechanisches Atommodell 24
Wertigkeit 97,200
Widiametall 442
Wilson-Nebelkammer 13
Wismut s. Bismut 336
Witherit 300
Wolfram 442
- blau 444
- bronze 444
- ocker 443
Wolframit 443
Woodsches Metall 360

Xenon 398
Xenotim 425

Yttrium 425

Zelle, galvanische 204
Zement 300
Zementit 112
Zentralteilchen 118
Zeolith 327
Zerfallsgeschwindigkeit 13
Zerfallsreihe 14
Zersetzungsspannung 189
Zink 419
- blende 369
Zinn 330
- kies 330
- stein 330
Zinnober 422
Zintl-Phasen 111
Zirkon 428
Zirkonit 428
Zuschläge 451
Zustand
-, angeregter 22,82
-, fester 152
-, flüssiger 166
-, gasförmiger 157
-, Grund- 21,82
-, hybridisierter 82
-, stationärer 279
Zustands-
- diagramm 171
- gleichung für Gase 163
- größen 245
- formen der Materie 152
- variable 245
zwischenmolekulare Bindung 114
Zwischenstufe 268

Formelregister

Actinoide

An 465

Actinium

Ac 425

Aluminium

Al 303,310
Al_2O_3 311,312
AlO(OH) 312
$Al(OH)_3$ 312
$AlCl_3$ 313
$AlBr_3$ 313
AlI_3 313
Na_3AlF_6 312
$Al_2(SO_4)_3 \cdot 18\,H_2O$ 313
$M(I)[AlSi_3O_8]$ 311
$M(I)M(III)(SO_4)_2 \cdot 12\,H_2O$ 313
Alaune 313
Aluminate 313

Antimon

Sb 336,358
SbH_3 359
Sb_2O_4 360
Sb_2O_5 359
Sb_4O_6 336,359
Sb_2S_3 336,360
Sb_2S_5 360
$SbCl_3$ 359
$SbCl_5$ 359
$H[Sb(OH)_6]$ 360

Arsen

As 336,356
AsH_3 357
As_4O_{10} 357
As_4O_{10} 357
As_4S_4 356,358
As_4S_6 357,358
As_4S_{10} 358
AsF_3 358
AsF_5 358
$AsCl_3$ 358
AsI_3 358
NiAs 356
FeAsS 356
H_3AsO_3 357
H_3AsO_4 358

Astat

At 381,382

Barium

Ba 300
BaO 301
BaO_2 301
$Ba(OH)_2$ 301
$BaCO_3$ 300
$BaSO_4$ 300,301

Beryllium

Be 293
$BeCl_2$ 295
2 BeO · 2 BeF_2 293
$Be_3Al_2O_2Si_6O_{18}$ 293
BeR_2 295

Bismut

Bi 336,360
Bi_2O_3 360
BiF_3 361
$BiCl_3$ 360
$BiBr_3$ 361
BiI_3 361
$Bi(NO_3)_3$ 361

Blei

Pb 332
PbO 332,333
PbO_2 333
Pb_3O_4 334
PbS 332,333
$PbHal_2$ 333
$PbCl_4$ 333
$PbCO_3$ 332
$PbSO_4$ 333
$Pb(OH)_2$ 333

Bor

B 302
B_2H_6 304,305
B_nH_{n+4} 304
B_nH_{n+6} 304
B_2O_3 304,307
B_2S_3 304
BF_3 307
BCl_3 304,307
BBr_3 304
BI_3 307
HBF_4 307
HBO_2 307
H_3BO_3 302,307
$H_{n-2}B_nO_{2n-1}$ 302
$(BN)_x$ 304,309
$B_{10}C_2H_{12}$ 306
$B_{n-2}C_2H_n$ 306
$B(OR)_3$ 308
$B_3N_3H_6$ 310
$NaBH_4$ 306
$Na_2B_4O_7$ · 4 H_2O 302
$Na_2B_4O_7$ · 10 H_2O 302
Borane 304
Borate 308
Borsäure-Ester 308
Carborane 306
Perborate 309

Brom

Br_2 382,388
HBr 389
BrO_2 390
Br_2O 389
HOBr 389
$HBrO_2$ 389
$HBrO_3$ 389
$HBrO_4$ 389
KBr · $MgBr_2$ · 6 H_2O 388

Cadmium

Cd 405,419
CdF_2 421
$CdCl_2$ 421
CdI_2 421
$Cd(OH)_2$ 421
CdS 421

Cäsium

Cs 286,291
CsO_2 285

Calcium

Ca 297
CaH_2 297
CaO 297
$Ca(OH)_2$ 298
CaF_2 297,298
$CaCl_2$ 298
$CaCl(OCl)$ 386
$Ca(OCl)_2$ 386
$Ca(ClO_3)_2$ 386
$3\,CaCl(OCl) \cdot Ca(OH)_2 \cdot 5\,H_2O$ 298
CaC_2 299
$CaCN_2$ 299
$Ca(HCO_3)_2$ 299
$CaCO_3$ 297,298
$CaSO_4$ 298
$CaSO_4 \cdot 2\,H_2O$ 297
$CaMg(CO_3)_2$ 297
$Ca_5(PO_4)_3F$ 297
$Ca_5(PO_4)_3(OH,F,Cl)$ 297
$[Ca(EDTA)]^{2\ominus}$ 299

Chlor

Cl_2 382,384
HCl 385
ClO_2 387
Cl_2O 387
Cl_2O_3 388
Cl_2O_6 388
Cl_2O_7 388
$HOCl$ 385
$HClO_2$ 386
$HClO_3$ 386
$HClO_4$ 387
$NaOCl$ 386
$NaClO_2$ 386
$CaCl(OCl)$ 386
$Ca(OCl)_2$ 386
$ClCN$ 385

Chrom

Cr 404,436
CrO_3 436,438
CrO_5 438,440
Cr_2O_3 435,437
CrS 437
CrF_4 436,438
CrF_5 436,438
CrF_6 438
$CrCl_2$ 437
$CrCl_3$ 437
CrO_2Cl 438
$FeCr_2O_4$ 436
$Cr_2(SO_4)_3$ 436
$KCr(SO_4)_2 \cdot 12\,H_2O$ 438
$MHCrO_6$ 439
M_2CrO_4 438
$M_2Cr_2O_7$ 438
M_3CrO_8 439
Polychromate 439

Cobalt

Co 404,456
CoF_3 457
$CoCl_2$ 457
CoO 457
Co_3S_4 456
$CoAs_2$ 456
$CoAsS$ 456
$(C_5H_5)_2Co$ 558

Eisen

Fe 404,450
FeO 453
Fe_2O_3 450,454
Fe_3O_4 450,454
FeS_2 450,453
$Fe(OH)_2$ 453
$FeCl_3$ 454
$FeCl_2 \cdot 6\,H_2O$ 453

$FeCO_3$ 450
$FeSO_4 \cdot 7\ H_2O$ 453
$(NH_4)_2SO_4 \cdot FeSO_4 \cdot 6\ H_2O$ 453
$Fe(SCN)_3$ 455
$Fe_2(SO_4)_3$ 455
$K_3[Fe(CN)_6]$ 455
$K_4[Fe(CN)_6]$ 455
$Fe[Fe_2(CN)_6]_3$ 455
$Fe(C_5H_5)_2$ 122,455

Fluor

F_2 381
HF 51,383
F_2O 384
F_2O_2 384
HOF 384
CaF_2 381
Na_3AlF_6 381
$Ca_5(PO_4)_3F$ 381

Francium

Fr 286,292

Gallium

Ga 303,314

Germanium

Ge 315,316

Gold

Au 405,417
$(AuCl_3)_2$ 417
$(AuBr_3)_2$ 417
AuI 417
$Au(OH)_3$ 417
AuCN 417

Hafnium

Hf 426,428
HfC 429

Helium

He 397

Indium

In 303,314

Interhalogenverbindungen 393

ClF
BrF
IF
ICl
IBr
ClF_3
BrF_3 alles S. 393,394
IF_3
ICl_3
ClF_5
BrF_5
IF_5
IF_7

Iod

I 382,390
HI 391,392
HI_3 390
I_2O_4 391
I_2O_5 391
I_2O_7 392
I_4O_9 392
HOI 391
HIO_3 391
HIO_4 391
H_5IO_6 391
KI_3 390
$NaIO_3$ 390

Iridium

Ir 405,459,460

Kalium

K 286,290
KO_2 285
KOH 291
KCl 290
KI_3 388
$KClO_3$ 291
KCN 396
$KMnO_4$ 447
KNO_3 291
KOCN 394
$K[AlSi_3O_8]$ 290
$KMgCl_3 \cdot 6\,H_2O$ 290
K_2CO_3 291
K_2SO_4 291
$K_3[Fe(CN)_6]$ 455
$K_4[Fe(CN)_6]$ 454

Kohlenstoff

C 315,317,318
CH_4 315
$(CF)_n$ 317
CO 321
CO_2 319
C_3O_2 322
COS 322
CS_2 322
H_2CO_3 238,320
HOCN 396
HCN 395
$(CN)_2$ 395
$(SCN)_2$ 395
$(SeCN)_2$ 395
C_8K 317
$C_{24}SbCl_5$ 317
CaC_2 323
Al_4C_3 323
Carbide 320
Carbonate 323

Krypton

Kr 397
KrF_2 400

Kupfer

Cu 405,412
CuO 413
Cu_2O 412,415
CuS 413
Cu_2S 412
CuF_2 412
$CuCl_2$ 412
CuCN 415
$CuCO_3 \cdot Cu(OH)_2$ 412
$Cu(OH)_2$ 413
$CuSO_4$ 414
$CuFeS_2$ 412
$[Cu(NH_3)_4]^{2\oplus}$ 414

Lanthan

La 425

Lanthanoide

Ln 462

Lithium

Li 285
LiH 287
Li_2O 287
LiCl 288
Li_2CO_3 288
Li_3PO_4 288
$LiAlH_4$ 287
Li_3N 287
$(LiCH_3)_4$ 287
LiR 288

Magnesium

Mg 295
MgO 296
$MgCl_2$ 296
$MgCO_3$ 295
$Mg(OH)_2$ 296
$MgSO_4 \cdot H_2O$ 295
$CaMg(CO_3)_2$ 295
$KMgCl_3 \cdot 6\,H_2O$ 295
RMgX 296

Mangan

Mn 405,445
MnO 446
MnO_2 446
$Mn_2O_3 \cdot H_2O$ 445
Mn_2O_7 447
Mn_3O_4 445
$KMnO_4$ 447
K_2MnO_4 447

Molybdän

Mo 405,440
MoO_3 440
MoS_2 440,441
$PbMoO_4$ 440
$(NH_4)_6Mo_7O_{24}$ 441
Polymolybdate 440

Natrium

Na 286,288
NaO_2 285
Na_2O_2 285,290
$NaOH$ 289
$NaCl$ 288,289
$NaOCl$ 386
$NaClO_2$ 386
$NaIO_3$ 390
$NaCN$ 396
$NaHCO_3$ 290
NaN_3 341
$NaNH_2$ 289,338
$NaNO_3$ 288,289
$NaSO_4 \cdot 10\,H_2O$ 288,289
Na_2CO_3 288,289
$Na_2S_2O_3$ 290,388
$Na_2S_2O_4$ 290
$Na_2S_4O_6$ 390
$Na_3[AlF_6]$ 288
$Na_5P_3O_{10}$ 352

Neon

Ne 397

Nickel

Ni 405,456
NiS 456
$NiAs$ 456
$NiAsS$ 456
$Ni(CO)_4$ 123,456,459
$Ni(C_2H_5)_2$ 459
$[Ni(CN)_4]^{4\ominus}$ 459
[Ni(diacetyldioxim)] 458

Niob

Nb 434
NbF_5 434
$NbCl_5$ 434
$(Fe,Mn)(Nb,TaO_3)_2$ 434

Osmium

Os 405,459
OsO_4 460

Palladium

Pd 405,460
PdH_x 460
$PdCl_2$ 460,461
$[Pd(PF_3)_4]$ 461

Phosphor

P (weiß, rot, violett, schwarz) 336,347
PH_3 349
P_2H_4 349
P_4S_3 353
P_4S_5 353
P_4S_7 353
P_4S_{10} 353
PF_3 354
PF_5 354
PCl_3 355
PCl_5 355
$POCl_3$ 355
$PSCl_3$ 355
H_3PO_2 350
H_3PO_3 351
H_3PO_4 351
$H_4P_2O_7$ 352
$(HPO_3)_{3-8}$ 353
$Ca(H_2PO_4)_2$ 351
$Ca_3(PO_4)_2 \cdot CaF_2$ 347
$Ca_3(PO_4)_2 \cdot Ca(OH,F,Cl)_2$ 347
$Na_5P_3O_{10}$ 352
$(NPCl_2)_{3,4}$ 354
$(NPCl_2)_{3,4}$ 355

Platin

Pt 405,460
PtF_6 461
$[Pt(PF_3)_4]$ 461
$[PtCl_2(NH_3)_2]$ 461

Polonium

Po 363

Quecksilber

Hg 405,420
HgO 421
HgS 421
$HgCl_2$ 422
HgI_2 422
Hg_2Cl_2 421
Hg_2I_2 421
$Hg(CN)_2$ 422
$Hg(NH_2)Cl$ 423
$[Hg_2N]OH$ 422
$[Hg(NH_3)_2]Cl_2$ 422

Radium

Ra 301

Radon

Rn 397
RnF_x 400

Rhenium

Re 447
$ReH_9^{2\ominus}$ 449
ReO_3 448
Re_2O_7 448
ReF_7 449
$ReCl_3$ 448
$ReCl_6$ 449
$ReBr_3$ 448
$ReBr_5$ 449
ReI_3 448
ReI_4 449
$[Re_2Cl_3]^{2\ominus}$ 449

Rhodium

Rh 403 460

Rubidium

Rb 286,291
RbO_2 285

Ruthenium

Ru 405,459,460
RuO_4 460

Sauerstoff

O_2 363
O_3 366
H_2O 366
H_2O_2 367

Scandium

Sc 405,424
$ScCl_3$ 424
$(Y,Sc)_2(Si_2O_7)$ 424

Schwefel

S 364,369
S_6 369
S_8 369
S_{7-12} 370
H_2S 371
H_2S_x 371
SO_2 373
SO_3 374
SF_4 371
SF_6 372
S_2F_2 331
S_2F_{10} 372
SF_5Cl 372
SCl_2 372
SCl_4 372
S_2Cl_2 372
S_2Br_2 372
SOF_4 373
$SOCl_2$ 373
SO_2Cl_2 373
HSO_3Cl 374
H_2SO_3 374
H_2SO_4 375
H_2SO_5 377
$H_2S_2O_3$ 377
$H_2S_2O_4$ 376
$H_2S_2O_8$ 375
$(SN)_x$ 378
S_2N_2 378
$S_4N_3^{\oplus}$ 377
S_4N_4 377
$S_5N_5^{\oplus}$ 378
$S_6(NH)_2$ 377
S_7NH 377
$S_3N_3Cl_3$ 377
PbS 366,369
ZnS 366,369
FeS_2 369
$CaSO_4$ 369

Selen

Se 364,369
H_2Se 379
SeO_2 379
SeO_3 380
H_2SeO_3 379
H_2SeO_4 380
$(SeCN)_2$ 395

Silber

Ag 405,415
Ag_2O 416
Ag_2O_3 416
Ag_2S 415
AgF 416
AgF_2 416
AgCl 415,416
AgBr 278
AgCN 416
AgSCN 416
$AgNO_3$ 416

Silicium

Si 316,323
SiH_4 325
Si_2H_6 325
Si_nH_{2n+2} 324
SiO_2 323,327
SiF_4 326
$SiCl_4$ 326
$SiBr_4$ 326
SiI_4 326
Si_nX_{2n+2} (X = Hal) 326
H_2SiF_6 329
H_3SiOH 325
$Si(OH)_4$ 326
$(SiH_3)_2O$ 325
$[R_2SiO]_n$ 325
SiC 329
$RSiCl_3$ 325
R_2SiCl_2 325
R_3SiCl 325
Silane 324
Silanole 325
Silicate 326
Silicide 324
Silicone 325
Siloxane 325

Stickstoff

N_2 335,336
NH_3 75,337
HN_3 341
N_2H_4 340
NH_2OH 341
NO 342
NO_2 343
N_2O 342
N_2O_3 342
N_2O_5 344
NF_3 339
$NBr_3 \cdot NH_3$ 340
NCl_3 340
$NI_3 \cdot NH_3$ 340
HN_3 341
HNO_2 344
HNO_3 345
NaN_3 341
$NaNH_2$ 338
Amide 339
Amine 339
Imide 339
Nitrate 345
Nitride 339
Nitrylverbindungen 346

Strontium

Sr 300
$SrCO_3$ 300
$SrSO_4$ 300

Tantal

Ta 434
TaF_5 434
$TaCl_5$ 434

Technetium

Tc 445
$TcO_4^{\ominus}$ 447
Tc_2O_7 447

Tellur

Te 364,380
TeO_2 380
TeO_3 380
$Te(OH)_6$ 380

Thallium

Th 303,314

Titan

Ti 405,426
TiO_2 426,427
TiF_4 425,427
$TiCl_3$ 428
$TiCl_4$ 427
$TiBr_4$ 427
TiI_4 427
$TiOSO_4 \cdot H_2O$ 428
$TiO_2(SO_4)$ 428
$Ti(OH)_3$ 428
$FeTiO_3$ 426
$CaTiO_3$ 426
Cp_2TiCl_2 428

Vanadin

V 405,430
VO 431
VO_2 432
V_2O_5 432
VS_4 430
VCl_2 431
VI_2 431
VCl_3 431
VI_3 429
VCl_4 432
VF_5 432
$VOCl_2$ 432
$VO(OH)_2$ 432
VSO_4 431
$VOSO_4 \cdot 2\ H_2O$ 432
$V(CO)_6$ 431
$[V(CO)_6]^{\ominus}$ 431
M_3VO_4 432
$Pb(VO_4)_3Cl$ 430
$K(VO_2)VO_4 \cdot 1{,}5\ H_2O$ 430
Polyvanadate 432

Wasserstoff

H_2 282
Hydride 284
H_2O 221,266
H_2O_2 267

Wolfram

W 405,442
WCl_6 444
$WO_3 \cdot aq$ 443
Na_xWO_3 444
$CaWO_4$ 443
$(Mn,Fe)WO_4$ 443
M_2WO_4 443
Polywolframate 443

Xenon

Xe 397
XeF_2 399
XeF_4 399
XeF_6 399
$XeCl_2$ 400
$XeCl_4$ 400
XeO_3 399
XeO_4 399
$XeOF_4$ 400
H_2XeO_4 339
$XePtF_6$ 397

Yttrium

Y 425
YPO_4 425

Zink

Zn 405,419
ZnO 420
ZnS 420
$Zn(OH)_2$ 420
$ZnSO_4$ 420
ZnR_2 420

Zinn

Sn 330

SnO_2 330,332

SnS_2 332

$SnCl_2$ 331

$SnCl_4$ 332

$Sn(OH)_2$ 331

Cu_2FeSnS_4 330

Zirkon

Zr 428

ZrF_4 429

ZrO_2 428,429

$ZrOCl_2$ 429

$Zr(OH)_2Cl_2$ 429

$ZrSiO_4$ 428